高等学校 CAD/CAM/CAE 规划教材

Mastercam X 实用教程

主　编　李　波　管殿柱

副主编　田绪东　贺　斌

机械工业出版社

本书以 Mastercam X 为蓝本进行讲解，由浅入深、循序渐进地介绍 Mastercam X 软件的应用。主要内容包括 Mastercam X 基础知识、系统与环境设置、Mastercam X 的基本操作、二维图形的绘制与编辑修改、图形尺寸的标注、三维曲面造型设计、三维实体造型设计、Mastercam X 数控加工基础、二维铣床加工系统、三维铣床加工系统、车床加工系统等。

本书将理论讲解与实际操作紧密结合，内容翔实、结构清晰、语言简练、实例丰富，具有较强的实践性和针对性，可作为高等院校及培训机构 CAD/CAM 设计专业的教材用书，也可作为 Mastercam 软件初学者和设计人员的 CAD/CAM 技术自学教材和参考书。

图书在版编目（CIP）数据

Mastercam X 实用教程/李波，管殿柱主编．—北京：机械工业出版社，2008.6（2023.1 重印）

高等学校 CAD/CAM/CAE 规划教材

ISBN 978-7-111-24187-4

Ⅰ. M… Ⅱ. ①李… ②管… Ⅲ. 模具—计算机辅助设计—应用软件，Mastercam X—高等学校—教材 Ⅳ. TG76-39

中国版本图书馆 CIP 数据核字（2008）第 073824 号

机械工业出版社（北京市百万庄大街 22 号 邮政编码 100037）

责任编辑：商红云　　封面设计：陈　沛

责任印制：常天培

固安县铭成印刷有限公司印刷

2023年 1 月第 1 版第 9 次印刷

184mm×260mm · 24.25 印张 · 599 千字

标准书号：ISBN 978-7-111-24187-4

定价：59.80 元

电话服务　　网络服务

客服电话：010-88361066　　机 工 官 网：www.cmpbook.com

010-88379833　　机 工 官 博：weibo.com/cmp1952

010-68326294　　金 书 网：www.golden-book.com

封底无防伪标均为盗版　　机工教育服务网：www.cmpedu.com

教材编写委员会

主　任：管殿柱

副主任：宋一兵　谈世哲

成　员（排名不分先后）：符朝兴　贺　斌　刘　慧　孙中义

张洪信　吴俊飞　段　辉　葛学滨　焦洪宇　付本国

田绪东　宋　琦　温建明　张　轩　高丽燕　赵景伟

田　东　吴贺荣　赵秋玲　于复生

前 言

Mastercam 是 CAD/CAM 一体化软件，它集二维绘图、三维实体设计、曲面设计、体素拼合、数控编程、刀具路径模拟及真实感模拟等功能于一身，对系统运行环境要求较低，使用户无论是在造型设计、数控铣床、数控车床或数控线切割等加工操作中，都能获得最佳效果。Mastercam 基于 PC 平台、支持中文环境、价位适中，对于广大的中小企业来说是非常理想的选择。

Mastercam X 是美国 CNC Software 公司最新开发的 CAD/CAM 一体化软件。与以往版本相比，Mastercam X 具有全新的 Windows 操作界面，它的软件操作界面、快捷键、右键菜单可以按个人需求进行定制，易于初学者学习，熟悉老版本的用户也可以快速上手。借助于 Mastercam X 软件，用户可以方便快捷地完成从产品二维/三维外形设计、数控加工、CNC 编程直到自动生成 NC 代码的整个工作流程，因此被广泛应用于模具制造及机械加工行业，成为目前全球销量最大的 CAM 类软件。

本书共分 12 章，从目录安排上可以分成两个独立的部分，即 1～8 章介绍 Mastercam X 的 CAD（设计）部分，9～12 章介绍 Mastercam X 的 CAM（加工）部分。第 1 章介绍 Mastercam X 软件概述、操作界面及文件管理操作；第 2 章介绍 Mastercam X 的系统与环境设置；第 3 章介绍 Mastercam X 的基本操作，包括点的捕捉、图素的选择、视图与窗口、图构面与深度等；第 4 章介绍 Mastercam X 二维图形的绘制；第 5 章介绍二维图形的编辑与修改；第 6 章介绍二维图形的尺寸标注与注释操作；第 7 章介绍 Mastercam X 的三维曲面设计；第 8 章介绍 Mastercam X 的三维实体设计；第 9 章介绍 Mastercam X 的数控加工基础，包括数控加工概述、机床设备类型；数控加工刀具介绍、材料的管理和刀具路径管理器的应用；第 10 章介绍二维铣床加工操作，包括外形铣削加工、挖槽铣削加工、面铣削加工、钻孔加工、雕刻加工等；第 11 章介绍三维铣床加工操作，包括三维铣削的加工类型、曲面粗加工操作、曲面精加工操作、多轴加工操作；第 12 章介绍 Mastercam X 的车床加工，包括车床加工基础、粗车加工、精车加工、端面车削加工、径向车削加工、钻孔加工、车削螺纹加工等。

本书采用了 Mastercam X 的中文版进行介绍，由于 Mastercam X2 的汉化环境较好，建议读者采用 Mastercam X2 中文版进行操作，从而让用户更加快速、全面、易于理解地掌握 Mastercam X 软件的 CAD（设计）与 CAM（加工）两大模块。

为了方便读者的学习，书中所有实例和练习的源文件等配套资料均收录在零点工作室网站（www.zerobook.net）上，供大家下载参考。在书中所打开的文件，均来自于配套资料“Example”的相应目录下，如在第 4 章提到的“LX4-25.MCX”文件，则对应配套资料“Excample\04\LX4-25.MCX”文件。另外，为了更好地帮助教学，本书提供 PowerPoint

教学课件，请教师向机械工业出版社或零点工作室索取。

本书由李波、管殿柱任主编，田绪东、贺斌任副主编，参与本书编写的还有刘慧、张轩、田东、符朝兴、焦洪宇、李文秋、孙中义、葛学滨、徐清峻、黄薇、张洪信、温建民、宋琦、高丽燕等，本书由宋一兵主审。

希望本书对广大读者的工作和学习有所帮助，也诚挚欢迎广大读者对本书提出意见和建议。

编　者

目 录

前言

第 1 章 Mastercam X 基础知识 ······1

1.1 Mastercam X 概述 ······1
1.2 Mastercam X 的操作界面 ······4
1.3 Mastercam X 的文件管理 ······10
1.4 Mastercam X 中鼠标按键的使用 ······14
1.5 综合实例—— 合并文件 ······16
1.6 本章小结 ······18
1.7 习题 ······18

第 2 章 Mastercam X 系统与环境设置 ······20

2.1 系统规划 ······20
2.2 用户自定义设置 ······26
2.3 栅格设置 ······28
2.4 图素设置 ······30
2.5 其他设置 ······35
2.6 综合实例—— 屏幕背景颜色水平渐变 ······41
2.7 本章小结 ······43
2.8 习题 ······43

第 3 章 Mastercam X 的基本操作 ······45

3.1 Mastercam X 点的捕捉 ······45
3.2 图素的选择 ······47
3.3 视图与窗口 ······51
3.4 构图面、坐标系及构图深度 ······56
3.5 综合实例—— 选择图素并设置属性 ······58
3.6 本章小结 ······61
3.7 习题 ······61

第 4 章 二维图形的绘制 ······62

4.1 绘制直线 ······62
4.2 绘制圆及圆弧 ······70
4.3 创建特殊形状 ······80
4.4 绘制点 ······93
4.5 绘制曲线 ······95
4.6 综合实例—— 绘制二维图形 ······97
4.7 本章小结 ······100
4.8 习题 ······100

第 5 章 二维图形的编辑与修改 ······101

5.1 删除与恢复对象 ······101
5.2 图形对象的转换 ······104
5.3 图形对象的修整 ······116
5.4 综合实例—— 绘制并编辑图形 ······124
5.5 本章小结 ······129
5.6 习题 ······129

第 6 章 图形尺寸标注 ······130

6.1 尺寸标注的组成 ······130
6.2 标注尺寸 ······131
6.3 其他标注 ······140
6.4 尺寸标注的设置 ······141
6.5 综合实例—— 综合图形尺寸标注 ······147
6.6 本章小结 ······150
6.7 习题 ······150

第 7 章 三维曲面造型设计 ······152

7.1 三维造型基础 ······152
7.2 创建基本三维曲面 ······157
7.3 创建曲面 ······162
7.4 编辑曲面 ······171
7.5 综合实例——三维曲面造型设计 ······180
7.6 本章小结 ······184
7.7 习题 ······184

第 8 章 三维实体造型设计 186
8.1 创建基本三维实体 186
8.2 创建三维实体 187
8.3 编辑三维实体 194
8.4 生成工程图 212
8.5 实体操作管理器 216
8.6 综合实例——绘制零件盒实体 220
8.7 本章小结 225
8.8 习题 225

第 9 章 Mastercam X 数控加工基础 227
9.1 数控加工概述 227
9.2 机床设备类型 231
9.3 数控加工刀具 234
9.4 材料的管理 238
9.5 刀具路径管理器的应用 239
9.6 本章小结 249
9.7 习题 249

第 10 章 二维铣床加工系统 251
10.1 外形铣削加工 251
10.2 挖槽铣削加工 263
10.3 面铣削加工 271
10.4 钻孔加工 276
10.5 雕刻加工 280
10.6 综合实例—— 二维铣床综合加工 286
10.7 本章小结 295
10.8 习题 295

第 11 章 三维铣床加工系统 297
11.1 三维铣床加工类型 297
11.2 曲面粗加工 298
11.3 曲面精加工 313
11.4 多轴加工 317
11.5 综合实例—— 烟灰缸综合加工 331
11.6 本章小结 339
11.7 习题 339

第 12 章 车床加工系统 340
12.1 车床加工基础 340
12.2 粗车加工 353
12.3 精车加工 363
12.4 端面车削加工 364
12.5 径向车削加工 367
12.6 钻孔加工 371
12.7 车削螺纹加工 373
12.8 本章小结 377
12.9 习题 377

参考文献 379

第 1 章　Mastercam X 基础知识

Mastercam 是由美国 CNCsoftware 公司推出的基于 PC 平台的 CAD/CAM 一体化软件，由于其卓越的设计及加工功能，在世界上拥有众多的忠实用户，被广泛应用于机械、电子、航空等领域。目前在我国制造业及教育业界，Mastercam 由于其出色的表现，有着极为广阔的应用前景。

【内容提要】

- 打开 ZHSL1-A.MCX 文件；
- 执行合并文件操作，将 ZHSL1-B.MCX 文件插入到视图中的指定位置；
- 缩小所要插入文件的比例，并在另一个位置插入相同文件且不同比例的图形。

【本章重点】

- 了解 Mastercam X 的基本功能和新增功能；
- 掌握 Mastercam X 的操作界面；
- 熟练操作 Mastercam X 的文件管理；
- 练习 Mastercam X 的快捷键操作。

1.1　Mastercam X 概述

CIMdata 公司对 CAM 软件行业的最新分析排名表明：Mastercam 销量再次排名世界第一，是 CAD/CAM 软件行业持续 11 年销量第一的软件巨头。下面先来了解一下它的简介、Mastercam X 软件的主要功能，以及 Mastercam X 软件的新特点。

1.1.1　Mastercam X 的简要介绍

作为一个 CAD/CAM 集成软件，Mastercam 系统包括设计（CAD）和加工（CAM）两大部分。

其中设计（CAD）部分主要由 Design 模块来实现，它具有完整的曲线曲面功能，不仅可以设计和编辑二维、三维空间曲线，还可以生成方程曲线；采用 NURBS、PARAMETERICS 等数学模型，可以多种方法生成曲面，并具有丰富的曲面编辑功能。

加工（CAM）部分主要由铣削（Mill）、车削（Lathe）和激光线切割（Wire）3 大模块来实现，并且各个模块本身都包含有完整的设计（CAD）系统，其中铣削（Mill）模块可以用来生成铣削加工刀具路径，并可进行外形铣削、型腔加工、钻孔加工、平面加工、曲面加工以及多轴加工等的模拟；车削（Lathe）模块可以用来生成车削加工刀具路径，并可进行粗/精车、切槽以及车螺纹的加工模拟；激光线切割（Wire）模块用来生成线切割激光加工路径，从而能高效地编制出任何线切割加工程序，可进行 2～4 轴上下异形加工模拟，并支持各种 CNC 控制器。

1.1.2 Mastercam X 的主要功能

在了解 Mastercam 的简介和应用领域后，紧接着来了解 Mastercam X 软件新版本的主要功能，它包括以下几个方面。

1. 造型设计（CAD）

通过 Mastercam X 软件自身提供的造型设计（CAD）功能，可以设计出多种符合要求的零件产品，从而为后期的加工制造（CAM）作好了准备。当然，通过 Mastercam X 的导入功能，可以将其他软件所设计的零件产品导入到本软件中，也可进行加工制造（CAM）操作。

- 二维绘图功能：通过 Mastercam X 软件可以快速高效地绘制、编辑复杂的二维图形，并能够进行图形的尺寸标注，以及工程图样的打印等工作。
- 曲面设计功能：通过 Mastercam X 软件不仅可以设计和编辑二维、三维曲线，还可以方便地创建曲面的曲线轮廓，如交线、分模线、剖切曲线等。
- 曲面造型功能：通过 Mastercam X 软件可以用不同的方法创建规则或不规则的曲面，如创建网格曲面、扫掠曲面、举升曲面等，还可对曲面进行强大的编辑操作，如曲面的圆角过渡、偏置、自动修剪等。
- 实体建模功能：Mastercam X 软件的特征造型和参数化设计功能，可以对实体进行拉伸、回转、扫掠、布尔运算、圆角、倒角、抽壳等处理，从而能够对各种零件进行实体的造型设计。
- 实体与曲面的结合：实体与曲面的结合造型设计，可以设计出各种不规则的零件实体，从而能够满足实际生产的需要。
- 实体与曲面的着色：在设计过程中，可以根据不同的需要对零件产品进行着色处理，还可以设置光照效果，从而产生逼真效果。

2. 加工制造（CAM）

加工制造就是将所设计或导入的零件产品模型进行数控加工，从而能够加工成所需要的真实产品，以满足实际生产的需要。

- 铣削加工：Mastercam X 软件提供的铣床加工模块，是专为数控铣床和加工中心（CNC）而开发的，它能够让数控编程人员针对各种曲面和实体模型顺利产生加工所需要的刀具路径，并能够直接产生驱动 CNC 机床所通用的 G 代码程序，用以控制 CNC 机床的自动加工。
- 车削加工：Mastercam X 软件提供的车削加工模块，是专为 CNC 车床和 CNC 车削中心所开发的，具有强大的车削制造功能。它能够将 CNC 车床和 CNC 车削中心有效地结合使用，从而提高加工效率和产生更大的经济效益。
- 雕刻加工：Mastercam X 软件提供的雕刻加工模块，能够根据简单的二维艺术图形来快速产生复杂的雕刻曲面，还可在屏幕上快速地“雕刻”出三维艺术模型，并能随心所欲地修改编辑，如通过设定尺寸的修改能够精确地编辑模型。

● 线切割加工：Mastercam X 软件所提供的线切割加工模块，能够将各种复杂的零件进行加工程序的编制。如系统内置的齿轮生成功能，能够只需输入几个简单的参数，即可生成各种标准的齿轮；它还能够支持镭射加工机床功能，以及针对 4 轴上下面异型零件的线切割加工功能。

3. 刀具路径管理

通过 Mastercam X 软件所生成的刀具路径，不仅可以在 PC 上模拟加工过程，而且能够产生在数控机床上真实加工所需要的加工程序清单。

● 刀具路径的图形编辑：可在屏幕上真实、直观地编辑单个刀位点，以及修改、增加或删除某一段刀具路径。

● 加工参数管理及优化工具：通过加工参数的管理及优化工具的操作，可以使数控程序中极短的直线走刀路径或重复的复线直刀指令转化为一条直线指令或一条圆弧指令，从而极大地减少了加工代码的长度。

● 刀具路径的检验：通过操作管理器中的各种模拟或验证功能，可以真实、准确地模拟切削零件的整个过程，如刀具与夹具的显示与否，刀具、夹具与被加工模型之间的干涉、过切和碰撞现象的检验，从而省去了试切工序，节省了加工时间，降低了材料损耗，提高了加工效率。

● 刀具路径的操作：Mastercam X 软件所生成的加工程序清单，可以根据用户的要求进行修改，如对刀具路径的平移、旋转以及镜像等变换操作，也可对刀具路径进行复制、剪切、粘贴、合并等，从而极大地提高数控编程的进度。

● 刀具库和材料库：Mastercam X 软件除自身提供的刀具库和材料库供用户进行选择外，用户可根据需要自定义多种刀具及材料到相应的库中，还可根据刀具库和材料库中的数据自动计算进给率和主轴转速。

4. 数据交换与通信功能

Mastercam X 软件提供的数据交换功能，可以将其自身所设计的零件产品进行导出操作，还可将其他外部零件导入作为己用。其通信功能可以将所生成的 G 代码文件直接传入到数控机床。

● 格式转换器：Mastercam X 软件能够支持 IGES、ACIS、DXF、DWG 等多种文件的转换。

● C—HOOK 接口：Mastercam X 软件可将用户自行编制的工作模型进行无缝连接。

● 与数控机床通信：Mastercam X 软件能够将生成的 G 代码文件直接传入数控机床，为 FMS（柔性制造系统）和 CIMS（计算机集成制造系统）的集成提供了支持。

1.1.3　Mastercam X 的新增功能

在 Mastercam X 版本（即 Mastercam V10.0）之前有 V9.1、V9.0、V8.0 等，而作为新一代的 Mastercam X 软件与 Windows 技术的紧密结合，必将有很多新增的功能特点，主要包括以下几点：

● 各功能模块间无缝集成：在之前版本中，其设计（Design）、铣削加工（Mill）、车削加工（Lathe）、激光线切割加工（Wire）4 个模块是分开的，分别由 4 个应用程序来运行。而在 Mastercam X 中，系统已将这 4 个模块集成到一个平台上。

- Windows 窗口操作：与大多数 Windows 应用软件基本一样，采用菜单命令和工具按钮相结合，并且允许用户根据自己的需要设计出符合自己个性要求的 Mastercam 设计风格，使设计人员能够高效地进行设计与开发。
- 更直观的 CAD 设计功能：通过 Mastercam X 软件全新的设计，使得 CAD 的设计功能更加灵活方便，通过 Ribbon 工具栏的操作，可以更加方便地进行各种参数的设置。
- 高效的性能：Mastercam X 软件中的 Z 轴刀具路径执行效果比以往最大可提高 400%，另外 Mastercam X 软件新增的其他模块能加快程序的设计和精度。
- 增强的操作管理器：在窗口左侧的“操作管理器”中，可以综合管理实体模型、刀具参数及加工参数、刀具路径等，使得修改和编辑 CAD/CAM 的参数十分方便。
- 内容的纠错功能：Mastercam X 软件内置的纠错功能，可以自动地减少设计过程中出现的错误概率。

1.2 Mastercam X 的操作界面

和大多数应用软件一样，在 Windows 2000/XP 或 Windows NT 操作平面上，要启动 Mastercam X 软件的方法与通常的 Windows 软件相同，使用以下方法之一：

- 选择【开始】/【程序】/【Mastercam X】/【Mastercam X】命令；
- 在桌面上双击 Mastercam X 的快捷方式图标。

通过以上任一种方法后，均进入到 Mastercm X 的工作界面，如图 1-1 所示为打开的一个.*MCX 文件。Mastercam X 它是一种标准型的 Windows 视窗操作界面，其操作方法与通常所使用的 Windows 软件风格相同。

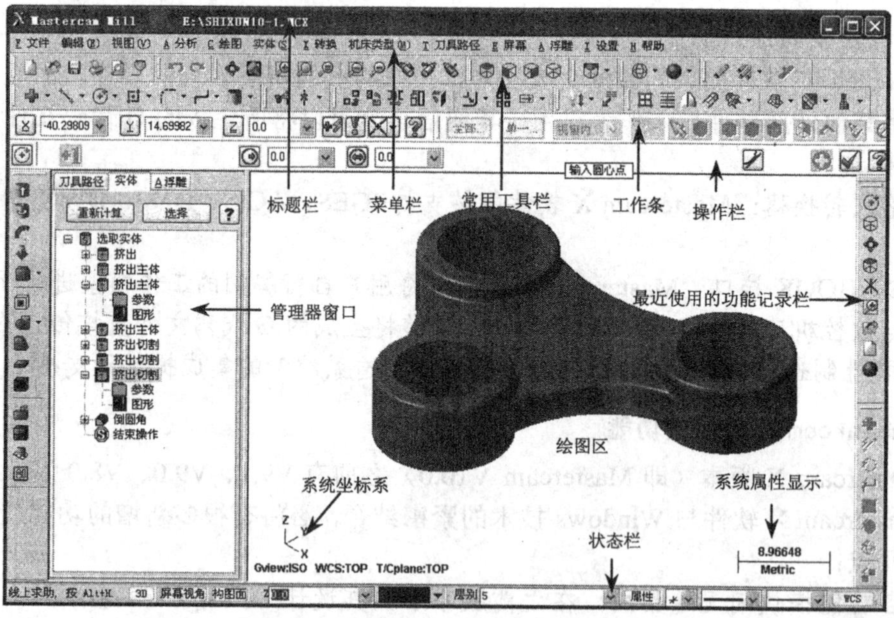

图 1-1 Mastercam X 工作界面

要退出 Mastercam X 的方法也与通常的 Windows 软件相同，常用的有以下 3 种方法：

- 选择【文件】/【退出】命令；
- 直接按快捷键 Alt+F4；
- 直接单击软件窗口右上角的“关闭”按钮☒。

执行上面 3 种方法之一，系统会弹出如图 1-2 所示的对话框，提示用户是否退出 Mastercam X 系统，单击“是”按钮，退出系统；单击“否”按钮，取消退出系统的操作。

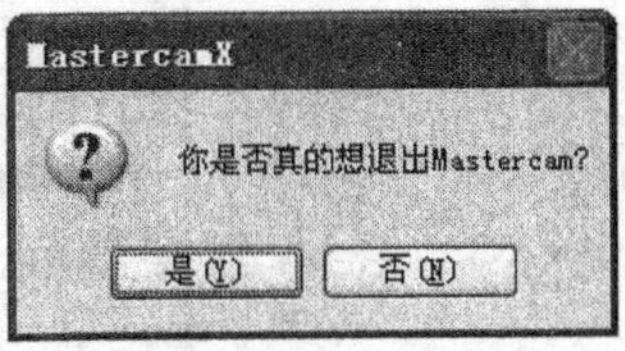

图 1-2 确认是否退出

1.2.1 标题栏

在如图 1-1 所示的 Mastercam X 工作界面中，第一行为标题栏，其左侧为 Mastercam 的图标、运行的程序名、当前工作的模块、版本号、文件的路径及文件名；右侧为一般 Windows 窗口的最小化、最大化和关闭按钮，如图 1-3 所示。

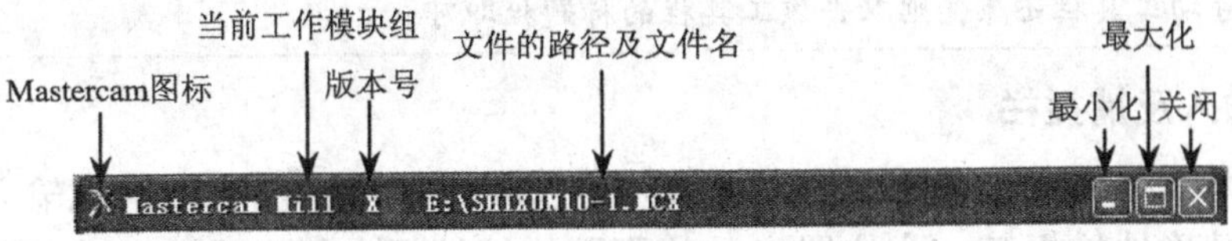

图 1-3 Mastercam X 的标题栏

1.2.2 菜单栏

在标题栏的下方为 Mastercam X 的菜单栏，包括了本软件的主要功能命令。在运行不同的模块时，菜单栏中的内容会有略微的变化。在基本的设计模块中，菜单栏包含有【文件】、【编辑】、【视图】、【分析】、【绘图】、【实体】、【转换】、【机床类型】、【刀具路径】、【屏幕】、【浮雕】、【设置】和【帮助】13 个菜单项，单击其中任一个菜单时，系统会弹出一个下拉菜单。例如单击【实体】菜单，系统则会弹出如图 1-4 所示的下拉菜单，显示出与【实体】菜单相关的命令选项。

1.2.3 工具栏

和大多数应用软件一样，每个用户都可以根据绘图环境的需要或者用户的喜好来自行定义工具栏。选择【设置】/【工具栏设置】命令，弹出【工具栏状态】窗口，如图 1-5 所示。

在左侧的列表框中列出了系统默认的几种布局方式，选择其中的一项，并单击【载入】按钮，则此时 Mastercam X 界面即可改变为相应的布局方式。同时，用户还可以在右侧的列表框中勾选/取消相应的工具栏选项，则在布局方式下能够显示/隐藏相应的工具栏。

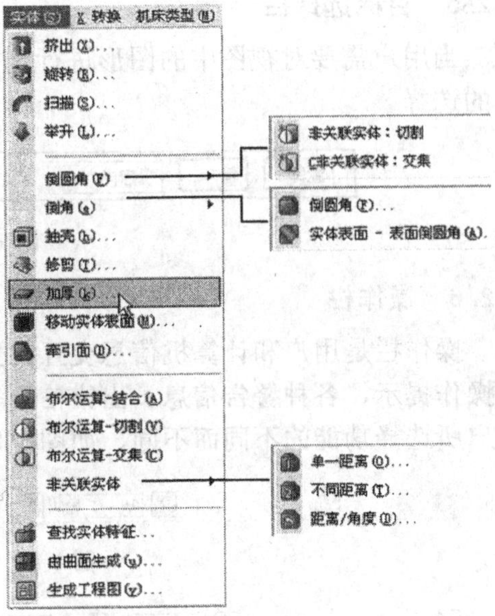

图 1-4 下拉菜单

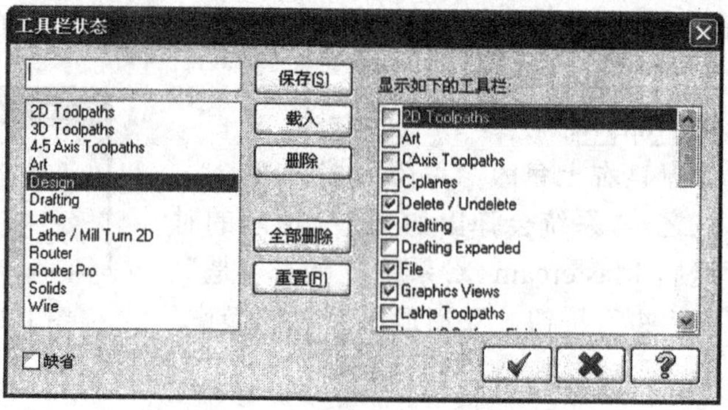

图 1-5 【工具栏状态】窗口

每个工具栏都可以使用鼠标将其拖动到不同的位置，使其呈为浮动工具栏。将鼠标移动到相应工具栏的空白处并双击，此时将显示出该工具栏的标题，将其拖动到相应的位置即可。若要将该浮动工具栏还原，则双击该工具栏的标题栏即可。

1.2.4 坐标输入及捕捉栏

如图 1-6 所示为 Mastercam X 的坐标输入栏及捕捉栏，它能够精确地输入 X/Y/Z 坐标值，或者能够精确地捕捉某一个位置点，从而更加能够提高用户设计制作的效率。

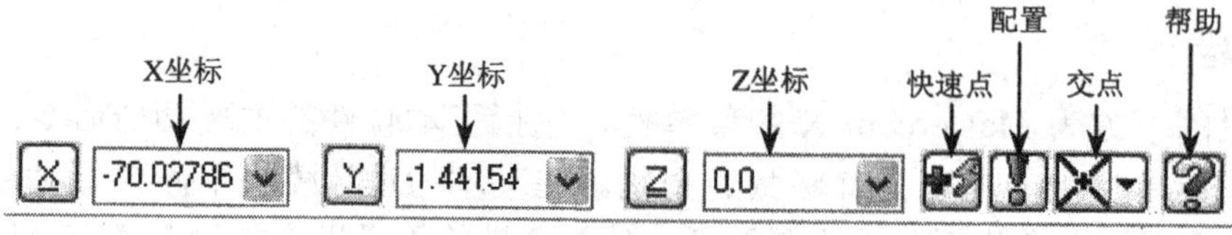

图 1-6 坐标输入及捕捉栏

1.2.5 目标选择栏

当用户需要对视图中的图形进行选择时，可通过如图 1-7 所示的不同选择方式进行相应的选择。

图 1-7 目标选择栏

1.2.6 操作栏

操作栏是用户和计算机信息交互的主要窗口之一，很多系统信息都是在这里显示，包括操作提示、各种警告信息、出错信息等，所以要养成随时浏览系统信息的习惯，它根据用户所选择功能的不同而不同，如图 1-8、图 1-9 和图 1-10 所示。

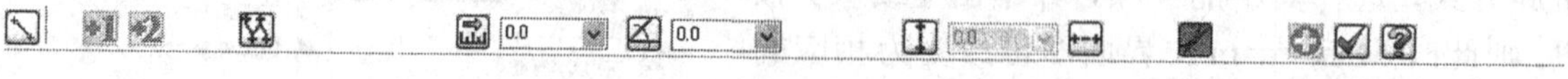

图 1-8 绘制直线时的状态栏

图 1-9 绘制圆时的状态栏

图 1-10　绘制切弧时的状态栏

1.2.7　操作命令记录栏

该记录栏显示了用户最新使用过的操作，用户可以通过它方便地进行重复操作。用户也可以拖动该工具栏，置于主界面的任何位置，如图 1-11 所示。

图 1-11　最近使用的功能记录栏

> 该功能记录栏只显示最近使用的前 10 个命令，这样可以方便用户在再次使用该命令时，能够直接从该记录栏中选择即可，从而提高了选择命令的效率。

1.2.8　绘图区

工作界面中最大的区域就是 Mastercam X 软件的绘图区域，该区域是可以无限大的，用户可根据需要在该区域中进行绘图、修改、显示工件图形和刀具轨迹。

在绘图区的左下角显示有 Gview（当前的图形视角）、WCS（当前的工作坐标系）和 Cplane（当前的构图平面）设置信息，如图 1-12 所示。

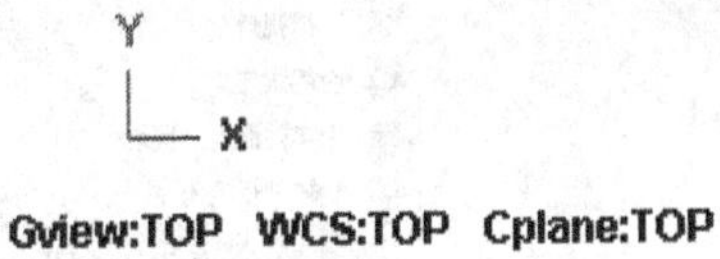

图 1-12　视图信息

1.2.9　状态栏

状态栏用于显示当前所设置的颜色、点类型、线型、线宽、层别及 Z 深度等的状态，如图 1-13 所示。

图 1-13　状态栏

由于状态栏的设置和查看非常重要，下面将其各项进行简要的介绍：

- 按 Alt+H 组合键：提示用户按 Alt+H 组合键可以打开【Mastercam Help】对话框，从而查看帮助信息，如图 1-14 所示。

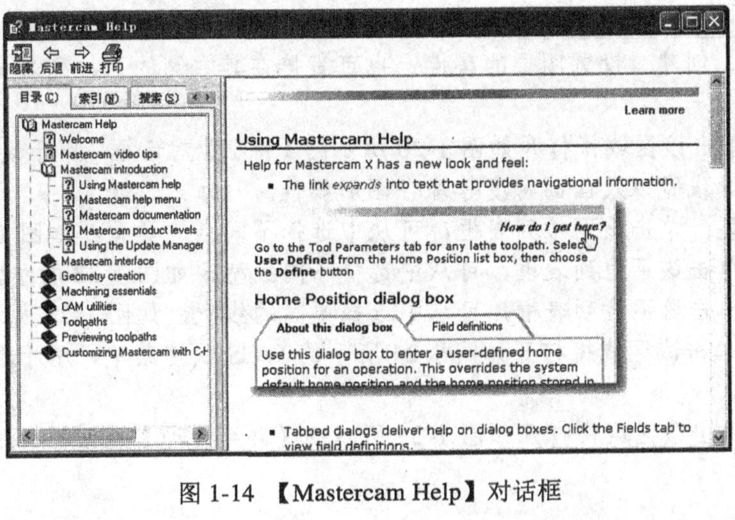

图 1-14　【Mastercam Help】对话框

● 3D/2D：用于切换 2D/3D 构图模式。在 2D 构图模式下，所有创建的图素都具有当前的构图深度（Z 深度），且平行于当前构图平面，在“工具条”工具栏中指定 X、Y、Z 坐标，从而改变 Z 轴的深度；而在 3D 构图模式下，可以不受构图深度和构图面的约束。

● 屏幕视角：单击该区域将打开如图 1-15 所示的快捷菜单，用于选择、创建和设置视角。

● 构图面：单击该区域将打开如图 1-16 所示的快捷菜单，用于选择、创建和设置构图平面。

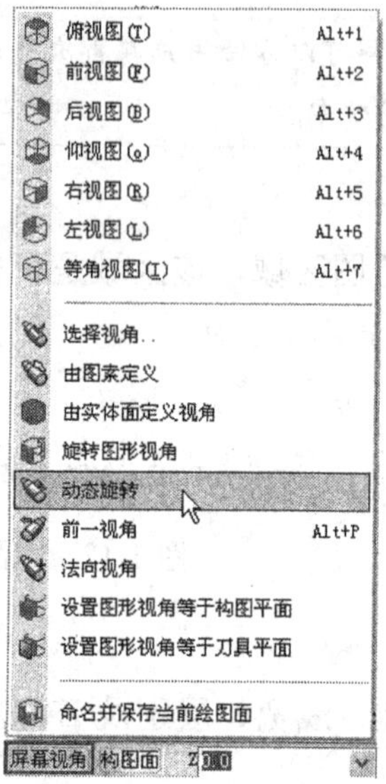

图 1-15 视角快捷菜单

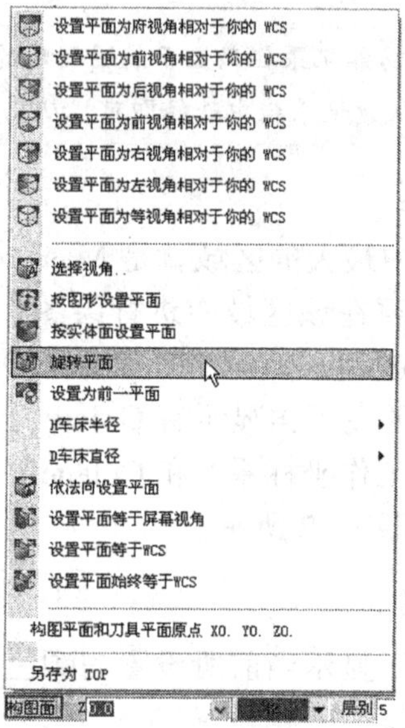

图 1-16 构图面快捷菜单

● Z 深度：设置构图深度，单击该区域即可在绘图区选择一个点，将其构图深度作为当前构图深度；也可直接在其文本框中输入数值作为新的构图深度。

● 颜色块：单击该区域将打开如图 1-17 所示的【颜色】对话框，用于设置当前颜色，此后所绘制的图素将使用这种颜色进行显示；也可以直接单击右侧的向下箭头，此时将显示“选择颜色”按钮，单击该按钮后在绘图区选择一种图素，将其颜色作为当前颜色。

● 层别 层别 5：单击该区域将打开如图 1-18 所示的【层别管理】对话框，用于选择、创建、设置图层的属性，也可直接在其右侧的下拉列表框中选择图层，如图 1-19 所示。

● 属性：单击该区域将打开如图 1-20 所示的【特征】对话框，用于设置线型、颜色、点的类型、图层、线宽以及曲面密度等综合图形属性。

● 点的类型：单击该下拉列表框，可从中选择不同点的类型，如图 1-21 所示。

● 线型：单击该下拉列表框，可从中选择不同线型，如图 1-22 所示。

● 线宽：单击该下拉列表框，可从中选择不同的线宽，如图 1-23 所示。

● WCS：单击该区域将打开如图 1-24 所示的 WCS 快捷菜单，用于选择、创建和设置工作坐标系。

● 群组：单击该区域将打开如图 1-25 所示的【群组管理】对话框，用于选择、创建和设置群组。

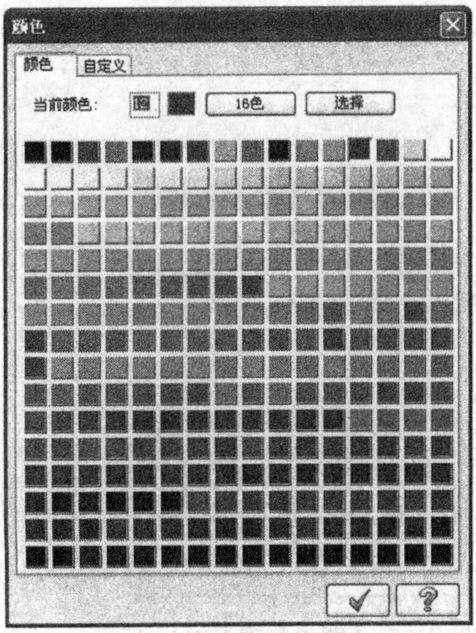

图 1-17 【颜色】对话框

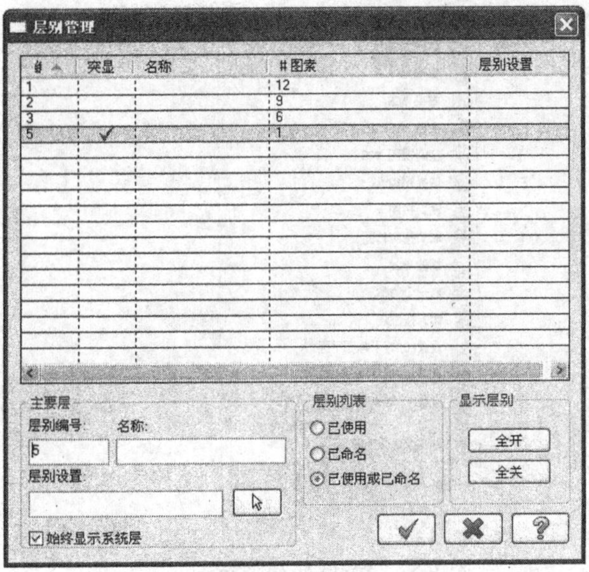

图 1-18 【层别管理】对话框

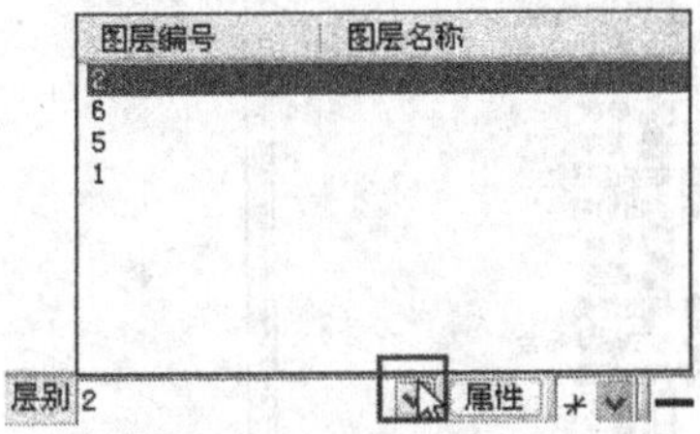

图 1-19 选择图层

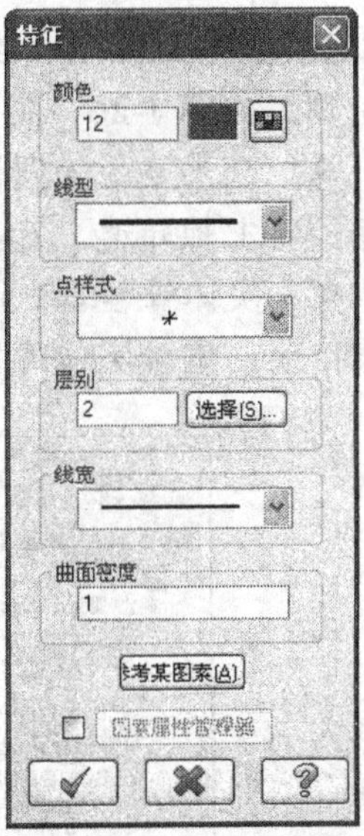

图 1-20 【特征】对话框

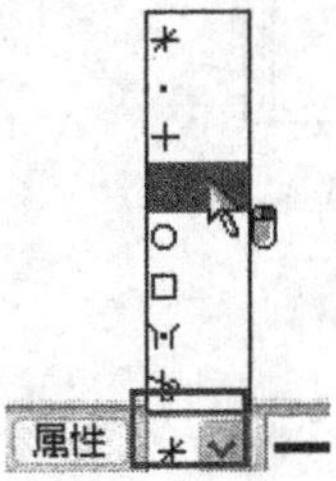

图 1-21 选择点类型

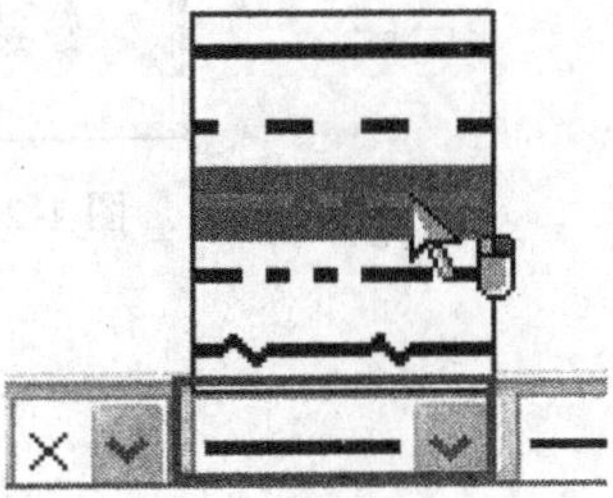

图 1-22 选择线型

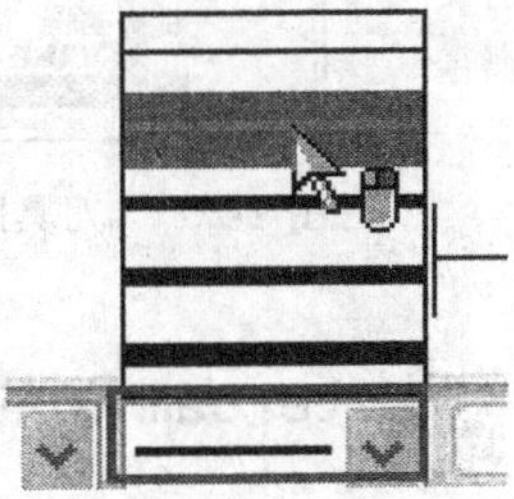

图 1-23 选择线宽

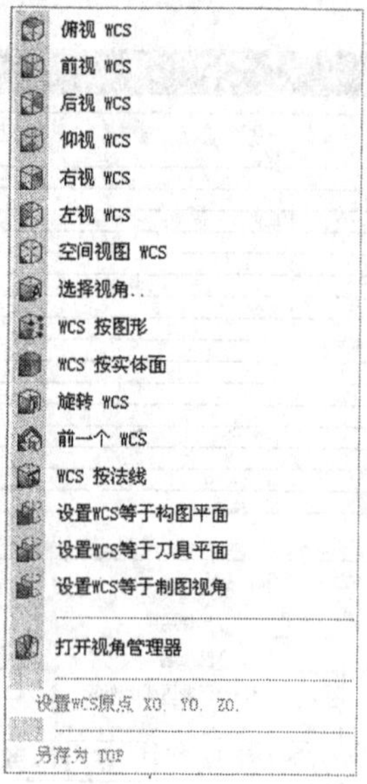

图 1-24 WCS 快捷菜单

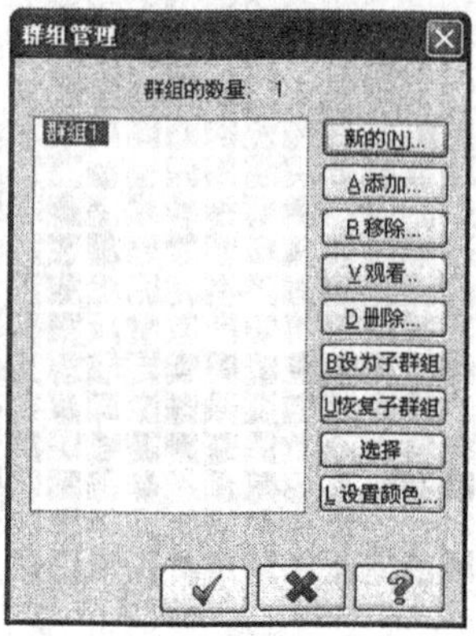

图 1-25 【群组管理】对话框

1.2.10 操作管理器

在 Mastercam X 系统中将刀具路径管理器和实体管理器集中在一起，并显示在主界面的左侧，如图 1-26、图 1-27 所示。

- 刀具路径管理器：它能够对已经产生的刀具参数进行修改、删除等，如修改刀具的直径与主轴转速、刀具的加工范围、刀具路径的模拟与验证、产生 CNC 代码等。
- 实体管理器：同样通过对已经产生的实体进行修改，如修改实体的参数、删除实体操作项、重排实体的构建顺序等。

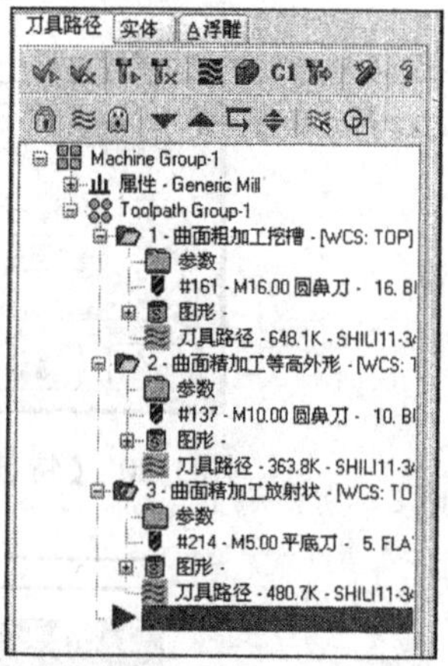

图 1-26 刀具路径管理器

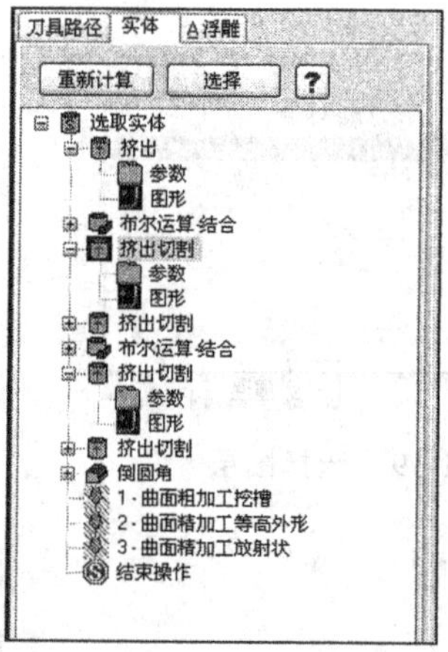

图 1-27 实体管理器

1.3 Mastercam X 的文件管理

Mastercam X 的文件格式是专用的 MCX 文件，而如果是通过其他软件造型所获得的数据文件，则需要进行转换。Mastercam 支持多种格式的数据转换，它可以直接读入 UG、PRO/E、CATIA、AutoCAD 等常用 CAD/CAM 软件格式的文件，同时提供通用数据转换格式的数据转换，如最常用的 IGES 格式、STEP 格式等。

在 Mastercam X 的主界面中，选择【文件】菜单命令即可显示相关的文件操作命令；通过 File 工具栏也可进行常用的文件操作，如图 1-28 所示。

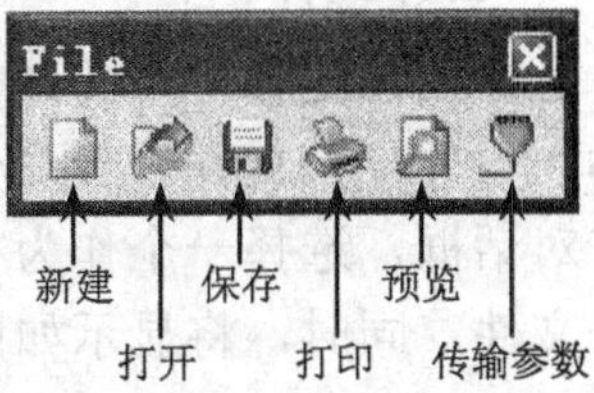

图 1-28　File 工具栏

下面将文件的常用操作进行讲解，如新建文件、打开文件、合并文件、保存文件等。

1.3.1　新建文件

启动 Mastercam X 软件后，系统就会自动新建一个空白的文件，文件的后缀名是.MCX。选择【文件】/【新建文件】命令，或者单击 File 工具栏的“新建”按钮，可以新建一个空白的 MCX 文件。

当用户在建立新的文件时，将清除屏幕上所有 Mastercam X 的操作指令及图形数据，并返回到默认设置值。若当前系统所执行的任务没有被保存，则系统将弹出如图 1-29 所示的提示，询问是否进行保存。

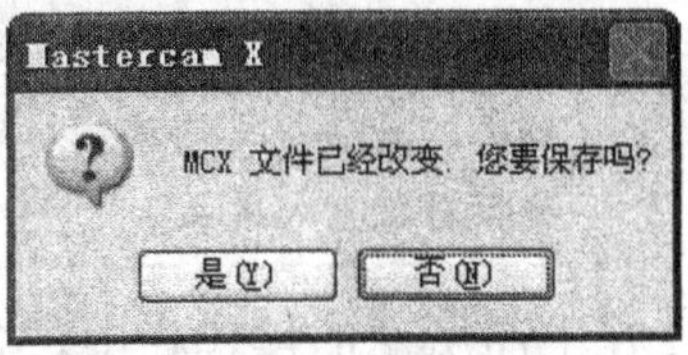

图 1-29　提示是否保存

Mastercam X 在新建文件时并不要求输入文件名，在保存或者退出时一定要注意，建议在新建文件后，先保存文件。

1.3.2　打开文件

打开文件操作可以将以前存储的 MCX 文件或以前版本的 Mastercam 文件打开。若要打开文件，选择【文件】/【打开文件】命令，或者单击 File 工具栏的“打开”按钮，将弹出【打开】对话框。打开文件的方法与 Windows 其他应用软件打开文件的方法是一样的，选择需要打开的文件类型，再选择文件路径及文件名，然后单击按钮即可，如图 1-30 所示。

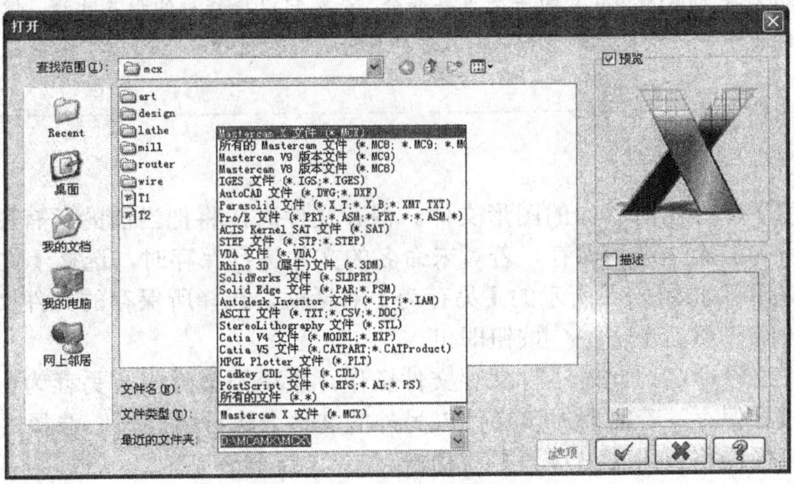

图 1-30　【打开】对话框

1.3.3　合并文件

合并文件是将一个文件中的图形插入到当前工作文件中，这相当于在 Word 编辑环境中插入另外一个文件。若要合并文件，选择【文件】/【合并文件】命令，同样将弹出【打开】对话框，选择一个作为插入的文件，然后单击按钮，此时即可在当前图形中插入一个文件，同时，将显示如图 1-31 所示的【合并/模型】操作栏。

图 1-31　【合并/模型】工作条

合并文件与打开文件是有区别的。不清空当前的屏幕，而保留当前工作文件，所合并文件后的工作环境设置也是按合并文件前的状态；而合并插入的文件将保留其原有的全部属性（如颜色、图层、线型/线宽、群组等）；合并文件插入的文件只能插入图形数据，不能将刀具路径等关联对象插入进来。

在上图所示的操作栏中，各项参数含义如下。

- 选择插入位置：单击该按钮，接着用鼠标在需要放置插入图形的位置确定放置点，随之，插入的图形便移动到确定的位置。
- 缩放比例 1.0：插入的图形可以随意放大或者缩小，缩放的比例在输入栏中输入。
- 旋转角度 0.0：可以使插入的图形绕着图形中心旋转指定的角度。输入的数值是正值，那么图形绕逆时针旋转，负值则绕顺时针旋转。
- 镜像：可以将插入的图形关于某个轴镜像，首先需要在工作条上单击按钮，激活镜像选项，接着在后面的下拉列表框中选择一个轴线，图形随之改变。
- 当前属性：单击该按钮，可以将当前图层的属性应用到插入的图形上。

操作栏是 Mastercam X 的一个重要部分，虽然它以操作栏的形式出现，但实际上更像一个对话框的功能。对于大部分 Mastercam 的功能，都在操作栏上列出了该功能可以输入的参数。

1.3.4　保存文件

保存文件用于保存当前工作的图形文件。保存文件时，将把当前的所有图形（包括隐藏的图素）和所有的操作进行保存。若对未命名的文件进行保存时，选择【文件】/【保存文件】命令，将弹出如图 1-32 所示的【另存为】对话框，选择所保存的文件类型及文件位置，再输入文件名，然后单击按钮即可。

如果该文件已经命名，此时进行保存文件操作，系统不会弹出【另存为】对话框，以默认的文件名进行保存。若需要对该文件以另外的文件名进行保存，应选择【文件】/【另存文件】命令，同样将弹出【另存为】对话框。

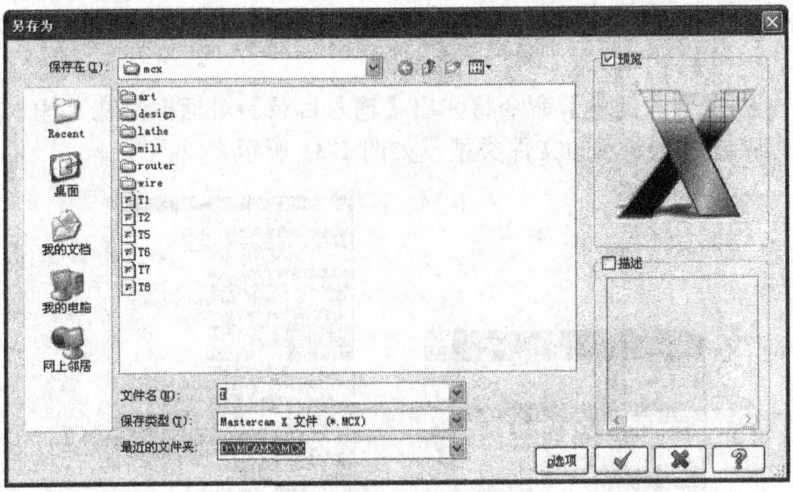

图 1-32 【另存为】对话框

1.3.5 部分保存

部分保存用于保存屏幕上的部分图素，相当于 AutoCAD 中的块存档。选择【文件】/【部分保存】命令后，在视图中选择所要保存的部分图形，然后按回车键或双击鼠标确认，此时同样将弹出【另存为】对话框。

1.3.6 打印文件

选择【文件】/【打印文件】命令，弹出如图 1-33 所示的【打印】对话框，单击“特性”按钮，弹出如图 1-34 所示的【打印设置】对话框，可以在该对话框中设置打印的相关参数，例如打印机名称、纸张的型号、放置的方向等。在“打印”对话框中单击“打印预览”按钮，可以预先查看打印的情况。

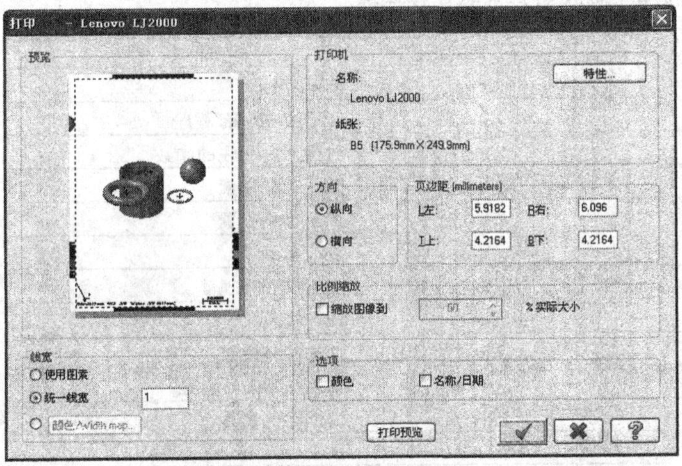

图 1-33 【打印】对话框

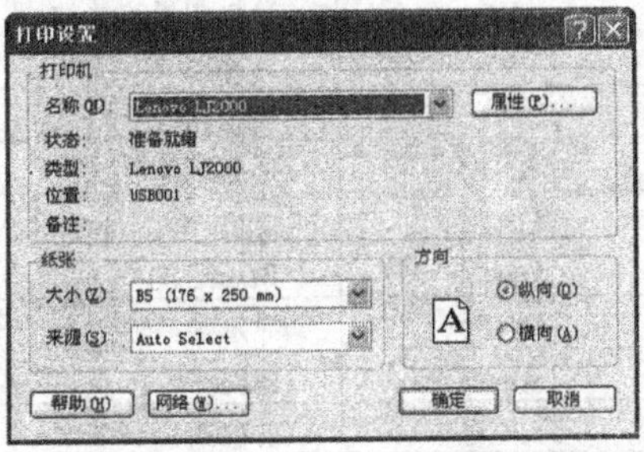

图 1-34 【打印设置】对话框

1.3.7 转换文件

Mastercam X 软件可以与其他的 CAD、CAM 软件（如 AutoCAD、IGES、Pro/E、SolidWorks、UG、CATIA 等）进行数据交换，即可以将 Mastercam X 的图形文件输出为其

他的 CAD、CAM 软件可以识别的文件格式，也可以导入其他的 CAD、CAM 软件的图形文件作为己用。

选择【文件】/【输入目录】命令将弹出【输入目录】对话框，在“输入文件的类型”下拉列表中，可以选择要导入的文件类型，如图 1-35 所示。

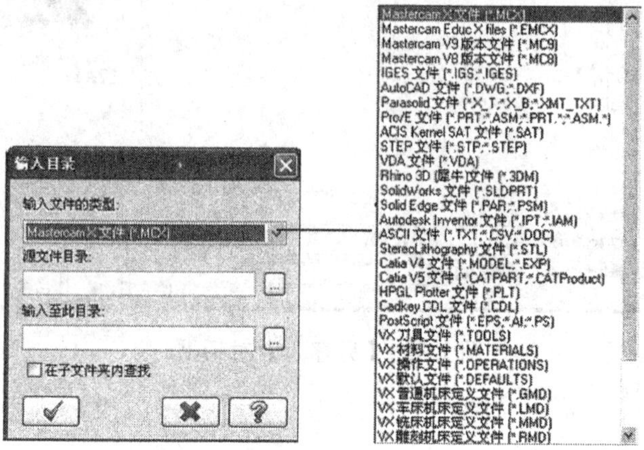

图 1-35 【输入目录】对话框

输出文件的操作与文件导入操作基本相同，选择【文件】/【输出目录】命令即可。

1.4 Mastercam X 中鼠标按键的使用

要熟练和灵活地使用 Mastercam X 软件，其快捷键及鼠标的使用是非常关键的，表 1-1 给出了 Mastercam X 软件默认的快捷键。

表 1-1 Mastercam X 软件的默认快捷键

快 捷 键	对 应 功 能	快 捷 键	对 应 功 能
F1	视图放大	Alt+A	自动存档
F2	模型缩小 0.5 倍	Alt+C	运行 C-Hooks 程序
F3	刷新屏幕	Alt+D	设置尺寸标注的参数
F4	分析图素的属性	Alt+E	显示部分图素
F5	删除图素	Alt+G	屏幕栅格设置
F9	显示当前坐标系	Alt+H	获取帮助
Alt+F1	适合屏幕	Alt+O	切换操作管理器
Alt+F4	退出 Mastercam X	Alt+P	上一视角
Alt+F8	系统配置	Alt+S	切换着色模式
Alt+F9	显示坐标轴	Alt+T	切换显示刀具路径
Alt+1	俯视图	Alt+U	返回上一步骤
Alt+2	前视图	Alt+V	关于 Mastercam X 资料
Alt+3	后视图	Alt+X	更改当前构图属性
Alt+4	底视图	Alt+Z	打开层别管理器
Alt+5	右侧视图	Ctrl+A	全选
Alt+6	左侧视图	Ctrl+C	复制
Alt+7	等角视图	Ctrl+V	粘贴

除以上这些 Mastercam X 默认的快捷键外，用户还可以更改或设置快捷键。

【例 1-1】定义平移按钮的快捷键。

操作步骤

（1）【设置】/【定义快捷键】命令，弹出【设置快捷键】对话框，如图 1-36 所示。

（2）在“种类”下拉列表框中选择“视角类型”项。

（3）在右侧的“控制”区域中选择“平移”按钮。

（4）将光标置于“新建快捷键”文本框中，按键盘上的 F6 键。

（5）单击指定按钮。

（6）最后单击 ✔ 按钮。

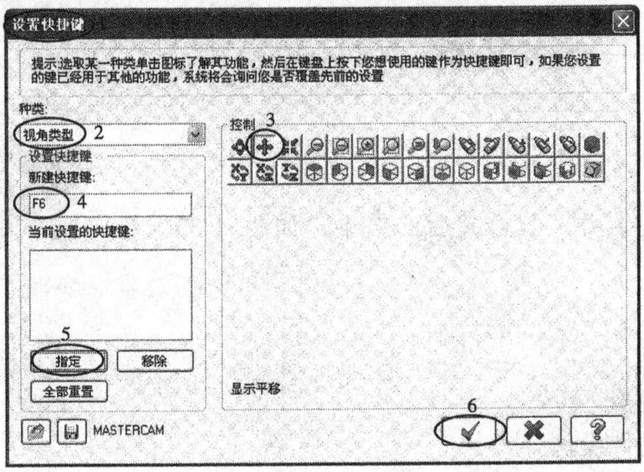

图 1-36　设置快捷键

用户还可以定义鼠标的快捷键，将常用的命令设置在快捷菜单上，使用户更加快捷地进行操作。

【例 1-2】设置鼠标快捷键。

操作步骤

（1）选择【设置】/【用户自定义】命令，弹出【自定义】对话框，如图 1-37 所示。

（2）选择【下拉/鼠标右键菜单】选项卡。

（3）在“菜单”列表框中展开“定义鼠标右按钮菜单”项。

（4）在“种类”下拉列表框中选择“视角类型”项。

（5）选择“控制”区域中的“平移”按钮。

（6）按住鼠标左键将其拖拽到左侧的列表任意位置。

（7）最后单击 ✔ 按钮。

（8）在绘图区的空白处单击鼠标右键，从弹出的快捷菜单中即可看到所定义“平移”命令，如图 1-38 所示。

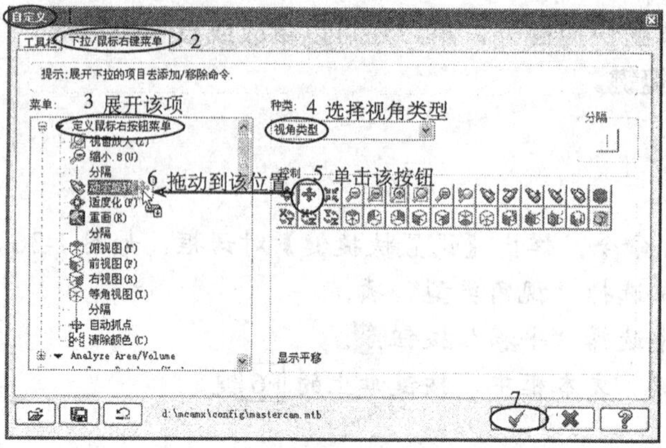

图 1-37　设置右键快捷菜单

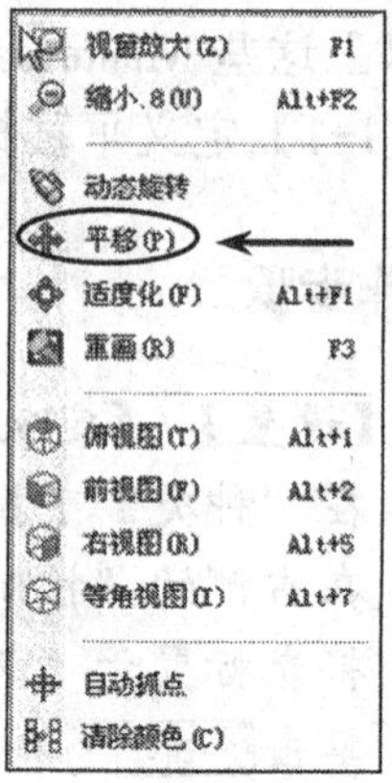

图 1-38　所设置的快捷菜单

1.5　综合实例——合并文件

设计要求

将多个文件进行合并，其合并后的效果，如图 1-39 所示。

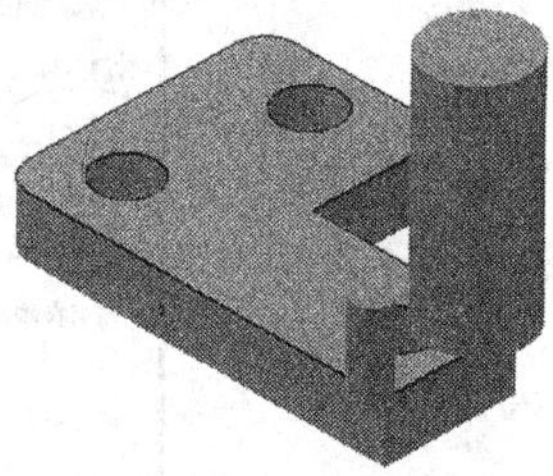

图 1-39　合并后的效果

设计思路

（1）打开一个图形。

（2）执行合并文件操作。

打开文件

（1）启动 Mastercam X 软件，进入到设计环境中。

（2）执行【文件】/【打开文件】命令，在弹出的【打开】对话框中选择“ZHSL1-A”文件，然后单击 ✓ 按钮，如图 1-40 所示。

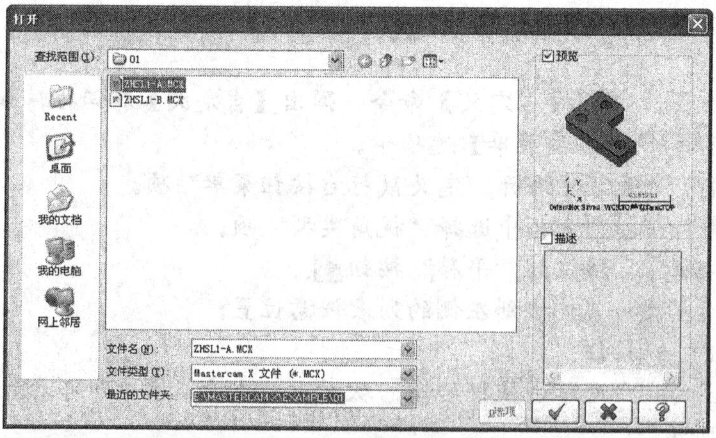

图 1-40　打开文件“ZHSL1-A”

（3）此时在视图中将显示所打开的*.MCX 文件，如图 1-41 所示。

图 1-41　打开的文件

合并文件

（1）执行【文件】/【合并文件】命令，在弹出的【打开】对话框中选择“ZHSL1-B”文件，然后单击“确定”按钮，如图 1-42 所示。

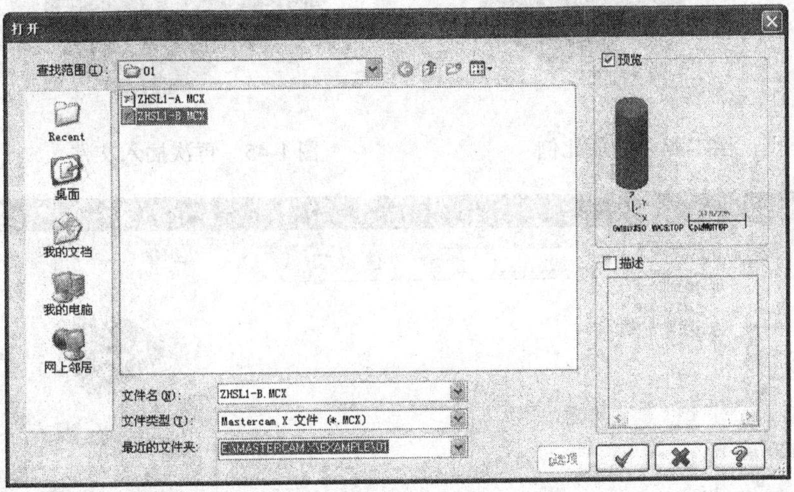

图 1-42　合并文件“ZHSL1-B”

（2）在弹出的操作栏中单击“选择插入位置”按钮，在视图中选择图形的一个角点 A 作为新的插入点位置，其视图效果如图 1-43 所示。

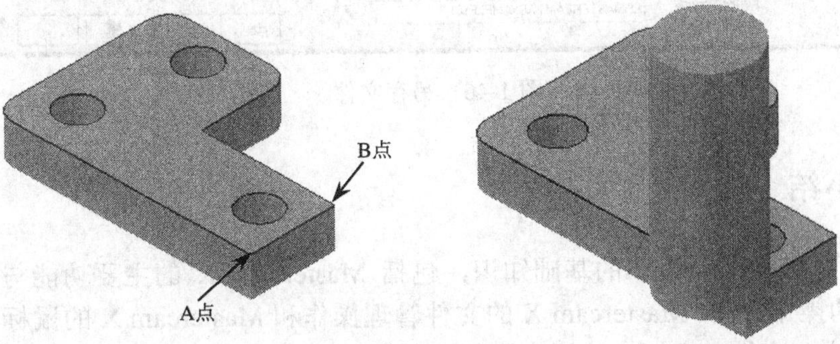

图 1-43　插入指定位置

（3）在操作栏的“缩放比例”文本框中输入 0.3，其视图效果如图 1-44 所示。

（4）在操作栏中单击“应用”按钮，在视图中捕捉点 B，然后在“缩放比例”文本框中输入 0.8，其视图效果如图 1-45 所示。

（5）最后单击“确定”按钮，结束合并文件的操作。

（6）执行【文件】/【另存文件】命令，将视图中的图素另存为 ZHSL1.MCX 文件，如

图 1-46 所示。

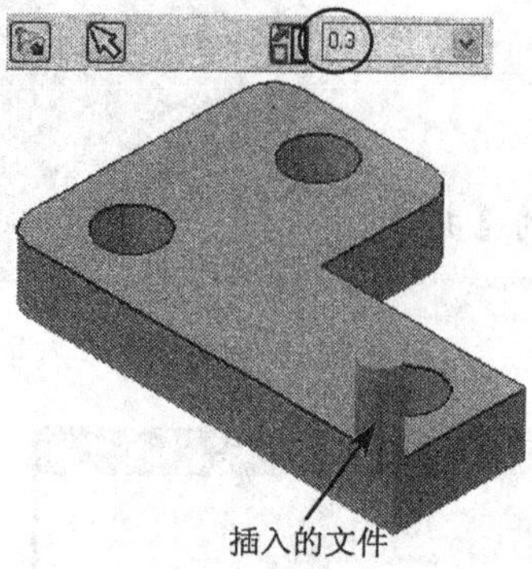

图 1-44　缩放比例

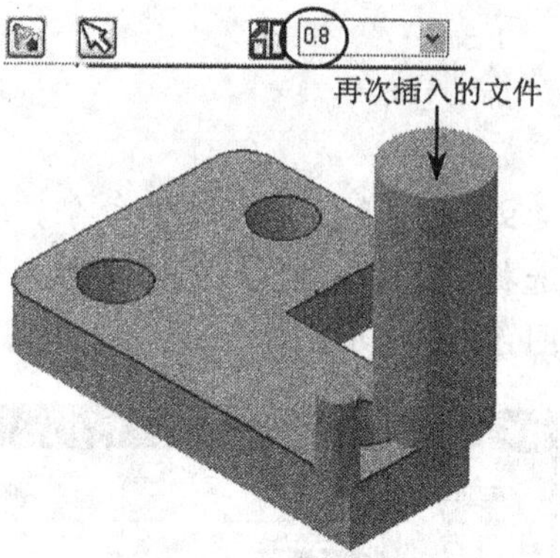

图 1-45　再次插入文件

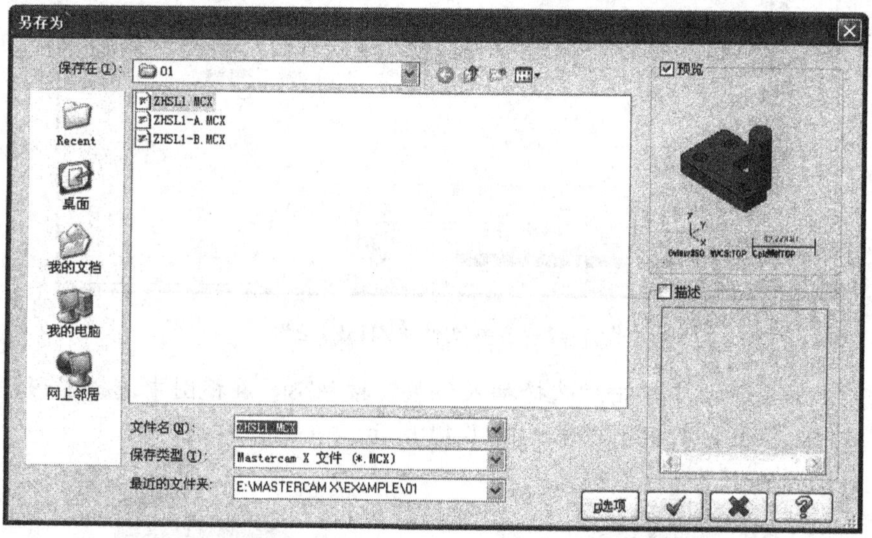

图 1-46　另存文件

1.6　本章小结

本章介绍了 Mastercam X 的基础知识，包括 Mastercam X 的主要功能与新增功能、Mastercam X 的操作界面、Mastercam X 的文件管理操作和 Mastercam X 的鼠标快捷键的使用等，最后给出一个综合实例，让用户掌握合并文件的操作步骤。

1.7　习题

1. 概念题

（1）Mastercam X 的主要功能有哪些？

（2）Mastercam X 版本较之前版本相比，有哪些新增的功能？

（3）怎样将 Mastercam X 文件转换为 Pro/E 文件格式？

2. 操作题

（1）打开光盘中的 XT1-1.MCX 文件，如图 1-47 所示，然后将其进行部分保存操作。

（2）打开光盘中的 XT1-2.MCX 文件，如图 1-48 所示，然后将其转换为 AutoCAD 文件。

（3）设置快捷键，将 Mastercam X 中的打印功能设置快捷键“P”。

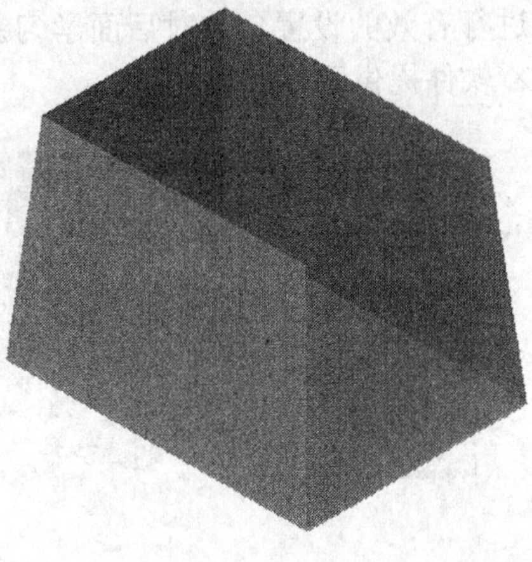

图 1-47　XT1-1.MCX 文件

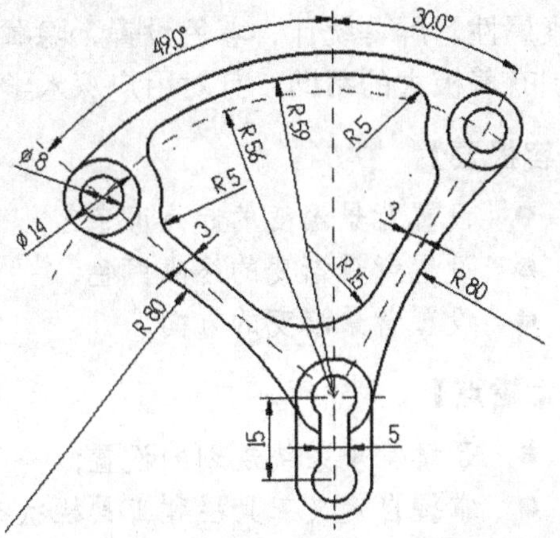

图 1-48　XT1-2.MCX 文件

第 2 章　Mastercam X 系统与环境设置

通过 Mastercam X 所提供的系统与环境的设置，能够很好地对系统规划、工具栏状态、图素属性、屏幕统计、着色设置、隐藏与恢复隐藏等进行有效的设置，这对后面学习新的知识有着极大的帮助，且对用户深入学习 Mastercam X 软件提供了良好的环境。

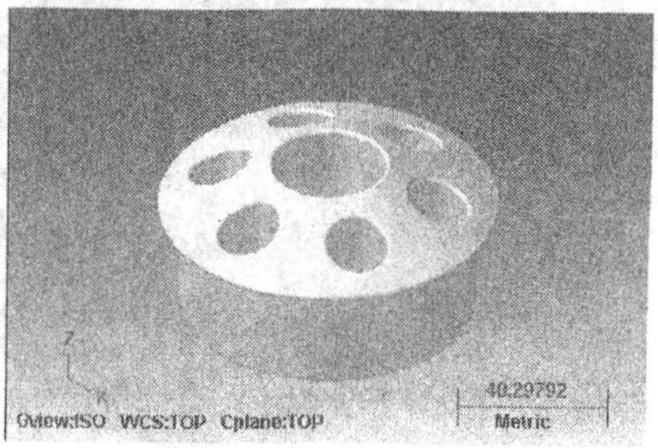

【内容提要】

- 设置背景渐变的起点颜色；
- 设置背景渐变的终点颜色；
- 设置背景渐变的方向。

【本章重点】

- 了解常规系统规划的设置；
- 掌握自定义工具栏和工具栏状态的设置；
- 熟练掌握图素的属性设置；
- 掌握层别的建立、隐藏和显示；
- 掌握图素的不同显示模式。

2.1　系统规划

在 Mastercam X 的软件环境中，通过系统的默认参数设置就能够进行大多数工作的操作，但还是不能够满足特定用户的需要，幸好 Mastercam X 提供了系统配置操作。选择【设置】/【系统规划】命令，即可弹出如图 2-1 所示的【系统配置】对话框，从而能够对系统进行诸如公差、文件、屏幕、颜色等参数的设置。

按“Alt+F8”组合键也可打开【系统配置】对话框。

下面仅针对 Mastercam X 软件系统配置的常用项进行介绍：

（1）刀路模拟设置：在上图所示中，可以设置刀具模拟的步进模式、模拟速度、刀具的颜色及着色模式、轮廓的显示情况、夹头颜色及材质等。

（2）CAD 绘图设置：在如图 2-2 所示中，可以设置曲线 / 曲面的构建形式、曲面的显示密度、绘图尺寸标注参数、自动产生圆弧的中心线、转换选项、图素的线型与线宽等。

（3）串连：在如图 2-3 所示中，用于设置 Mastercam X 串连操作的参数，包括限定设置、默认串连工、封闭式串连方向、常规限定选项、嵌套式串连等。

（4）颜色：在如图 2-4 所示中，用于设置 Mastercam X 中的界面、图素、激活图素及刀具的各种默认颜色。

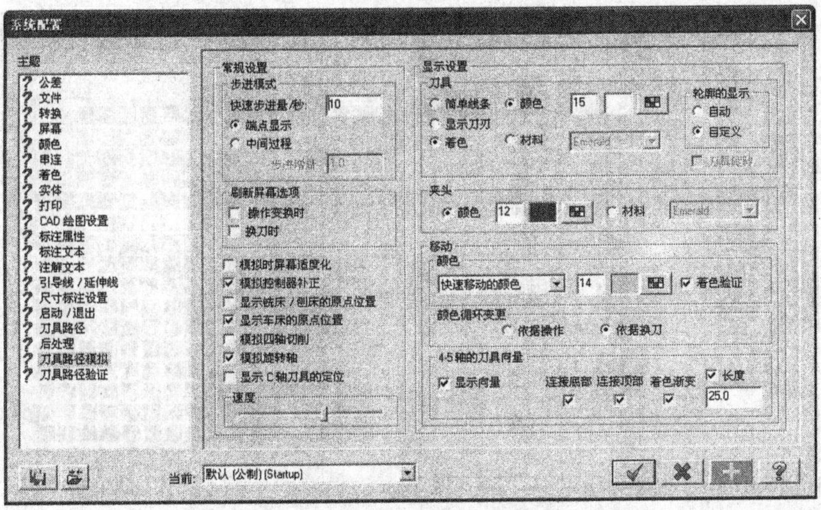

图 2-1 【系统配置】对话框

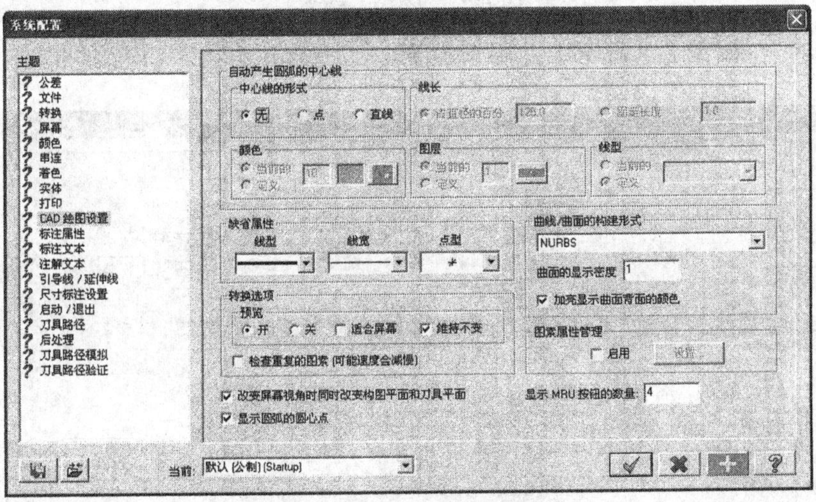

图 2-2 “CAD 绘图设置”选项

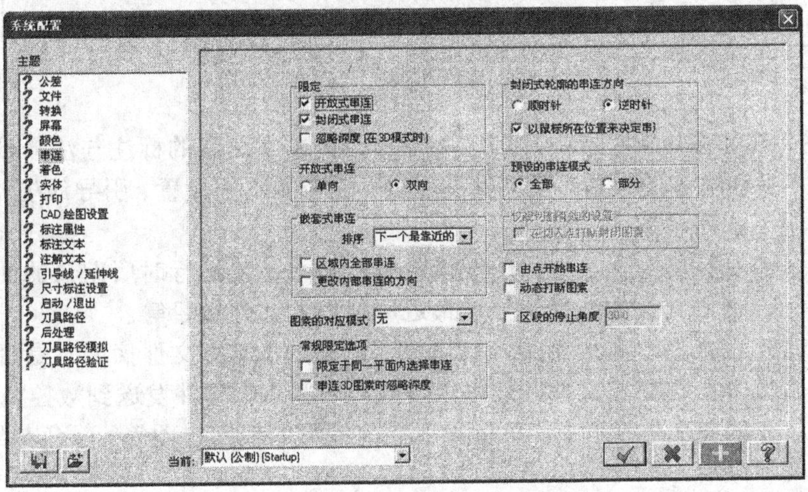

图 2-3 “串连”选项

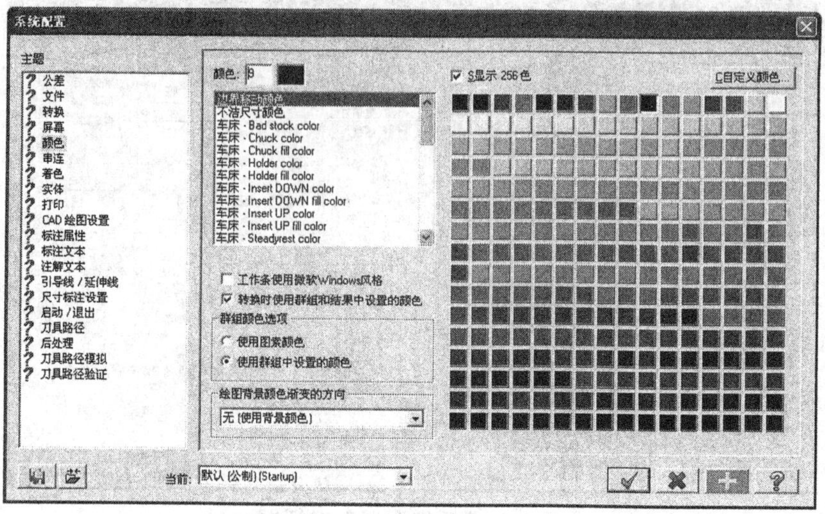

图 2-4 “颜色”选项

（5）转换：在如图 2-5 所示中，用于设置 Mastercam X 输入和输出的文件类型。

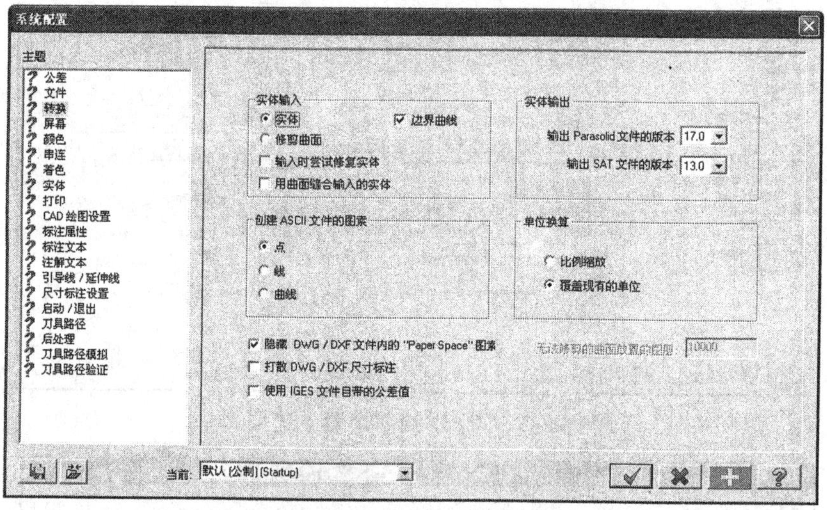

图 2-5 “转换”选项

（6）标注：在如图 2-6 所示中，用于 Mastercam X 中图素的标注与注释设置，包括标注属性的设置、标注文本的设置、尺寸标注设置、注释文本的设置、引导线/延伸线设置等，并在预览框中显示出所设置的大致样式。

（7）文件：在如图 2-7 所示中，用于设置 Mastercam X 运行时所默认的文件，包括资料所指定的路径、使用文件的路径、显示最近所使用的文件数目等。

（8）后处理：在如图 2-8 所示中，可以设置输出的 MCX 文件摘要、是否保存 NC 与 NCI 文件、是否编辑已存在的文件，还可以设置是否将 NC 文件发送到数控机床等。

（9）打印：在如图 2-9 所示中，可以设置当前图形的线宽、颜色、颜色与线宽的对应、是否打印名称与日期等。

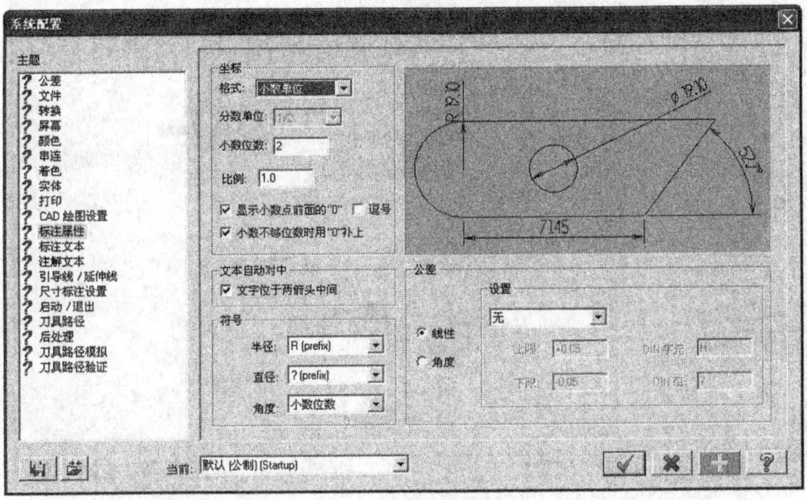

图 2-6 “标注”选项

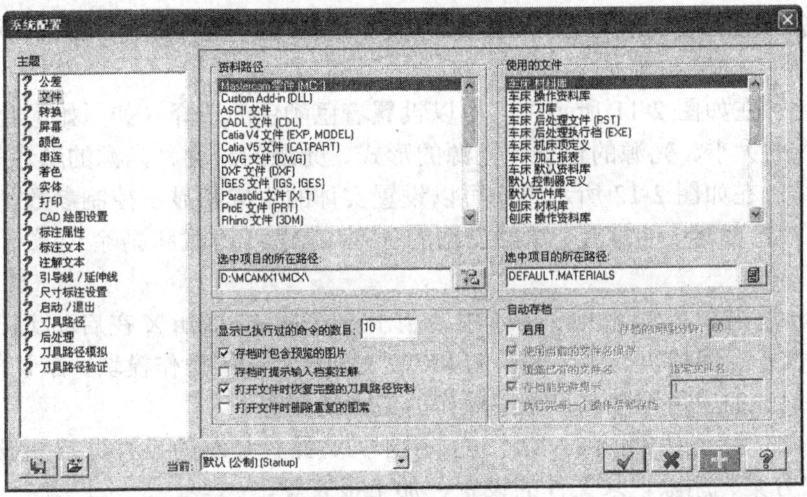

图 2-7 “文件”选项

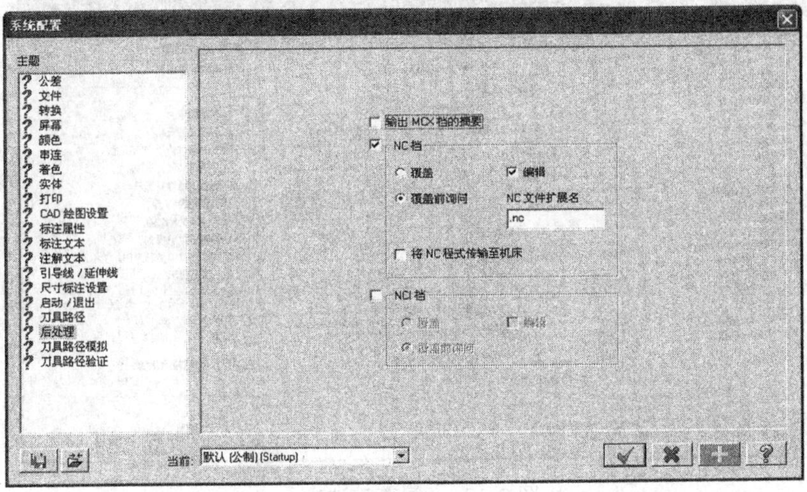

图 2-8 “后处理”选项

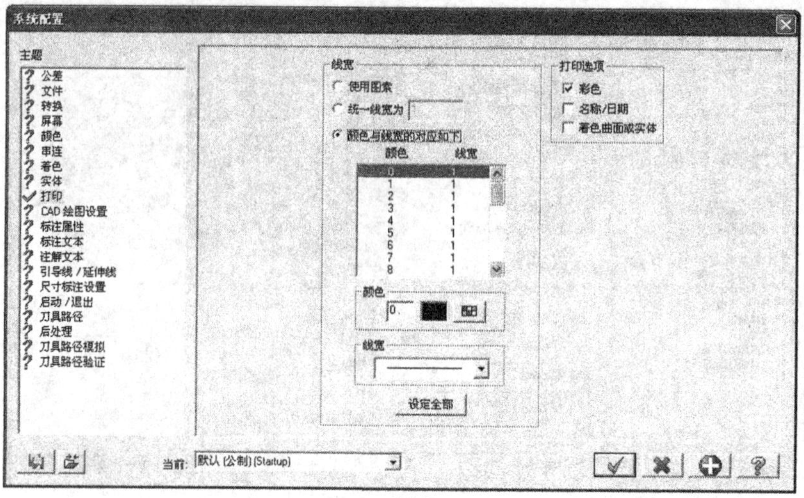

图 2-9 “打印”选项

（10）屏幕：在如图 2-10 所示中，可以设置系统图像的显示模式、栅格和栅栏的间距、窗口配置和鼠标中键配置等。

（11）着色：在如图 2-11 所示中，可以设置着色颜色的选择（如原始颜色、单色和材料）、环境灯光的大小、光源的位置、光源的形式、光源的深度、光源的颜色等。

（12）实体：在如图 2-12 所示中，可以设置实体的生成和显示控制参数，如设置新的实体操作在实体管理器中的位置、原始曲面的处理（保留、隐藏和删除）、实体所在的图层等。

（13）启动/退出：在如图 2-13 所示中，用于设置 Mastercam X 在启动/退出时的情况，如当前的配置文件、图标快捷键、默认的 MCX 文件、默认的操作模块、默认的构图平面、默认的机床、附加的应用程序、可撤消操作的最大次数等。

（14）刀具路径：在如图 2-14 所示中，用于刀具路径显示的设置、常规设置、刀具路径/曲面的选取方案、删除记录文件的设置、加工报表等。

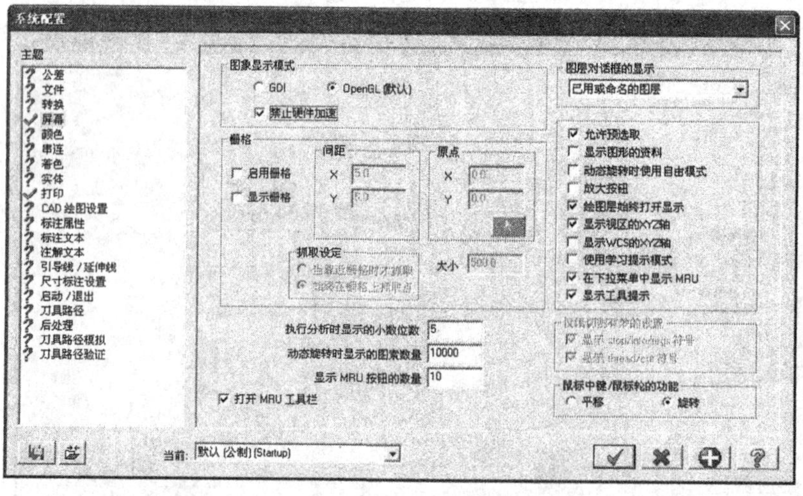

图 2-10 “屏幕”选项

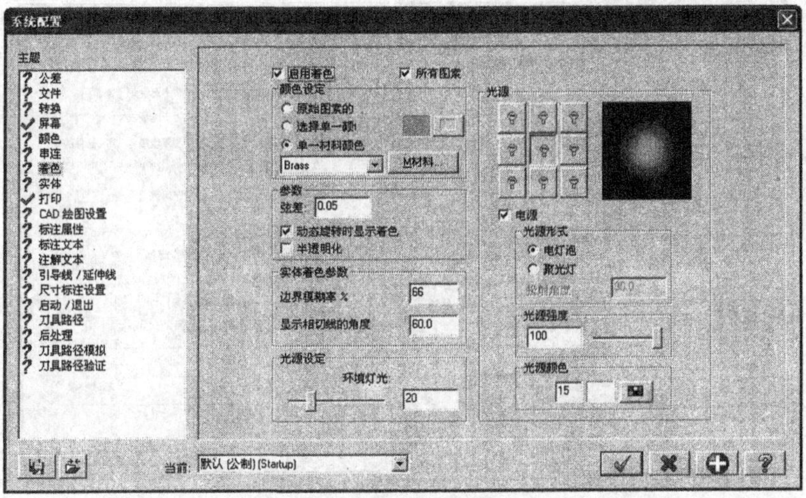

图 2-11 “着色”选项

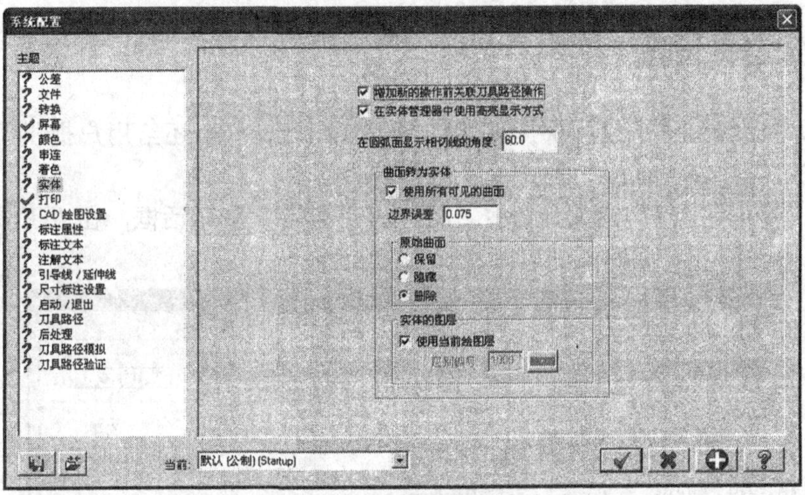

图 2-12 “实体”选项

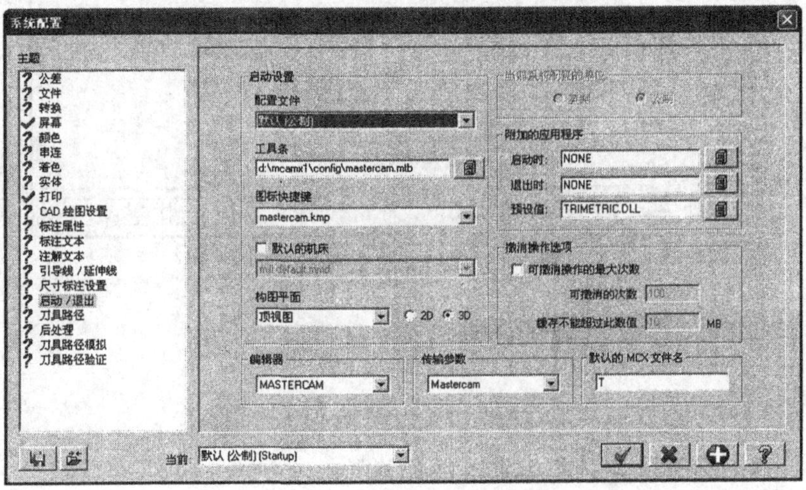

图 2-13 “启动/退出”选项

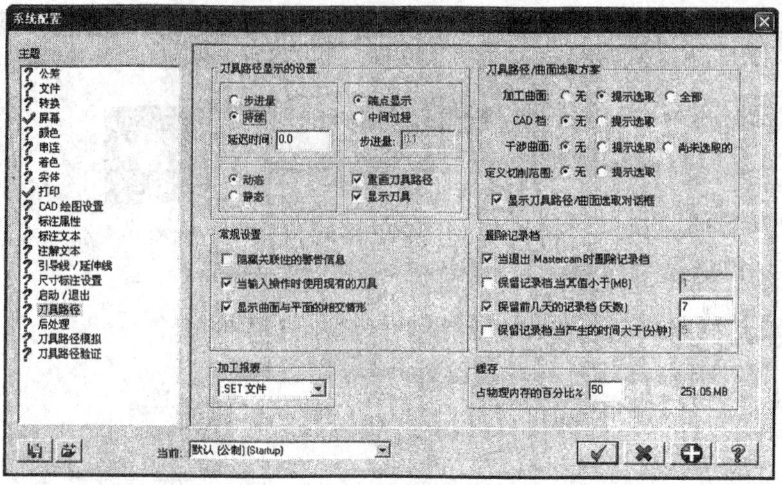

图 2-14 “刀具路径”选项

2.2 用户自定义设置

在第 1 章中已经讲解了鼠标快捷键的设置，Mastercam X 还给用户提供了向工具栏中添加、删除按钮等功能，这极大地方便了用户的使用。

选择【设置】/【用户自定义】命令，将弹出【自定义】对话框，在“工具栏”选项卡中可对其他工具栏添加、删除按钮，如图 2-15 所示。

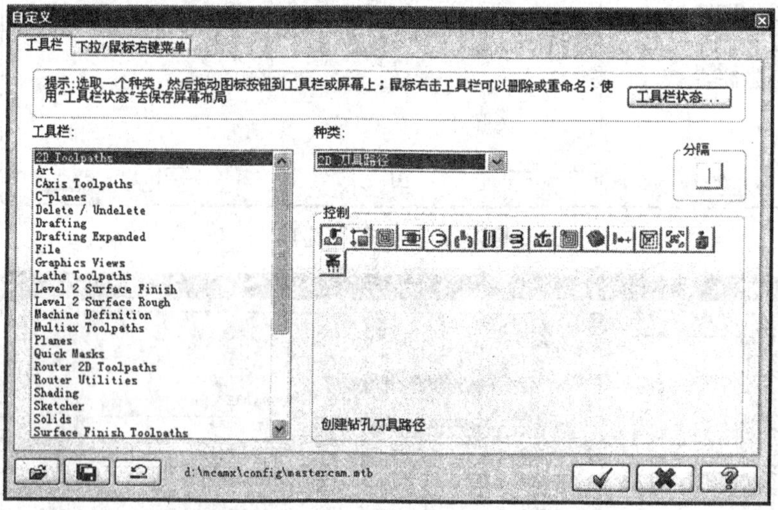

图 2-15 【自定义】对话框

【例 2-1】向 File 工具栏中添加按钮。

操作步骤

（1）在工具栏中将 File 工具栏拖出来单独放置。

（2）选择【设置】/【用户自定义】命令，系统弹出【自定义】对话框，如图 2-16 所示。

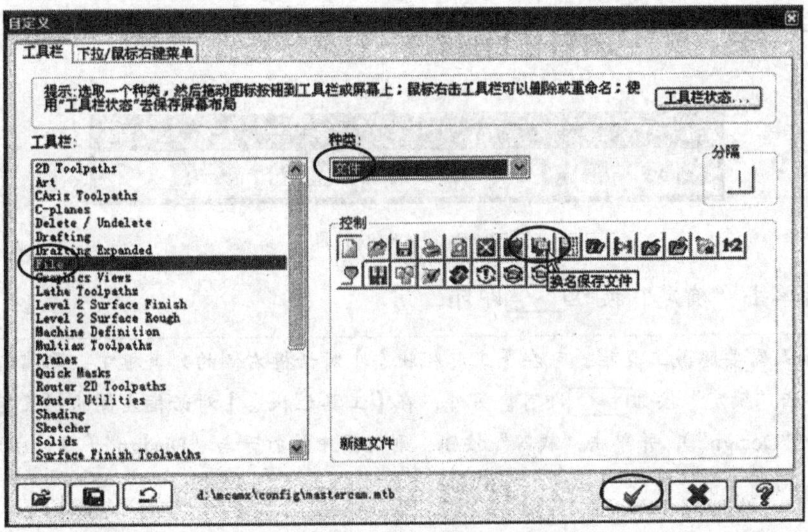

图 2-16 【自定义】对话框

（3）选择【工具栏】选项卡，在“工具栏”列表框中选择“File”项。

（4）在“种类”组合框中选择“文件”项。

（5）在“控制”区域中选择“换名保存文件”按钮，并按住拖动到 File 工具栏上。

（6）在【自定义】对话框中单击“确定”按钮，此时即可看到 File 工具栏上多了一个“换名保存文件”按钮，如图 2-17 所示。

图 2-17　添加的按钮

如果要将添加的按钮从工具栏中删除，则在打开【自定义】对话框的情况下，在工具栏中将指定的按钮拖到工具栏以外的区域，即可从工具栏中删除该按钮。

【例 2-2】将 Art（雕刻）工具栏打开。

操作步骤

（1）选择【设置】/【工具栏设置】命令，打开【工具栏状态】对话框，如图 2-18 所示。

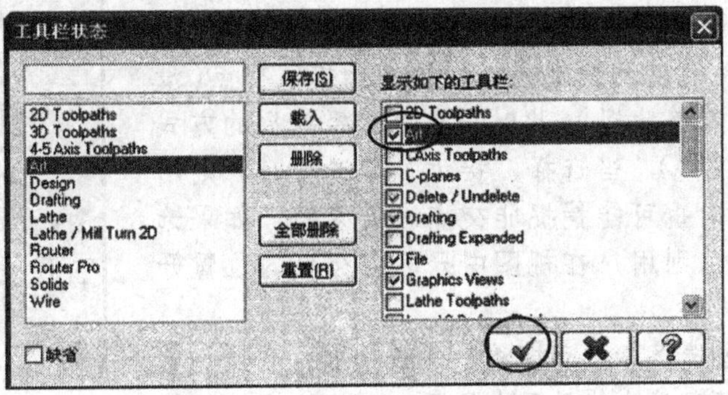

图 2-18 【工具栏状态】对话框

（2）在右侧的列表框中选择“Art”复选框，此时在视图中将显示“Art”工具栏，如图 2-19 所示。

图 2-19 “Art”工具栏

（3）然后单击“确定”按钮 ✔ 即可。

如果需要隐藏工具栏，可在【工具栏状态】对话框右侧的列表框中，取消指定的复选框，然后单击“确定”按钮 ✔ 即可。另外，在【工具栏状态】对话框左侧的列表框中列出某一选项（如“Design”），并单击“载入”按钮，则视图中将打开与“Design”（设计）相关的工具栏，如图 2-20 所示。

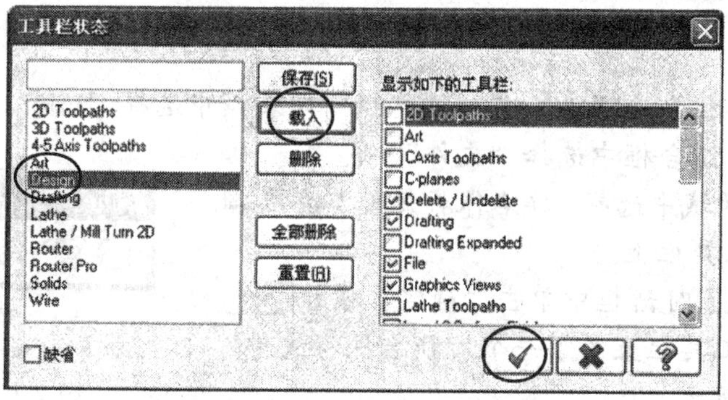

图 2-20　设置为 Design 工具栏状态

2.3　栅格设置

当用户在视图中设置了栅格并显示出来，可以帮助用户提高绘图的精度和效率，但所显示出来的栅格并不会打印出来。选择【屏幕】/【栅格参数】命令，将弹出【栅格参数】对话框，然后进行栅格的颜色、大小等设置，如图 2-21 所示。

● 启用栅格：当选择“启用栅格”复选框时，这时用户在视图中绘图时，系统自动捕捉光标附近的栅格线交点（没有显示栅格时也同样能够捕捉）。此时用户可选择捕捉的方式（有“接近”和“始终”），当选择“接近”单选项时，则用户在视图中绘制图形时也可能捕捉非交点进行绘制；如果选择“始终”单选项时，则用户在视图中只能在交点的位置开始绘制。

● 显示栅格：当选择“显示栅格”复选框时，则所设置的栅格大小及栅格线颜色等才能显示在视图中，如图 2-22 所示。

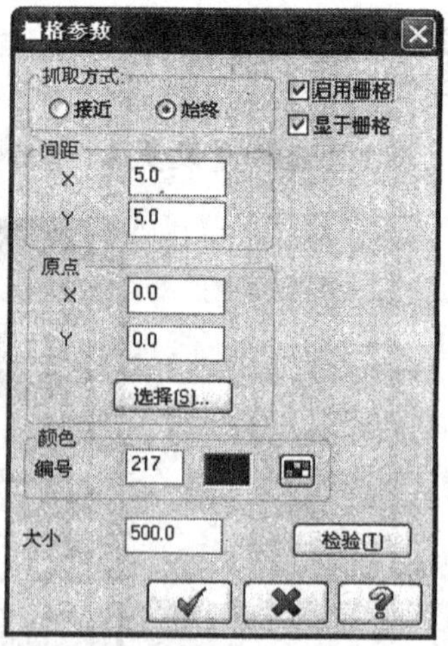

图 2-21 【栅格参数】对话框

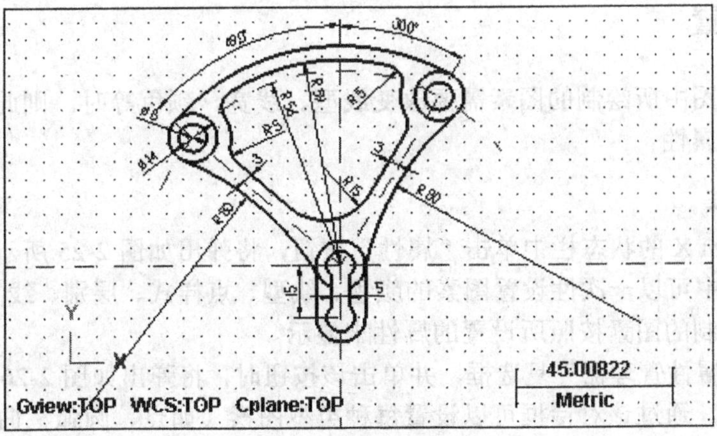

图 2-22　显示栅格

【例 2-3】设置视图栅格。

操作步骤

(1) 选择【屏幕】/【栅格参数】命令，打开【栅格参数】对话框，如图 2-23 所示。
(2) 选择“启用栅格”和“显示栅格”复选框。
(3) 在“间距”区域中分别设置 X、Y 的间距为 5。
(4) 在“原点”区域中单击“选择”按钮，然后在视图中捕捉一点作为原点位置。
(5) 在“颜色”区域中单击“颜色”按钮，然后在选择蓝色作为栅格的颜色。
(6) 在“大小”文本框中输入栅格区域的大小为 120。
(7) 最后单击“确定”按钮，则视图中将显示所设置的栅格，如图 2-24 所示。

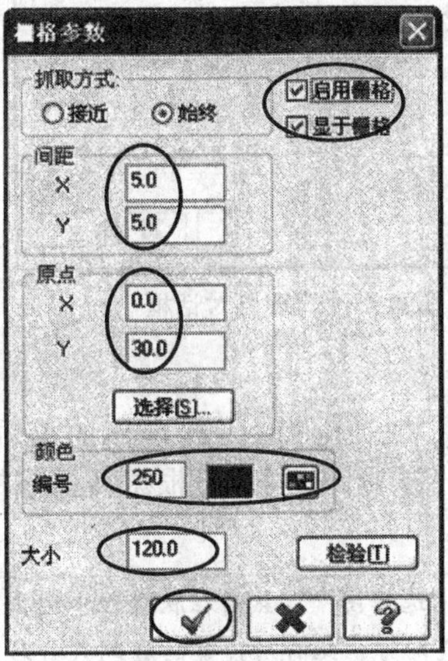

图 2-23　设置栅格参数

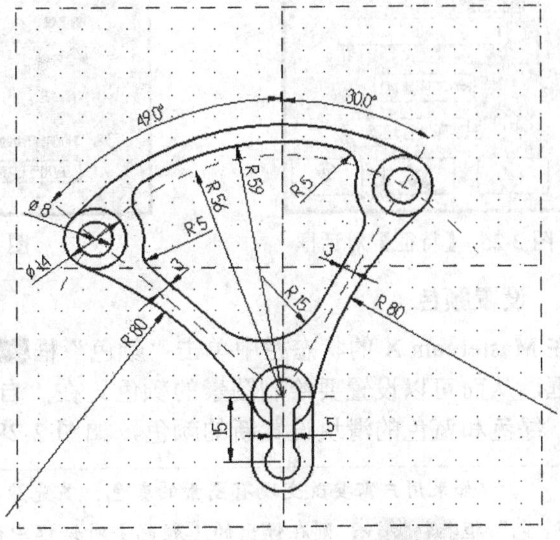

图 2-24　设置的栅格

2.4　图素设置

当用户在视图中所绘制的图素需要改变线型、线宽、颜色等时，则此时即可通过状态栏来改变图素的属性。

2.4.1　设置属性

在 Mastercam X 的状态栏中单击“属性”按钮，将弹出如图 2-25 所示的【特征】对话框，在该对话框中可以一次性设置图素的颜色、线型、点样式、层别、线宽、曲面密度等，从而使下次所绘制的图素按照所设置的属性来显示。

选择“图素属性管理器”复选框，并单击该按钮时，将弹出如图 2-26 所示的【图素属性管理】对话框，通过该对话框可以设置每种类型图素（如点、圆弧、曲面乖）所具有的层别、颜色、线型、线宽等属性，但在绘制图素时，所绘制的图素属性与当前的层别、颜色、线型、线宽等无关。

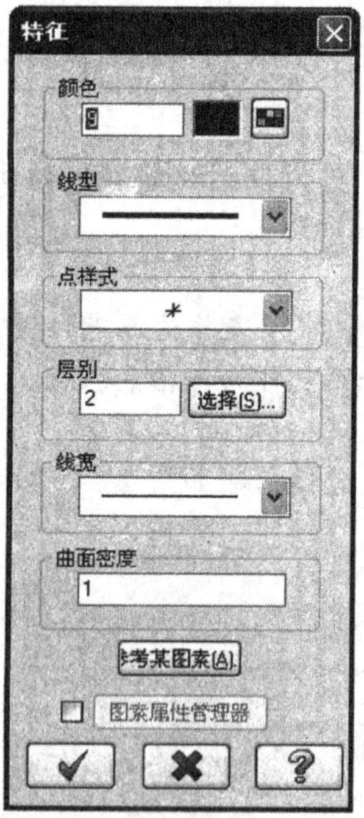

图 2-25 【特征】对话框

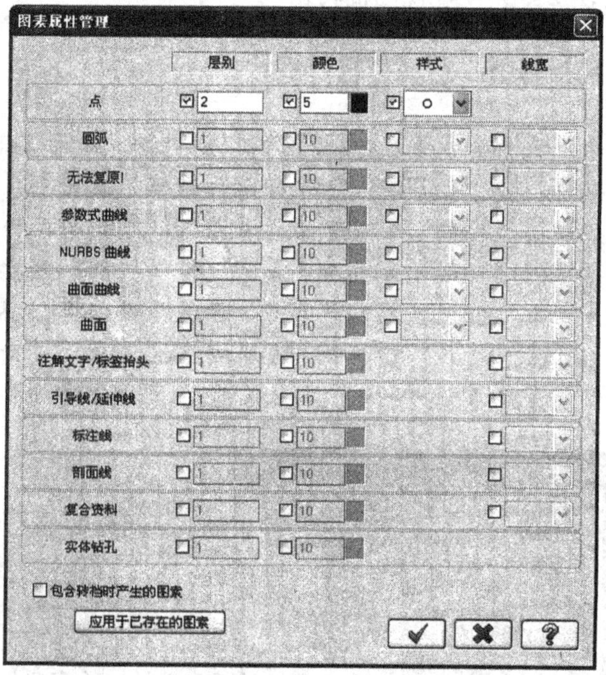

图 2-26 【图素属性管理】对话框

2.4.2　设置颜色

在 Mastercam X 的状态栏中单击“颜色”框，将弹出如图 2-27 所示的【颜色】对话框，从而可以设置要绘制图素的颜色。在“自定义”选项卡中用户可根据需要来拖动红色、绿色和蓝色的滑块设置新的颜色，如图 2-28 所示。

如果用户需要改变现有图素的颜色，首先应在视图中选择图素，然后在状态栏中右击“颜色”框，则在弹出的【颜色】对话框中设置颜色即可，此时所设置的颜色只针对所选择的图素生效。

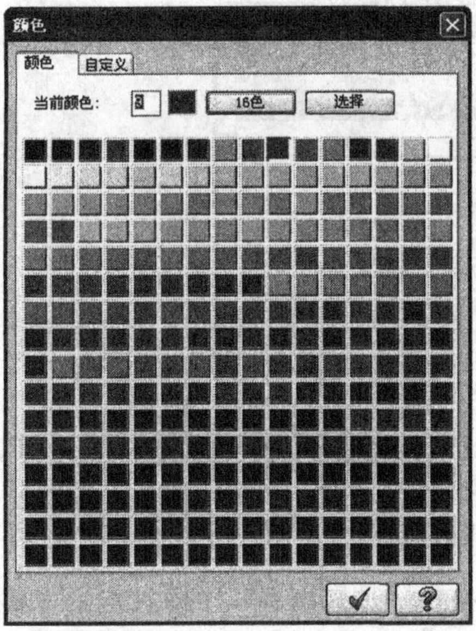

图 2-27 【颜色】对话框

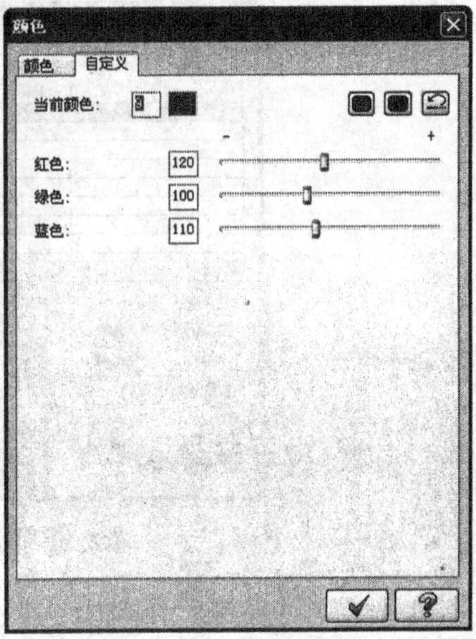

图 2-28 “自定义”选项卡

2.4.3 设置线型和线宽

在 Mastercam X 的状态栏中可以单独设置所要绘制图素的线型或线宽。直接单击线型或线宽右侧的倒三角按钮，然后在弹出的列表框中选择相应的线型或线宽即可，如图 2-29、图 2-30 所示。

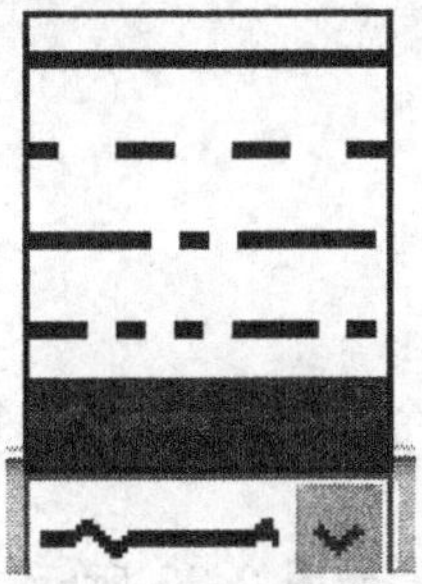

图 2-29 设置线型

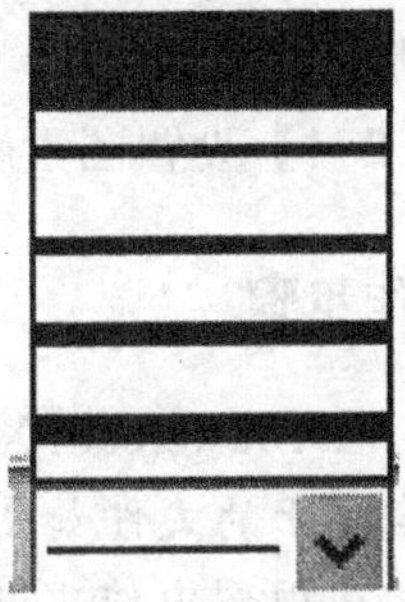

图 2-30 设置线宽

> 如果用户需要改变现有图素的线型或线宽，首先应在视图中选择图素，然后在工具栏中右击线型或线宽右侧的倒三角按钮，则在弹出的列表框中选择相应的线型或线宽即可，此时所设置的线型或线宽只针对所选择的图素生效。

2.4.4 设置层别

用户通过层别的管理，可灵活地控制所绘制的图素、标注、文字、曲面、实体、刀具路径等，将不同类型的图素放在不同的层别中，从而即可有针对性地将其进行显示、隐藏等操作。

在 Mastercam X 的状态栏中单击“层别”按钮，将弹出如图 2-31 所示的【层别管理】对话框，在上侧的表格中列出来当前视图中所设置的层别情况。

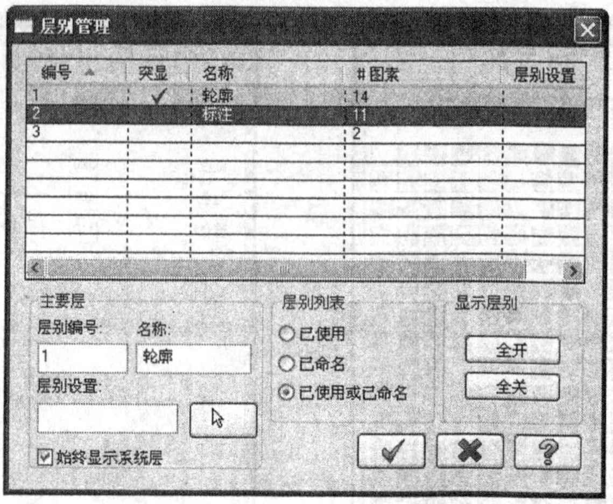

图 2-31 【层别管理】对话框

● 新建图层：如果用户要新建图层，可直接在“层别编号”下的文本框中输入新的层别编号，并可在“名称”文本框中输入层别的名称。

● 设置当前图层：在“层别”对话框上侧的表格中，带有黄色带的图层是当前图层。如果要改变当前图层，直接在上侧的表格中单击相应的图层编号即可，或者直接在状态栏的“层别”文本框中输入指定的编号即可。

● 显示或隐藏图层：通过图层的显示与隐藏操作，能够对指定的图层图素进行灵活操作与显示。要显示或隐藏图层，直接在上侧表格的“突显”列中单击相应的层即可，当显示有“勾”（✓）标记时，表示该图层是可显示的；若没有显示“勾”，则表示该图层已经是隐藏了的。

【例 2-4】 设置图素颜色。

操作步骤

（1）在 Mastercam X 软件中，选择【文件】/【打开文件】命令，打开“LX2-4.MCX”文件，其打开的文件如图 2-32 所示。

（2）在视图中依次选择粗线轮廓，此时所选择的图素呈蓝色，如图 2-33 所示。

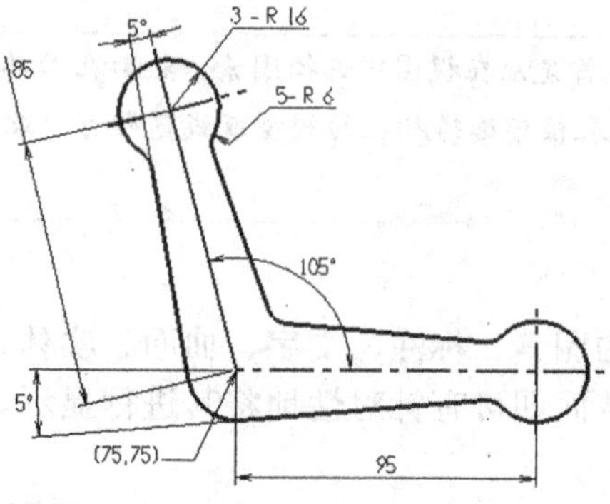

图 2-32　打开的“LX2-4.MCX”文件

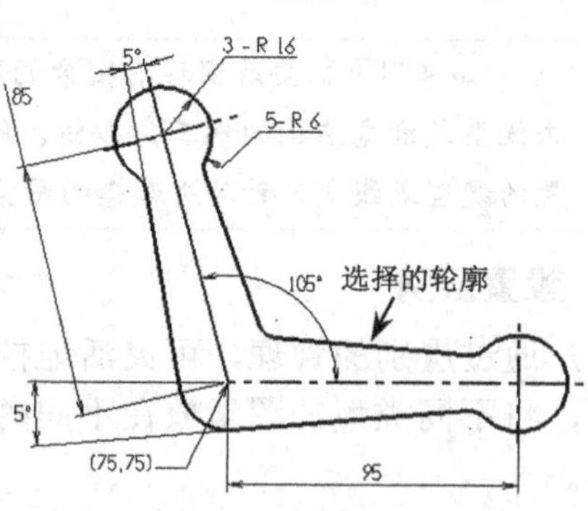

图 2-33　选择粗线轮廓图素

(3) 在 Mastercam X 的状态栏中右击“颜色”框，然后从弹出的【颜色】对话框中选择红色，如图 2-34 所示。

(4) 最后单击“确定”按钮，则此时视图中的粗线轮廓图素将变为红色，如图 2-35 所示。

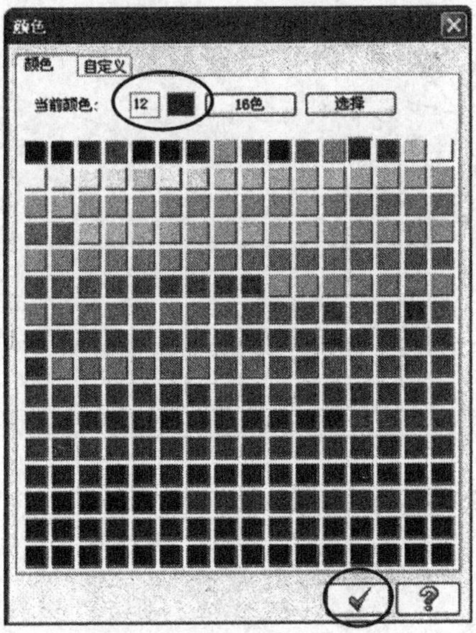

图 2-34　设置轮廓线颜色

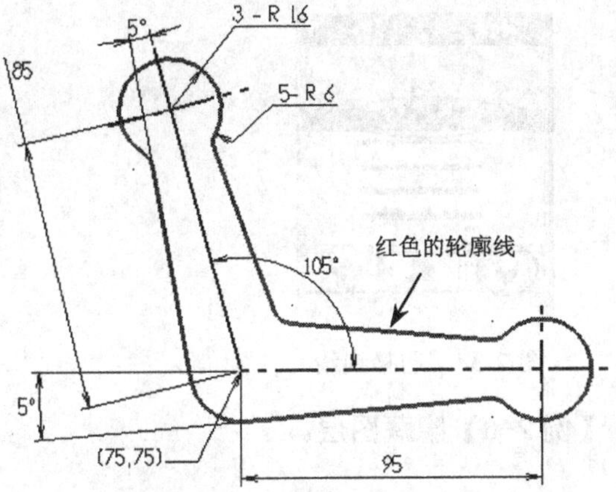

图 2-35　将轮廓转为红色

【例 2-5】设置图素线型和线宽。

操作步骤

(1) 接上图 2-34 所示，选择红色的轮廓线图素。

(2) 在 Mastercam X 的状态栏中右击“线型”，然后从弹出的对话框中选择虚线，如图 2-36 所示。

(3) 单击“确定”按钮，则此时所选择的轮廓图素呈虚线，如图 2-37 所示。

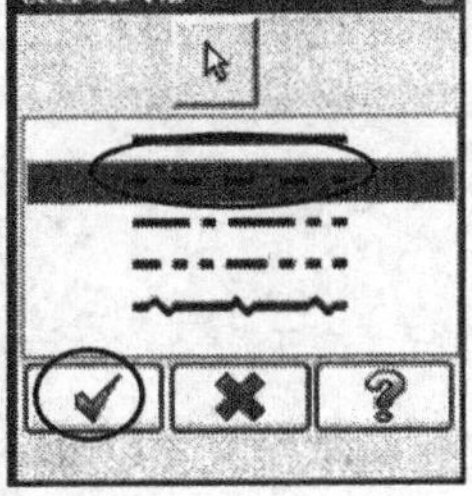

图 2-36　选择虚线

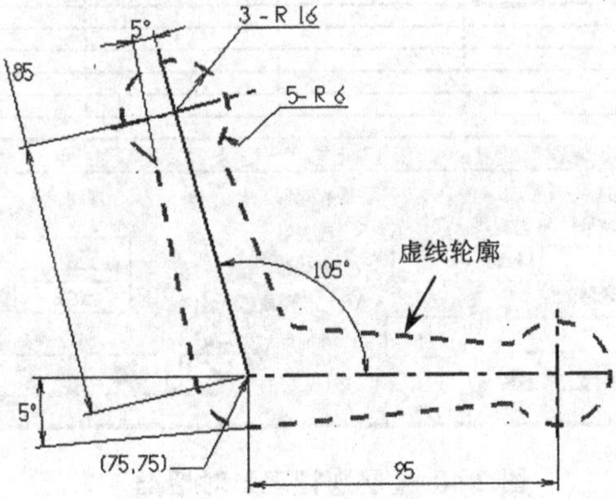

图 2-37　设置轮廓线为虚线

（4）在视图中将红色的虚线轮廓图素选中。

（5）在 Mastercam X 的状态栏中右击“线宽”，然后从弹出的对话框中选择细线，如图 2-38 所示。

（6）单击“确定”按钮，则此时所选择的轮廓图素呈细线，如图 2-39 所示。

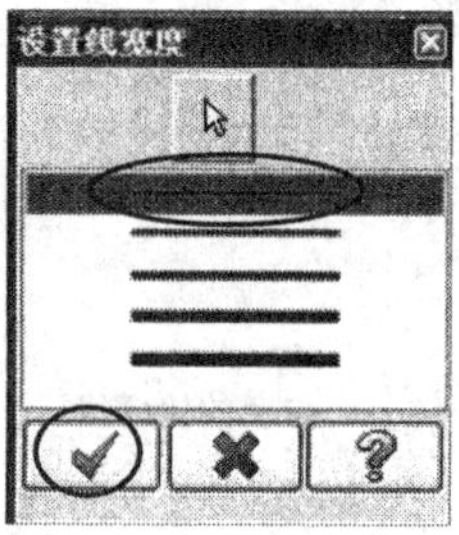

图 2-38 选择细线

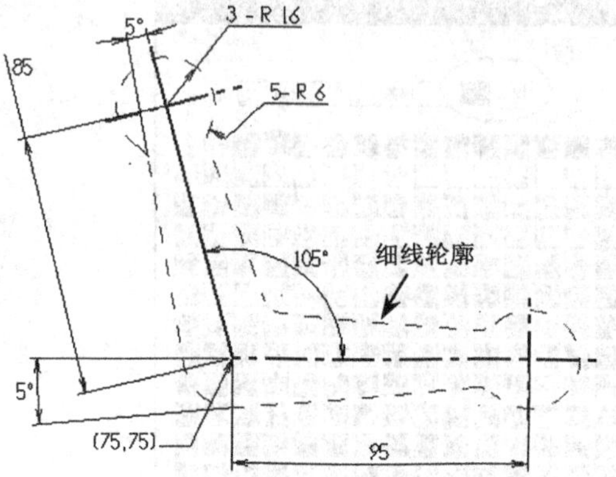

图 2-39 设置轮廓线为细线

【例 2-6】隐藏图层。

操作步骤

（1）接上图所示，在 Mastercam X 的状态栏中单击“层别”按钮，将弹出【层别管理】对话框，如图 2-40 所示。

（2）在“突显”列中，将编号为 2 和 3 图层的“勾”（✓）标记取消，然后单击“确定”按钮，则此时的视图效果如图 2-41 所示。

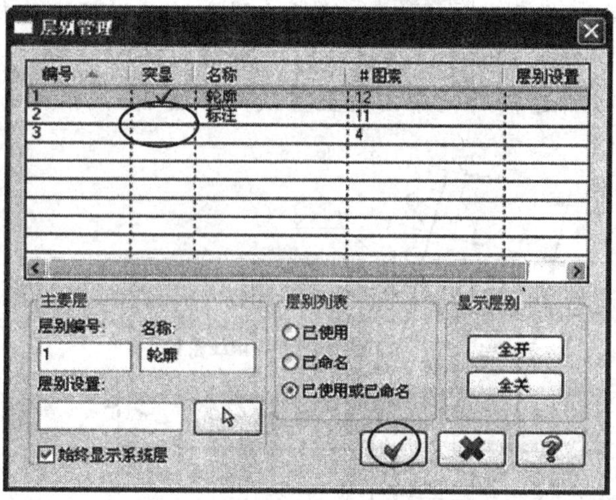

图 2-40 【层别管理】对话框

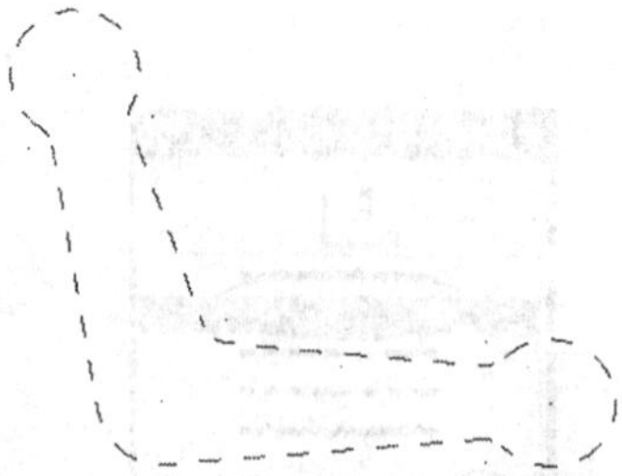

图 2-41 隐藏图层 2 和图层 3

2.5　其他设置

在前面的小节中已经讲解了系统设置、工具栏设置、栅格设置和图素设置，下面就针对其他的一些设置项进行讲解，如屏幕统计、消除颜色、隐藏与恢复图素、着色设置等。

2.5.1　屏幕统计

从图 2-40 所示的【层别管理】对话框中可以看出，图层 1 的图素数量为 12、图层 2 的图素数量为 11、图层 3 的图素数量为 4，从而可以看出这个图形的三个图层中总共包括有 27 个图素。

Mastercam X 软件为用户提供了“屏幕统计”功能，它能够将当前图形文件中每种图素的数量进行分类统计。选择【屏幕】/【屏幕统计】命令，将打开【当前统计】对话框，显示每种图素的数量，如图 2-42 所示的就是针对图 2-41 进行的统计。

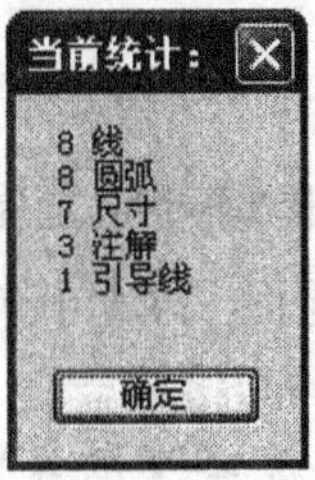

图 2-42　【当前统计】对话框

【例 2-7】分类统计图形的图素。

操作步骤

（1）在 Mastercam X 软件中，选择【文件】/【打开文件】命令，打开“LX2-7.MCX”文件，如图 2-43 所示。

（2）选择【屏幕】/【屏幕统计】命令，则系统将快速统计出当前图形的各种图素，其统计的结果如图 2-44 所示。

图 2-43　打开的“LX2-7.MCX”文件

图 2-44　统计的图素

2.5.2　消除颜色

当用户对图素进行平移、旋转、镜像等转换操作时，Mastercam X 软件将新生成的图素以另外一种颜色显示出来，且被转换的轮廓图素也以另外一种颜色显示，从而加以区分，如图 2-45 所示。用户可执行【屏幕】/【清除颜色】命令操作，可以将这些转换的图素颜色恢复为原来本有的颜色，如图 2-46 所示。

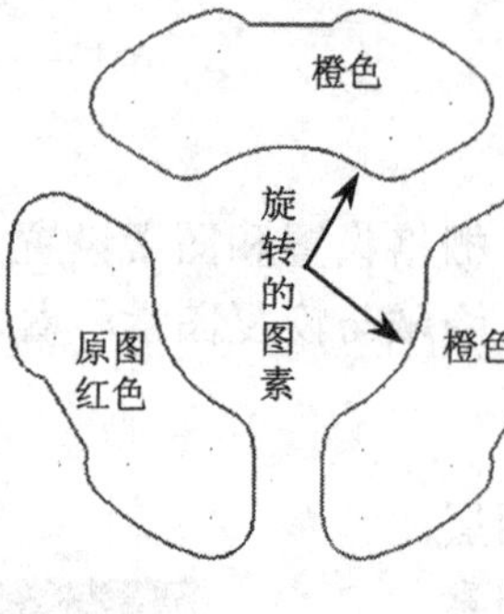

图 2-45 旋转的图素

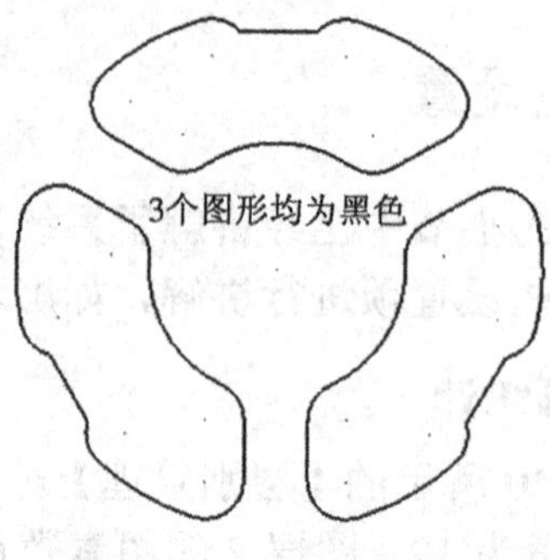

图 2-46 清除颜色

2.5.3 隐藏与恢复图素

在前面 2.4.4 小节的图层中，用户可以对指定的图层进行隐藏与显示，但通过图层操作的方式不能将同一图层的部分图素进行隐藏或消隐操作。

● 选择【屏幕】/【隐藏图素】命令，系统将提示选择要隐藏的图素，此时用户在视图中选择所要隐藏的图素并按回车键，则被选择的图素将被隐藏，如图 2-47 所示。

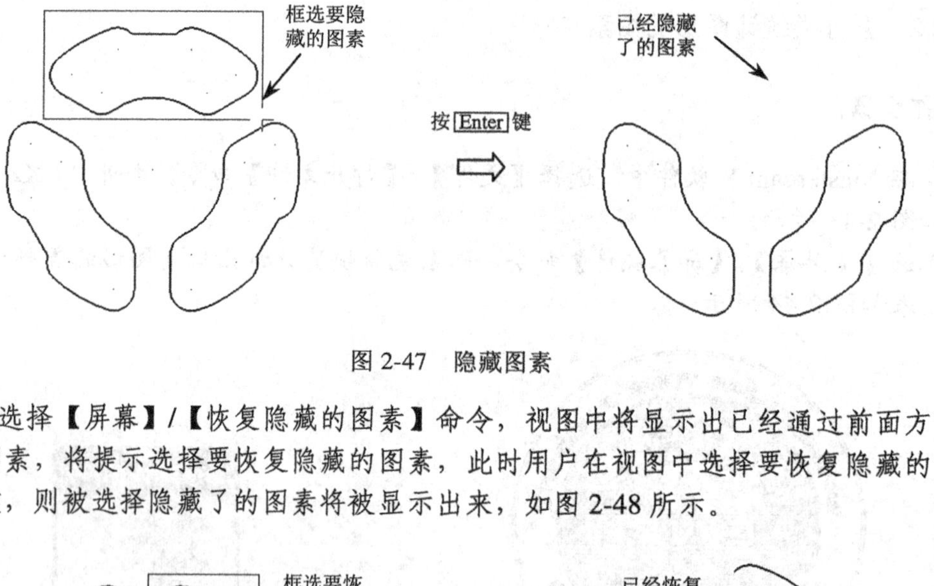

图 2-47 隐藏图素

● 选择【屏幕】/【恢复隐藏的图素】命令，视图中将显示出已经通过前面方法所隐藏了的图素，将提示选择要恢复隐藏的图素，此时用户在视图中选择要恢复隐藏的图素并按回车键，则被选择隐藏了的图素将被显示出来，如图 2-48 所示。

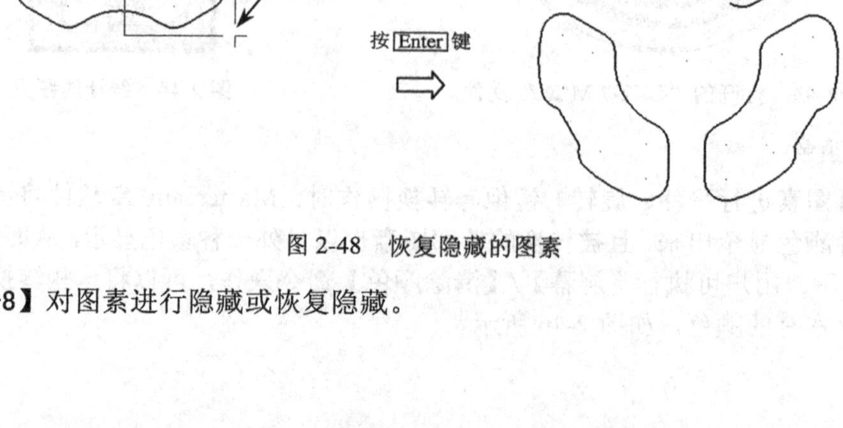

图 2-48 恢复隐藏的图素

【例 2-8】对图素进行隐藏或恢复隐藏。

操作步骤

（1）在 Mastercam X 软件中，选择【文件】/【打开文件】命令，打开“LX2-8.MCX”文件，如图 2-49 所示。

（2）选择【屏幕】/【隐藏图素】命令，然后在视图中选择 5 个圆，并按回车键，则 5 个圆将被隐藏，如图 2-50 所示。

（3）选择【屏幕】/【恢复隐藏的图素】命令，视图中将显示出已经隐藏的 5 个圆，选择圆 3，并按回车键，则圆 3 将被显示出来，如图 2-51 所示。

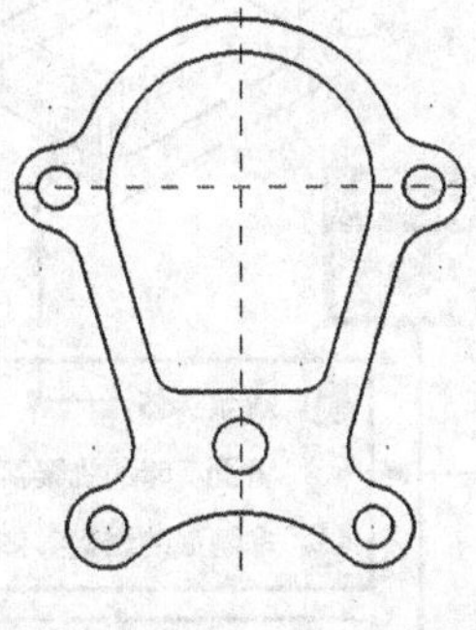

图 2-49 打开的“LX2-8.MCX”文件

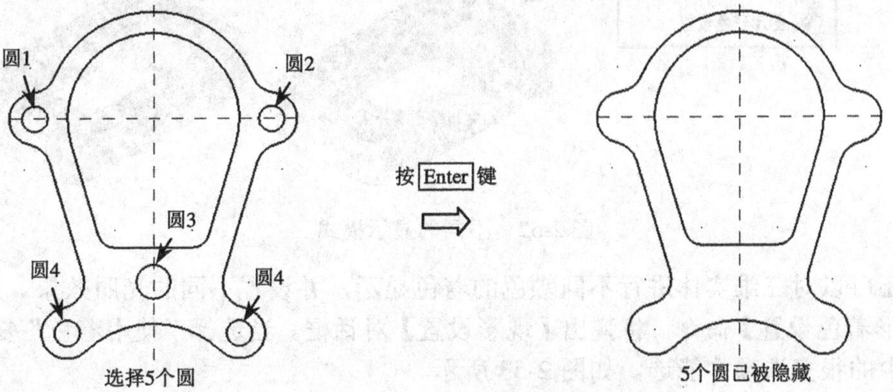

图 2-50 隐藏 5 个圆

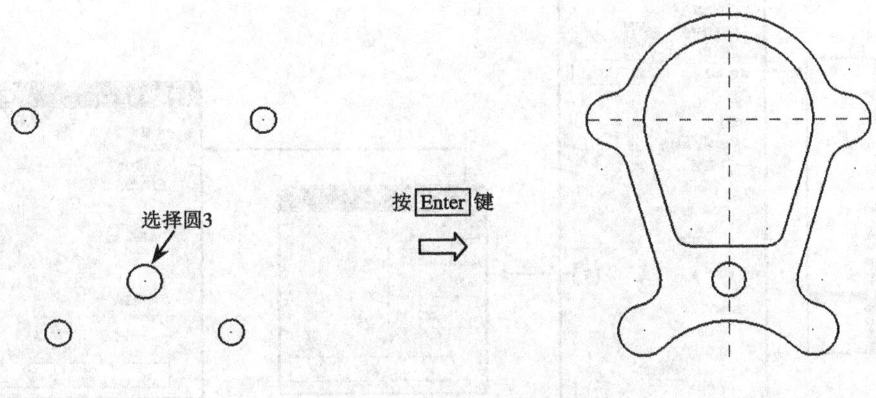

图 2-51 将圆 3 恢复显示

2.5.4 着色设置

在设计 Mastercam 的三维实体图形时，用户可通过着色设置来显示不同模式的实体。在 Mastercam X 的“Shading”工具栏中，可以对视图中的三维实体进行不同模式的显示，如图 2-52 所示。

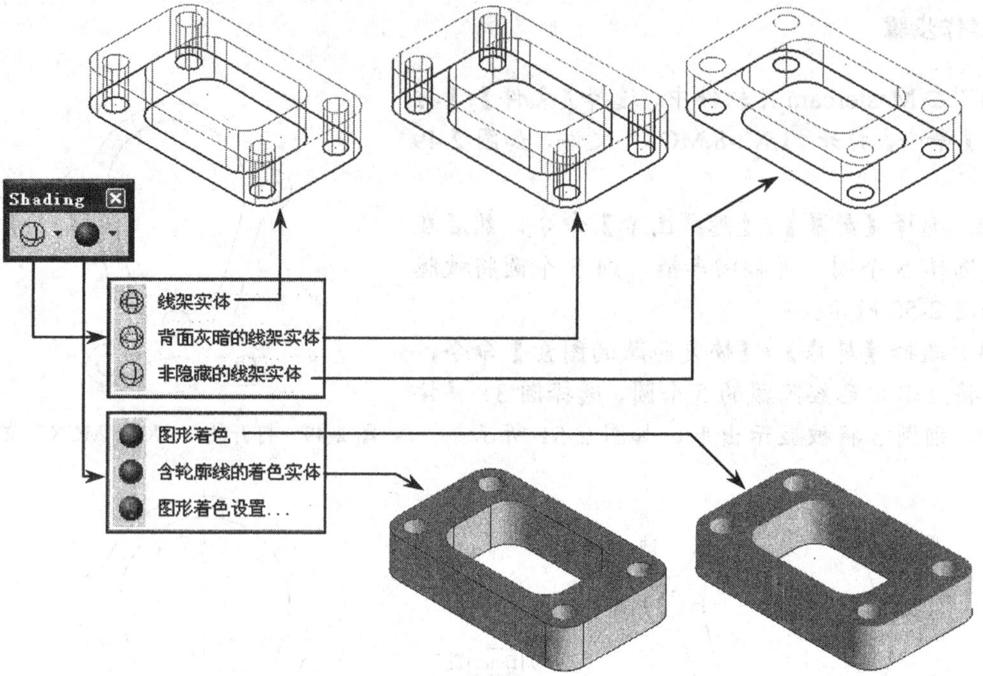

图 2-52　不同的显示模式

用户还可以对三维实体进行不同颜色的着色显示，并设置不同的光照效果。选择【屏幕】/【图形着色设置】命令，将弹出【现彩设置】对话框。当选择“使用着色”复选框时，该对话框中的很多选项才能选，如图 2-53 所示。

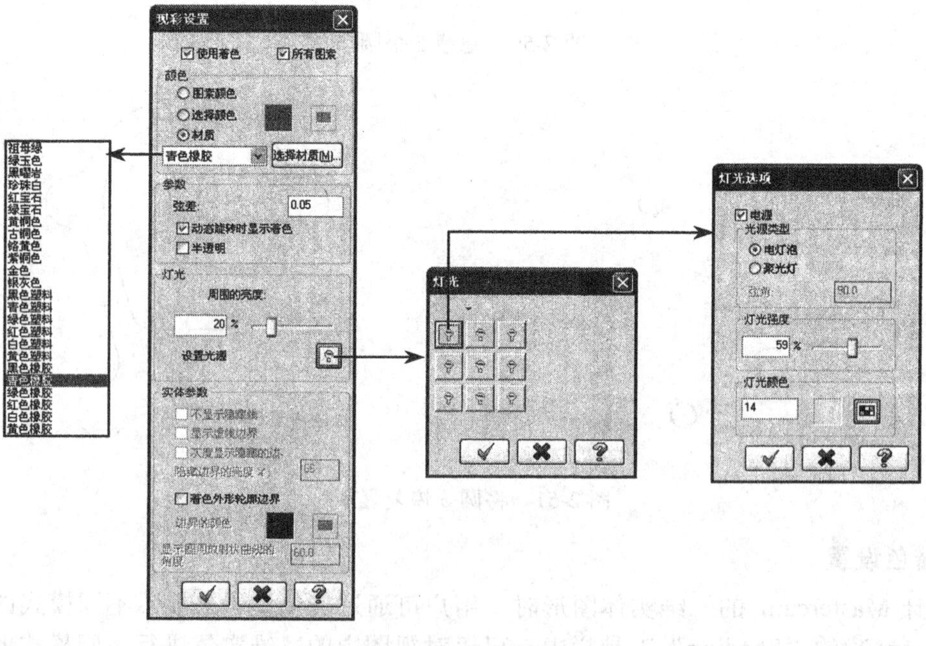

图 2-53　着色设置

在“颜色”区域中可以进行以下三种模式的设置：

- 图素颜色：表示以图素自有的颜色进行着色，如图 2-54 所示。
- 选择颜色：单击右侧的颜色按钮从中选择着色的颜色，如图 2-55 所示。
- 材质：从下面的组合框中选择不同的材质进行着色，如图 2-56 所示。

图 2-54 图素颜色着色

图 2-55 选择颜色着色

图 2-56 用材质着色

【例 2-9】设置三维实体不同显示模式。

操作步骤

（1）在 Mastercam X 软件中，选择【文件】/【打开文件】命令，打开“LX2-9.MCX”文件，如图 2-57 所示。

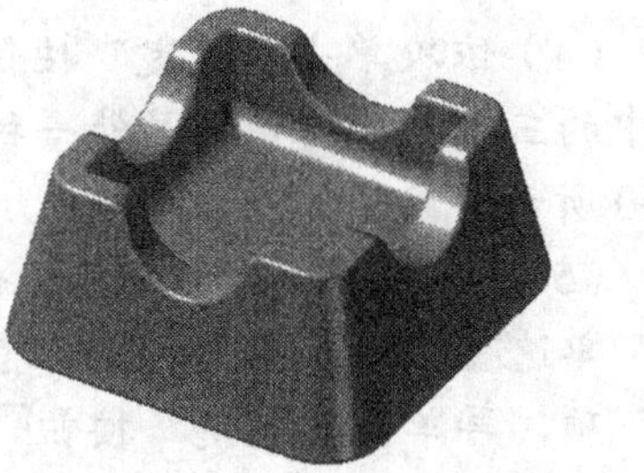
图 2-57 打开的“LX2-9.MCX”文件

（2）选择【屏幕】/【图形着色设置】命令，将弹出【现彩设置】对话框，选择“使用着色”复选框，然后在“颜色”区域中选择“选择颜色”单选项，并在其后的颜色框中选择“绿色”，再单击“确定”按钮，则视图中的实体将以绿色进行着色显示，如图 2-58 所示。

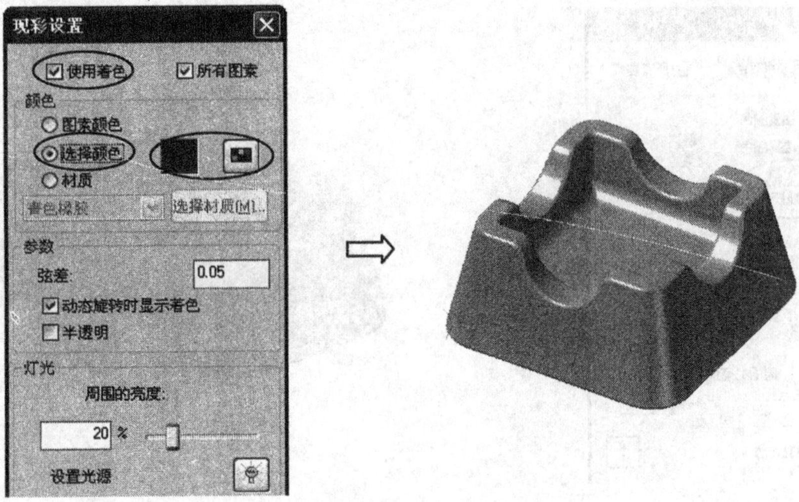

图 2-58 进行绿色着色

（3）同样在【现彩设置】对话框中，单击“设置光源”按钮，在弹出的“光源”对话框中单击左上角的光源点，然后在【光源选项】对话框中选择“聚光灯”单选项，并设置灯光颜色为红色，如图 2-59 所示。

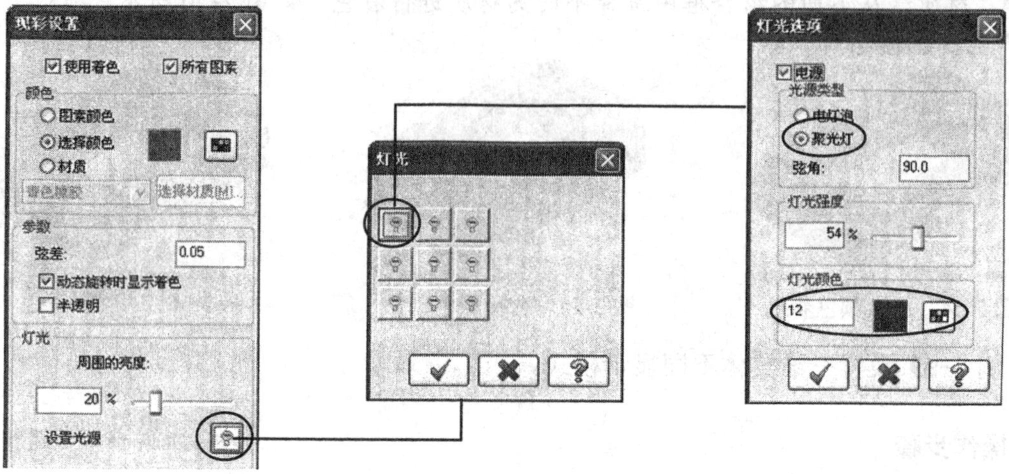

图 2-59　进行光源设置

（4）依次单击“确定”按钮返回，则视图中的三维实体将产生另外一种着色模式，如图 2-60 所示。

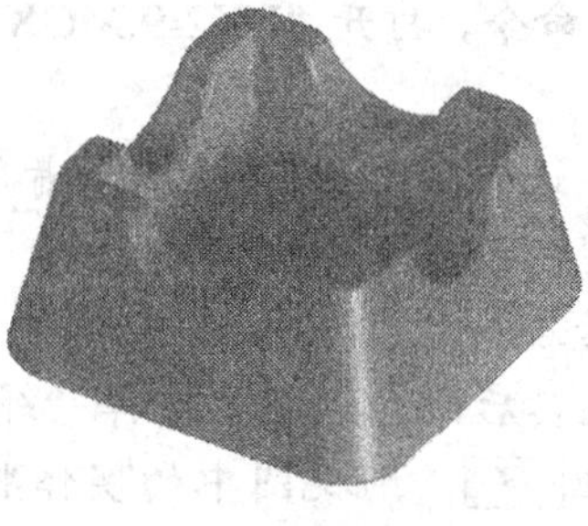

图 2-60　设置灯光后的效果

（5）同样在【现彩设置】对话框中，单击“材质”单选项，并在下侧的组合框中选择“黄色橡胶”项，再单击“确定”按钮，则视图中的实体将以“黄色橡胶”材质进行着色显示，如图 2-61 所示。

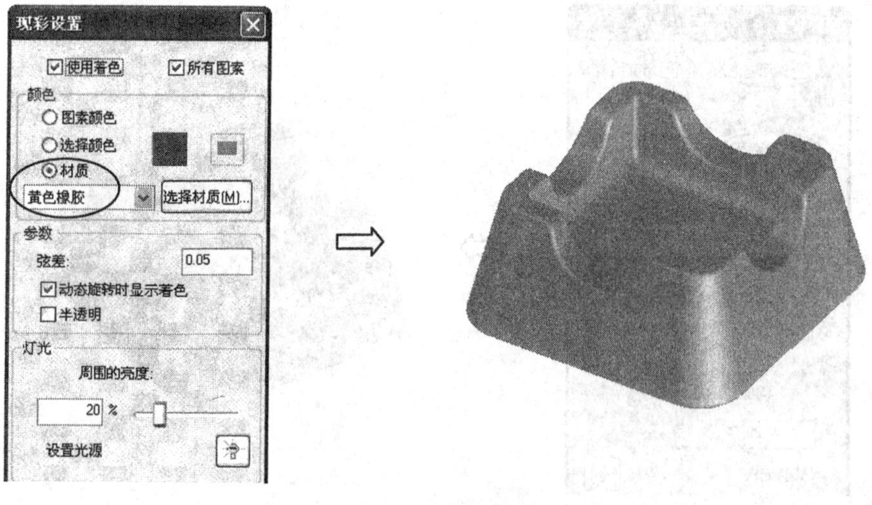

图 2-61　进行材质着色

2.6　综合实例——屏幕背景颜色水平渐变

设计要求

设置视图背景颜色为水平渐变效果，如图 2-62 所示。

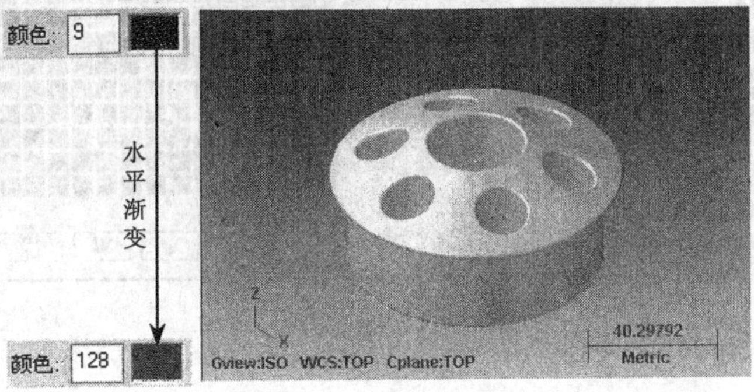

图 2-62　设置水平渐变

设计思路

（1）打开【系统配置】对话框。
（2）设置背景渐变起点与终点颜色。
（3）设置背景渐变的方向。

打开【系统配置】对话框

（1）在 Mastercam X 软件中，选择【文件】/【打开文件】命令，打开“ZHSL2.MCX”文件，如图 2-63 所示。

图 2-63　打开的文件

（2）选择【设置】/【系统规划】命令，将弹出【系统配置】对话框，在左侧的“主题”列表框中选择“颜色”项，如图 2-64 所示。

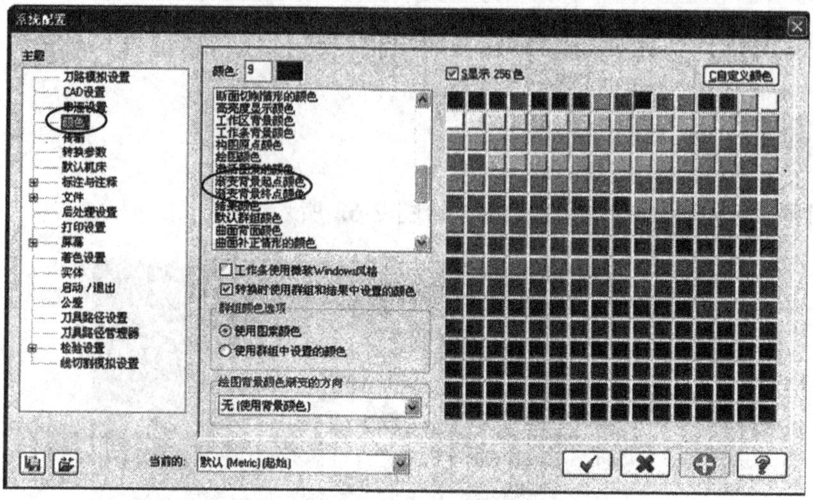

图 2-64 “颜色”选项

设置背景颜色渐变起点与终点颜色

（1）在中间的列表中选择“渐变背景起点颜色”项，并在上侧的“颜色”文本框中输入 9（蓝色的颜色值），如图 2-65 所示。

（2）在中间的列表中选择“渐变背景终点颜色”项，并在上侧的“颜色”文本框中输入 128（绿色的颜色值），如图 2-66 所示。

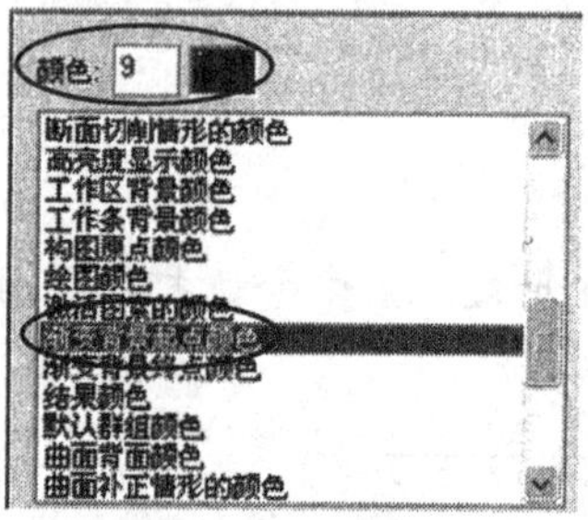

图 2-65 起点颜色

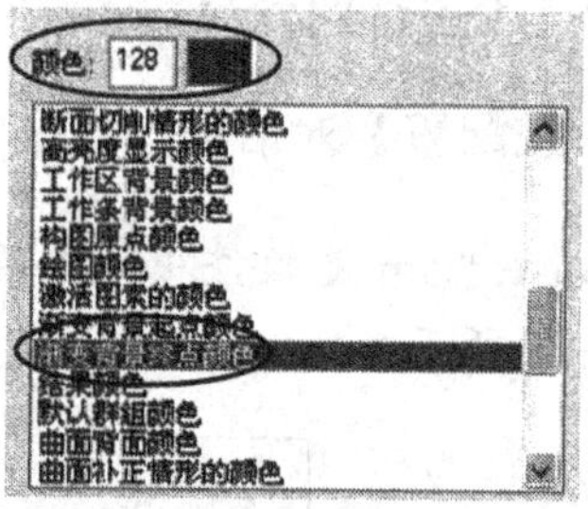

图 2-66 终点颜色

设置背景颜色渐变的方向

（1）在“绘图背景颜色渐变的方向”组合框中，选择“水平”选项，如图 2-67 所示。

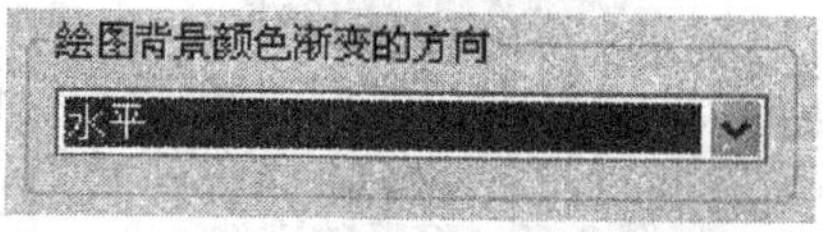

图 2-67 选择水平渐变

（2）最后单击“确定”按钮，则此时的视图效果如图 2-68 所示。

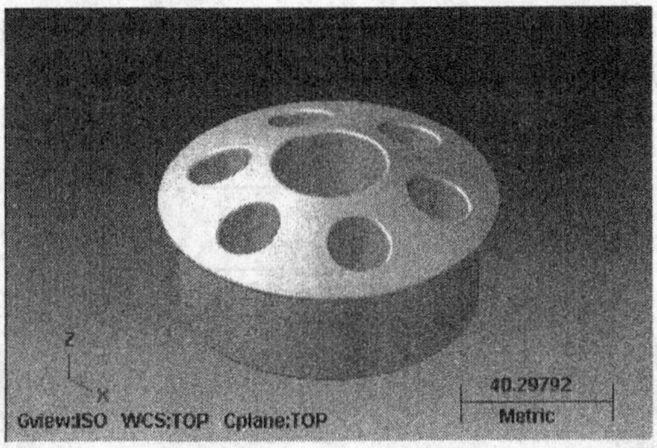

图 2-68 设置的背景颜色

2.7 本章小结

本章介绍了 Mastercam X 系统与环境的设置，从而让读者掌握屏幕背景颜色的设置、实体的着色、栅格的设置、图素颜色的设置、图素的隐藏等，这为后面的进一步学习打下坚实的基础。

2.8 习题

1. 概念题

（1）在 Mastercam X 中，通过【层别管理】对话框和“隐藏”命令来对图素进行隐藏时，它们有什么区别和相同点？

（2）在启动 Mastercam X 软件时，怎样让系统自动进入到“铣床”模块？

（3）在启动 Mastercam X 软件时，怎样让系统打开与 Design（设计）相关的工具栏？

2. 操作题

（1）打开 XT2-1.MCX 文件，如图 2-69 所示，然后新建图层，并分别将辅助线、轮廓线和尺寸标注建立在不同的图层中，其建立后的图层如图 2-70 所示。

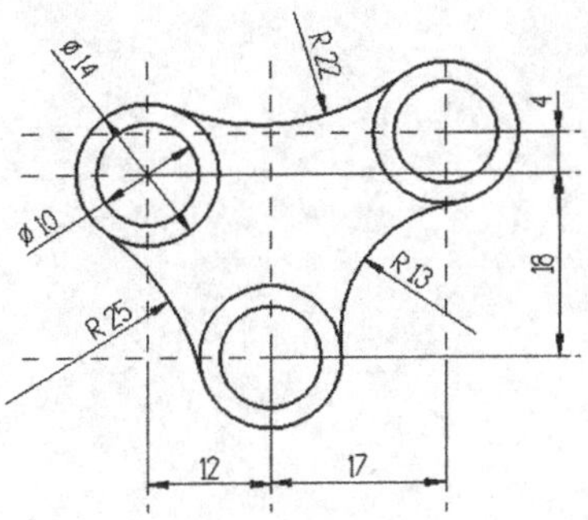

图 2-69 打开的文件

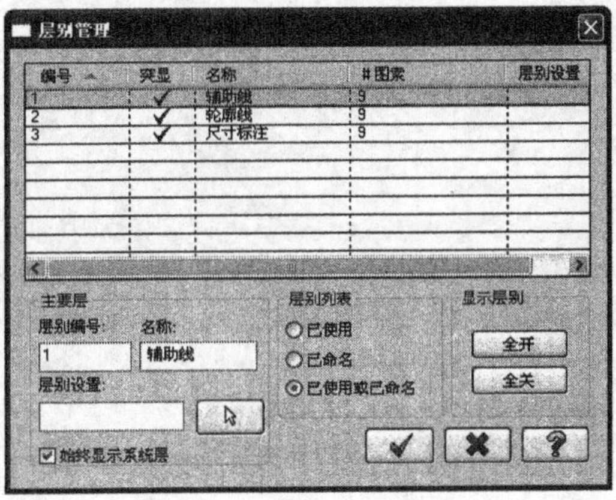

图 2-70 设置的层别

（2）打开 XT2-2.MCX 文件，如图 2-71 所示，分别将不同的面设置为不同的颜色，其设置后的效果如图 2-72 所示。

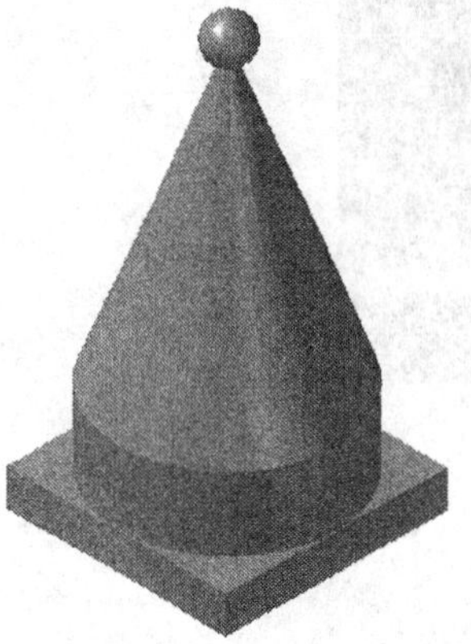

图 2-71　打开的文件

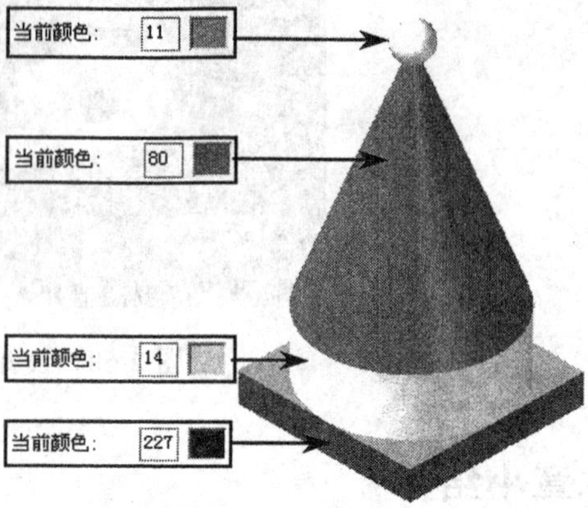

图 2-72　设置的不同颜色

第 3 章　Mastercam X 的基本操作

在绘制图形之前，有必要先了解一些 Mastercam X 的基本操作知识，如点的捕捉方法、图素的不同选择、串连选择、视图与窗口的操作等，这为快速、精确、灵活地绘制图形作好了铺垫，同时也能够进一步提高用户对 Mastercam X 软件的熟练掌握程度。

【内容提要】

- 将视图中的所有轮廓线架选中，然后设置其颜色与线宽；
- 将视图中除实体外的所有图素选中，然后将其进行隐藏。

【本章重点】

- 掌握捕捉点的不同方法；
- 掌握图素的不同选择方式；
- 掌握串连的选择；
- 熟练掌握视图与窗口的操作；
- 了解构图面、坐标系与构图深度。

3.1　Mastercam X 点的捕捉

在 Mastercam X 中绘制图形时，点的捕捉使用非常频繁，如绘制圆时要捕捉圆心点、绘制矩形时要捕捉角点等。在 Mastercam X 中捕捉点的方式有以下几种方式。

3.1.1　任意捕捉点

当用户在绘制图形时，如果对捕捉点位置没有明确的要求，此时用户可以在绘图区的任意位置直接单击鼠标左键即可。

3.1.2　自动捕捉点

当用户在绘制图形时，系统将提示用户指定点的位置，此时用户即可将鼠标移动到已有图素特征附近，系统将自动在该图素特征附近处显示特征符号（如圆心），表示当前位置即在该处，那么使用鼠标单击该处即可捕捉该点。

在【自动抓点】工具栏中单击“配置”按钮，此时将弹出【光标自动抓点设置】对话框，如图 3-1 所示。

在图 3-1 所示的【光标自动抓点设置】对话框中，用户可以根据需要设置哪些特征点可以捕捉与否？复选框被选中的选项，是系统能够自动捕捉到的特征点。

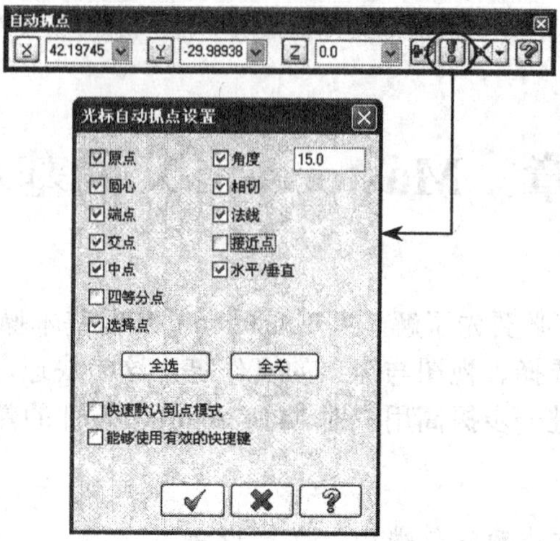

图 3-1 【光标自动抓点设置】对话框

这里所指的特征点是构成一个图素的关键点，如直线的端点和中点、圆弧的圆心点与象限点、相交直线的垂足点与交点、直线与圆弧相切的切点等。

若在该对话框中单击“全选”按钮，则将该对话框中的所有特征点复选框选中，但建议用户不要将所有特征点都选中，因为在捕捉这些特征点时，有些特征点是相互干涉的，反而造成用户误捕捉的情况；若单击“全关”按钮，则将该对话框中的所有特征点复选框取消，但这时如果在绘制图形时，将无法捕捉图素的特征点。

例如，在【光标自动抓点设置】对话框中选择“角度”复选框，并在其后的文本框中输入角度值（如 0°、30°、60° 等），则在绘制直线时即可绘制指定角度（如 0°、30°、60° 等）的整倍直线段；若选择“接近点”复选框时，则可以捕捉到图素上离光标位置最近的一点。

3.1.3 捕捉临时点

有时用户在绘制图形时，在众多的特征点类型中只需选择某一类特征点，从而更加精确地捕捉指定的特征点。在【自动抓点】工具栏中单击“临时点”右侧的倒三角按钮，然后从弹出的列表中选择某一类型的特征即可，则此时只能在视图的图素中捕捉该类特征点，如图 3-2 所示。

例如，要捕捉直线的中点，那么直接在“临时点”下的列表中选择“中点”即可。

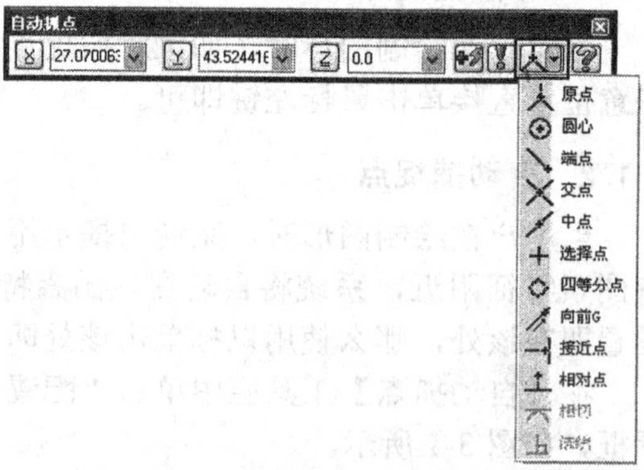

图 3-2 选择临时特征点

3.1.4 输入坐标点

用户在绘制图形时，知道点在视图中的具体坐标位置，那么即可通过 X、Y、Z 坐标值来输入，从而能够精确地确定点的坐标位置。

在【自动抓点】工具栏左侧的 X、Y、Z 文本框中，就是提供给用户输入坐标位置的地方，用户依次在该文本框中输入值，然后按回车键即可确定点在视图中的具体坐标位置，如图 3-3 所示。

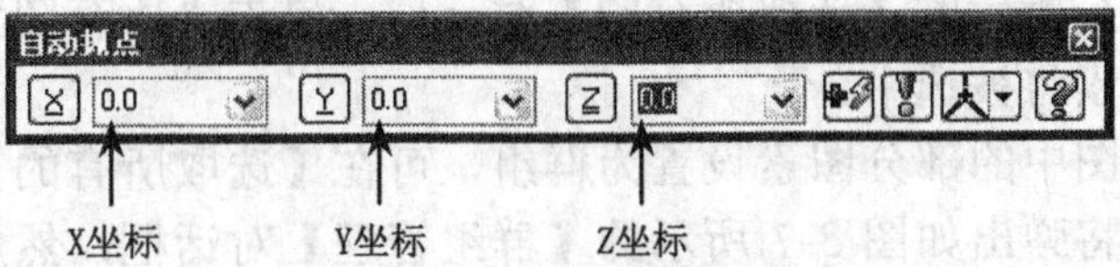

图 3-3　输入坐标值

用户也可在【自动抓点】工具栏中单击“快速点”按钮，则在该工具栏的左侧给出一个长的文本框，用户在该文本框中输入坐标值并按回车键即可，如图 3-4 所示。

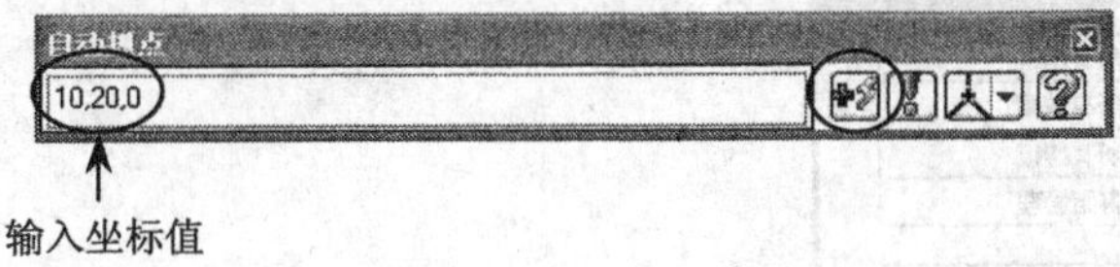

图 3-4　输入坐标值

在输入坐标值时有两种方式：一是按照 a，b，c（中间用半角英文逗号）的形式输入，其中的 a、b、c 即表示 X、Y、Z 的坐标值，如“30，40，5”；二是按照 ZaYbZc（以 X、Y、Z 作为分隔符，大小写均可），其中的 a、b、c 即表示 X、Y、Z 的坐标值，如“X30Y40Z5”。

3.1.5　捕捉栅格点

除了前面讲解的几种捕捉点的方式外，用户也可捕捉屏幕上的栅格点。当设置并启动了栅格时（参照第 2 章的 2.3 节），则屏幕上将显示出栅格点，这时用户在绘制图形时，鼠标呈十状，此时单击鼠标，则系统将自动捕捉最近的栅格点。

3.2　图素的选择

在视图中要对已有的图形进行设置、转换操作等，都涉及到要对图素进行选择，那么选择图素的方法有多种。Mastercam X 提供了丰富的图素选择方式，这些功能集中在【普通选项】工具栏中，如图 3-5 所示。

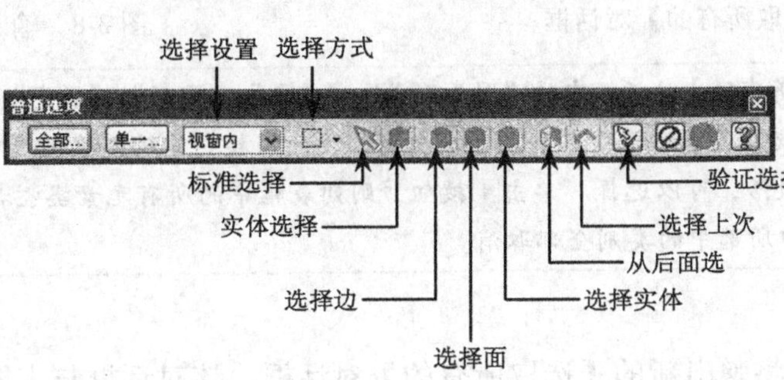

图 3-5 【普通选项】工作条

3.2.1　全部

单击全部...按钮，可以选择全部元素或者选择具有某种相同属性的全部元素。单击全部...按钮后会弹出如图 3-6 所示的【选取所有的】对话框，单击“所有图素”按钮，则绘图区中当前显示的所有元素将被选中。

如果用户要将视图中的部分图素设置为群组，可在【选取所有的】对话框中单击“群组管理”按钮，此时将弹出如图 3-7 所示的【群组管理】对话框，然后用户可根据实际需要进行群组的新建、添加、删除、移动等操作。例如，单击“新建”按钮，将打开如图 3-8 所示的窗口，在其文本框中输入群组的名称（不能重名）并按回车键，然后在视图中选择所要进行群组的图素，选择完成后再按回车键，即新建了群组。

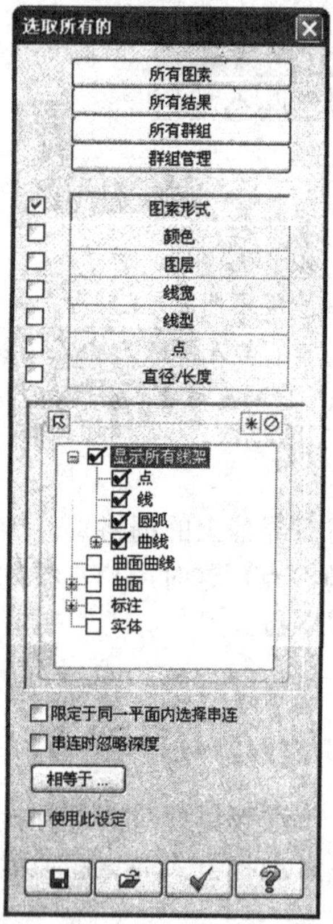

图 3-6 【选取所有的】对话框

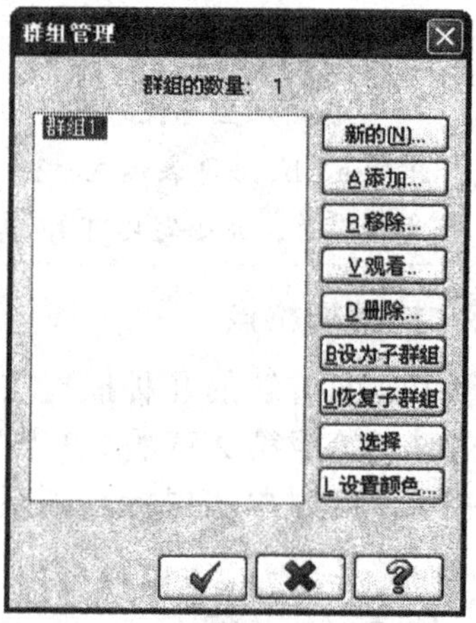

图 3-7 【群组管理】对话框

图 3-8　输入群组名

在【选取所有的】对话框中的“图素形式”、“颜色”、“图层”、“线宽”、“线型”、“点”、“直径/长度”等复选框，各代表了某一类元素，将“图素”按钮前的复选框选中，则对话框中部的灰色部分将被激活，可以选择。单击✳按钮，则列表框中的所有元素类型都被选中；单击⊘按钮，则列表框中所选中的类别全部取消。

3.2.2　单一选择

单击单一...按钮，将弹出新的【选取所有的】对话框，该对话框与上图 3-6 所示的对话框类似，但这里只能选择某一类具有相同属性的元素。

3.2.3　选择设置

在 视窗内 下拉列表框中，提供了 5 种窗口选择的类型，依次是“视窗内”、“视窗外”、“范围内”、“范围外”和“相交物”，如图 3-9 所示。

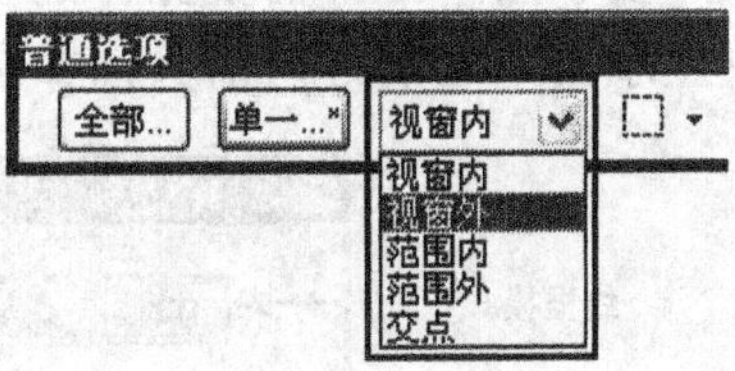

图 3-9　选择类型

- 视窗内：就是在所绘制的矩形视窗中，完全包含在该视窗中的元素被选中，在视窗外以及与视窗相交的元素都没有被选中。
- 视窗外：则表示所有包含在矩形视窗之内以及与视窗相交的元素没有被选中，而视窗之外的元素被选中。
- 范围内：表示所有与矩形视窗相交及在视窗之内的元素被选中。
- 范围外：表示所有在矩形视窗之外的元素以及与视窗相交的元素也都被选中
- 相交物：表示只有与视窗相交的元素才被选中。

3.2.4　选择方式

在 的列表中提供了多种图素的选择方式，如串连、窗选、多边形、单体、范围和向量等。

- 串连 方式：表示可以通过选择相连图形中的一个元素，从而将图形中的所有相连元素选中。
- 窗选 方式：就是绘制一个矩形窗口来选择元素，这个选择方法可以结合前面所说的窗口状态来进行选择。
- 多边形 方式：就是通过绘制一个任意多边形来选择元素，可以结合窗口状态来选择。
- 单体 方式：只需依次选择需要的元素即可。
- 范围 方式：主要是应用于封闭图形的选择，只需在封闭图形的内部单击一下鼠标，就可以将整个封闭图形选中。
- 向量 方式：可以通过绘制一条连续的折线来选择图形，所有与折线相交的元素将被选中。

若要取消已经选中的元素，在【普通选项】工作条中单击 按钮即可。

3.2.5　串连选择

有时用户在选择图素时，要求用串连的方法来选择图素，从而使所选择的图素具有一定的顺序和方向，例如绘制的刀具路径、构建曲面和实体等。

在 Mastercam X 中提供的串连类型有两种，即开式串连和闭式串连。开式串连就是指起点和终点不重合，其串连的方向与串连端点相反，如直线、圆弧等；闭式串连是指起点和终点重合，其串连的方向取决于选取串连选项对话框的参数，如矩形、三角形和圆等。

3.2.6　串连的方法

当用户在执行偏置、挤出、旋转等命令时，将打开如图 3-10 所示的【转换参数】对话框，要求用户选择需要操作的串连图素，此时所串连的图素将以另外一种颜色显示出来，并显示出串连的方向箭头，如图 3-11 所示。

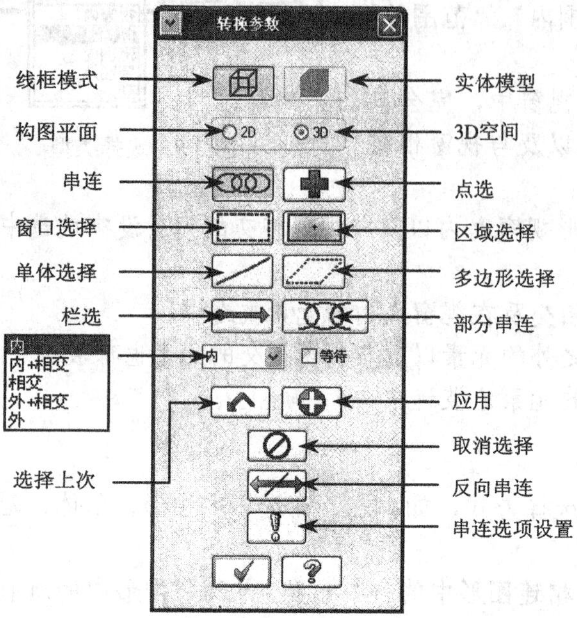

图 3-10 【转换参数】对话框

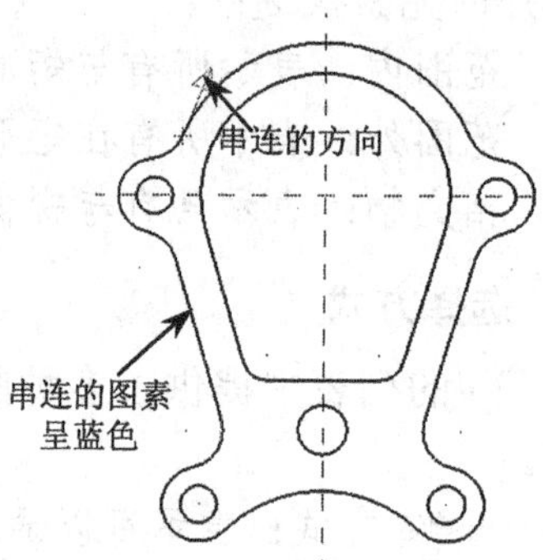

图 3-11　串连的图素

在上图 3-10 所示的【转换参数】对话框中，提供了多种选择图素构成串连的方法。

- 串连：这是默认的串连选项，在选择线条链中的任意一个图素而构成串连。如果该线条链的某一个交点是由 3 个以上的线条相交而成，即有分支点，则系统不能判断应该向哪个方向去搜索串连，此时系统会在分支点的地方出现一个箭头符号，并提示要求指明串连的方向。
- 窗口选择：通过矩形窗口的形式一次可以选择多个被包围在窗口内的图素，且系统通过矩形窗口的第一个角点来设置串连的方向，起点应靠近图素的端点。
- 单体选择：在视图中选择单一的图素作为串连，这在构建直纹曲面时非常有效。
- 栏选：在视图中与矢量围栏相关的图素将被选中，从而构建成串连。
- 选择上次：即指重复上一次所选择的图素构成串连。
- 点选：选择点来作为构建串连的图素。
- 区域选择：通过单击一点的方式来串连所嵌套的图形，且嵌套图形能使所有图形完全包括在外边图形的边界内。
- 多边形选择：就是用一个封闭的多边形区域来选择串连图素，这与窗口选择串连类似。
- 部分串连：由整个开式串连或闭式串连的一部分图素串连成而。应先选择图素的端点，再选择图素的终点。

在选择的串连图素时，用户可单击按钮来改变串连的方向。如果需要取消所选择串连图素，应单击按钮。

3.2.7　串连选项参数

在上图 3-10 所示的【转换参数】对话框中单击按钮，将弹出如图 3-12 所示的【串连选项】对话框，从而可以设置串连选项的参数，使其能够有限制性地按照图素、颜色、图层、公差等选项来串连图素。

下面就针对【串连选项】对话框中的主要选项进行讲解：

- 图素：选中该复选框并单击该按钮，系统就按照所设置的图素形式为基础来限定串连图素。
- 颜色：选中该复选框并单击该按钮，系统就按照所设置的颜色来进行串连。
- 图层：选中该复选框并单击该按钮，则相同图层的所有图素被全部串连。
- 区段的停止角度：选中该复选框，并在其后的文本框中设置区段的停止角度值，可指定部分图素能包括的最大角度，并仍可串连。
- 串连公差：在该文本框中指定可分离和停止串连两端点之间的距离，若连接的图素之间距离超过了公差值，则系统会停止串连。

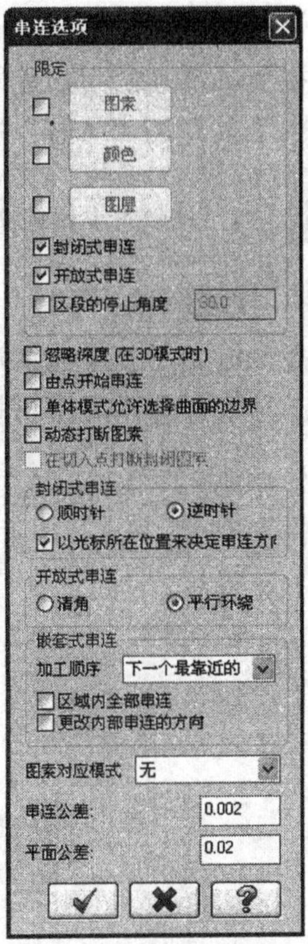

图 3-12　【串连选项】对话框

3.3　视图与窗口

在绘制图形时，经常需要对屏幕上的图形进行平移、缩放、旋转等操作，从而可以细致地观看图形的细节。在 Mastercam X 的【视图】菜单下提供了丰富的视图操作功能，包括视窗显示、平移、缩放、视图方向等，如图 3-13 所示。

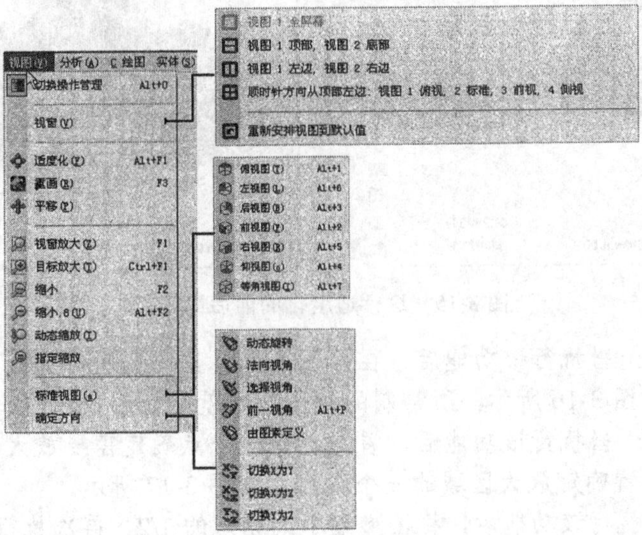

图 3-13　【视图】菜单项

3.3.1　视图平移

视图平移功能可以将视图屏幕进行左右上下平行移动。选择【视图】/【平移】命令，或单击工具栏的“平移”按钮，此时鼠标在屏幕上呈状，然后进行平行移动即可。

> 在键盘上按住 Alt 键的同时，再按住鼠标中键，亦可进行视图平移操作。

3.3.2　视图缩放

在 Mastercam X 版本中，提供了很多视图缩放功能，用户可以在【视图】菜单和【视图】工具条中执行相应的操作，如图 3-14 所示。

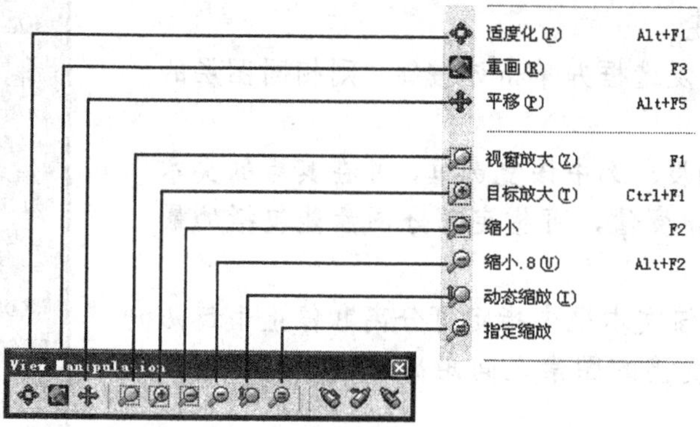

图 3-14 【视图】菜单与【视图】工具条

下面就针对每种视图的操作功能简要介绍如下：

● 适度化：当执行该功能后，可以将图形充满整个绘图窗口，如图 3-15 所示。

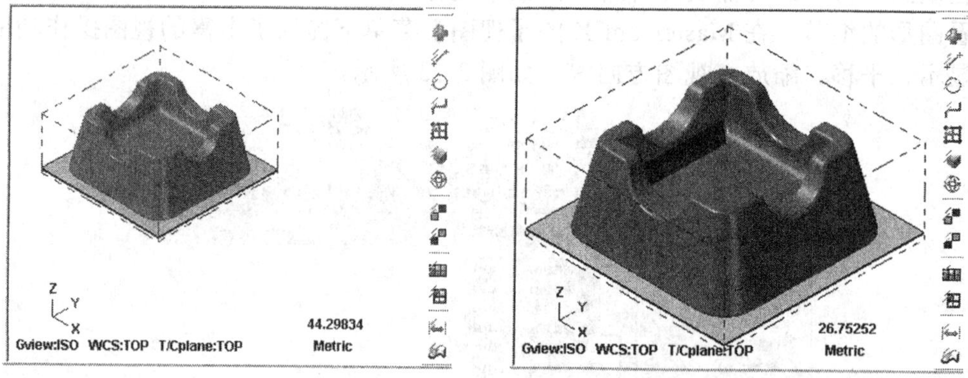

图 3-15　进行适度化的前后比较

● 视窗放大：当执行该功能后，在绘图区鼠标呈形状，此时用鼠标在视图中绘制一个矩形窗口，如图 3-16 所示，所绘制的矩形区域就是局部放大的部位。

● 目标放大：当执行该功能后，首先选择一个点确定需要放大的部位中心，接着移动鼠标在合适的位置确定放大区域的一个顶点，如图 3-17 所示。

● 缩小：当执行该功能后，将图形缩小到原来的 1/2，再次执行缩小(U)，图形又变为前面的 1/2，依次类推，如图 3-18 所示。

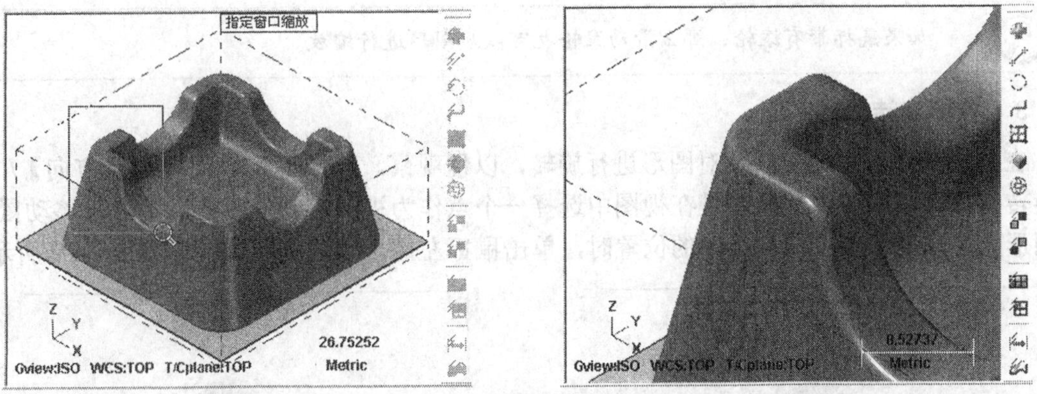

图 3-16　视窗放大前后比较

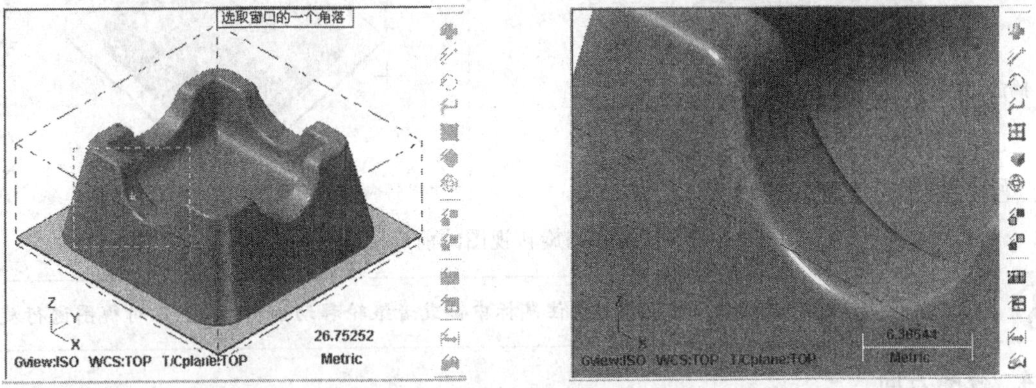

图 3-17　目标放大的前后比较

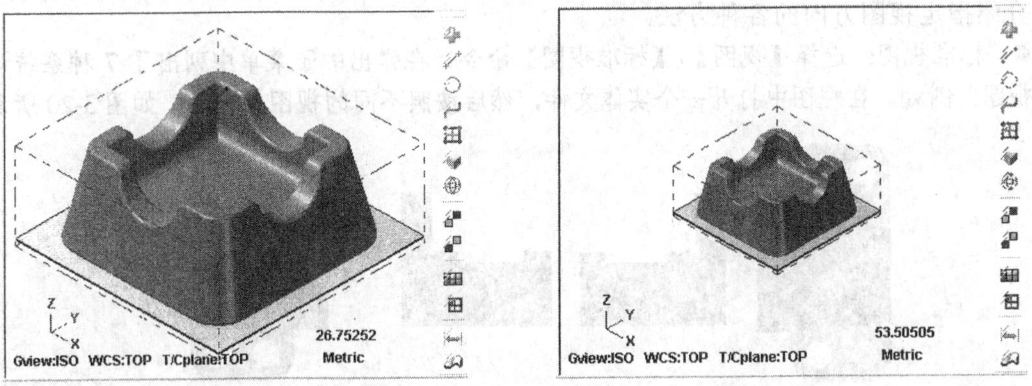

图 3-18　缩小 1/2 后前后比较

- 缩小.8：当执行该功能后，将图形缩小到原来的 0.8 倍。
- 动态缩放：当执行该功能后，首先用鼠标左键在绘图区确定一点，作为缩放的中心，鼠标向上移动是放大图形，鼠标向下移动则是缩小图形，完成缩放时需要单击鼠标左键。
- 指定缩放：首先选择需要缩放的元素，再执行“指定缩放”命令，那么前面所选择的元素就充满绘图区。

如果鼠标带有滚轮，那么滑动滚轮也可以对图形进行缩放。

3.3.3　视图旋转

在绘制图形时，经常需要对图形进行旋转，以便观察。选择【视图】/【确定方向】/【动态旋转】命令，接着用鼠标左键在视图中选择一个点作为视图旋转的中心点，然后移动鼠标，则图形随之转动，当旋转到合适的位置时，单击鼠标左键，完成视图旋转，如图 3-19 所示。

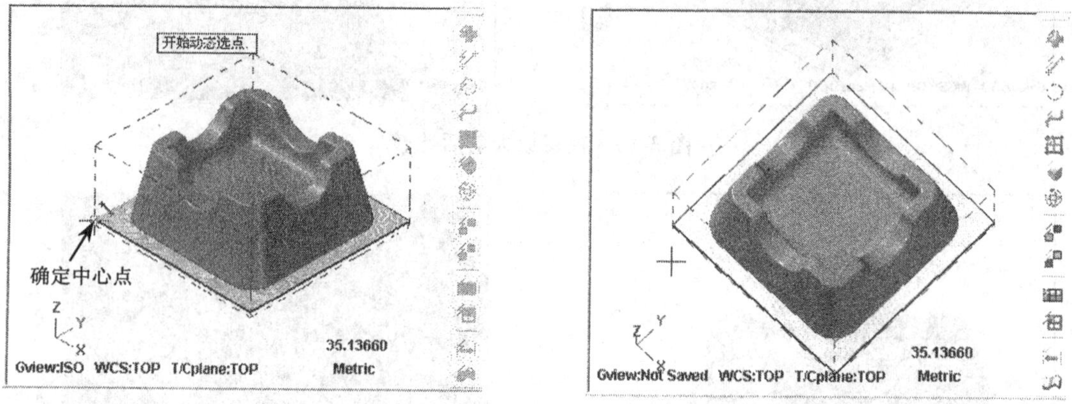

图 3-19　动态旋转视图的前后比较

如果鼠标有中键或者滚轮，那么按住鼠标中键或者滚轮移动鼠标，也可以对视图进行旋转。

3.3.4　视图方向

视图可以通过旋转来观看任何一个方向，但有时需要指定某个特定的方向来观看视图，下面介绍指定视图方向的各种方法：

- 标准视图：选择【视图】/【标准视图】命令，在弹出的子菜单中列出了 7 种系统设定好的视图。例如，在视图中打开一个实体文件，然后按照不同的视图来显示，如图 3-20 所示。

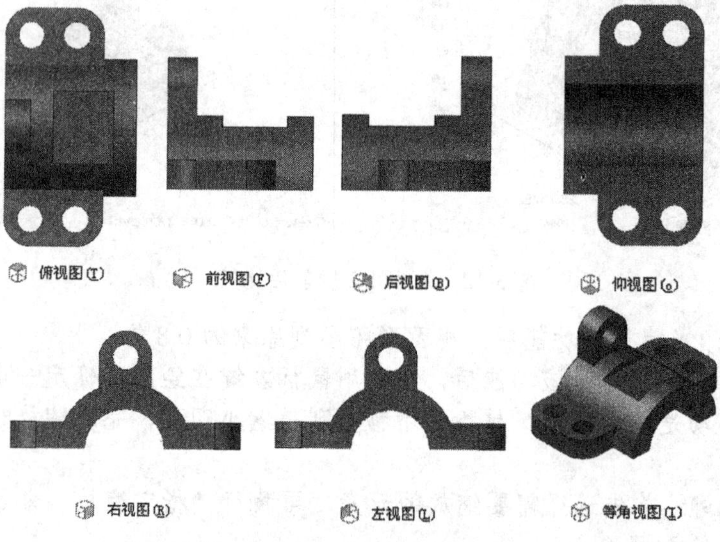

图 3-20　实体的 7 种视图显示

- 法向视角：选择【视图】/【确定方向】/【法向视角】命令，通过这个功能可以通过选择一条直线，来定义视图的方向。
- 选择视角：选择【视图】/【确定方向】/【选择视角】命令，弹出如图 3-21 所示的【视角选择】对话框，直接在其中选择一个需要的视角，单击 ✔ 按钮完成视角选择。

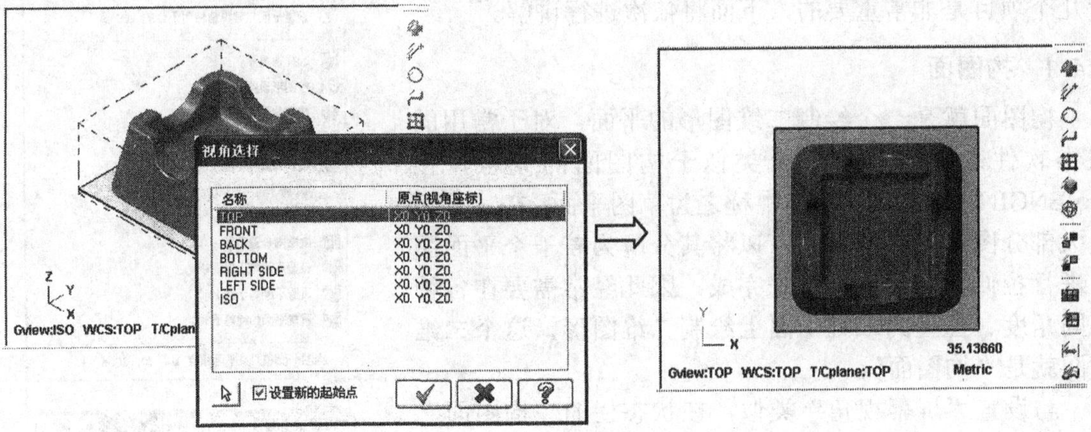

图 3-21　选择视角

- 由图素定义：选择【视图】/【确定方向】/【由图素定义】菜单命令，系统要求选择一个平面物体、两条直线或者 3 个点来定义视图。

3.3.5　多视口设置

工程图中经常需要通过多个视图同时观察图形，Mastercam X 也提供了这样的功能。选择【视图】/【视窗】命令，在弹出的子菜单中列出了多种视图形式，如图 3-22 所示就是显示了 4 个视图的情况。

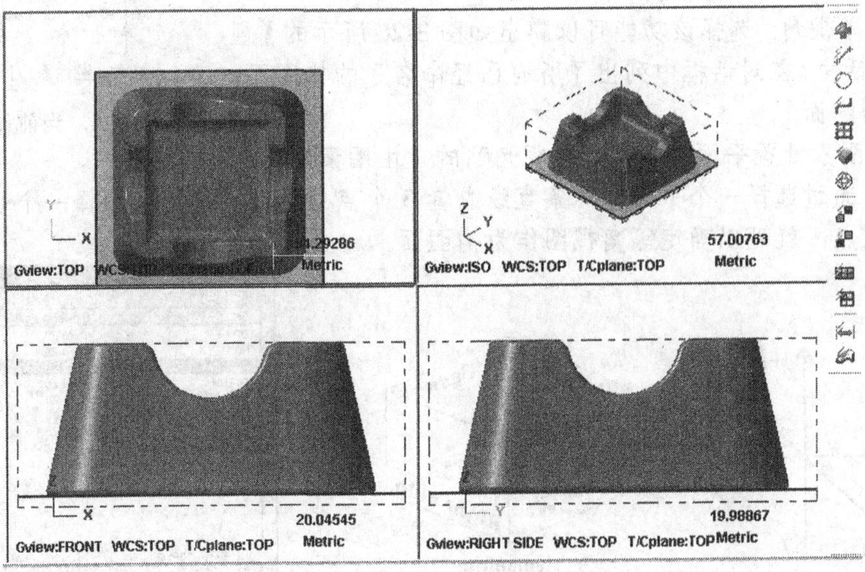

图 3-22　显示的 4 个视图情况

3.4 构图面、坐标系及构图深度

在 Mastercam X 绘图区的左下角，显示着当前作图的环境，如图 3-23 所示。由于构图面、坐标系及构图深度几个项目是非常重要的，下面将依次进行讲解。

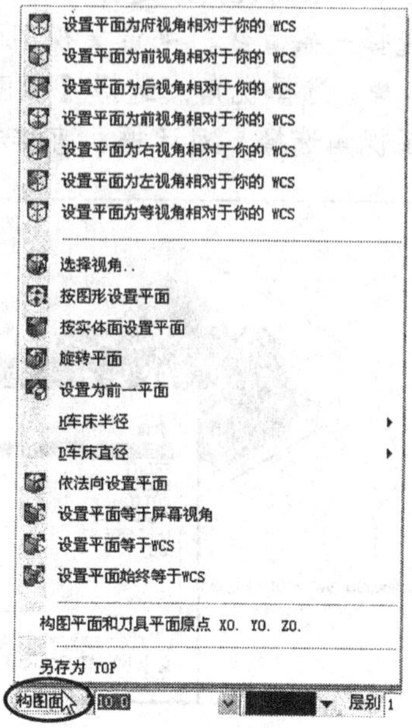

图 3-23 “构图面”快捷菜单

3.4.1 构图面

构图面就是一个绘制二维图形的平面，对于常用的三维软件来讲，都有一个类似于构图面的概念，在 Pro/ENGINEER 和 UG NX 中称之为草图平面。在三维造型大部分图形中，通常都可以将其分解为若干个平面图形进行拉伸、旋转等操作来完成，因此经常需要在各种不同角度、位置的二维平面上绘制二维图形，这个二维平面就是“构图面”。

与设置“屏幕视角”类似，在状态栏的“构图面”栏目上单击鼠标，将弹出如图 3-24 所示的菜单，其中列出了许多设定构图面的方法，下面将其主要项进行讲解：

- 标准构图面：在弹出菜单的上部，列出了 7 个系统设定的标准视图，其示意图如图 3-25 所示，分别为俯视图（Top，坐标系为 ）、前视图（Front，坐标系为 ）、后视图（Back，坐标系为 ）、仰视视图（Bottom，坐标系为 ）、右侧视图（Right side，坐标系为 ）、左侧视图（Left side，坐标系为 ）和等角视图（Isometric，坐标系为 ）。其中，等角视图是该构图平面与 3 个坐标轴的夹角相等。

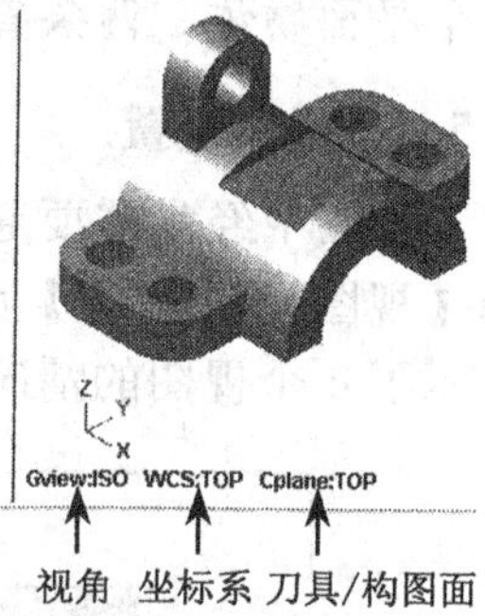

图 3-24 当前作图环境

- 选择视角：选择该功能可以弹出如图 3-26 所示的【视角选择】对话框，在对话框中列出了所有已经命名了的构图面，包括标准构图面。
- 按图素设置平面：与“屏幕视角”的“由图素定义”相同，也是通过选择一个平面、两条直线或者 3 个点来确定。例如，选择一个长方体的 3 个不相邻顶点，就可以确定等角视图作为构图面。

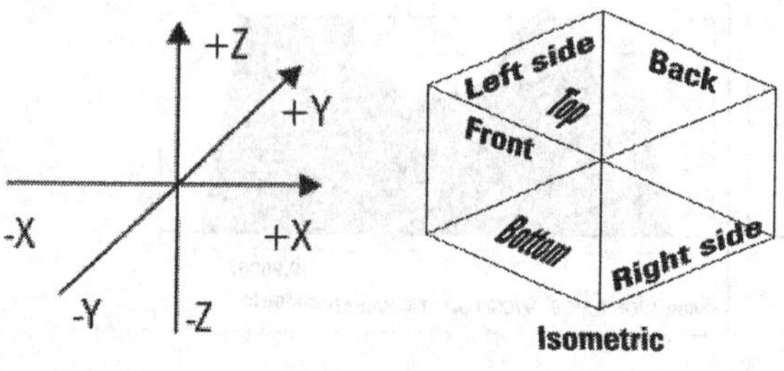

图 3-25 各种构图面

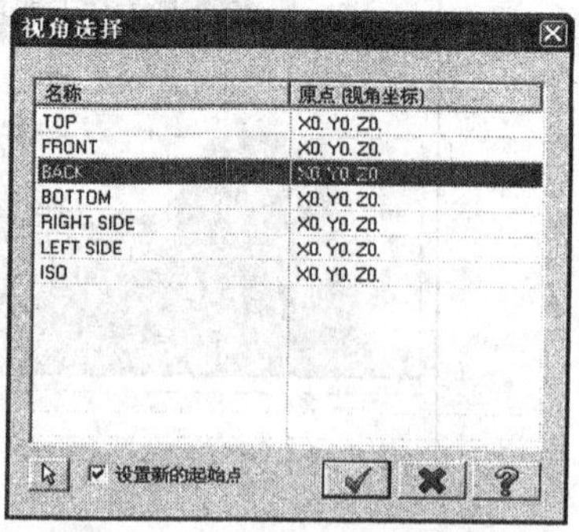

图 3-26 【视角选择】对话框

● 按实体面设置平面：就是选择一个实体的平面来确定构图面。例如选择如图 3-27 所示实体的一个面，弹出【选择查看】对话框，选择一个合适的视角，然后单击✓按钮完成构图面设置。

● 依法向设置平面：通过选择一条直线作为构图面的法线来确定构图面。如图 3-28 所示，选择一条直线，显示了坐标系，切换选择一个合适的视角，从而确定一个构图面。

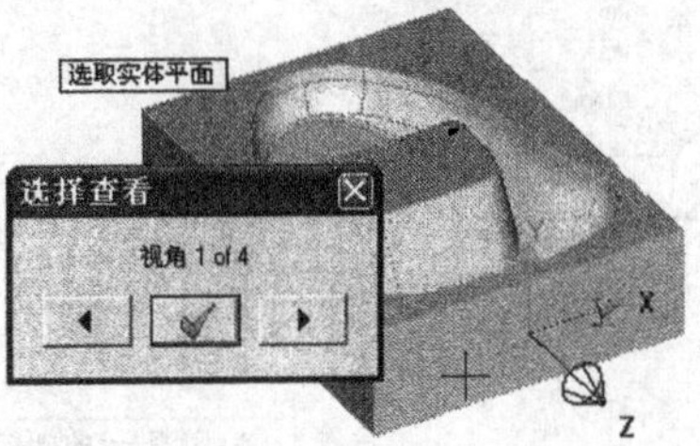

图 3-27　按实体表面作为平面

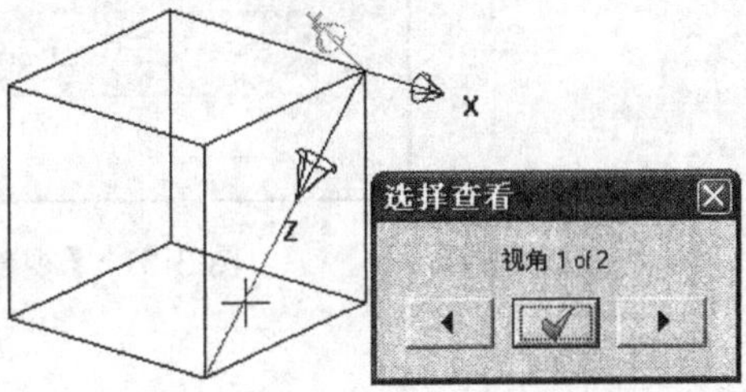

图 3-28　依法向设置平面

3.4.2　坐标系

Mastercam X 中的坐标系包括了世界坐标系和工作坐标系（WCS）。系统中默认的坐标系称为世界坐标系，按“F9”功能键所切换显示的 3 条轴线就是世界坐标系的坐标轴，如图 3-29 所示。

要设置工作坐标系，在状态栏的右侧单击“WCS”栏目，弹出如图 3-30 所示的菜单，设定的方法与前面所述的“构图面”设置方法相同。设置完工作坐标系的构图面，就是在设置工作坐标系中的角度和位置。

若在“WCS”快捷菜单中选择“打开视角管理器”命令，将打开【视角管理器】对话框，可以完成构图平面、刀具平面和坐标系等多项参数的设置，如图 3-31 所示。

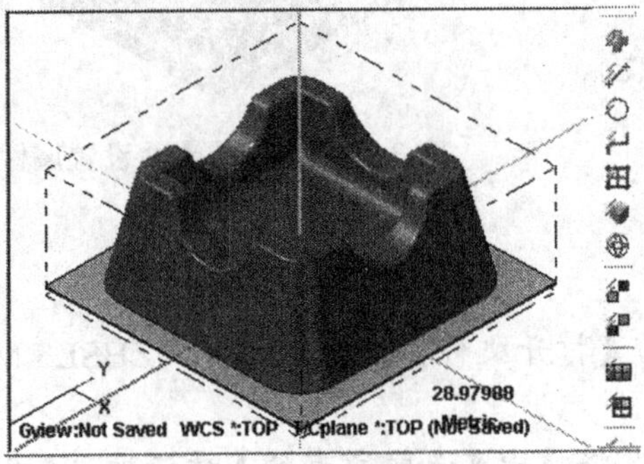

图 3-29　世界坐系的坐标轴

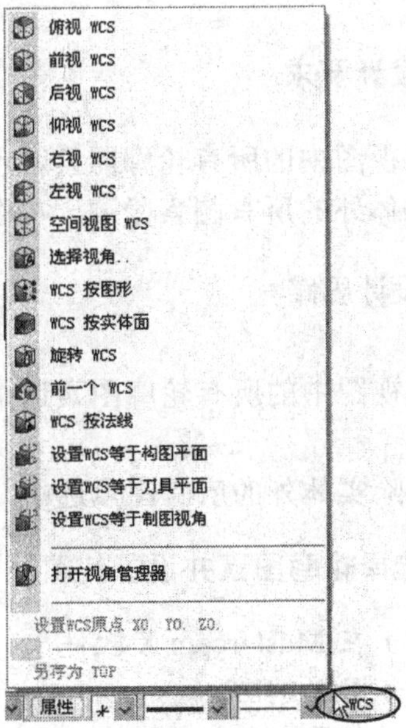

图 3-30　“WCS”快捷菜单

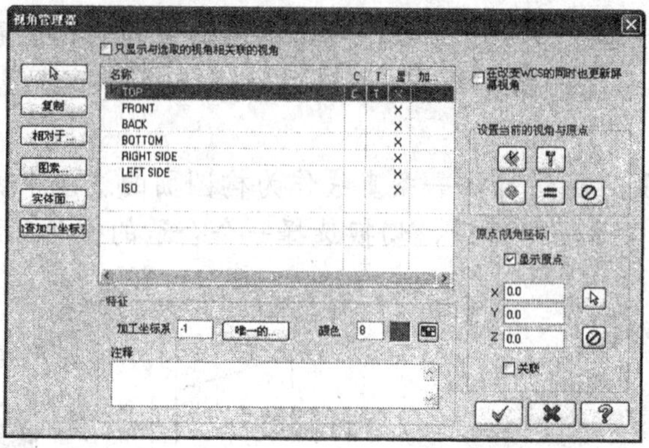

图 3-31 【视角管理器】对话框

3.4.3 构图深度

构图平面只是指定了该平面的法线，而垂直于一条直线的平面有无数多个，且这无数多个平面是互相平行的，因此需要指定一个所谓的“构图深度”来确定平面的位置，所以构图深度就是设置二维平面的位置。在默认情况下，构图深度是 0，也就是通过工作坐标系的原点。

构图深度的设置是在状态栏的 Z 10.0 输入栏中进行的，激活输入栏，并输入数值作为工作深度，然后按 Enter 键确认即可。也可用鼠标右键在工作深度输入栏中单击，弹出如图 3-32 所示的菜单，在其中可以选择一种方式来确定构图深度。

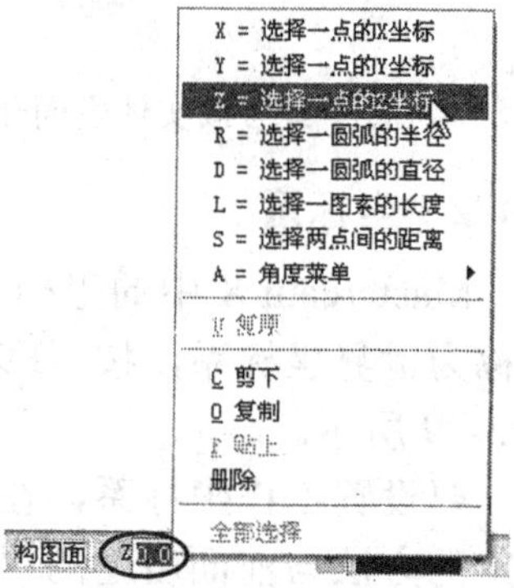

图 3-32 选择 Z 轴深度

3.5 综合实例—— 选择图素并设置属性

设计要求

将视图中的所有轮廓图素颜色设置为紫色，然后将除实体外的所有图素隐藏，如图 3-33 所示。

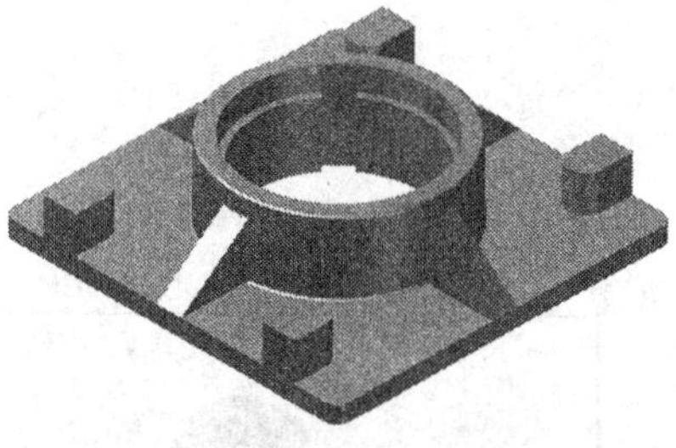

图 3-33 选择图素并设置属性

设计思路

将视图中的所有轮廓图素选中，并设置其颜色、线宽。

将除实体外的所有图素选中，将其进行隐藏。

选择轮廓图素并设置其属性

（1）在 Mastercam X 软件中，选择【文件】/【打开文件】命令，打开“ZHSL3.MCX”文件，如图 3-34 所示。

（2）在【普通选项】工具栏中单击 全部... 按钮，将弹出【选取所有的】对话框，选中“图素形式”前的复选框，并单击该按钮，在中间的列表框中选中“显示所有线架”复选框，如图 3-35 所示。

（3）单击“确定”按钮，则视图的线图素将被选中，如图 3-36 所示。

（4）在状态栏中右击“颜色”框，在弹出的“颜色”对话框中选择紫色，如图 3-37 所示。

（5）单击“确定”按钮，则视图的线图素将被设置为蓝色的线条，如图 3-38 所示。

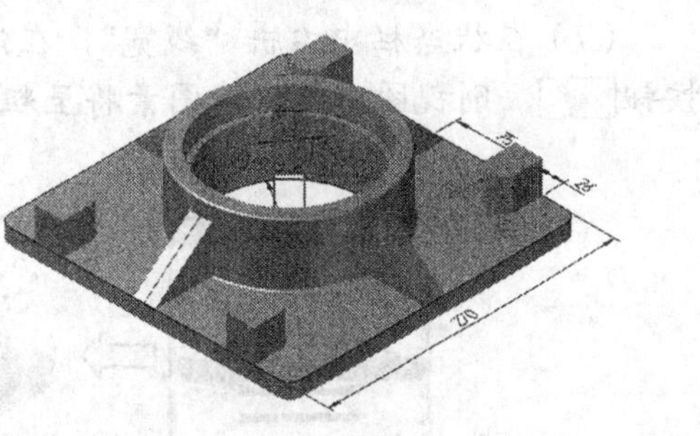

图 3-34 打开的文件

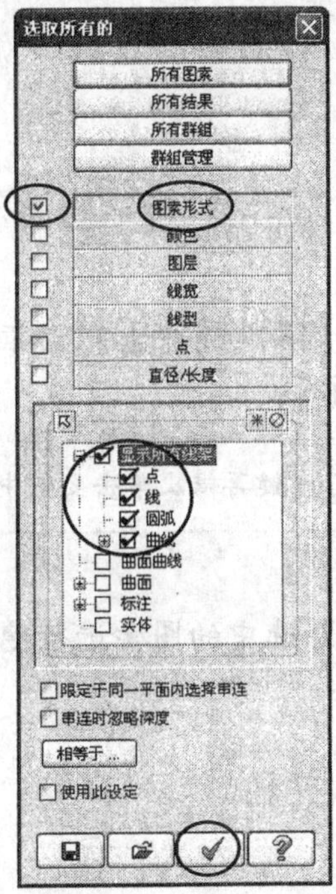

图 3-35 设置要选择的图素

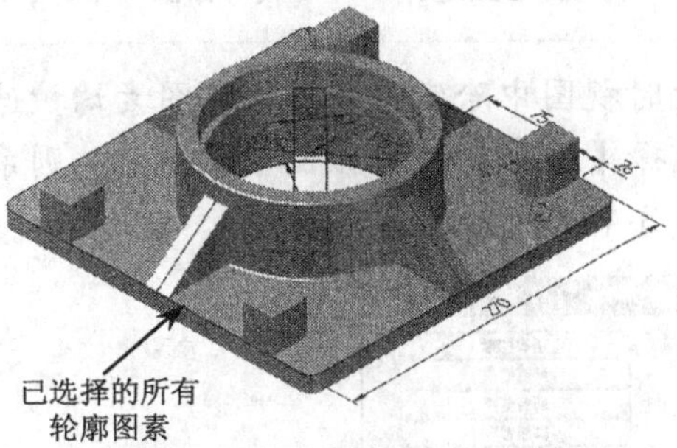

图 3-36 已经选中了的线图素

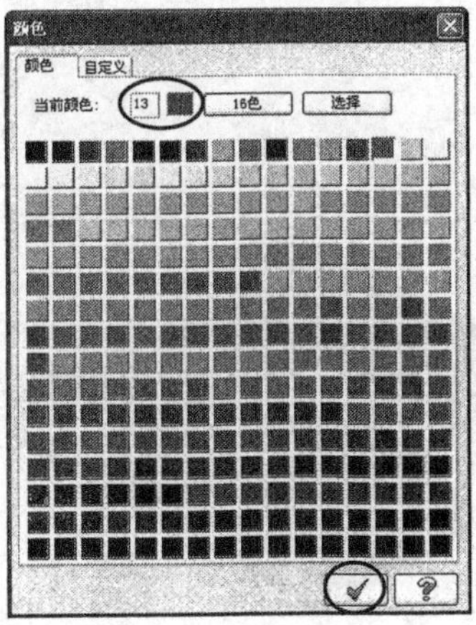

图 3-37 设置颜色

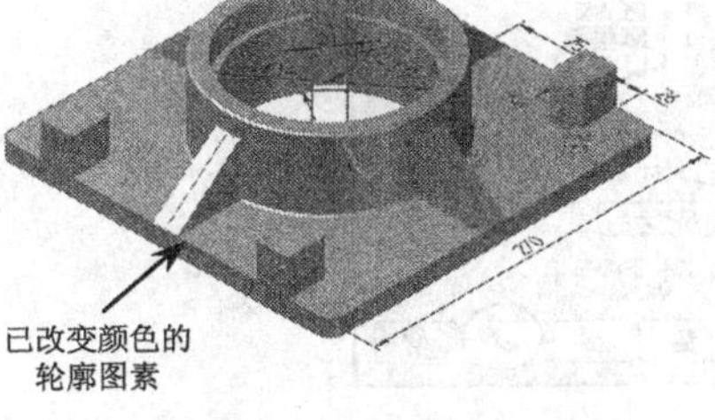

图 3-38 设置轮廓颜色

（6）重复步骤（2）～（3），选中视图中的线图素。

（7）在状态栏中右击“线宽”，在弹出的对话框中选择中间的粗线，然后单击“确定”按钮，则视图中的轮廓图素将呈粗线，如图 3-39 所示。

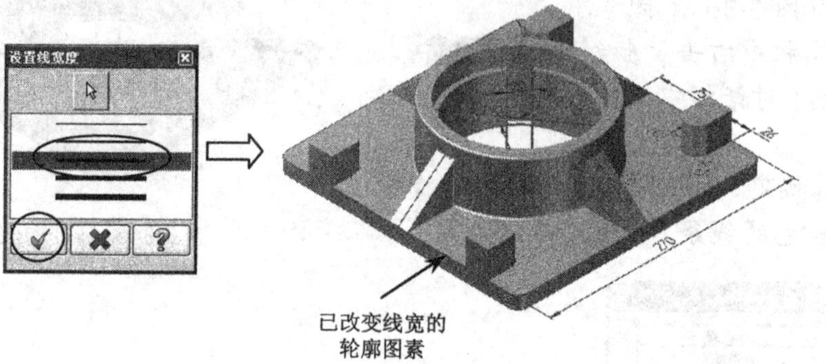

图 3-39 设置轮廓线宽

将除实体外的轮廓图素隐藏

（1）在【普通选项】工具栏中单击全部...按钮，将弹出【选取所有的】对话框，在中间的列表框中将除“实体”外的所有复选框选中，如图 3-40 所示。

用户在这里选择“曲面”、“标注”等时，应按住键盘的 Ctrl 键再依次单击要选中的复选框。

（2）此时视图中除实体外的所有图素均被选中。

（3）选择【屏幕】/【隐藏图素】命令，则系统将所有已经选中的图素进行隐藏，其视图效果如图 3-41 所示。

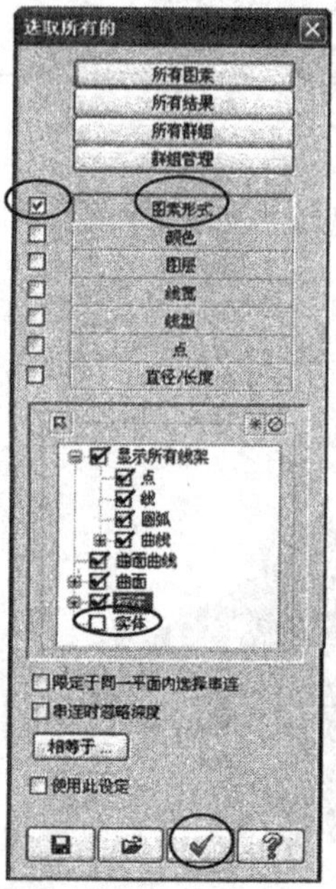

图 3-40 选中除“实体”外的复选框

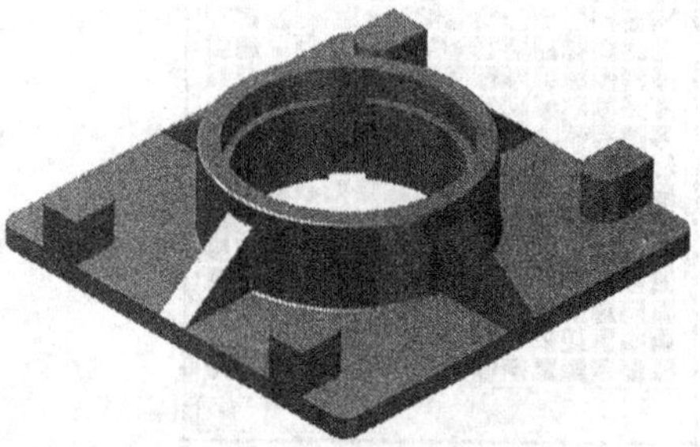

图 3-41 隐藏其他图素

3.6　本章小结

本章介绍了 Mastercam X 的基本操作，包括点的捕捉方法、图素的选择、串连选择、视图与窗口操作、构图面与坐标系及构图深度等，这为后面图形的绘制与操作打下了坚实的基础，因此要熟练地掌握这些基本操作。

3.7　习题

1. 概念题

（1）怎样通过输入坐标点的方法来确定点的位置？

（2）在视图中怎样将相同颜色的图素选择出来？

（3）怎样设置构图面、坐标系及构图深度？

2. 操作题

（1）打开 XT3-1.MCX 文件，如图 3-42 所示，然后对其进行平移、缩放、旋转、视图方向、多窗口设置等操作。

图 3-42　打开的 XT3-1.MCX 文件

（2）打开 XT3-2.MCX 文件，如图 3-43 所示，然后通过图素的选择方法将视图中的所有圆及圆弧一次性选择。

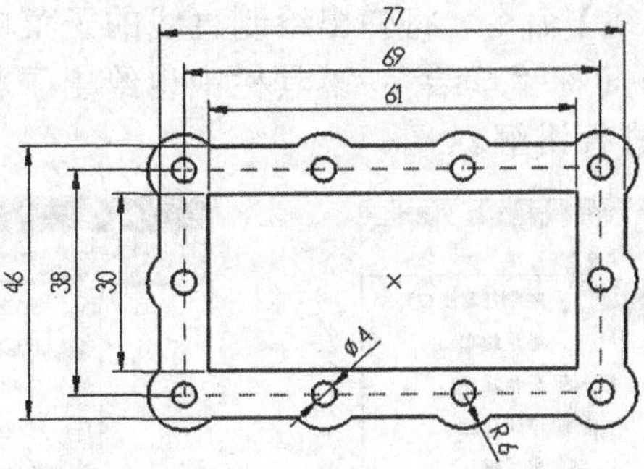

图 3-43　打开的 XT3-2.MCX 文件

第 4 章　二维图形的绘制

在 Mastercam X 中，二维图形的绘制是整个 CAD 模块的基础，只有熟练地使用各种绘图命令绘制出二维图形，才能更好地制作出三维实体，并能够给 Mastercam X 的数控加工提供相关的模型产品。本章根据 Mastercam X 的【草图】工具栏分类方法，依次将其二维图形的绘制分成直线、圆及圆弧、特殊形状、点、曲线等进行详细的讲解。

【内容提要】

- 根据直线的功能绘制互相垂直的直线，并将其转换为红色、细线、虚线；
- 根据圆及多边形的功能，绘制出三个圆及一个正八边形；
- 绘制两段相切的直线，绘制与三个圆相切的弧线。

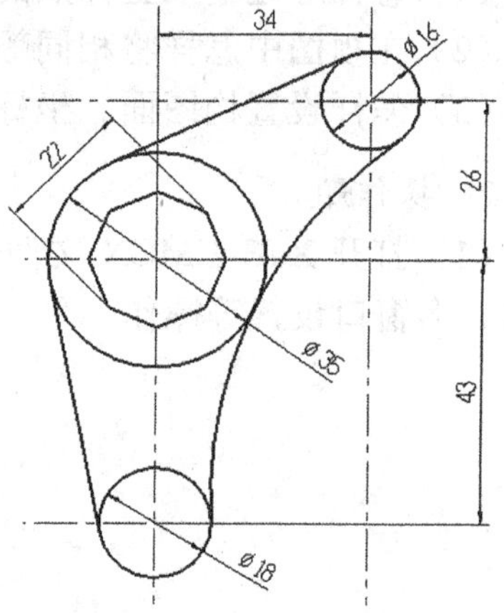

【本章重点】

- 熟练掌握直线的各种绘制方法；
- 熟练掌握圆及圆弧的绘制方法；
- 熟练掌握矩形、多边形及椭圆的绘制方法；
- 掌握文字及螺旋线的绘制方法；
- 掌握各种点的绘制方法；
- 掌握曲线的绘制方法。

4.1　绘制直线

Mastercam X 一共为用户提供了五种直线的绘制方法，从而能够高效地满足用户的需要。选择【绘图】/【任意直线】命令，将弹出绘制直线的子菜单命令，如图 4-1 左图所示。同样，在【Sketcher】（以下简称"草绘"）工具栏中也给出了相应绘制直线的命令，如图 4-1 右图所示，下面将分别进行讲解。

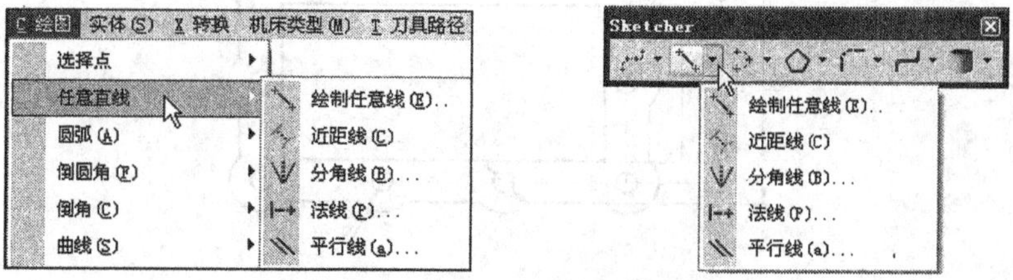

图 4-1　绘制直线的命令

4.1.1 绘制任意线

“绘制任意线” 功能，就是通过定义直线的起点和终点所绘制的直线。单击“绘制任意线”按钮，将弹出如图4-2所示的【直线】操作栏，从而可以绘制直线、多线段（连续线）、垂直线、水平线和切线，还可以编辑已有线段的起点和终点。

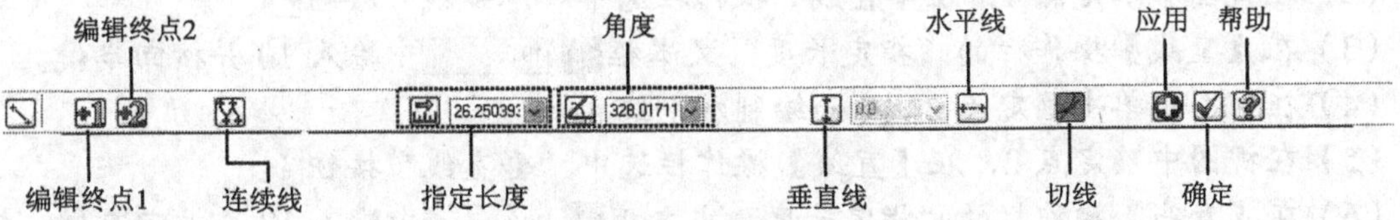

图4-2 【直线】操作栏

下面就针对【直线】操作栏中几个主要的功能项进行说明：

- “编辑端点” / ：对已绘制直线段的起点和终点进行编辑。

编辑线段端点功能只能对线段、垂直线和水平线进行编辑，不能对连续线和切线编辑。

- “连续线” ：激活该按钮后，使用鼠标在视图中绘制或捕捉一系列点，从而绘制出连续的多段线。
- “指定长度” ：激活该按钮后，可绘制指定长度的任意直线，并在其后的文本框中输入直线的长度。
- “角度” ：激活该按钮后，并在其后的文本框中输入直线的角度，可绘制指定角度的直线。
- “垂直线” ：激活该按钮后，并在其后的文本框中输入垂直线的长度，可通过两点来绘制垂直的线段。
- “水平线” ：激活该按钮后，并在其后的文本框中输入水平线的长度，可通过两点来绘制水平的线段。
- “切线” ：激活该按钮后，可创建一条与已知圆弧或样条曲线相切的直线段。
- “应用” ：对已绘制的直线段进行确定并不退出，然后继续绘制其他直线段。
- “确定” ：对已绘制的直线段进行确定并退出，然后继续其他操作。

【例4-1】绘制“M”多段线。

操作步骤

（1）在【草图】工具栏中单击“绘制任意线”按钮。

（2）在视图中确定点1，再确定点2，从而绘制直线a。

（3）在视图中确定点2，再确定点3，从而绘制直线b。

（4）在视图中确定点3，再确定点4，从而绘制直线c。

（5）在视图中确定点4，再确定点5，从而绘制直线d。

（6）在操作栏中单击“确定”按钮，则所绘制的多段线如图4-3所示。

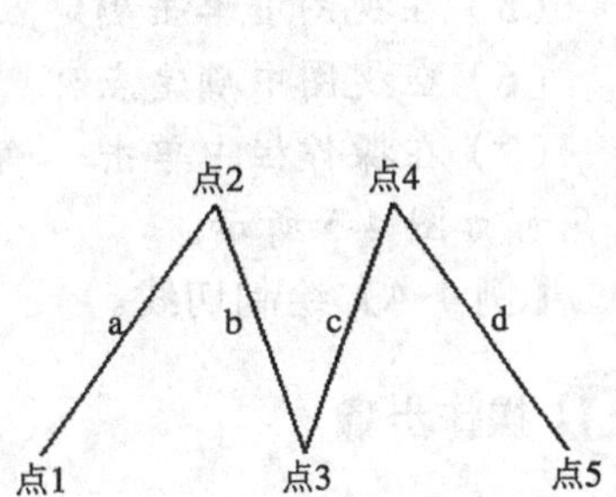

图4-3 绘制的多段线

【例 4-2】绘制正方形。

操作步骤

（1）在【草图】工具栏中单击“绘制任意线”按钮。

（2）在视图中确定点 1，在【直线】操作栏选中“水平线”按钮。

（3）在【直线】操作栏的“指定长度”文本框 10.0 中输入 10 并按回车键。

（4）在视图中单击确定点 2，从而绘制水平线 a。

（5）在视图中确定点 2，在【直线】操作栏选中“垂直线”按钮。

（6）在【直线】操作栏的“指定长度”文本框 10.0 中输入 10 并按回车键。

（7）在视图中单击确定点 3，从而绘制垂直线 b。

（8）在视图中确定点 3，在【直线】操作栏选中“水平线”按钮。

（9）在【直线】操作栏的“指定长度”文本框 10.0 中输入 10 并按回车键。

（10）在视图中单击确定点 4，从而绘制水平线 c。

（11）在视图中确定点 4，再确定点 1，从而绘制垂直线 d。

（12）在操作栏中单击“确定”按钮，则所绘制的正方形如图 4-4 所示。

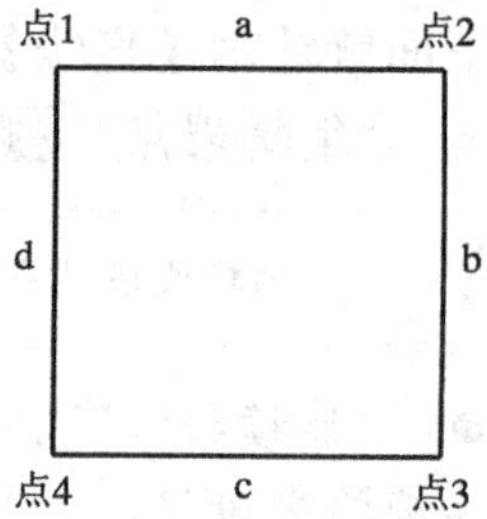

图 4-4　绘制的正方形

【例 4-3】绘制等边三角形。

操作步骤

（1）在【草图】工具栏中单击“绘制任意线”按钮。

（2）在视图中确定点 1，在【直线】操作栏的“指定长度”文本框 30.0 中输入 30 并按回车键，在“角度”文本框 60.0 中输入 60 并按回车键，从而绘制斜线 a。

（3）在视图中确定点 1，在【直线】操作栏选中“水平线”按钮。

（4）在【直线】操作栏的“指定长度”文本框 30.0 中输入 30 并按回车键。

（5）在视图中单击确定点 2，从而绘制水平线 b。

（6）在视图中确定点 2，再确定点 3，从而绘制斜线 c。

（7）在操作栏中单击“确定”按钮，则所绘制的等边三角形如图 4-5 所示。

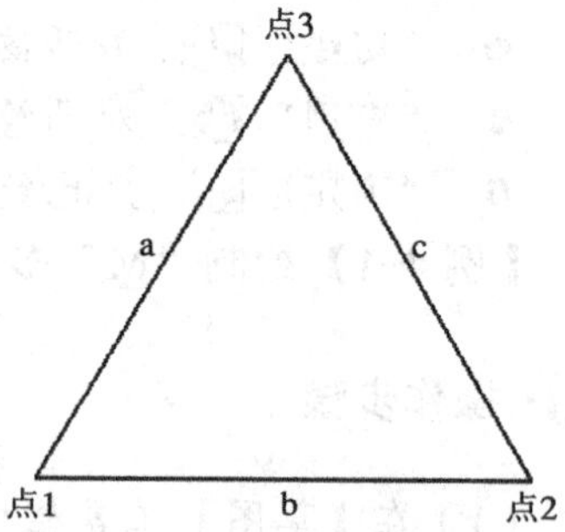

图 4-5　绘制的等边三角形

【例 4-4】绘制切线。

操作步骤

（1）在视图中绘制两个不同直径的圆 O_1、O_2（绘制的方法参见 4.2 节）。

（2）在【草图】工具栏中单击“绘制任意线”按钮。

（3）在【直线】操作栏中选中“切线”按钮。

（4）在视图中靠近圆 O_1 的上侧并单击，再靠近圆 O_2 的上侧并单击。

这里所指的靠近圆，是指将鼠标移到圆附近时，则圆将改变颜色，此时所捕捉的点将是不确定的，而是根据第二个点来确定第一点的位置，以后的介绍均采用这种方法。

（5）此时将在两点圆中确定点 1 和点 2，并产生切线 a。

（6）在视图中靠近圆 O_1 的下侧并单击，再靠近圆 O_2 的下侧并单击。

（7）此时将在两点圆中确定点 3 和点 4，并产生切线 b。

（8）在操作栏中单击“确定”按钮，则所绘制切线如图 4-6 所示。

如果在靠近圆 O_1 的上侧并单击，再靠近圆 O_2 的下侧并单击，则此时将产生一条如图 4-7 所示的切线 c。

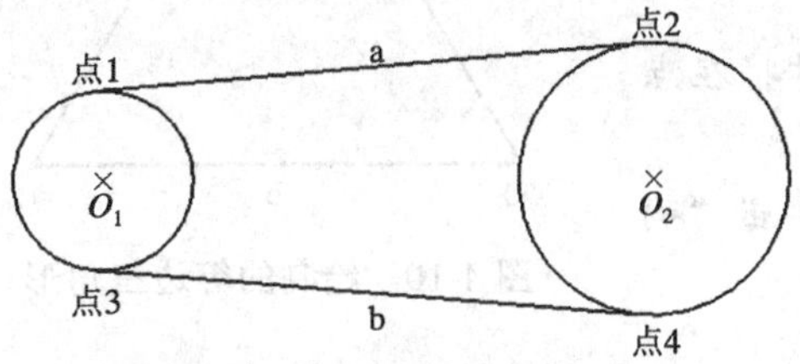

图 4-6　绘制的切线 a、b

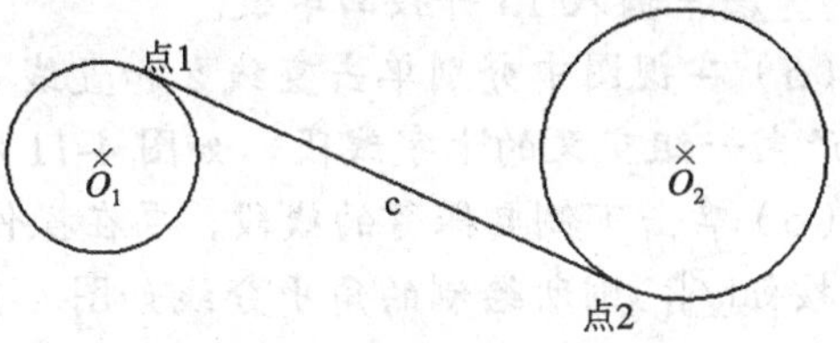

图 4-7　绘制的切线 c

4.1.2　绘制近距线

“近距线”功能，就是在已知两个几何对象（包括直线、圆弧和曲线等）之间创建最短长度的连接线。

【例 4-5】绘制近距线。

操作步骤

（1）在视图中绘制两个不同直径的圆 O_1、O_2（绘制的方法参见 4.2 节）。

（2）在【草图】工具栏中单击“近距线”按钮。

（3）在视图中靠近圆 O_1 的任意位置并单击，再在视图中靠近圆 O_2 的任意位置并单击。

（4）此时将产生近距线 a，并确定了点 1 和点 2。

（5）在操作栏中单击“确定”按钮，则所绘制的近距线如图 4-8 所示。

如果两条几何对象相交，则所产生的近距线将用一点来代替零长度的近距线，如图 4-9 所示。

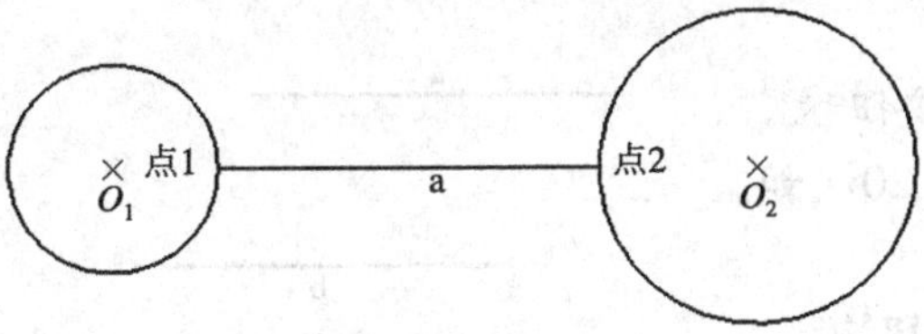

图 4-8　绘制的近距线 c

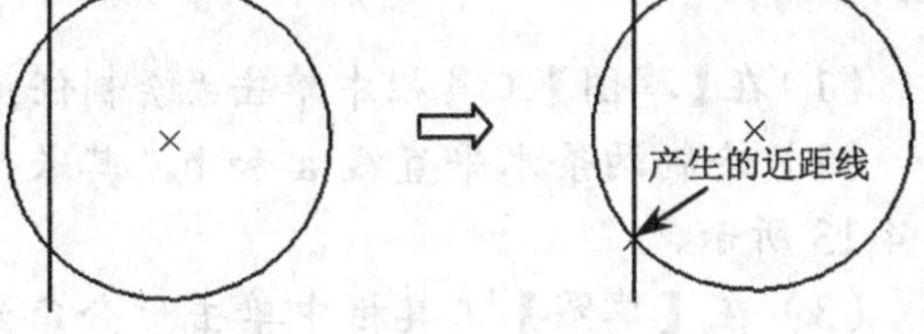

图 4-9　相交对象产生的近距线

4.1.3　绘制分角线

“分角线”功能，即绘制角平分线，它即可以在两条相交直线上创建一条角平分线，也可在两条平行线的中间创建一条平行线，但均应指定分角线的长度。

【例 4-6】绘制角平分线。

操作步骤

（1）在【草图】工具栏中单击“绘制任意线”按钮。

（2）参照前面【例 4-3】的方法绘制一个等边三角形，如图 4-10 所示。

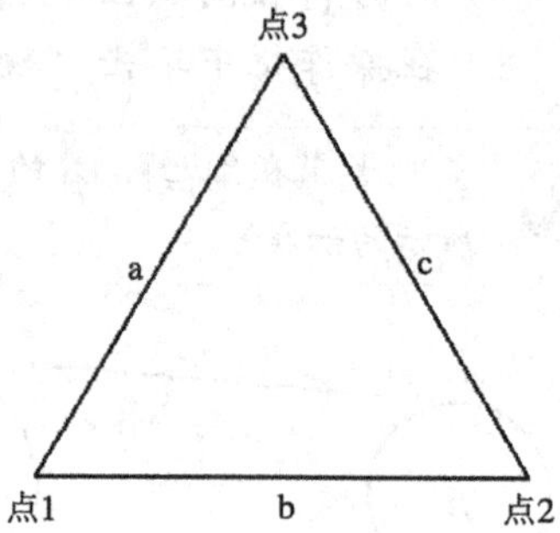

图 4-10　绘制的等边三角形

（3）在【草图】工具栏中单击“分角线”按钮。

（4）在【分角线】操作栏的“指定长度”文本框 15.0 中输入 15 并按回车键。

（5）在视图中分别单击直线 a 和直线 c，此时将在点 3 处产生一组交叉的十字线段，如图 4-11 所示。

（6）单击下侧要保留的线段，再在操作栏中单击“确定”按钮，则所绘制的角平分线如图 4-12 所示。

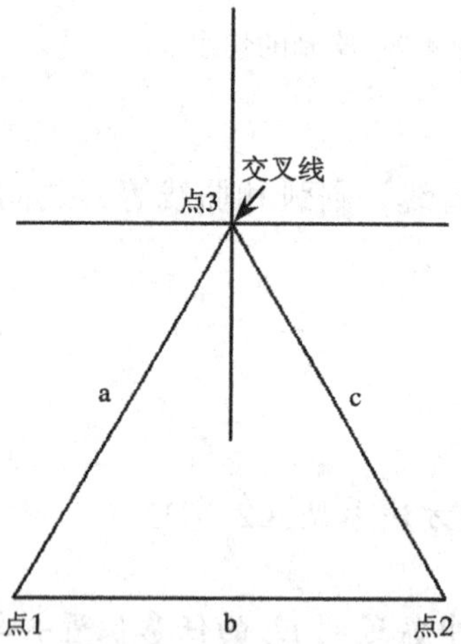

图 4-11　产生的交叉线

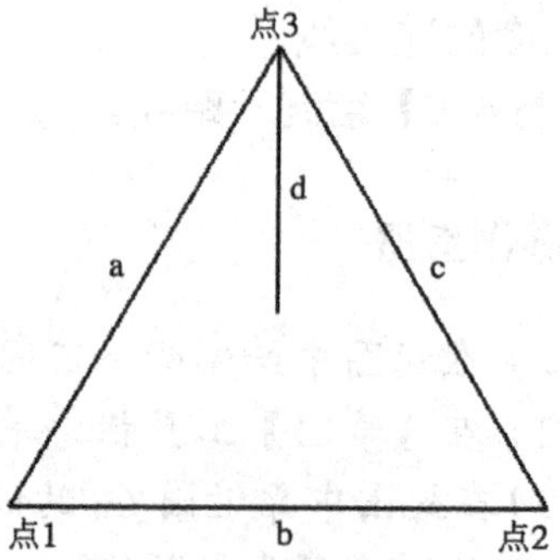

图 4-12　绘制的角平分线 d

【例 4-7】绘制平行线。

操作步骤

（1）在【草图】工具栏中单击“绘制任意线”按钮。

（2）绘制两条水平直线 a 和 b，其长度均为 20，如图 4-13 所示。

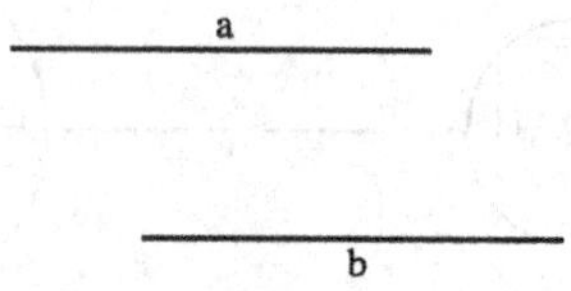

图 4-13　绘制的水平直线

（3）在【草图】工具栏中单击“分角线”按钮。

（4）在【分角线】操作栏的“指定长度”文本框

15.0 中输入 15 并按回车键。

（5）在视图中分别单击直线 a 和直线 b。

若当前绘图在 3D 模式，则单击直线 a 和直线 b 后，系统将弹出如图 4-14 所示的提示窗口，要求输入构图的深度（即 Z 轴深度），建议用户应将其转换到 2D 模式下。

（6）在操作栏中单击“确定”按钮，则所绘制的平行线 c 如图 4-15 所示。

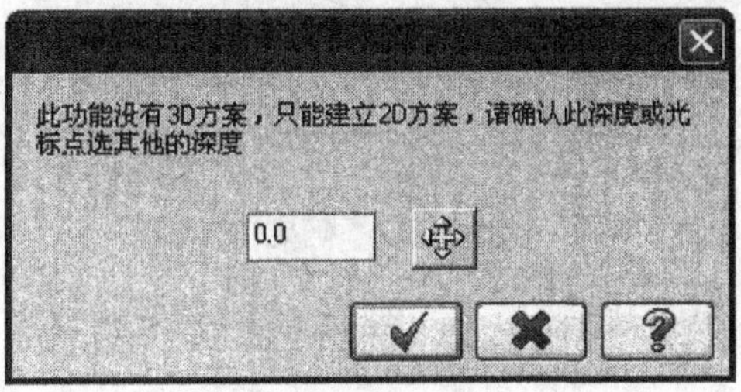

图 4-14　提示窗口

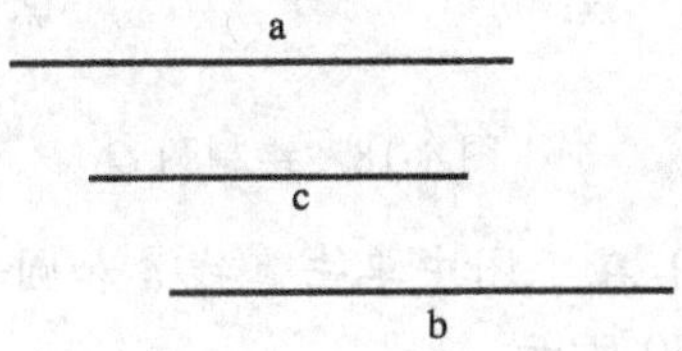

图 4-15　绘制的平行线

这里所产生的平行线方向与选择的第一条直线 a 的方向相同，其起点为第一条直线 a 的起点与第二直线 b 距该点最近端点连线的中点，如图 4-16 所示。

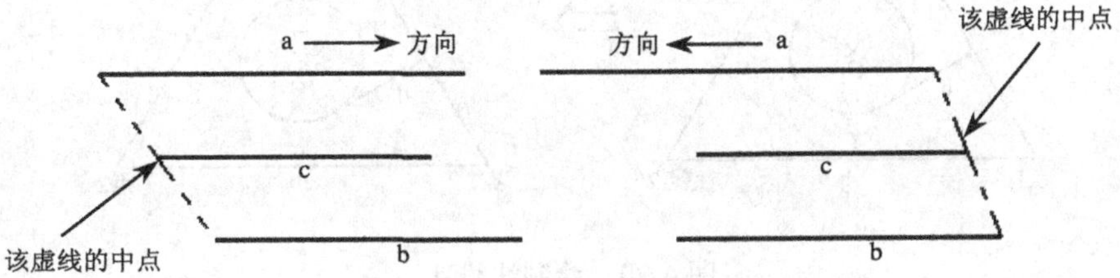

图 4-16　平行线的起点位置

4.1.4　绘制法线

“法线”功能，就是创建已知几何图素（直线、圆弧或曲线）的法线，可以创建过一点的法线，也可以创建与圆弧相切的法线。

【例 4-8】绘制平行线。

操作步骤

（1）在【草图】工具栏中单击“绘制任意线”按钮。

（2）参照前面【例 4-3】的方法绘制一个等边三角形，如图 4-17 所示。

（3）在等边三角形的中心点处绘制圆 O_1（绘制的方法参见 4.2 节），如图 4-18 所示。

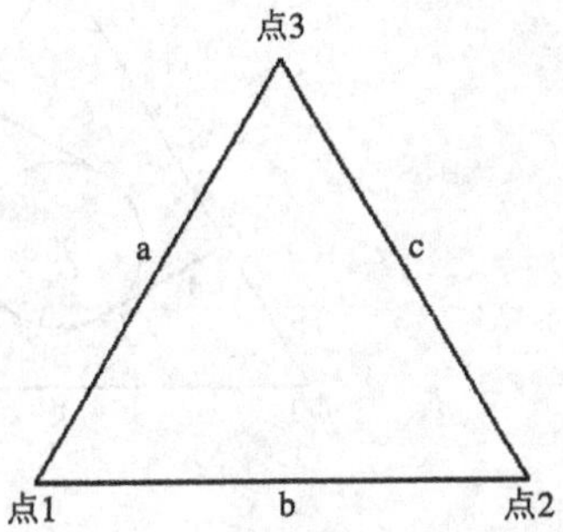

图 4-17　绘制的等边三角形

要确定等边三角形的中心点，可分别从两个角点处绘制角平分线，则两条角平分线的交点就是等边三角形的中心点，如图 4-19 所示。

（4）在【草图】工具栏中单击“法线”按钮 ，并在操作栏中选中“相切”按钮 。

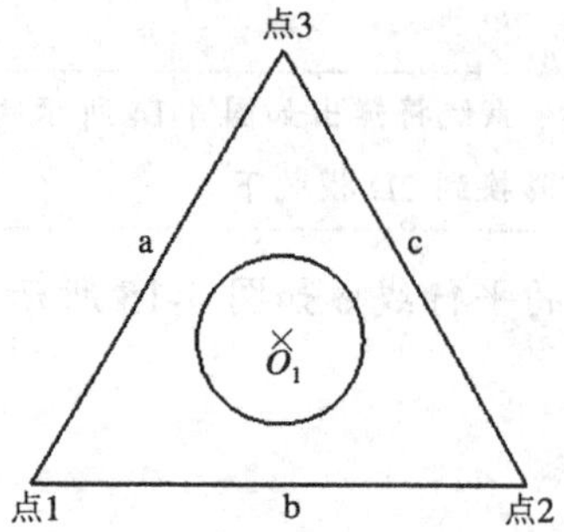

图 4-18　绘制圆 O_1

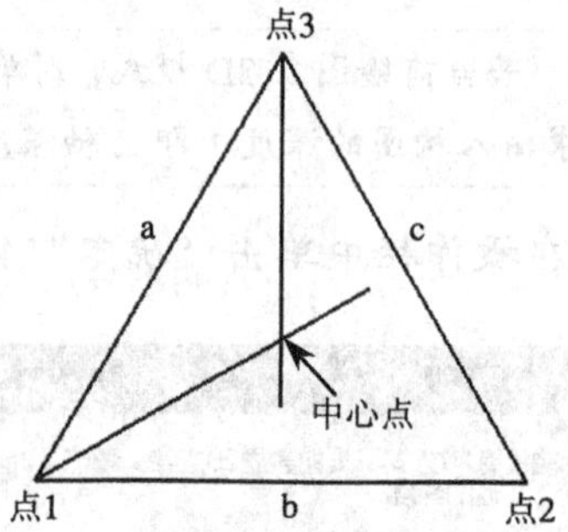

图 4-19　确定中心点

（5）在视图中单击直线 a 和圆 O_1，将产生两条法线 d、e，然后单击要保留的法线 d，如图 4-20 所示。

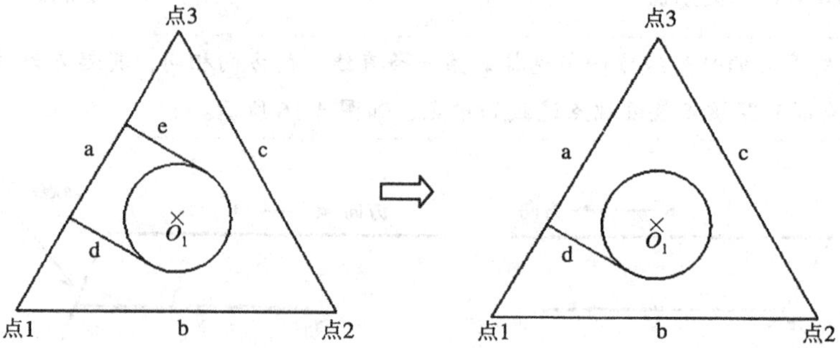

图 4-20　绘制法线 d

（6）同样，在视图中单击直线 c 和圆 O_1，将产生两条法线 e、f，然后单击要保留的法线 e，如图 4-21 所示。

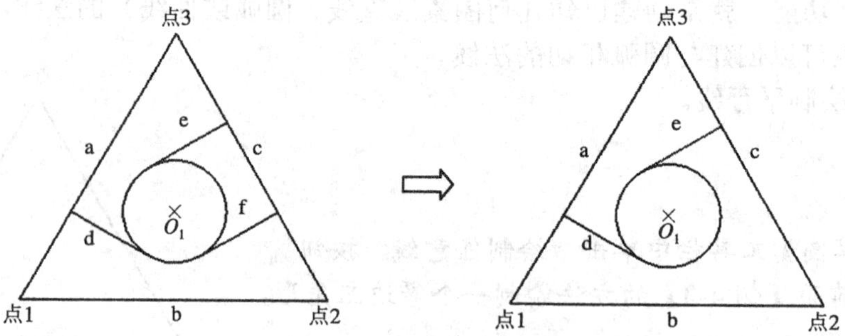

图 4-21　绘制法线 e

（7）同样，在视图中单击直线 b 和圆 O_1，将产生两条法线 f、g，然后单击要保留的法线 f，如图 4-22 所示。

（8）最后在操作栏中单击“确定”按钮 ，则绘制的三条法线 d、e、f 已经完成。

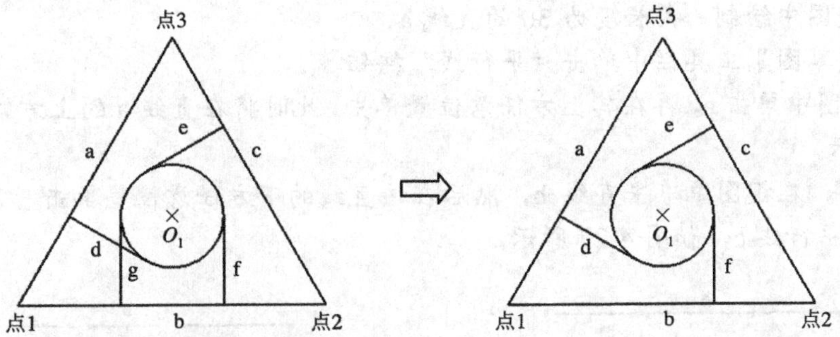

图 4-22　绘制法线 f

4.1.5　平行线

“平行线”功能，就是创建已知参考直线的平行线。在创建平行线时，有 3 种方法创建平行线，即直线补正法、过一点和与圆弧相切。

【例 4-9】通过补正法绘制平行线。

操作步骤

（1）在【草图】工具栏中单击“绘制任意线”按钮。

（2）在视图中绘制一条长度为 30 的直线 a。

（3）在【草图】工具栏中单击“平行线”按钮。

（4）在【平行线】操作栏的“距离”文本框 10.0 中输入 10 并按回车键。

（5）在视图中单击 a，再在其上方单击，此时将在直线 a 的上方绘制平行线 b，如图 4-23 所示。

（6）在【平行线】操作栏中单击按钮，则此时将在直线 a 的下方绘制平行线 c，如图 4-24 所示。

（7）再在【平行线】操作栏中单击按钮，则此时将在直线 a 的上方和下方分别绘制平行线 b 和 c，如图 4-25 所示。

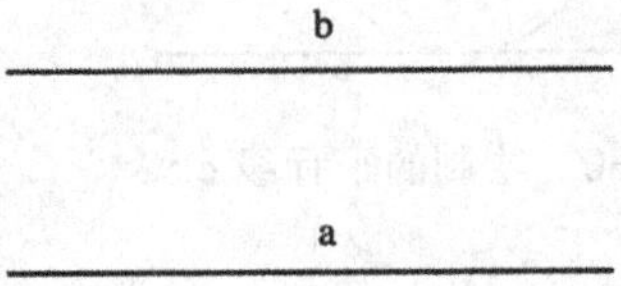

图 4-23　绘制的平行线 b

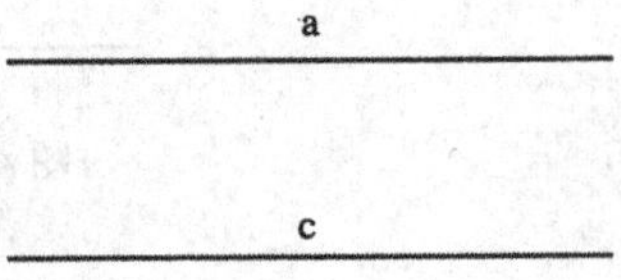

图 4-24　绘制的平行线 c

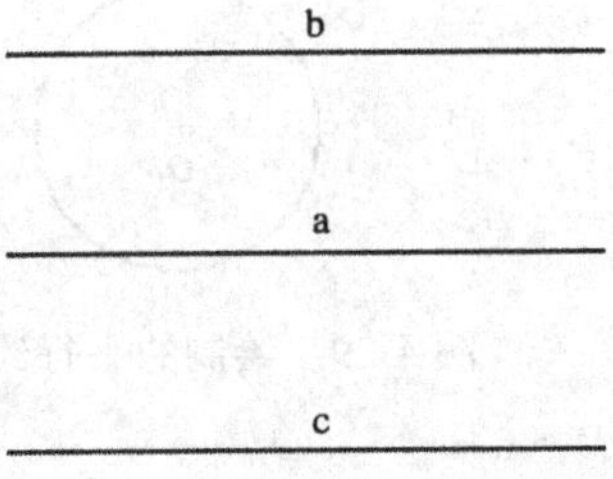

图 4-25　绘制的平行线 b 和 c

【例 4-10】过一点绘制平行线。

操作步骤

（1）在【草图】工具栏中单击“绘制任意线”按钮。

（2）在视图中绘制一条长度为 30 的直线 a。

（3）在【草图】工具栏中单击“平行线”按钮。

（4）在视图中单击 a，再在其上方任意位置单击，此时将在直线 a 的上方绘制平行线 b，如图 4-26 所示。

（5）同样，在视图中单击直线 b，然后在该直线的下方任意位置单击，此时将在直线 b 的下方绘制平行线 c，如图 4-27 所示。

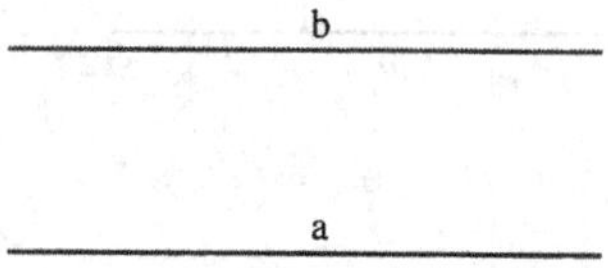

图 4-26　绘制的平行线 b

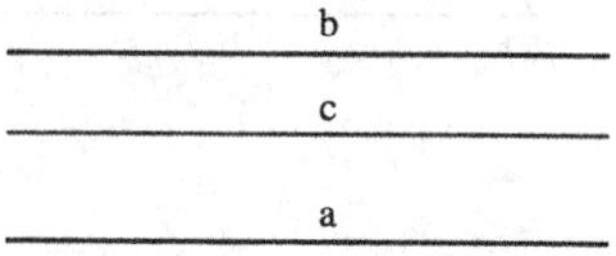

图 4-27　绘制的平行线 c

【例 4-11】与圆弧相切绘制平行线。

操作步骤

（1）在【草图】工具栏中单击“绘制任意线”按钮，然后在视图中绘制一条长度为 30 的直线 a。

（2）在【草图】工具栏中单击“圆心+点”按钮，然后在视图中绘制圆 O_1（绘制的方法参见 4.2 节），如图 4-28 所示。

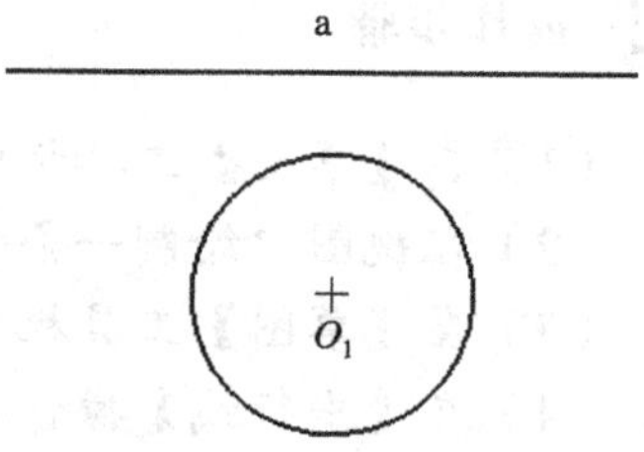

图 4-28　绘制直线和圆

（3）在【草图】工具栏中单击“平行线”按钮。

（4）在【平行线】操作栏中选中“相切”按钮。

（5）在视图中单击直线 a，再单击圆 O_1 的上侧，则绘制平行线 b，如图 4-29 所示。

（6）在视图中单击直线 a，再单击圆 O_1 的下侧，则绘制平行线 c，如图 4-30 所示。

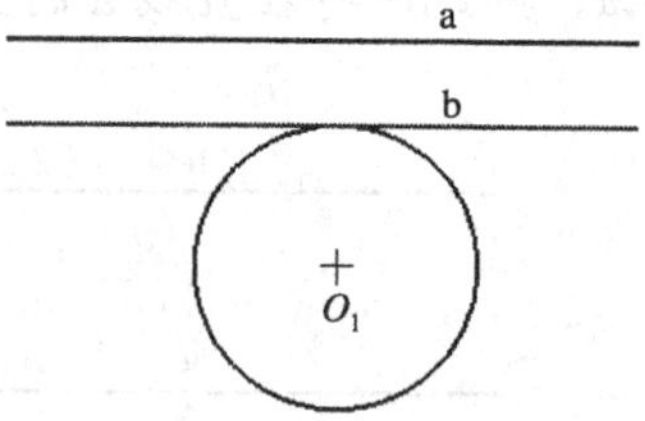

图 4-29　绘制的平行线 b

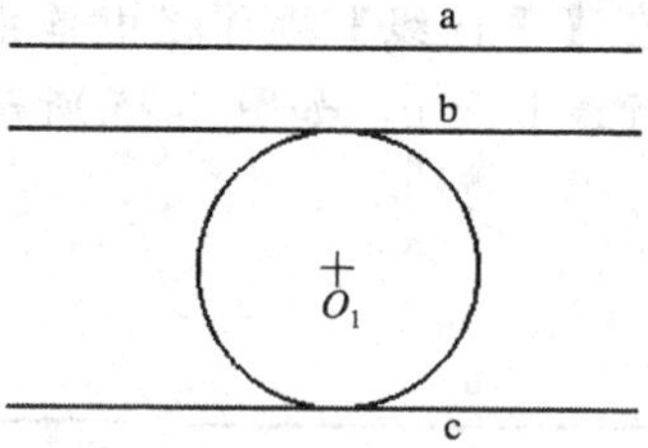

图 4-30　绘制的平行线 c

4.2　绘制圆及圆弧

Mastercam X 一共为用户提供了 7 种绘制圆及圆弧的方法，选择【绘图】/【圆弧】命令，将弹出绘制圆及圆弧的子菜单命令，如图 4-31 左图所示；同样，在【草绘】工具栏中也给出了相应绘制圆及圆弧的命令，如图 4-31 右图所示。下面就针对几个常用的功能项进行讲解。

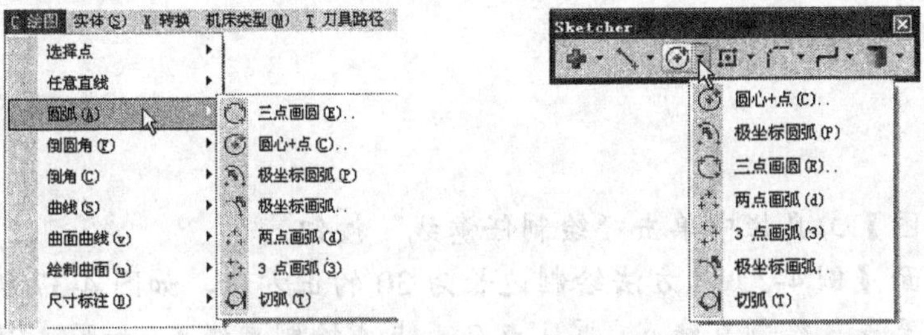

图 4-31　绘制圆及圆弧的命令

4.2.1　圆心+点

“圆心+点”功能，可以指定圆心和圆上一点，或者圆心和半径来绘制一个圆。在绘制圆时，其相应的工具栏如图 4-32 所示。

图 4-32 【编辑圆心点】工具条

【例 4-12】在原点处绘制同心圆。

操作步骤

（1）在【草图】工具栏中单击“圆心+点”按钮。

（2）在【自动抓点】工具栏的“临时点”组合框中选择“原点”原点选项，如图 4-33 所示。

图 4-33　确定圆心点为原点

（3）在【编辑圆心点】工具栏的“直径”文本框 20.0 中输入 20 并按回车键。

（4）在操作栏中单击“应用”按钮，此时将绘制圆 O_1，如图 4-34 所示。

（5）在【编辑圆心点】工具栏的“直径”文本框 10.0 中输入 10 并按回车键。

（6）使用鼠标捕捉圆 O_1 的圆心点，如图 4-35 所示，然后单击鼠标即确定圆心点，从而绘制圆 O_2。

（7）在操作栏中单击“确定”按钮，此时所绘制的同心圆效果如图 4-36 所示。

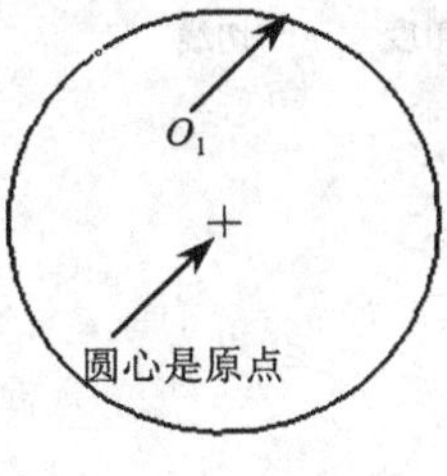

图 4-34　绘制直径为 20 的圆

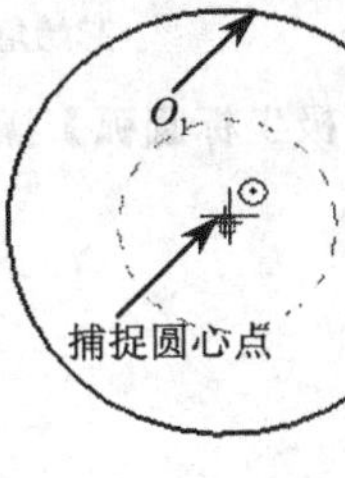

图 4-35　捕捉圆心点

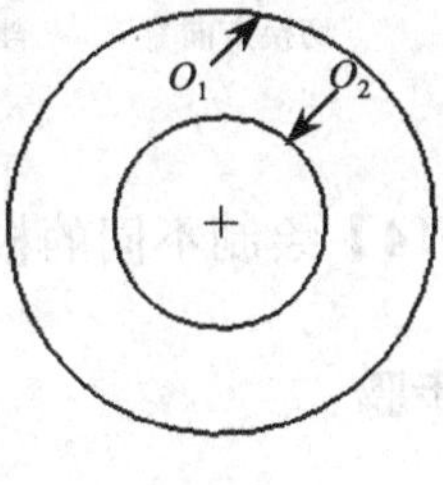

图 4-36　绘制的同心圆

【例 4-13】绘制过切点的圆。

操作步骤

（1）在【草图】工具栏中单击“绘制任意线”按钮。

（2）根据前面【例 4-2】的方法绘制边长为 30 的正方形，如图 4-37 所示。

（3）从点 1 至点 3 绘制直线 e，再从点 2 至点 4 绘制直线 f，如图 4-38 所示。

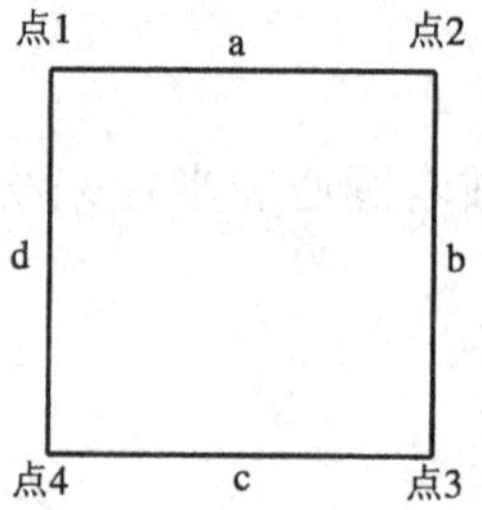

图 4-37 绘制的正方形

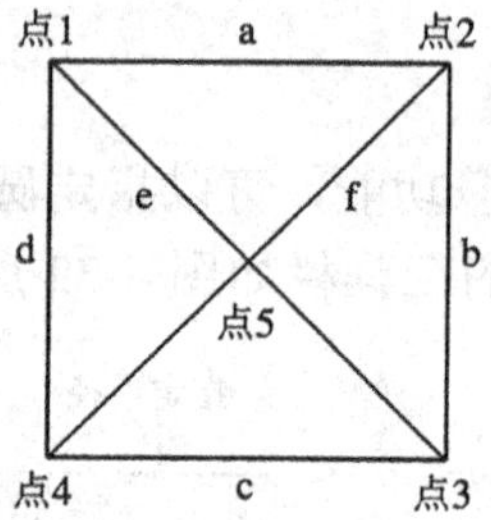

图 4-38 绘制的正方形

（4）在【草图】工具栏中单击“圆心+点”按钮，然后在视图中捕捉直线 e 和直线 f 的交点 5 作为圆 O_1 的圆心点，再捕捉圆过直线 a 的切点并单击，如图 4-39 所示。

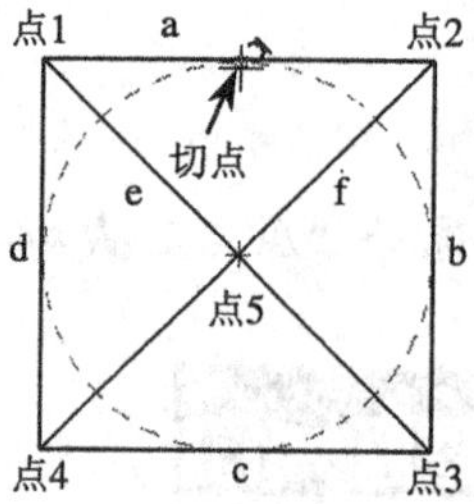

图 4-39 捕捉过直线 a 的切点

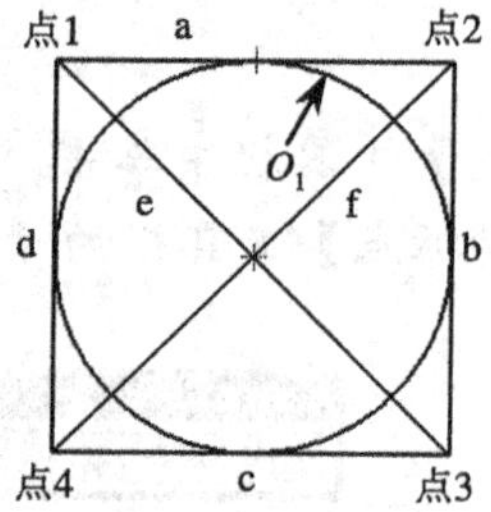

图 4-40 绘制圆 O_1

（5）在操作栏中单击“确定”按钮，此时将绘制圆 O_1，如图 4-40 所示。

4.2.2 极坐标圆弧

“极坐标圆弧”功能，是指定圆弧的圆心点、圆弧大小、起始角度和终止角度创建圆弧，其操作栏如图 4-41 所示。

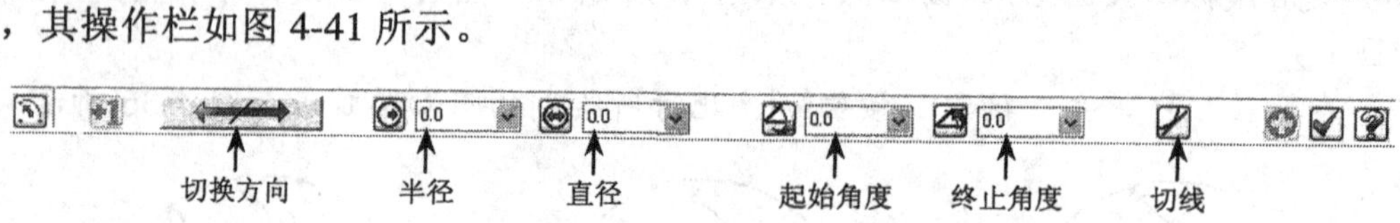

图 4-41 【极坐标圆弧】操作栏

【例 4-14】绘制不同的极坐标圆弧。

操作步骤

（1）续上例如图 4-40 所示绘制的图形。

（2）在【草图】工具栏中单击“极坐标圆弧”按钮。

（3）在视图中捕捉圆 O_1 的圆心点，再捕捉点 1 作为圆弧的起点，再捕捉点 4 作为圆弧的终点。

（4）在操作栏中单击“应用”按钮，此时将产生所绘制的圆弧 1，如图 4-42 所示。

（5）在操作栏的“直径”文本框 25.0 中输入 25 并按回车键，然后在视图中捕捉圆 O_1 的圆心点，再在直线 e 的右下角任意位置单击确定圆弧的起点，再在直线 f 的左下角任意位置单击确定圆弧的终点。

（6）在操作栏中单击“应用”按钮，此时将产生所绘制的圆弧 2，如图 4-43 所示。

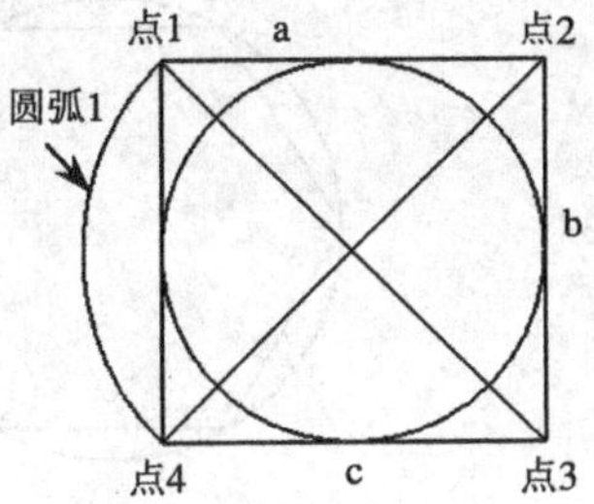

图 4-42 绘制的圆弧 1

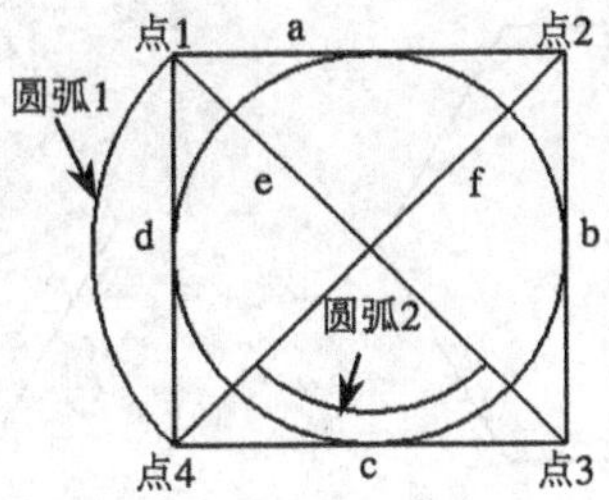

图 4-43 绘制的圆弧 2

（7）在操作栏的“直径”文本框 20.0 中输入 20 并按回车键，在“起始角度”文本框 0.0 中输入 0 并按回车键，在“终止角度”文本框 180.0 中输入 180 并按回车键，如图 4-44 所示。

（8）在视图中捕捉圆 O_1 的圆心点，然后在操作栏中单击“应用”按钮，此时将产生所绘制的圆弧 3，如图 4-45 所示。

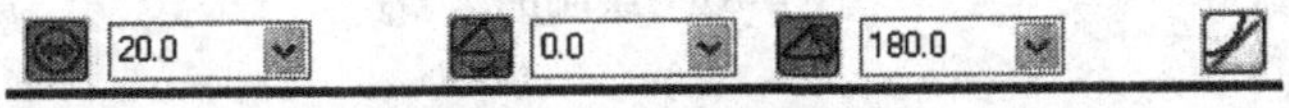

图 4-44 输入参数

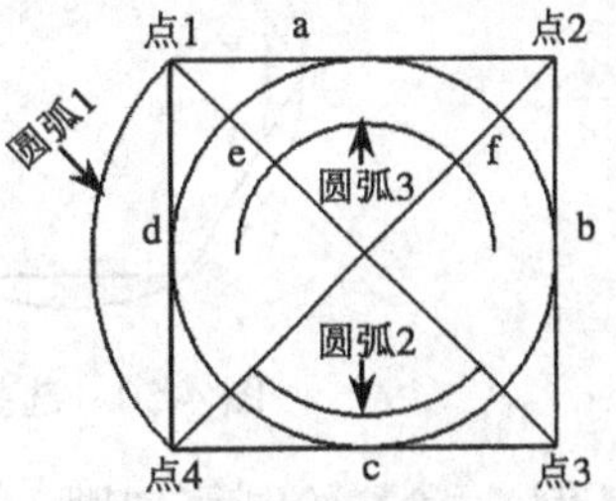

图 4-45 绘制的圆弧 3

选择点作为起始角度和终止角度时，一般情况下都是逆时针方向选择圆弧的起点和终点。

4.2.3 三点画圆

“三点画圆”功能，是指定不在同一条直线上的三个点来绘制一个圆。此时的操作栏如图 4-46 所示。

图 4-46 【四等分点】操作栏

【例 4-15】通过三点画圆。

操作步骤

（1）在视图中绘制正六边形（绘制的方法参见 4.3 节），如图 4-47 所示。

（2）在【草图】工具栏中单击“三点画圆”按钮，并在操作栏中选中“三点”按钮。

（3）在视图中依次捕捉点 1、点 2 和点 3，如图 4-48 所示。

（4）在操作栏中单击“应用”按钮，此时将产生所绘制的圆 O_1，如图 4-49 所示。

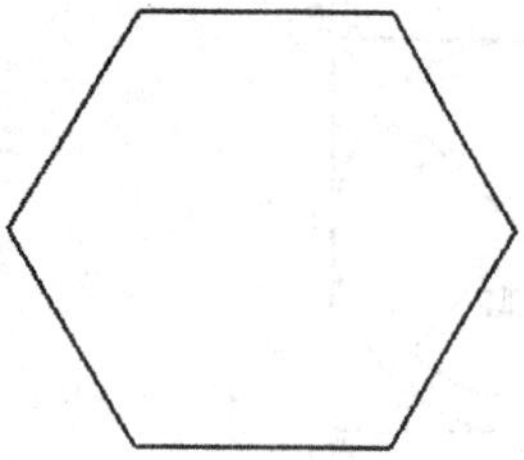

图 4-47 绘制正六边形

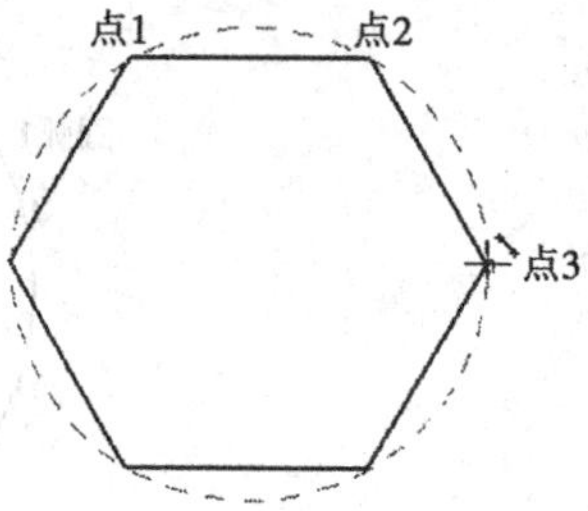

图 4-48 捕捉三点

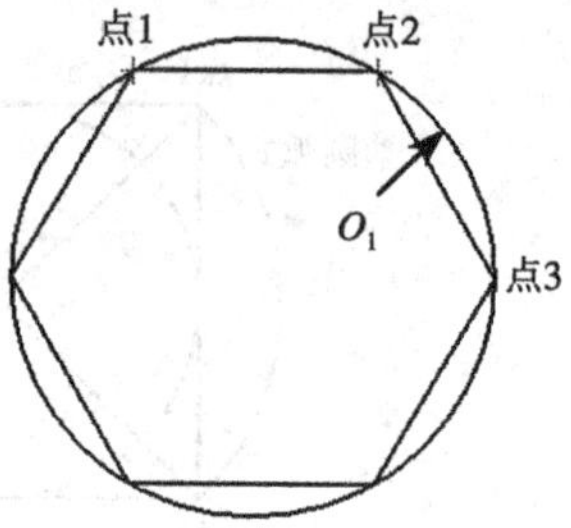

图 4-49 绘制的圆 O_1

（5）在操作栏中选中“两点”按钮。

（6）在视图中依次捕捉直线 a 和直线 b 的中点，如图 4-50 所示。

（7）在操作栏中单击“应用”按钮，此时将产生所绘制的圆 O_2，如图 4-51 所示。

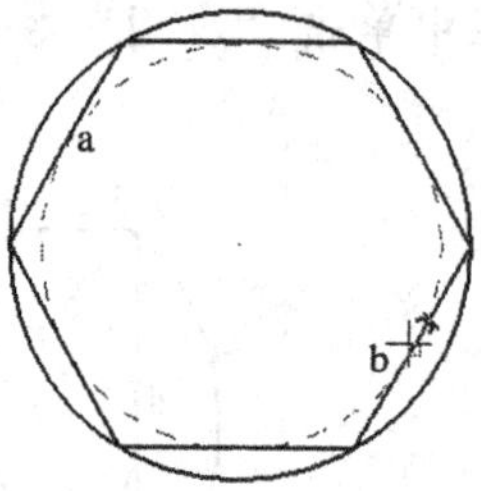

图 4-50 选择两点

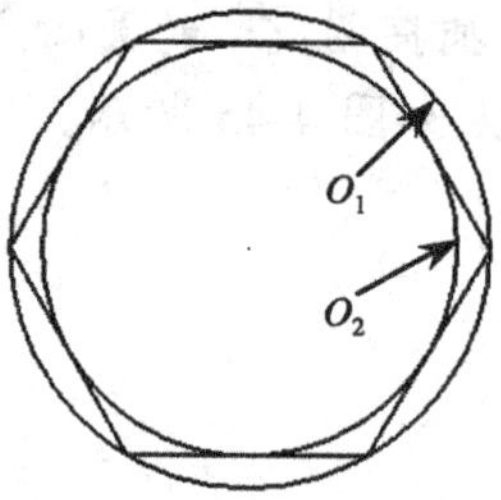

图 4-51 绘制的圆 O_2

【例 4-16】绘制相切圆。

操作步骤

（1）通过前面的方法，分别绘制直径为 10、15、30 的三个圆，如图 4-52 所示。

（2）在【草图】工具栏中单击“三点画圆”按钮，并在操作栏中选中“相切”按钮。

（3）在视图中依次靠近圆 O_1 的上侧并单击、靠近圆 O_2 的右侧并单击、靠近圆 O_3 的左侧并单击。

（4）在操作栏中单击“应用”按钮，此时将产生所绘制的圆 O_4，如图 4-53 所示。

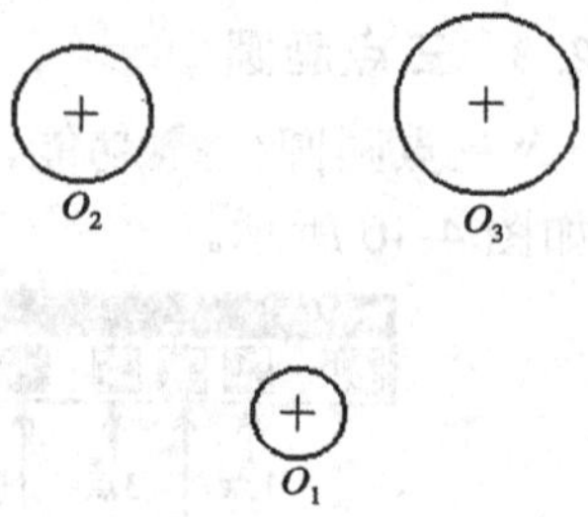

图 4-52 绘制的三个圆

（5）同样，在视图中依次靠近圆 O_1 的下侧并单击、靠近圆 O_2 的左侧并单击、靠近圆 O_3 的右侧并单击。

（6）在操作栏中单击“确定”按钮，此时将产生所绘制的圆 O_5，如图 4-54 所示。

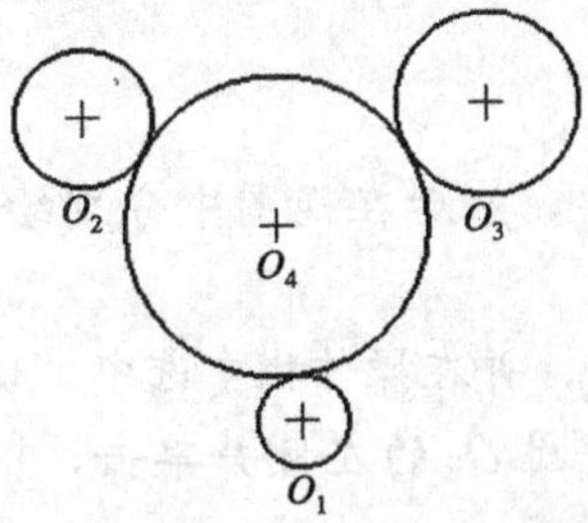

图 4-53 绘制圆 O_4

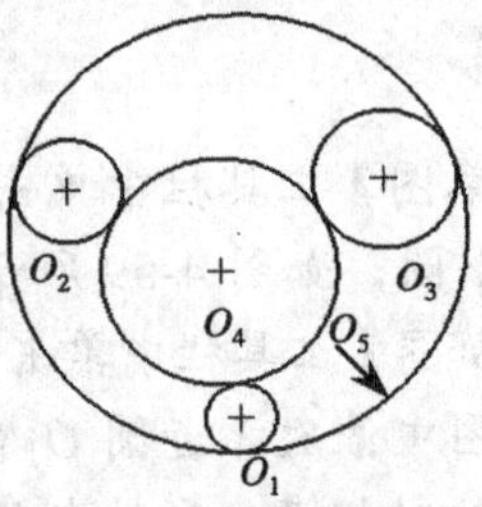

图 4-54 绘制圆 O_5

4.2.4 两点画弧

“两点画弧”功能，是指定圆弧的起点、终点及弧大小来创建一个圆弧。

【例 4-17】绘制 S 圆弧。

操作步骤

（1）在【草图】工具栏中单击“绘制任意线”按钮，然后在视图中绘制长度为 30 的垂直线段 a。

（2）在【草图】工具栏中单击“两点画弧”按钮，在视图中捕捉直线段 a 的端点 1，再捕捉该直线的中点 2，在操作栏的“直径”文本框 18.0 中输入 18 并按回车键，此时将产生两个圆，如图 4-55 所示。

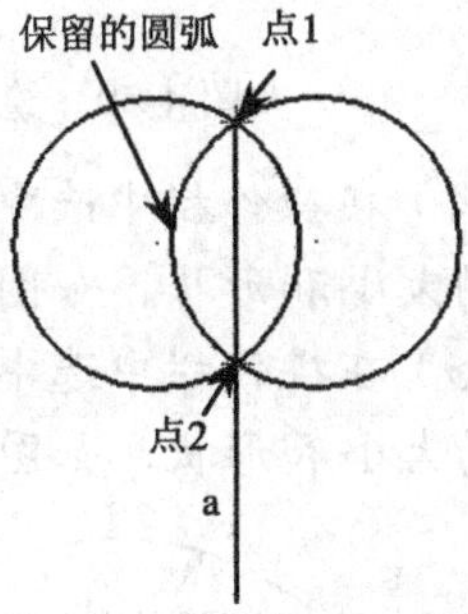

图 4-55 选择保留的圆弧

（3）单击需要保留的圆弧，然后在操作栏中单击“应用”按钮，此时将产生所绘制的圆弧 1，如图 4-56 所示。

（4）在视图中捕捉直线的中点 2，再捕捉直线的端点 3，在操作栏的“直径”文本框 18.0 中输入 18 并按回车键，此时将产生两个圆，如图 4-57 所示。

（5）单击需要保留的圆弧，然后在操作栏中单击“确定”按钮，此时将产生所绘制的圆弧 2，如图 4-58 所示。

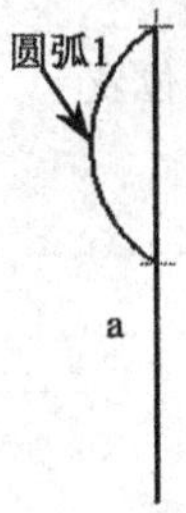

图 4-56 绘制的圆弧 1

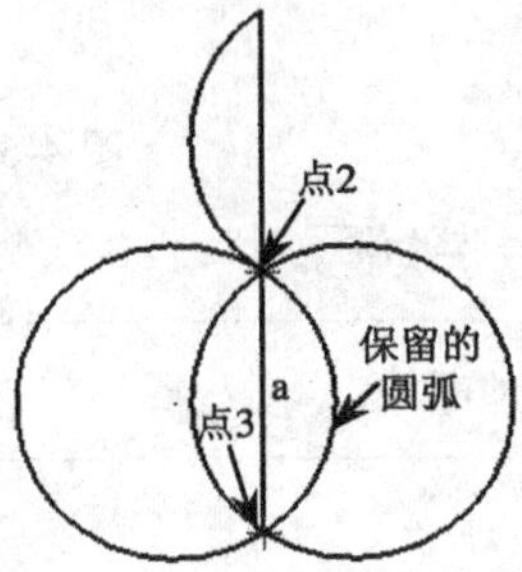

图 4-57 选择保留的圆弧

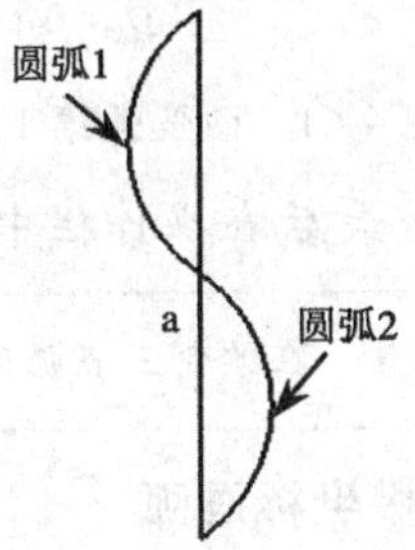

图 4-58 绘制的圆弧 2

4.2.5　三点画弧

“三点画弧”功能，是指定弧上任意三点所生成的一段弧。

【例 4-18】绘制三点弧。

操作步骤

（1）在【草图】工具栏中单击“圆心+点”按钮，然后在视图中分别绘制直径为 10、15 和 30 的三个圆，如图 4-59 所示。

（2）在【草图】工具栏中单击“三点画弧”按钮，并在操作栏中选中“切线”按钮。

（3）在视图中依次靠近圆 O_1 的下侧并单击、靠近圆 O_2 的左侧并单击、靠近圆 O_3 的右侧并单击，则此时将产生所绘制的圆弧，如图 4-60 所示。

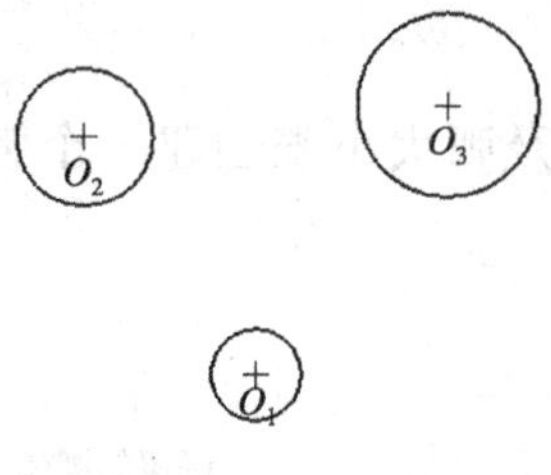

图 4-59　绘制的三个圆

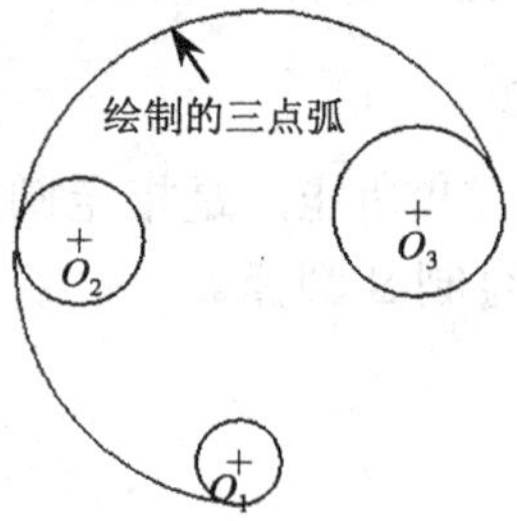

图 4-60　绘制的三点弧

（4）在操作栏中选中“1 点”按钮，然后在视图中靠近圆 O_1 的上侧并单击，则改变圆弧的大小和形状，如图 4-61 所示。

（5）在操作栏中选中“3 点”按钮，然后在视图中靠近圆 O_3 的左侧并单击，则改变圆弧的大小和形状，如图 4-62 所示。

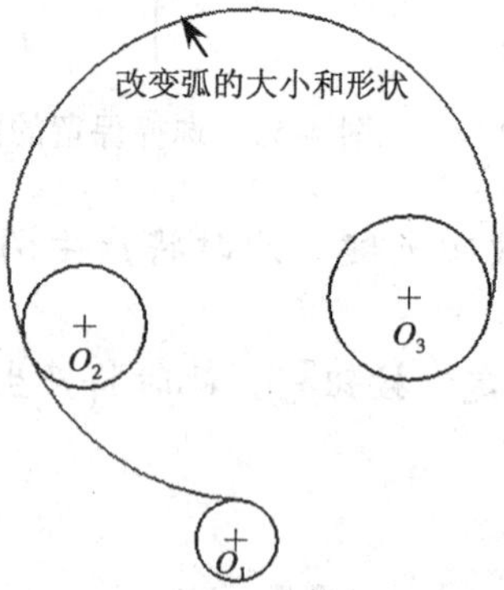

图 4-61　改变弧第 1 点的位置

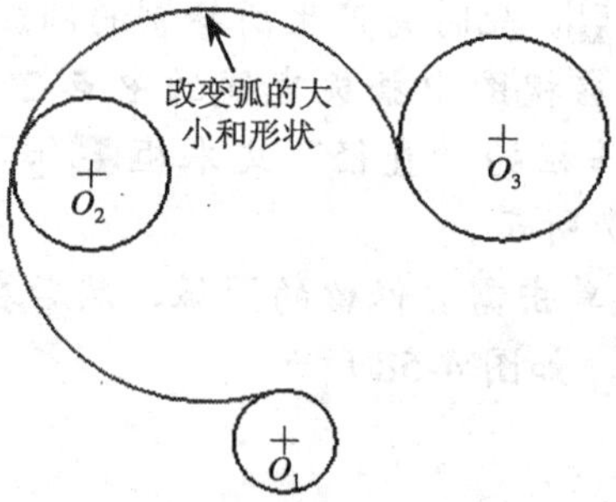

图 4-62　改变弧第 2 点的位置

（6）最后在操作栏中单击“确定”按钮。

在绘制三点弧时，应注意三点的顺序。

4.2.6　极坐标画弧

“极坐标画弧”功能，是指定圆心点、半径、起点和终点来生成一段弧，其操作栏如图 4-63 所示。

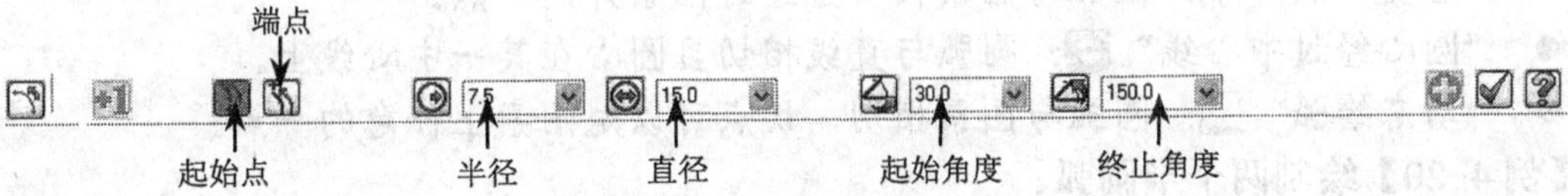

图 4-63 【极坐标画弧】操作栏

【例 4-19】绘制半圆弧。

操作步骤

（1）在【草图】工具栏中单击“绘制任意线”按钮，然后在视图中绘制水平直线 a，其长度为 30。

（2）在【草图】工具栏中单击“极坐标画弧”按钮，并在视图中捕捉水平直线 a 的中点 1。

（3）在操作栏中的“直径”文本框 15.0 中输入 15 并按回车键，在“起始角度”文本框 0.0 中输入 0 并按回车键，在“终止角度”文本框 180.0 中输入 180 并按回车键，如图 4-64 所示。

图 4-64　输入参数

（4）此时在视图中将产生一段半圆弧，如图 4-65 所示。

（5）若在操作栏中单击“端点”按钮，则产生的半圆弧效果如图 4-66 所示。

（6）最后在操作栏中单击“确定”按钮。

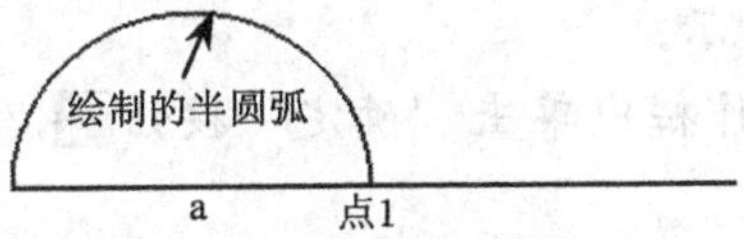

图 4-65　绘制的半圆弧

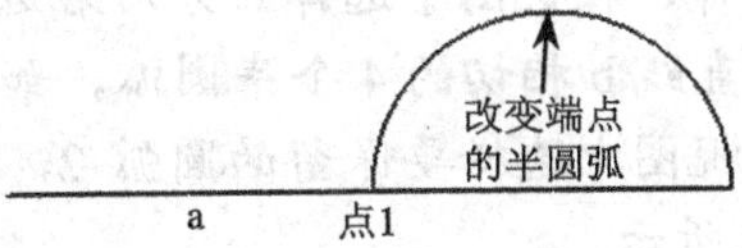

图 4-66　改变端点的半圆弧

4.2.7　切弧

“切弧”功能，用于绘制与直线、圆、圆弧等相切的圆弧，但不能绘制与样条曲线相切的圆弧。可以绘制 4 种类型的圆弧，即切一物体、经过一点、圆心经过中心线和动态绘弧。其操作栏如图 4-67 所示。

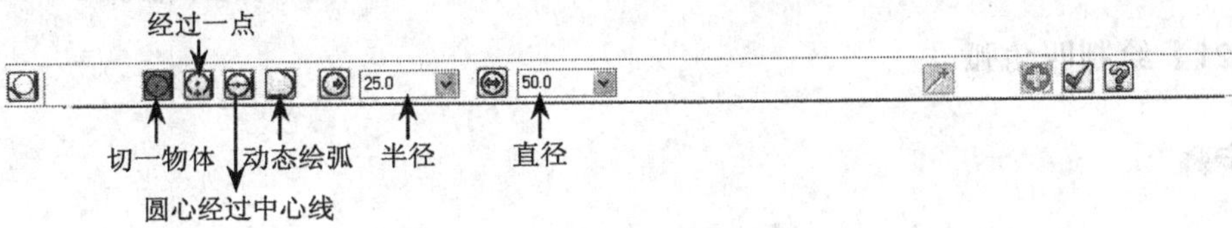

图 4-67 【极坐标画弧】操作栏

- “切一物体”：圆弧与图素相切且切点在图素上。
- “经过一点”：圆弧与图素相切且经过图素外的一点。
- “圆心经过中心线”：圆弧与直线相切且圆心在某一中心线上。
- “动态绘弧”：圆弧与图素相切，切点可以是图素上任意的一点。

【例 4-20】绘制两个半圆弧。

操作步骤

（1）在【草图】工具栏中单击“绘制任意线”按钮，然后在视图中绘制一个正方形，其边长为 30，如图 4-68 所示。

图 4-68　绘制的正方形

（2）在【草图】工具栏中单击“切弧”按钮，在操作栏中选中“切一物体”按钮，并在“直径”文本框 30.0 中输入 30 后按回车键。

（3）在视图中选择正方形左边线段 a，然后再捕捉该线段 a 的中点 1，此时将产生与直线 a 相切的 4 个半圆弧，如图 4-69 所示。

（4）在视图中选择要保留的圆弧 1，然后在操作栏中单击“应用”按钮，则视图效果如图 4-70 所示。

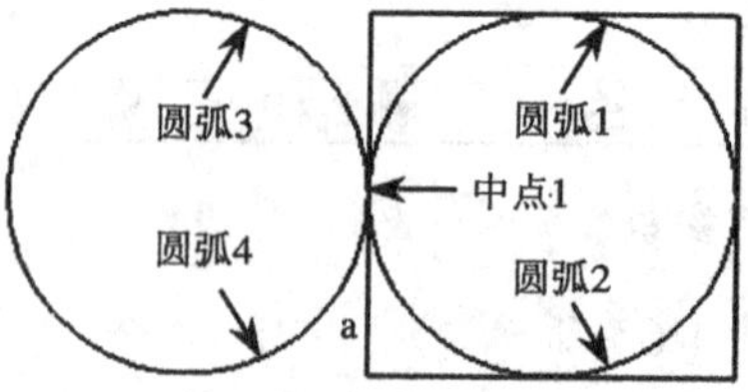

图 4-69　产生的 4 个圆弧

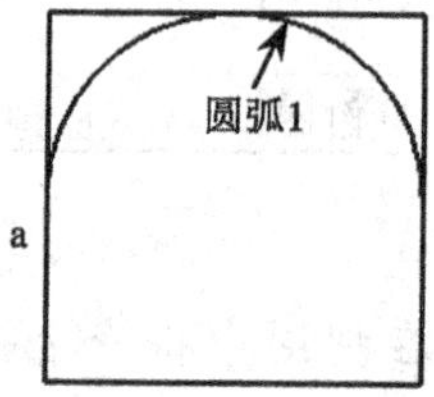

图 4-70　保留的圆弧 1

（5）同样，在视图中选择正方形右边线段 b，然后再捕捉该线段 b 的中点 2，此时同样将产生与直线 b 相切的 4 个半圆弧，如图 4-71 所示。

（6）在视图中选择要保留的圆弧 2，然后在操作栏中单击“确定”按钮，则视图效果如图 4-72 所示。

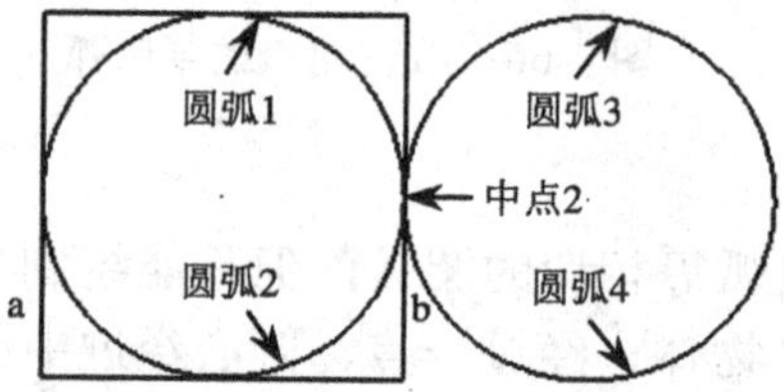

图 4-71　产生的 4 个圆弧

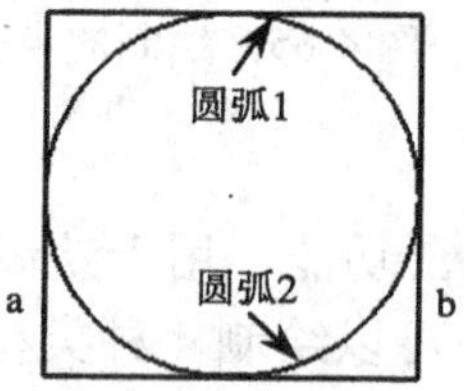

图 4-72　保留的圆弧 2

【例 4-21】绘制四角弧。

操作步骤

（1）在【草图】工具栏中单击“绘制任意线”按钮，然后在视图中绘制一个正方形，其边长为 30。

（2）在【草图】工具栏中单击“切弧”按钮，在操作栏中选中“经过一点”按钮，并在“直径”文本框 30.0 中输入 30 后按回车键。

（3）在视图中选择正方形上边线段 c，然后再捕捉正方形的中心点，此时将产生与直线 c 相切的 4 个圆弧，如图 4-73 所示。

（4）在视图中选择要保留的圆弧 1，然后在操作栏中单击“应用”按钮，则视图效果如图 4-74 所示。

（5）在视图中选择正方形右边线段 a，然后再捕捉正方形的中心点，此时将产生与直线 a 相切的 4 个圆弧，如图 4-75 所示。

（6）在视图中选择要保留的圆弧 2，然后在操作栏中单击“应用”按钮，则视图效果如图 4-76 所示。

（7）按照前面的方法绘制另外三个角点的圆弧，其效果如图 4-77 所示。

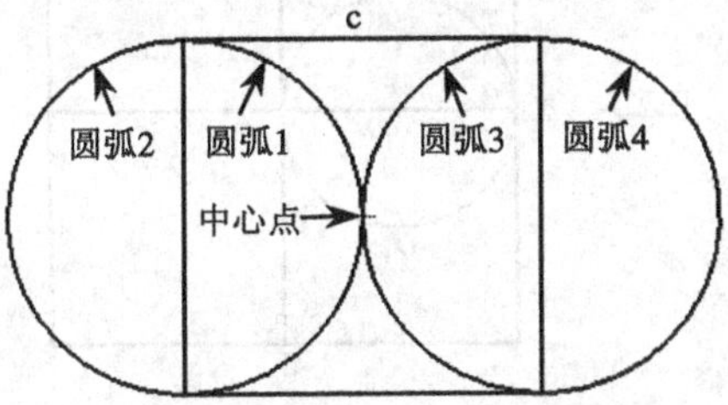

图 4-73　产生的 4 个圆弧

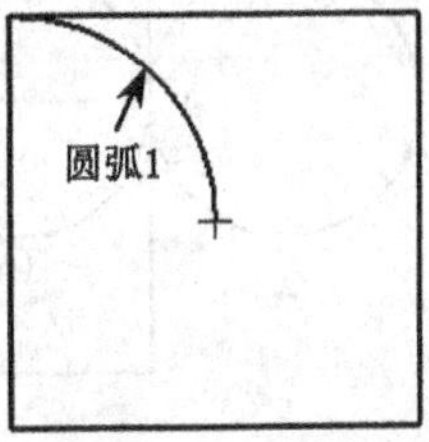

图 4-74　保留的圆弧 1

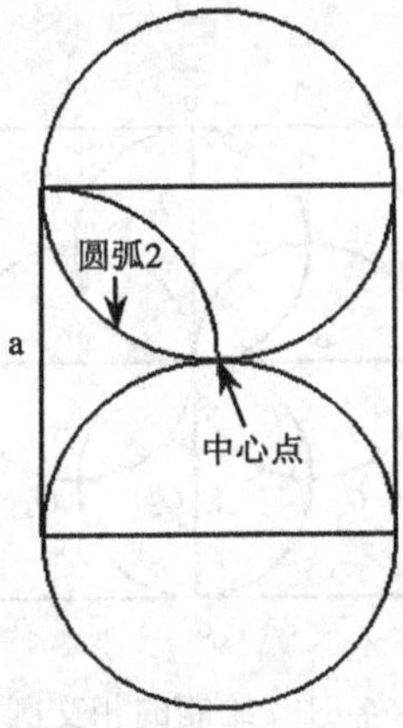

图 4-75　产生的 4 个圆弧

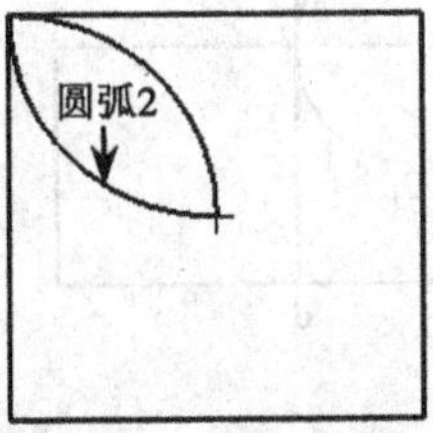

图 4-76　保留的圆弧 2

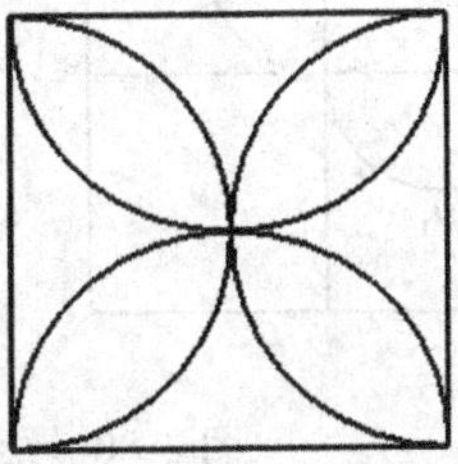

图 4-77　绘制的四角弧

【例 4-22】绘制相交圆。

操作步骤

（1）在【草图】工具栏中单击“绘制任意线”按钮，然后在视图中绘制一个正方形，其边长为 30，并分别过直线的中点绘制直线 e、直线 f，其绘制的“田”字形图形如图 4-78 所示。

（2）在【草图】工具栏中单击“切弧”按钮，在操作栏中选中“圆心经过中心线”按钮，然后在“直径”文本框 15.0 中输入 15 后按回车键。

（3）在视图中单击直线 a，再单击直线 e，然后选择要保留的圆 O_1，如图 4-79 所示。

（4）同样，在视图中单击直线 b，再单击直线 f，然后选择要保留的圆 O_2，如图 4-80 所示。

（5）按照上面的方法，分别再绘制圆 O_3、圆 O_4，其绘制完成后的相交圆效果如图 4-81 所示。

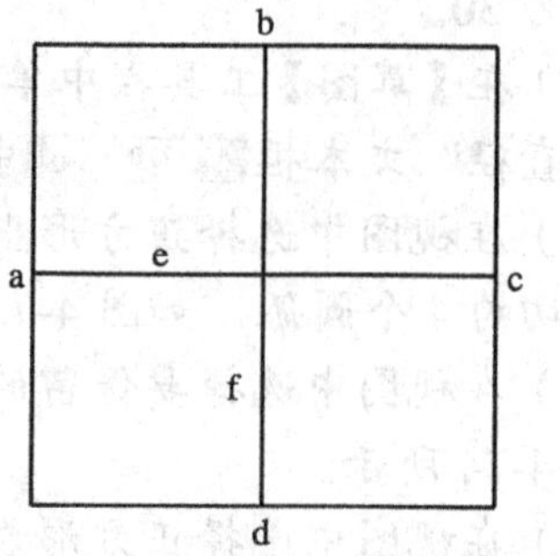

图 4-78　绘制的“田”字形图形

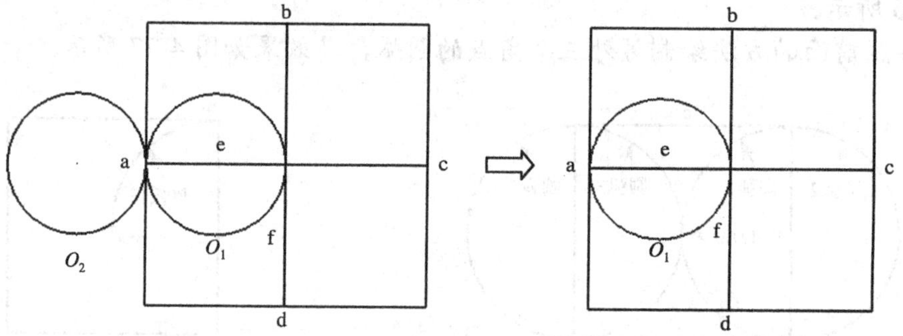

图 4-79　绘制的圆 O_1

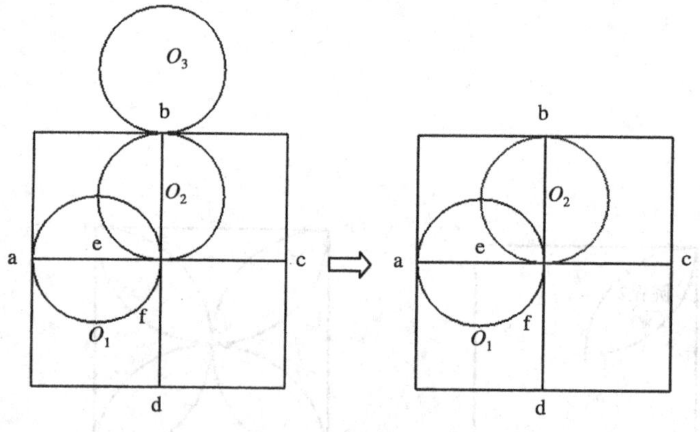

图 4-80　绘制的圆 O_2

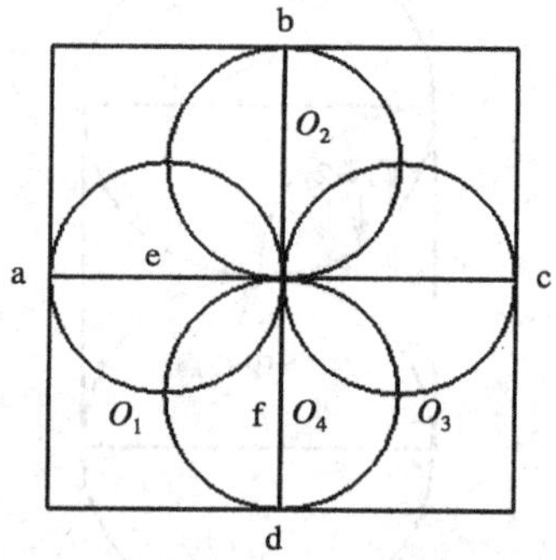

4-81　绘制的相交圆

4.3　创建特殊形状

除前面讲解的直线、圆及圆弧的绘制外，Mastercam X 还提供了其他一些特殊形状的绘制，如矩形、多边形、椭圆、螺旋线等。选择【绘图】菜单，在弹出的下拉菜单中将显示相应的命令，如图 4-82 左图所示；同样，在【草绘】工具栏中也给出了绘制特殊形状的命令，如图 4-82 右图所示。下面就针对其功能项进行讲解。

图 4-82　绘制特殊形状的命令

4.3.1　绘制矩形

“矩形”功能，是指可以绘制指定宽度和高度的直角平行四边形，也可以指定对角的位置来创建，其操作栏如图 4-83 所示。

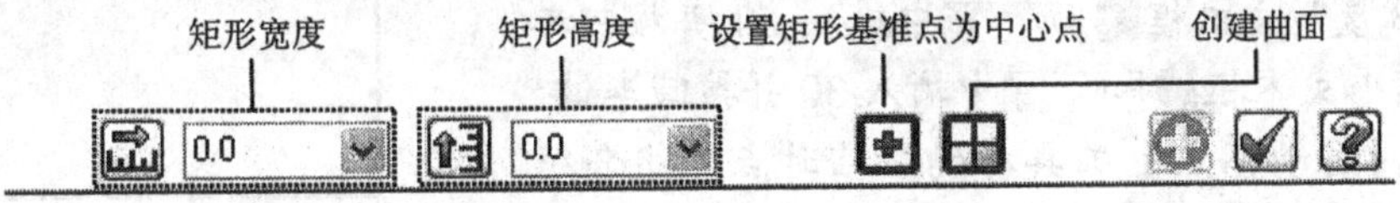

图 4-83 【矩形】操作栏

【例 4-23】通过对角点绘制矩形。

操作步骤

(1) 在【草图】工具栏中单击“绘制任意线”按钮，然后在视图中分别绘制三条斜线段 a、b、c，且分别与水平线的夹角为 30°、45°、60°，其交点即为原点，如图 4-84 所示。

(2) 在【草图】工具栏中单击“矩形”按钮，在视图中捕捉三条直线的交点 1，再捕捉直线 a 的另一个端点，然后在操作栏中单击“应用”按钮，从而绘制矩形 1，如图 4-85 所示。

(3) 同样，在视图中捕捉三条直线的交点 1，再捕捉直线 b 的另一个端点，然后在操作栏中单击“应用”按钮，从而绘制矩形 2，如图 4-86 所示。

(4) 同样，在视图中捕捉三条直线的交点 1，再捕捉直线 c 的另一个端点，然后在操作栏中单击“确定”按钮，从而绘制矩形 3，此时所绘制的图形效果如图 4-87 所示。

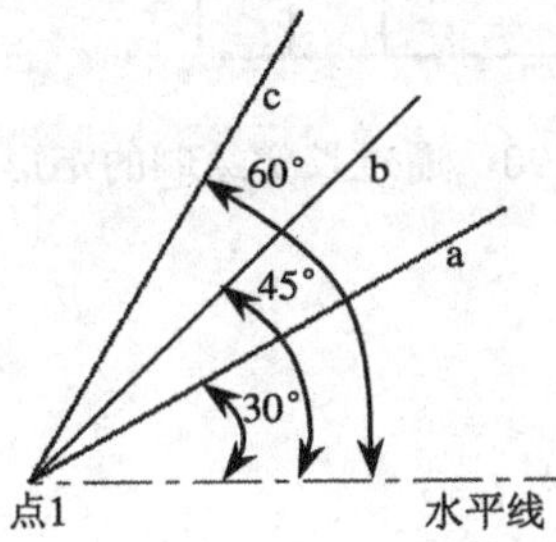

图 4-84　绘制三条斜线

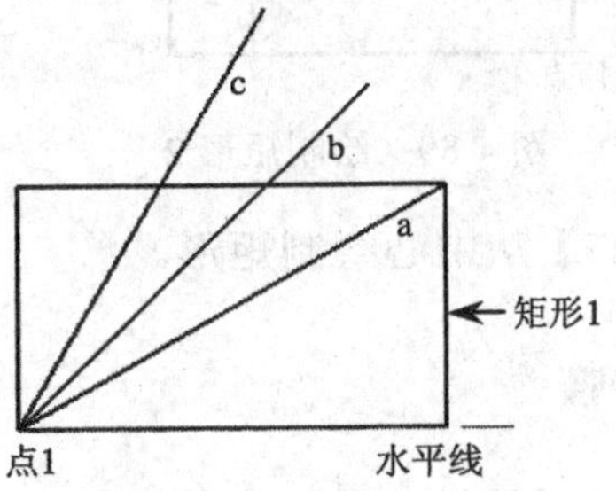

图 4-85　绘制矩形 1

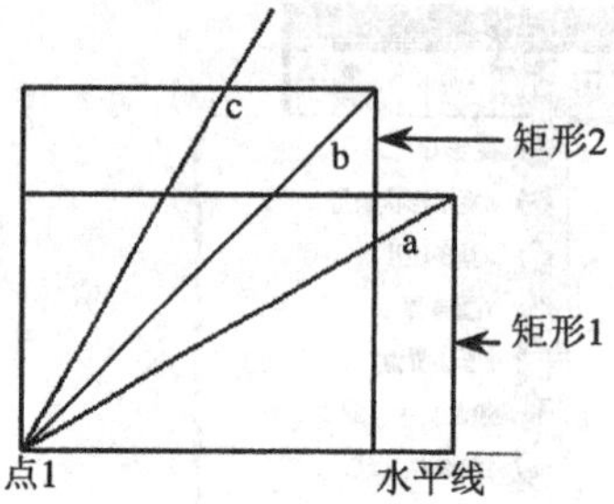

图 4-86 绘制矩形 2

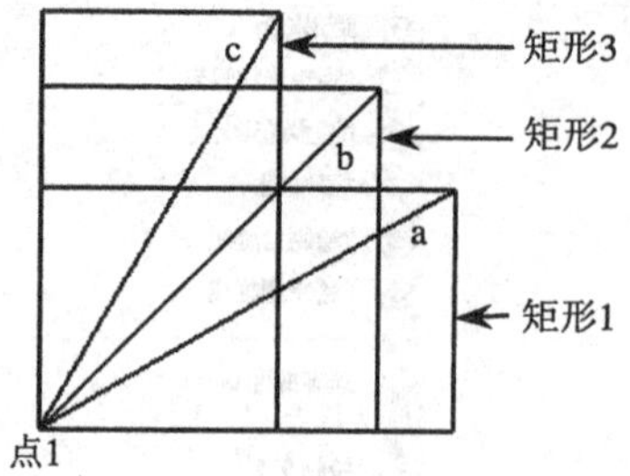

图 4-87 绘制的对角矩形

【例 4-24】通过长宽绘制矩形。

操作步骤

（1）在【草图】工具栏中单击“矩形”按钮，在操作栏的“宽度”文本框 50.0 中输入 50 并按回车键，在“高度”文本框 30.0 中输入 30 并按回车键。

（2）在【自动抓点】工具栏的“临时点”组合框中选择“原点”项，然后在“操作栏”中单击“应用”按钮，从而绘制矩形 1，如图 4-88 所示。

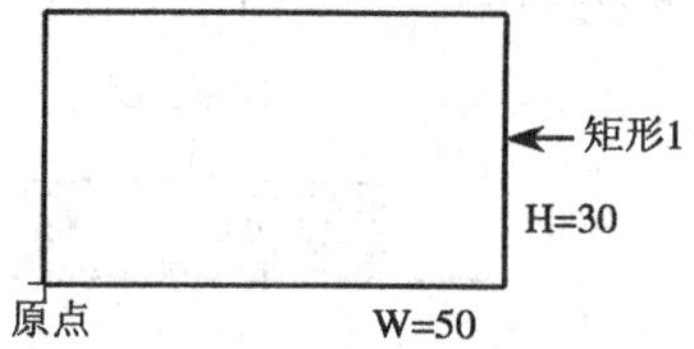

图 4-88 绘制矩形 1

（3）同样，在操作栏的“宽度”文本框 40.0 中输入 40 并按回车键，在“高度”文本框 40.0 中输入 40 并按回车键。

（4）在【自动抓点】工具栏的“临时点”组合框中选择“原点”项，然后在“操作栏”中单击“应用”按钮，从而绘制矩形 2，如图 4-89 所示。

（5）同样，在操作栏的“宽度”文本框 30.0 中输入 30 并按回车键，在“高度”文本框 50.0 中输入 50 并按回车键。

（6）在【自动抓点】工具栏的“临时点”组合框中选择“原点”项，然后在“操作栏”中单击“确定”按钮，从而绘制矩形 3，此时所绘制的图形效果如图 4-90 所示。

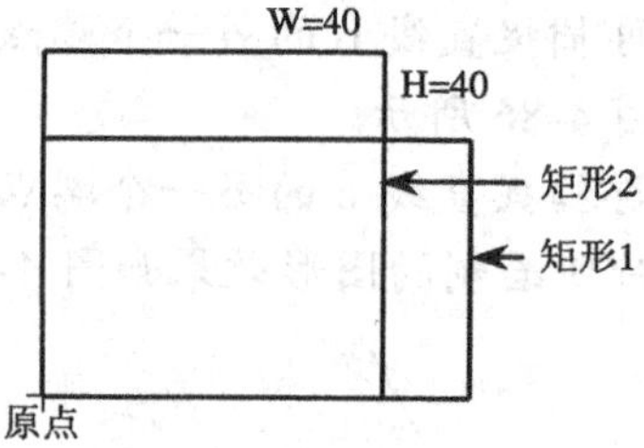

图 4-89 绘制矩形 2

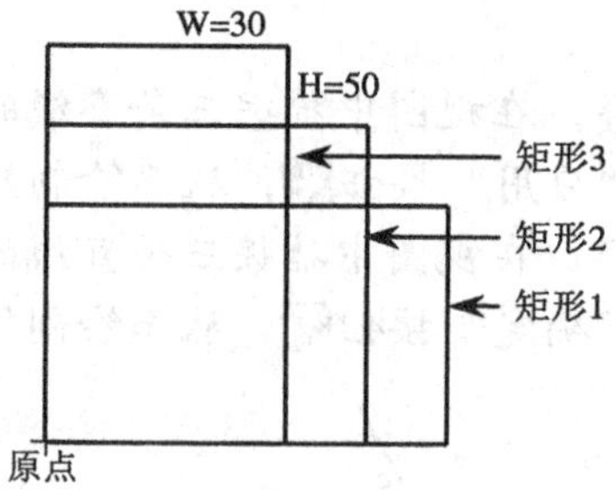

图 4-90 通过长宽绘制的矩形

【例 4-25】从中心绘制矩形。

操作步骤

（1）在【草图】工具栏中单击“矩形”按钮，在操作栏的“宽度”文本框 50.0

中输入 50 并按回车键，在“高度”文本框 20.0 中输入 20 并按回车键，并选中“基点为中心点”按钮。

（2）在【自动抓点】工具栏的“临时点”组合框中选择“原点”项，然后在“操作栏”中单击“应用”按钮，从而绘制矩形 1，如图 4-91 所示。

（3）同样，在操作栏的“宽度”文本框 20.0 中输入 20 并按回车键，在“高度”文本框 50.0 中输入 50 并按回车键。

（4）在【自动抓点】工具栏的“临时点”组合框中选择“原点”项，然后在“操作栏”中单击“应用”按钮，从而绘制矩形 2，如图 4-92 所示。

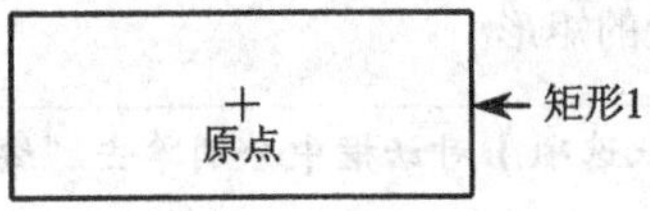

图 4-91　绘制矩形 1

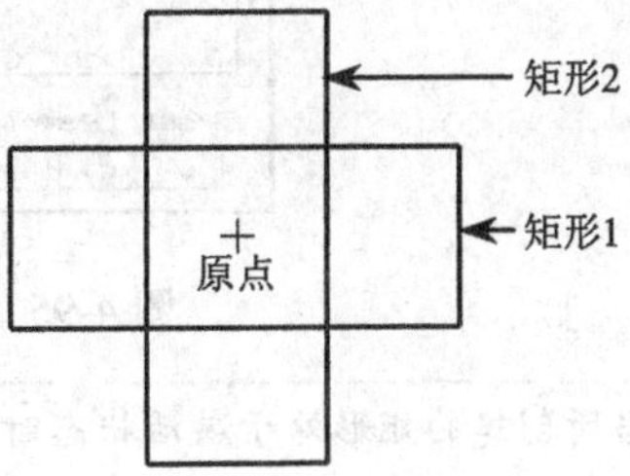

图 4-92　绘制矩形 2

（5）同样，在操作栏的“宽度”文本框 70.0 中输入 70 并按回车键，在“高度”文本框 70.0 中输入 70 并按回车键，并选中“创建曲面”按钮。

（6）在【自动抓点】工具栏的“临时点”组合框中选择“原点”项，然后在“操作栏”中单击“确定”按钮，从而绘制矩形网格矩形曲面 3，此时所绘制的图形效果如图 4-93 所示。

> 用户在这里所绘制的网格曲面，应将其视图模式置为“线框”模式，若将其置为“着色”模式，则此时将显示曲面的网格，如图 4-94 所示。为显示曲面与绘制的矩形分开，应将其曲面置为另外一种颜色。

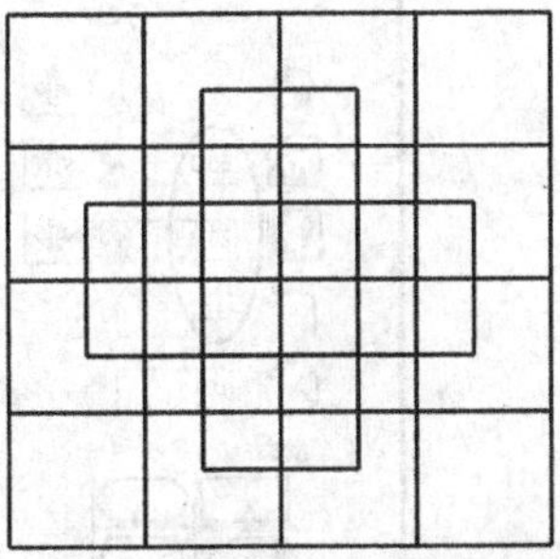

图 4-93　从中心绘制的矩形曲面

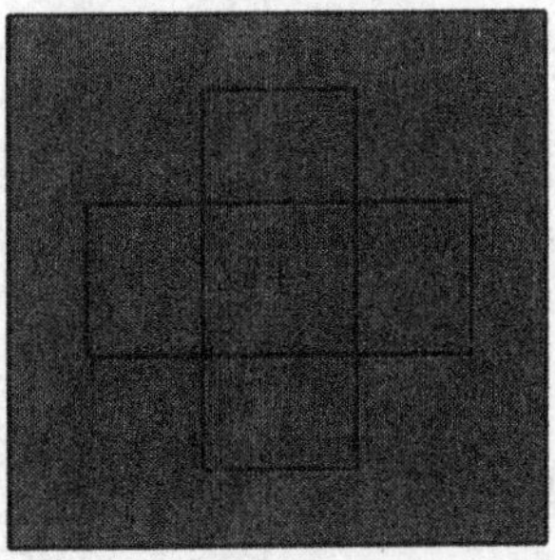

图 4-94　“着色”模式显示效果

4.3.2　矩形形状设置

“矩形形状设置”功能，是指通过对矩形参数的设置，创建出特殊矩形，如圆角矩形、键槽形、D 形和双 D 形等。

单击“矩形形状设置”按钮，将弹出【矩形形状选项】对话框，然后根据不同设置将绘制不同形状的矩形，如图 4-95 所示。

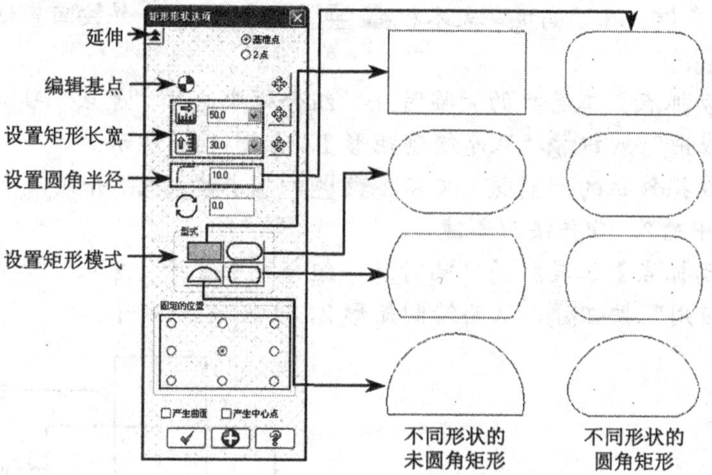

图 4-95　绘制不同形状的矩形

当所创建的矩形处于激活状态时，在【矩形形状选项】对话框中分别单击“编辑基点”按钮、“编辑宽度”按钮和“编辑高度”按钮，即可重新设置矩形的基点位置、宽度和高度。

【例 4-26】绘制柳叶眼图形。

操作步骤

（1）在【草图】工具栏中单击“矩形形状设置”按钮，在弹出的【矩形形状选项】对话框中按照如图 4-96 所示设置各项参数。

（2）在【自动抓点】工具栏的“临时点”组合框中选择“原点”项，然后在【矩形形状选项】对话框中单击“应用”按钮，从而绘制图形 1，如图 4-97 所示。

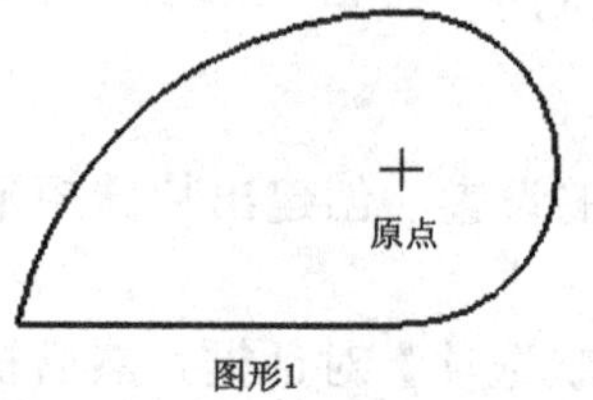

图 4-96　绘制的图形 1

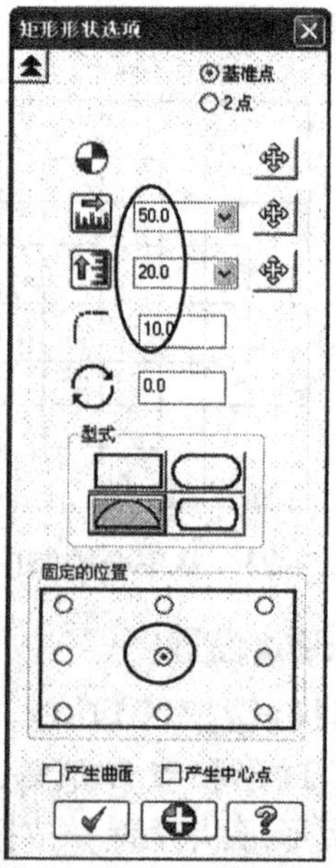

图 4-97　设置参数

（3）同样，在【矩形形状选项】对话框中设置按照如图 4-96 所示的各项参数，并在“旋转角度”文本框 180.0 中输入 180。

（4）在【自动抓点】工具栏的“临时点”组合框中选择“原点”项，然后在【矩形形状选项】对话框中单击“确定”按钮，从而绘制图形 2，此时所绘制的图形效果如图 4-98 所示。

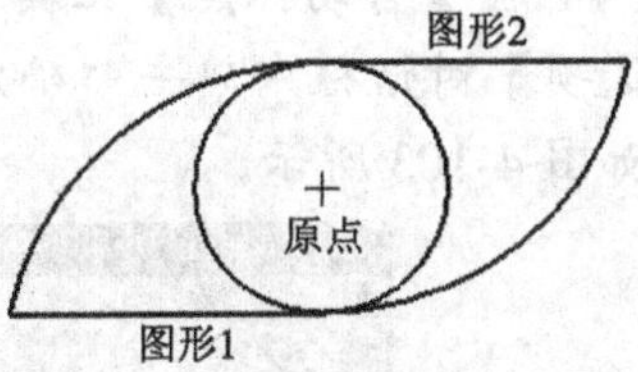

图 4-98　绘制的柳叶眼图形

4.3.3　绘制多边形

“多边形”功能，就是由 3 条或 3 条以上等长度的边所组成的封闭轮廓图形。

单击“多边形”按钮，将弹出【多边形选项】对话框，然后根据不同设置可绘制不同的多边形，如图 4-99 所示。

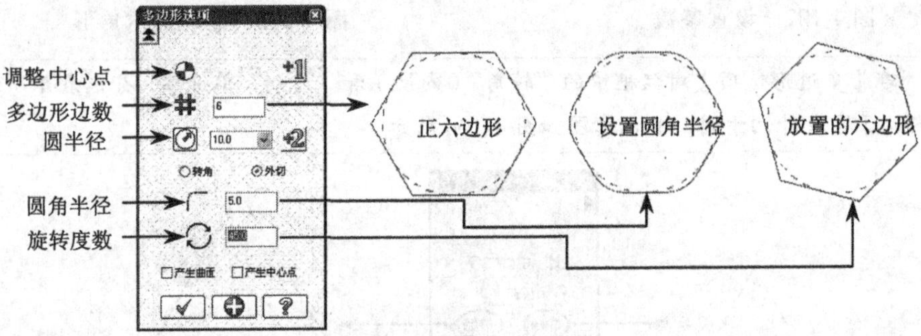

图 4-99　绘制的多边形

【例 4-27】绘制六角形。

操作步骤

（1）在【草图】工具栏中单击“多边形”按钮，将弹出【多边形选项】对话框，然后按照如图 4-100 所示设置参数。

（2）在【自动抓点】工具栏的“临时点”组合框中选择“原点”项，然后在【多边形选项】对话框中单击“应用”按钮，从而绘制三角形 1，如图 4-101 所示。

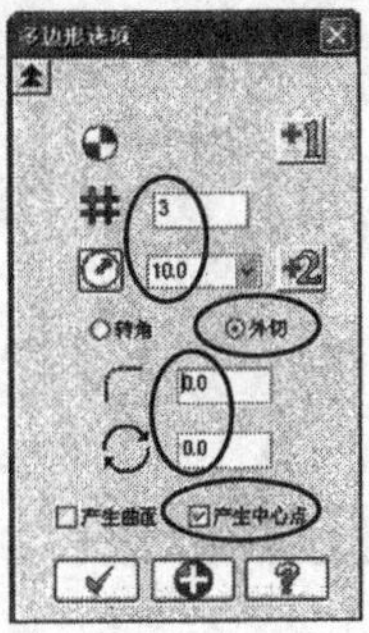

图 4-100　设置参数

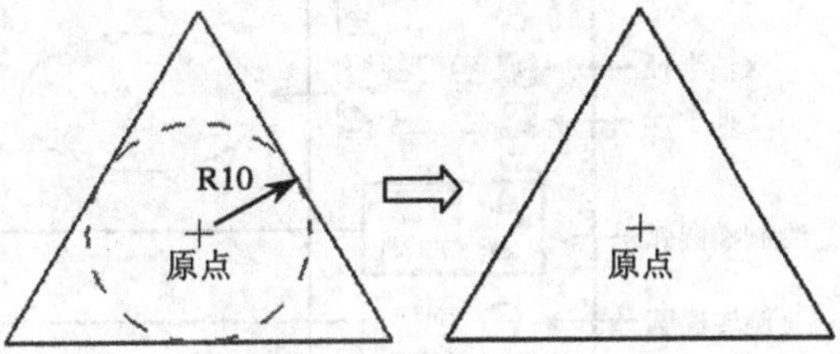

图 4-101　绘制的三角形 1

（3）在【多边形选项】对话框中，同样按照如图 4-102 所示设置参数。

（4）在【自动抓点】工具栏的“临时点”组合框中选择“原点”项，然后在【多边形选项】对话框中单击“确定”按钮，从而绘制圆角三角形 2，此时所绘制的图形效果如图 4-103 所示。

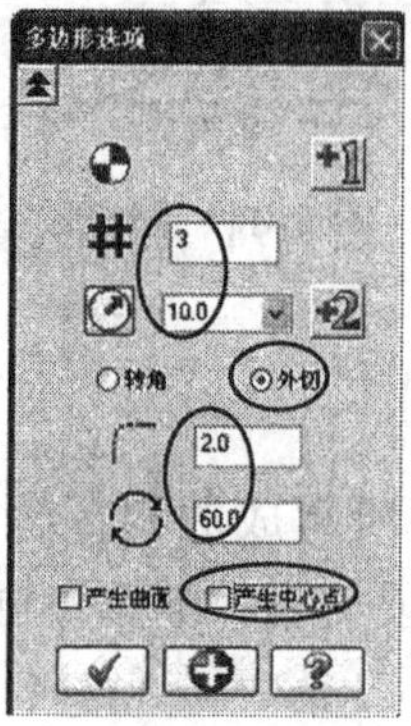

图 4-102　设置参数

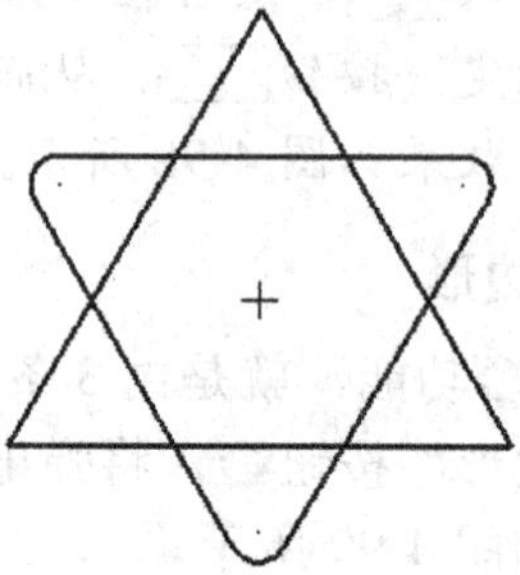

图 4-103　绘制的六角形

在【多边形选项】对话框中的“转角”（内切）和“外切”单选项，分别表示所绘制的多边形内切于圆或外切于圆，其示意图如图 4-104 所示。

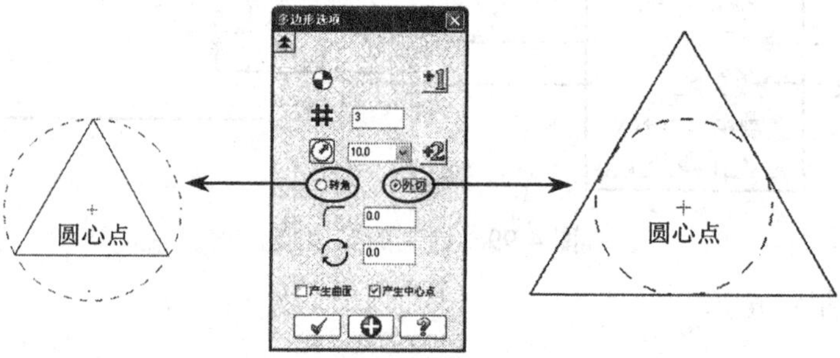

图 4-104　内切与外切

4.3.4　绘制椭圆

“画椭圆”功能，就是通过定义椭圆中心点、X 轴半径和 Y 轴半径所创建的图形，可以是正圆、椭圆弧和椭圆曲面等。

单击“画椭圆”按钮，将弹出【椭圆形选项】对话框，然后根据不同设置即可绘制不同的椭圆，如图 4-105 所示。

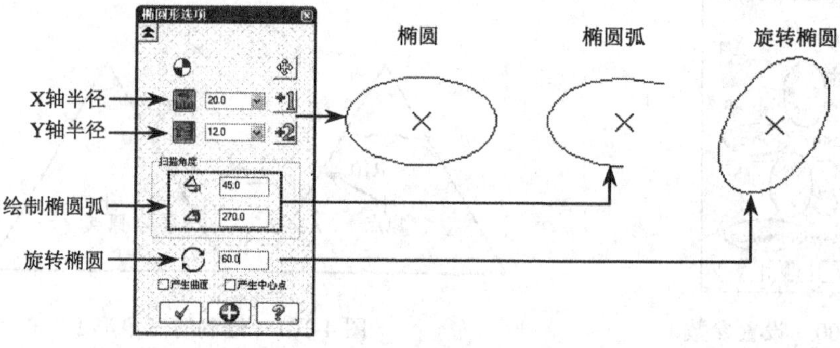

图 4-105　绘制的椭圆

【例 4-28】绘制梅花图形。

操作步骤

（1）在【草图】工具栏中单击“画椭圆”按钮，然后在弹出的【椭圆形选项】对话框中按照如图 4-106 所示设置参数。

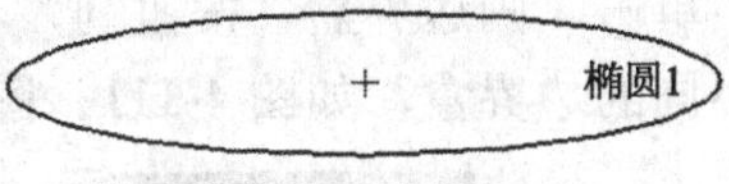

图 4-106　绘制椭圆 1

（2）在【自动抓点】工具栏的“临时点”组合框中选择“原点”项，然后在【椭圆形选项】对话框中单击“应用”按钮，从而绘制椭圆 1，如图 4-107 所示。

（3）在【多边形选项】对话框，同样按照如图 4-106 所示设置参数，只是将其“旋转角度” 45.0 设置为 45。

（4）在【自动抓点】工具栏的“临时点”组合框中选择“原点”项，然后在【椭圆形选项】对话框中单击“应用”按钮，从而绘制椭圆 2，如图 4-108 所示。

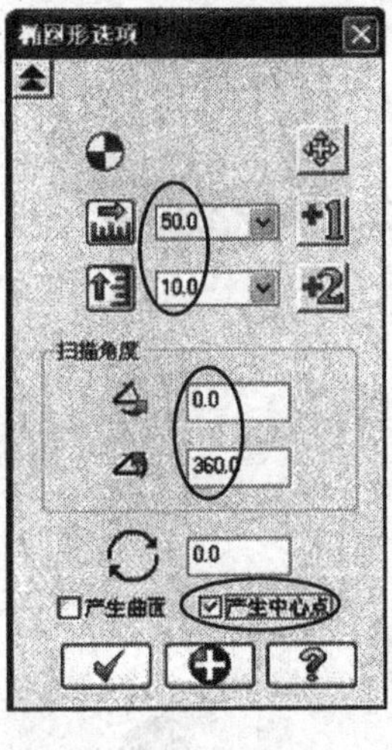

图 4-107　设置参数

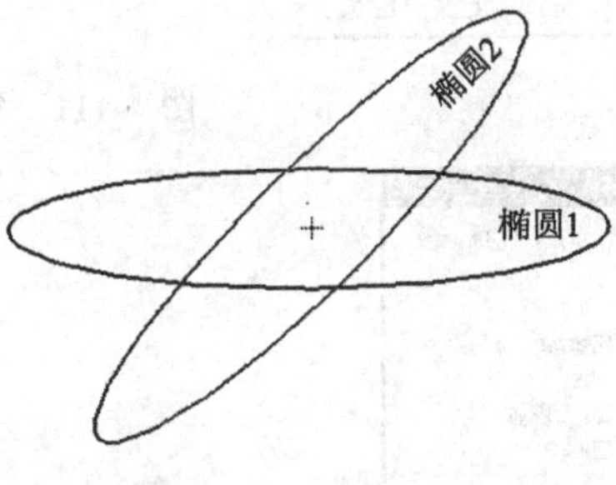

图 4-108　绘制椭圆 2

（5）使用前面的方法，继续绘制椭圆 3、椭圆 4，只是将其“旋转角度” 45.0 设置为 90 和 135，则此时所绘制的图形如图 4-109、图 4-110 所示。

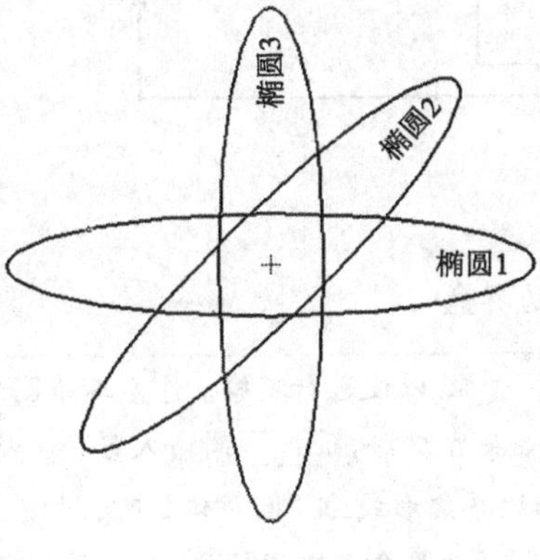

图 4-109　绘制椭圆 3

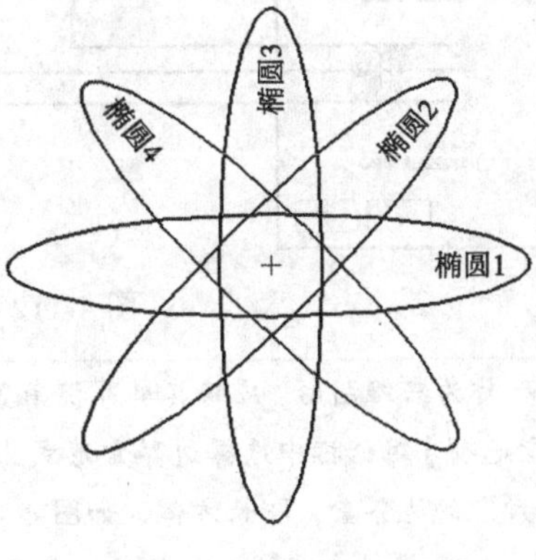

图 4-110　绘制椭圆 4

4.3.5　绘制边界盒

“画边界盒”功能，就是根据所选择图形的最长、最宽、最高的尺寸，或者再加一个扩展距离所绘制的一个包容区域，所绘制的包容区域有矩形和圆柱体两种。

单击“画边界盒”按钮，将弹出【边界盒选项】对话框，然后根据不同设置即可绘制不同的边界盒，如图 4-111、图 4-112 所示。

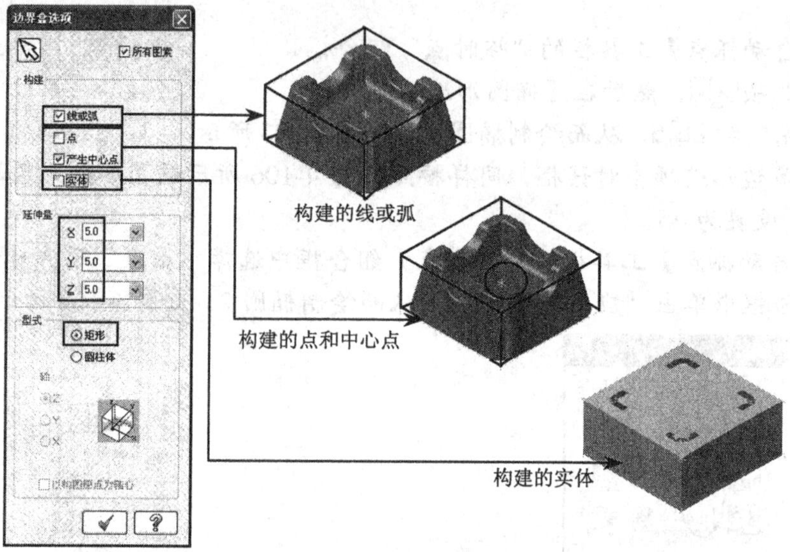

图 4-111　绘制矩形边界盒

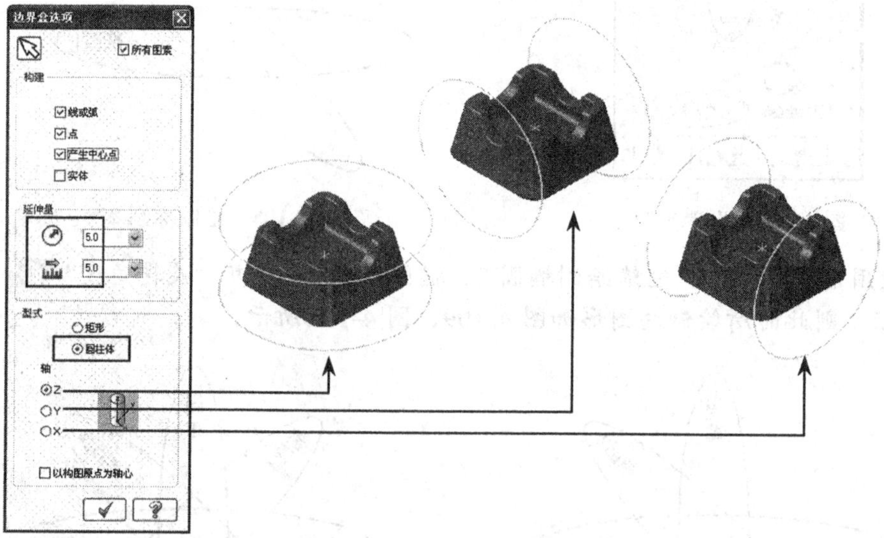

图 4-112　绘制圆柱体边界盒

作为三维图形，应将其屏幕视角置为“等角视图”，以便进行观察。作为二维图形，在【边界盒选项】对话框中选择边界盒形式为“矩形”时，如果在 Z 轴 Z 2.0 输入数值，将绘制带有“厚度”的边界盒，即长方体，如图 4-113 所示；选择边界盒形式为“圆柱体”时，如果在“高度”文本框 20.0 输入数值时，将绘制带有“高度”的边界盒，即圆柱体，如图 4-114 所示。

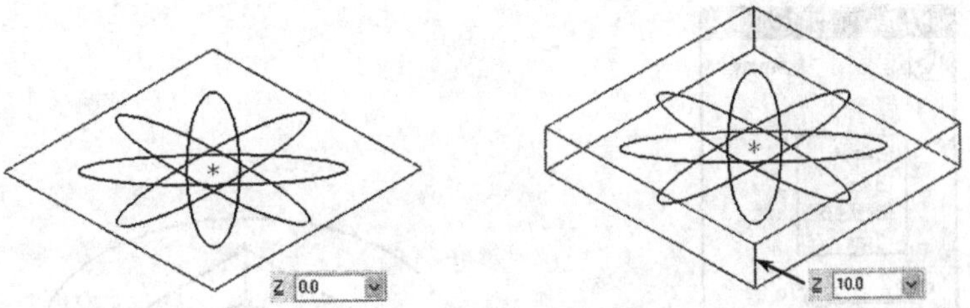

图 4-113　矩形或长方体边界盒

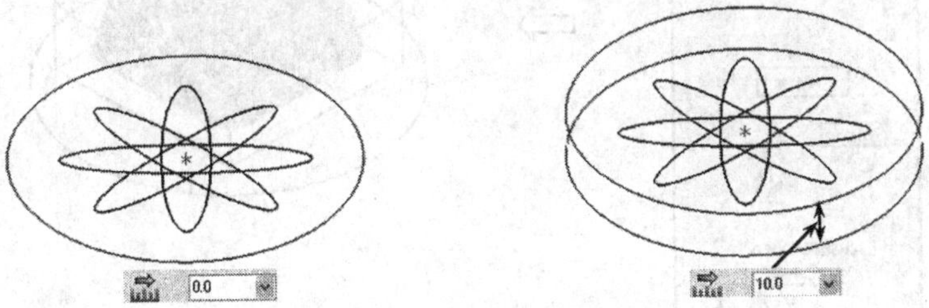

图 4-114　圆或圆柱边界盒

【例 4-29】绘制边界盒。

操作步骤

（1）选择【文件】/【打开文件】命令，打开“LX4-29A.MCX”文件，如图 4-115 所示。

（2）在【草图】工具栏中单击“画边界盒”按钮，然后在弹出的【边界盒选项】对话框中设置相应的参数，再单击“确定”按钮，将产生一个矩形边界框，如图 4-116 所示。

（3）同样，在【草图】工具栏中单击“画边界盒”按钮，然后在弹出的【边界盒选项】对话框中设置相应的参数，再单击“确定”按钮，将产生一个圆柱体边界框，如图 4-117 所示。

图 4-115　打开的“LX4-29A.MCX”文件

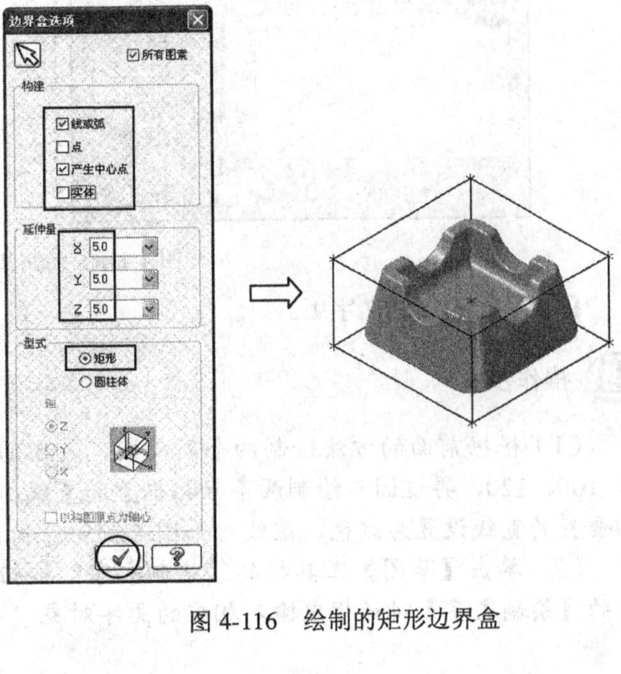

图 4-116　绘制的矩形边界盒

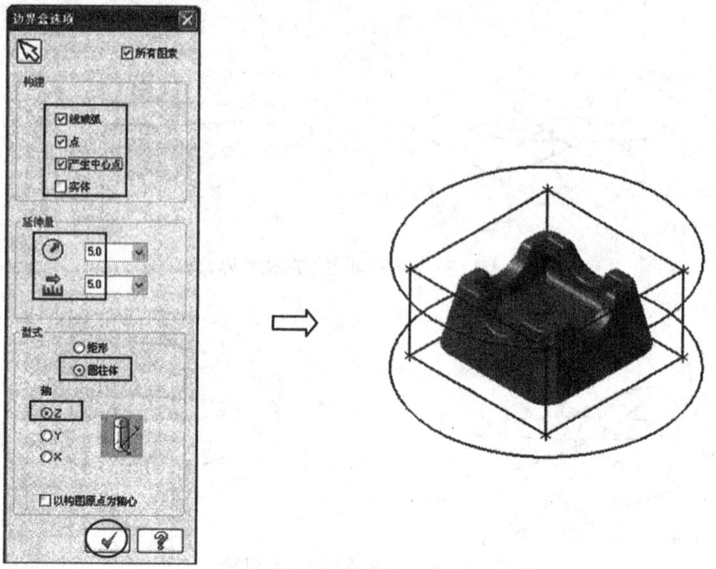

图 4-117 绘制的圆柱体边界盒

4.3.6 绘制文字

在 Mastercam X 系统中，文字也是按照图形来处理的，即称之为文字几何图形，它包括线、圆弧和 Spline 曲线。

单击“绘制文字”按钮L，将弹出【绘制文字】对话框，然后根据要求设置文字几何图形的不同选项，即可绘制相应的文字图形，如图 4-118 所示。

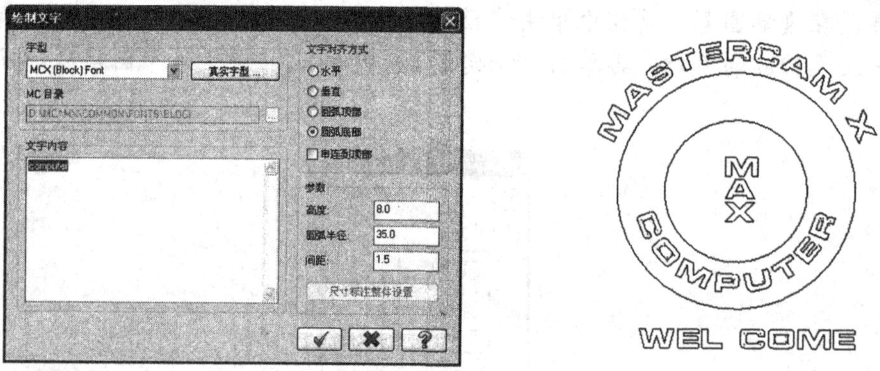

图 4-118 绘制文字

【例 4-30】绘制文字版。

操作步骤

（1）根据前面的方法绘制两个同心圆，其圆的直径分别为 100、120，再过圆心绘制两条互相垂直的直线，并将其互相垂直的直线设置为红色、虚线，如图 4-119 所示。

图 4-119 绘制文字

（2）单击【草图】工具栏的“绘制文字”按钮L，在弹出的【绘制文字】对话框中输入相应的文字对象 1 和设置相应的参数，如图 4-120 所示。

（3）单击“确定”按钮，然后在视图中的指定位置单击，此时将绘制文字对象 1，如图 4-121 所示。

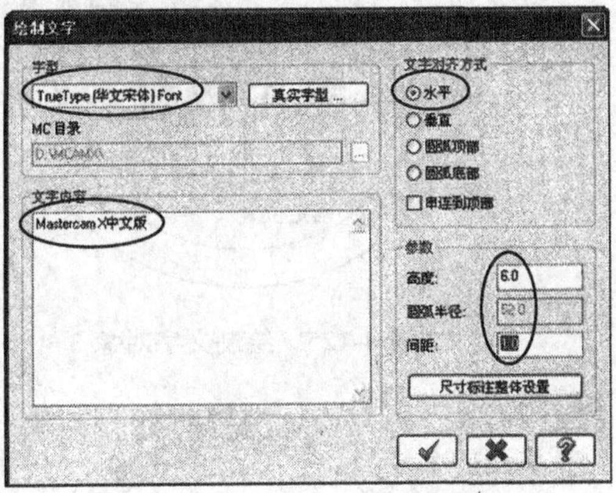

图 4-120　输入文字并设置参数

图 4-121　绘制文字对象 1

用户可根据需要将其绘制的文字对象设置为其他颜色、线型和线宽。

（4）同样，单击【草图】工具栏的“绘制文字”按钮，在弹出的【绘制文字】对话框中输入相应的文字对象 2 和设置相应的参数，如图 4-122 所示。

（5）单击“确定”按钮，然后在视图中的指定位置单击，此时将绘制文字对象 2，如图 4-123 所示。

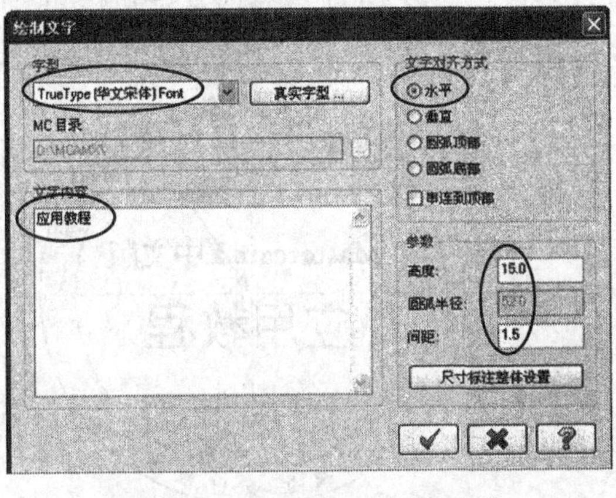

图 4-122　输入文字并设置参数

图 4-123　绘制文字对象 2

（6）同样，单击【草图】工具栏的“绘制文字”按钮，在弹出的【绘制文字】对话框中输入相应的文字对象 3 和设置相应的参数，如图 4-124 所示。

（7）单击“确定”按钮，然后在视图中的指定位置单击，此时将绘制文字对象 3，如图 4-125 所示。

（8）依次类推，分别绘制文字对象 4、5，其设置的参数和绘制的文字对象效果如图 4-126、图 4-127、图 4-128 和图 4-129 所示。

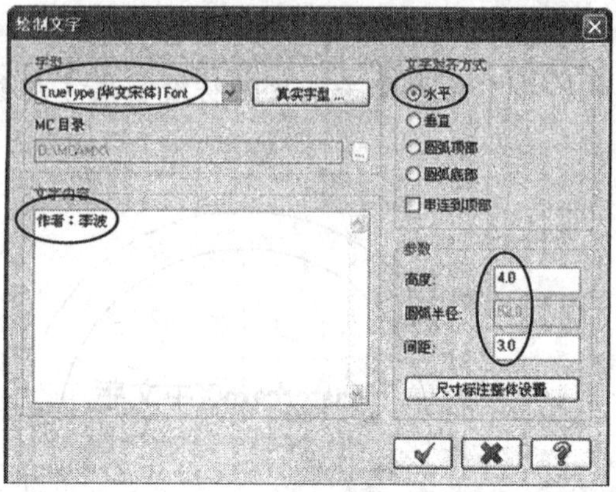

图 4-124　输入文字并设置参数

图 4-125　绘制文字对象 3

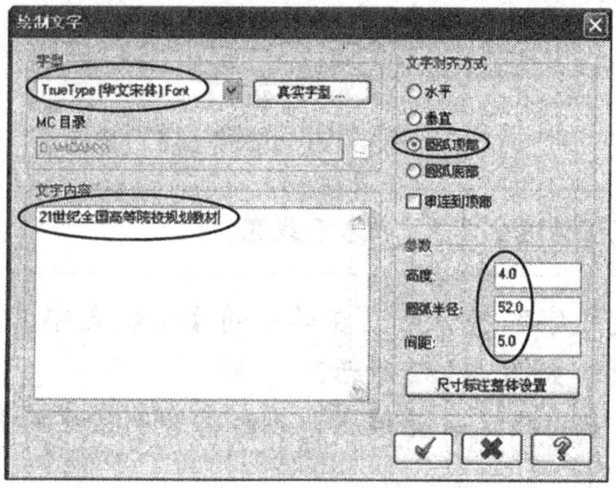

图 4-126　输入文字并设置参数

图 4-127　绘制文字对象 4

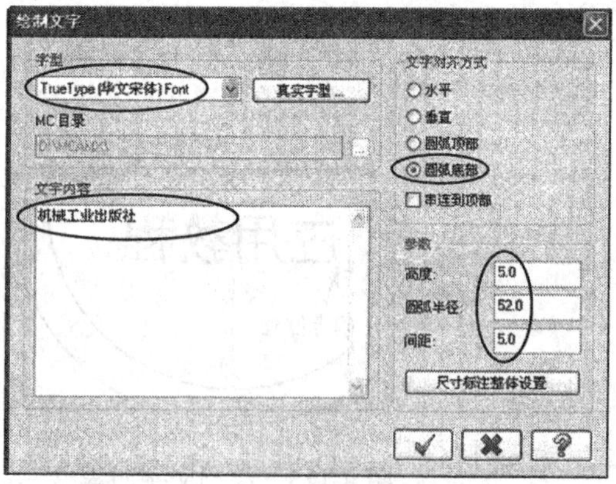

图 4-128　输入文字并设置参数

图 4-129　绘制文字对象 5

4.3.7　绘制螺旋线

“螺旋线”功能，是指绘制绕着中心轴线往上旋转的曲线。在绘制螺旋线时，只需确定螺旋线的半径、圈数和高度即可绘制。

单击“绘制螺旋线”按钮，将弹出【螺旋线选项】对话框，然后根据不同设置绘制不同的螺旋线，如图 4-130 所示。

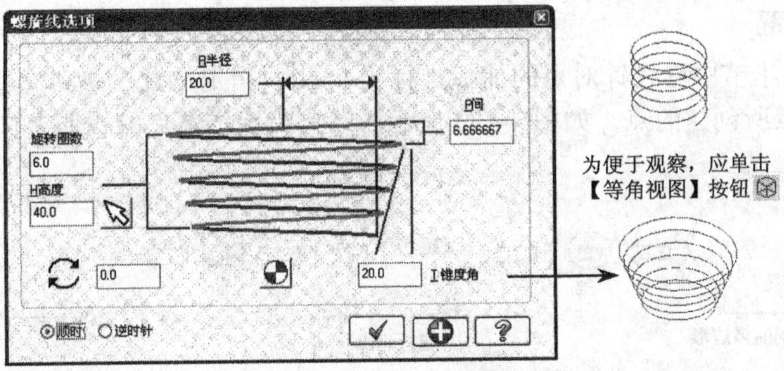

图 4-130　绘制的螺旋线

4.3.8　绘制盘旋线

“盘旋线”功能，就是在 X 轴、Y 轴和 Z 轴的 3 个方向上，可以改变螺旋线起始和终止间距的盘旋线。

单击“盘旋线”按钮，将弹出【盘旋线选项】对话框，然后根据不同设置绘制不同的盘旋线，如图 4-131 所示。

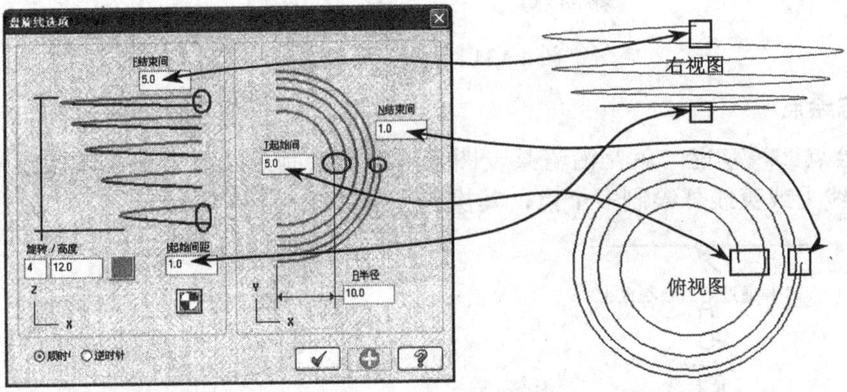

图 4-131　绘制的盘旋线

4.4　绘制点

Mastercam X 一共为用户提供了 6 种绘制点的方法，从而能够高效地满足用户的需要。选择【绘图】/【选择点】命令，将弹出绘制点的子菜单命令，如图 4-132 左图所示；同样，在【Sketcher】（草图）工具栏中也给出了相应绘制点的命令，如图 4-132 右图所示。

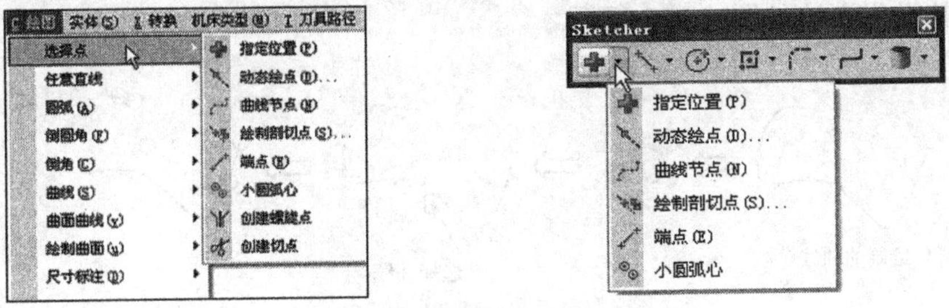

图 4-132　绘制点的命令

4.4.1 指定位置

在前面 3.1 小节中已经针对点的捕捉进行了介绍，“指定位置” 功能就是通过指定的坐标点或捕捉点所创建的点。如图 4-133 所示为绘制指定位置点的操作方法。

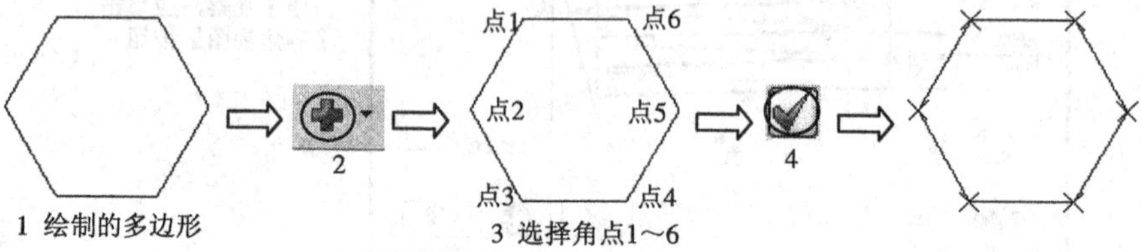

图 4-133　创建指定位置的点

用户可按如图 4-134 所示设置点样式。

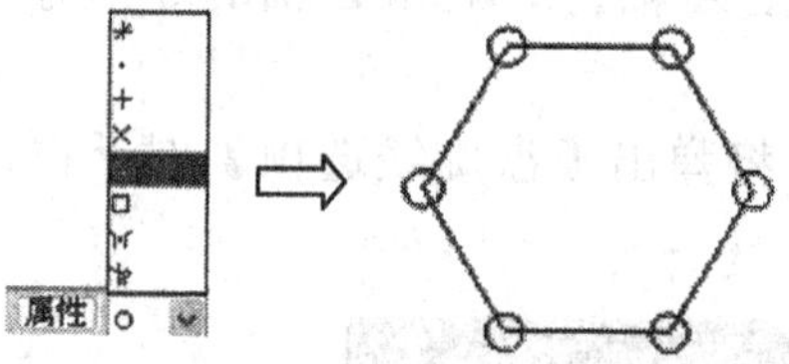

图 4-134　设置点的样式

4.4.2 动态绘点

“动态绘点” 功能，就是沿着某一图素动态地绘制点，或者在已知图素外绘制点。例如，在直线上或直线外绘制多个点，其操作方法如图 4-135 所示。

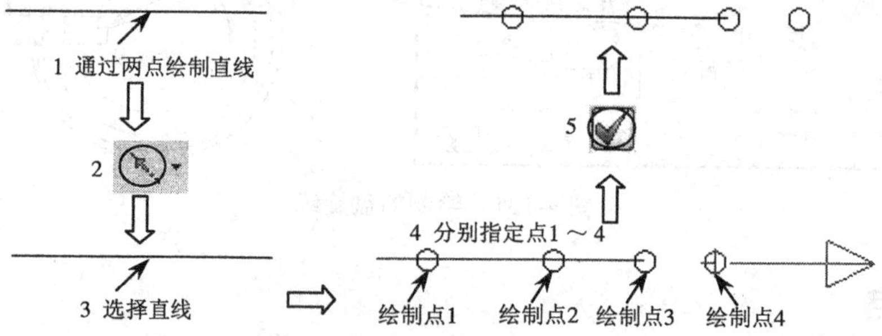

图 4-135　动态绘点

4.4.3 曲线节点

“曲线节点” 功能，是指将控制曲线形状的节点绘制出来。在曲线上将其控制节点绘制出来，其操作方法如图 4-136 所示。

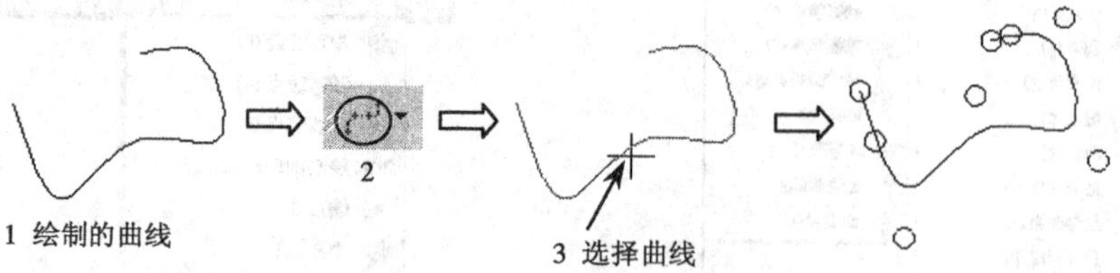

图 4-136　绘制的曲线节点

4.4.4　绘制剖切点

“绘制剖切点”功能即指定长度，是指对一已知图素设置距离值或点的数量来绘制一系列点。如图 4-137 所示就是绘制指定长度位置的点。

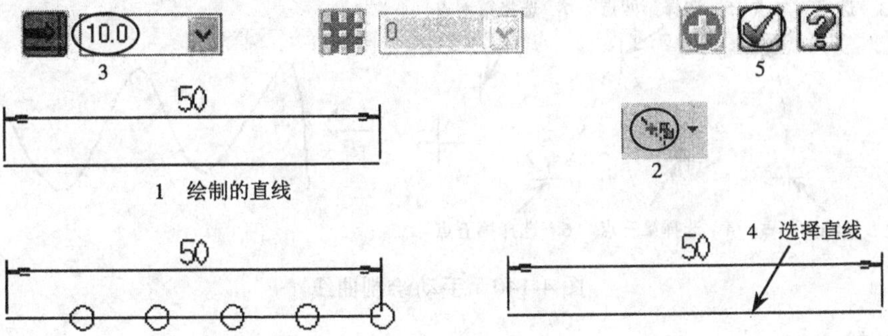

图 4-137　绘制剖切点

在选择图素时，系统会以靠近的端点为基点开始划分长度。

4.4.5　端点

“端点”功能，是指绘制视图中所有图素的端点，其操作方法如图 4-138 所示。

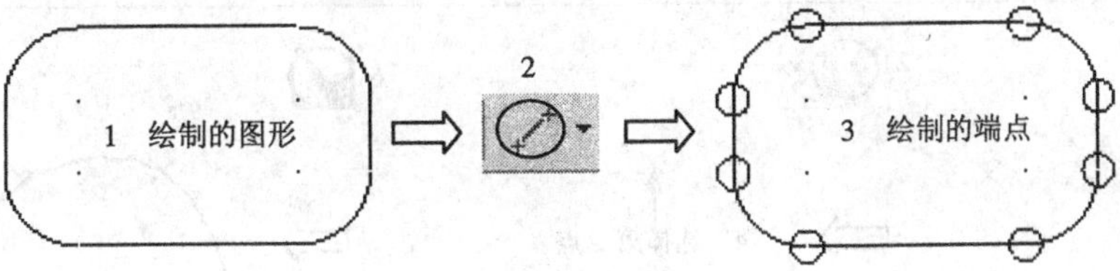

图 4-138　绘制图素的端点

4.5　绘制曲线

在 Mastercam X 中，曲线的绘制主要指样条曲线的绘制。选择【绘图】/【曲线】命令，将弹出绘制曲线的命令，如图 4-139 左图所示；同样，在【草绘】工具条中也给出了相应绘制曲线的命令，如图 4-139 右图所示。

图 4-139　绘制曲线的命令

4.5.1　手动

“手动”功能，是指绘制曲线时按提示逐个输入点的位置，从而创建的一样条曲线。

如图 4-140 所示为手动方式绘制曲线的操作方法。

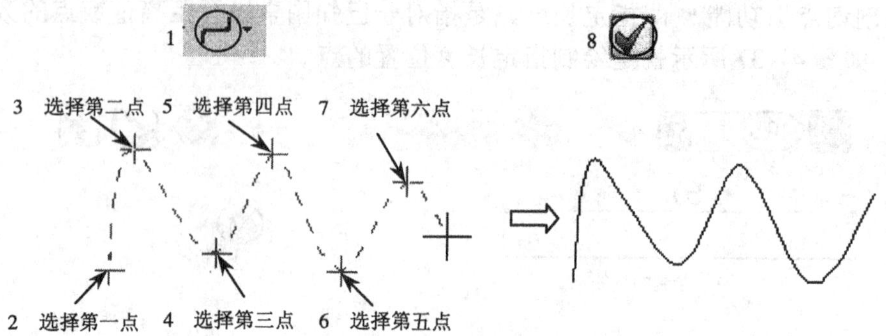

图 4-140 手动绘制曲线

4.5.2 自动输入

“自动输入”功能，是指在绘图区的一系列点中，选择曲线的第一点、第二点和最后一点，则系统将自动捕捉其他点，从而所绘制的一样条曲线。如图 4-141 所示为自动创建样条曲线的操作方法。

> 在自动创建样条曲线时，不管是封闭还是开口的样条曲线，都必须选取 3 个不同位置的点，否则将不能创建样条曲线。

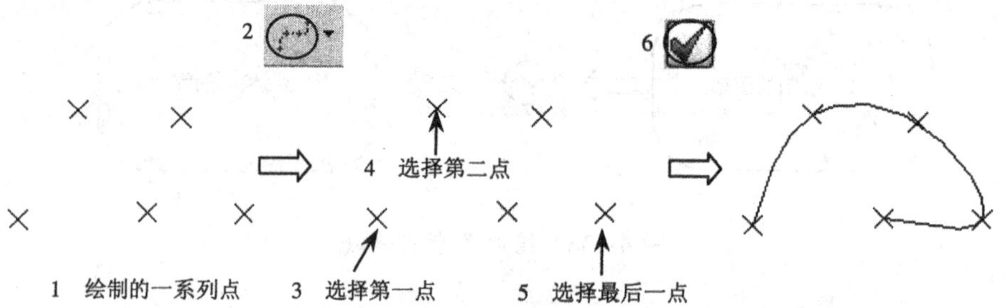

图 4-141 自动绘制曲线

4.5.3 转换曲线

“转换曲线”功能，是指将一系列首尾相连的图素，如直线、圆弧和曲线，转变为所设置的曲线类型。如图 4-142 所示为转换曲线的操作方法。

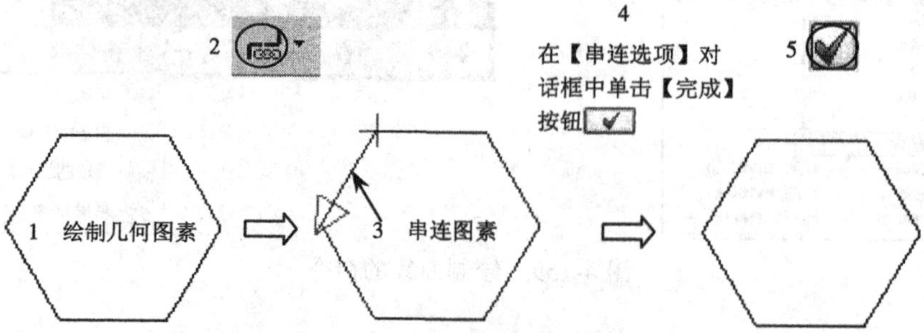

图 4-142 转换曲线

在将几何图素转换成曲线后，看上去没有任何变化，实质上已经将其转换为单一的样条曲线了。

4.5.4 熔接曲线

“熔接曲线”功能，是指创建与两条曲线相切的一条样条曲线，其相应的操作栏如图 4-143 所示。

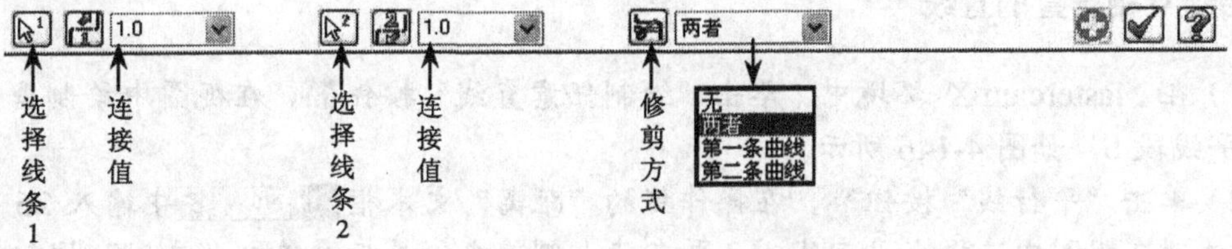

图 4-143 【熔接曲线】操作栏

如图 4-144 所示为熔接曲线的操作方法。

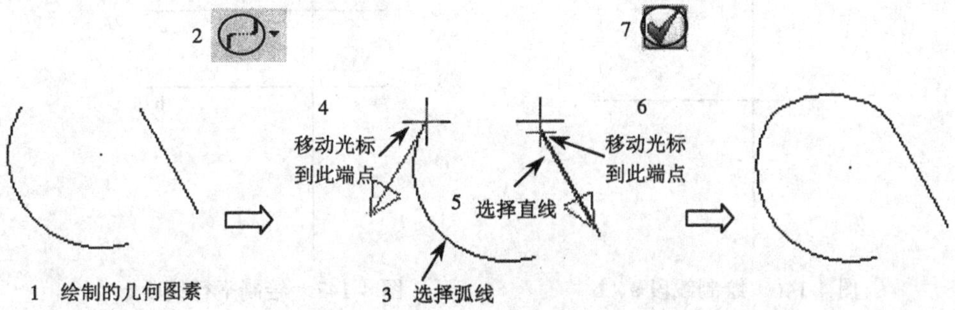

图 4-144 熔接曲线

4.6 综合实例——绘制二维图形

设计要求

根据直线、圆、多边形等功能，绘制如图 4-145 所示的二维图形。

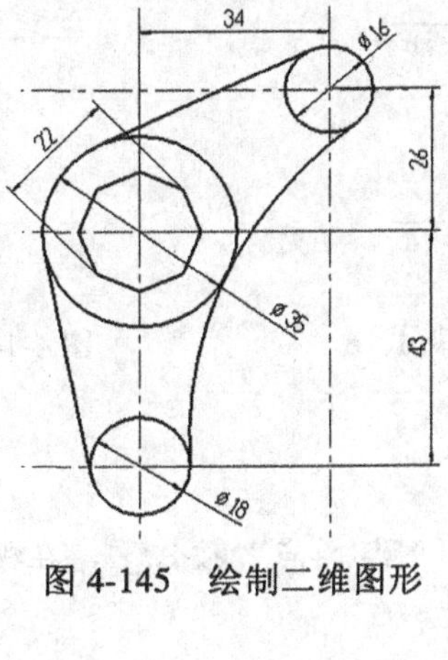

图 4-145 绘制二维图形

设计思路

（1）绘制互相垂直的直线。
（2）绘制圆和正八边形。
（3）绘制相切的直线段和弧线。

绘制互相垂直的直线

（1）在 Mastercam X 环境中，单击“绘制任意直线”按钮，在视图中绘制垂直线段 a 和水平线段 b，如图 4-146 所示。

（2）单击“平行线”按钮，在操作栏的“距离”文本框 26.0 中输入 26 并按回车键，然后在视图中选择水平直线 b，再在其上侧单击，最后再单击“应用”按钮，将绘制平行线段 c，如图 4-147 所示。

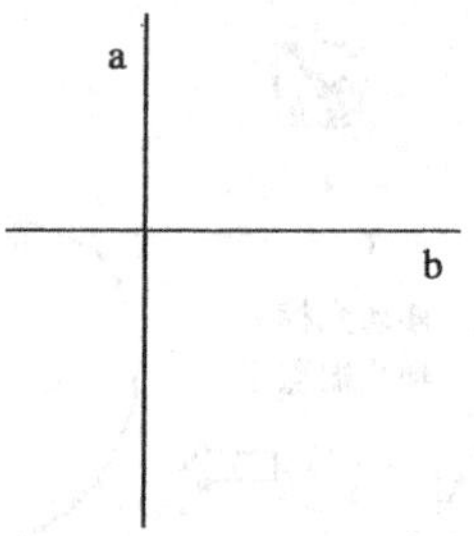

图 4-146 绘制线段 a、b

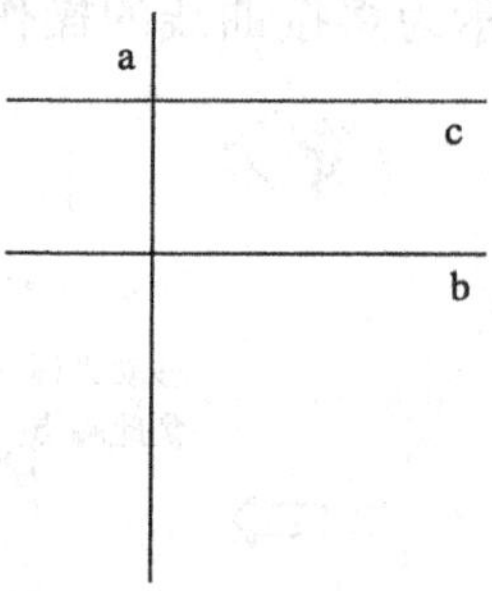

图 4-147 绘制平行线段 c

（3）按照相同的方法，绘制其他平行线段 d、e，其水平线段 b 与平行线段 d 的距离为 43，其垂直线段 a 与平行线段 e 的距离为 34，如图 4-148 所示。

（4）将所绘制的直线段全部选中，并依次将其设置为红色、虚线、细线，如图 4-149 所示。

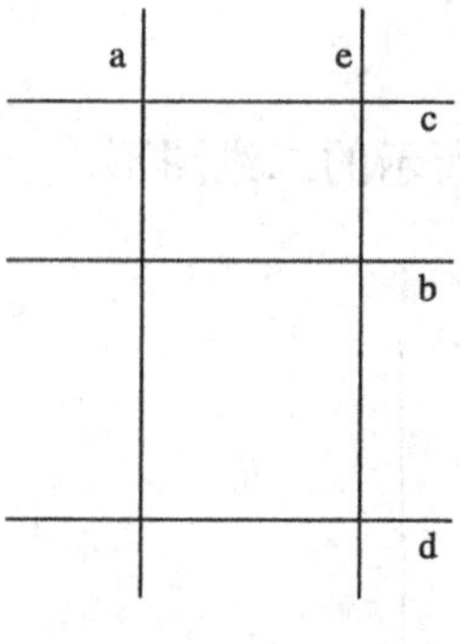

图 4-148 绘制平行线段 d、e

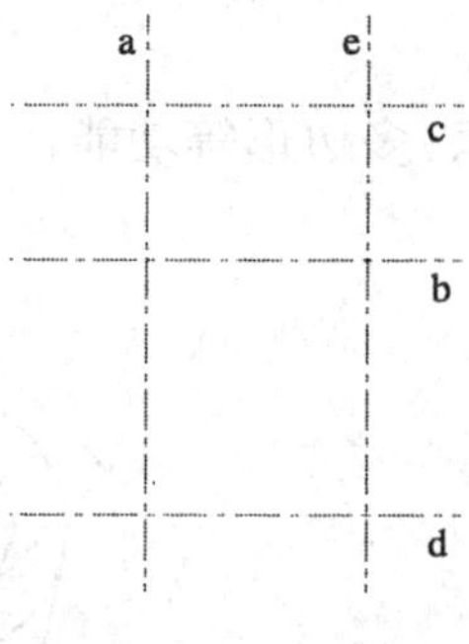

图 4-149 转换线的属性

绘制圆和正八边形

（1）在【草图】工具栏中单击“圆心+点”按钮，在视图中绘制三个大小不同的圆 O_1、

O_2、O_3，其圆心交点即为直线的交点，其圆的直径分别为 16、35、18，如图 4-150 所示。

（2）在【草图】工具栏中单击“画多边形”按钮，在弹出的【多边形选项】对话框的“边数”文本框中输入 8，在“半径”文本框中输入 11，在“角度”文本框中输入 22.5，再选择“转角”单选项，其参数设置如图 4-151 所示。

（3）在视图中捕捉圆 O_2 的圆心点，然后在【多边形选项】对话框中单击“确定”按钮，此时将绘制正八边形，如图 4-152 所示。

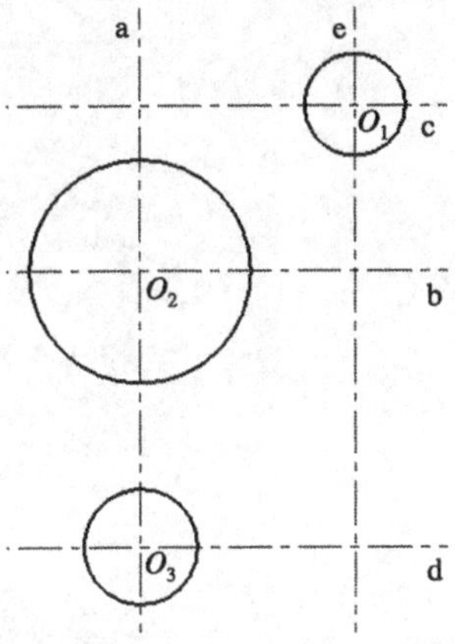

图 4-150　绘制的三个圆

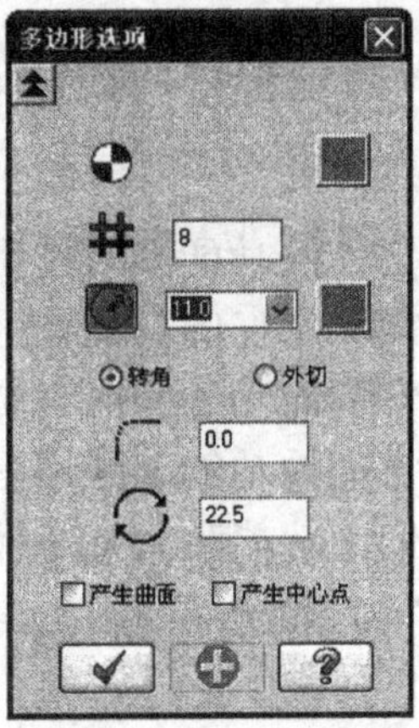

图 4-151　设置多边形参数

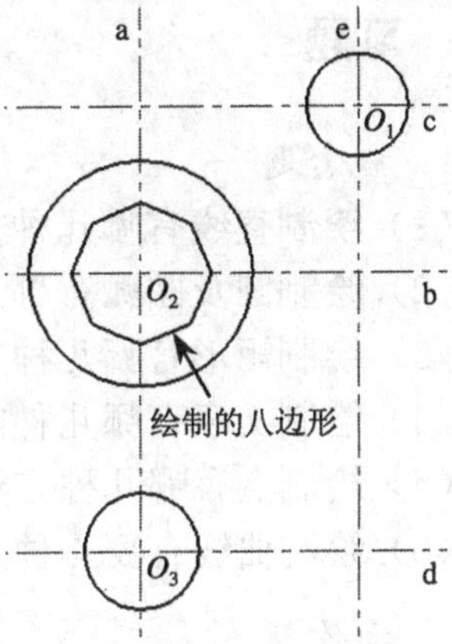

图 4-152　绘制的八边形

绘制相切的直线段和弧线

（1）在【草图】工具栏中单击“绘制任意直线”按钮，选中操作栏的“切线”按钮。

（2）在视图中靠近圆 O_1 的左侧并单击，再靠近圆 O_2 的上侧并单击，然后单击“应用”按钮将绘制切线段 f。

（3）同样在视图中靠近圆 O_2 的左侧并单击，再靠近圆 O_3 的左侧并单击，然后单击“确定”按钮将绘制切线段 g，然后单击“确定”按钮，如图 4-153 所示。

（4）在【草图】工具栏中单击“三点画弧”按钮，选中操作栏的“切线”按钮。

（5）在视图中靠近圆 O_1 的下侧并单击，再靠近圆 O_2 的右侧并单击，再靠近圆 O_3 的右侧并单击，然后单击“确定”按钮，此时将绘制圆弧，如图 4-154 所示。

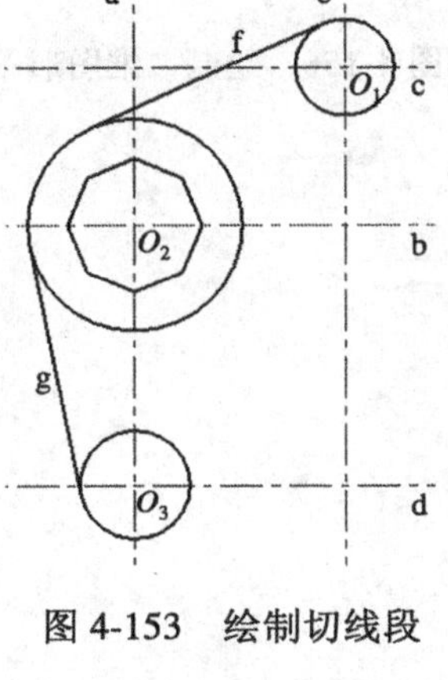

图 4-153　绘制切线段

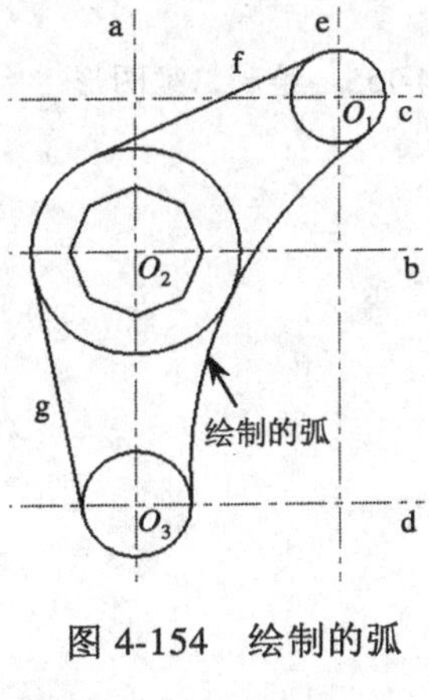

图 4-154　绘制的弧

4.7　本章小结

本章介绍了在 Mastercam X 中绘制二维基本图形的方法，包括绘制直线、绘制圆及圆弧、绘制矩形与多边形、绘制文字与螺旋线、绘制点、绘制曲线等，读者应多做练习，以便熟练掌握基本的二维绘图操作，为今后的数控加工提供符合要求的模型产品。

4.8　习题

1．概念题

（1）绘制直线有哪几种方法？它们的功能和区别是什么？

（2）绘制圆及圆弧有哪几种方法？它们的功能和区别是什么？

（3）绘制矩形有哪几种方法？它们的功能和区别是什么？

（4）绘制文字有哪几种方法？它们的功能和区别是什么？

（5）绘制点有哪几种方法？它们的功能和区别是什么？

（6）绘制曲线有哪几种方法？它们的功能和区别是什么？

2．操作题

（1）综合运用本章知识创建如图 4-155 所示的二维图形。

（2）综合运用本章知识创建如图 4-156 所示的二维图形。

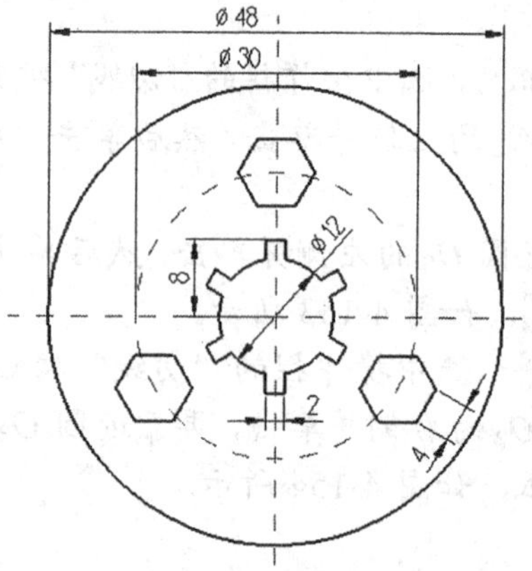

图 4-155　绘制二维图形

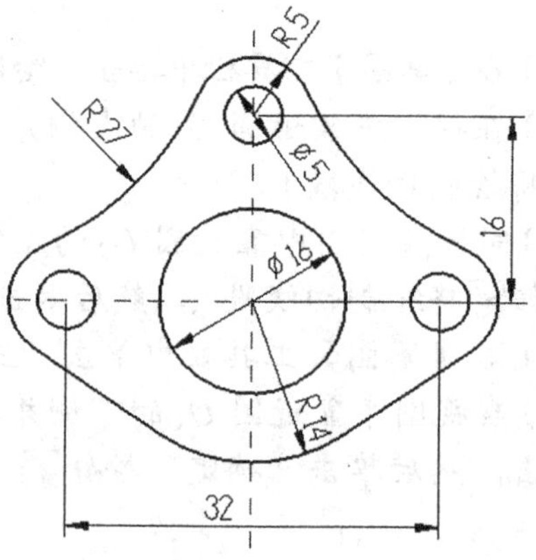

图 4-156　绘制二维图形

第 5 章　二维图形的编辑与修改

用户平时在绘制图形时，一般很难只使用绘图命令就能够完成整体的图形绘制，因而 Mastercam X 提供了对图形进行编辑与修改的一些命令，从而确保了图形绘制的准确性与灵活性；而且对已绘制的各种图素进行平移、旋转、镜像、投影等转换操作，即可产生新的图素，从而大大提高了用户的设计效率。

【内容提要】

- 绘制垂直线段和圆；
- 旋转并复制小圆；
- 镜像图形；
- 缩放镜像的图形；
- 编辑图形。

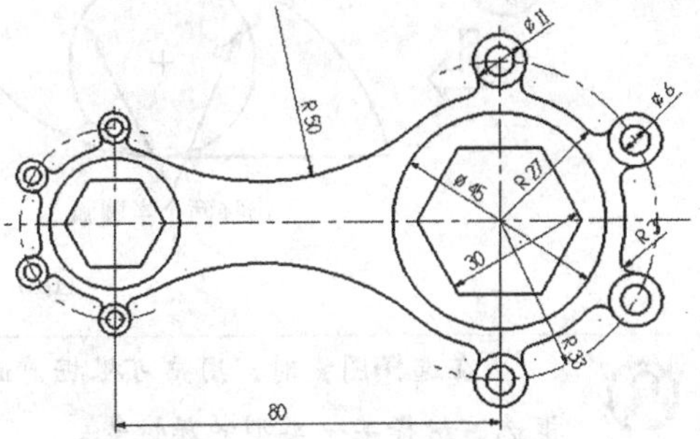

【本章重点】

- 熟练操作删除与恢复图素对象；
- 熟练掌握图形对象的各种转换操作；
- 掌握图形对象的各种倒圆角及倒角操作；
- 熟练掌握各种修剪/打断操作。

5.1　删除与恢复对象

删除与恢复对象，主要是对已生成的多余图素或重复图素进行删除与恢复操作。选择【编辑】/【删除】命令，将弹出相应的删除与恢复命令，如图 5-1 左图所示；同样，在【删除/恢复】工具栏中也给出了相应的命令，如图 5-1 右图所示。

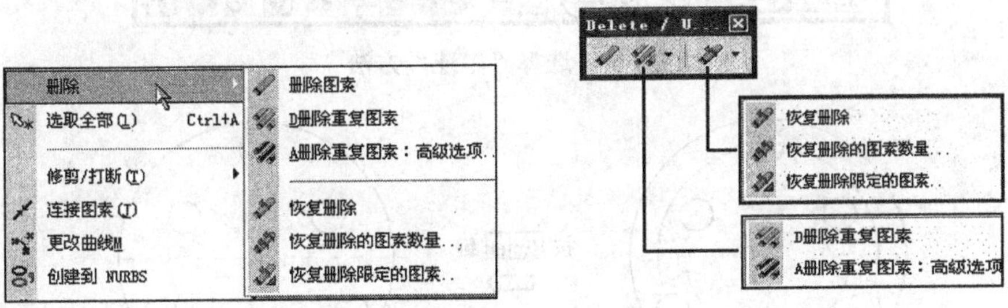

图 5-1　删除与恢复命令

5.1.1　删除图素

"删除图素"功能，是指删除当前绘图区中不需要的几何图素。

在删除图素时，首先在绘图区中选取了需要删除的图素，然后直接单击“删除图素”按钮即可，也可按键盘上的F5键或Delete键，其操作方法如图 5-2 所示。另一种方法就是：先单击“删除图素”按钮，再在视图中选择要删除的图素，然后按回车键，如图 5-3 所示。

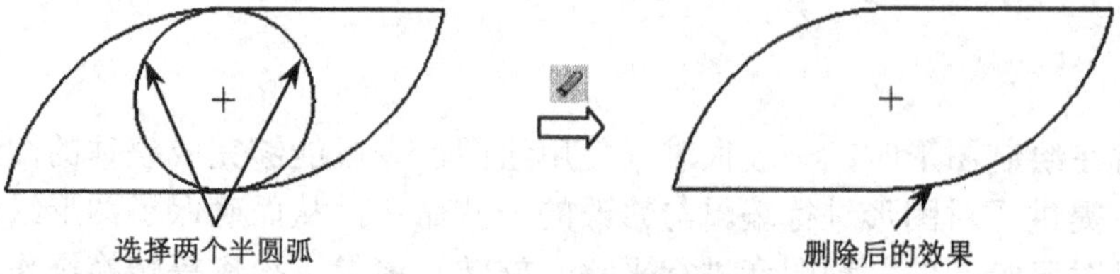

图 5-2 删除选择的图素

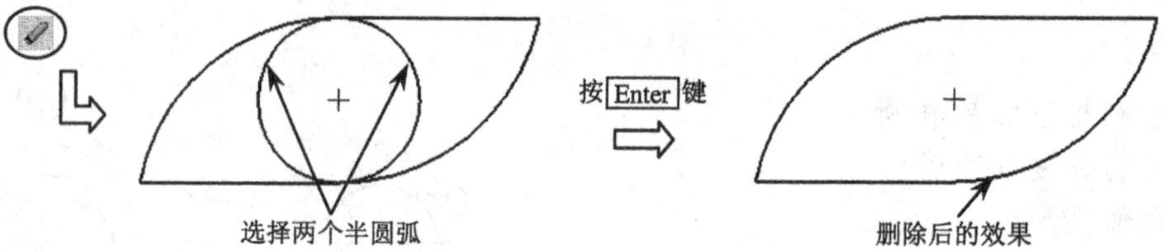

图 5-3 删除选择的图素

在选择图素时，用户可根据前面 3.2 节中的选择方法对图素进行多种方法的选择，如串选、框选、选择某一类型的属性等。

【例 5-1】删除串连图素。

操作步骤

（1）在 Mastercam X 环境中，选择【文件】/【打开文件】命令，打开文件“LX5-1A.MCX”文件。

（2）在【删除/恢复】工具栏中单击“删除图素”按钮。

（3）在【普通选项】工具栏中选择“串连”方法按钮，如图 5-4 所示。

（4）然后按照如图 5-5 所示的方法删除串连的图素。

图 5-4 选择“串连”方法

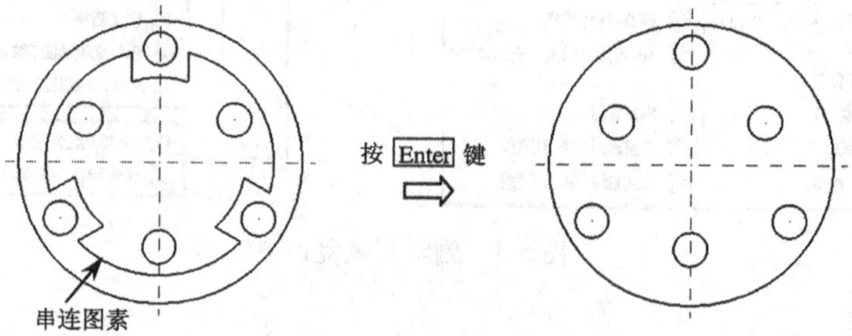

图 5-5 删除串连的图素

由于这里所打开的图形有尺寸标注，是隐藏了的，当在删除有关尺寸标注的图素时，系统会给出如图 5-6 所示的【警告】对话框，用户可根据实际需要进行相关的选择。

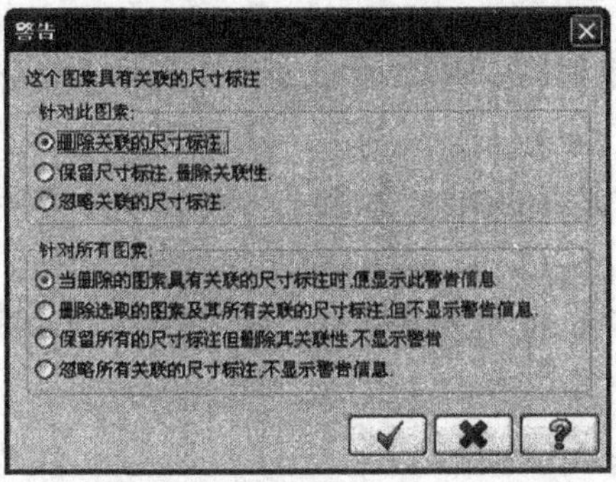

图 5-6 【警告】对话框

5.1.2　删除重复图素

“删除重复图素”功能，是指将当前绘图区中的重复图素进行删除，只保留其中的一个同类型的图素。如图 5-7 所示为删除重复图素的操作方法。

另外，当删除重复图素有特殊的要求时，可单击“删除重复图素：高级选项”按钮，然后在视图中选择要删除的图素并按回车键，此时系统将弹出【删除重复图素】对话框，从而用户可根据需要设置删除重复图素的属性，再单击“确定”按钮，如图 5-8 所示。

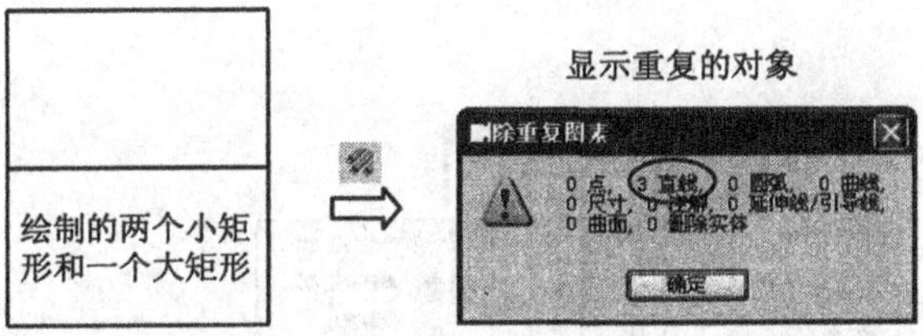

图 5-7　删除重复图素

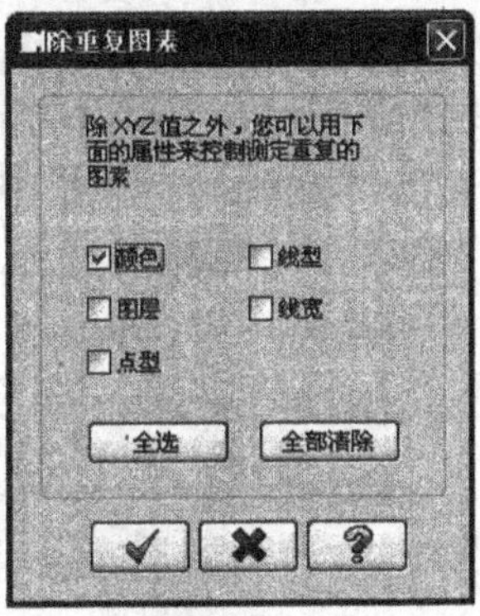

图 5-8 【删除重复图素】对话框

在绘制图形时，如果没有将重复的图素删除，会影响到后期的操作。

5.1.3　恢复删除

“恢复删除”功能，是指撤消上一步或上几步所删除图素的命令。如果只需一步一步地恢复上一次删除的图素，则只需依次单击“恢复删除”按钮或按 Ctrl+Z 组合键即可；如果需要一次性恢复多步操作，则单击“恢复删除的图素数量”按钮，并在随后弹出的对话框中输入恢复的次数，如图 5-9 所示，然后单击“确定”按钮，则系统将一次性撤消删除的次数。

图 5-9　输入撤消的次数

【例 5-2】恢复部分图素。

操作步骤

（1）在 Mastercam X 环境中，选择【文件】/【打开文件】命令，打开文件“LX5-2A.MCX”文件。

（2）在【删除/恢复图素】工具栏中单击“删除图素”按钮，然后根据如图 5-10 所示的方法删除图素。

（3）在【删除/恢复图素】工具栏中单击“恢复删除的图素数量”按钮，然后根据如图 5-11 所示的方法恢复部分图素。

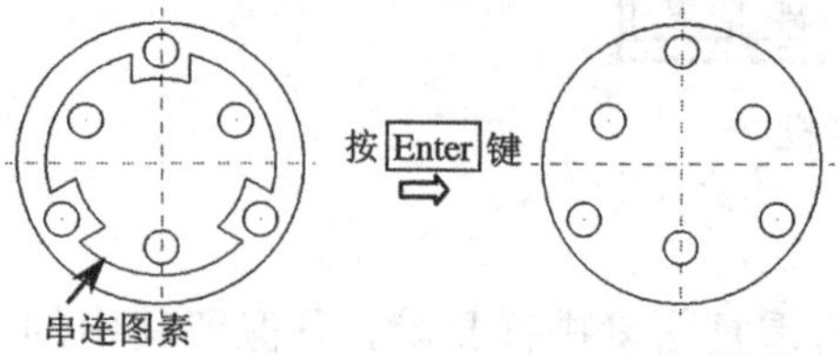

图 5-10　删除串连的图素

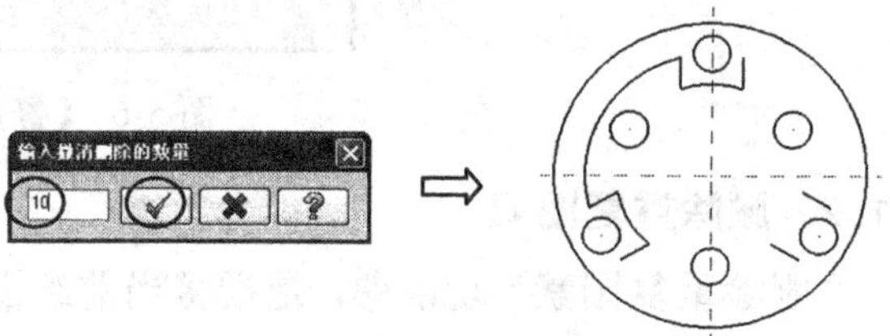

图 5-11　恢复部分图素

5.2　图形对象的转换

对象转换功能主要包括图素的平移、镜像、旋转、缩放、偏置、投影、阵列等功能。选择【转换】菜单，从弹出的下拉菜单中选择相应的命令即可，如图 5-12 左图所示；同样，在【转换】（Xform）工具栏中也给出了相应的命令，如图 5-12 右图所示。

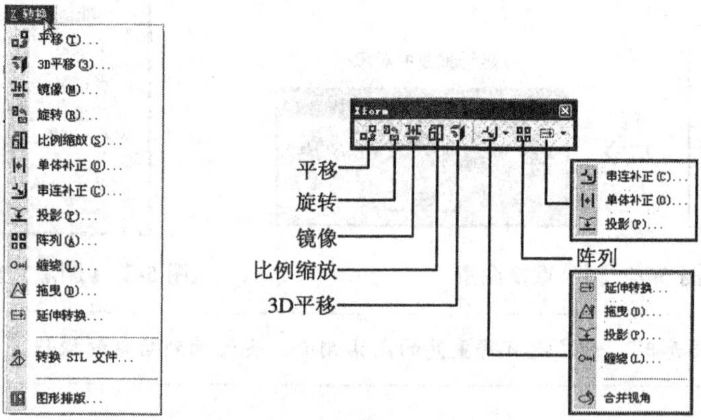

图 5-12　转换对象命令

5.2.1　平移

“平移”功能，是指将选择的图素进行移动、复制或连接操作。图 5-13 给出了平移操作的步骤。

在如图 5-13 所示中出现的【平移选项】对话框中，其“移动”选项表示将原图素从一个位置移动到另一个位置；“复制”选项表示将原有的图素复制一个新的图素到指定的位置；

“连接”选项表示将原有图素复制一个新的图素到指定位置，然后将原有图素与新的图素连接起来。

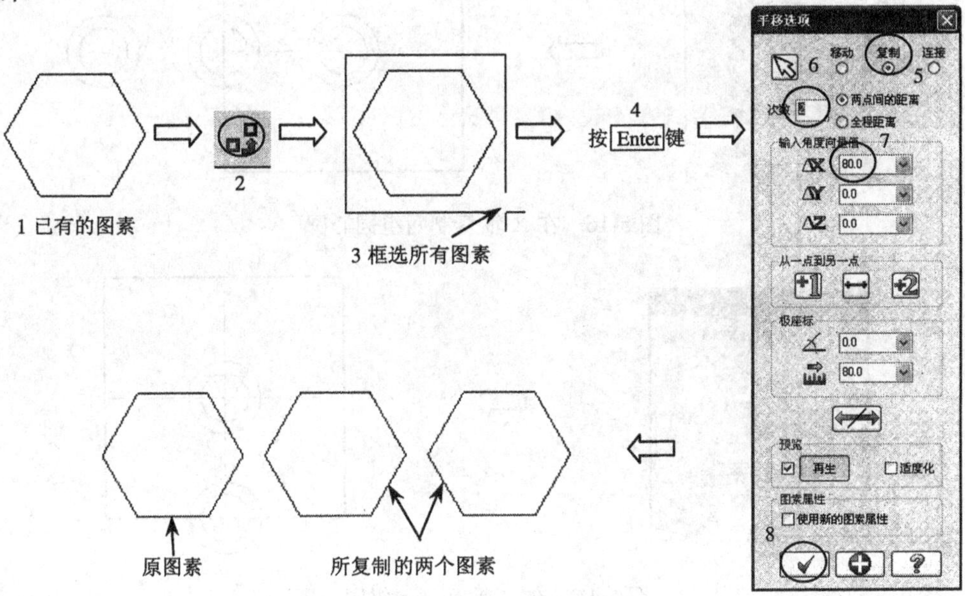

图 5-13　平移操作

【例 5-3】输入角度向量值来平移对象。

操作步骤

（1）在 Mastercam X 环境中，绘制边长为 50 的正方形，再分别过每组平行线的中点绘制两条中线，将中线设置为红色虚线，如图 5-14 所示。

（2）以中线交点为圆心，绘制两个同心圆，其直径分别为 10、15，如图 5-15 所示。

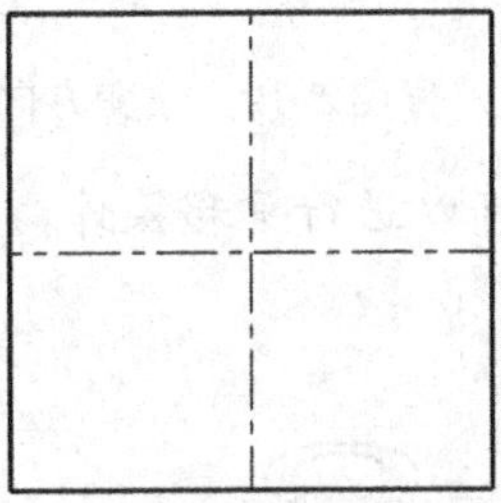

图 5-14　绘制的“田”型图形

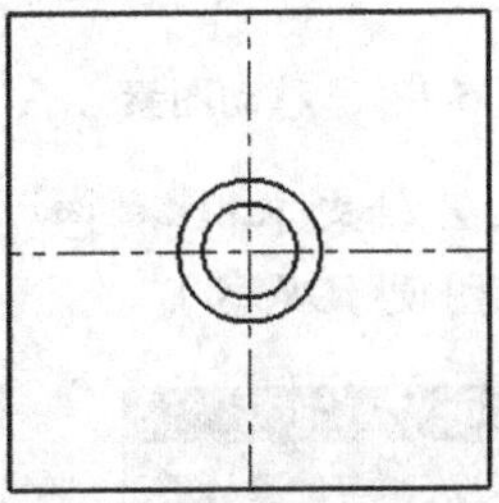

图 5-15　绘制的同心圆

（3）在【转换】工具栏中单击“平移”按钮，将视图中的两个同心圆选中，然后按回车键，此时将弹出【平移选项】对话框。

（4）若选中“复制”单选项，在“次数”文本框 次数 2 中输入 2，在 X 轴文本框 ΔX 25.0 中输入 25，则在 X 轴的正方向上复制两组同心圆，如图 5-16 所示。

（5）若在“次数”文本框 次数 1 中输入 1，在 Y 轴文本框 ΔY -25.0 中输入–25，则在 Y 轴的负方向复制一组同心圆，如图 5-17 所示。

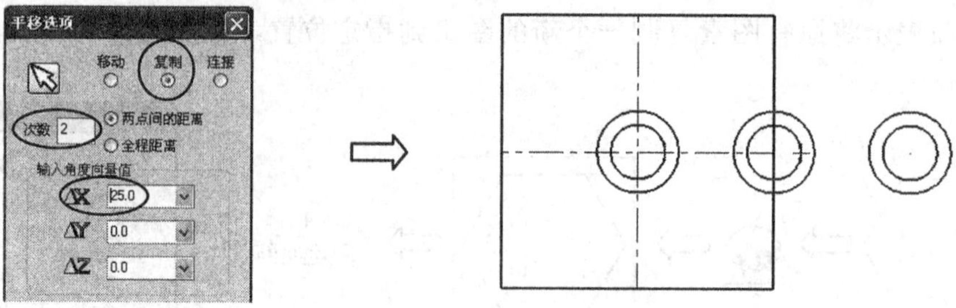

图 5-16　在 X 轴复制两组同心圆

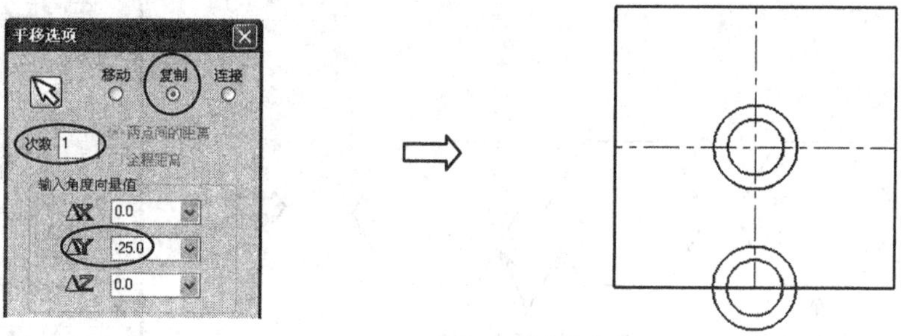

图 5-17　在 Y 轴复制一组同心圆

在【平移选项】对话框中如果选中"移动"单选项，所选择的原对象将消失，如图 5-18 所示；如果单击"方向"按钮，则所平移的对象将在 X 轴的负方向上，如图 5-19 所示。

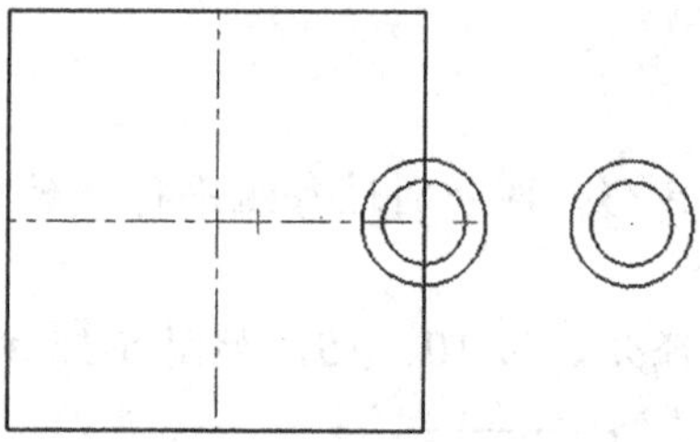

图 5-18　移动图素

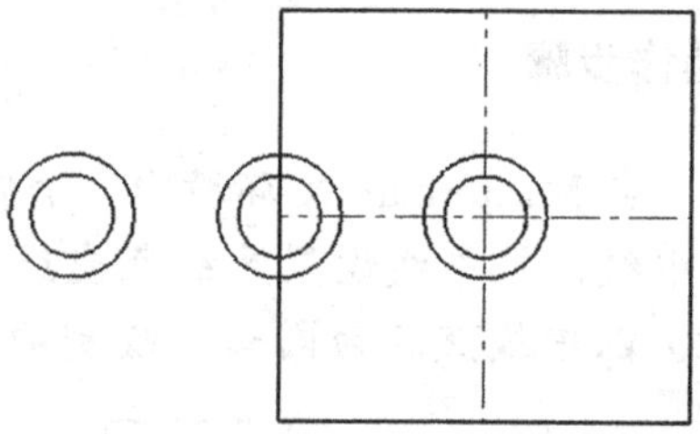

图 5-19　改变方向

（6）若在 Z 轴文本框 ΔZ 25.0 中输入 25，则同样可以进行平移操作，如图 5-20 所示（用等角视图便于观察）。

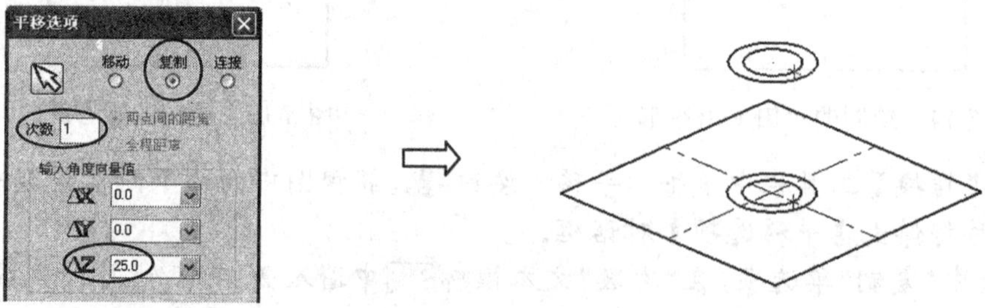

图 5-20　在 Z 轴复制一组同心圆

【例 5-4】从一点到另一点来平移对象。

操作步骤

（1）借用上例中的图形，同样在视图中选择两个同心圆，并按回车键。

（2）在【平移选项】对话框中单击“从点选择”按钮，在视图中捕捉圆的圆心点，再捕捉视图中的左上角点，则同心圆将平移该角点处，如图 5-21 所示。

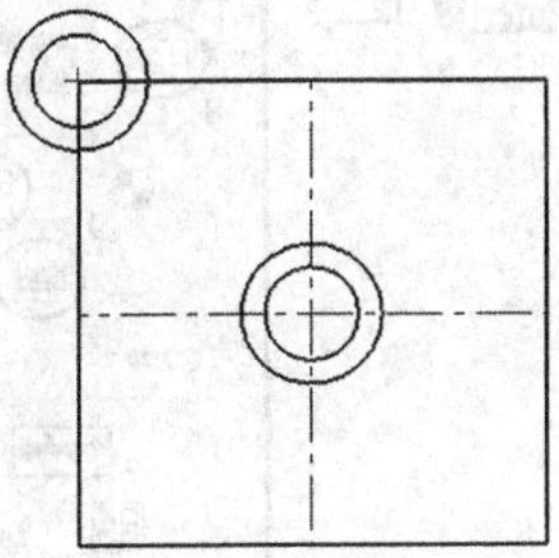

图 5-21　平移到左上角点

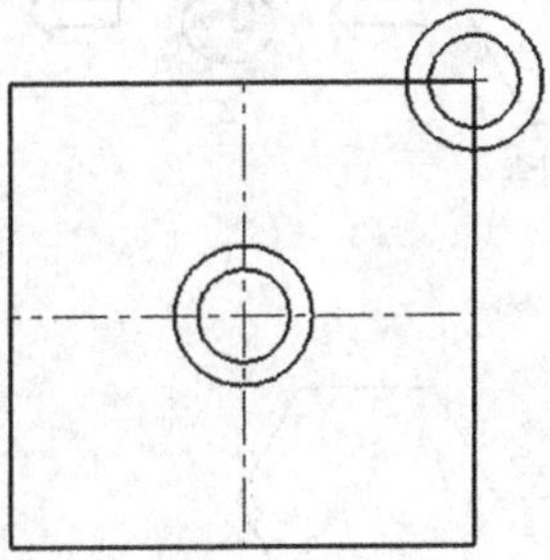

图 5-22　平移到右上角点

（3）如果单击“选择到点”按钮，在视图中捕捉右上角点，则同心圆将平移到该角点处，如图 5-22 所示。

（4）如果单击“选择线”按钮，在视图中选择最下侧的水平线，则将在该原图的左或右侧平移该图形，其平移的距离就是该段水平线的长度，如图 5-23 所示。

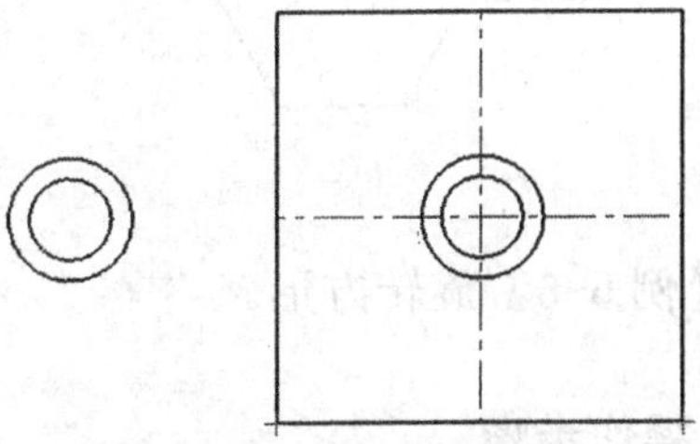

图 5-23　选择线平移

【例 5-5】通过极坐标来平移对象。

操作步骤

（1）借用上例中的图形，同样在视图中选择两个同心圆并按回车键。

（2）在【平移选项】对话框的“角度”文本框 30.0 中输入 30，在“长度”文本框 50.0 中输入 50，则平移的对象效果如图 5-24 所示。

（3）如果单击“方向”按钮，则所平移的图形效果如图 5-25 所示。

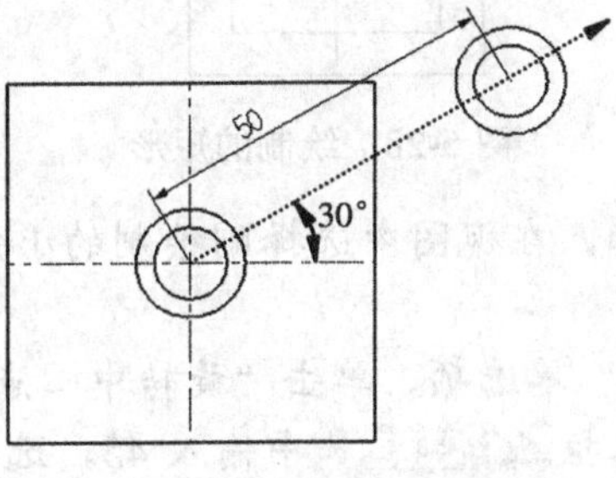

图 5-24　通过极坐标值平移对象

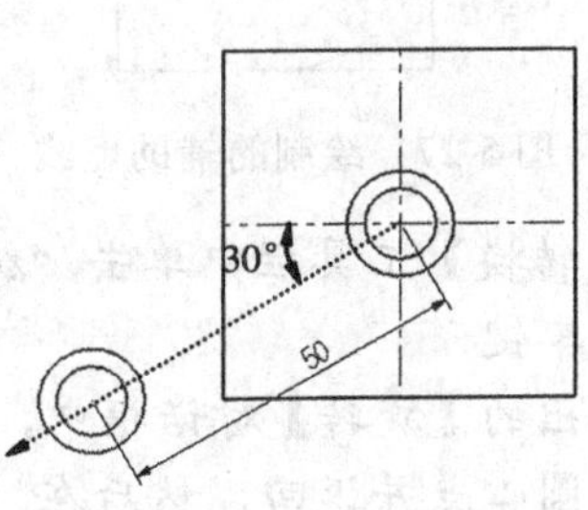

图 5-25　改变方向

在所有的转换操作中，所转换出来的图形颜色都发生了改变，用户可在视图中单击鼠标右键，从弹出的快捷菜单中选择“清除颜色”命令即可变回默认的颜色。

5.2.2　旋转

“旋转”功能，就是以某一点作为旋转中心，然后输入旋转的角度及次数，从而所生成的新图形。图 5-26 给出了旋转操作的步骤。

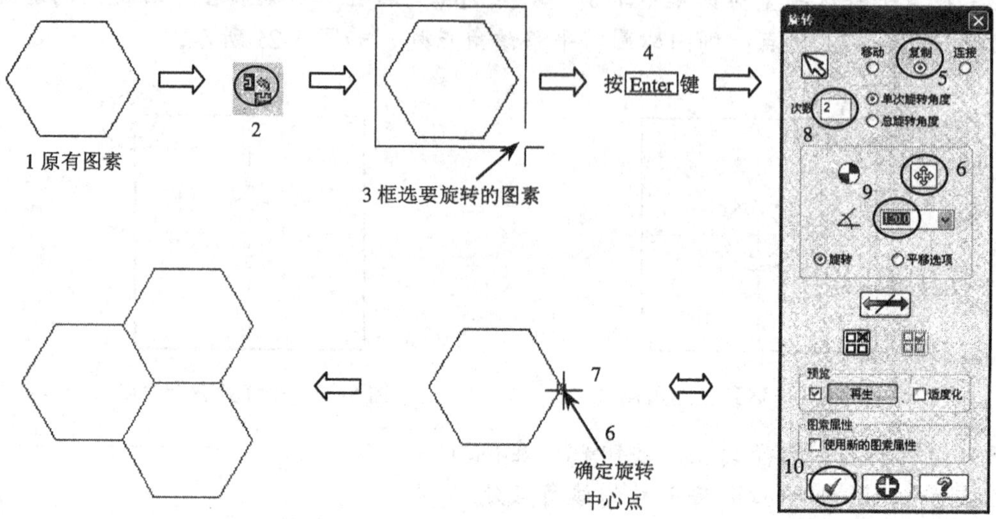

图 5-26　旋转操作

【例 5-6】旋转方形。

操作步骤

（1）借用上例中的图形，在视图中绘制一个直径为 50 的圆，再过圆心至角点绘制一条斜线，从而产生一个交点 1，然后将其线型设置为红色的虚线，如图 5-27 所示。

（2）在【草图】工具栏中单击“矩形”按钮，然后以圆心点为中心绘制一个矩形，其矩形的角点为交点 1，如图 5-28 所示。

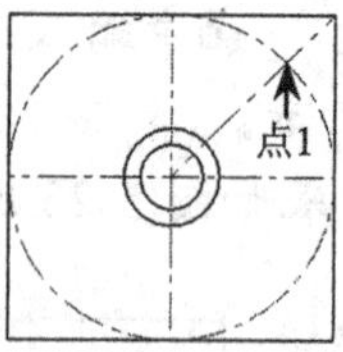

图 5-27　绘制的辅助虚线

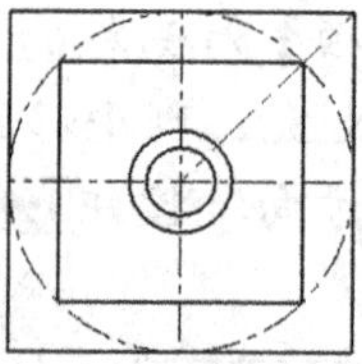

图 5-28　绘制的矩形

（3）在【转换】工具栏中单击“旋转”按钮，在视图中选择刚绘制的小矩形的 4 条边，然后按回车键。

（4）在弹出的【旋转】对话框中，选择“移动”单选项，单击“旋转中心点”按钮，在视图中捕捉圆心点并返回，然后在“角度”文本框 45.0 中输入 45，选择“旋转”单选项，从而将选择的对象进行旋转，如图 5-29 所示。

将绘制的红色虚线删除，在【旋转】对话框中，如果选择“连接”单选项，则以旋转的弧线将其对应的端点连接，且连接的方向应根据输入的旋转正负角度来确定，如图 5-30、图 5-31 所示。

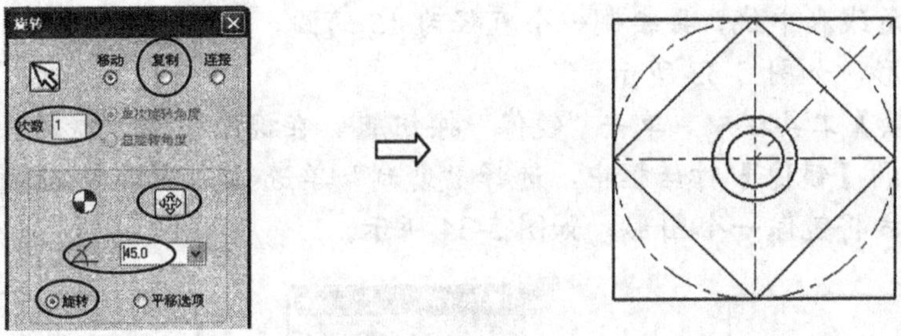

图 5-29　旋转图形

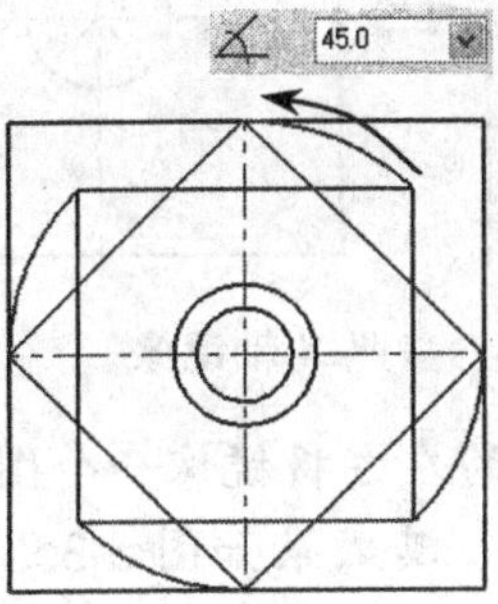

图 5-30　逆时针连接

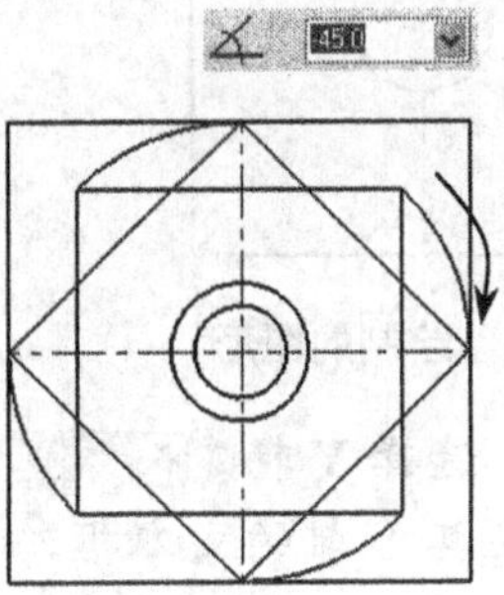

图 5-31　顺时针连接

5.2.3　镜像

“镜像”功能，是指通过某一中心线或轴作为参考，将几何图素进行对称复制的操作。其镜像轴的形式主要有 5 种，即 X 轴、Y 轴、角度、任意直线和两点，图 5-32 给出了镜像操作的步骤。

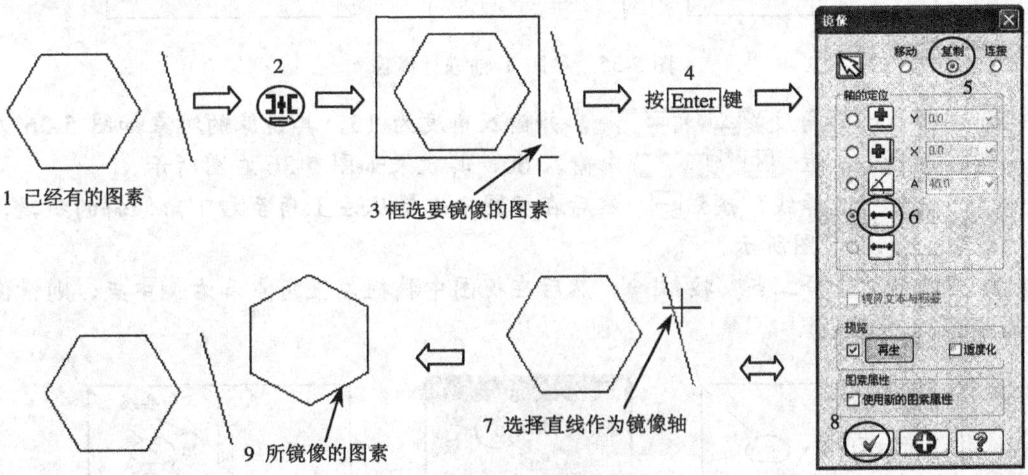

图 5-32　镜像操作

【例 5-7】不同方式镜像对象。

操作步骤

（1）通过前面的方法，在视图中绘制一个边长为 50 的正方形，正方形的中心点为原点，分别接连对角线和中线，再绘制一个直径为 15 的圆，和一个长为 10、宽为 5、圆角半径为 2 的特殊矩形，如图 5-33 所示。

（2）在【转换】工具栏中，单击“镜像”按钮，在视图中串连特殊矩形并按回车键。

（3）在弹出的【镜像】对话框中，选择“复制”单选项，选择 X 轴 Y 0.0，则在水平虚线的下方将镜像一个图形，如图 5-34 所示。

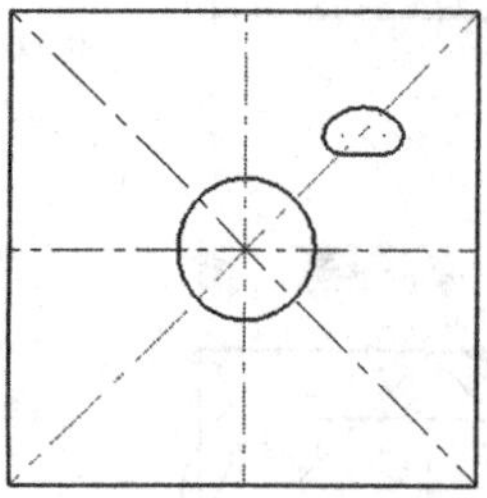

图 5-33 绘制的图形

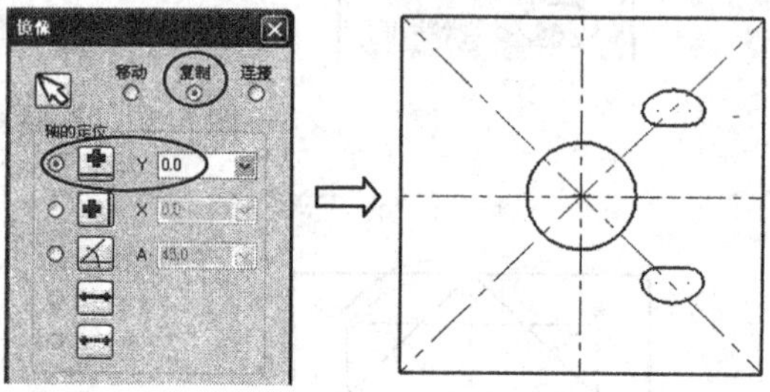

图 5-34 参照 X 轴镜像

（4）同样，选择 Y 轴 X 0.0，则在垂直虚线的左方将镜像一个图形，如图 5-35 左图所示；若在其 Y 轴的文本框 X -5.0 中输入–5，其效果如图 5-35 右图所示。

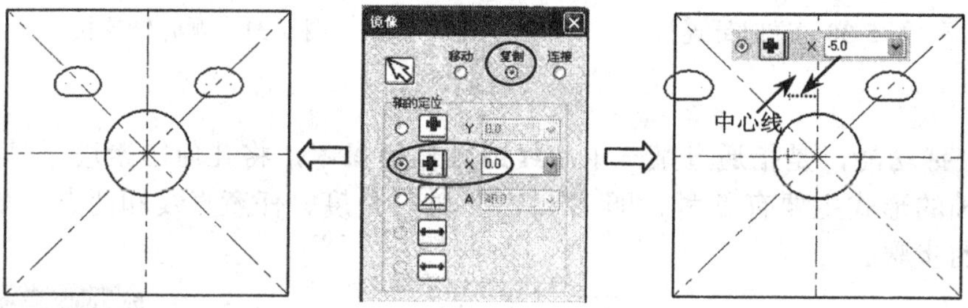

图 5-35 参照 Y 轴进行镜像

（5）同样，选择角度 A 15.0，并输入角度为 15，其镜像的对象如图 5-36 左图所示；若在角度文本框 A 60.0 中输入 60，其效果如图 5-36 右图所示。

（6）若选择“选择线”按钮，然后在视图中选择从左上角至右下角倾斜的线段，则镜像的对象如图 5-37 图所示。

（7）若选择“选择二点”按钮，然后在视图中捕捉左上角点和右侧中点，则镜像的对象如图 5-38 所示。

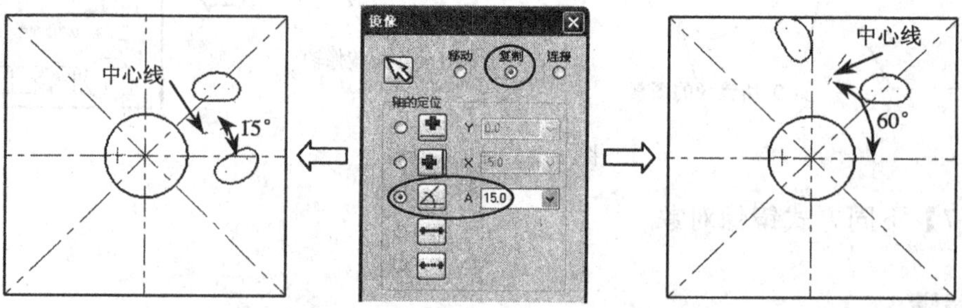

图 5-36 参照角度进行镜像

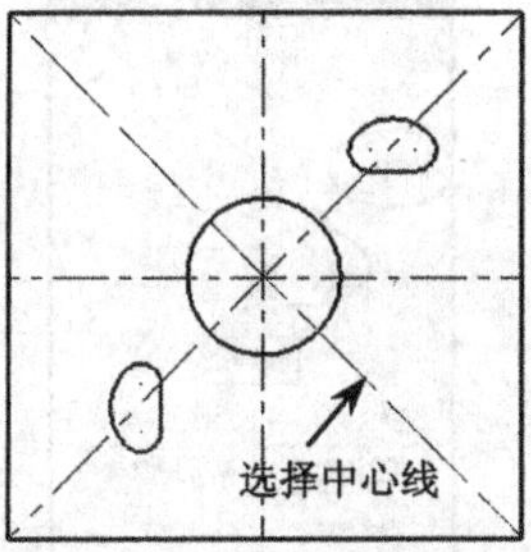

图 5-37　选择中心线镜像

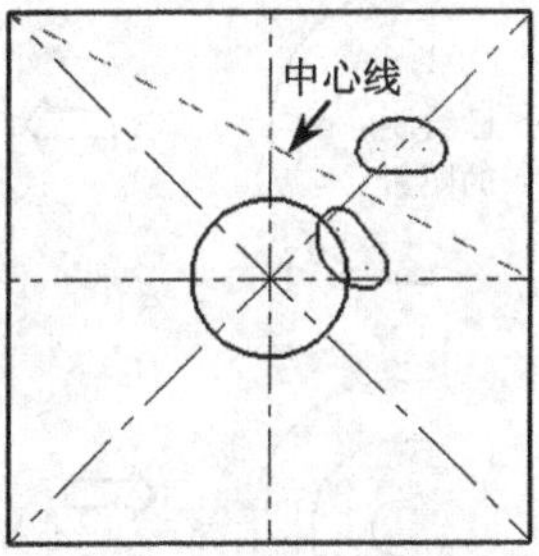

图 5-38　通过两点镜像

5.2.4　比例缩放

“比例缩放”功能，是指以某一点作为比例缩放的中心点，然后输入缩放的角度及次数，从而所生成的新图形。如果没有指定缩放中心点，则系统会以默认的原点作为图素的缩放中心点。在进行比例缩放时，既可以等比例缩放，也可以分别输入 X、Y、Z 轴的不同比例来进行缩放，如图 5-39 左右图所示。

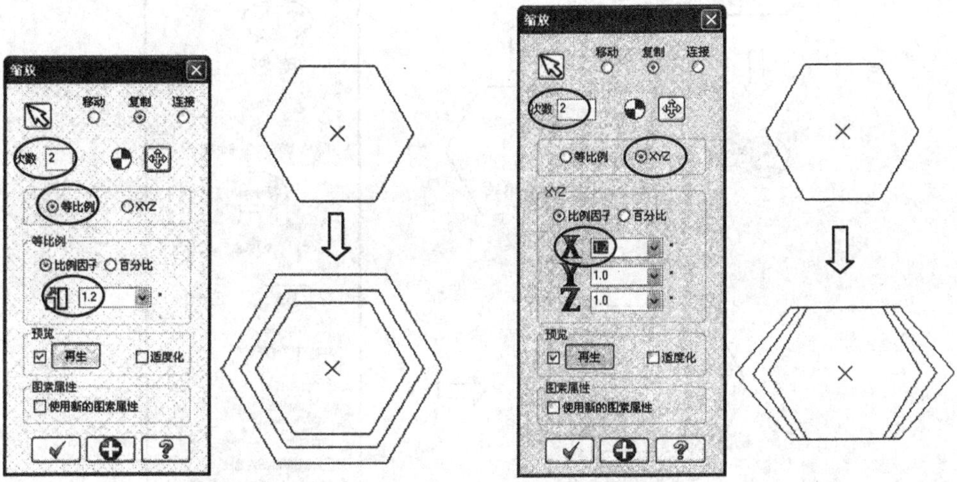

等比缩放　　输入 X、Y、Z 的比例因子

图 5-39　比例缩放

“比例缩放”功能主要是应用在模具设计的产品收缩率上，因为一般情况下应先将产品增加其塑料的收缩率（如 ABS 塑料的收缩率为 1.006），然后再进行分模处理。

5.2.5　补正

“补正”功能，在 AutoCAD 中指偏移，就是指根据指定的距离、方向及次数所移动或复制一段简单的线、圆弧或聚合线。它分为“单体补正”和“串连补正”两种。

如图 5-40 所示给出了“单体补正”功能的操作步骤。

在进行单体补正时，总的补正距离不能大于图形尺寸，否则将提示不能补正。如图 5-41 所示给出了“串连补正”的操作步骤。

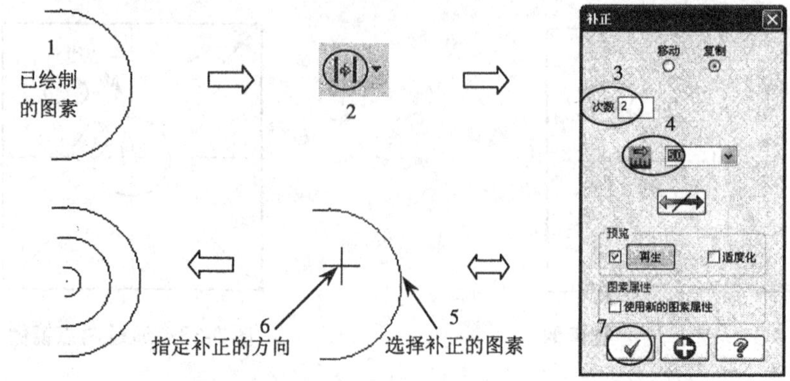

图 5-40　单体补正操作

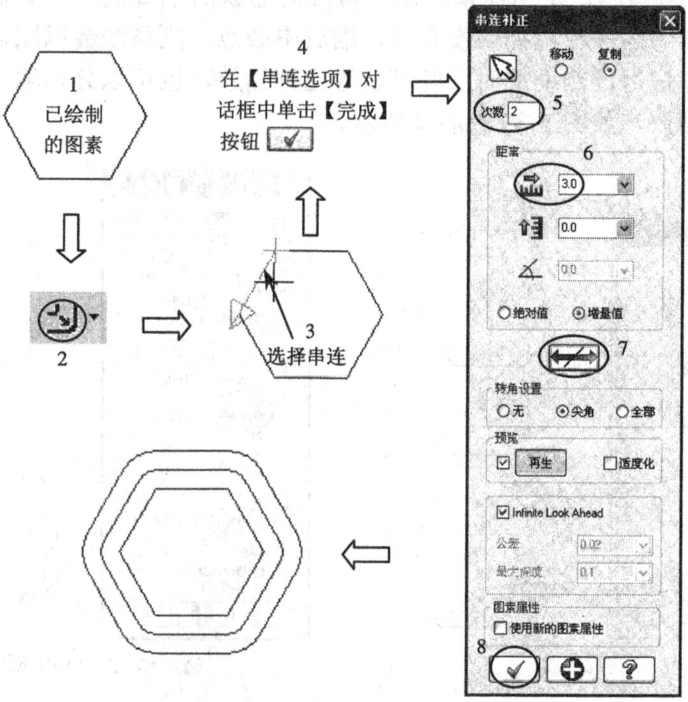

图 5-41　串连补正操作

在【串连补正】对话框的“转角设置”区域中包括有 3 种转角，即“无”、“尖角”（小于 135° ）和全部，其示意图如图 5-42、图 5-43、图 5-44 所示。

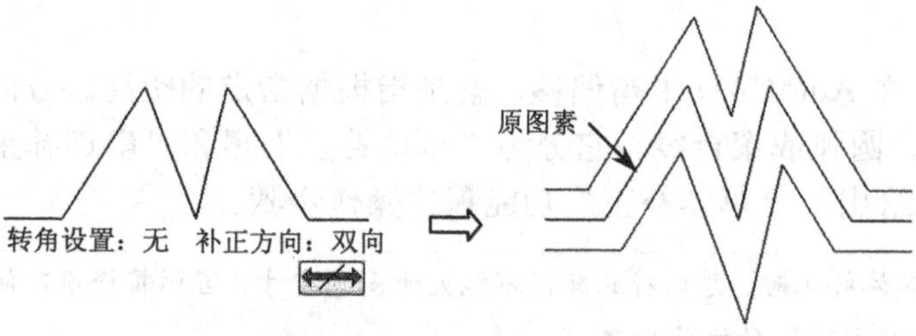

图 5-42　转角设置“无”

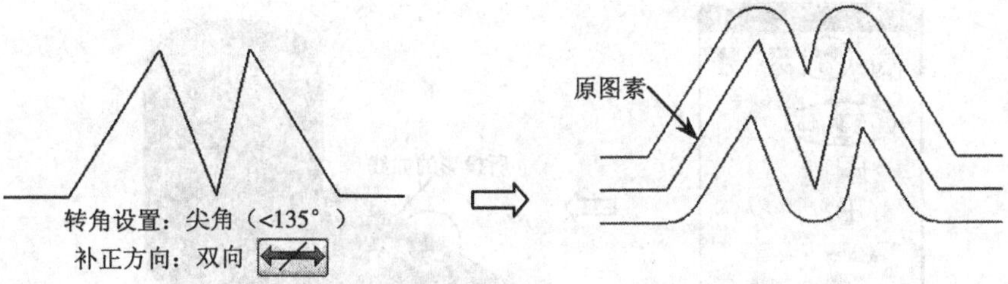

图 5-43　转角设置“尖角”

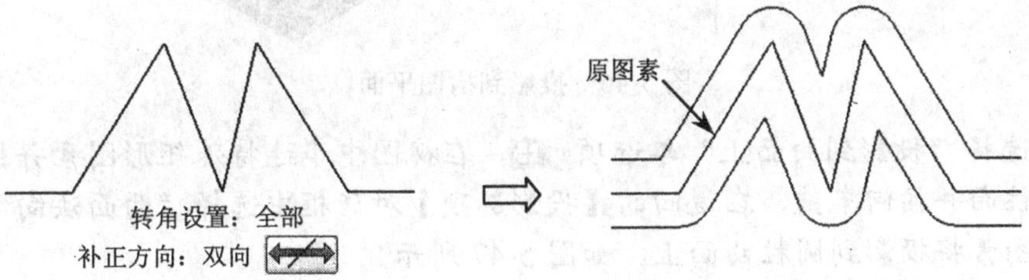

图 5-44　转角设置“全部”

5.2.6　投影

“投影”功能，是指将原有的曲线投影到指定的平面或曲面上。

【例 5-8】对曲线进行投影。

操作步骤

（1）在 Mastercam X 环境中，选择【文件】/【打开文件】命令，打开“LX5-8A.MCX”文件，其视图中是由一个圆柱曲面、一个平面、一个月亮形曲线和一个特殊矩形组成，如图 5-45 所示。

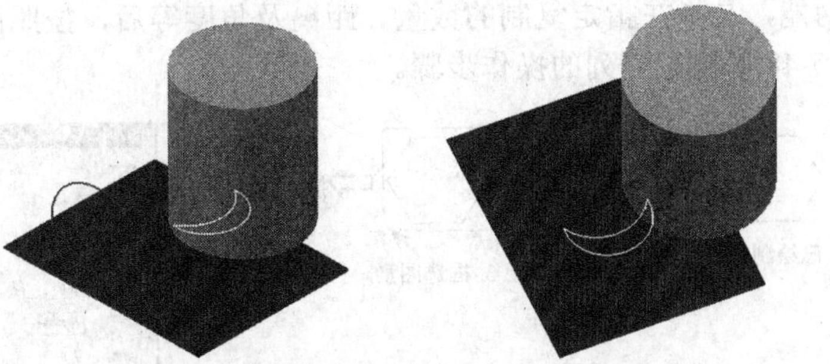

图 5-45　打开的“LX5-8A.MCX”文件

用户应将所打开的图形置于“着色”模式，并转换到等轴视图。

（2）在【转换】工具栏中单击“投影”按钮，在视图中串连月亮型图素并按回车键，则弹出【投影选项】对话框。

（3）选择“移动”单选项，在“投影至”区域中选择“投影到构图平面”单选项，则串连的月亮型图素将投影到相应的平面上，如图 5-46 所示。

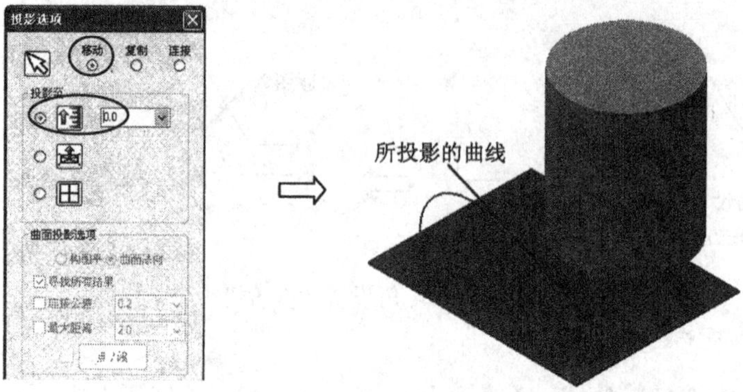

图 5-46　投影到构图平面

（4）若选择“投影到曲面上”单选项◉⊞，在视图中串连特殊矩形图素并按回车键，然后选择圆柱面并按回车键，在返回的【投影选项】对话框中选择“曲面法向”单选项，则特殊矩形图素将投影到圆柱曲面上，如图 5-47 所示。

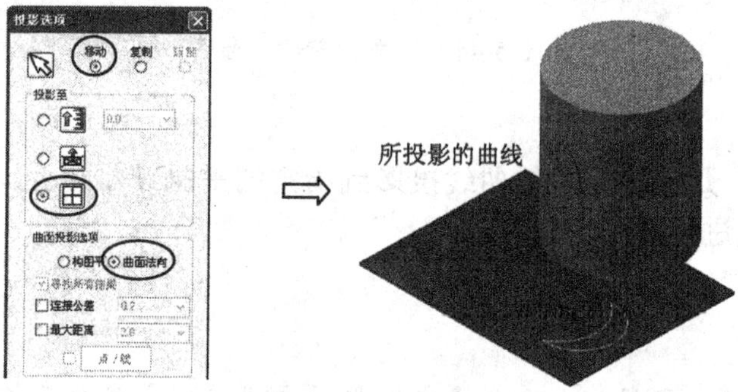

图 5-47　投影到曲面

5.2.7　阵列

“阵列”功能，是指在指定复制的数量、距离及角度等后，按照网格行列的方式进行实体复制。图 5-48 给出了阵列的操作步骤。

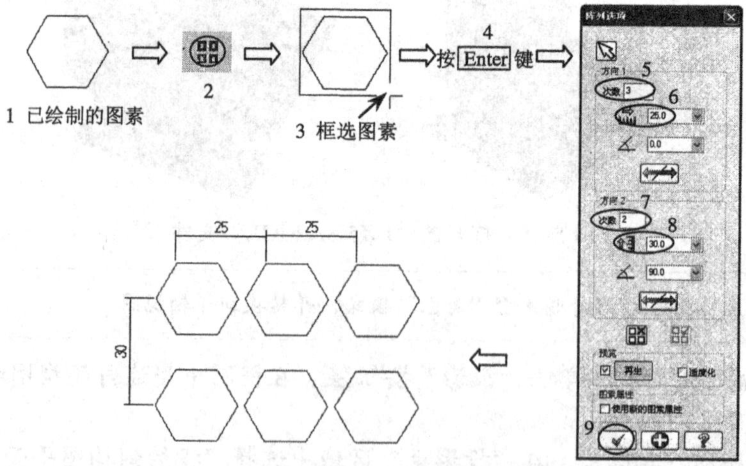

图 5-48　阵列操作

在如图 5-48 所示的【阵列选项】对话框中，分别可以在 X 轴和 Y 轴方向输入阵列的角度，从而生成倾斜的阵列图形，如图 5-49 所示。

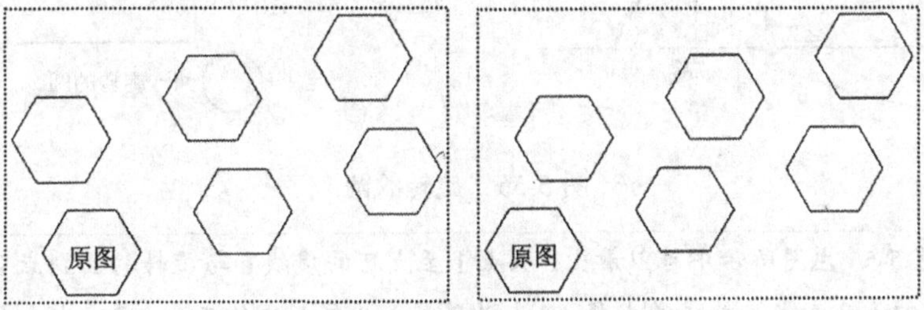

图 5-49　生成的倾斜阵列图形

5.2.8　拖拽

“拖拽”功能，是指在将指定的图素拖拽到指定的位置，包括移动、复制与旋转。其相关的操作栏如图 5-50 所示。

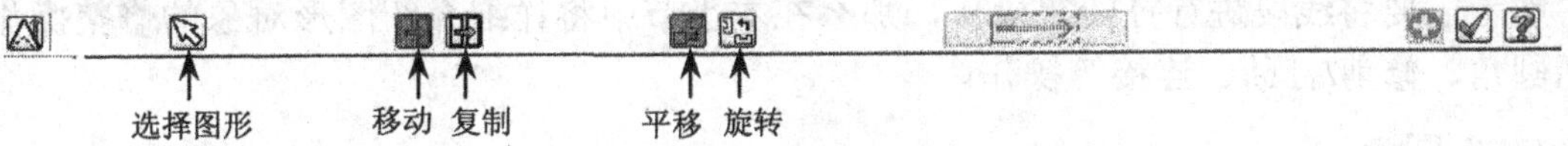

图 5-50　“拖拽”操作栏

【例 5-9】拖拽圆。

操作步骤

（1）在 Mastercam X 环境中，绘制一个长方形，并在其左上角绘制一个圆，如图 5-51 所示。

（2）在【转换】工具栏中单击“拖拽”按钮，在视图中选择圆并按回车键，然后在弹出的操作栏中选中“移动”按钮与“平移”按钮，如图 5-52 所示。

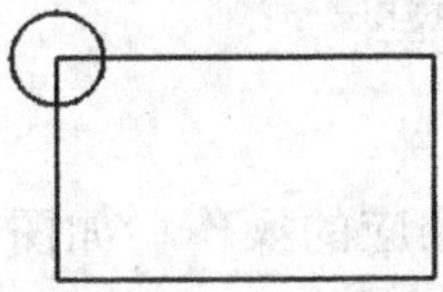

图 5-51　绘制的图形

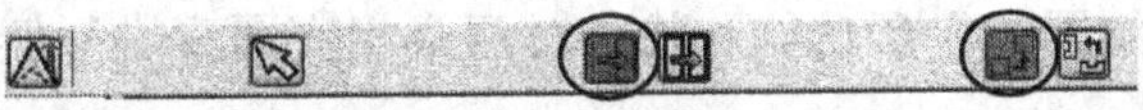

图 5-52　选择的选项

（3）在视图中捕捉矩形的左上角点，再捕捉矩形的右下角点，则所选择的圆将被拖拽到左下角，如图 5-53 所示。

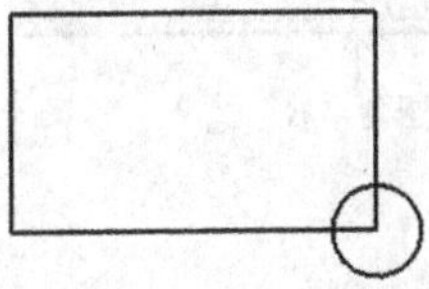

图 5-53　移动的圆

（4）如果在操作栏中选中“复制”按钮与“平移”按钮，在视图中先捕捉矩形的左上角点，再捕捉矩形的右下角点，则将在矩形的右下角点处复制一个圆，如图 5-54 所示。

（5）如果在操作栏中选中“复制”按钮与“旋转”按钮，在视图中先捕捉矩形的左上角点 1，再捕捉矩形的右下角点 2，然后在其他地方捕捉点 3，则将在矩形的左下角点处旋转复制一个圆，如图 5-55 所示。

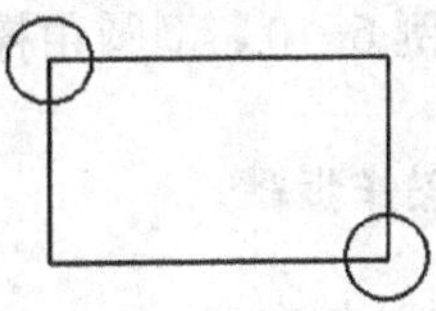

图 5-54　复制的圆

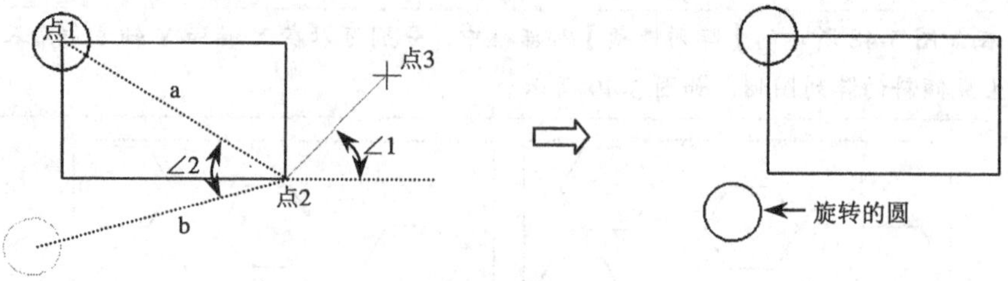

图 5-55　旋转的圆

从图 5-55 左图所示中可以看出，从点 1 至点 2 的虚线 a 与旋转的圆到点 2 的虚线 b 是等长的；确定的点 3 和水平线成的夹角∠1 与虚线 a 和虚线 b 成的夹角∠2 是相等的。

5.3　图形对象的修整

用户在绘制图形时，有时需要对图形进行圆角操作，或者需要将多余的“辅助线”删除，或者需要将线段进行打断等操作，那么在本小节中将详细介绍图形对象的修整操作，包括圆角、修剪/打断、连接等操作。

5.3.1　倒圆角

选择【绘图】菜单下的【倒圆角】和【倒圆】命令，可以选择相应的倒圆角命令，如图 5-56 左图所示；同样，在【草绘】工具栏中也给出了相应倒圆角的命令，如图 5-56 右图所示，下面将分别对其进行讲解。

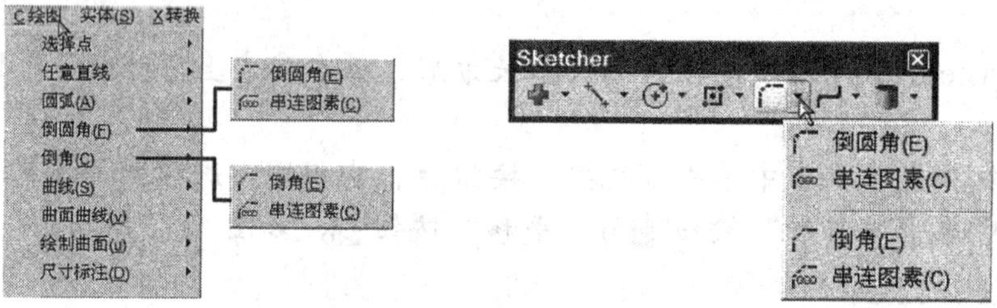

图 5-56　倒圆角命令

“倒圆角”功能，就是对两个相交图素进行倒圆角操作，其相应的操作栏如图 5-57 所示。

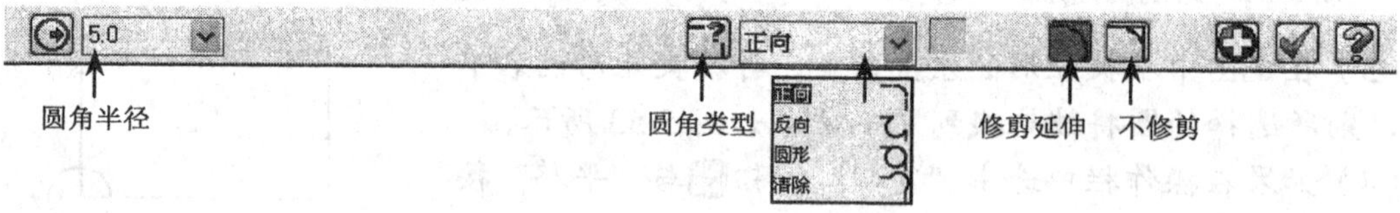

图 5-57　“倒圆角”操作栏

【例 5-10】倒圆角操作。

操作步骤

（1）在 Mastercam X 环境中，选择【文件】/【打开文件】命令，打开“LX5-10A.MCX”

文件，如图 5-58 所示。

（2）在【草图】工具栏中单击“倒圆角”按钮，在操作栏的“半径”文本框 5.0 中输入 5，选择“圆角类型”为“正向” 正向，并选中“修剪延伸”按钮。

（3）在视图中单击上侧的水平线段 a 和左侧的垂直线段 b，然后单击“应用”按钮，则视图的左上角将进行正向倒圆角操作，如图 5-59 所示。

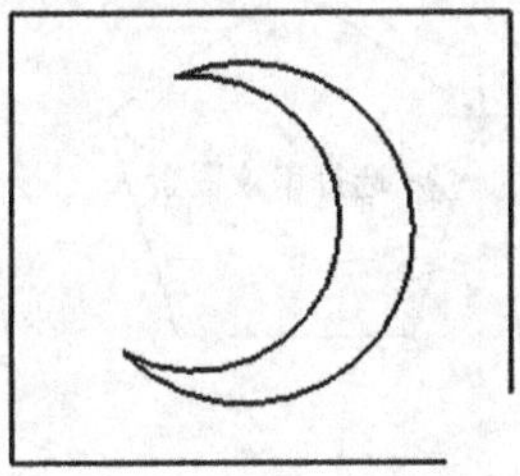

图 5-58 “LX5-10A.MCX”文件

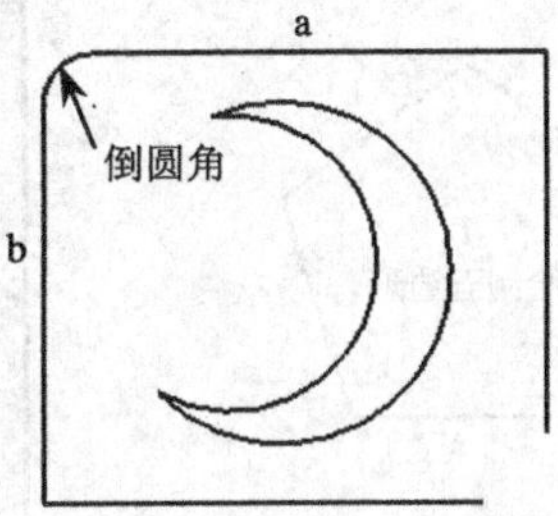

图 5-59　左上角倒圆角

（4）在操作栏的“半径”文本框 10.0 中输入 10，在视图中单击下侧的水平线段 c 和右侧的垂直线段 d，然后单击“应用”按钮，则视图的右下角将进行倒圆角操作，如图 5-60 所示。

（5）在操作栏的“半径”文本框 2.0 中输入 2，并选中“不修剪”按钮，然后在视图中单击上侧的内圆弧 1 和上侧的外圆弧 2，最后单击“确定”按钮，则“月亮”型的上侧将进行倒圆角操作，如图 5-61 所示。

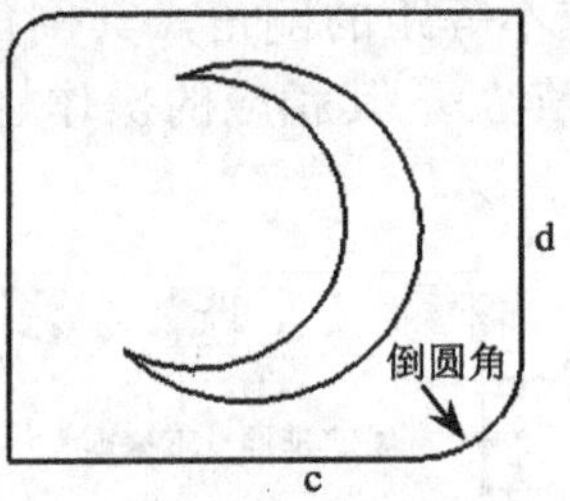

图 5-60　右下角倒圆角

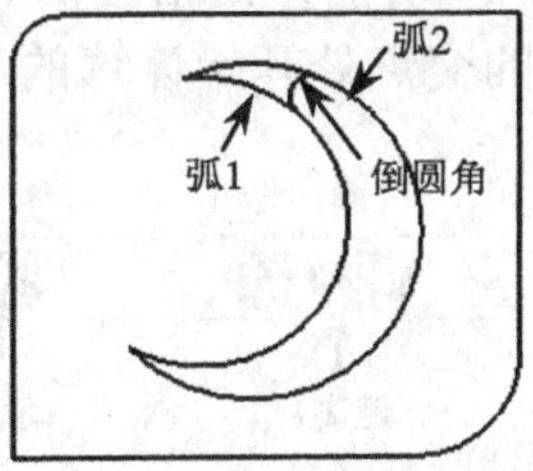

图 5-61　圆弧倒圆角

在“倒圆角”操作栏中，其倒圆角的类型有 4 种，即正向、反向、圆形和消除，其效果如图 5-62 所示。

在对两个圆弧进行倒圆角操作时，有时会产生多个不同的圆弧，用户只需选择所要保留的圆弧即可，如图 5-63 所示。

图 5-62　倒圆角类型

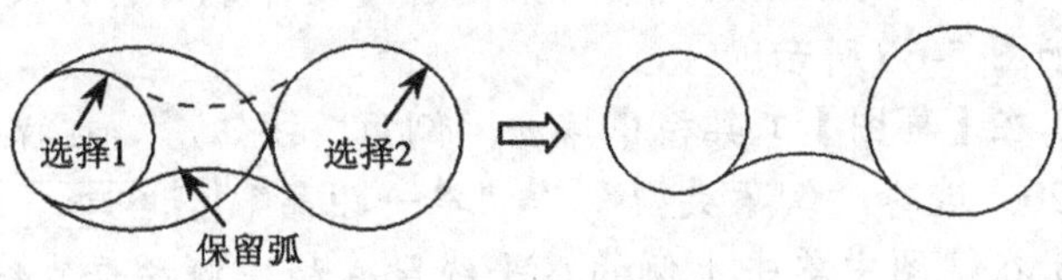

图 5-63　两圆弧倒圆角

5.3.2 串连倒圆角

“串连倒圆角”功能，是指对串连起来的所有图素进行倒圆角，且每个圆角的形状及大小均相同。图 5-64 给出了串连倒圆角的操作步骤。

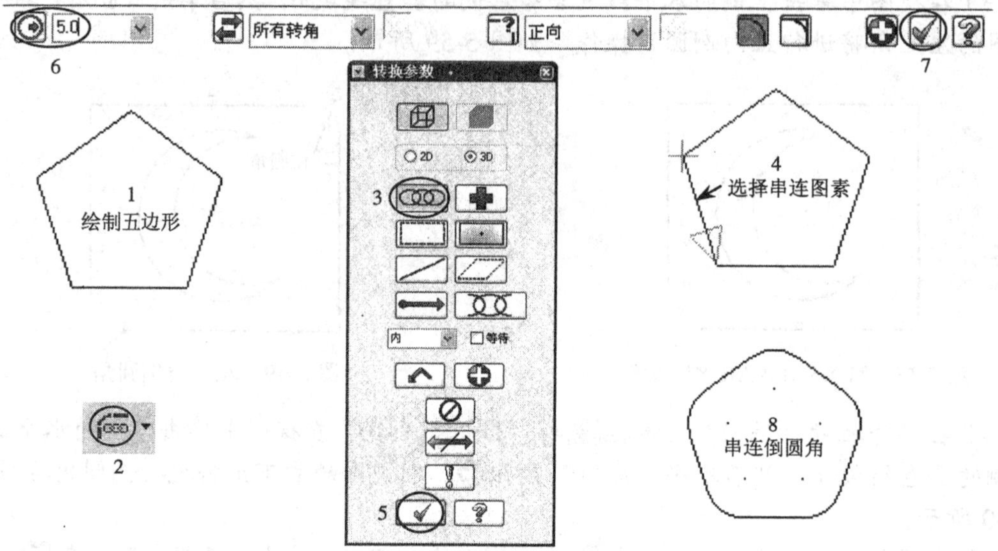

图 5-64 串连倒圆角操作

5.3.3 倒角

“倒角”功能，是指使两条相交的直线产生等距或不等距的倒角，其倒角的距离是从两条直线的交点处开始计算的（AutoCAD 中称“倒直角”），其相应的操作栏如图 5-65 所示。

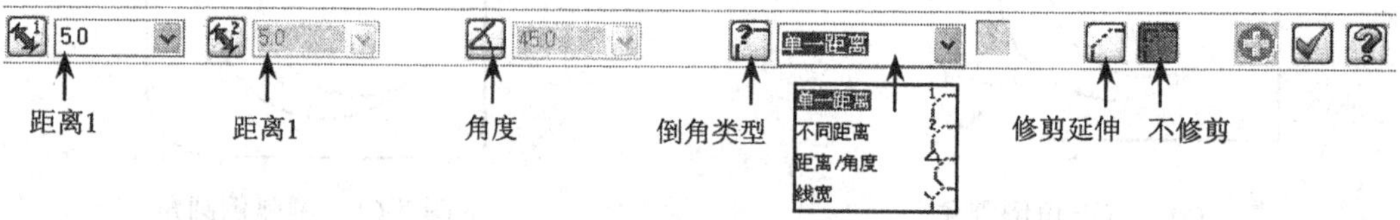

图 5-65 “倒角”操作栏

【例 5-11】倒角操作。

操作步骤

（1）在 Mastercam X 环境中，选择【文件】/【打开文件】命令，打开“LX5-11A.MCX”文件，如图 5-66 所示。

（2）在【草图】工具栏中单击“倒角”按钮，在操作栏的“距离 1”文本框 20.0 中输入 20，选择“倒角类型”为“单一距离” 单一距离，并选中“修剪延伸”按钮。

（3）在视图中单击上侧的水平线段 a 和左侧的垂直线段 b，然后单击“应用”按钮，则视图的左上角将进行单一距离的倒角操作，如图 5-67 所示。

（4）在操作栏选择“倒角类型”为“不同距离” 不同距离，在“距离 1”文本框 10.0

中输入 10，在“距离 2”文本框 5.0 中输入 5，然后在视图中单击左侧的垂直线段 b 和下侧的水平线段 c，再单击“应用”按钮，则视图的左下角将进行不同距离的倒角操作，如图 5-68 所示。

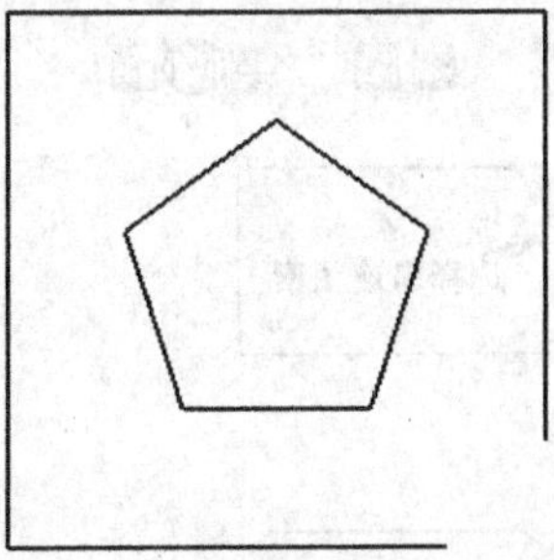

图 5-66　“LX5-11A.MCX”文件

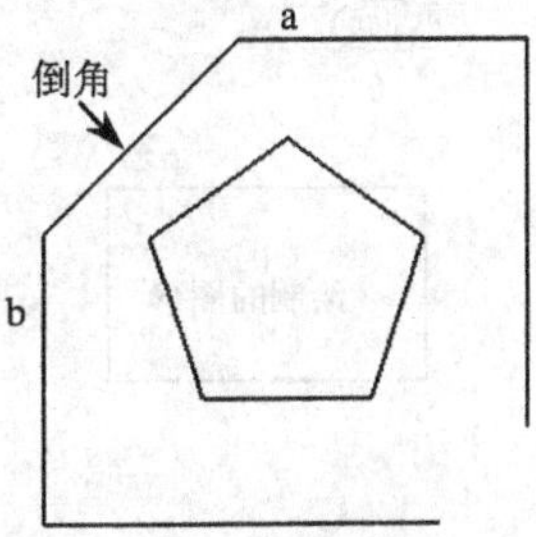

图 5-67　左上角倒角

（5）在操作栏选择“倒角类型”为“距离/角度” 距离/角度，在“距离 1”文本框 15.0 中输入 15，在“角度”文本框 60.0 中输入 60，然后在视图中单击下侧的水平线段 c 和右侧的垂直线段 d，再单击“应用”按钮，则视图的右下角将进行角度/距离的倒角操作，如图 5-69 所示。

（6）在操作栏选择“倒角类型”为“线宽” 线宽，在“距离 1”文本框 15.0 中输入 15，并选中“不修剪”按钮，然后在视图中单击上侧的水平线段 a 和右侧的垂直线段 d，再单击“确定”按钮，则视图的右上角将进行线宽的倒角操作，如图 5-70 所示。

在【倒角】工具栏中，其“倒角类型”有 4 种，即单一距离、不同距离、距离/角度和线宽，其示意图如图 5-71 所示。

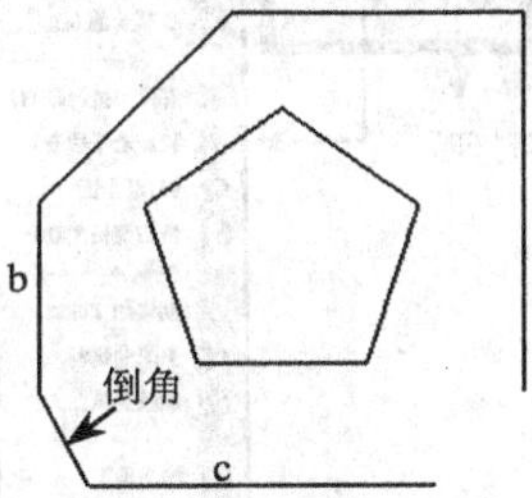

图 5-68　左下角倒角

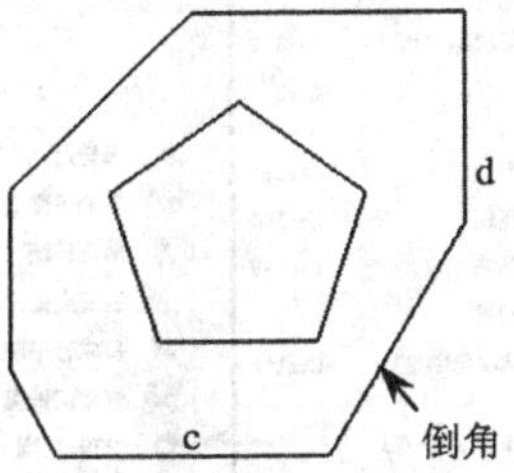

图 5-69　右下角倒角

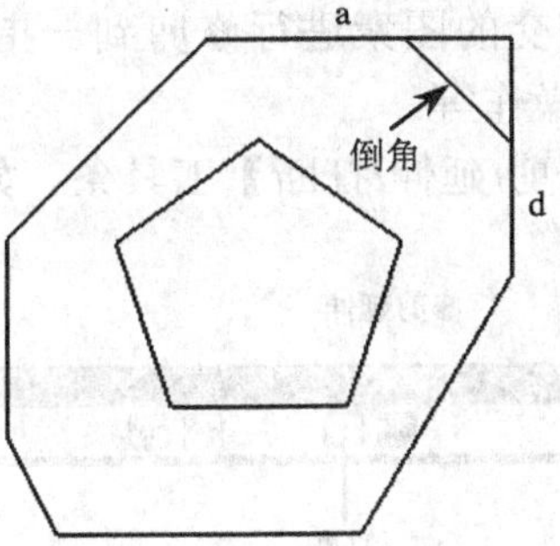

图 5-70　右上角倒角

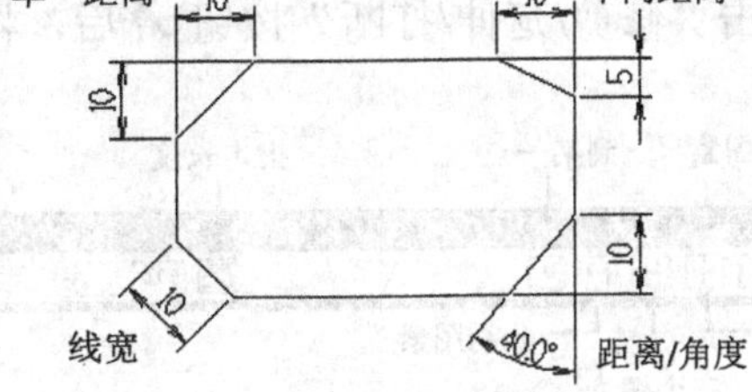

图 5-71　倒角类型

5.3.4 串连倒角

“串连倒角”功能，就是对串连起来的所有图素进行倒角，它分为单一距离和宽度两种。图 5-72 给出了串连倒角的操作步骤。

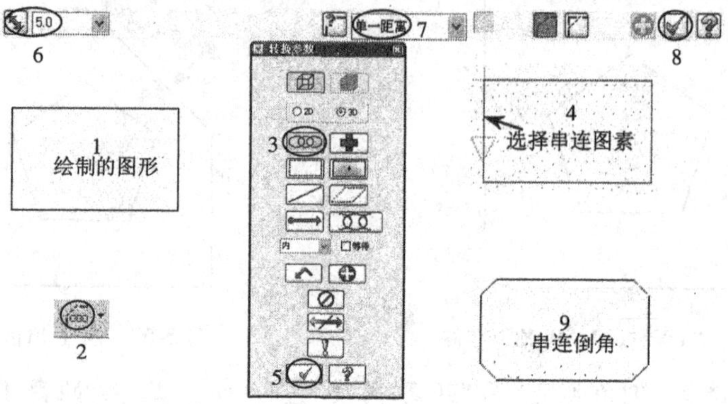

图 5-72 串连倒角操作

5.3.5 修剪/延伸/打断

在绘制图形时，有时需要将多余的线段进行修剪打断，或者沿着该图素的法向进行延伸等操作，则应使用修剪打断功能来完成。选择【编辑】/【修剪/打断】菜单，从弹出的下级菜单中选择相应的命令即可，如图 5-73 左图所示。同样，在【修剪/打断】工具栏中也给出了相应的命令，如图 5-73 右图所示。

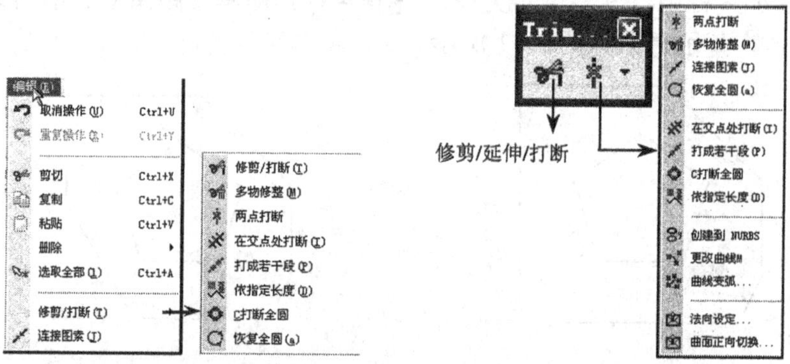

图 5-73 修剪/打断命令

“修剪/延伸/打断”功能，是指它至多可以将 3 个相交的图素进行修剪到一指定边界，或延伸图素到它们的交点，或者将图素进行打断和分割操作等。

当单击“修剪/延伸/打断”按钮后，将会弹出【修剪/延伸/打断】工具条，如图 5-74 所示。

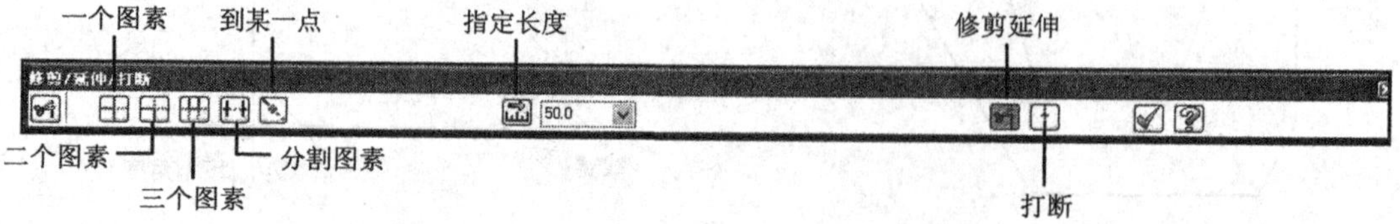

图 5-74 弹出【修剪/延伸/打断】工具条

- 一个图素：修剪/延伸一个图素，如图 5-75 所示。
- 二个图素：同时修剪/延伸两个图素至其交点处，如图 5-76 所示。

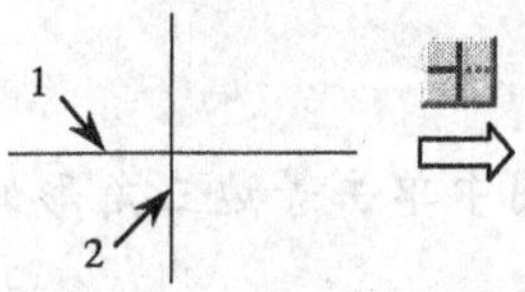

图 5-75　一个图素

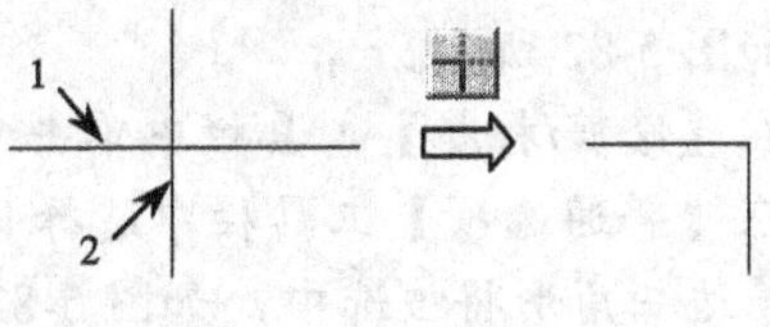

图 5-76　两个图素

- 三个图素：同时修剪/延伸 3 个图素至其交点处，如图 5-77 所示。
- 分割图素：将两条相交线/圆弧或者将一条线/圆弧在另外两个图素中间分割，如图 5-78 所示。

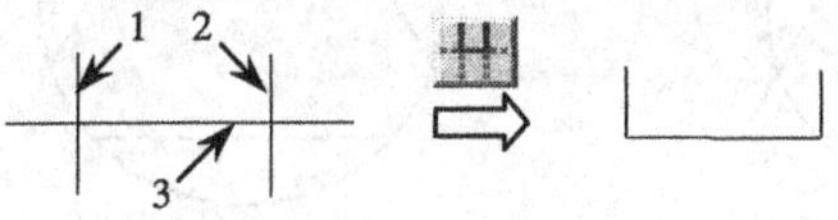

图 5-77　三个图素

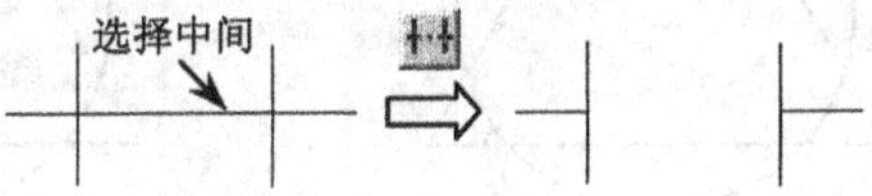

图 5-78　分割图素

- 至某一点：修剪/延伸图素至某一点，如图 5-79 所示。
- 打断：就是对指定的线段不进行修剪，而只是将其在相交点处打断，如图 5-80 所示。

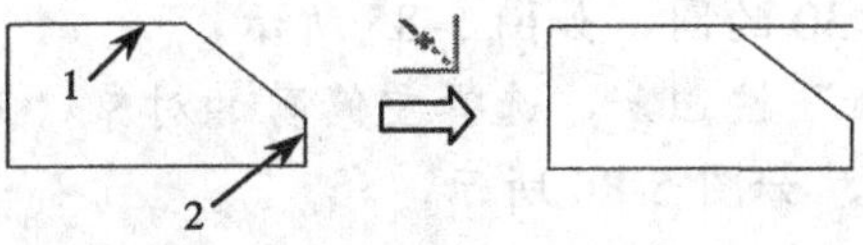

图 5-79　至某一点

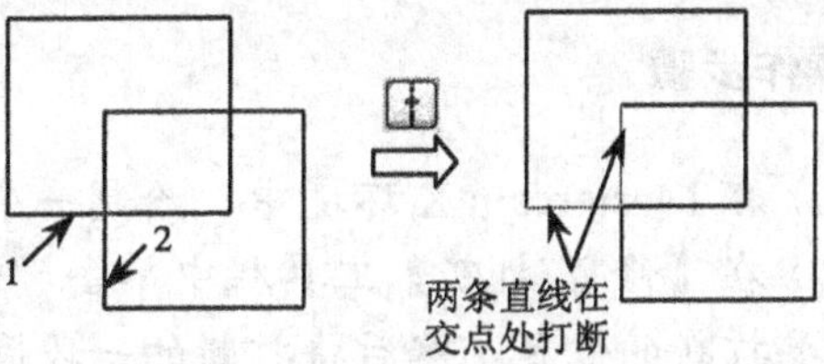

图 5-80　打断

5.3.6　两点打断

前面要对线条进行打断，需要有相交的图素，而"两点打断"功能即可将指定的图素在指定的位置处打断，其操作方法如图 5-81 所示。

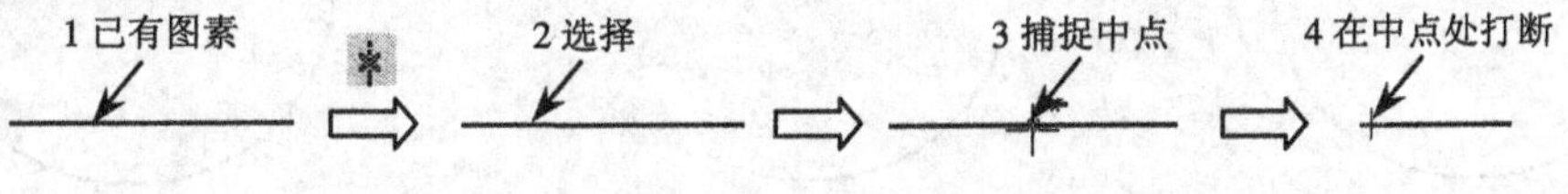

图 5-81　两点打断

5.3.7　多物修整

"多物修整"功能，就是能够同时对多个图素进行修剪操作。

【例 5-12】多物修整操作。

操作步骤

（1）在 Mastercam X 环境中，绘制一个直径为 30 的圆，再绘制一个内径为 10 的等边三角形，如图 5-82 所示。

（2）在【修剪/打断】工具栏中单击“多物修整”按钮。

（3）在【普通选项】工具栏中选择“串连”项，在视图中单击等边三角形的任意一边，则等边三角形将被选中，如图 5-83 所示，然后按回车键。

（4）在视图中选择圆作为修剪的曲线，然后在圆的内侧单击，则表示将保留圆内的线段，圆外的线段将被修剪，如图 5-84 所示。

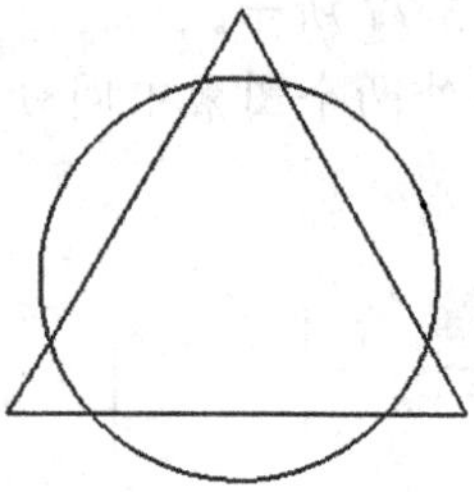

图 5-82　绘制的图形

图 5-83　串连三角形

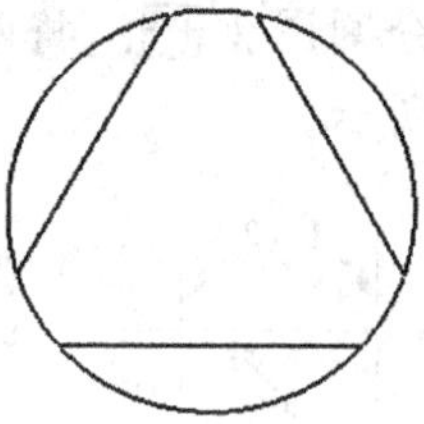

图 5-84　多物修剪的效果

5.3.8　恢复全圆

“恢复全圆”功能，是指将一段圆弧恢复成圆的操作。

【例 5-13】多物修整操作。

操作步骤

（1）在 Mastercam X 环境中，绘制一个直径为 30 的圆，如图 5-85 所示。

（2）在【修剪/打断】工具栏中单击“两点打断”按钮，选择要修剪的对象“圆”，再选择要打断的位置，然后将打断的一段圆弧删除，如图 5-86 所示。

（3）在【修剪/打断】工具栏中单击“恢复全圆”按钮，在视图中选择圆弧，再按回车键，则圆弧将恢复成全圆，如图 5-87 所示。

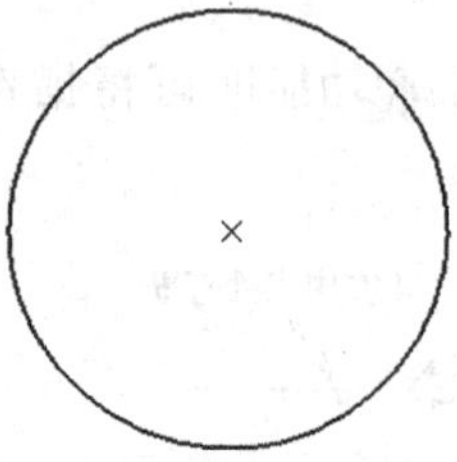

图 5-85　绘制的图形

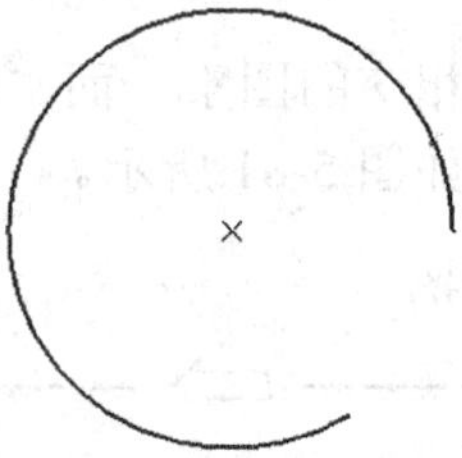

图 5-86　打断并删除圆弧

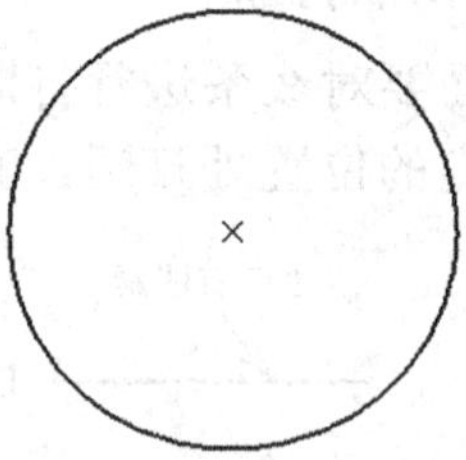

图 5-87　恢复全圆

5.3.9　在交点处打断

“在交点处打断”功能，是指将绘图区中所有相交的图素在交点处打断。

【例 5-14】在交点处打断。

操作步骤

（1）在 Mastercam X 环境中，绘制一个直径为 30 的圆，再绘制一个内径为 10 的等边三角形，如图 5-88 所示。

（2）在【修剪/打断】工具栏中单击“在交点处打断”按钮，然后在视图中框选所有图形，则圆及等边三角形将在其交点处打断成多段曲线，如图 5-89 所示。

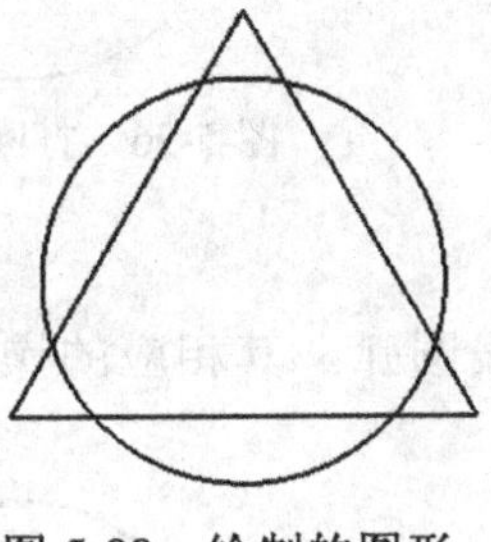

图 5-88　绘制的图形

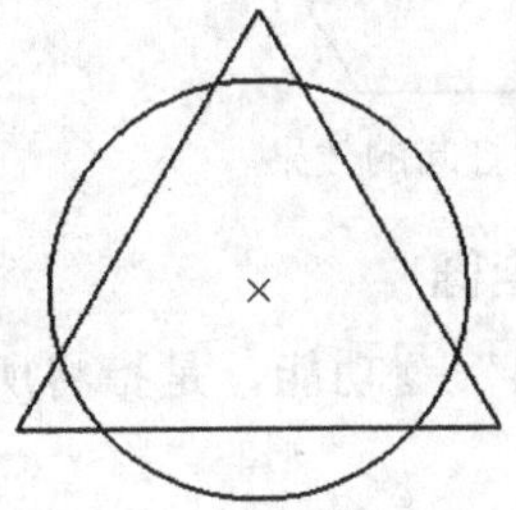

图 5-89　打断了的图形

（3）在视图中选择如图 5-90 所示的直线段。

（4）在键盘上按 Delete 键，则视图的效果如图 5-91 所示。

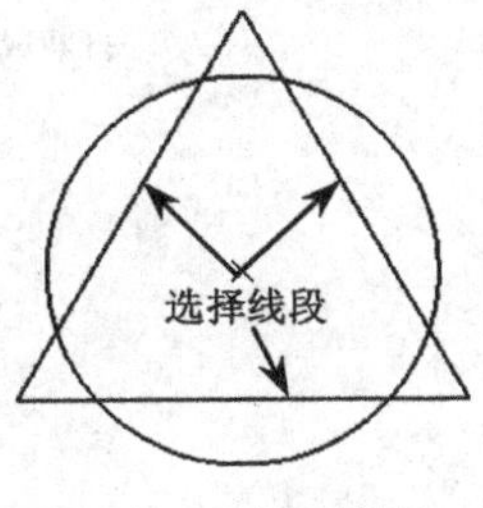

图 5-90　选择线段

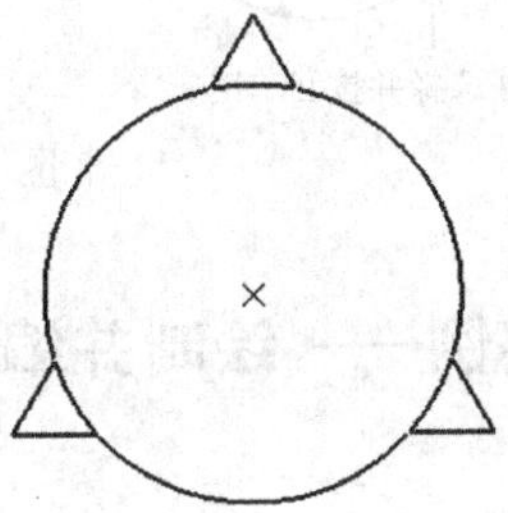

图 5-91　删除后的效果

5.3.10　打成若干段

“打成若干段”功能，就是将直线、圆弧打断成多段。其相应的操作栏如图 5-92 所示。

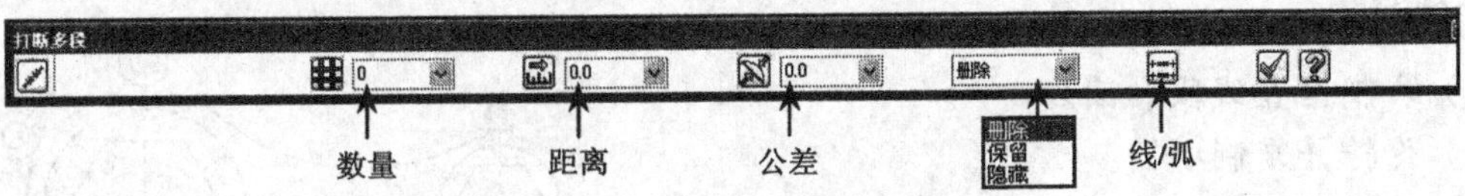

图 5-92 “打成若干段”操作栏

【例 5-15】在交点处打断。

操作步骤

（1）在 Mastercam X 环境中，绘制一个直径为 30 的圆，如图 5-93 所示。

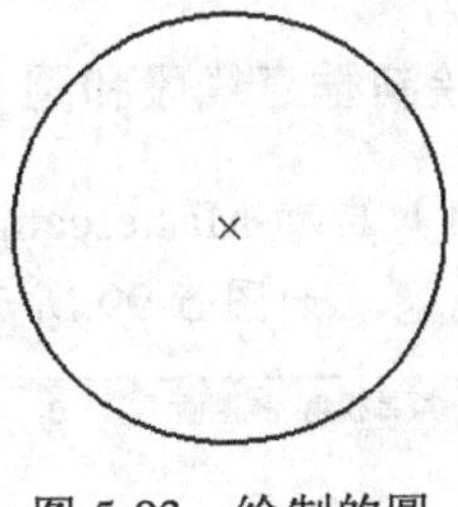

图 5-93　绘制的圆

（2）在【修剪/打断】工具栏中单击“打成若干段”按钮，在操作栏的“数量”文本框中输入 6，然后在视图中选择圆，则此时的视图效果如图 5-94 所示。

（3）若在操作栏中选择“保留”项 保留，则此时的视图效果如图 5-95 所示。

（4）若在操作栏中选中“弧”，则此时的视图效果如图 5-96 所示。

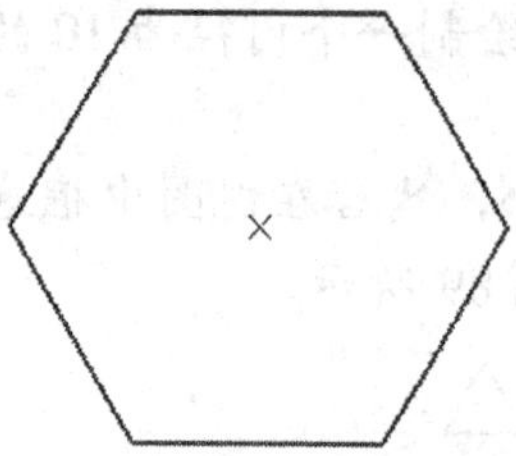
图 5-94　打断的效果

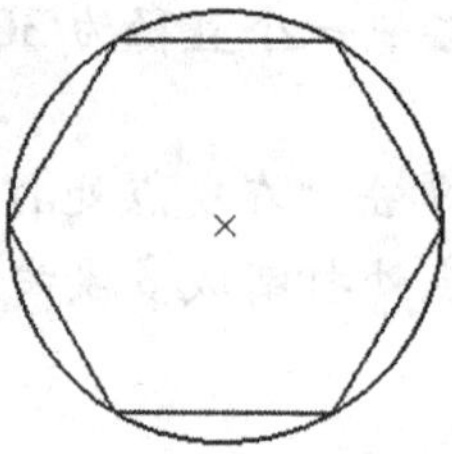
图 5-95　保留的原图

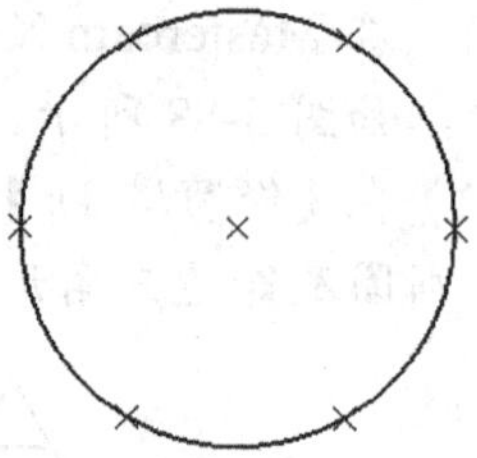
图 5-96　打断成 6 段圆弧

5.3.11　打断全圆

“打断全圆”功能，是指将所选择的圆打断成多段圆弧。其相应的操作栏示意图如图 5-97 所示。

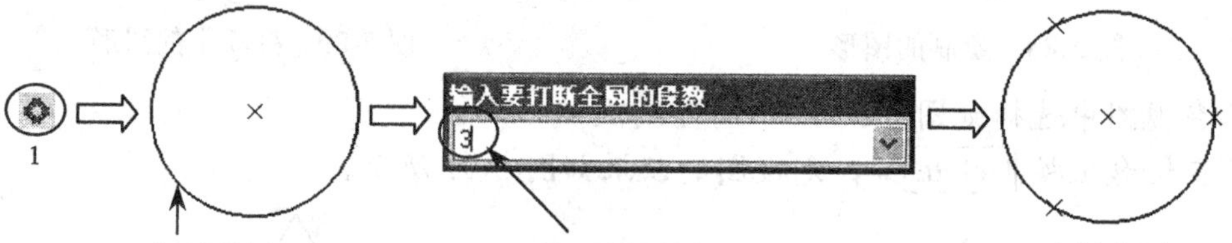

图 5-97　打断全圆操作步骤

5.4　综合实例——绘制并编辑图形

设计要求

根据二维图形的绘制及编辑命令，绘制如图 5-98 所示的综合图形。

设计思路

（1）绘制垂直线段和圆。

（2）旋转并复制小圆。

（3）镜像图形。

（4）缩放镜像的图形。

（5）编辑图形。

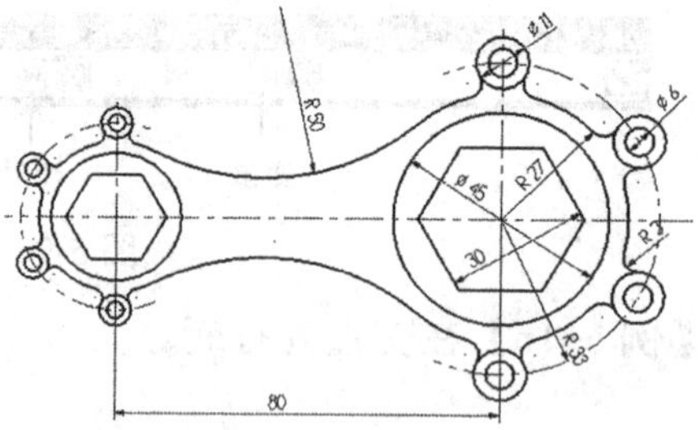

图 5-98　绘制并编辑的图形

绘制垂直线段和圆

（1）启动 Mastercam X 软件，在状态栏中设置 2D 模式，并设置绘制图素的颜色、线型和线宽，如图 5-99 所示。

图 5-99　设置绘图模式

（2）在【草图】工具栏中单击“绘制任意直线”按钮，然后在视图绘制水平和垂直的线段，其长度均为 80，如图 5-100 所示。

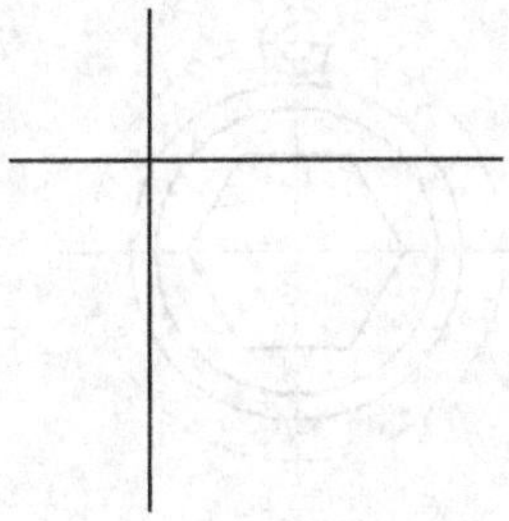

图 5-100　绘制的直线段

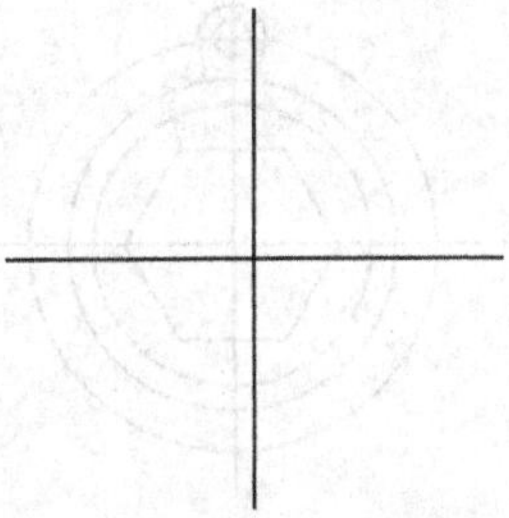

图 5-101　平移线段

（3）在【转换】工具栏中单击“平移”按钮，在视图中选择垂直的线段并按回车键，将弹出【平移选项】对话框。选择“移动”单选项，单击“从点选择”按钮，在视图中捕捉垂直线段的中点，再捕捉水平线段的中点，则现在视图中互相垂直的线段其交点均为直线段的中点，如图 5-101 所示。

（4）在【草图】工具栏中单击“圆心+点”按钮，以直线的交点为圆心，分别绘制 3 个同心圆，其圆的直径分别为 45、54、66，如图 5-102 所示。

（5）在【草图】工具栏中单击“画多边形”按钮，在视图中绘制一个正六边形，其正六边形的中心点为圆心点，正六边形的切径为 15，则视图效果如图 5-103 所示。

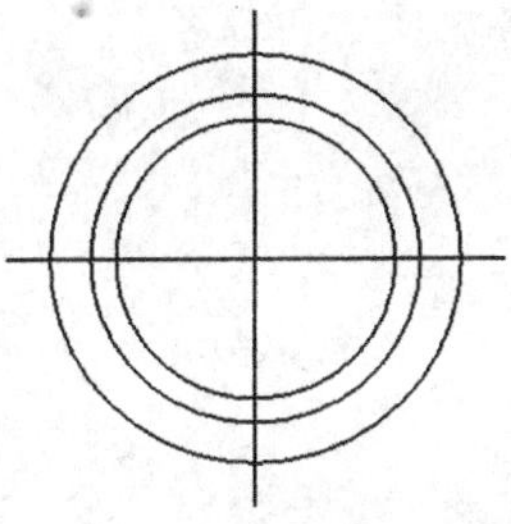

图 5-102　绘制 3 个同心圆

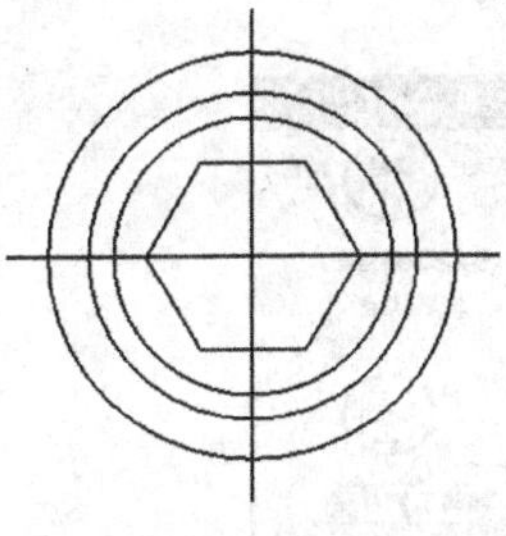

图 5-103　绘制正六边形

（6）在【草图】工具栏中单击“圆心+点”按钮，以垂直线段与直径为 66 的圆的交点为圆心，分别绘制两个同心圆，其圆的直径分别为 6、11，如图 5-104 所示。

（7）在【草图】工具栏中单击“倒圆角”按钮，在操作栏的“半径”文本框 3.0 中输入 3，选中“不修剪”按钮，然后以直径为 11 的圆与直径为 54 的圆进行倒圆角操作，其视图如图 5-105 所示。

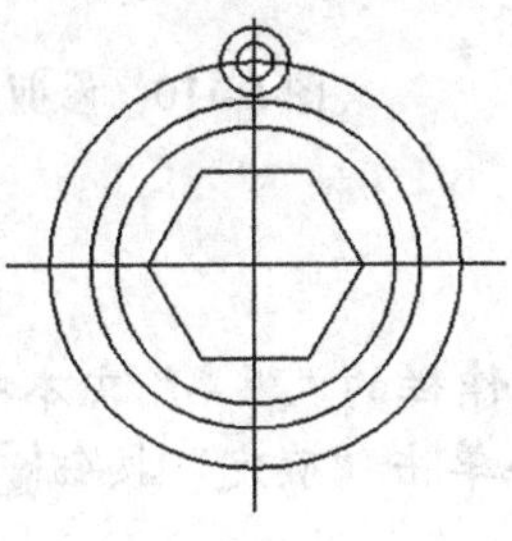

图 5-104　绘制二个同心圆

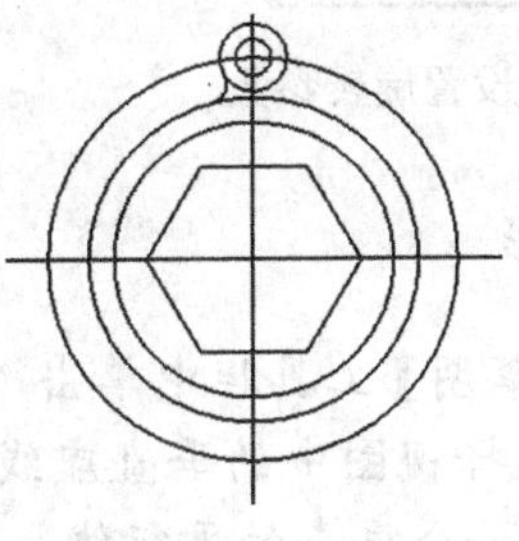

图 5-105　倒圆角操作

（8）使用相同的方法，再进行倒圆角操作，其视图如图 5-106 所示。

（9）将互相垂直的线段和直径为 66 的圆设置为红色的细虚线，其视图如图 5-107 所示。

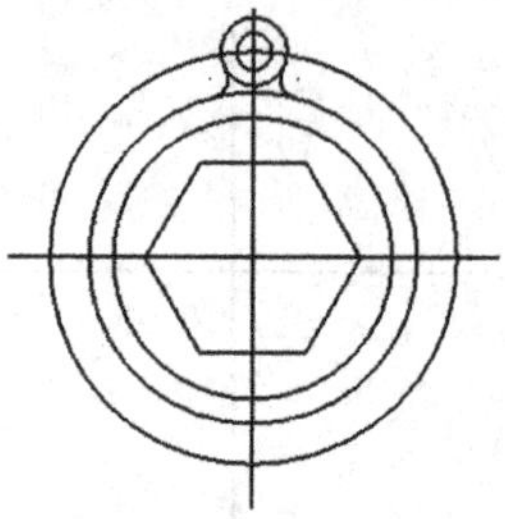

图 5-106　再次倒圆角操作

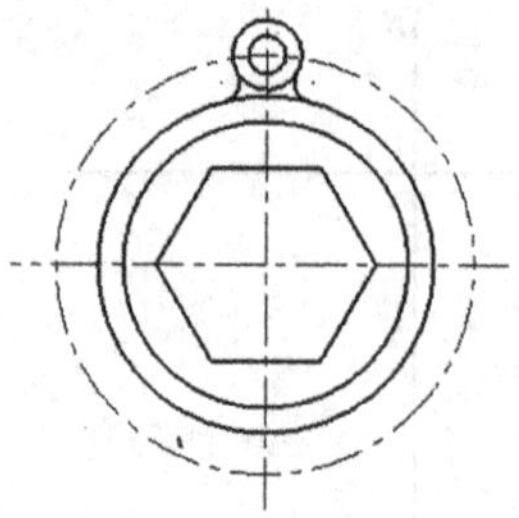

图 5-107　设置线型

旋转并复制小圆

（1）在【转换】工具栏中单击“旋转”按钮，在视图中框选上侧的同心圆和倒圆角的弧并按回车键，将弹出【旋转】对话框，如图 5-108 所示。

（2）选择“复制”单选项，单击“旋转中心点”按钮，在视图中捕捉直径为 45 的圆心并返回，在“次数”文本框 次数 3 中输入 3，在“角度”文本框 60.0 中输入 60，单击“方向”按钮，再单击“确定”按钮，则视图效果如图 5-109 所示。

（3）在【修剪/打断】工具栏中单击“修剪/打断”按钮，将部分圆弧进行修剪操作，如图 5-110 所示。

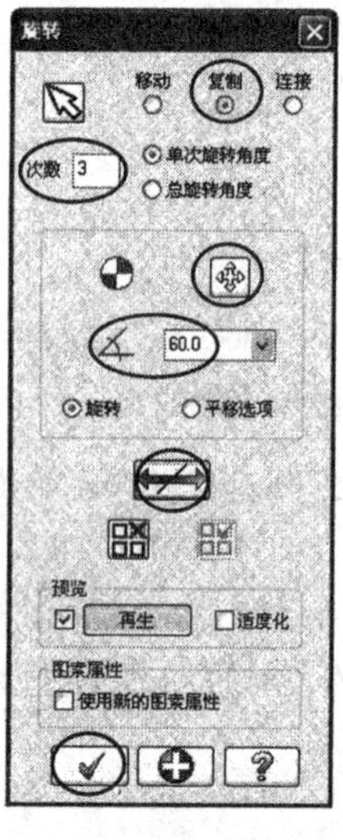

图 5-108　设置旋转参数

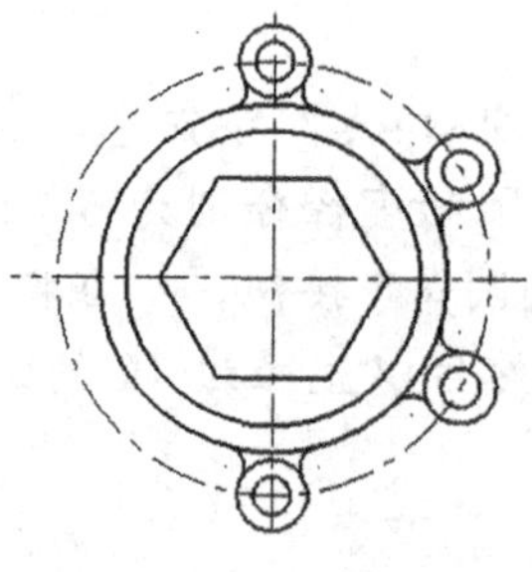

图 5-109　复制的效果

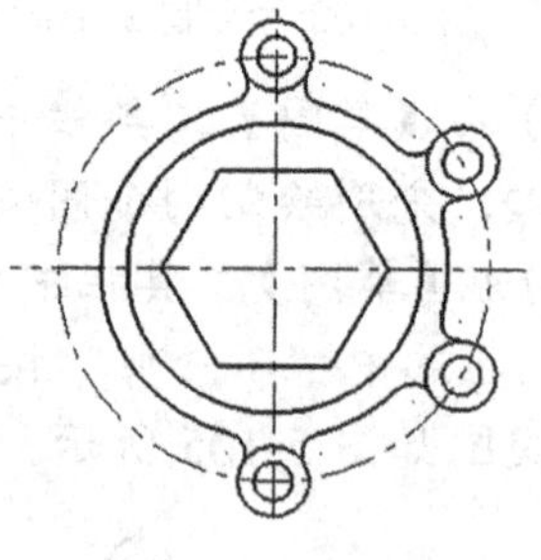

图 5-110　修剪图素

镜像图形

（1）在【草图】工具栏中单击“平行线”按钮，在操作栏的“距离”文本框 40.0 中输入 40，选择视图中的垂直虚线，并在其左侧单击，再单击“确定”按钮，则在视图的左侧将绘制一个垂直的平行线，如图 5-111 所示。

（2）在【转换】工具栏中单击“镜像”按钮，在视图中框选除刚绘制的垂直平行线外的所有图素，并按回车键，将弹出【镜像】对话框，如图 5-112 所示。

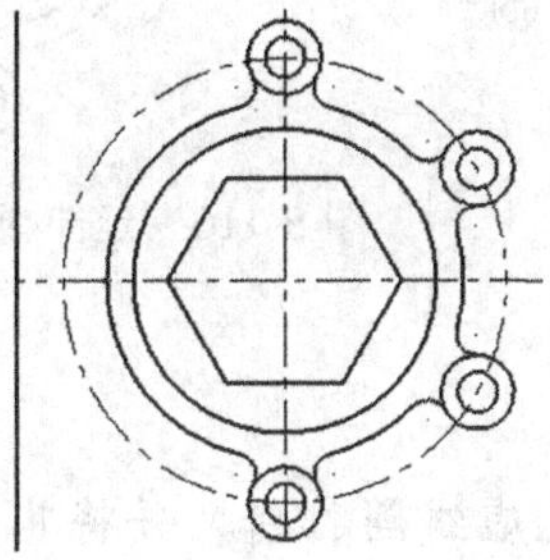

图 5-111　绘制的垂直平行线

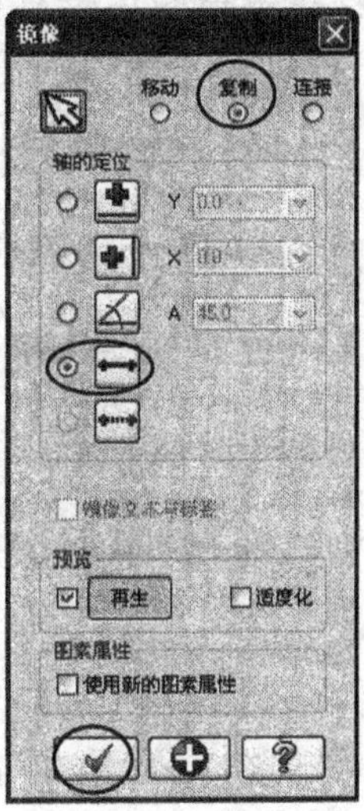

图 5-112　【镜像】对话框

（3）选择“复制”单选项，单击“选择线”按钮，在视图中选择所绘制的垂直平行线并返回，再单击“确定”按钮，则视图效果如图 5-113 所示。

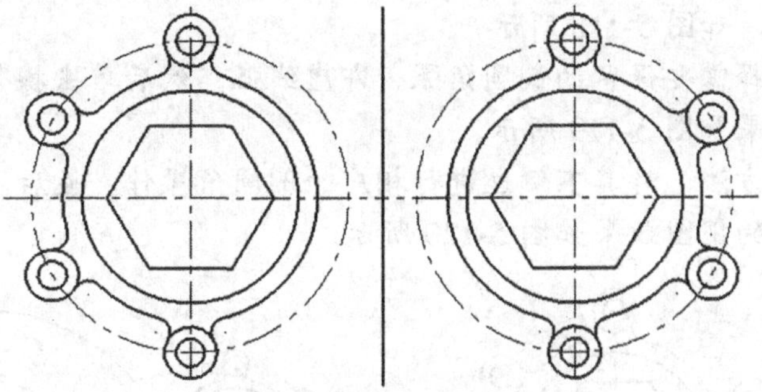

图 5-113　镜像的效果

缩放镜像的图形

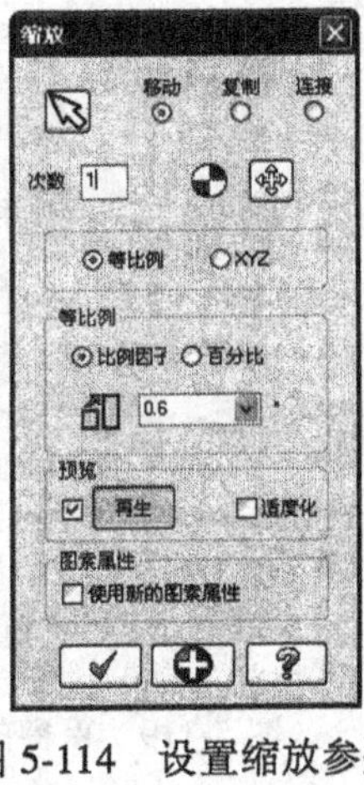

图 5-114　设置缩放参数

（1）在【转换】工具栏中，单击“比例缩放”按钮，在视图中框选前面镜像的所有图素，并按回车键，将弹出【缩放】对话框，如图 5-114 所示。

（2）选择“移动”单选项，单击“缩放中心点”按钮，在视图中捕捉镜像对象的十字交叉点并返回，选择“等比例”单选项 等比例，选择“比例因子”单选项 比例因子，并在其下侧的文本框中输入 0.6，再单击“确定”按钮，则视图效果如图 5-115 所示。

（3）将中间的垂直线和左侧的水平红色虚线选中，然后按 Delete 键将其删除。

（4）在【修剪/打断】工具栏中单击“修剪/打断”按钮，在操作栏中选中“至某一点”按钮，将视图中的水平红色虚线向左延伸，其效果如图 5-116 所示。

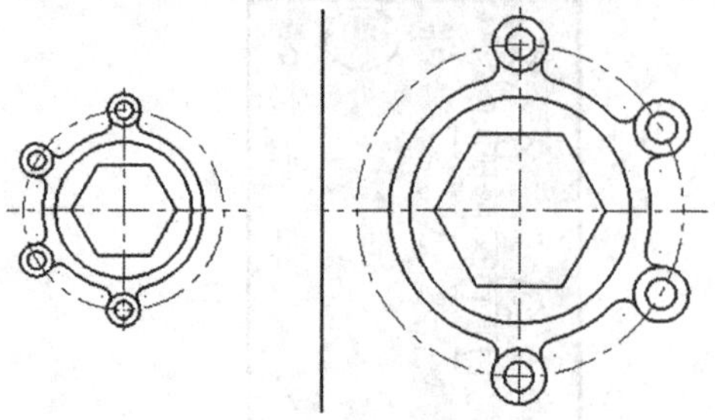

图 5-115　缩放的效果

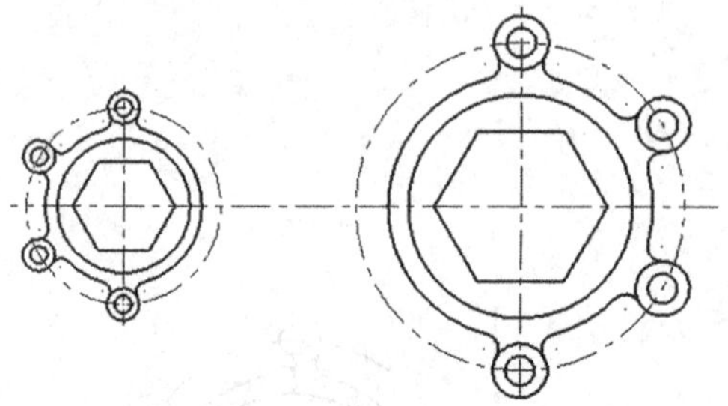

图 5-116　延伸虚线

编辑图形

（1）单击“两点打断”按钮，将左右两侧的红色虚线圆打断，并将其多余的圆弧删除，其视图效果如图 5-117 所示。

（2）在【草图】工具栏中单击“倒圆角”按钮，在操作栏的“半径”文本框 50.0 中输入 50，并选中“不修剪”按钮。

（3）在视图中选择右侧直径为 54 的圆，再选择左侧对应的圆，则此时视图中将产生多条相切的倒圆角弧，如图 5-118 所示。

（4）在视图中选择需要保留的倒圆角弧，即虚线弧，然后单击操作栏的“应用”按钮，则此时的视图效果如图 5-119 所示。

（5）使用相同的方法，对其下侧也进行相应的倒圆角操作，最后在操作栏中单击“确定”按钮，则此时的视图效果如图 5-120 所示。

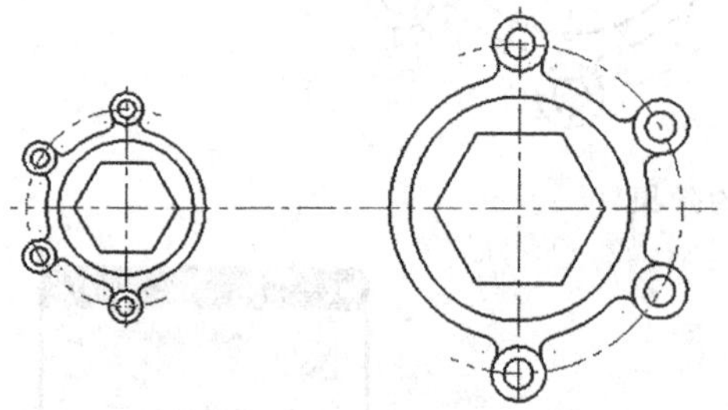

图 5-117　打断并删除圆弧

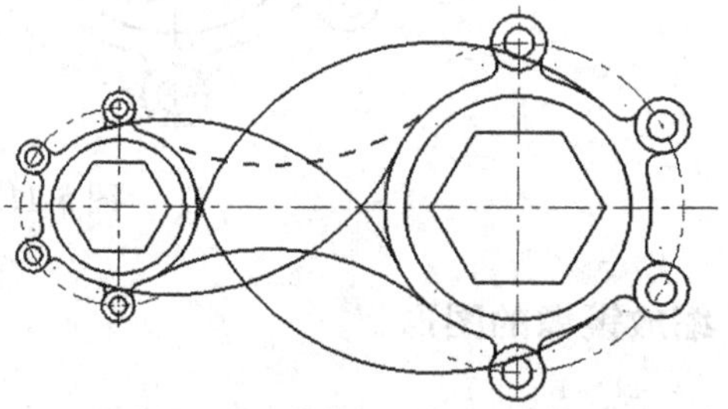

图 5-118　产生的多段倒圆角弧

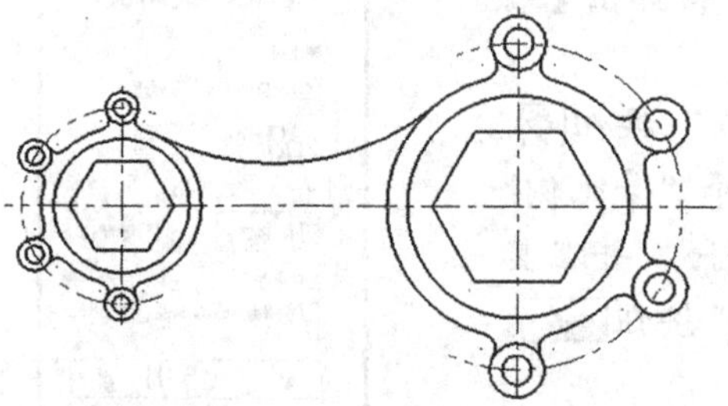

图 5-119　保留的倒圆角弧

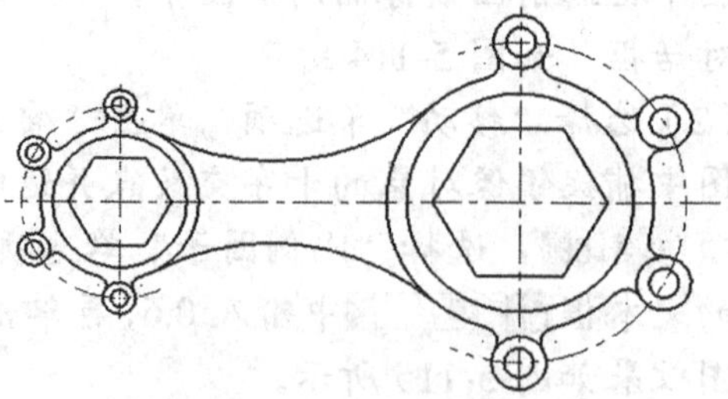

图 5-120　再次倒圆角

（6）在【修剪/打断】工具栏中单击“修剪/打断”按钮，将部分圆弧进行修剪操作，则完成后的最终效果如图 5-121 所示。

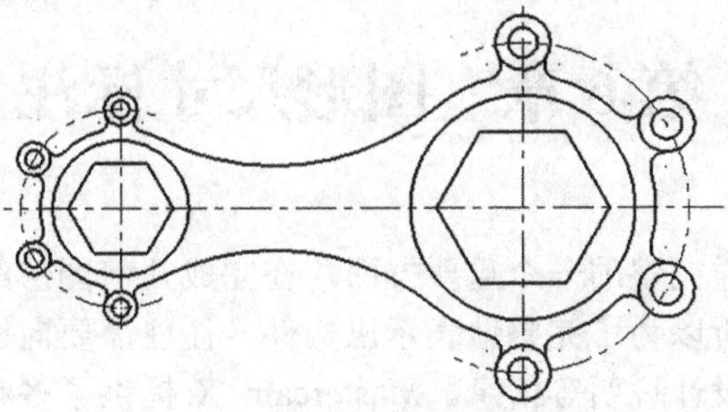

图 5-121　最终效果

5.5　本章小结

本章介绍了图形的编辑与修改操作，包括删除与恢复删除、图形对象的转换操作、图形对象的修整等操作，从而使用户能对绘制的图形进行有效的编辑和修改。

5.6　习题

1. 概念题

（1）删除图素与删除重复图素有什么区别？

（2）平移、旋转与镜像转换操作有什么区别和联系？

（3）倒圆角与倒角有什么区别和联系？

2. 操作题

（1）综合运用本章知识，绘制如图 5-122 所示的叉架平面图形。

（2）综合运用本章知识，绘制如图 5-123 所示的异形平面图形。

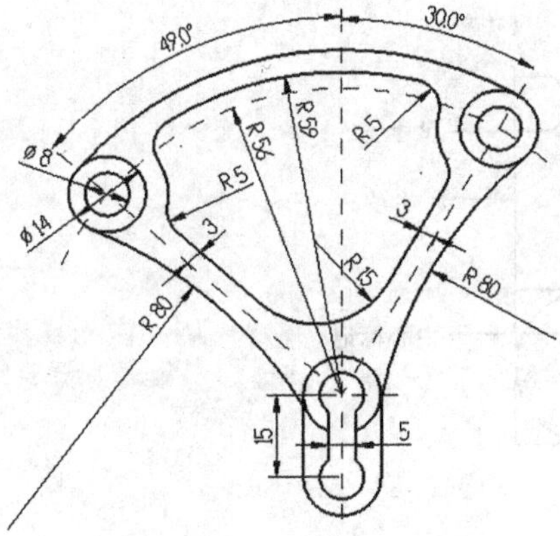

图 5-122　叉架平面图形

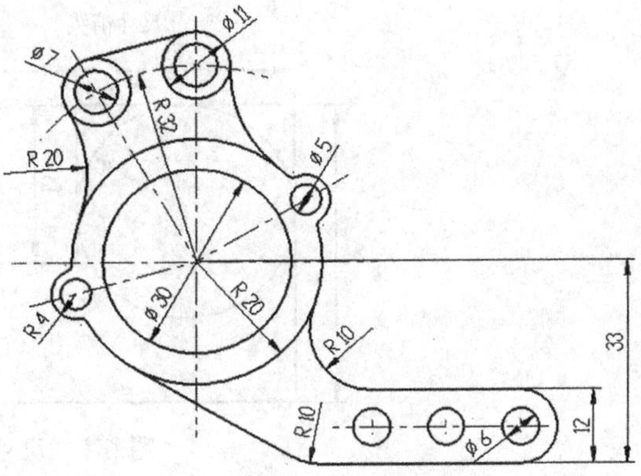

图 5-123　异形平面图形

第6章　图形尺寸标注

图形尺寸标注是图样完整的一个重要方面，在完成几何图形绘制后，由于图形只能显示出构件的几何外形，所以为了完整地表示出构件，往往需要向图形中添加文字、数字、尺寸大小、设计材料和设计说明等信息。Mastercam X 提供了多种标注样式和多种设置标注格式的方法，可以满足机械、电子、数控设计等大多数应用领域的要求。

【内容提要】

- 设置标注图层的属性；
- 对标注尺寸进行有效的设置；
- 分步骤对图形进行圆弧、水平和垂直等的标注操作。

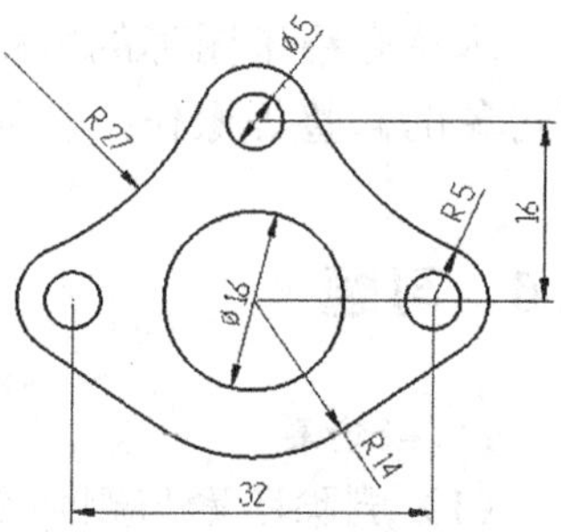

【本章重点】

- 了解尺寸标注的各个组成部分；
- 熟悉各种不同类型的尺寸标注；
- 熟悉引出线、引导线、剖面线、注释等其他标注；
- 熟练设置尺寸标注的不同属性设置。

6.1　尺寸标注的组成

一个完整的尺寸标注，一般由尺寸界线、尺寸线、尺寸文本、尺寸箭头、中心标记等部分组成，如图 6-1 所示。

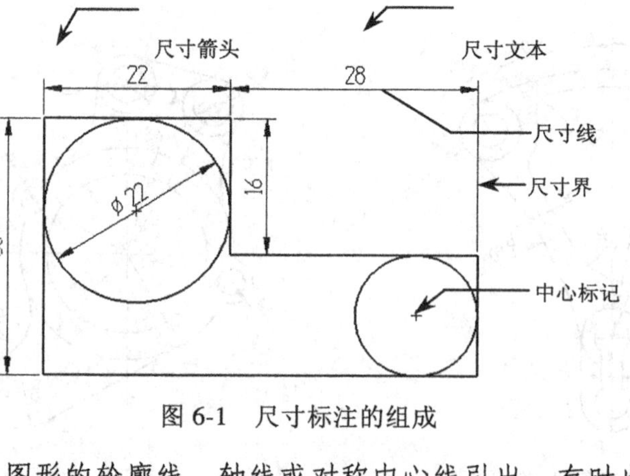

图 6-1　尺寸标注的组成

- 尺寸界线：从图形的轮廓线、轴线或对称中心线引出，有时也可以利用轮廓线代替，用以表示尺寸起始位置。

● 尺寸线：通常与所标注的对象平行，放在两尺寸界线之间，不能用图形中已有的图线代替，必须单独画出。其尺寸线应与所标注线段平行，尺寸界线应与尺寸线相互垂直。

● 尺寸箭头：在尺寸线两端，用以表明尺寸线的起始位置。

● 尺寸文本：写在尺寸线上方或中断处，用以表示所选定图形的具体大小。

● 中心标记：标注圆或圆弧的中心。

● 起点：尺寸标注的起点是尺寸标注对象的定义点，系统测量的数量均以起点为计算点，起点通常是尺寸界线的引出点。

6.2　标注尺寸

尺寸标注就是将已存在的图素标注尺寸，使其成为标准的工程图。在 Mastercam X 的标准环境中，选择【绘图】/【尺寸标注】命令，即可看到所有尺寸标注类型，如图 6-2 所示。

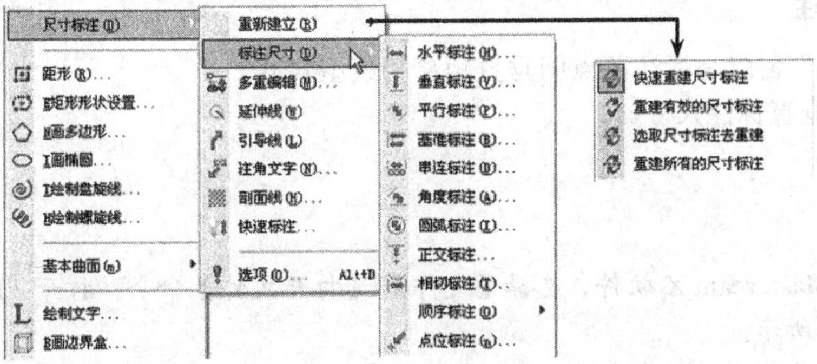

图 6-2　尺寸标注菜单

6.2.1　水平标注

“水平标注” ，是指标注两点间水平距离的线型尺寸。

【例 6-1】水平标注尺寸。

操作步骤

（1）启动 Mastercam X 软件，选择【文件】/【打开文件】命令，打开“LX6-1A.MCX”文件，如图 6-3 所示。

（2）选择“水平标注”命令 ，在视图中捕捉点 1，再捕捉点 2，然后确定水平标注的位置，则水平标注的效果如图 6-4 所示。

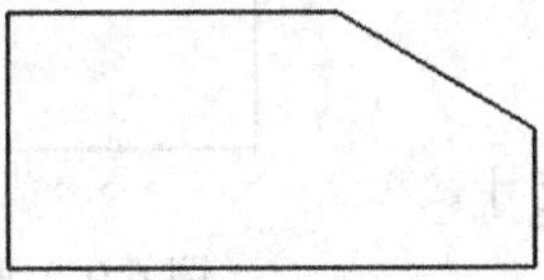

图 6-3 “LX6-1A.MCX”文件

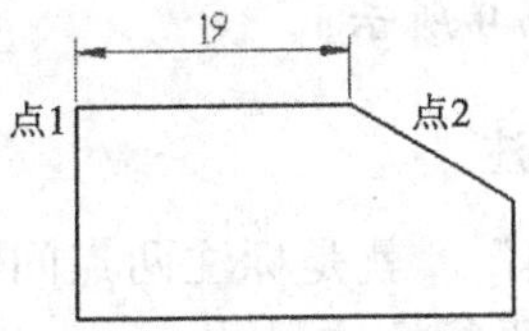

图 6-4　水平标注 1

（3）在视图中捕捉点 2，再捕捉点 3，然后确定水平标注的位置，最后在“操作栏”中单击“确定”按钮☑，则视图的效果如图 6-5 所示。

如果用户所标注的是直线，则无需捕捉两个端点，而直接靠近并单击该直线，然后再确定标注的位置。如对线段 b 进行水平标注，则在视图中靠近并单击线段 b，然后确定位置即可，如图 6-6 所示。

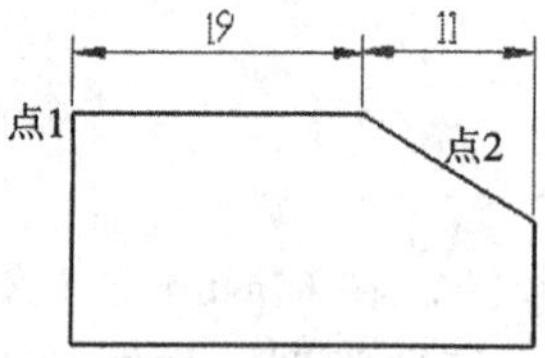

图 6-5 水平标注 2

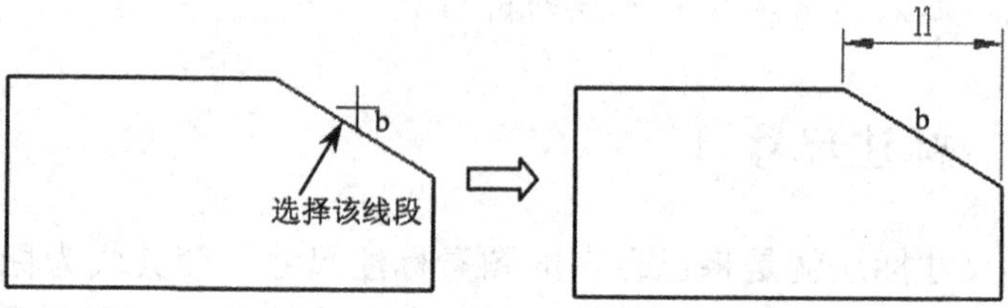

图 6-6 对线段进行标注

6.2.2 垂直标注

“垂直标注”就是标注两点间垂直距离的线型尺寸。

【例 6-2】垂直标注尺寸。

操作步骤

（1）启动 Mastercam X 软件，选择【文件】/【打开文件】命令，打开“LX6-2A.MCX”文件，如图 6-7 所示。

（2）选择“垂直标注”命令，在视图中捕捉点 1，再捕捉点 2，然后确定垂直标注的位置，则垂直标注的效果如图 6-8 所示。

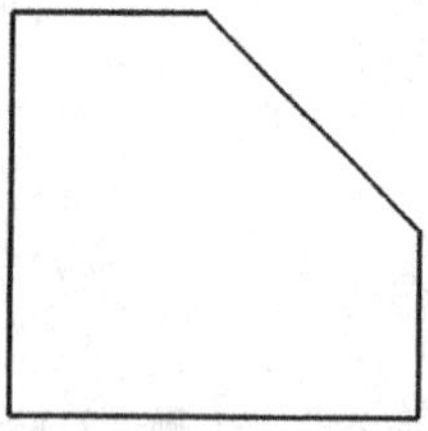

图 6-7 打开“LX6-2A.MCX”文件

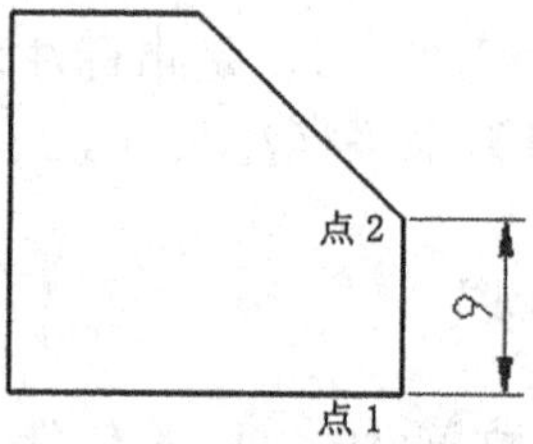

图 6-8 垂直标注 1

（3）在视图中捕捉点 2，再捕捉点 3，然后确定垂直标注的位置，最后在“操作栏”中单击“确定”按钮☑，则视图的效果如图 6-9 所示。

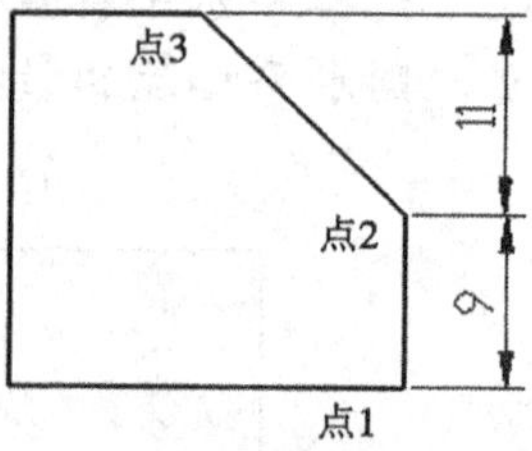

图 6-9 垂直标注 2

6.2.3 平行标注

“平行标注”就是标注两点间实际距离的线型尺寸。

【例 6-3】平行标注尺寸。

操作步骤

（1）启动 Mastercam X 软件，选择【文件】/【打开文件】命令，打开“LX6-3A.MCX”文件，如图 6-10 所示。

（2）选择“平行标注”命令，在视图中捕捉点 1，再捕捉点 2，然后确定平等标注的位置，则平行标注的效果如图 6-11 所示。

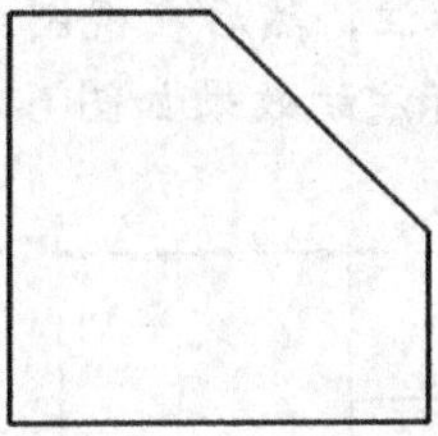

图 6-10 “LX6-3A.MCX”文件

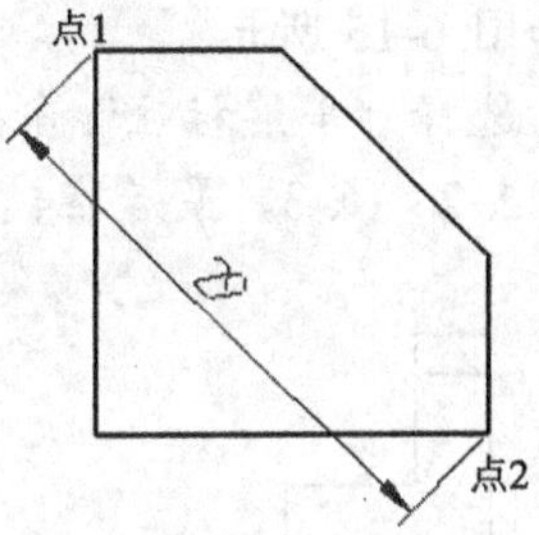

图 6-11　平行标注 1

（3）在视图中靠近并单击线段 a，然后确定平等标注的位置，最后在“操作栏”中单击“确定”按钮，则视图的效果如图 6-12 所示。

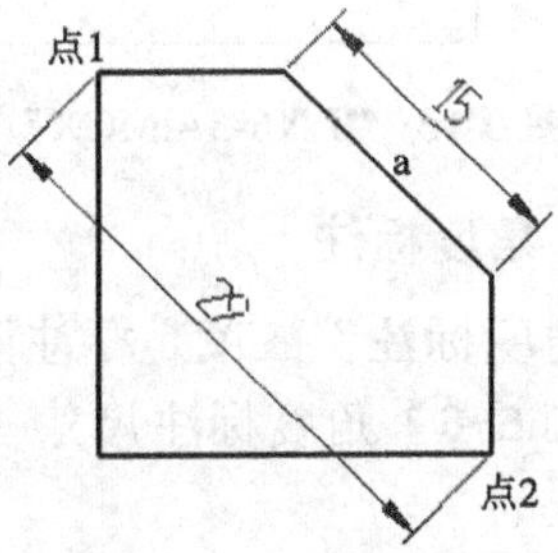

图 6-12　平行标注 2

6.2.4　基准标注

“基准标注”就是将已经创建的线型尺寸为基准，对相应的点进行线型标注。

【例 6-4】基准标注尺寸。

操作步骤

（1）启动 Mastercam X 软件，选择【文件】/【打开文件】命令，打开“LX6-4A.MCX”文件，如图 6-13 所示。

（2）选择“基准标注”命令，在视图中选择已有的水平标注，然后在视图中依次捕捉点 1、点 2、点 3，最后在键盘上按 Esc 键结束，则基准标注的效果如图 6-14 所示。

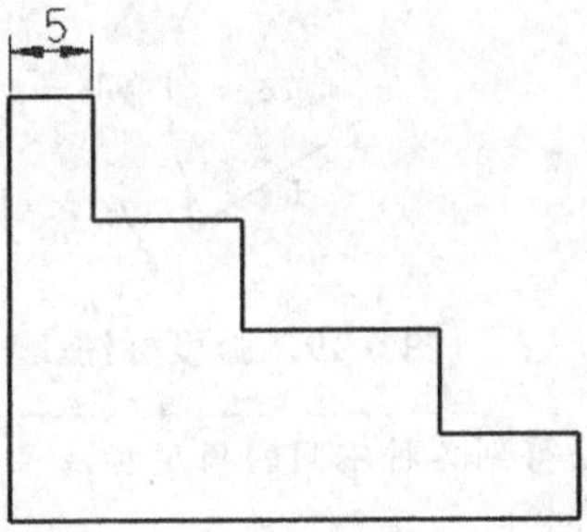

图 6-13 “LX6-4A.MCX”文件

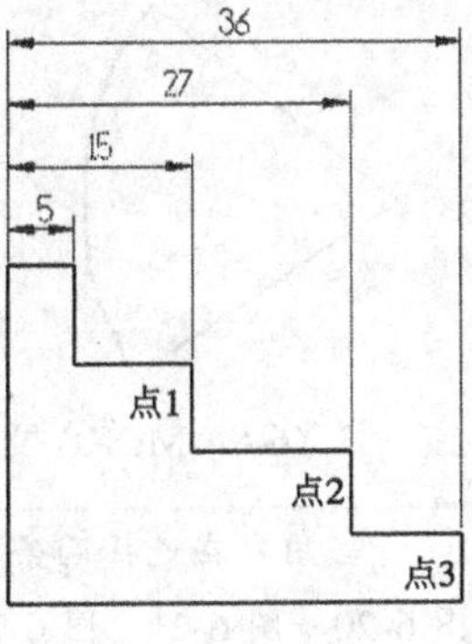

图 6-14　基准标注

6.2.5 串连标注

“串连标注”就是将已经创建的线型尺寸为基准，创建一连串的尺寸标注。

【例 6-5】串连标注尺寸。

操作步骤

（1）启动 Mastercam X 软件，选择【文件】/【打开文件】命令，打开“LX6-5A.MCX”文件，如图 6-15 所示。

（2）选择“串连标注”命令，在视图中选择已有的水平标注，然后在视图中依次捕捉点 1、点 2、点 3，最后在键盘上按两次 Esc 键结束，则串连标注的效果如图 6-16 所示。

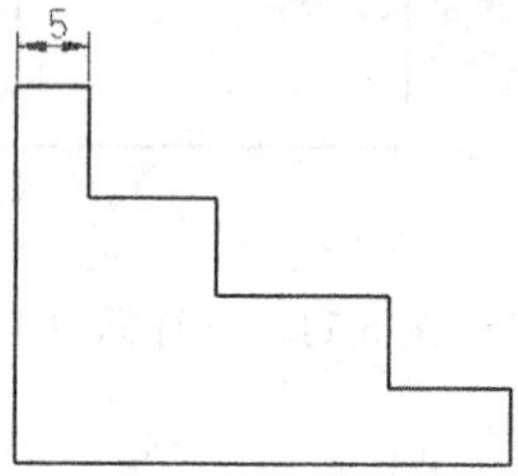

图 6-15 “LX6-5A.MCX”文件

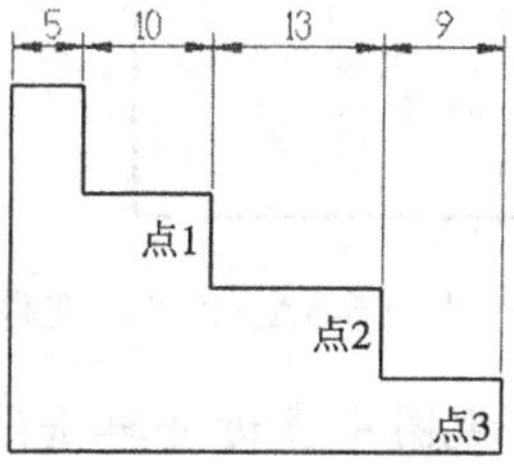

图 6-16 串连标注

6.2.6 角度标注

“角度标注”就是标注两条不平行直线间的夹角，也用于标注圆弧所对应的圆心角。

【例 6-6】角度标注尺寸（根据国家标准角度文字标注永远水平）。

操作步骤

（1）启动 Mastercam X 软件，选择【文件】/【打开文件】命令，打开“LX6-6A.MCX”文件，如图 6-17 所示。

（2）选择“角度标注”命令，在视图中靠近并选择线段 a 和 b，再确定角度标注放置的位置，则角度标注的效果如图 6-18 所示。

（3）在视图中选择弧线段 c，再确定角度标注放置的位置，则角度标注的效果如图 6-19 所示。

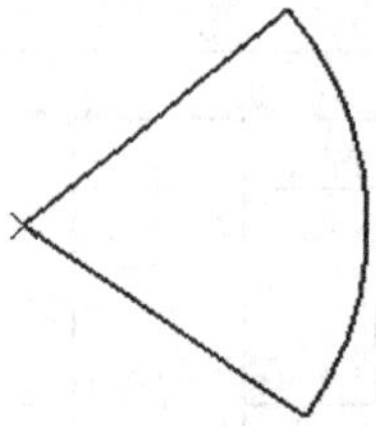

图 6-17 “LX6-6A.MCX”文件

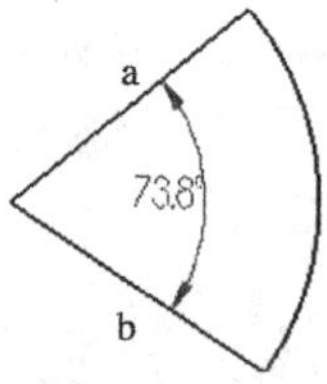

图 6-18 角度标注 1

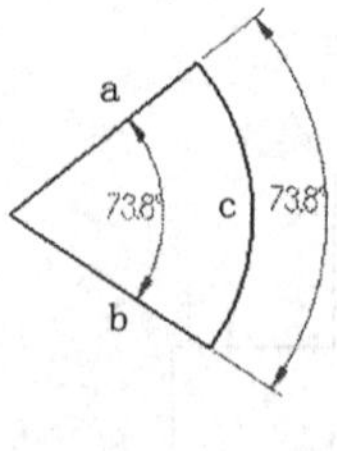

图 6-19 弧度标注 1

当用户在选择两条不平行的线段后，可通过鼠标的移动得到各种不同的角度标注尺寸，如图 6-20、图 6-21、图 6-22 所示。

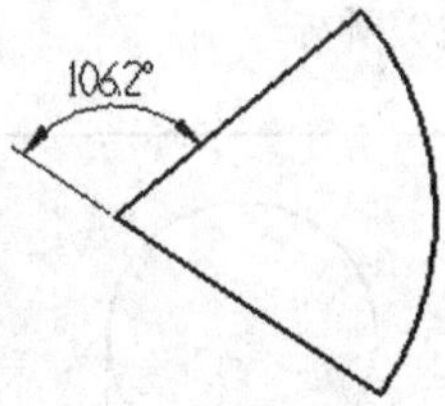

图 6-20　角度标注 1

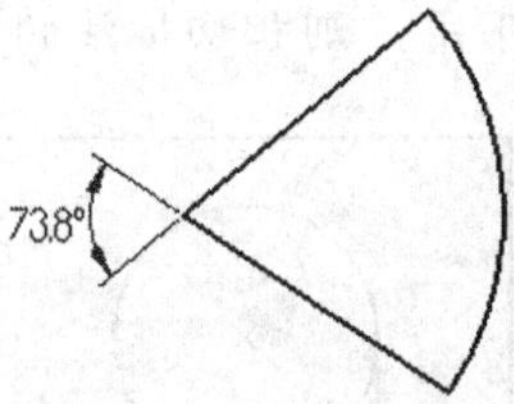

图 6-21　角度标注 2

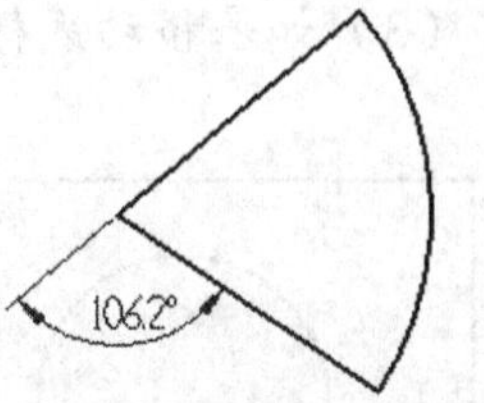

图 6-22　角度标注 3

在进行角度标注时，可通过三点的方式来进行角度标注，即原点、起点、终点，如图 6-23 所示。

6.2.7　圆弧标注

“圆弧标注”就是标注圆或圆弧的直径或半径。

【例 6-7】圆弧标注尺寸。

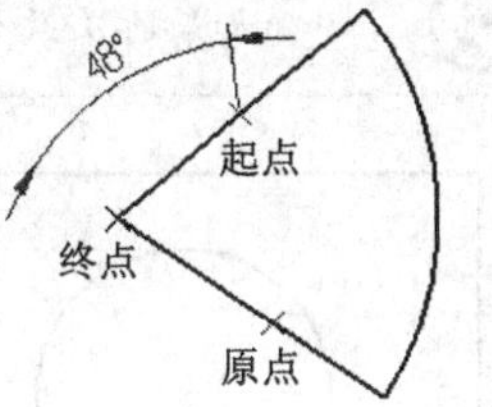

图 6-23　三点方式标注角度

操作步骤

（1）启动 Mastercam X 软件，选择【文件】/【打开文件】命令，打开“LX6-7A.MCX”文件，如图 6-24 所示。

（2）选择“圆弧标注”命令，在视图中靠近并选择圆，再确定圆弧标注放置的位置，则圆弧标注的效果如图 6-25 所示。

（3）再在视图中靠近并选择弧，并确定圆弧标注放置的位置，则圆弧标注的效果如图 6-26 所示。

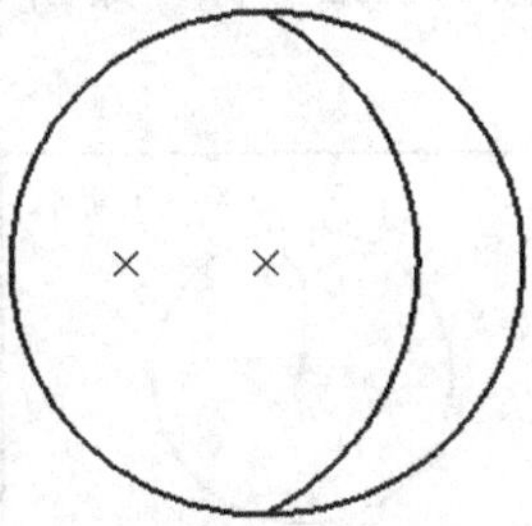

图 6-24　“LX6-7A.MCX”文件

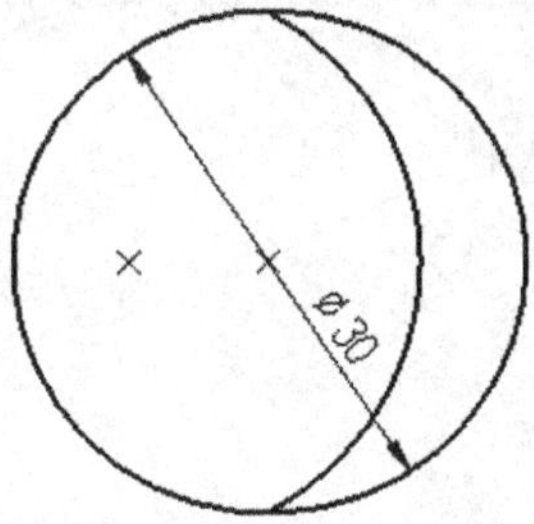

图 6-25　圆弧标注 1

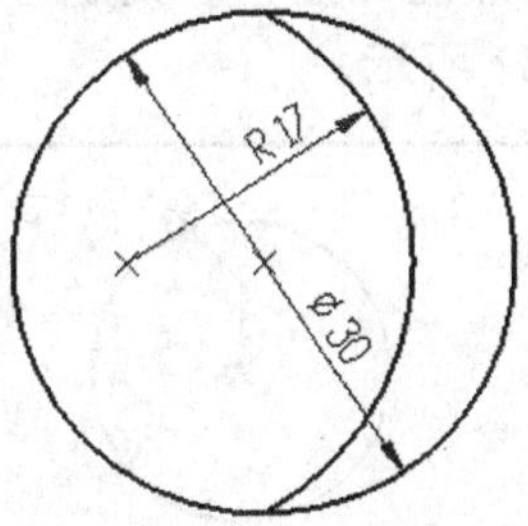

图 6-26　圆弧标注 2

6.2.8　相切标注

“相切标注”就是标注圆弧与点、直线或圆弧特征点间的水平或垂直距离。

【例 6-8】相切标注尺寸。

操作步骤

（1）启动 Mastercam X 软件，选择【文件】/【打开文件】命令，打开“LX6-8A.MCX”文件，如图 6-27 所示。

（2）选择“相切标注”命令，在视图中靠近并选择圆，再靠近并选择左侧的垂直线段，然后确定圆弧标注放置的位置在左下侧，则相切标注的效果如图 6-28 所示。

（3）如果移动鼠标在视图的右下角，则相切标注的效果如图 6-29 所示。

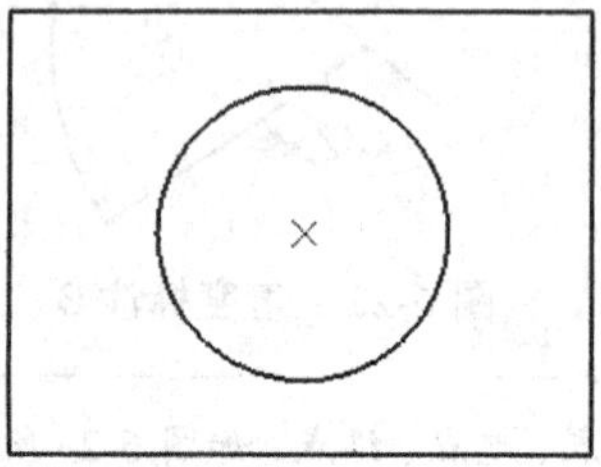

图 6-27 “LX6-8A.MCX”文件

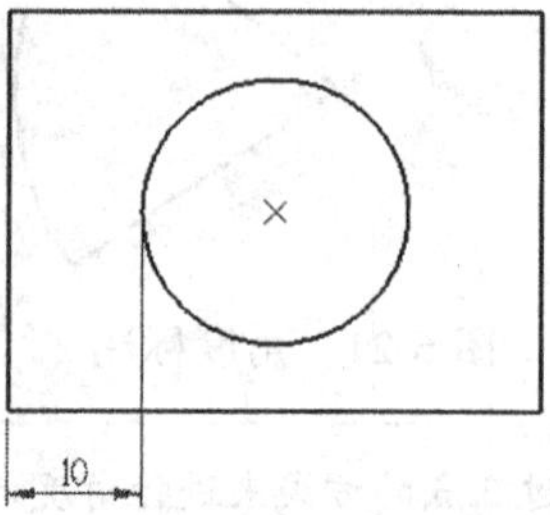

图 6-28 相切标注 1

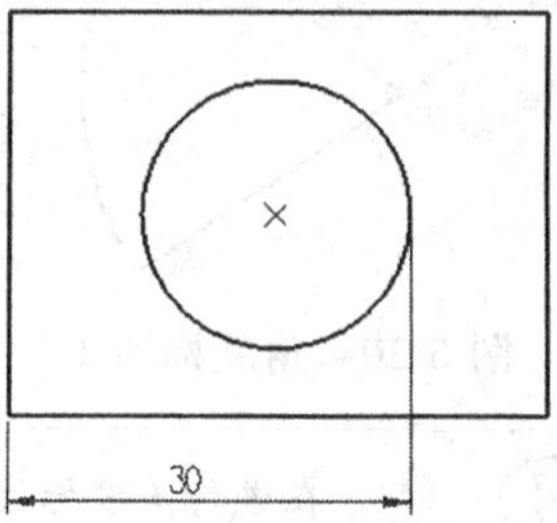

图 6-29 相切标注 2

如果再次改变鼠标的位置，则相切标注的效果如图 6-30、图 6-31 所示。

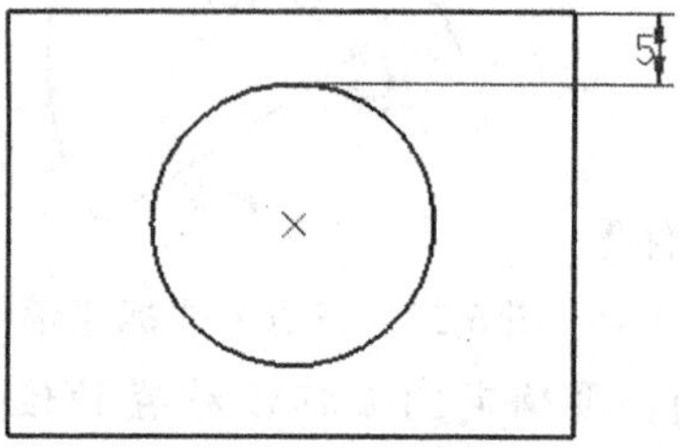

图 6-30 相切标注 3

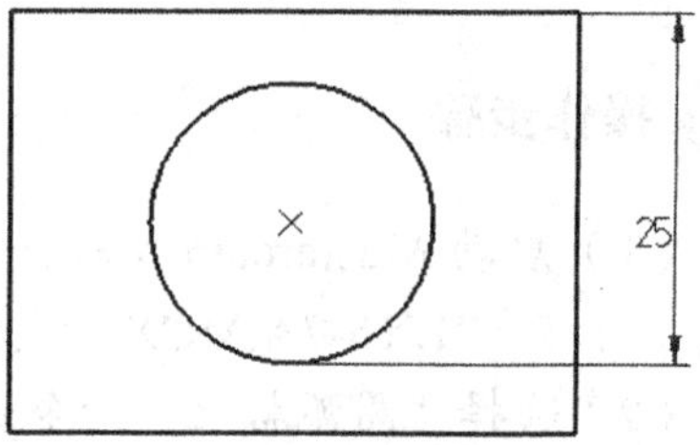

图 6-31 相切标注 4

6.2.9 点位标注

“点位标注”就是对选取点进行位置标注，可以标平面坐标和三维坐标，如图 6-32、图 6-33 所示。

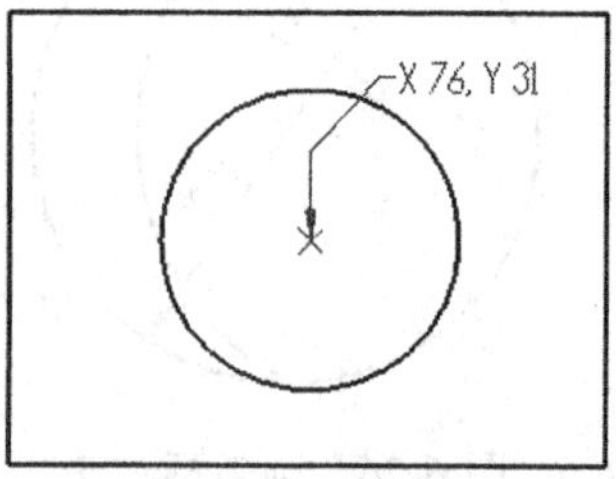

图 6-32 2D 标注

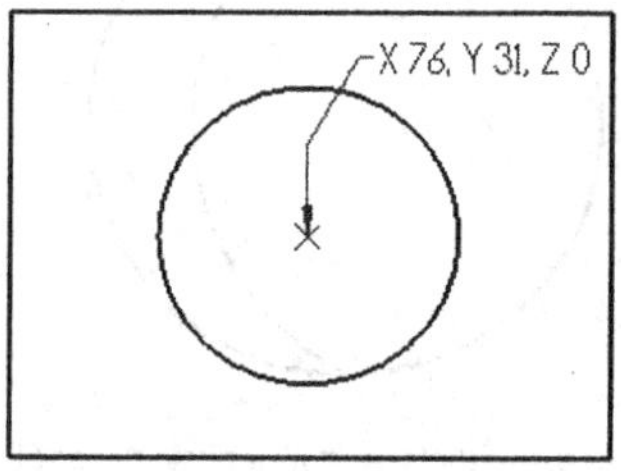

图 6-33 3D 标注

6.2.10 快速标注

“快速标注”就是系统采用智能标注的形式，能够自动判断该图素的类型，从而自动选择合适的标注方式来完成标注。

【例 6-9】快速标注尺寸。

操作步骤

（1）启动 Mastercam X 软件，选择【文件】/【打开文件】命令，打开“LX6-8A.MCX”文件，如图 6-34 所示。

（2）选择“快速标注”命令，在视图中靠近并选择圆，并确定标注放置的位置，则快速标注的效果如图 6-35 所示。

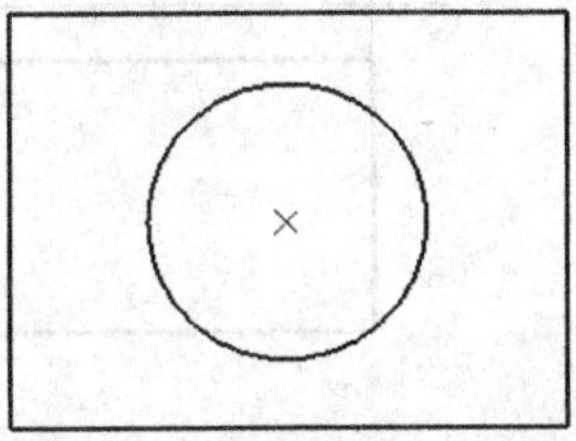

图 6-34　“LX6-9A.MCX”文件

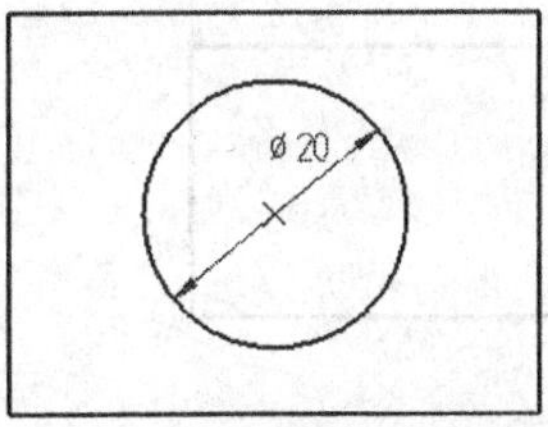

图 6-35　快速标注圆的直径

（3）在视图中靠近并选择上侧的水平直线，并确定标注放置的位置，则能够快速标注出水平直线的长度，如图 6-36 所示。

（4）在视图中捕捉左上角点，再捕捉右下角点，并确定标注放置的位置，则能够快速标注出两点间的平行标注，如图 6-37 所示。

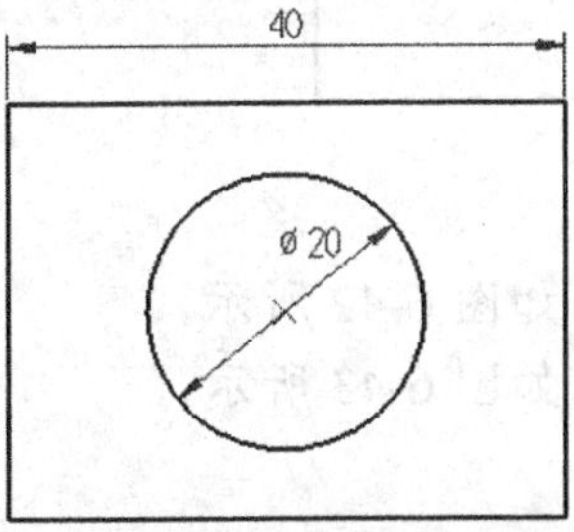

图 6-36　快速标注直线的长度

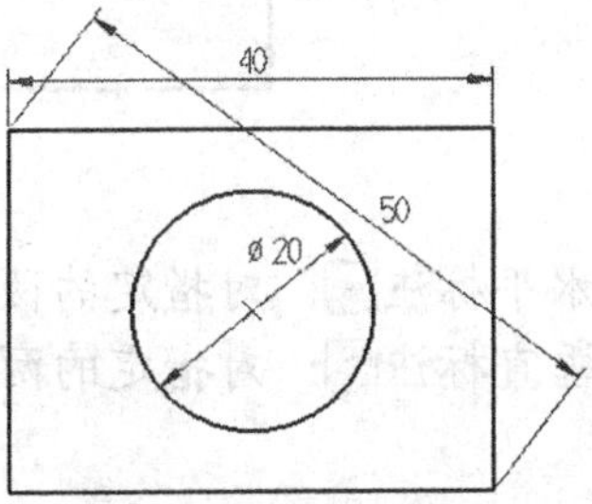

图 6-37　快速标注两点间的平行标注

不论是快速标注，还是其他的尺寸标注，都将弹出相应的如图 6-38 所示的操作栏。当执行“快速标注”命令时，可以修改已有尺寸标注的各种属性。

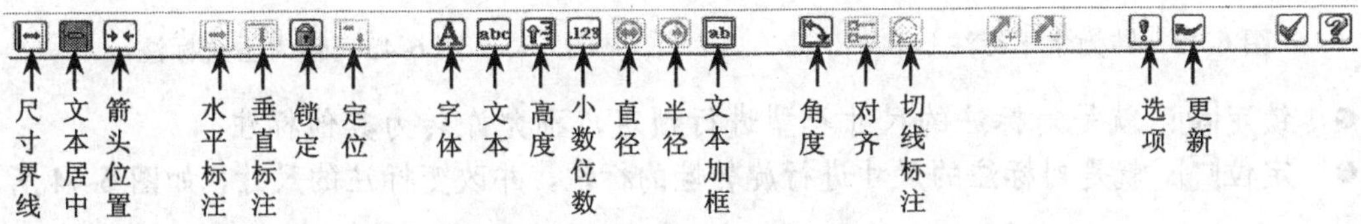

图 6-38　标注尺寸的操作栏

下面就针对其标注操作栏中的主要功能项进行说明。

● 尺寸界线：就是确定其尺寸标注的界线是否有无，如图 6-39 所示。

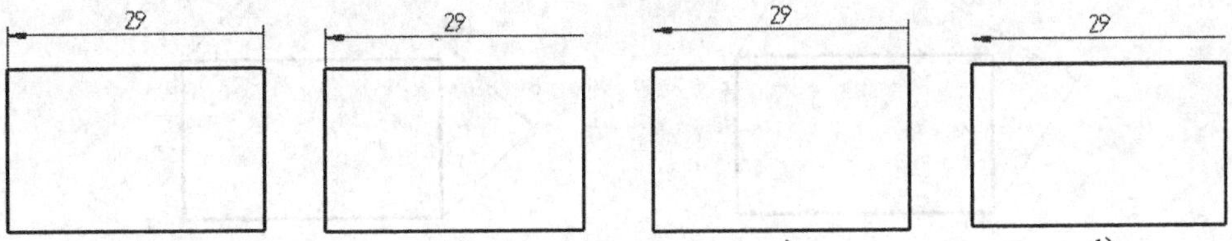

a)　　b)　　c)　　d)

图 6-39　尺寸界线的不同情况

a）两侧有界线　b）左侧有界线　c）右侧有界线　d）两侧无界线

- 文本居中：就是确定标注的尺寸文本是否放在其中间位置，如图 6-40 所示。

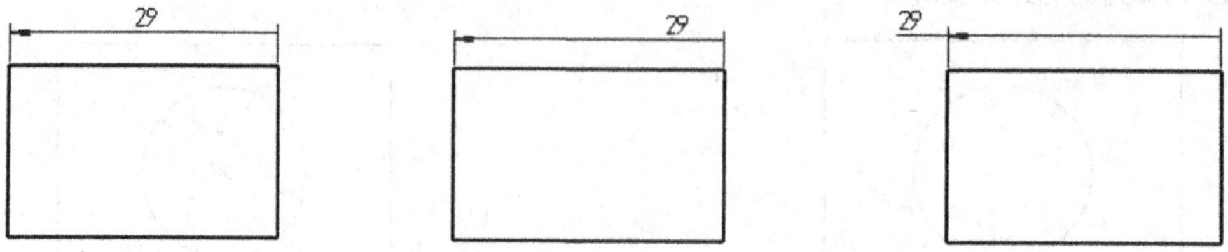

图 6-40 文本是否居中

- 箭头位置：就是确定尺寸标注的箭头是否在界线之内还是之外，如图 6-41 所示。

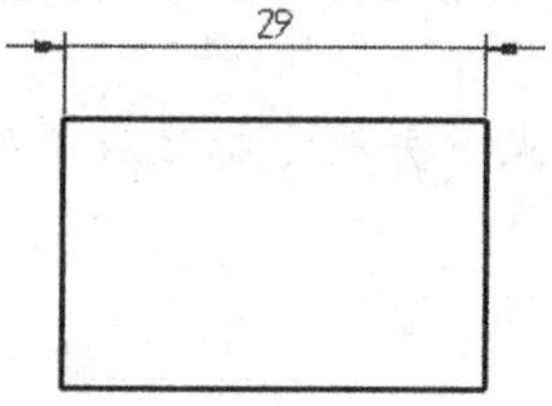

图 6-41 箭头在内或外

- 水平标注：对指定的两点或线段转为水平标注，如图 6-42 所示。
- 垂直标注：对指定的两点或线段转为垂直标注，如图 6-43 所示。

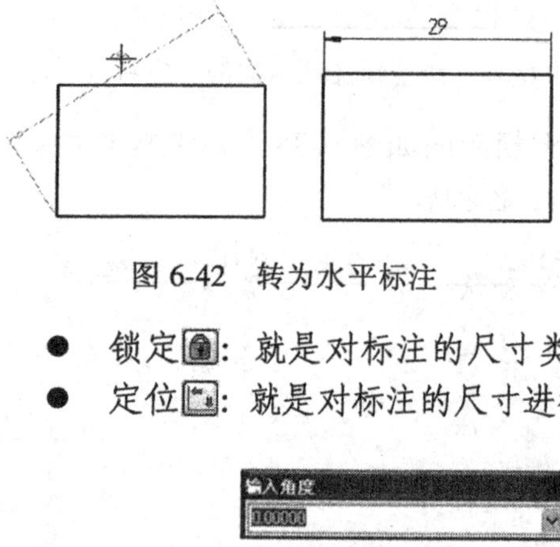

图 6-42 转为水平标注

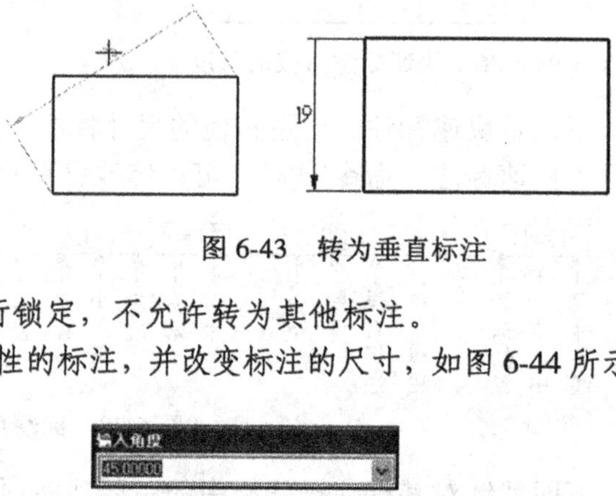

图 6-43 转为垂直标注

- 锁定：就是对标注的尺寸类型进行锁定，不允许转为其他标注。
- 定位：就是对标注的尺寸进行旋转性的标注，并改变标注的尺寸，如图 6-44 所示。

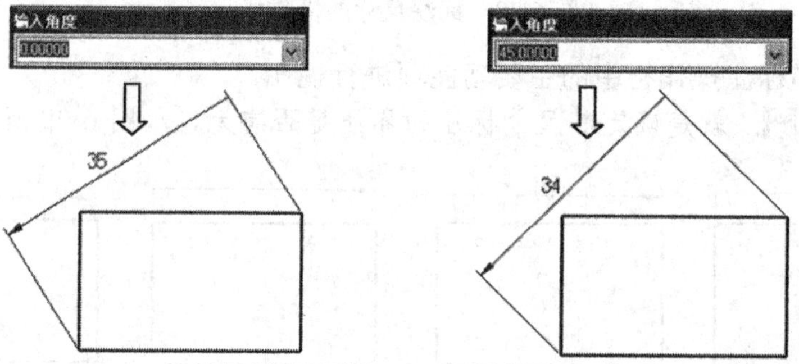

图 6-44 不同的定位情况

- 字体：选中该按钮时，将弹出【编辑字体】对话框，从中选择标注文本的字体，如图 6-45 所示。

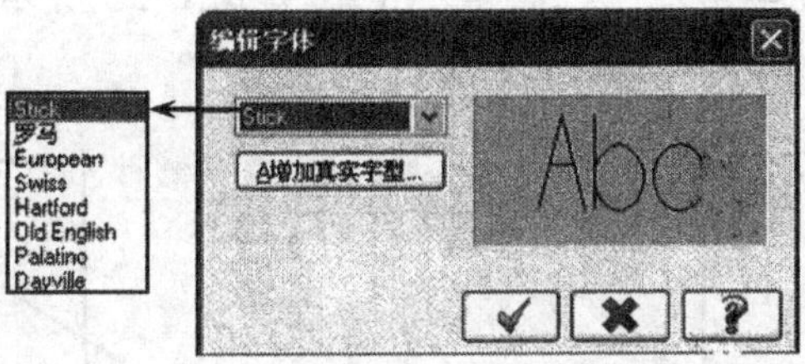

图 6-45　编辑尺寸标注的字体

● 文本：选中该按钮时，将弹出【编辑尺寸标注的文字】对话框，用户可在其列表框中输入尺寸标注的文字内容，如图 6-46 所示。

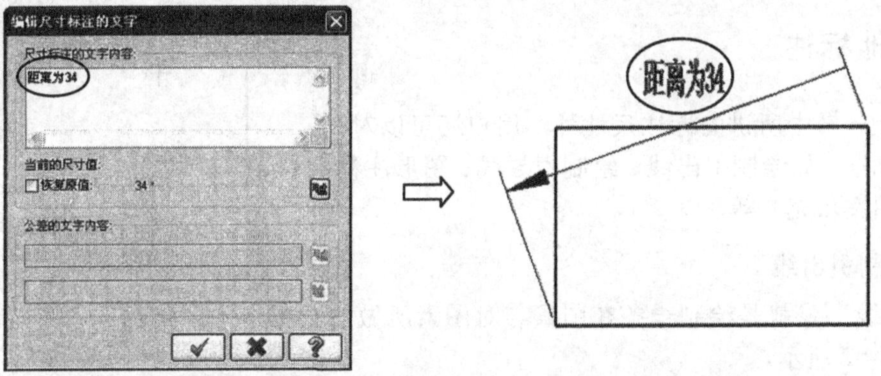

图 6-46　编辑尺寸标注的文本

● 高度：用于设置尺寸文本的高度，如图 6-47 所示。

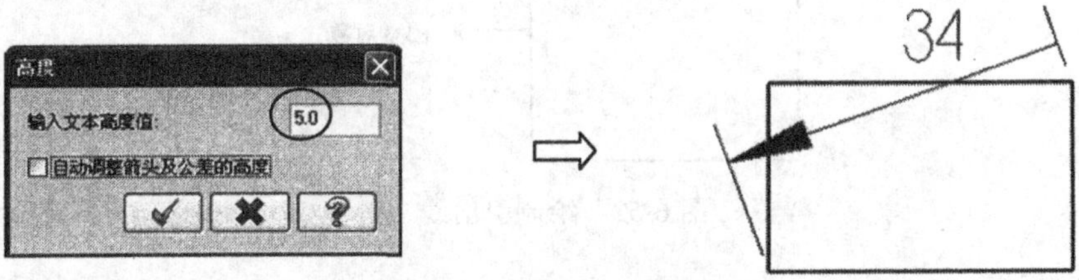

图 6-47　设置尺寸文本高度

● 小数位数：选中该按钮，然后在弹出的文本框中输入小数位图，如图 6-48 所示。

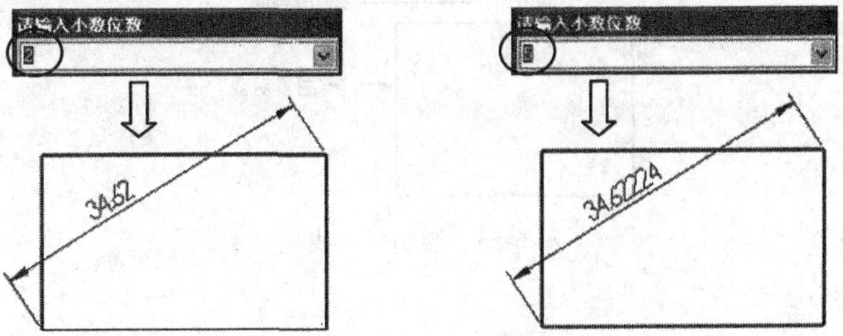

图 6-48　设置小数位数

- 直径：在标注文本前加直径符号“Φ”，如图 6-49 所示。
- 半径：在标注文本前加半径符号“*R*”，如图 6-50 所示。

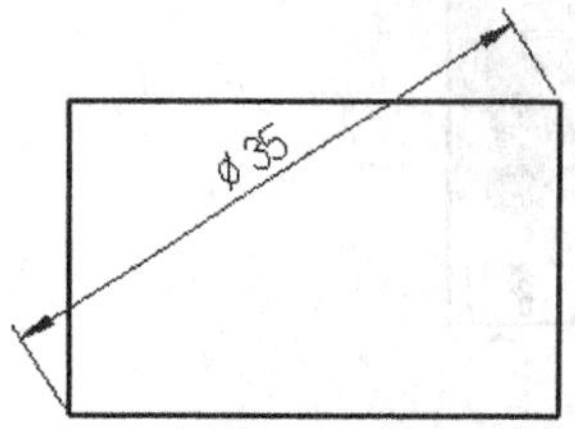

图 6-49　在标注文本前加符号“Φ”

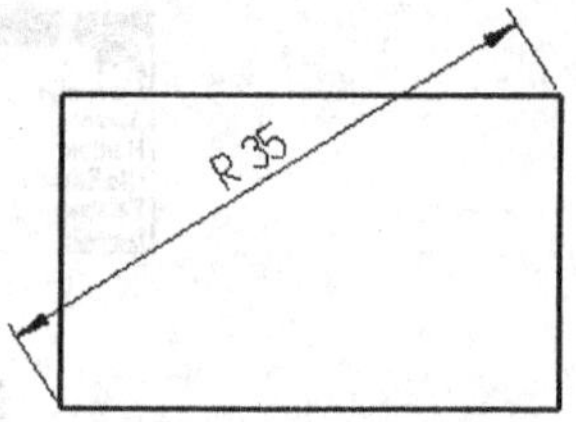

图 6-50　在标注文本前加符号“*R*”

- 文本加框：就在标注的文本上加上一方框，如图 6-51 所示。

6.3　其他标注

除了上一节中所讲的标注尺寸外，用户还可以对其进行其他标注，如绘制引出线、绘制引导线、图形注释、剖面线（图案填充）等。

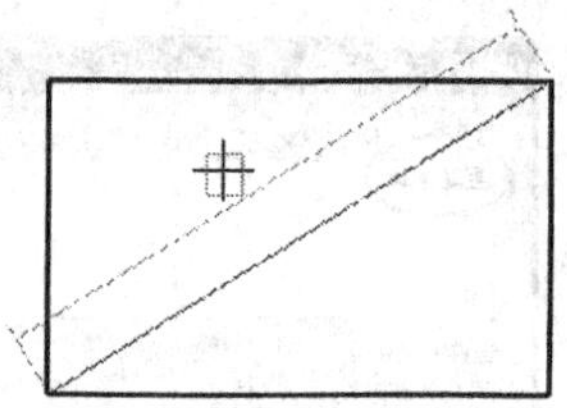

图 6-51　给标注文本加框

6.3.1　绘制引出线

“引出线”就是绘制一条在图素与对图素所做的注释文本之间的一条没有箭头的线段，如图 6-52 所示。

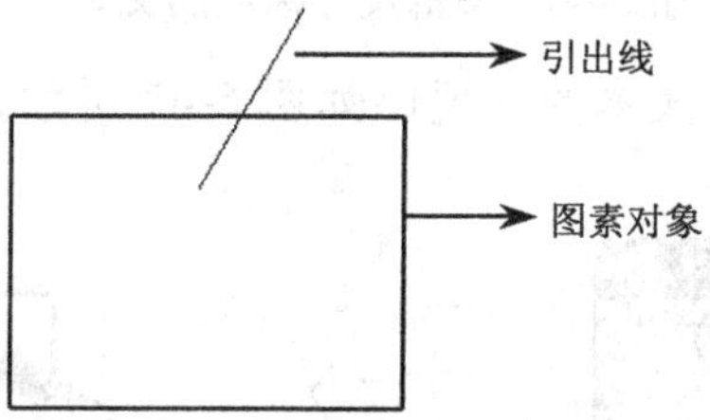

图 6-52　绘制引出线

6.3.2　绘制引导线

“引导线”就是绘制一条带有箭头的多段折线，如图 6-53 所示。

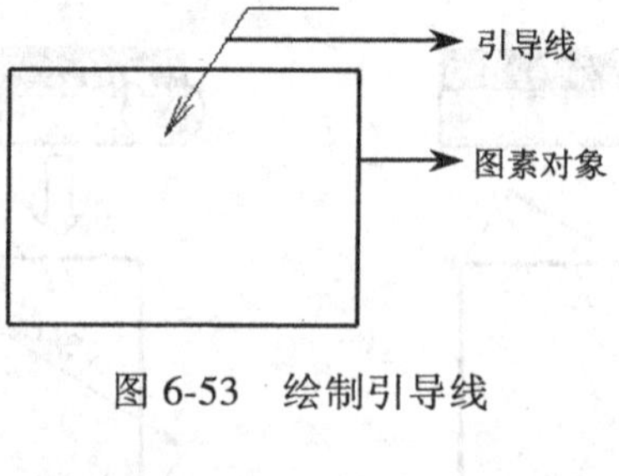

图 6-53　绘制引导线

6.3.3　图形注释

“图形注释”就是在视图中的指定位置放置注释文字，如图 6-54 所示。

当单击“图形注释”按钮，将弹出【注解文字】对话框，在列表框中输入需要注释的文本，并单击“属性”按钮设置文本的相关属性，如图 6-55 所示。

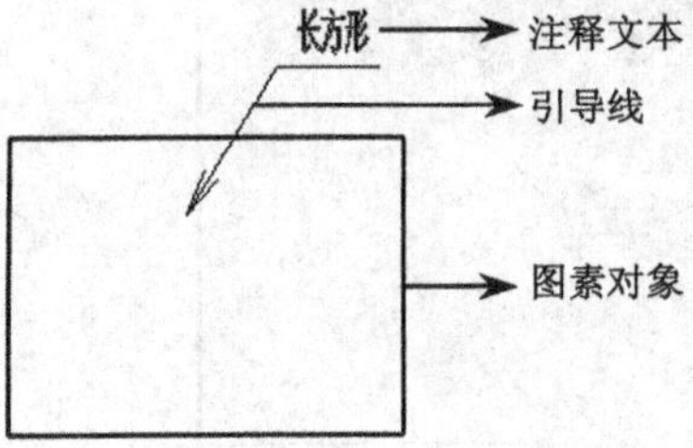

图 6-54　图形注释

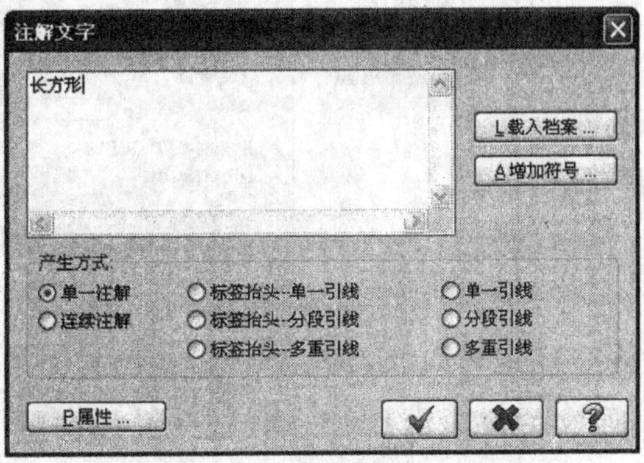

图 6-55　【注解文字】对话框

用户在向图形加入注释文本时，可通过三种方法，即“直接在文本框中输入”、“载入档案”和“增加符号”。

6.3.4　剖面线

“剖面线”就是对图形的封闭区域进行图案填充，如图 6-56 所示。

当单击“剖面线”按钮，将弹出【剖面线】对话框，在“图样”列表框中选择所要填充的图案，并在“参数”设置区中设置其“间距”和“角度”，当单击“确定”按钮后，在视图中串连一封闭的图素即可，如图 6-57 所示。

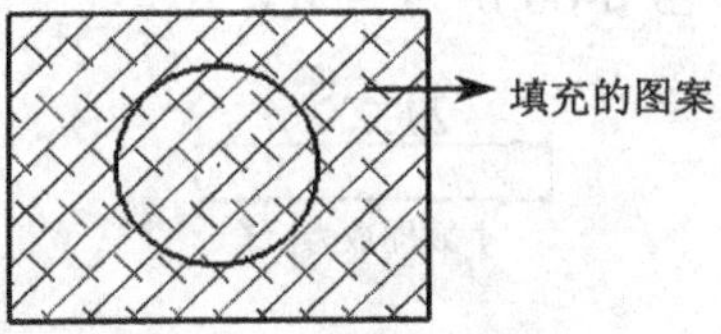

图 6-56　填充图案

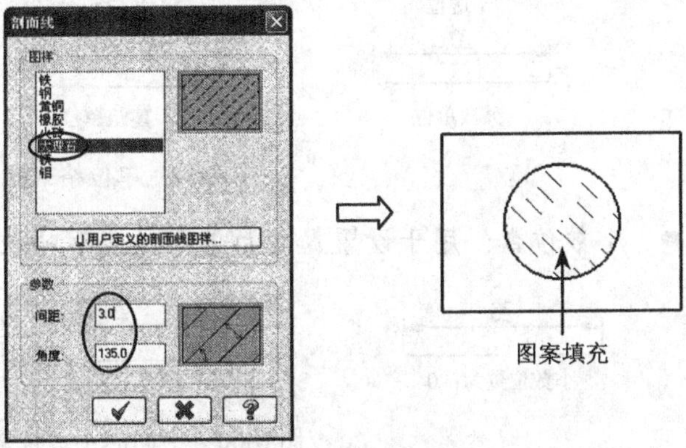

图 6-57　【剖面线】对话框

6.4　尺寸标注的设置

在对图形进行尺寸标注时，有时需要设置标注箭头、标注文本等。在 Mastercam X 环境中选择【绘图】/【尺寸标注】/【选项】命令，弹出【标注属性】对话框，如图 6-58 所示。

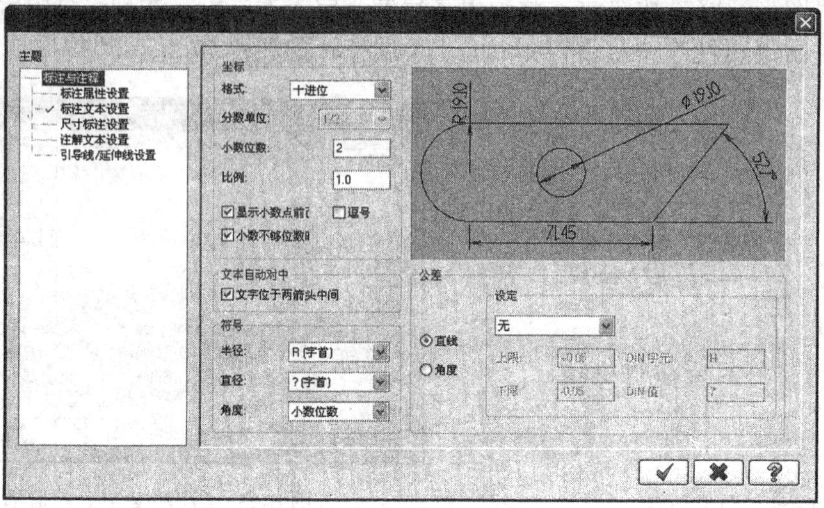

图 6-58 【标注属性】对话框

6.4.1 标注属性设置

在如图 6-58 所示的对话框中选择“标注属性设置”项，即可设置尺寸标注的显示属性。下面将常用设置项进行讲解：

- 格式：用于设置尺寸标注的格式，包括有十进位、科学记号、工程单位、分数单位、建筑单位等选项，其各项单位格式如图 6-59 所示。

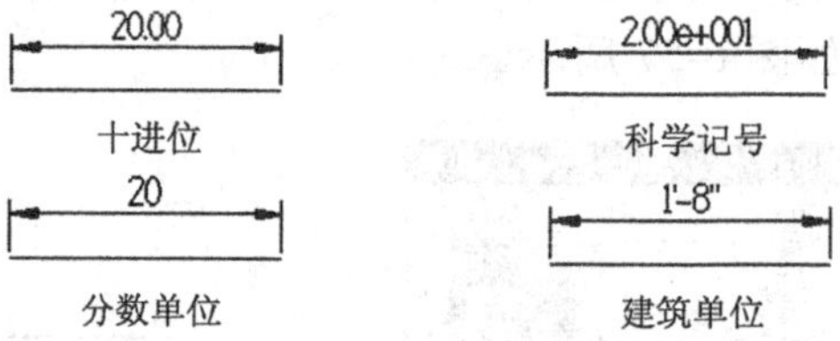

图 6-59 单位格式示意图

- 小数位数：用于设置尺寸数值小数点后的位数，如图 6-60 所示。

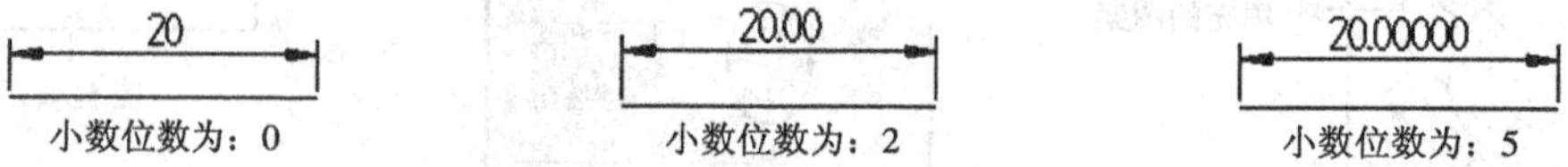

图 6-60 不同的小数位数示意图

- 比例：用于设置标注数据与测量数据之间的比例，如图 6-61 所示。

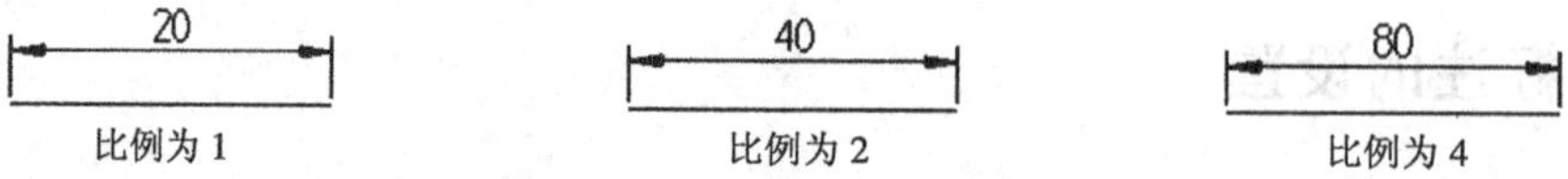

图 6-61 不同的比例示意图

- 逗号：勾选该复选框时，其小数点符号为逗号（,）；不勾选该复选框时，其小数点符号为点号（.），如图 6-62 所示。

● 小数不够位数：若勾选该复选框，小数位数不够时用“0”填充，如图 6-63 所示。

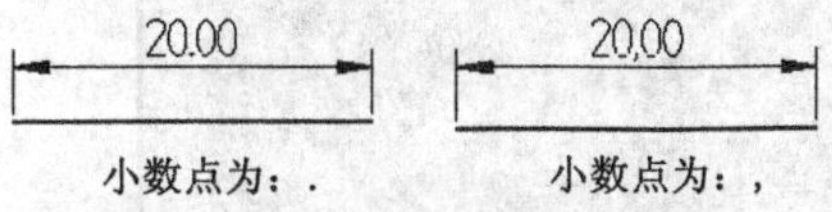

图 6-62　不同的小数点示意图

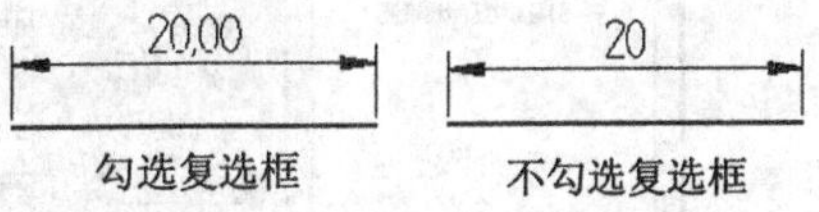

图 6-63　小数不够位数示意图

● 文字位于两箭头中间：若勾选该复选框，则标注文字将自动显示在两个箭头中间；若不勾选该复选框，则标注文字由用户自动决定显示的位置，如图 6-64 所示。

● 半径、直径标注的前缀符号：用于设置半径、直径标注的前缀或后缀符号，如图 6-65 所示。

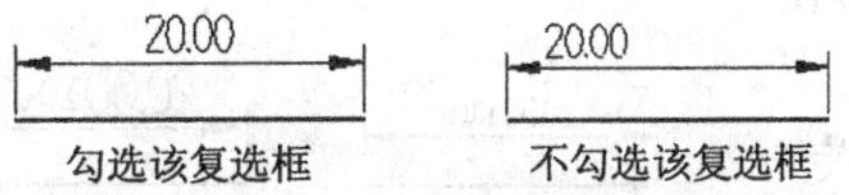

图 6-64　标注文字位置示意图

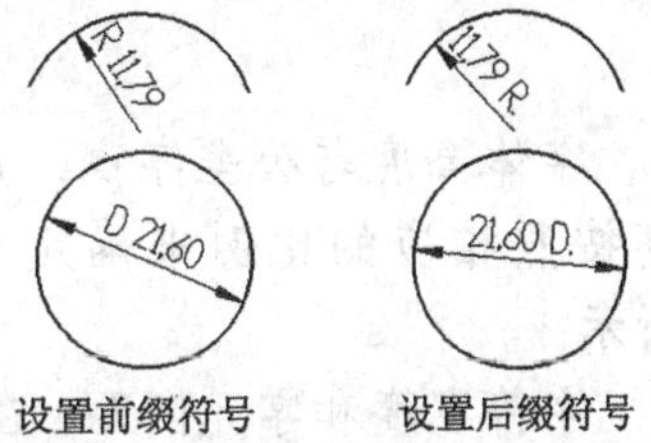

图 6-65　前后缀符号示意图

● 角度：用于设置角度标注的形式，包括有小数位数、度/分/秒、弧度和梯度等，如图 6-66 所示。

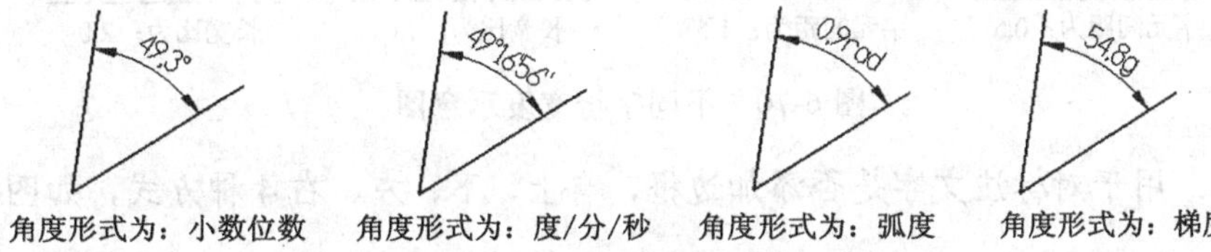

图 6-66　不同角度形式示意图

● 尺寸公差：设置标注公差的表示方法，包括有无公差、正负公差、上下限制公差和 DIN 公差，如图 6-67 所示。

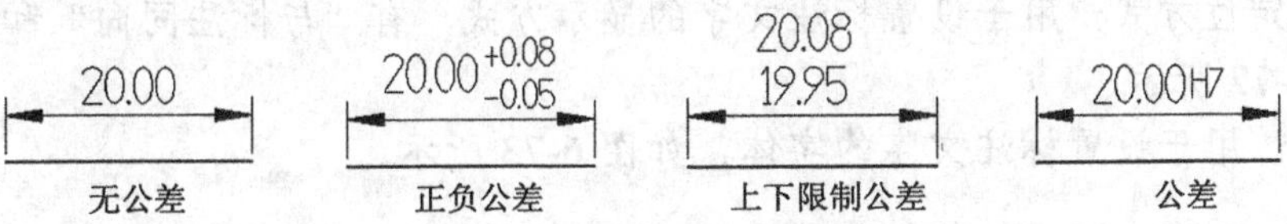

图 6-67　不同公差示意图

6.4.2　标注文本设置

在如图 6-58 所示的对话框中选择“标注文本设置”项，即可设置尺寸标注的显示属性，如图 6-68 所示。下面将常用设置项进行讲解。

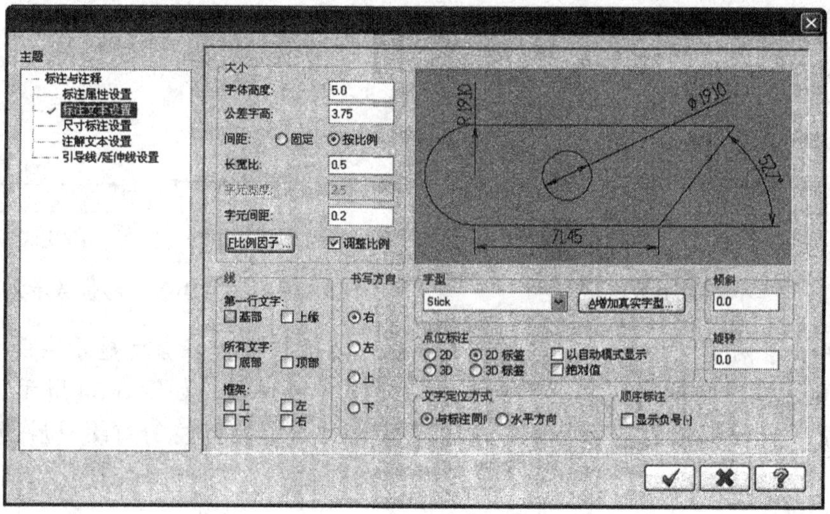

图 6-68　标注文本设置

● 字体高度与公差字高：用于设置标注文字的字体大小。当设置字体高度后，其公差字高按照相应的比例来确定公差字体高度，如图 6-69 所示。

● 字符宽度和字元间距：在“间距”后有“固定”和“按比例”单选项，分别用来设置标注文字的宽度和间距，如图 6-70 所示。

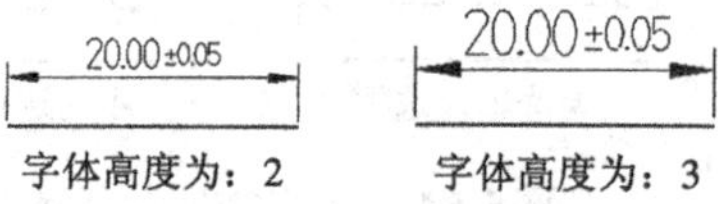

图 6-69　不同字体高度示意图

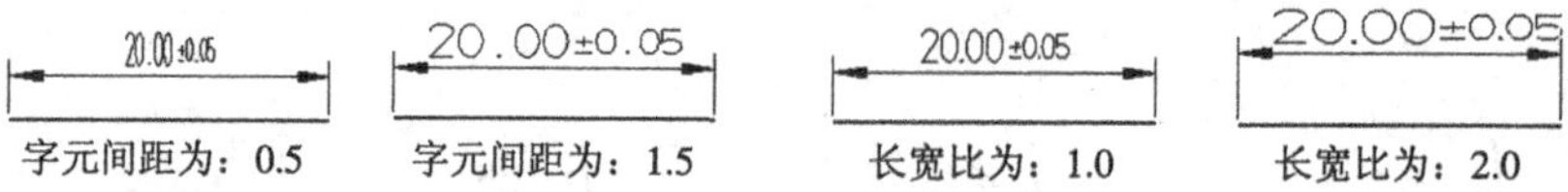

图 6-70　不同字符宽度示意图

● 框架：用于对标注文字是否添加边框，有上、下、左、右 4 种方式，如图 6-71 所示。

图 6-71　不同边框示意图

● 文字定位方式：用于设置标注文字的显示方式，有“与标注同向”和“水平方向”两种，如图 6-72 所示。

● 字型：用于设置标注文字的字体，如图 6-73 所示。

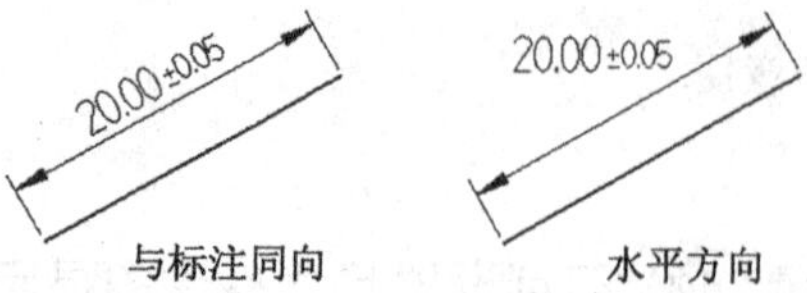

图 6-72　文字定位方式示意图

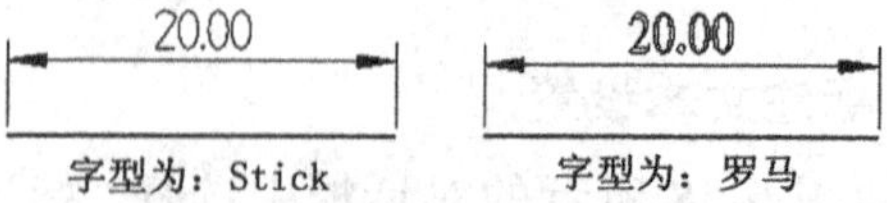

图 6-73　字型示意图

在“字型”下拉列表框中没有所需的字型时，可单击右侧的“增加真实字型”按钮，将弹出如图 6-74 所示的【字体】对话框，选择字体、字形和大小后，单击“确定”按钮，此时将所选择的字体添加到“字型”下拉列表框中。

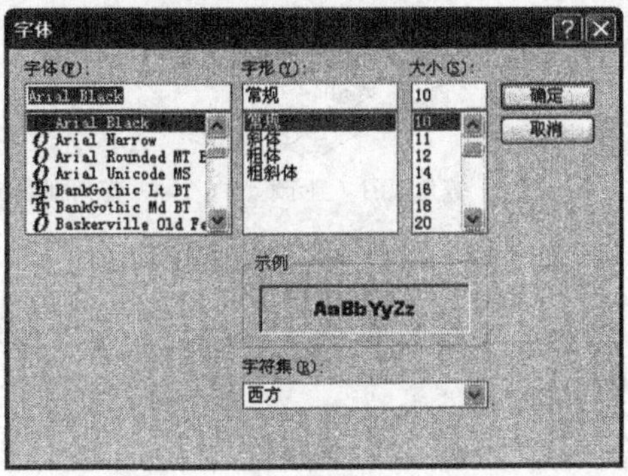

图 6-74 【字体】对话框

- 倾斜：用于设置标注文字的倾斜角度，如图 6-75 所示。

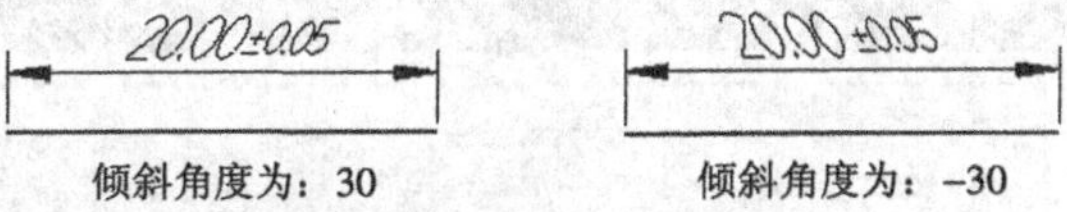

图 6-75 倾斜示意图

6.4.3 尺寸标注设置

在如图 6-68 所示的对话框中选择“尺寸标注设置”项，即可设置标注与被标注对象、标注与标注之间的间隙关系，如图 6-76 所示。下面将常用设置项进行讲解。

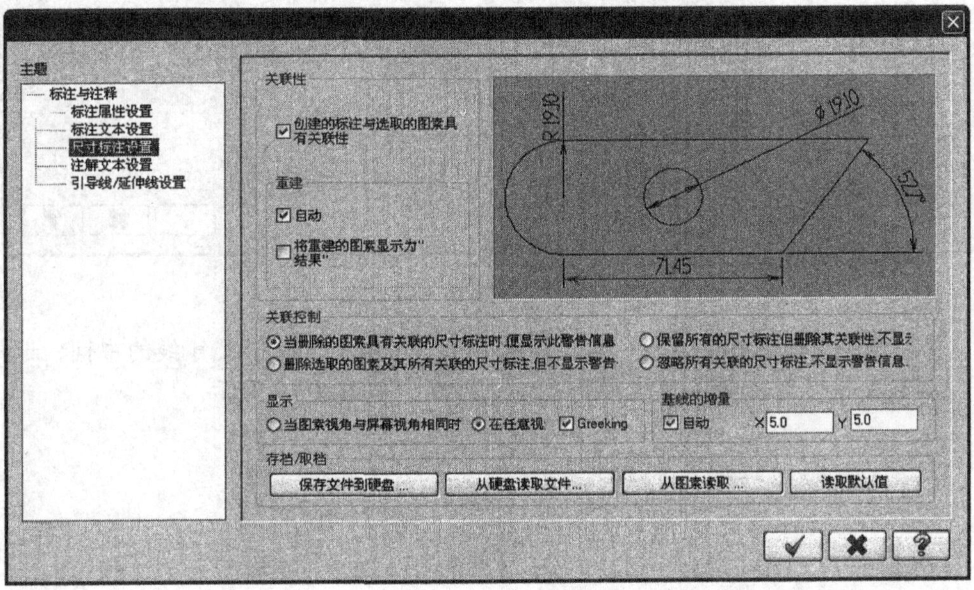

图 6-76 尺寸标注设置

● 要删除与标注有关联的图素时，是否给予提示或者忽略。

● 显示：选中“当图素视角与屏幕视角相同时”单选按钮，表示只有当视图平面与标注所在的构图平面相同时才显示标注；选中“在任意视角”单选按钮，表示在任何视图中都显示标注，如图 6-77 所示。

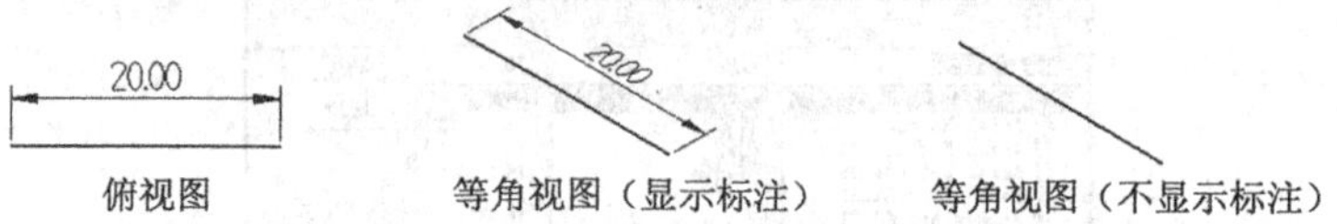

图 6-77　在不同视图是否显示标注

● 基线的增量：用于设置尺寸线间的距离，包括 X 轴方向和 Y 轴方向。一般情况下，该值可以设置为文本高度的 2 倍。

6.4.4　引导线/延伸线设置

在如图 6-76 所示的对话框中选择“引导线 / 延伸线设置”项，即可设置引导线、延伸线和箭头的属性，如图 6-78 所示。下面将常用设置项进行讲解：

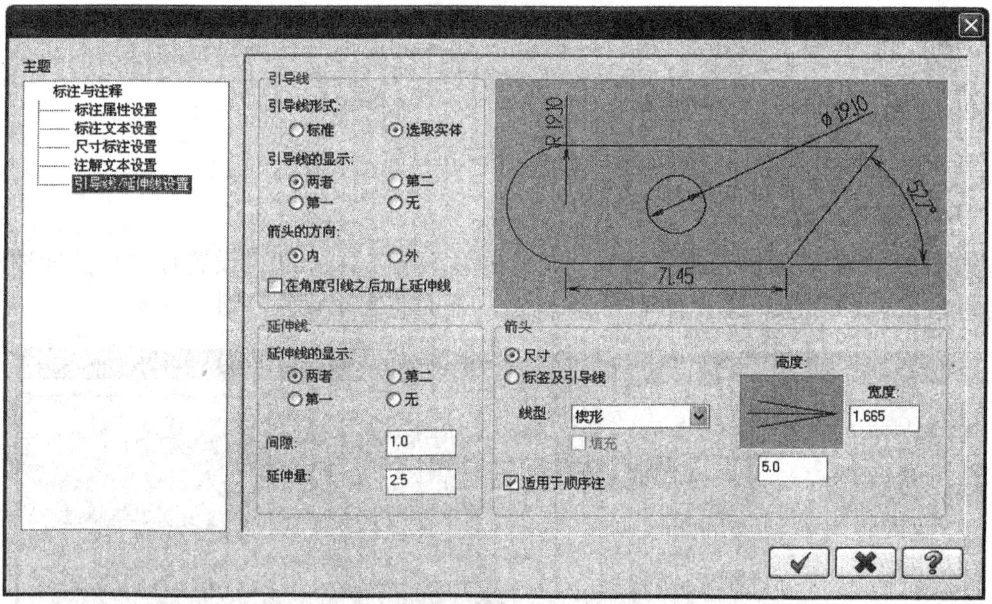

图 6-78　引导线/延伸线设置

● 引导线形式：选中“标准”单选按钮，则将标注文本置于尺寸线的中间；选择“选取实体”单选按钮，则将标注文本置于尺寸线上方，如图 6-79 所示。

图 6-79　引导线形式示意图

● 引导线的显示：用于设置尺寸标注中引导线的显示情况，如图 6-80 所示。

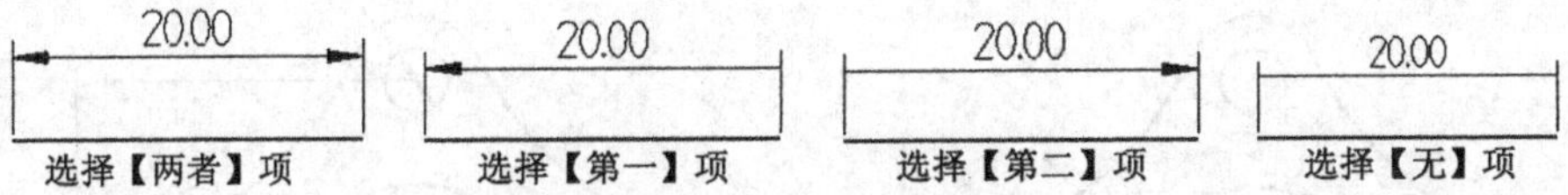

图 6-80 引导线显示示意图

● 箭头的方向：用于设置引导线箭头的显示方向，有“向内”和“向外”两种，如图 6-81 所示。

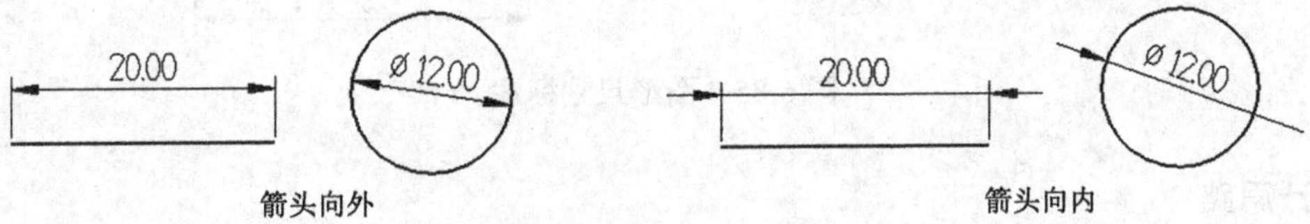

图 6-81 箭头方向示意图

● 间隙：用于设置尺寸界线起点与标注对象的特征点之间的间隙大小，如图 6-82 所示。

● 延伸量：用于设置尺寸界线超出尺寸线的长度，如图 6-83 所示。

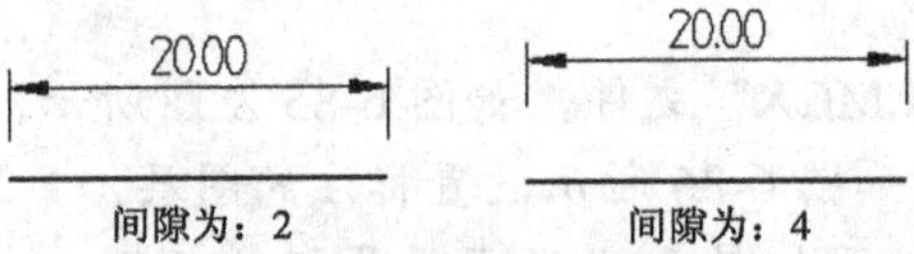

图 6-82 不同间隙示意图

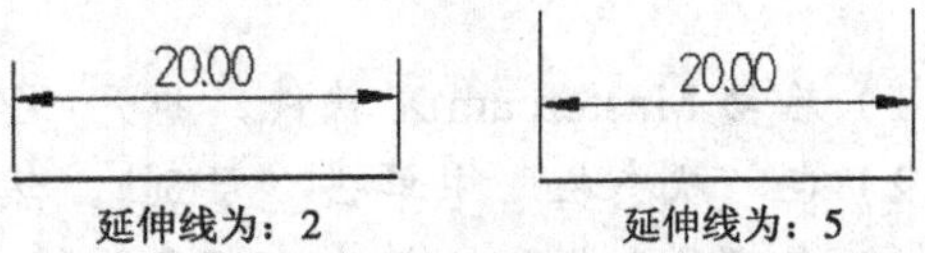

图 6-83 不同延伸量示意图

● 箭头：在“线型”下拉列表框中选择箭头的类型，并可设置实心箭头或空心箭头、箭头的长度和宽度，如图 6-84 所示。

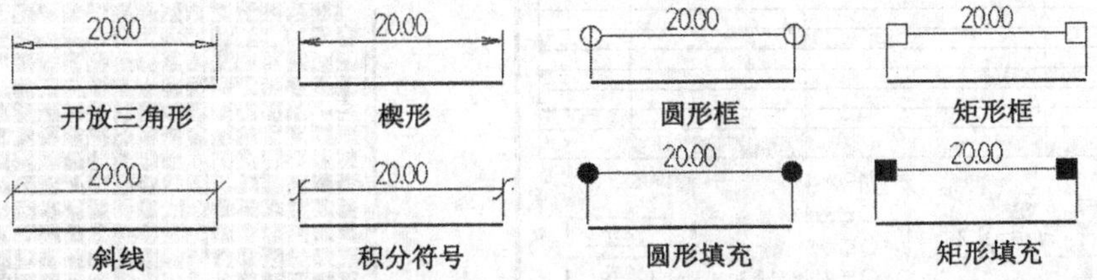

图 6-84 不同箭头示意图

6.5 综合实例—— 综合图形尺寸标注

设计要求

在对图形进行标注时，需要对其标注属性进行设置，才能标注出符合要求的尺寸标注，如图 6-85 所示。

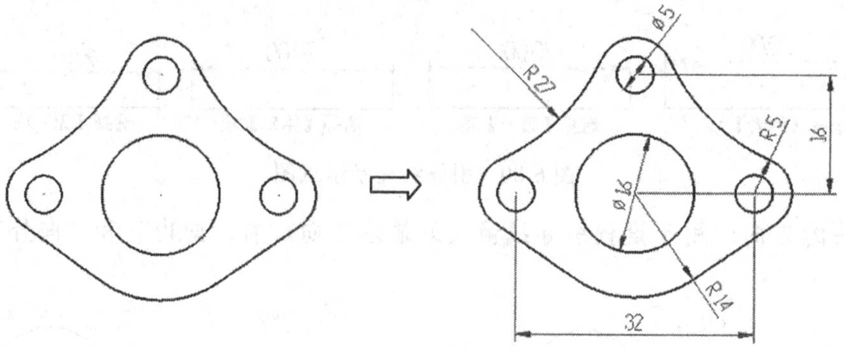

图 6-85　图形尺寸标注

设计思路

（1）设置标注层的属性。
（2）标注属性的设置。
（3）对图形进行各种尺寸标注。

设置标注层的属性

（1）启动 Mastercam X 软件，打开“ZHSL5A.MCX”文件，如图 6-85 左图所示。
（2）在“状态栏”中单击“层别”，然后按照如图 6-86 所示设置标注的图层。
（3）在“状态栏”中单击“颜色”框，然后按照如图 6-87 所示设置标注颜色。

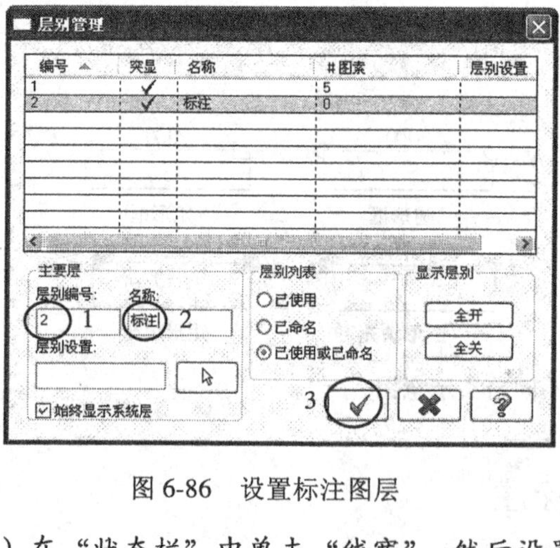

图 6-86　设置标注图层

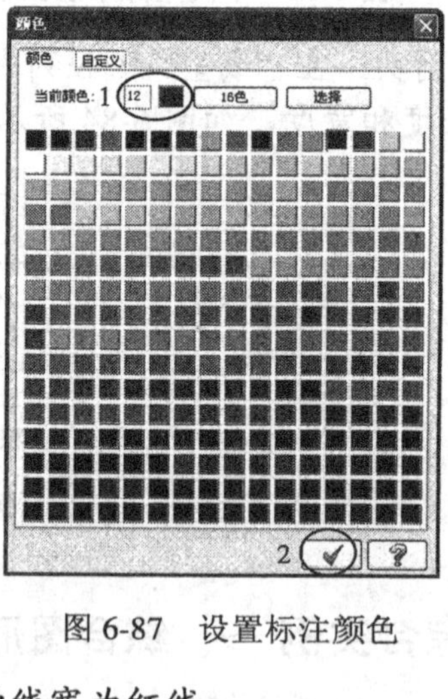

图 6-87　设置标注颜色

（4）在“状态栏”中单击“线宽”，然后设置标注的线宽为红线。

标注属性的设置

（1）选择【绘图】/【尺寸标注】/【选项】命令，然后按照如图 6-88、图 6-89、图 6-90 所示进行标注属性的设置。

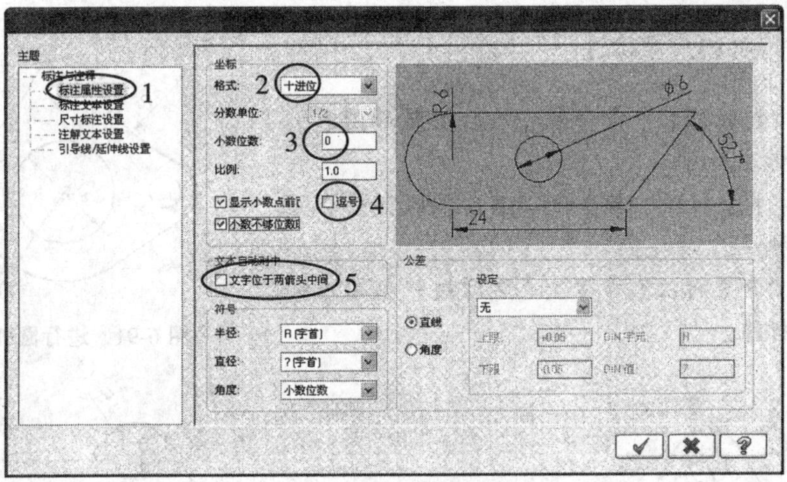

图 6-88　进行标注属性设置

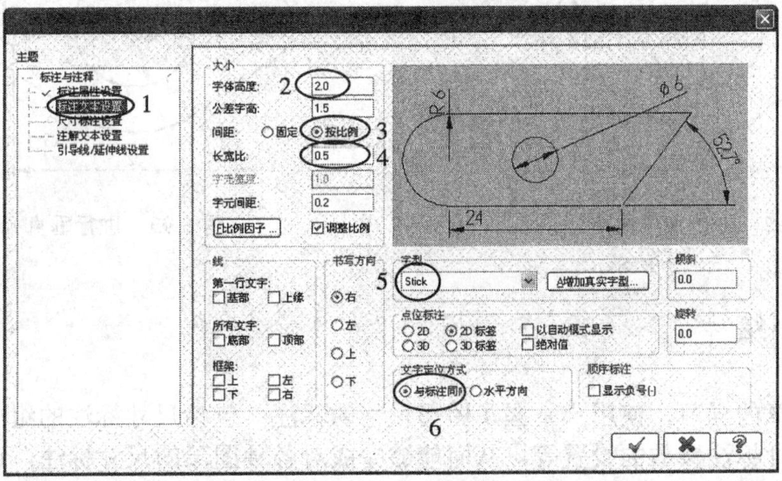

图 6-89　进行标注文本设置

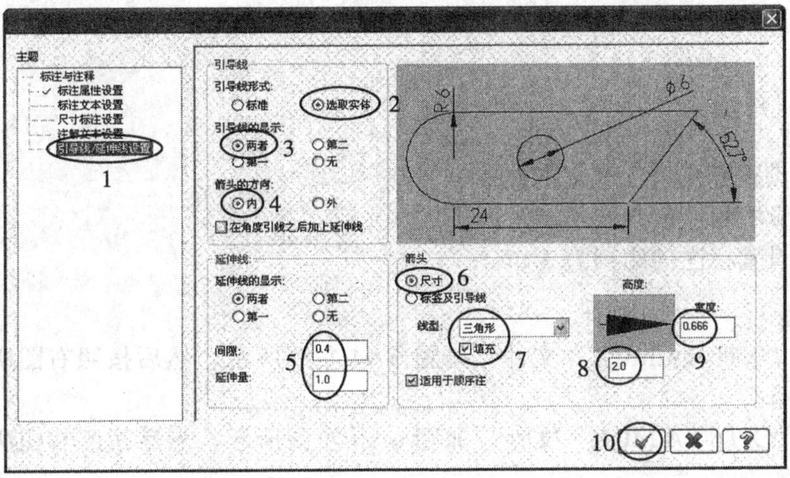

图 6-90　进行引导线/延伸线设置

对图形进行各种尺寸标注

（1）选择“圆弧标注”命令，然后按照如图 6-91 所示进行圆弧标注。

（2）选择“水平标注”命令，然后按照如图 6-92 所示进行水平标注。

（3）选择“垂直标注”命令，然后按照如图 6-93 所示进行垂直标注。

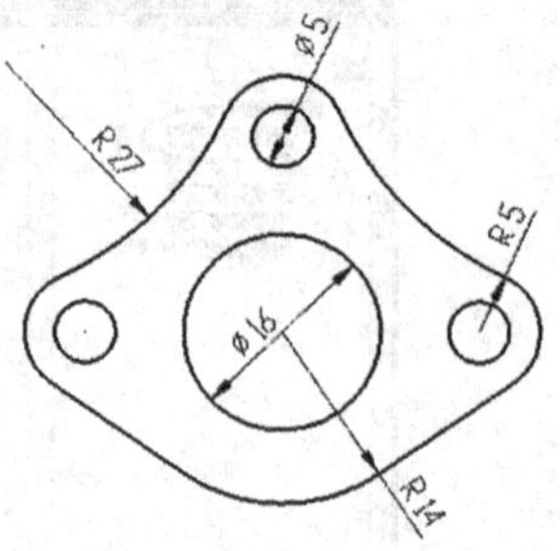

图 6-91 进行圆弧标注

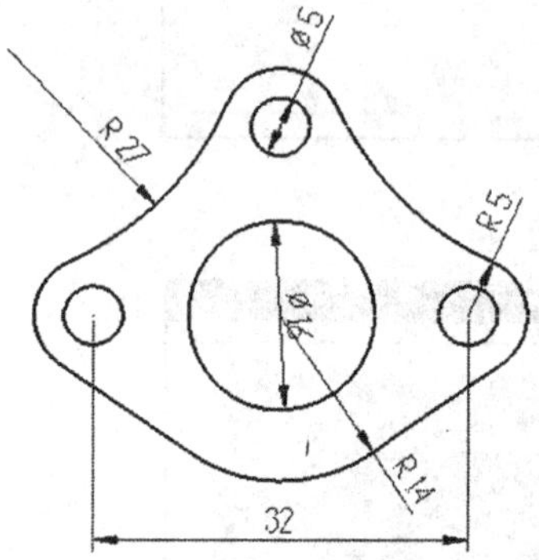

图 6-92 进行水平标注

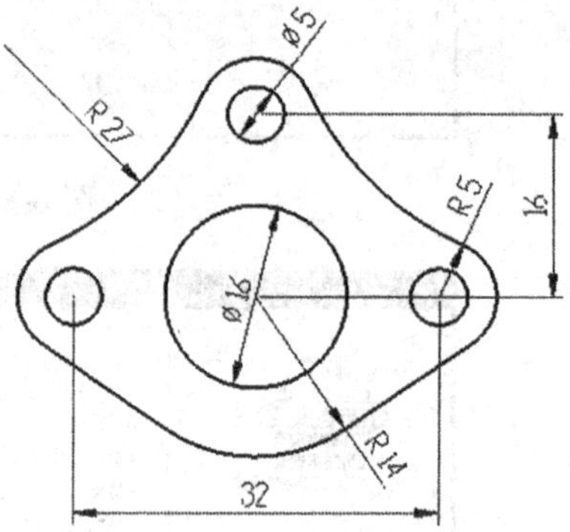

图 6-93 进行垂直标注

6.6 本章小结

通过对本章的学习，使用户掌握了图形尺寸的标注，包括尺寸标注的组成、各种尺寸标注，以及尺寸标注参数的设置等，从而能够完成对各种图形的尺寸标注，这对工程图的阅读和数控的加工提供了更为详细的说明。

6.7 习题

1. 概念题

（1）怎样设置标注尺寸的文本大小？

（2）怎样设置标注的界线及箭头形式？

（3）怎样设置标注的比例为 3:1？

2. 操作题

（1）打开“XT6-1A.MCX”文件，如图 6-94 左图所示，然后按照右图所示进行尺寸标注。

（2）打开“XT6-2A.MCX”文件，如图 6-95 左图所示，然后按照右图所示进行尺寸标注。

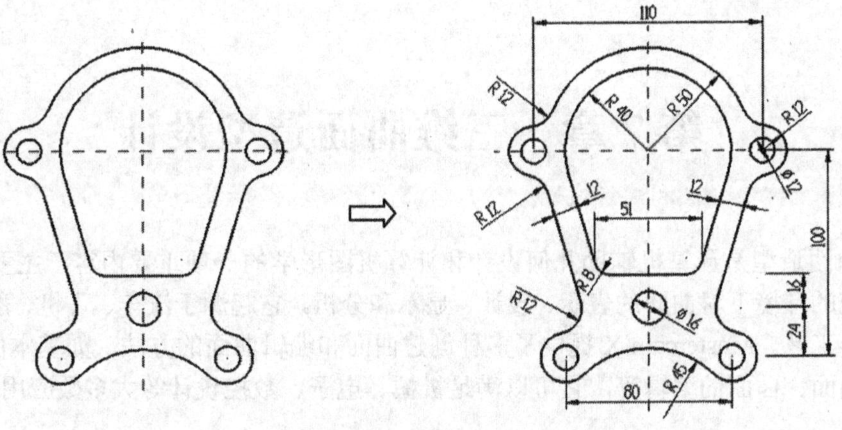

图 6-94　进行尺寸标注

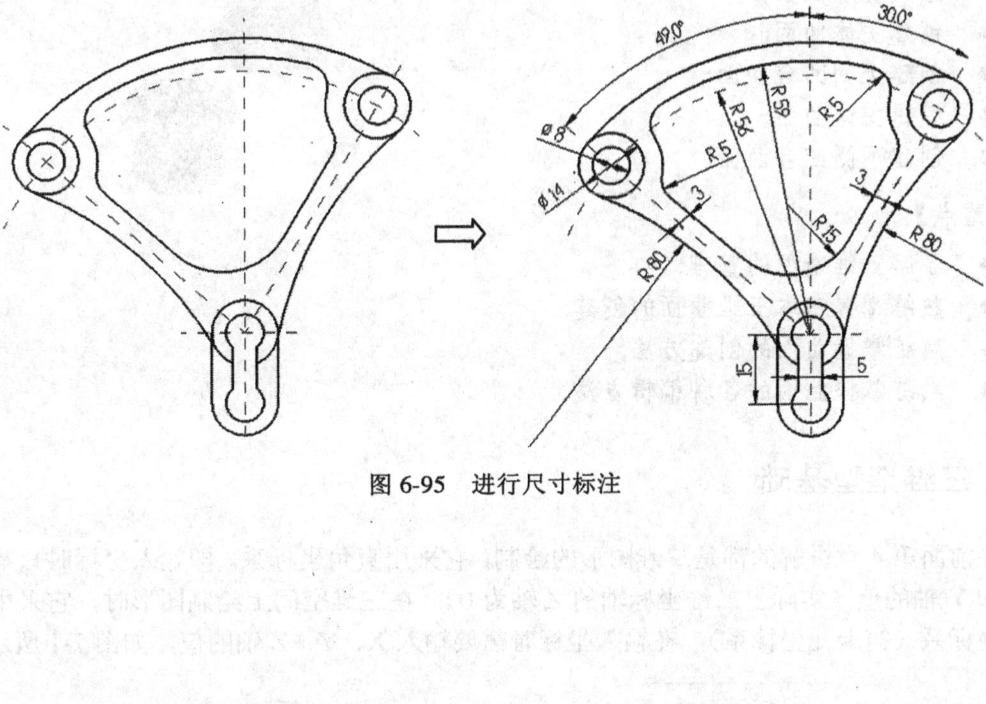

图 6-95　进行尺寸标注

第 7 章　三维曲面造型设计

三维曲面造型是计算机辅助几何设计和计算机图形学的一项重要内容，主要研究在计算机图象系统的环境下对曲面的表示、设计、显示和分析，它起源于汽车、飞机、船舶、叶轮等的外形放样工艺。Mastercam X 提供了多种创建曲面和编辑曲面的方法，如基本曲面的创建、自由创建曲面、曲面的编辑等，它可以满足机械、电子、数控设计等大多数应用领域的要求。

【内容提要】

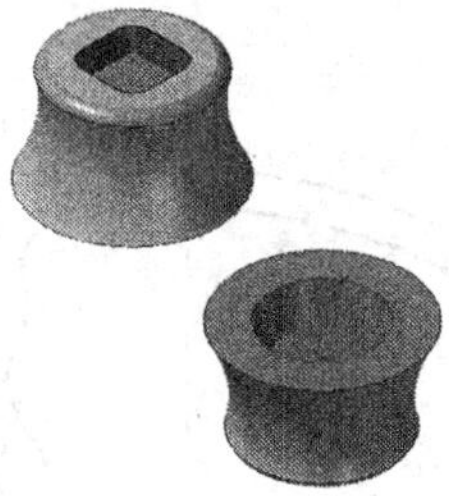

- 绘制轮廓图素；
- 创建主体曲面；
- 创建上侧凹台曲面；
- 编辑主体曲面；
- 创建下侧凹台曲面。

【本章重点】

- 了解三维造型的基础；
- 熟练掌握基本三维曲面的创建；
- 熟练掌握曲面的创建方法；
- 熟练掌握曲面的各种编辑方法。

7.1　三维造型基础

在前面第 4 章讲解的都是二维图形的绘制，它采用直角坐标系，即输入坐标时只需输入 X 轴和 Y 轴的值（实际上二维坐标轴的 Z 轴为 0）；在三维空间上绘制图形时，它采用三维空间坐标系（笛卡儿坐标系），在输入坐标时需要输入 X、Y、Z 轴的值，如图 7-1 所示。

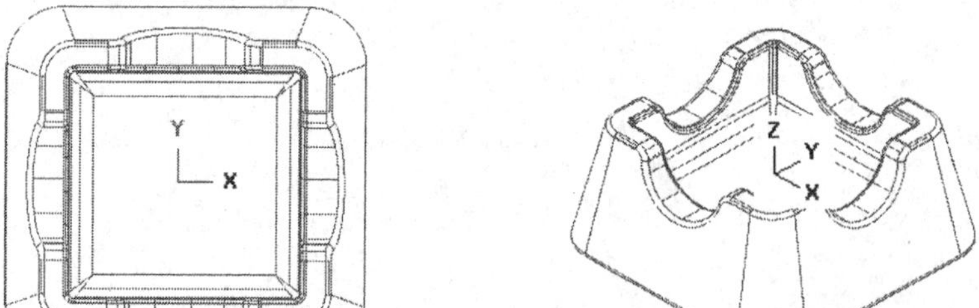

图 7-1　三维空间坐标系

用户在三维空间坐标系中绘制图形时，应遵循右手定则。就是伸出右手，使其右手的拇指、食指、中指两两互相垂直，且拇指代表 X 轴、食指代表 Y 轴、中指（掌心）代表 Z 轴。

7.1.1　基本构图面的确定

在 Mastercam X 中引入构图平面的概念，是为了能将复杂的三维绘图简化为简单的二维绘图。构图平面是用户当前要使用的绘图平面，与工作坐标系平行。设置好构图平面后，则绘制出的所有图形都在构图平面上，如将构图平面设置为俯视图，则用户所绘制出来的图形就产生在平行于水平面的构图面上。

在 Mastercam X 的“标准”工具栏中单击按钮右方的三角按钮，可在弹出的下级菜单中选择相应的按钮来设置三维构图面，如图 7-2 所示。也可以在“状态栏”中单击“构图面”选项，弹出“构图面”快捷菜单，如图 7-3 所示。

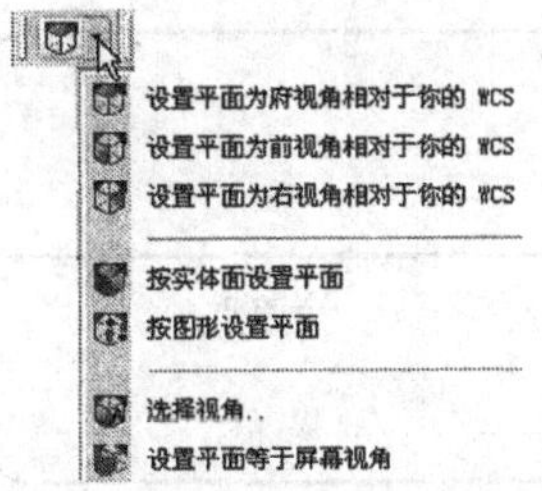

图 7-2　工具栏的“构图面”菜单

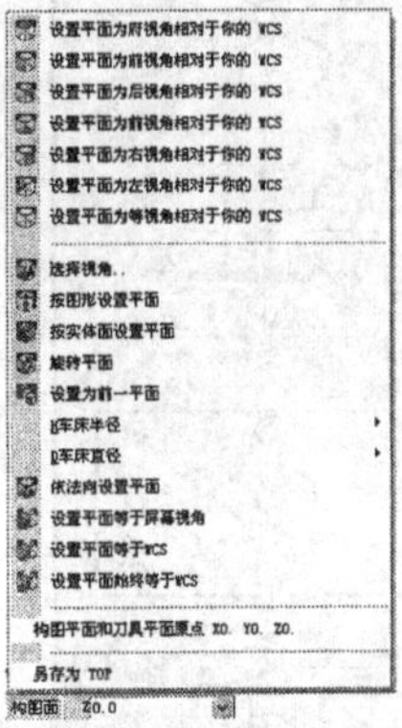

图 7-3　“构图面”的快捷菜单

【例 7-1】在不同的构图面绘制图形。

操作步骤

（1）启动 Mastercam X 软件，在【草图】工具栏中单击“矩形形状设置”按钮。

（2）在弹出的【矩形形状选项】对话框中分别设置各项参数，并确定其中心点为原点，如图 7-4 所示。

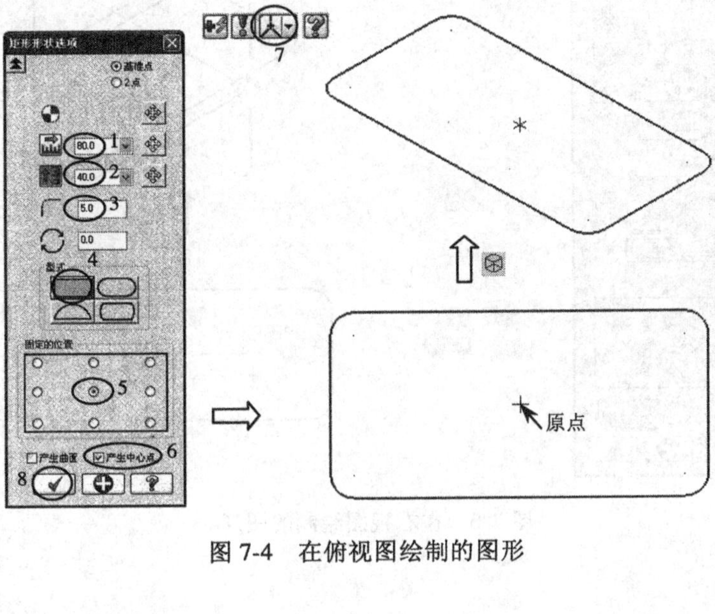

图 7-4　在俯视图绘制的图形

（3）在“状态栏”中设置“构图面”为“前视图”，“屏幕视角”为“前视图”。

（4）在弹出的【矩形形状选项】对话框中分别设置各项参数，并确定其中心点为原点，如图 7-5 所示。

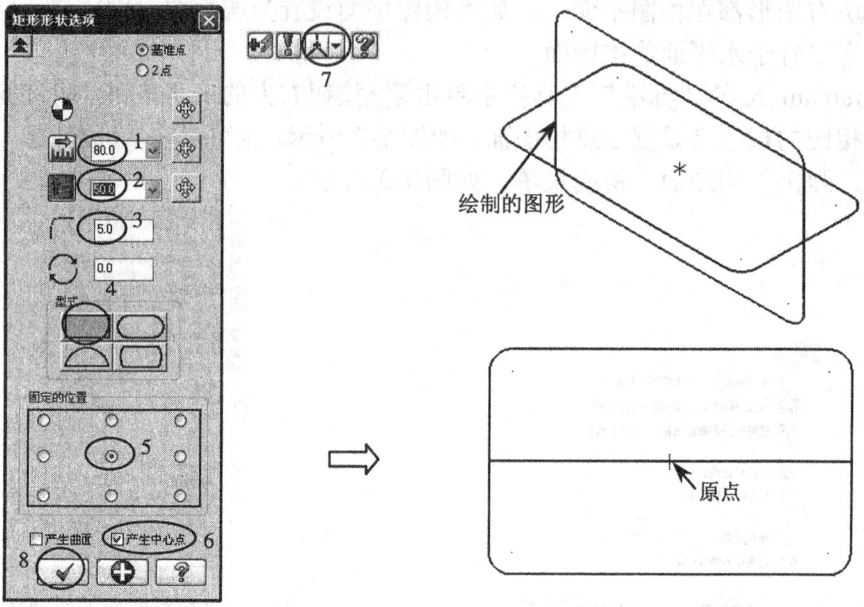

图 7-5　在前视图绘制的图形

（5）在“状态栏”中设置“构图面”为“右视图”，“屏幕视角”为“右视图”。

（6）在弹出的【矩形形状选项】对话框中分别设置各项参数，并确定其中心点为原点，如图 7-6 所示。

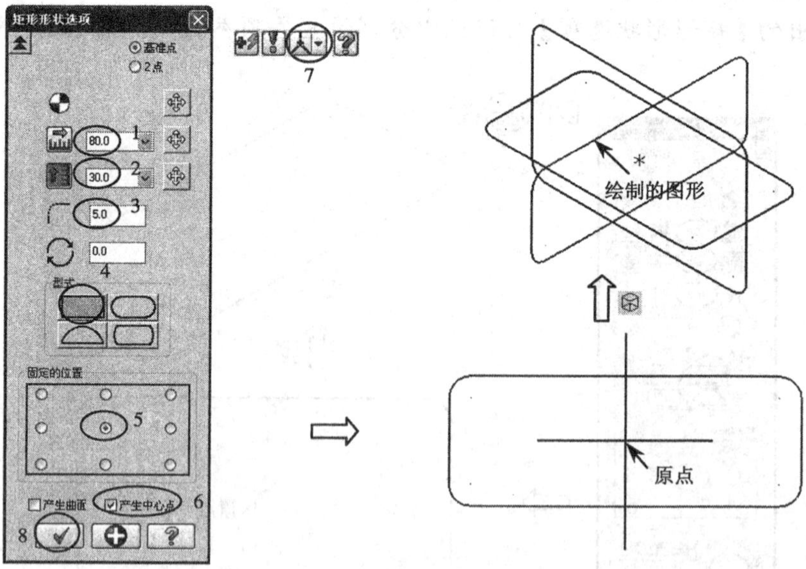

图 7-6　在右视图绘制的图形

7.1.2　视角的改变

视角是观察三维模型的视线角度，通过不同的视角所观察到的三维模型外观则不同，它完全独立于构图平面和工作深度，用户可以按住鼠标中键旋转三维模型，从而可以在任何角度观察三维模型。

在 Mastercam X 的【图形视角】工具栏中单击相应的视角按钮，可以设置当前视角为俯视图、侧视图或前视图等，或者在“状态栏”中单击“屏幕视角”选项，则弹出相应的“屏幕视角”快捷菜单，如图 7-7 所示。

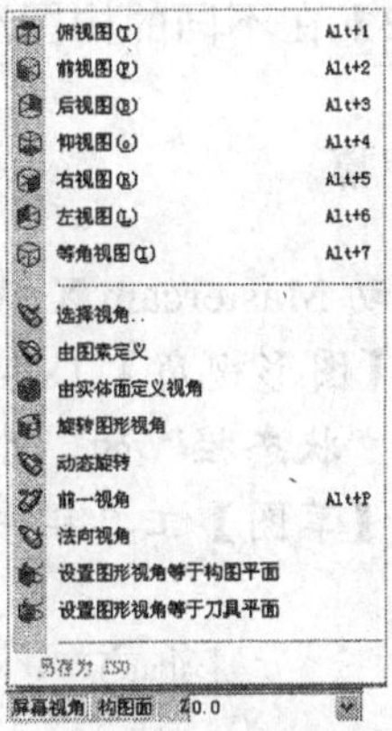

图 7-7　“屏幕视角”快捷菜单

如图 7-8 所示就是在不同视角所观察到的三维模型效果。

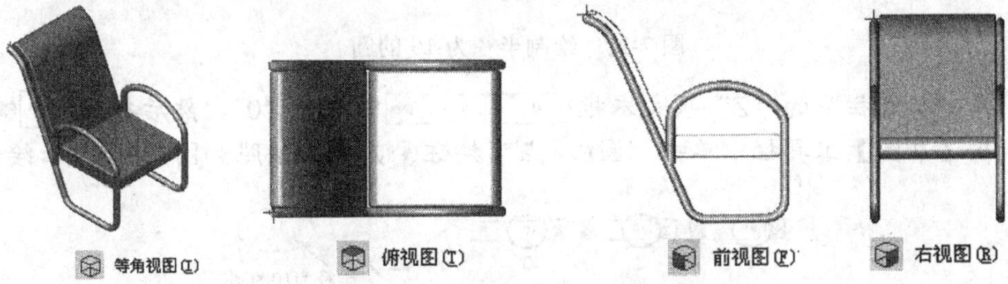

图 7-8　不同视角的模型效果

当设置的构图面与视角平面不一致而是相互垂直时，若进行绘图操作，系统会弹出如图 7-9 所示的【警告】提示框，此时必须调整视角平面或者是构图平面才可以进行下一步的操作。

当改变图形视角，选择某一标准视角方向后，当前的构图面也将发生相应的变化，变成与图形视角一致的方向。尤其需要注意的是，将图形视角改成“ISO 空间视图”时，构图面将变成“Top 俯视图”。

图 7-9 【警告】提示框

7.1.3　构图深度的设定

在 Mastercam X 中，其构图深度的设定就是通过改变 Z 轴的数值来确定的，也可以在“状态栏”中单击“Z”项，然后在视图中捕捉某一点，从而确定 Z 轴的深度以作为当前的构图深度，如图 7-10 所示。

图 7-10　构图深度的设定

在设定构图深度时，必须是在 2D 状态下，否则设定的深度无效。构图深度 Z 的值有正值和负值，沿构图面法线方向的为正，反之为负。如果视角平面与构图平面一致时，则指向用户（屏幕外）为正，反之为负。

【例 7-2】在不同的构图深度绘制花瓶三维线框。

操作步骤

（1）启动 Mastercam X 软件，进入 Mastercam X 设计界面。

（2）在【图形视角】工具栏中单击“等角视图”按钮，将视图转换为等角视图方式。

（3）在“状态栏”的“Z”项文本框中输入“-30”，然后按 Enter 键。

（4）在【草图】工具栏中单击“圆心+点”按钮，然后按照如图 7-11 所示绘制圆。

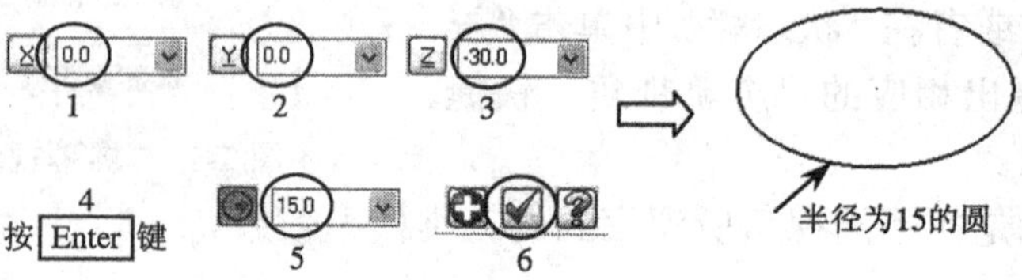

图 7-11 绘制半径为 15 的圆

（5）在“状态栏”的“Z”项文本框中输入“0”，然后按 Enter 键。

（6）在【草图】工具栏中单击“圆心+点”按钮，然后按照如图 7-12 所示绘制圆。

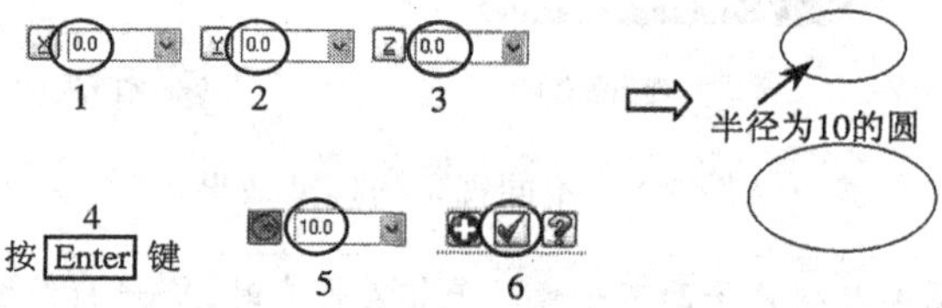

图 7-12 绘制半径为 10 的圆

（7）在“状态栏”的“Z”项文本框中输入“20”，然后按 Enter 键。

（8）在【草图】工具栏中单击“矩形形状按钮”按钮，然后按照如图 7-13 所示绘制圆角矩形。

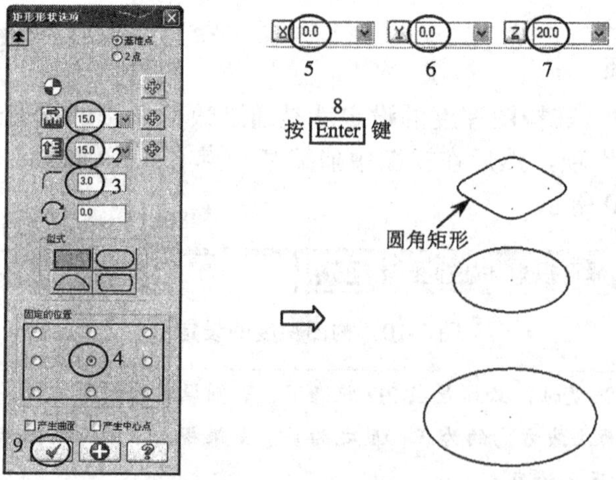

图 7-13 绘制圆角矩形

（9）在“状态栏”的“Z”项文本框 60.0 中输入“60”，然后按 Enter 键。

（10）在【草图】工具栏中单击“圆心+点”按钮，然后按照如图 7-14 所示绘制圆。

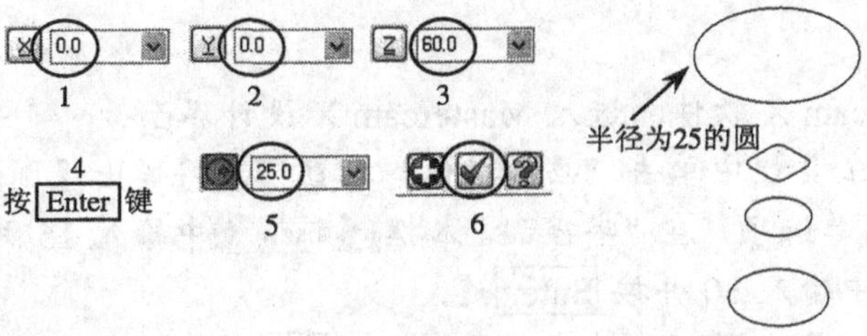

图 7-14　绘制半径为 25 的圆

7.2　创建基本三维曲面

基本三维曲面是指具有规则的和固定的形状曲面。选择【绘图】/【基本曲面】命令，此时将弹出相关的基本三维曲面命令，如图 7-15 左图所示；同样在【草图】工具栏也给出了相应的命令，如图 7-15 右图所示。

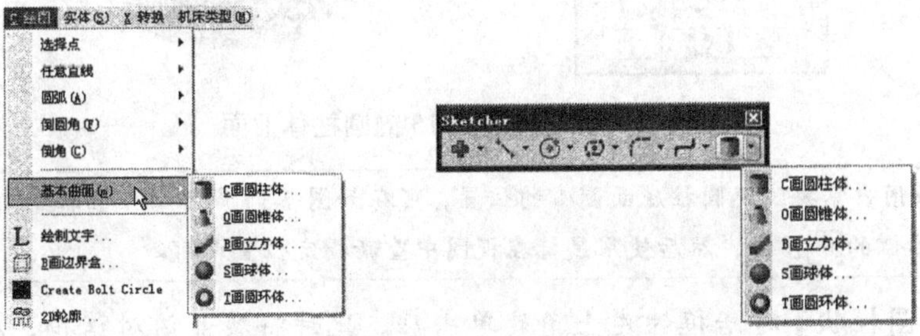

图 7-15　基本曲面

7.2.1　创建圆柱体曲面

在创建圆柱体曲面时，通过输入圆柱的半径和高度来创建圆柱体曲面。

选择【绘图】/【基本曲面】/【画圆柱体】命令，或者单击【草图】工具栏的“画圆柱体”按钮，将弹出【圆柱状】对话框，用户可根据不同的参数设置得到不同的圆柱体曲面，如图 7-16 所示。

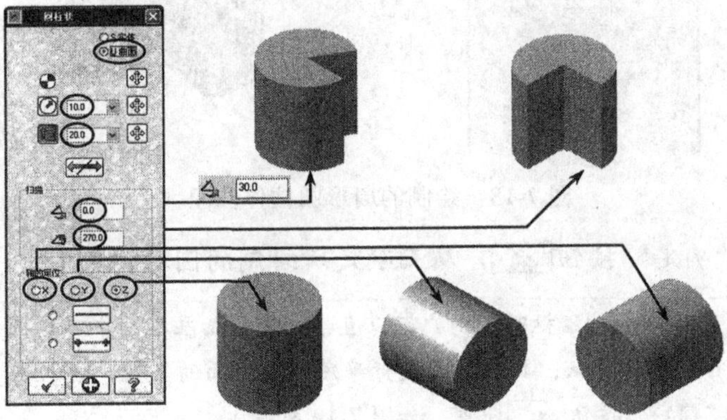

图 7-16　创建的不同圆柱体曲面

【例 7-3】创建不同的圆柱体曲面。

操作步骤

（1）启动 Mastercam X 软件，进入 Mastercam X 设计界面。

（2）在【草图】工具栏中单击“画圆柱体”按钮，将弹出【圆柱状】对话框。

（3）选择 U 曲面单选项，在“半径”文本框 15.0 中输入 15 并按 Enter 键，在“高度”文本框 30.0 中输入 30 并按 Enter 键。

（4）在【自动抓点】工具栏中选中“原点”项，则此时将以视图的原点为圆心，呈现一个半径为 15、高度为 30 的圆柱体曲面，如图 7-17 所示。

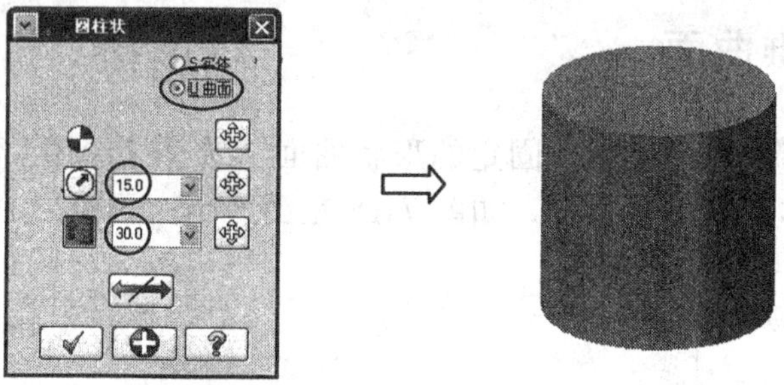

图 7-17 绘制半径为 15 的圆柱体曲面

如果用户需要改变圆柱底面圆心的位置，可在如图 7-17 所示的【圆柱状】对话框中，单击“圆心”右侧的按钮，然后使用鼠标在视图中重新指定位置即可。

（5）若在【圆柱状】对话框的左上角处单击，此时将展开该对话框，在“终止角度”文本框 270.0 中输入 270 并按 Enter 键，则视图效果如图 7-18 所示。

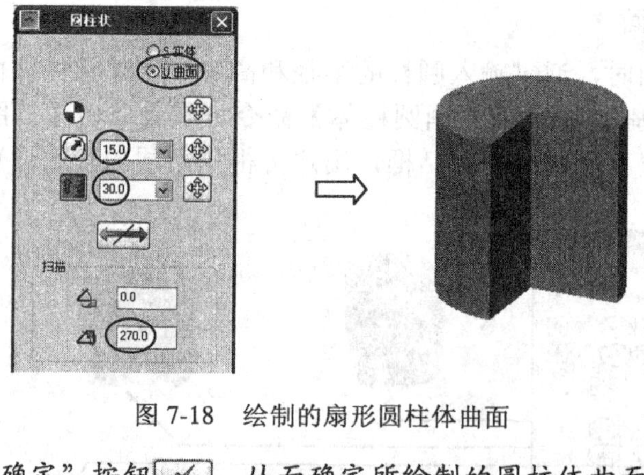

图 7-18 绘制的扇形圆柱体曲面

（6）最后单击“确定”按钮，从而确定所绘制的圆柱体曲面。

当打开【圆柱状】对话框时，用户可以直接使用鼠标在视图中创建圆柱体曲面。首先在视图中确定圆柱的底面圆心点，其次拖动鼠标确定圆柱底面的直径，再次拖动鼠标确定圆柱的高度，最后单击“确定”按钮即可，如图 7-19 所示。

用户所创建的曲面，其外观上和创建的实体相同，但实际不同。曲面内是空的，而实体内不是空心。在如图 7-20 左图所示中，如果选择其中的一面并按 Delete 键后，即可看到其内部是空的，如图 7-20 右图所示。

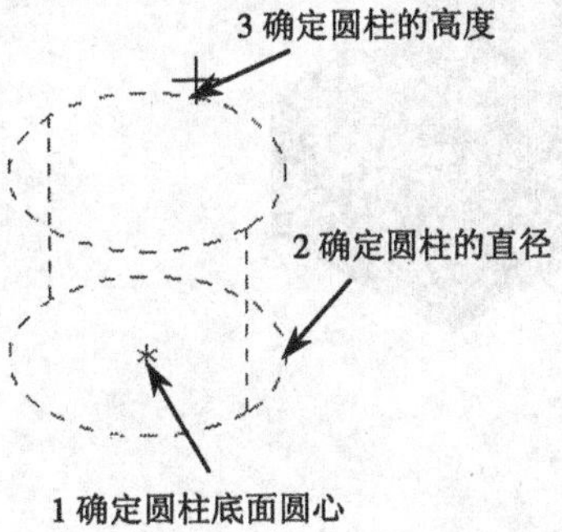

图 7-19　拖动方式创建圆柱体曲面

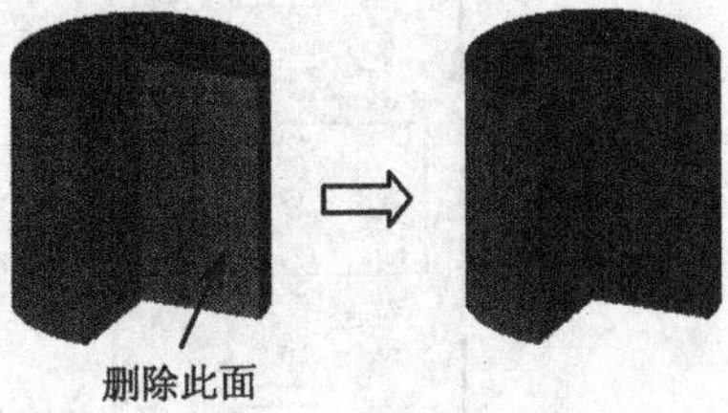

图 7-20　观察曲面

7.2.2　创建圆锥体曲面

在创建圆锥体曲面时，通过输入圆锥底部的半径、高度和圆锥顶部的半径或斜角来创建圆锥体曲面。

选择【绘图】/【基本曲面】/【画圆锥体】命令，或者在【草图】工具栏中单击“画圆锥体”按钮，然后按照如图 7-21 所示创建不同类型的圆锥体曲面。

在绘制圆锥曲面时，其他参数的设置与绘制圆柱体曲面类似，这里就不再赘述。

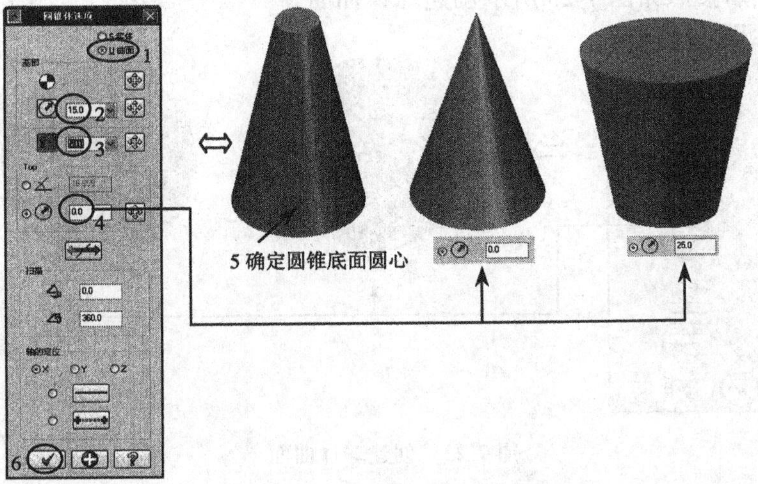

图 7-21　创建圆锥体曲面

7.2.3　创建立方体曲面

在创建立方体曲面时，通过输入立方体的长、宽和高来创建立方体曲面。

选择【绘图】/【基本曲面】/【画立方体】命令，或者在【草图】工具栏中单击“画立方体”按钮，然后按照如图 7-22 所示创建立方体曲面。

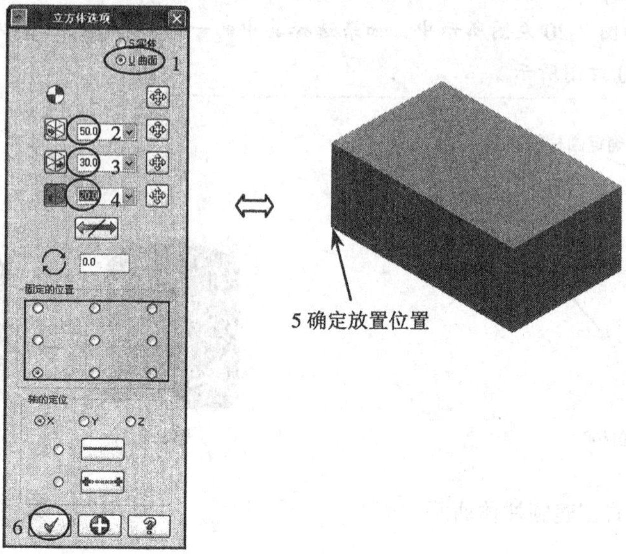

图 7-22　创建立方体曲面

在系统的默认状态下，其长度与 X 轴对应、宽度与 Y 轴对应、高度与 Z 轴对应，但用户可在“轴的定位”设置区中来选择轴线的方向，从而改变高度的方向。

7.2.4　创建球体曲面

在创建球体曲面时，通过输入球体的半径来创建球体曲面。

选择【绘图】/【基本曲面】/【画球体】命令，或者在【草图】工具栏中单击“画球体”按钮，然后按照如图 7-23 所示创建球体曲面。

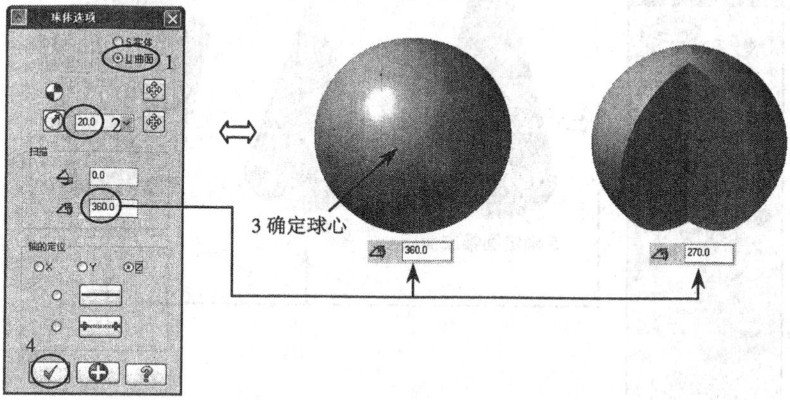

图 7-23　创建球体曲面

7.2.5　创建圆环体曲面

在创建圆环体曲面时，通过输入圆环半径和截面小圆半径的值来创建圆环体曲面。

选择【绘图】/【基本曲面】/【画圆环体】命令，或者在【草图】工具栏中单击“画圆环体”按钮，然后按照如图 7-24 所示创建圆环体曲面。

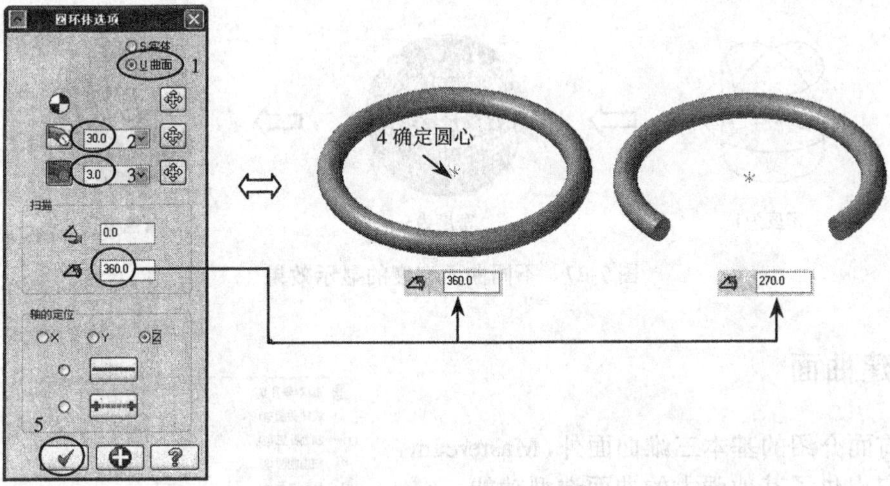

图 7-24　创建圆环体曲面

在【圆环体选项】对话框中，如果在“主径”文本框中输入较小的值（如 10），而“辅径”文本框中输入较大的值（如 20），则将产生意想不到的效果，如图 7-25 所示。

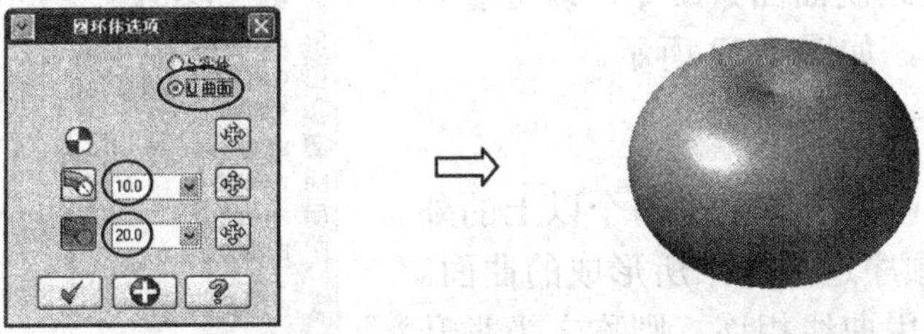

图 7-25　辅径大于主径

在默认情况下，曲面在线框模式下显示的密度较小，用户可选择【设置】/【系统规划】命令，或者按 Alt+F8 组合键，将打开【系统配置】对话框，选择“CAD 设置”项，如图 7-26 所示，然后在“曲面的显示密度”文本框中输入相应的数值即可。如图 7-27 所示就是设置不同密度的曲面线框模式效果。

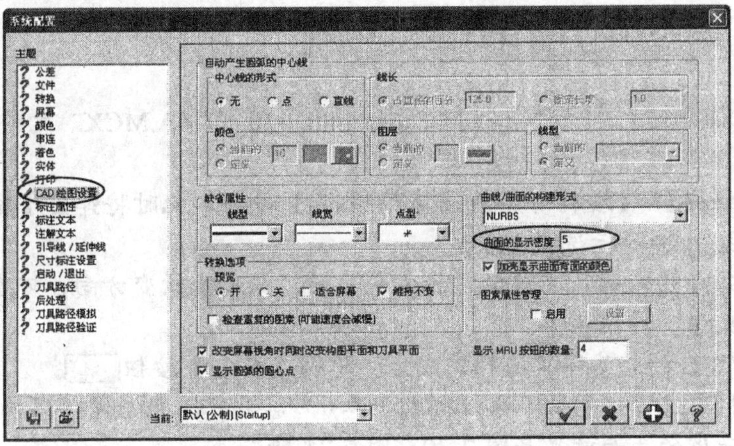

图 7-26　设置曲面面的显示密度

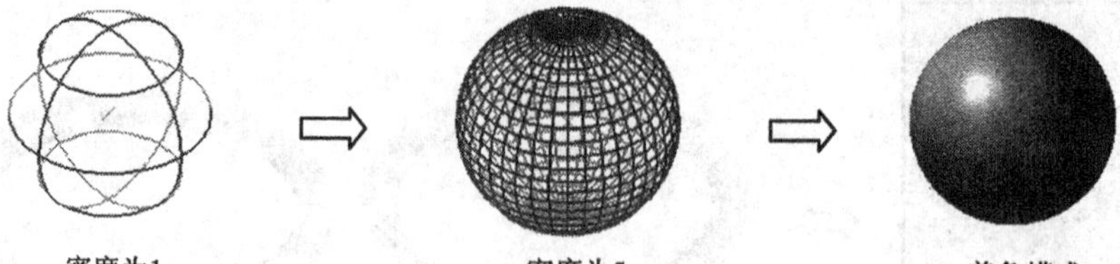

图 7-27 不同曲面密度的显示效果

7.3 创建曲面

除了前面介绍的基本三维曲面外，Mastercam X 还为用户提供了其他强大的曲面造型功能，它们通常都是由基本图素构成的封闭或开放的二维图形，然后由这些图素经过拉伸、旋转、举升等操作而形成曲面。

选择【绘图】/【绘制曲面】命令，即可看到相应创建曲面的功能，如图 7-28 所示。

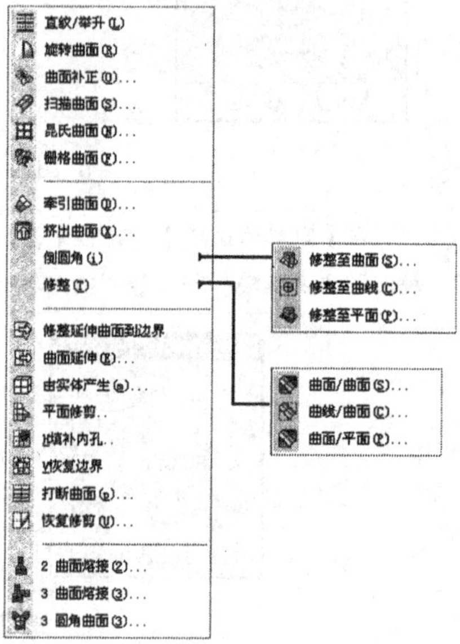

图 7-28 绘制曲面菜单

7.3.1 直纹/举升曲面

“直纹/举升”就是选择至少两个以上的外形轮廓，按照一定的顺序连接起来所形成的曲面。若每个外形轮廓之间用曲线相连，则称之为举升曲面；若每个外形轮廓之间用直线相连，则移之为直纹曲面。

在选择外形轮廓时，可以是单体，也可以是串连图素，但在选择图素时箭头方向要一致。

【例 7-4】直纹/举升曲面。

操作步骤

（1）启动 Mastercam X 软件，打开“\Example\07\LX7-4A.MCX”文件，如图 7-29 左图所示。

（2）选择【绘图】/【绘制曲面】/【直纹/举升】命令，此时将弹出【转换参数】对话框，然后按照如图 7-29 所示选择图素。

（3）在选择每个图素时，应确定它的方向一致，如果要改变方向，可在【转换参数】对话框中单击“反向”按钮。

（4）当直纹/举升的轮廓图素选择完成后，单击【确定】按钮。

（5）在操作栏中选择“直纹”按钮或“举升”按钮，然后单击【确定】按钮，则此时视图中所产生的曲面效果如图 7-30、图 7-31 所示。

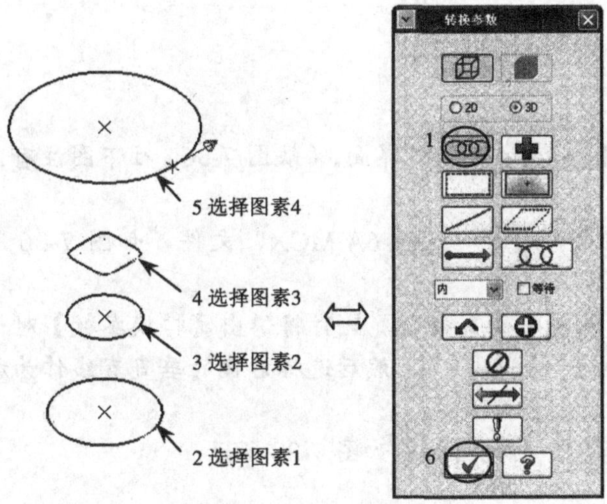

图 7-29　分别串连图素

图 7-30　直纹曲面

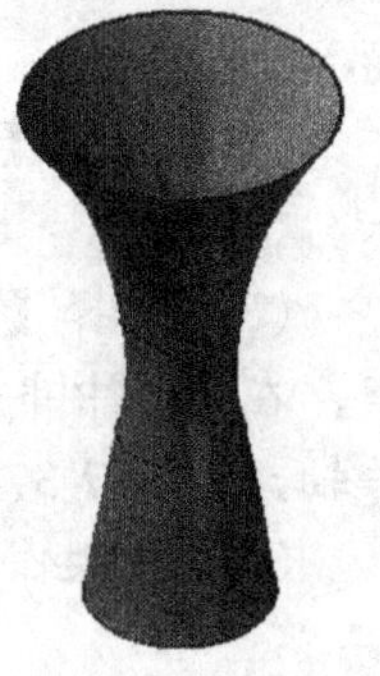
图 7-31　举升曲面

7.3.2　旋转曲面

“旋转曲面”就是将选择的串连轮廓图素绕指定的旋转轴旋转一定的角度而生成的曲面。

【例 7-5】 旋转曲面。

操作步骤

（1）启动 Mastercam X 软件，进入 Mastercam X 设计界面。

（2）在【草图】工具栏中单击“矩形”按钮，然后在视图中绘制一个 40×30 的矩形，如图 7-32 所示。

（3）在“状态栏”中单击“屏幕视角”菜单，然后选择“等角视图”命令。

（4）选择【绘图】/【绘制曲面】/【旋转曲面】命令，此时将弹出【转换参数】对话框，在视图中串连矩形，如图 7-33 所示，然后单击“确定”按钮。

（5）在视图中选择上侧的长边作为旋转轴线，则此时的视图效果如图 7-34 所示。

（6）在操作栏的“终止角度”文本框 270.0 中输入 270，然后单击“确定”按钮，则视图效果如图 7-35 所示。

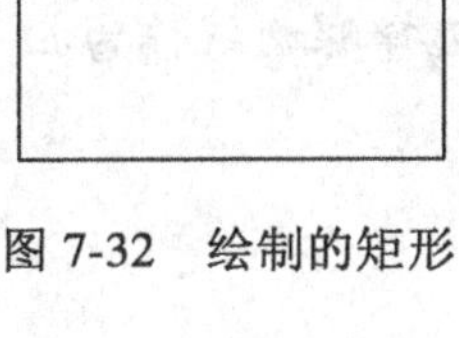
图 7-32　绘制的矩形

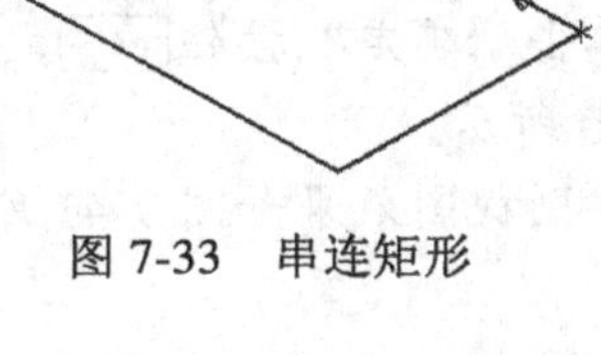
图 7-33　串连矩形

图 7-34　旋转 360°

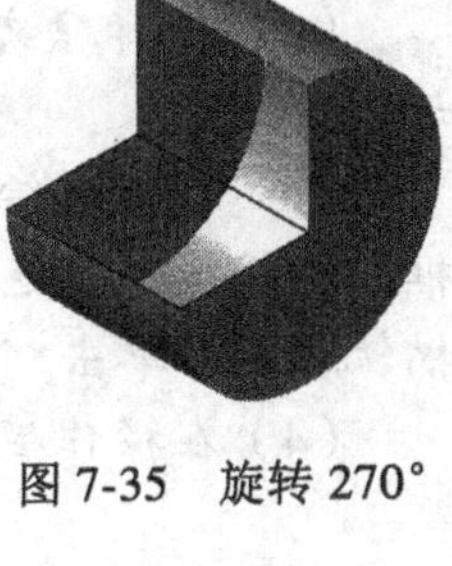
图 7-35　旋转 270°

【例 7-6】旋转曲面。

操作步骤

（1）启动 Mastercam X 软件，进入 Mastercam X 设计界面。（缺图 7-36，往下图注有问题）

（2）选择【文件】/【打开文件】命令，打开“LX7-6A.MCX”文件，如图 7-36 所示。

（3）选择【绘图】/【绘制曲面】/【旋转曲面】命令，此时将弹出【转换参数】对话框，在视图中串连左侧的曲线并单击“确定”按钮✔，然后选择右侧的垂直直线作为旋转轴，如图 7-37 所示。

（4）在操作栏中单击“确定”按钮✔，则视图效果如图 7-38 所示。

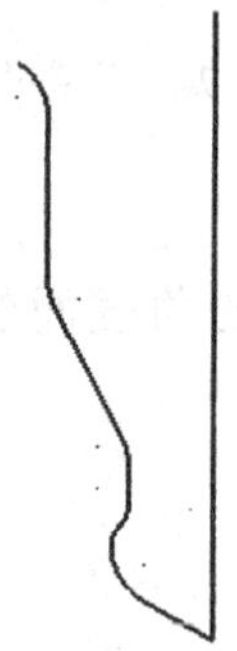

图 7-36 “LX7-6A.MCX”文件

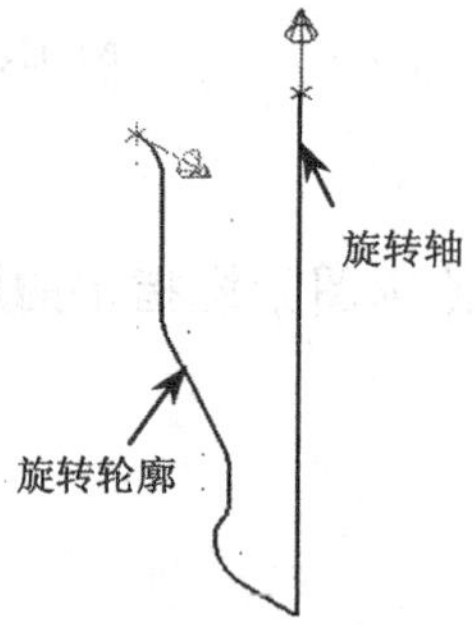

图 7-37 选择旋转轮廓与轴

图 7-38 旋转的效果

7.3.3 扫描曲面

“扫描曲面”就是将截面图素沿着一条轨迹线进行扫描所形成的曲面。截面图素和轨迹线可以是封闭的，也可以是开放式的。

按照截面与轨迹线的数量，其扫描曲面操作可分为三种情况，即一条截面对应一条轨迹线、两条截面对应一条轨迹线、一条截面对应两条轨迹线。

【例 7-7】一条截面对应一条轨迹线。

操作步骤

（1）启动 Mastercam X 软件，进入 Mastercam X 设计界面。

（2）选择【文件】/【打开文件】命令，打开“LX7-7A.MCX”文件，如图 7-39 所示。

（3）选择【绘图】/【绘制曲面】/【扫描曲面】命令，此时将弹出【转换参数】对话框，在视图中串连右下侧的小圆作为截面并单击“确定”按钮✔，再选择螺旋线作为扫描轨迹线并单击“确定”按钮✔，如图 7-40 所示。

（4）在操作栏中单击“确定”按钮✔，则视图效果如图 7-41 所示。

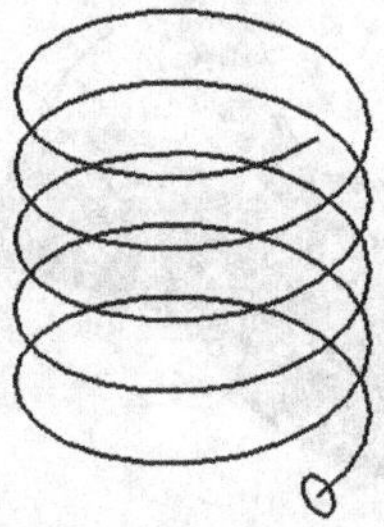

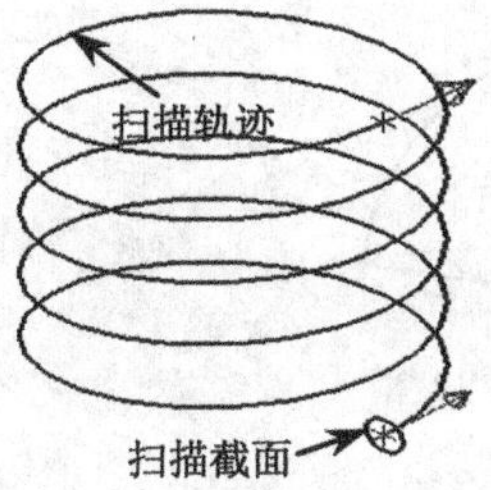

图 7-39 “LX7-7A.MCX”文件　图 7-40　选择扫描截面和轨迹线　图 7-41　扫描的效果

【例 7-8】两条截面对应一条轨迹线。

操作步骤

（1）启动 Mastercam X 软件，进入 Mastercam X 设计界面。

（2）选择【文件】/【打开文件】命令，打开“LX7-8A.MCX”文件，如图 7-42 所示。

（3）选择【绘图】/【绘制曲面】/【扫描曲面】命令，此时将弹出【转换参数】对话框，在视图中串连下侧的圆和上侧的多边形并单击“确定”按钮，再选择曲线作为扫描轨迹线并单击“确定”按钮，如图 7-43 所示。

（4）在操作栏中单击“确定”按钮，则视图效果如图 7-44 所示。

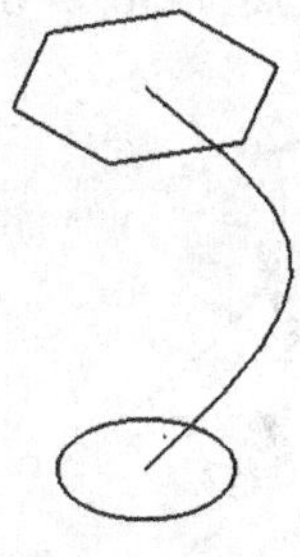

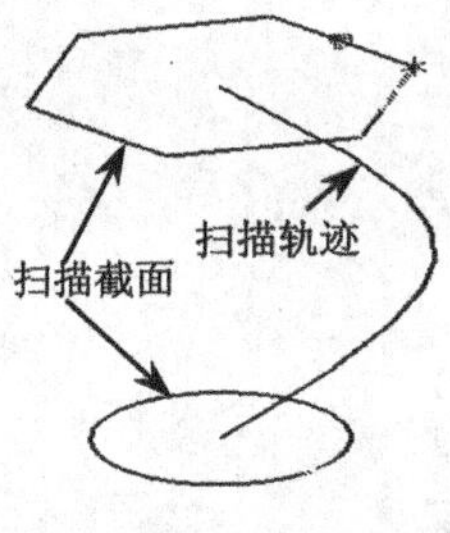

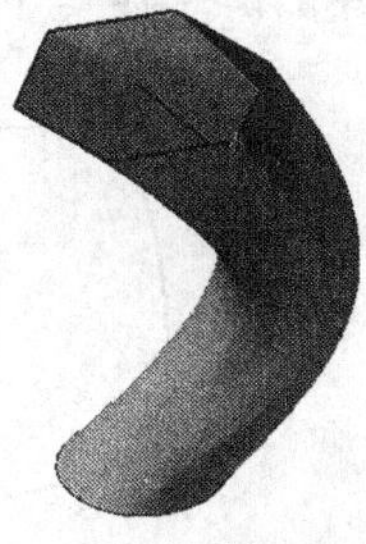

图 7-42 “LX7-8A.MCX”文件　图 7-43　选择扫描截面和轨迹线　图 7-44　扫描的效果

在选择两个扫描截面时，其方向应一致，否则将产生意想不到的效果。

【例 7-9】一条截面对应两条轨迹线。

操作步骤

（1）启动 Mastercam X 软件，进入 Mastercam X 设计界面。

（2）选择【文件】/【打开文件】命令，打开“LX7-9A.MCX”文件。

（3）选择【绘图】/【绘制曲面】/【扫描曲面】命令，此时将弹出【转换参数】对话框，在视图中单体选择圆弧并单击“确定”按钮，再分别单体选择两条曲线作为扫描轨迹线并单击“确定”按钮，如图 7-45 所示。

（4）在操作栏中单击“确定”按钮，则视图效果如图 7-46 所示。

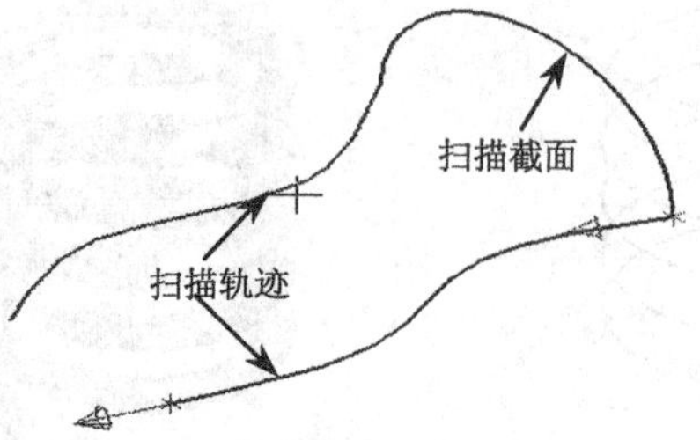

图 7-45　选择扫描截面和轨迹线

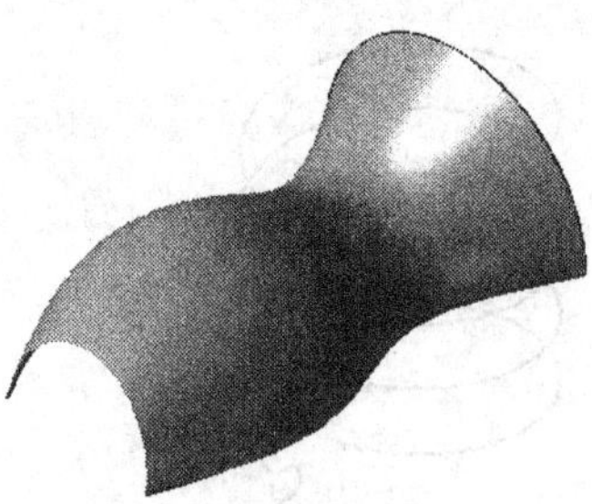

图 7-46　扫描的效果

7.3.4　昆式曲面

“昆式曲面”就是串连 4 条边界，然后根据指定的方向所生成的任意曲面。

【例 7-10】构建网格曲面。

操作步骤

（1）启动 Mastercam X 软件，进入 Mastercam X 设计界面。

（2）选择【文件】/【打开文件】命令，打开“LX7-10A.MCX”文件，如图 7-47 所示。

（3）选择【绘图】/【绘制曲面】/【昆式曲面】命令，此时将弹出【转换参数】对话框，在视图中依次选择 4 条曲线，如图 7-48 所示，然后单击“确定”按钮。

（4）在操作栏中单击“确定”按钮，则视图效果如图 7-49、图 7-50 所示。

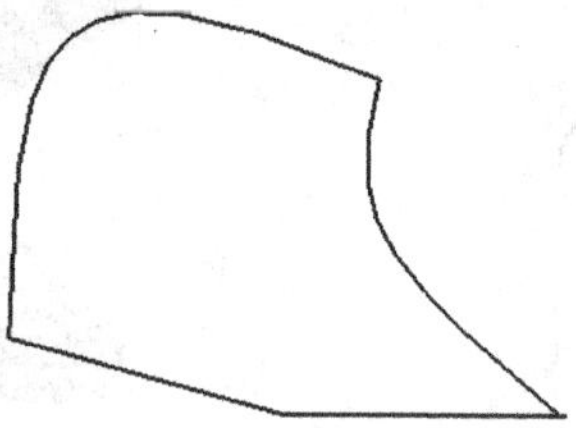

图 7-47　“LX7-10A.MCX”文件

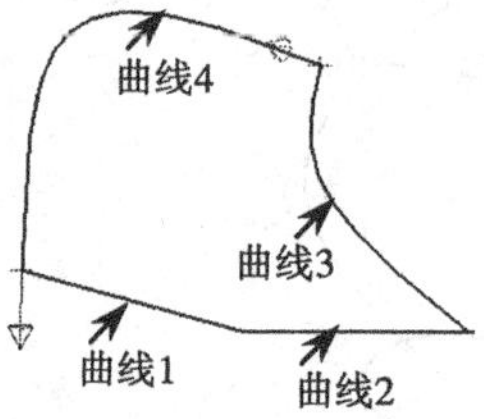

图 7-48　依次选择 4 条曲线

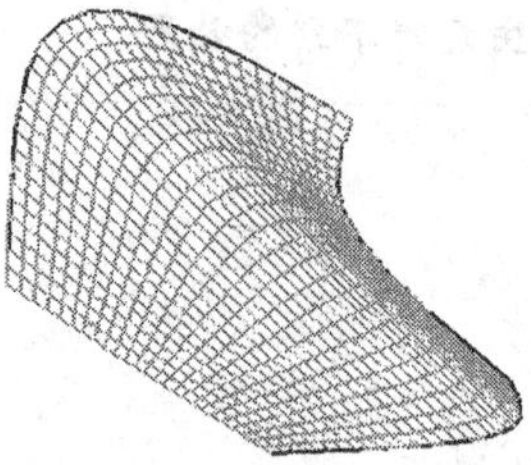

图 7-49　线框显示效果

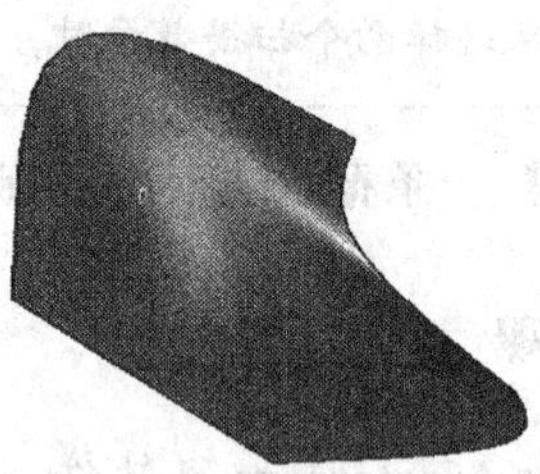

图 7-50　着色显示效果

7.3.5　栅格曲面

“栅格曲面”是 Mastercam X 的新增功能，就是在指定的平面上将一些相交的边界线（直线、圆弧、曲线、串连等）按照指定的长度和角度所形成的拉伸曲面。其相应的操作栏如图 7-51 所示。

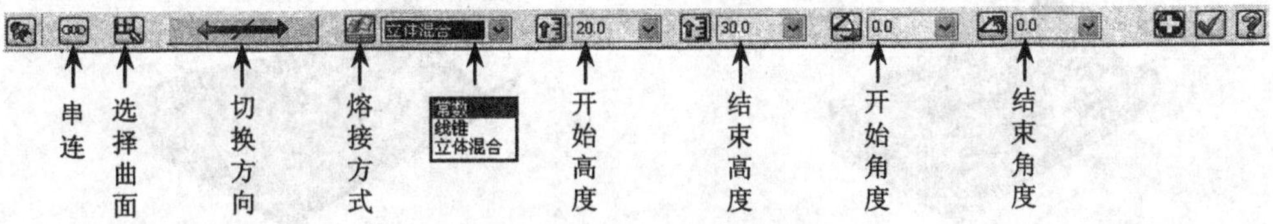

图 7-51 “栅格曲面”操作栏

【例 7-11】构建栅格曲面。

操作步骤

（1）启动 Mastercam X 软件，进入 Mastercam X 设计界面。

（2）选择【文件】/【打开文件】命令，打开“LX7-11A.MCX”文件，如图 7-52 所示。

（3）选择【绘图】/【绘制曲面】/【栅格曲面】命令，首先选择曲面，将弹出【转换参数】对话框，在视图中依次选择 6 条曲线，如图 7-53 所示，然后单击“确定”按钮。

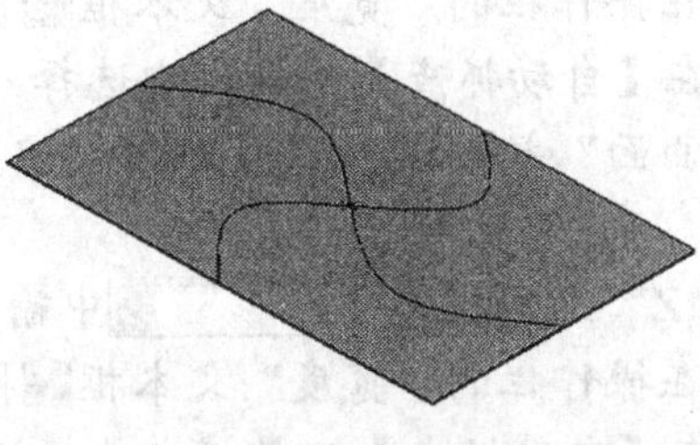

图 7-52 “LX7-11A.MCX”文件

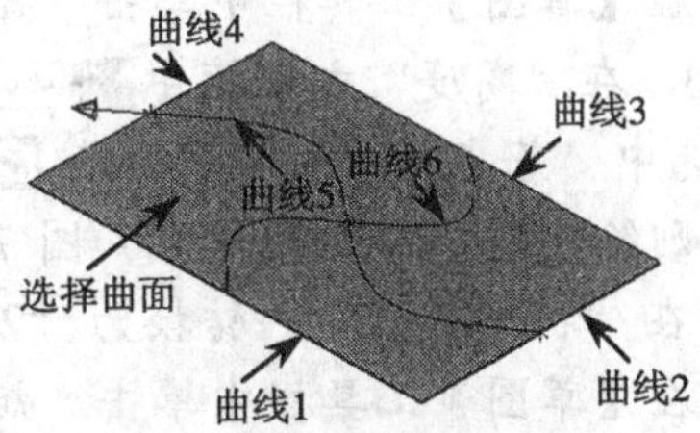

图 7-53 选择曲面和曲线

（4）若在操作栏中的“熔接方式”组合框 常数 中选择“常数”项，在“开始高度”文本框 15.0 中输入 15，则视图效果如图 7-54 所示。

（5）若在操作栏的“熔接方式”组合框 线锥 中选择“线锥”项，在“开始高度”文本框 5.0 中输入 5，在“结束高度”文本框 15.0 中输入 15，则视图效果如图 7-55 所示。

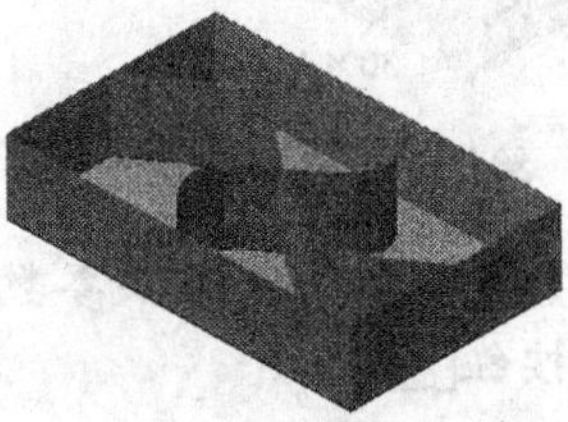

图 7-54 “常数”效果

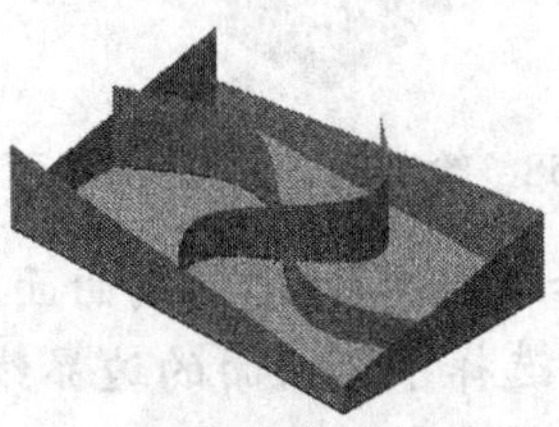

图 7-55 “线锥”效果

（6）若在操作栏的“熔接方式”组合框 立体混合 中选择“立体混合”项，其他设置不变，则视图效果如图 7-56 所示。

（7）继续在操作栏的“起始角度”文本框 30.0 中输入 30，在“结束角度”文本框 -30.0 中输入-30，再单击“确定”按钮，则视图效果如图 7-57 所示。

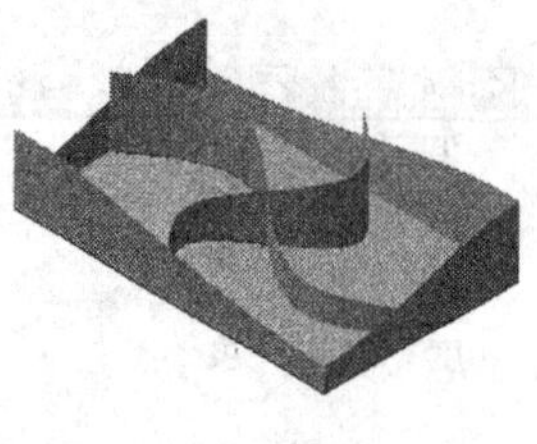

图 7-56 “立体混合”效果

图 7-57 改变起始与终止角度

7.3.6 牵引曲面

“牵引曲面”就是以当前的构图面为牵引平面，将一条或多条外形轮廓按照指定的长度和角度牵引出曲面或牵引到指定的平面。

【例 7-12】构建牵引曲面。

操作步骤

（1）启动 Mastercam X 软件，进入 Mastercam X 设计界面。

（2）在【草图】工具栏中单击“矩形”按钮，在操作栏的“宽度”文本框 30.0 中输入 30，在“高度”文本框中 40.0 输入 40，在【自动抓点】工具栏中选择“原点”项，选中“基点为中心点”按钮，选中“创建曲面”按钮，最后单击“确定”按钮，则绘制的矩形曲面效果如图 7-58 所示。

（3）在“状态栏”中，转换为“2D”模式，在“Z”文本框 50.0 中输入 50。

（4）在【草图】工具栏中单击“矩形”按钮，在操作栏的“宽度”文本框 35.0 中输入 35，在“高度”文本框中 45.0 输入 45，在【自动抓点】工具栏中选择“原点”项，选中“基点为中心点”按钮，选中“创建曲面”按钮，最后单击“确定”按钮，则绘制的矩形曲面效果如图 7-59 所示。

图 7-58 绘制的 30×40 的曲面

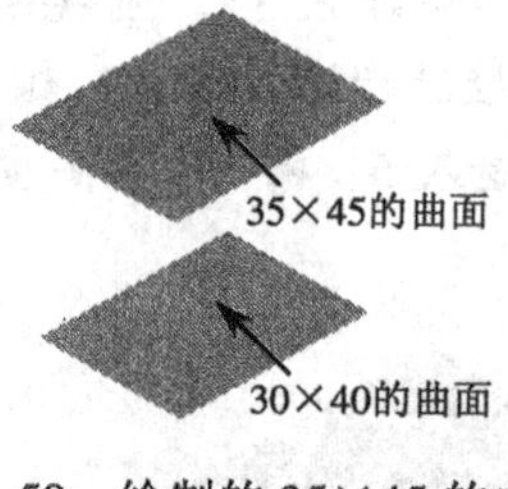

图 7-59 绘制的 35×45 的曲面

（5）选择【绘图】/【绘制曲面】/【牵引曲面】命令，将弹出【转换参数】对话框，在视图中串连选择下侧曲面的边界线，再单击“确定”按钮。

（6）在弹出的【牵引曲面】对话框中，选择“长度”单选项，在“长度”文本框 30.0 中输入 30，在“角度”文本框 10.0 中输入 10，并单击其后的“方向”按钮，将产生按长度牵引的曲面，如图 7-60 所示。

（7）若在弹出的【牵引曲面】对话框中，选择“平面”单选项，在其下侧单击“平面”按钮，将弹出【平面选项】对话框，在其“Z”文本框 50.0 中输入 50，再单击“确定”按钮返回到【牵引曲面】对话框中，在“角度”文本框 10.0 中输入 10，并单击其后的“方向”按钮，最后单击“确定”按钮，将产生按平面牵引的曲面，如图 7-61 所示。

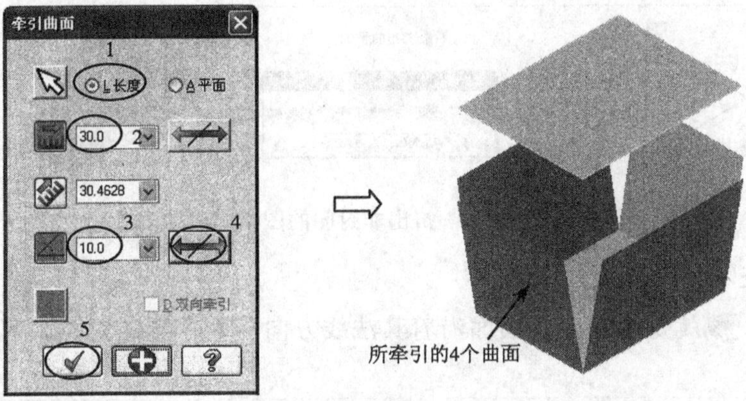

图 7-60　按长度牵引的曲面

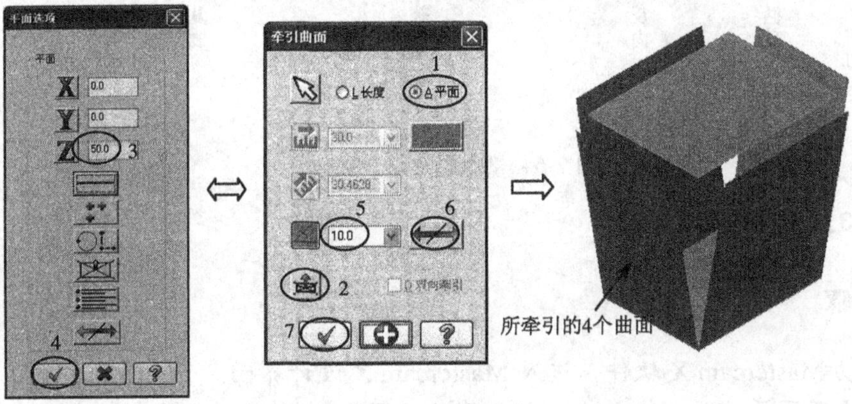

图 7-61　按平面牵引的曲面

7.3.7　挤出曲面

“挤出曲面”就是将一个封闭的外形轮廓拉伸出一个封闭的曲面。在进行挤出曲面操作时，根据【拉伸曲面】对话框的不同参数设置，即可挤出各种不同的曲面，如图 7-62 所示。

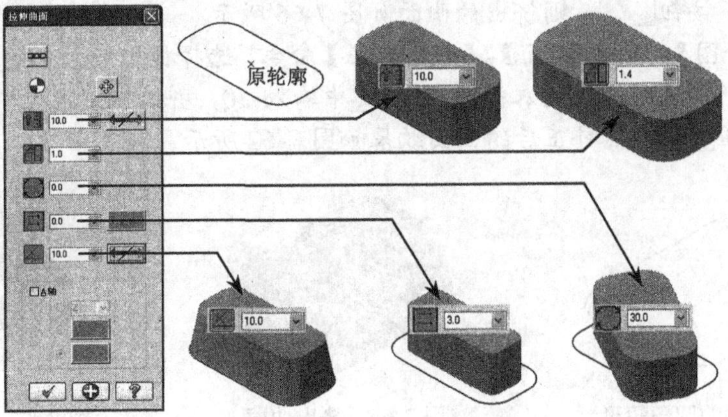

图 7-62　挤出不同的曲面

如果所选择的图素是开放的，那么在进行“挤出曲面”操作时，系统会弹出提示对话框询问是否继续创建，如果单击“是”按钮，则系统将自动封闭图素并创建挤出曲面，如图 7-63 所示。

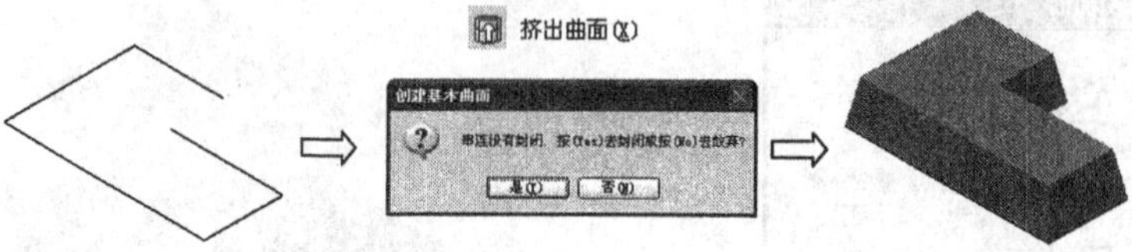

图 7-63 挤出非封闭的图素

7.3.8 曲面补正

“曲面补正”就是将选定的曲面沿着其法线方向移动一定的距离。其相应的操作栏如图 7-64 所示。

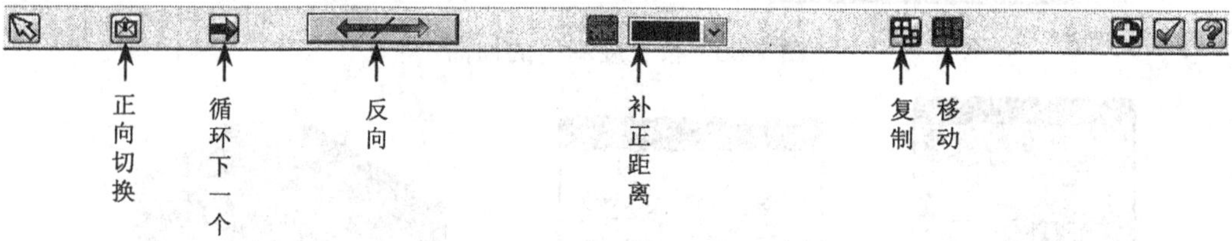

图 7-64 “曲面补正”操作栏

【例 7-13】移动曲面。

操作步骤

（1）启动 Mastercam X 软件，进入 Mastercam X 设计界面。

（2）在【草图】工具栏中单击“矩形形状设置”按钮，然后在视图中绘制 30×20 的矩形，且圆角半径为 5，如图 7-65 所示。

（3）选择【绘图】/【绘制曲面】/【挤出曲面】命令，选择视图中的圆角矩形，将弹出【拉伸曲面】对话框。

（4）在“高度”文本框 10.0 中输入 10，在“锥角度”文本框 10.0 中输入 10，然后单击“确定”按钮，则挤出的曲面如图 7-66 所示。

（5）选择【绘图】/【绘制曲面】/【曲面补正】命令，选择视图中上侧的曲面后按 Enter 键，在操作栏的“补正距离”文本框中输入-10，并选中“移动”按钮，然后单击“确定”按钮，则补正后的曲面效果如图 7-67 所示。

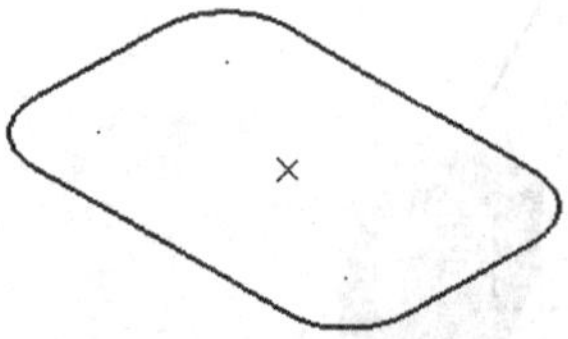

图 7-65 绘制的圆角矩形

图 7-66 挤出曲面

图 7-67 移动的曲面

7.4　编辑曲面

通过上一节创建曲面的学习，有时还不能满足用户的需求，还需要对其进行修改编辑，在本节中将介绍曲面的编辑方法，如曲面倒圆角、修整曲面、填补内孔、曲面延伸、曲面熔接、曲面打断等。

7.4.1　曲面倒圆角

曲面倒圆角，就是在两组已知曲面之间创建圆角曲面，使两组曲面进行圆角过渡连接。选择【绘图】/【绘制曲面】/【倒圆角】命令，可看到在其下级菜中有 3 种曲面倒圆角方式，即：曲面 / 曲面、曲线 / 曲面、曲面 / 平面。

- “曲面与曲面”功能，就是在两组曲面之间产生圆角曲面。
- “曲线与曲面”功能，就是在一组曲面与一条曲线之间产生曲面倒圆角。
- “曲面与平面”功能，就是在一组曲面与一个平面之间产生曲面倒圆角。

【例 7-14】曲面与曲面倒圆角。

操作步骤

(1) 启动 Mastercam X 软件，选择【文件】/【打开文件】命令，打开“LX7-14A.MCX”文件，如图 7-68 所示。

(2) 选择【绘图】/【绘制曲面】/【倒圆角】/【曲面/曲面】命令，在视图中选择圆锥形曲面并按 Enter 键，再选择上侧的曲面并按 Enter 键，如图 7-69 所示。

图 7-68 “LX7-14A.MCX”文件

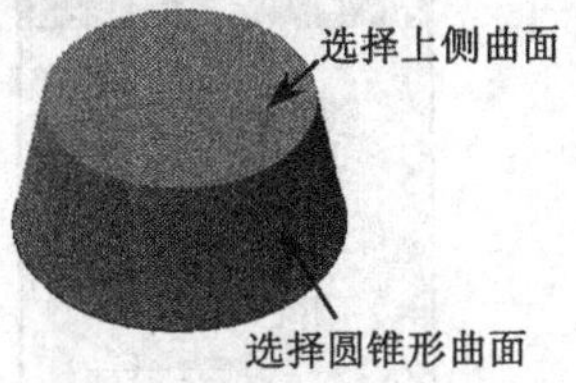

图 7-69　选择要倒圆角的两组曲面

(3) 此时将弹出【两曲面倒圆角】对话框，在“倒圆角半径”文本框 3.0 中输入 3，并选中“修剪”复选框☑修整，然后单击“确定”按钮✔，如图 7-70 所示。

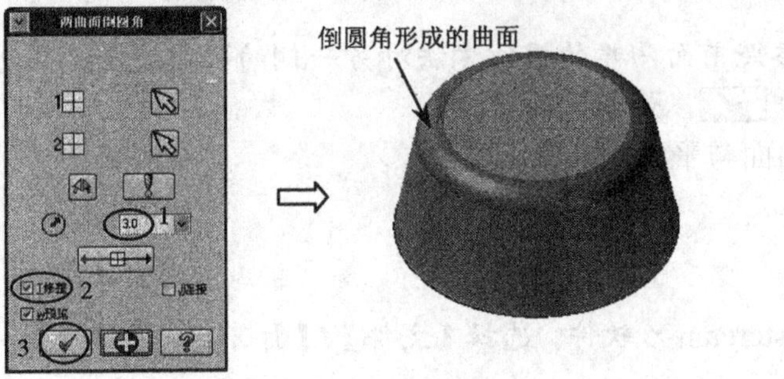

图 7-70　曲面倒圆角操作

倒圆角时两组曲面的法向方向必须同时指向圆角的圆心方向，否则无法创建圆角。要改变法向方向，在【两曲面倒圆角】对话框中单击“反向”按钮，然后选择相应的曲面来改变法向方向。

【例 7-15】曲面与曲线倒圆角。

操作步骤

（1）启动 Mastercam X 软件，选择【文件】/【打开文件】命令，打开“LX7-15A.MCX”文件，如图 7-71 所示。

（2）选择【绘图】/【绘制曲面】/【倒圆角】/【曲线/曲面】命令，在视图中选择圆锥形曲面并按 Enter 键，再选择上侧的曲线并按 Enter 键，如图 7-72 所示。

图 7-71 “LX7-15A.MCX”文件

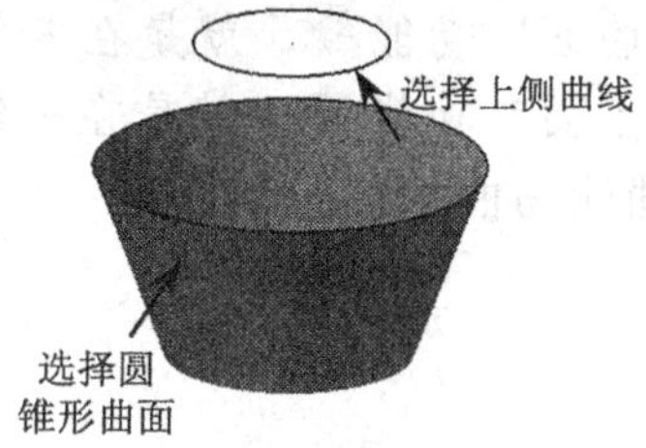

图 7-72 选择曲面与曲线

（3）此时将弹出【曲线与曲面倒圆角】对话框，在“倒圆角半径”文本框 20.0 中输入 20，并选中“修剪”复选框 修整，然后单击“应用”按钮，如图 7-73 所示。

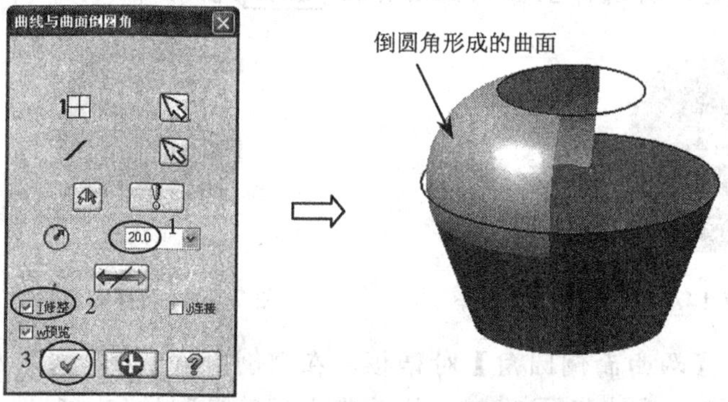

图 7-73 曲线与曲面倒圆角操作 1

（4）同样，参照前面两步的操作方法对另一侧的圆锥面与曲线进行倒圆角操作，最后单击“确定”按钮，如图 7-74 所示。

【例 7-16】曲面与平面倒圆角。

操作步骤

（1）启动 Mastercam X 软件，选择【文件】/【打开文件】命令，打开“LX7-16A.MCX”文件。

（2）选择【绘图】/【绘制曲面】/【倒圆角】/【曲面/平面】命令，然后按照如图 7-75 所示的方法进行操作。

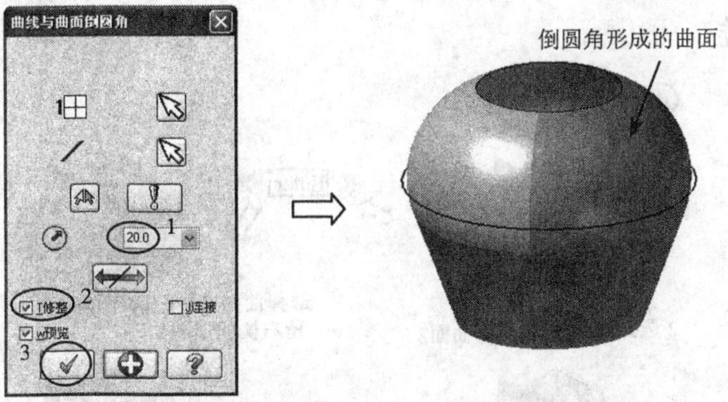

图 7-74　曲线与曲面倒圆角操作 2

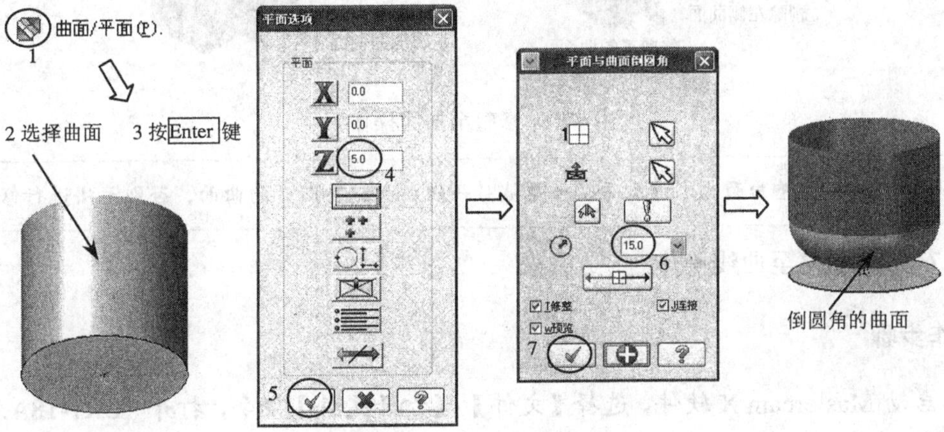

图 7-75　曲面与平面倒圆角操作

7.4.2　修整曲面

“修整曲面”功能，就是对一个或多个曲面进行修剪产生新的曲面。选择【绘图】/【绘制曲面】/【修整】命令，可看到在其下级菜单中有 3 种曲面修整方式，即：修整至曲面、修整至曲线、修整至平面。

- “修整至曲面”功能，就是在两组曲面中，将其中的一组或两组在两组曲面的交线处断开，然后选择需要保留的曲面即可。
- “修整至曲线”功能，就是用一条或多条曲线，将选择的曲面进行修整，然后选择要保留的曲面。
- “修整至平面”功能，就是通过定义的一个平面，然后使用该平面将曲面修整并保留平面法线方向一侧的曲面。

【例 7-17】修整至曲面操作。

操作步骤

（1）启动 Mastercam X 软件，选择【文件】/【打开文件】命令，打开“LX7-17A.MCX”

文件。

（2）选择【绘图】/【绘制曲面】/【修整】/【修整至曲面】命令，然后按照如图 7-76 所示的方法进行操作。

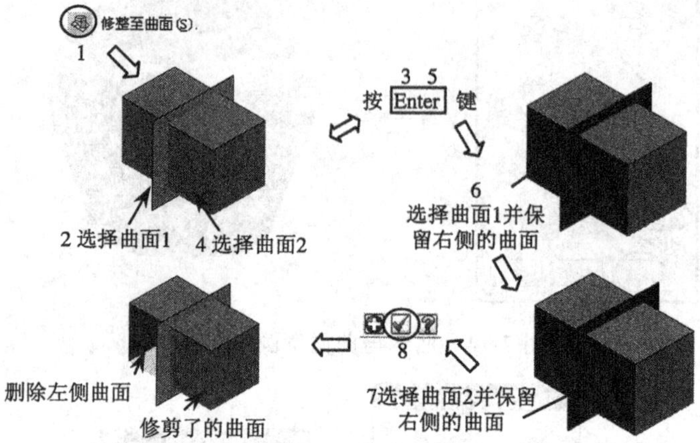

图 7-76　修整至曲面操作

在选择修整曲面时，该曲面必须是被另一组曲面完全断开的曲面，否则无法进行修整。

【例 7-18】修整至曲线操作。

操作步骤

（1）启动 Mastercam X 软件，选择【文件】/【打开文件】命令，打开“LX7-18A.MCX”文件。

（2）选择【绘图】/【绘制曲面】/【修整】/【修整至曲线】命令，然后按照如图 7-77 所示的方法进行操作。

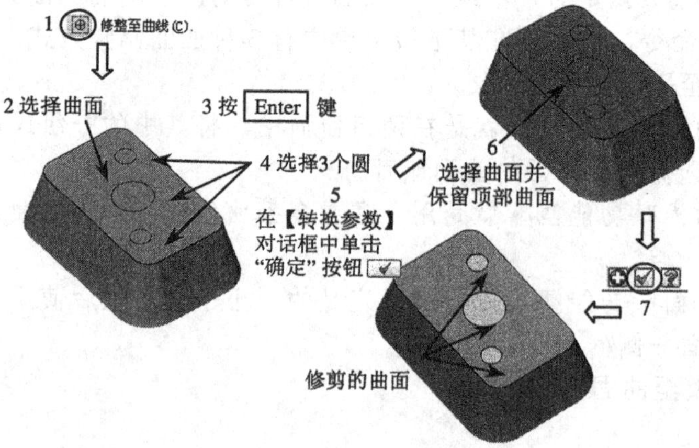

图 7-77　修整至曲线操作

【例 7-19】修整至平面操作。

操作步骤

（1）启动 Mastercam X 软件，选择【文件】/【打开文件】命令，打开“LX7-19A.MCX”文件。

（2）选择【绘图】/【绘制曲面】/【修整】/【修整至平面】命令，然后按照如图 7-78 所示的方法进行操作。

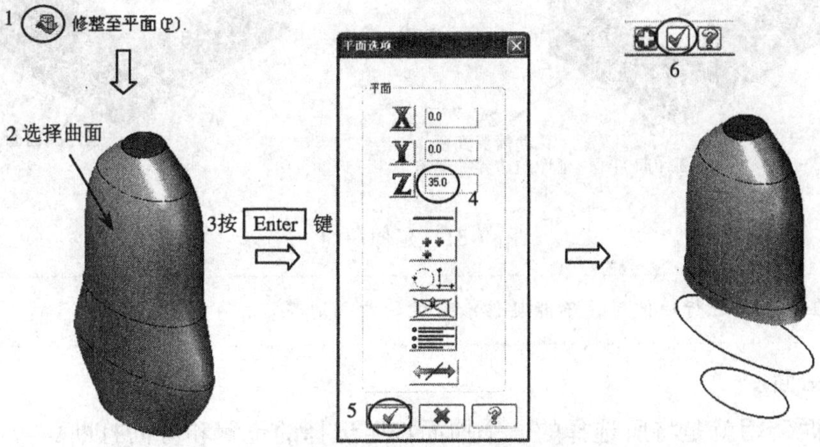

图 7-78　修整至平面操作

7.4.3　曲面延伸

“曲面延伸”就是将已知曲面的宽度或长度延伸到指定平面或一定的距离。

【例 7-20】曲面延伸操作。

操作步骤

（1）启动 Mastercam X 软件，进入 Mastercam X 设计界面。

（2）在【草图】工具栏中单击“矩形”按钮，然后在视图中绘制一个 40×30 的矩形，如图 7-79 所示。

（3）选择【绘图】/【绘制曲面】/【牵引曲面】命令，在视图中串连矩形并按 Enter 键，将弹出【牵引曲面】对话框。

（4）选择“长度”单选项，在“长度”文本框 15.0 中输入 15，然后单击“确定”按钮，如图 7-80 所示。

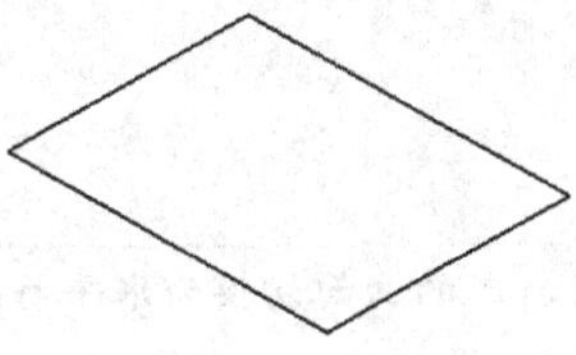

图 7-79　绘制的矩形

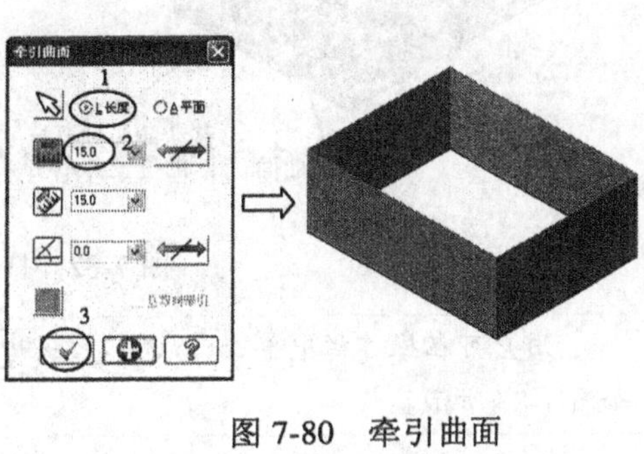

图 7-80　牵引曲面

（5）选择【绘图】/【绘制曲面】/【曲面延伸】命令，在视图中选择前侧的曲面，移动箭头到上侧边界并单击，在操作栏的“指定长度”文本框 3.0 中输入 3，然后单击“确定”按钮，其操作示意图如图 7-81 所示。

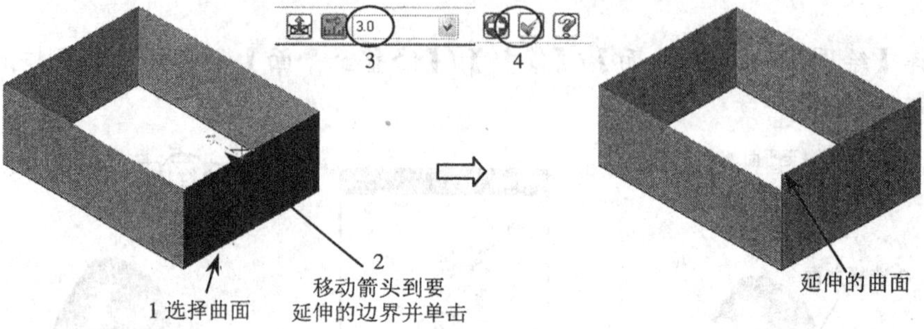

图 7-81　延伸曲面

在对曲面进行延伸时，不能延伸修剪过的曲面边界。

7.4.4　打断曲面

“打断曲面”就是将所选择的一个曲面按照选择的位置和方向打断。

【例 7-21】曲面延伸操作。

操作步骤

（1）启动 Mastercam X 软件，进入 Mastercam X 设计界面。

（2）选择【文件】/【打开文件】命令，将上例所给出的曲面文件“LX7-20.MCX”打开。

（3）选择【绘图】/【绘制曲面】/【打断曲面】命令，在视图中选择前侧的曲面，并移动箭头到需要打断的位置处单击，然后在操作栏中单击“确定”按钮，其操作示意图如图 7-82 所示。

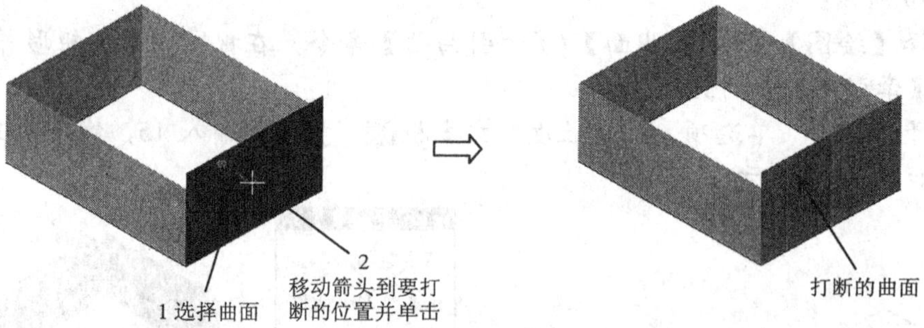

图 7-82　打断曲面操作

用户可在操作栏中单击“切换”按钮，将垂直打断的曲面切换为水平打断，如图 7-83 所示。

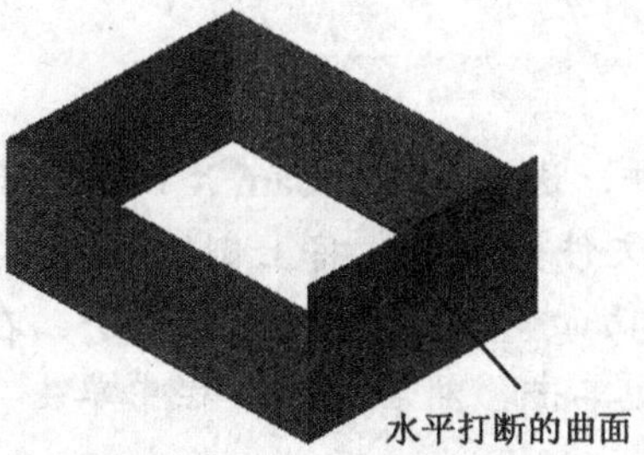

图 7-83　切换打断的曲面

7.4.5　恢复边界

“恢复边界”功能，就是将曲面上的“破”孔或“烂”面进行边界恢复，使原曲面恢复成一个完整的曲面。

【例 7-22】恢复边界操作。

操作步骤

（1）启动 Mastercam X 软件，进入 Mastercam X 设计界面。

（2）选择【文件】/【打开文件】命令，打开“LX7-22A.MCX”文件，如图 7-84 所示。

（3）选择【绘图】/【绘制曲面】/【恢复边界】命令，在视图中选择曲面，并移动箭头到中间需要恢复边界的边缘处单击，然后按 Esc 键退出，其操作示意图如图 7-85 所示。

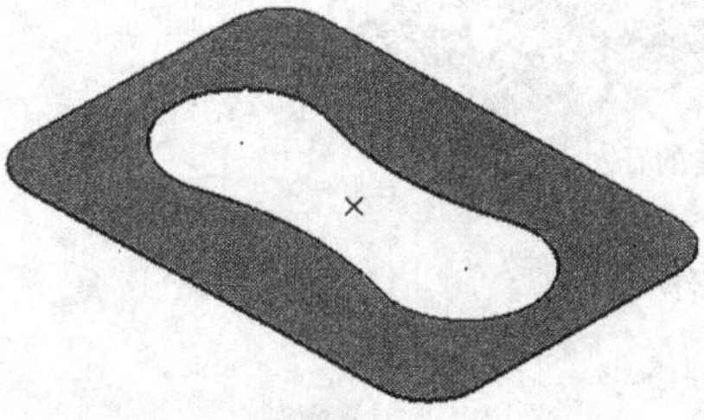

图 7-84 “LX7-22A.MCX”文件

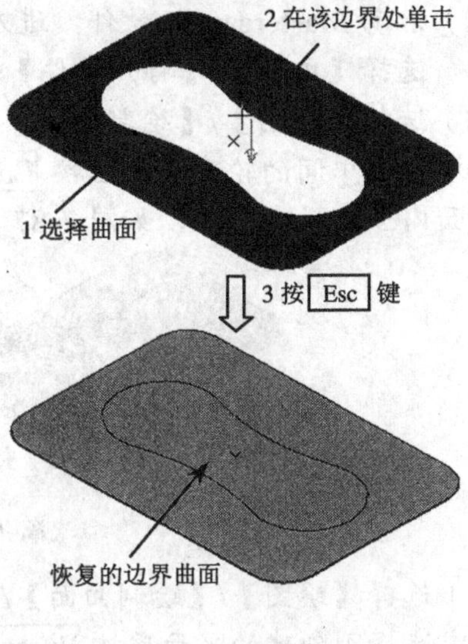

图 7-85　恢复边界操作

7.4.6　填补内孔

“填补内孔”就是对曲面或实体面上的破孔和烂面进行填补，从而产生一个新的独立曲面。

【例 7-23】填补内孔操作。

操作步骤

（1）启动 Mastercam X 软件，进入 Mastercam X 设计界面。

（2）选择【文件】/【打开文件】命令，将上例的“LX7-22A.MCX”文件打开。

（3）选择【绘图】/【绘制曲面】/【填补内孔】命令，在视图中选择曲面，并移动箭头到中间需要填补内孔的边缘处单击，然后在操作栏中单击“确定”按钮，其操作示意图如图 7-86 所示。

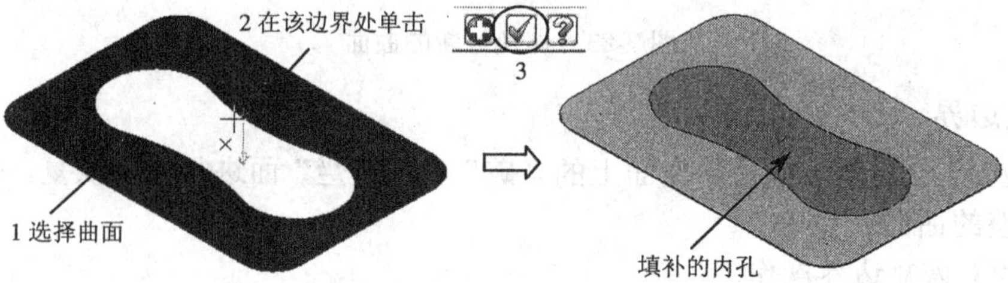

图 7-86　填补内孔操作

7.4.7　平面修剪

“平面修剪”就是在同一个平面上选择封闭的轮廓线所创建的一个新的曲面。

【例 7-24】平面修剪操作。

操作步骤

（1）启动 Mastercam X 软件，进入 Mastercam X 设计界面。

（2）选择【文件】/【打开文件】命令，打开“LX7-24A.MCX”文件。

（3）选择【绘图】/【绘制曲面】/【平面修剪】命令，将弹出【转换参数】对话框，在视图中串连中间的轮廓图素后按 Enter 键，然后在操作栏中单击“确定”按钮，将在该平面内创建一个平面，如图 7-87 所示。

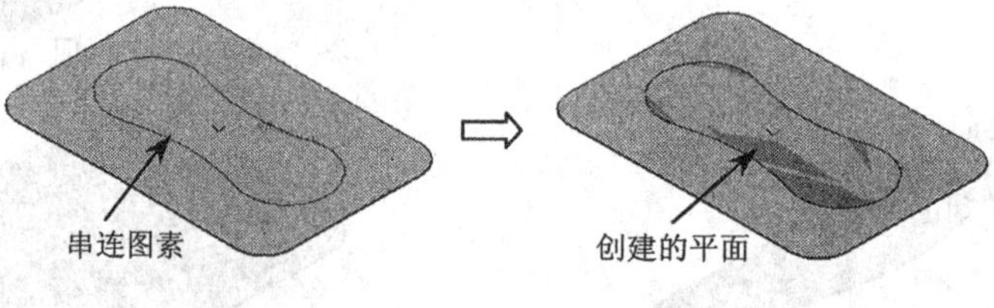

图 7-87　平面修剪操作

（4）选择【绘图】/【绘制曲面】/【曲面补正】命令，在视图中选择刚创建的平面后按 Enter 键，在操作栏的“补正距离”文本框 20.0 中输入 20，并选中“移动”按钮，然后单击“确定”按钮，则补正后的曲面效果如图 7-88 所示。

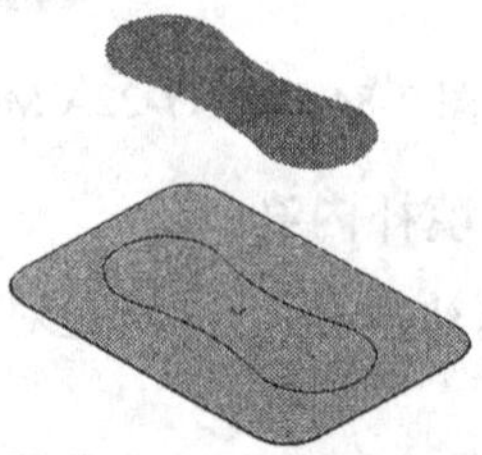

图 7-88　补正曲面操作

7.4.8　曲面熔接

曲面熔接就是将两个或多个曲面以一个或多个平滑

的曲面进行相切连接。

- “两曲面熔接”功能，就是创建一个平滑的曲面将两个曲面熔接起来。其操作示意图如图 7-89 所示。

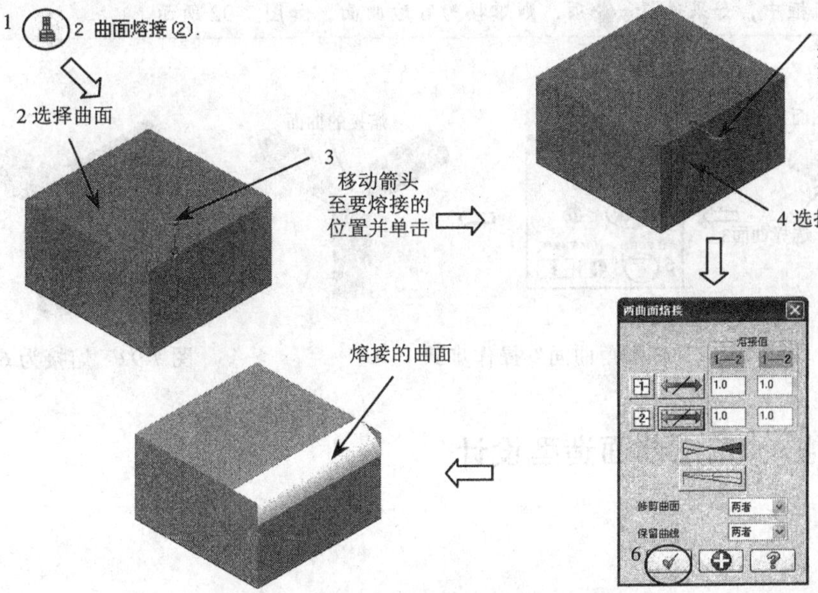

图 7-89 “两曲面熔接”操作

- “三曲面熔接”功能，就是创建平滑的熔接曲面将 3 个曲面熔接起来，其操作示意图如图 7-90 所示。

图 7-90 “三曲面熔接”操作

在进行曲面熔接操作时，箭头移动到的位置就是曲面熔接的边界，箭头位置不同，则熔接的效果也不相同，此时可在【两曲面熔接】对话框中单击按钮来改变方向。

- “三圆角曲面”功能，就是创建一个或多个曲面将 3 个倒圆角曲面进行相切熔接，其操作示意图如图 7-91 所示。

在进行三圆角曲面操作时，可以设置熔接曲面的边数。在上图 7-91 所示的【三个圆角曲面熔接】对话框中，如果选择 6 项，则熔接为 6 边曲面，如图 7-92 所示。

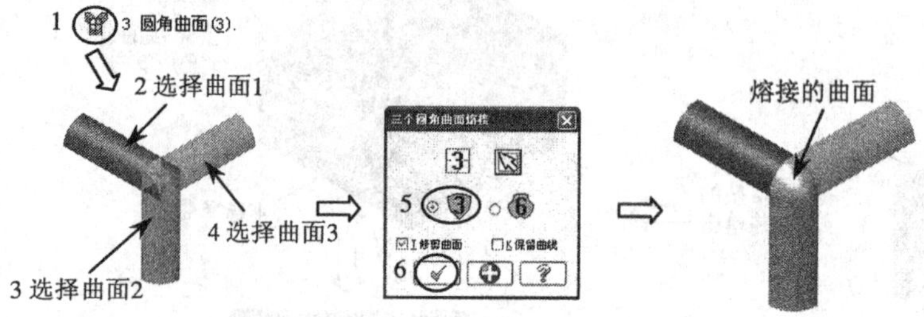

图 7-91 “三圆角曲面”操作步骤

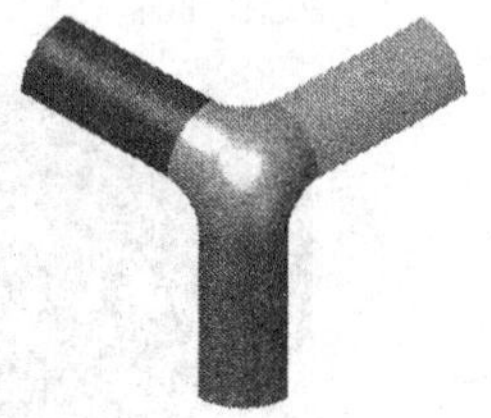

图 7-92 熔接为 6 边曲面

7.5 综合实例——三维曲面造型设计

设计要求

根据曲面的创建和编辑功能，综合设计出如图 7-93 所示的三维曲面造型。

设计思路

（1）绘制轮廓图素
（2）创建主体曲面
（3）创建上侧凹台曲面
（4）编辑主体曲面
（5）创建下侧凹台曲面

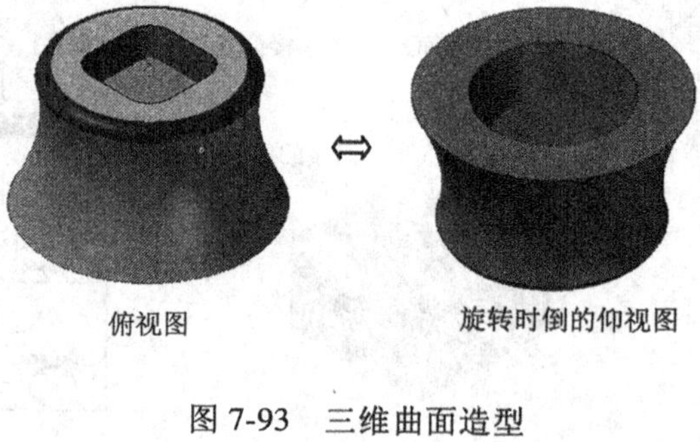

图 7-93 三维曲面造型

绘制轮廓图素

（1）启动 Mastercam X 软件，进入 Mastercam X 设计界面。

（2）在【草图】工具栏中单击【圆心+点】按钮，在视图中绘制直径为 50 的圆，其圆心点为原点，如图 7-94 所示。

（3）在“状态栏”中设置为“2D”模式，在“Z”文本框 Z 30.0 中输入 30。

（4）在【草图】工具栏中单击【圆心+点】按钮，在视图中绘制直径为 40 的圆，其圆心点为原点，如图 7-95 所示。

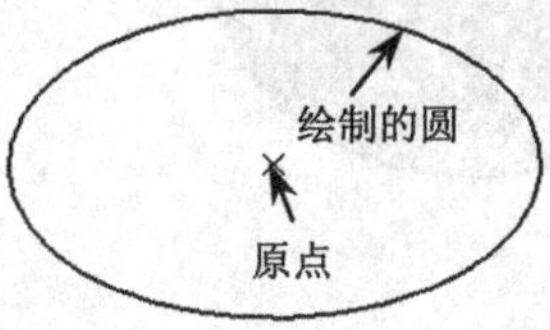

图 7-94　绘制直径为 50 的圆

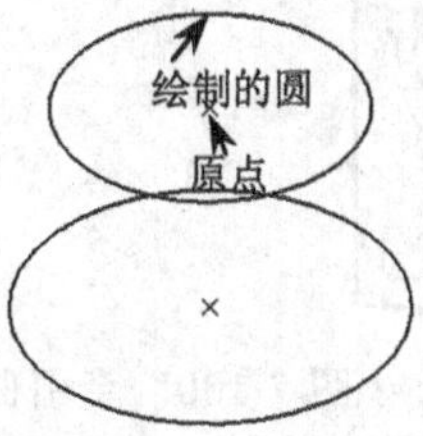

图 7-95　绘制直径为 40 的圆

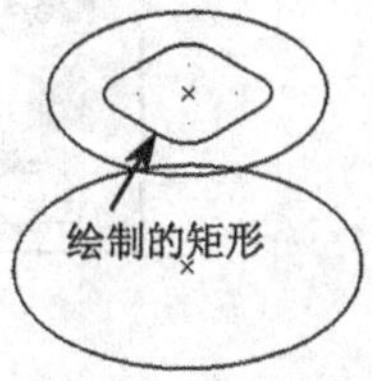

图 7-96　绘制的矩形

（5）在【草图】工具栏中单击【矩形形状设置】按钮，在视图中绘制 20×20 的圆角矩形，其圆角半径为 5，矩形中心点为原点，如图 7-96 所示。

创建主体曲面

（1）选择【绘图】/【绘制曲面】/【平面修剪】命令，在视图中串连直径为 40 的圆和圆角矩形后按 Enter 键，然后在操作栏中单击“确定”按钮，如图 7-97 所示。

（2）按照上一步相同的方法，对直径为 50 的圆进行平面修剪操作，如图 7-98 所示。

（3）选择【绘图】/【绘制曲面】/【直纹/举升】命令，对直径为 50 的圆和直径为 40 的圆进行直纹/举升操作，如图 7-99 所示。

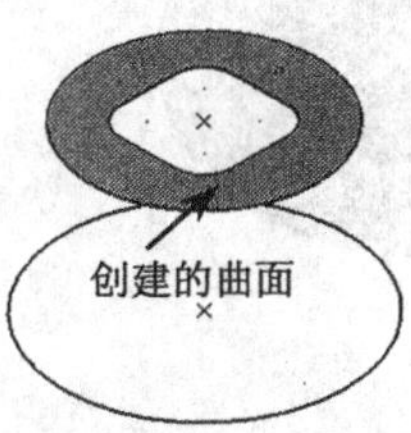

图 7-97　平面修剪操作

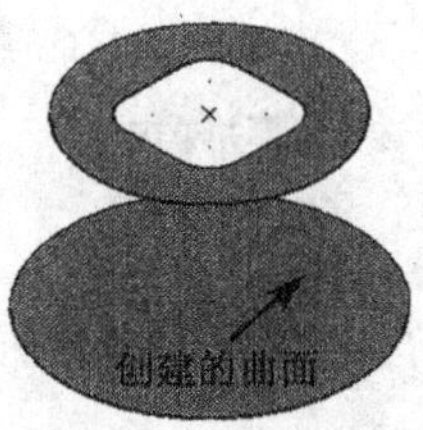

图 7-98　平面修剪操作

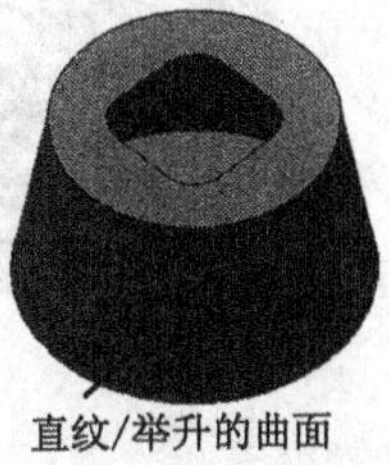

图 7-99　直纹/举升操作

为了便于更好地观察图形，用户可将所创建的部分曲面设置为另外的一种颜色，并对视图进行适当的旋转操作。

创建上侧凹台曲面

（1）选择【绘图】/【绘制曲面】/【牵引曲面】命令，将弹出【转换参数】对话框，在视图中串连圆角矩形后按 Enter 键，再单击“确定”按钮。

（2）此时将弹出【牵引曲面】对话框，选择“长度”单选项，在“长度”文本框 5.0 中输入，并单击其后的“反向”按钮，在“角度”文本框 30.0 中输入 30，并单击其后的“反向”按钮，最后单击“确定”按钮，将产生牵引曲面，如图 7-100 所示。

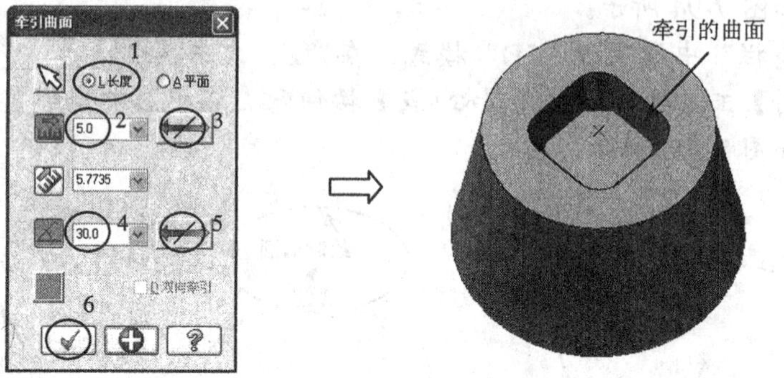

图 7-100　牵引曲面操作

（3）选择【绘图】/【曲面曲线】/【指定边界】命令，在视图中选择刚牵引的任一曲面，并指定其边界，然后单击“确定”按钮，将创建曲面的边界曲线，如图 7-101 所示。

（4）参照上一步的方法，将该牵引曲面的其他 7 条边界曲线创建出来，如图 7-102 所示。

（5）选择【绘图】/【绘制曲面】/【平面修剪】命令，在视图中串连刚创建的 8 条边界曲线按 Enter 键，然后在操作栏中单击“确定”按钮，如图 7-103 所示。

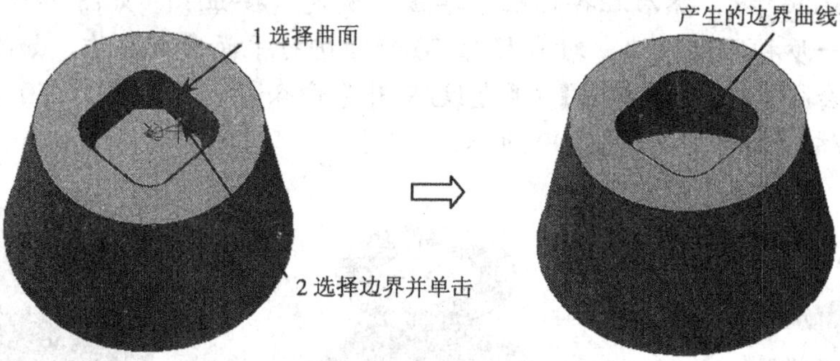

图 7-101　创建边界曲线

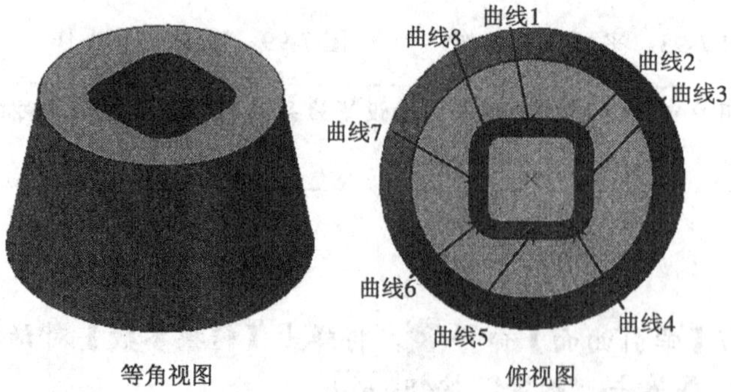

图 7-102　创建的其他边界曲线

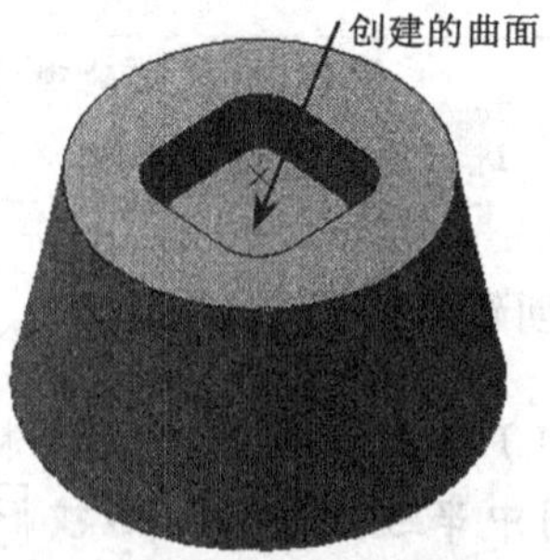

图 7-103　平面修剪操作

编辑主体曲面

（1）选择【绘图】/【绘制曲面】/【倒圆角】/【曲面/曲面】命令，在视图中选择圆锥形曲面并按 Enter 键，再选择上侧的曲面并按 Enter 键，此时将弹出【两曲面倒圆角】对话框，在“倒圆角半径”文本框 3.0 中输入 3，并选中“修剪”复选框☑修整，最后单击“确定”按钮✔，如图 7-104 所示。

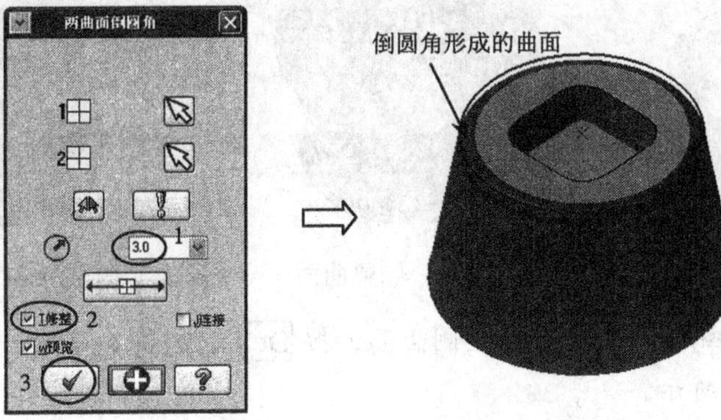

图 7-104　倒圆角操作

（2）在视图中将中间的圆锥曲面选中，并按 Delete 键将其删除，并将其上侧的圆图素置于图层 3 后隐藏，其视图效果如图 7-105 所示。

（3）参照前面的方法，将倒圆角所形成的曲面边界曲线创建出来，如图 7-106 所示。

（4）选择【绘图】/【绘制曲面】/【直纹/举升】命令，对直径为 50 的圆和刚创建的边界曲线进行直纹/举升操作，如图 7-107 所示。

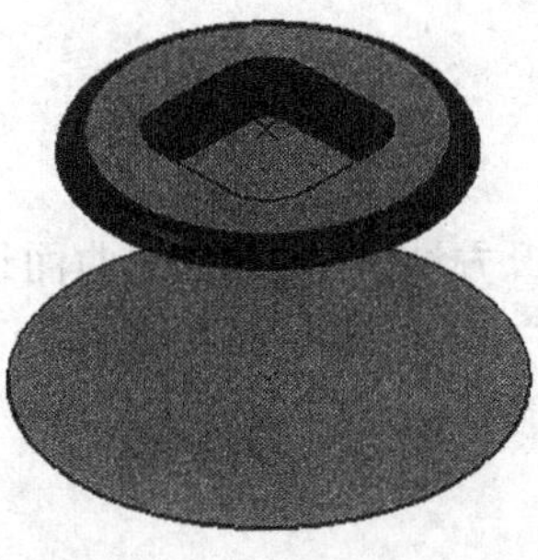

图 7-105　删除曲面

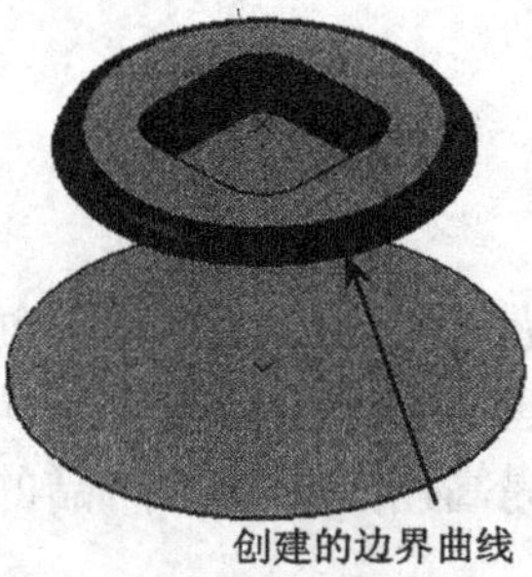

图 7-106　创建边界曲线

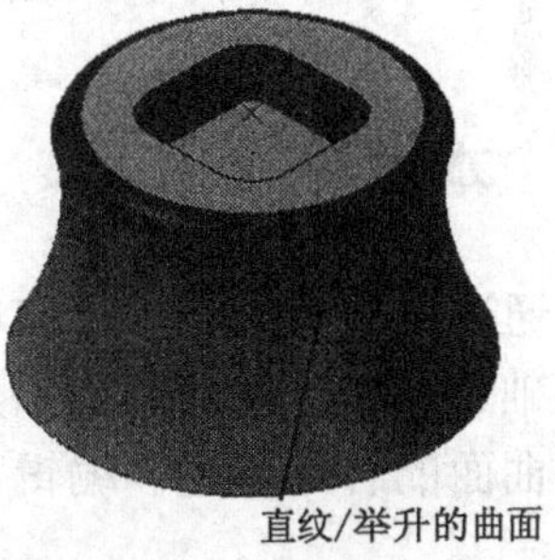

图 7-107　直纹/举升的曲面

创建下侧凹台曲面

（1）旋转视图，在【转换】工具栏中单击“串连补正”按钮，将直径为 50 的圆图素向内进行补正 10，其视图效果如图 7-108 所示。

（2）选择【绘图】/【绘制曲面】/【修整】/【修整至曲线】命令，然后将底侧的曲面进行修整至补正的圆，如图 7-109 所示。

(3) 选择【绘图】/【绘制曲面】/【挤出曲面】命令，在视图中选择补正的圆，将弹出【拉伸曲面】对话框。

(4) 在“高度”文本框 10.0 中输入 10，并单击其后的“反向”按钮，在“锥角度”文本框 20.0 中输入 20，并单击其后的“反向”按钮，然后单击“确定”按钮，则挤出的曲面如图 7-110 所示。

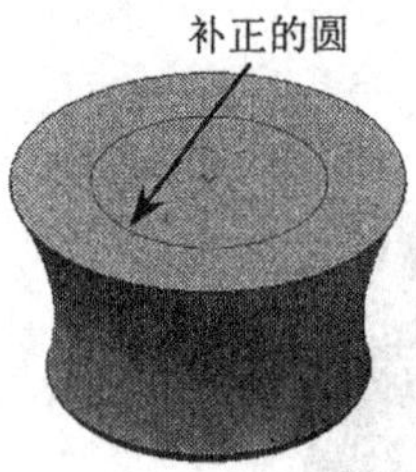

图 7-108　补正圆

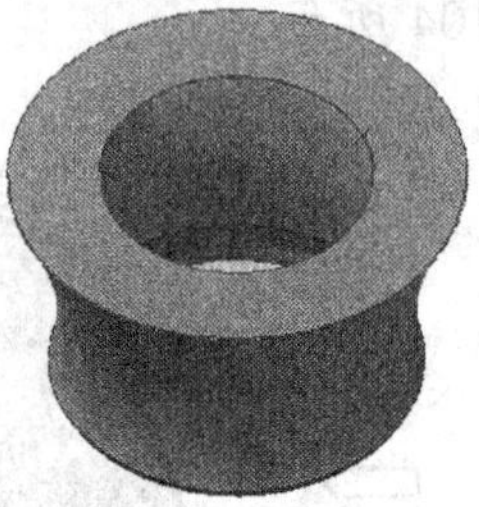

图 7-109　修整曲面

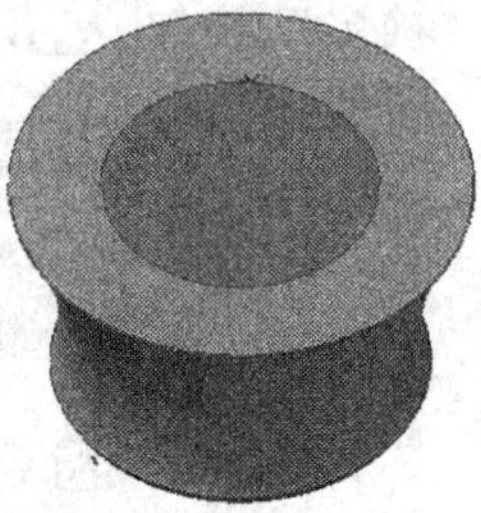

图 7-110　挤出曲面

(5) 在视图中选择刚挤出曲面的上侧曲面，按 Delete 键将其删除，则视图的最终效果如图 7-111、图 7-112 所示。

图 7-111　删除曲面

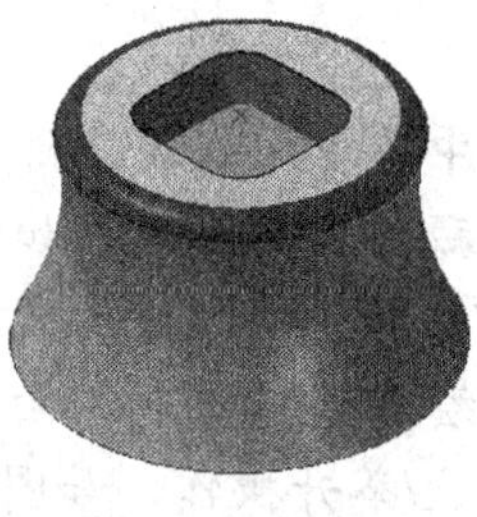

图 7-112　最终效果

7.6　本章小结

通过对本章的学习，使用户掌握了三维曲面造型的创建和编辑方法，包括三维曲面造型基础、基本三维曲面的创建、创建曲面和编辑曲面，从而使用户能够完成简单曲面以及复杂曲面的各种创建和编辑，这对提高用户对数控产品的设计打下了坚实的基础。

7.7　习题

1. 概念题

(1) 怎样理解构图面、视角方向与构图深度，以及它们的关系？

(2) 在进行各种曲面倒圆角操作时，怎样理解它们的相同点与不同点？

(3) 在进行各种曲面熔接时，怎样理解它们的相同点与不同点？

2. 操作题

(1) 在视图中绘制如图 7-113 所示三维轮廓图素，然后进行曲面及转换等操作，创建如图 7-114 所示的连环扣图形。

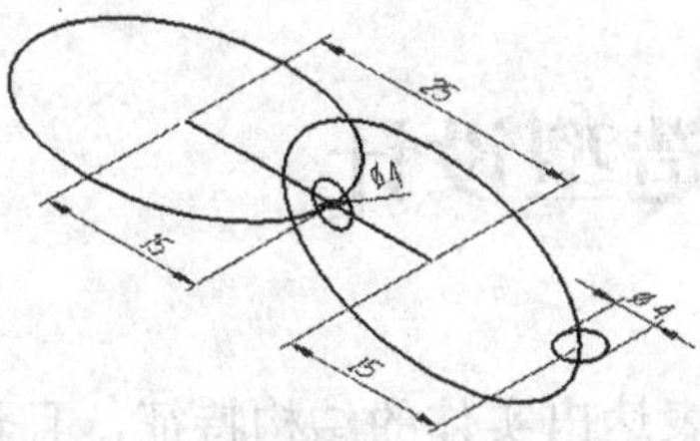

图 7-113　绘制三维轮廓图素

图 7-114　创建的连环扣曲面

（2）在视图中绘制如图 7-115 所示三维轮廓图素，然后进行曲面及转换等操作，创建如图 7-116 所示的三维曲面造型。

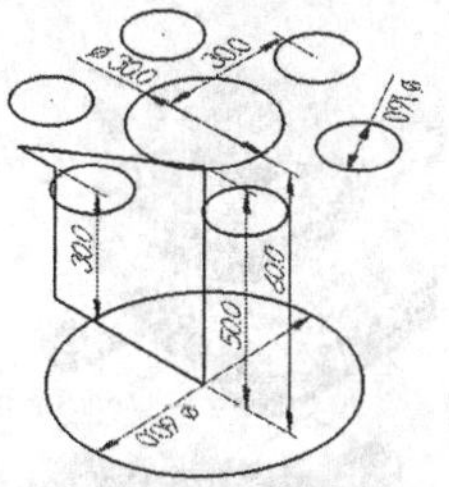

图 7-115　绘制三维轮廓图素

图 7-116　创建三维曲面造型

第 8 章　三维实体造型设计

由于三维实体比二维轮廓图形更具体、更直接地表达出实体的结构特征，且包含丰富的模型信息，从而为产品的后续处理（如分析、计算、制造等）提供了条件。Mastercam X 除为用户提供基本三维实体的设计外，还提供了几种实体创建的常用方法（如挤出、旋转、扫描、举升等），以及提供了三维实体的编辑，并能够根据所生成的实体自动生成工程图。

【内容提要】

- 绘制主体轮廓，拉伸主体；
- 绘制支体轮廓，拉伸支体；
- 对实体合并，并进行编辑操作。

【本章重点】

- 了解基本三维实体的创建方法；
- 熟练掌握常见三维实体创建的 4 种方法；
- 灵活应用三维实体的编辑与应用；
- 掌握三维实体生成工程图的方法；
- 掌握实体操作管理器的应用。

8.1　创建基本三维实体

在 Mastercam X 中创建基本的三维实体，也是通过【绘图】/【基本曲面】子菜单下的相关命令来实现的，如图 8-1 所示。和基本三维曲面的创建方法一样，只是在弹出的相关对话框中选择“实体”单选项即可创建实体，如图 8-2 所示。

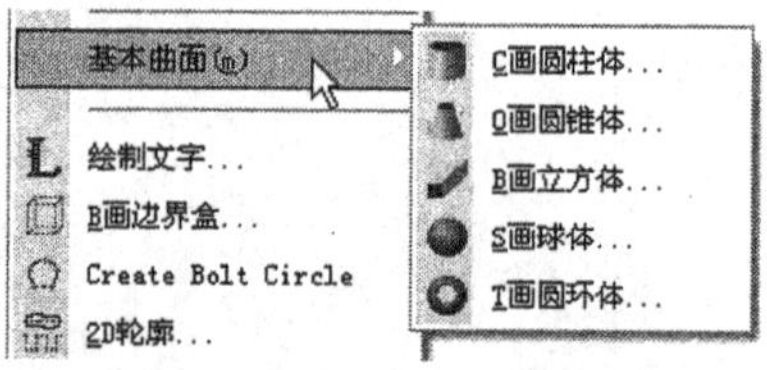

图 8-1　基本三维实体命令

在 Mastercam X 中提供了 5 种基本三维实体，即圆柱、圆锥、立方体、球体和圆环，它们的创建方法与其相关的曲面创建方法一样，下面仅举创建三维圆锥实体为例来进行讲解，其他的基本三维实体的创建方法在此就不再一一讲解了。

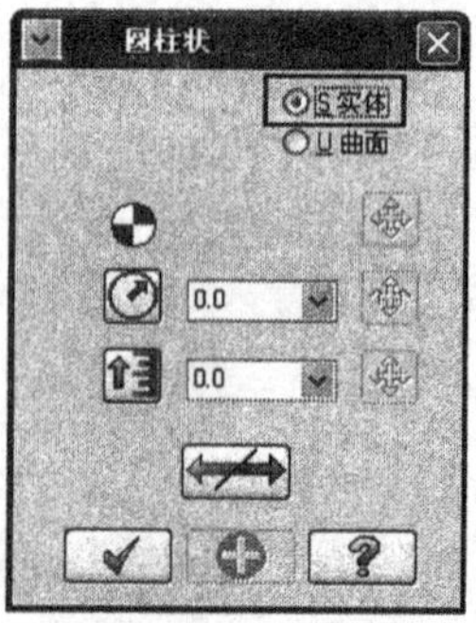

图 8-2　选择“实体”单选项

【例 8-1】 创建三维圆锥实体。

操作步骤

（1）启动 Mastercam X 软件，进入 Mastercam X 的设计界面。

（2）选择【绘图】/【基本曲面】/【画圆锥体】命令，此时将弹出【画圆锥体选项】对话框。

（3）选择“实体”单选项，在“半径”文本框中输入 15，在“高度”文本框中输入 30，在“顶部半径”文本框中输入 5。

（4）在【自动抓取】工具栏中选择“原点”项，然后在【画圆锥体选项】对话框中单击“确定”按钮，则在视图中创建一个三维圆锥实体，如图 8-3 所示。

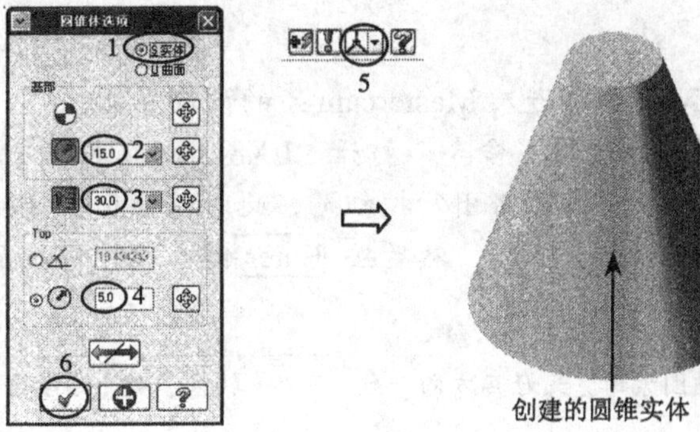

图 8-3　创建的圆锥实体

8.2　创建三维实体

在 Mastercam X 中，创建实体最常用的方法就是由二维轮廓图素生成三维实体，其生成的方法主要有：挤出、旋转、扫描和举升等。

在 Mastercam X 的界面环境中，选择【实体】菜单命令即可看到创建和编辑实体的各种命令，如图 8-4 所示；或者在【Solids】（以下简称“实体”）工具栏也有创建和编辑实体的相关按钮，如图 8-5 所示。

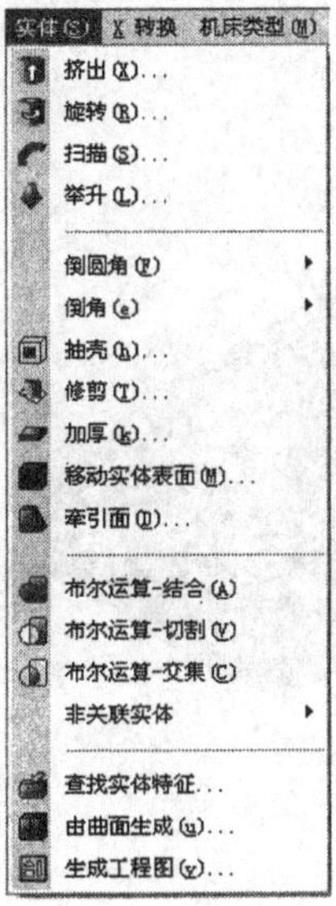

图 8-4 【实体】菜单

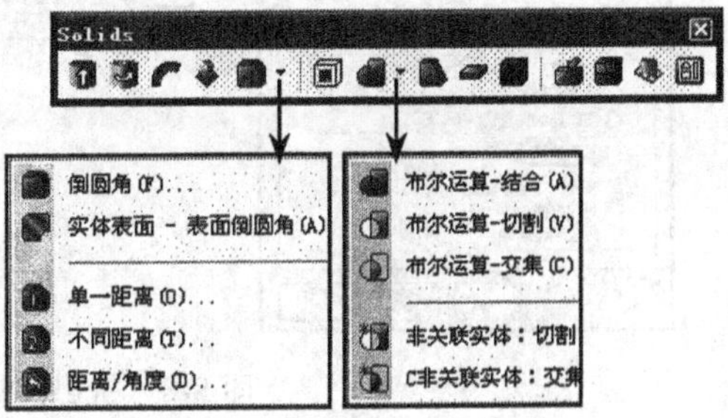

图 8-5 【实体】工具栏

8.2.1 挤出实体

“挤出实体”就是串连一个或多个外形轮廓图素，沿着一个指定的方向和距离拉伸出的实体。如果所选择的外形轮廓为封闭曲线时，可生成实心实体或空心实体；当选择的外形轮廓为开放曲线时，只能生成薄壁实体。

【例 8-2】挤出实体操作。

操作步骤

（1）启动 Mastercam X 软件，进入 Mastercam X 的设计界面。

（2）选择【文件】/【打开文件】命令，打开“LX8-2A.MCX”文件，如图 8-6 所示。

（3）在【实体】工具栏中单击“挤出”按钮，此时将弹出【转换参数】对话框，在视图中分别依次选择圆角矩形和 5 个圆，然后按 Enter 键，此时将显示挤出的方向箭头，如图 8-7 所示。

> 在选择多个轮廓图素时，最好其方向一致，可在【转换参数】对话框单击“反向”按钮进行切换方向。

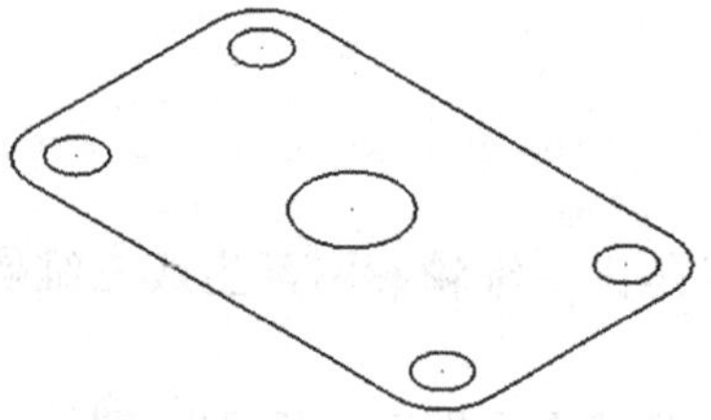

图 8-6 “LX8-2A.MCX”文件

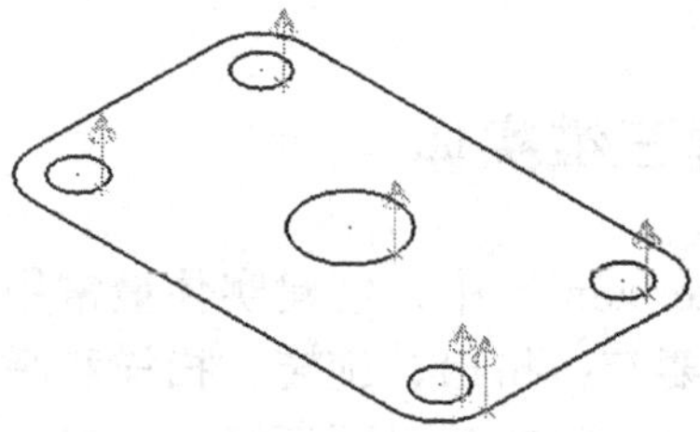

图 8-7 选择要挤出的轮廓图素

（4）在弹出的【挤出实体的设置】对话框中，在“距离”文本框中输入 10，然后单击“确定”按钮，则将产生挤出实体，如图 8-8 所示。

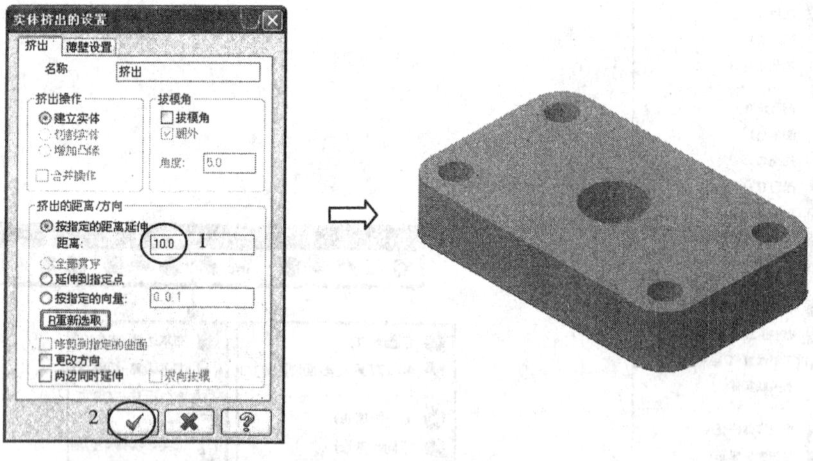

图 8-8 挤出实体操作

在如图 8-8 所示的【实体挤出的设置】对话框中，通过该对话框可以选择挤出操作的方式、设置实体的拔模角、指定挤出距离和更改挤出方向，还可以设置薄壁参数等，下面将常用设置项进行讲解：

- 建立实体：就是将所选择的轮廓图素，挤出产生新的独立实体。
- 切割实体：可在已有的实体上切割实体，如图 8-9 所示。

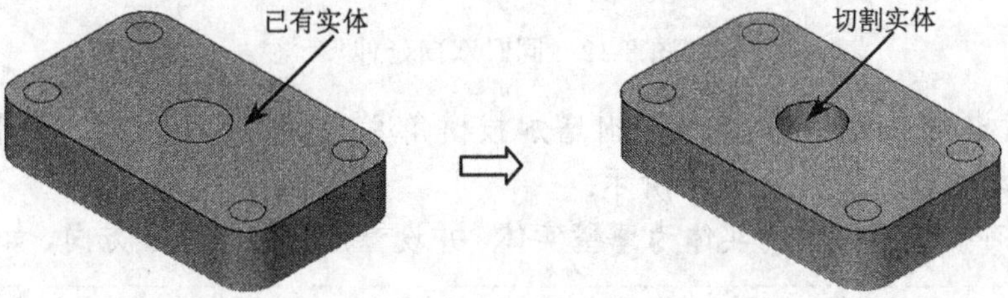

图 8-9　切割实体

- 增加凸缘：在已有的实体表面上增加新的实体，所新增加的实体与原实体将结合在一起，此时如果选择所增加的部分时，则整个实体都被选中，如图 8-10 所示。
- 按指定的距离延伸：选择该项后，可在其后的文本框中输入要延伸的距离。

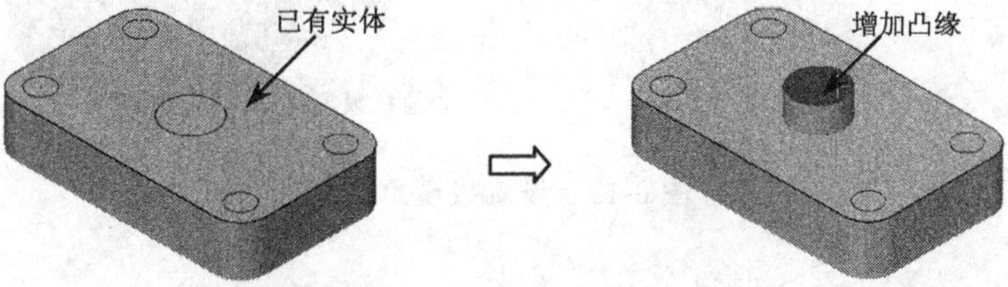

图 8-10　增加凸缘

- 全部贯穿：只有在“挤出操作”区域中选择“切割实体”单选项后该项才可选。若选择该项后，即可对所选择的实体进行贯穿切割，如图 8-11 所示。

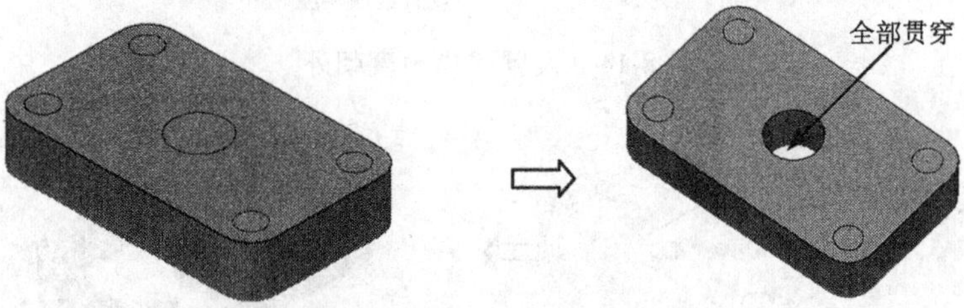

图 8-11　全部贯穿

- 延伸到指定点：指定一点为延伸的距离。
- 按指定点的向量：选择该项后在其后的文本框中输入挤出的距离和方向。
- 修剪到指定的曲面：将挤出体挤出到选定的曲面并进行修剪。
- 更改方法：当选择该项时，可以更改挤出的方向。用户也可在视图中双击挤出方向箭头来改变挤出方向。
- 两边同时延伸：当选择该项时，可以双向同时延伸实体，如图 8-12 所示。

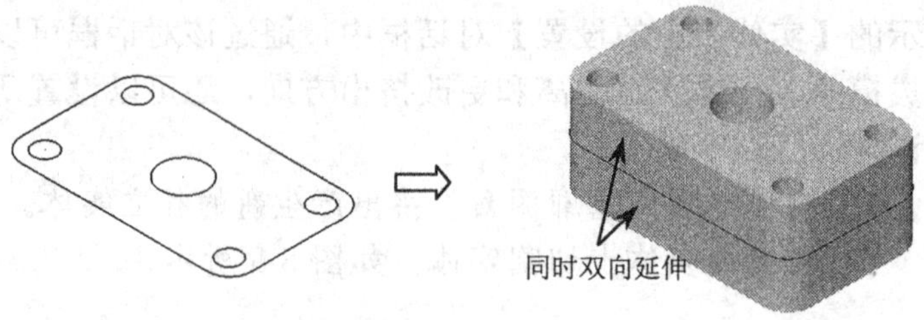

图 8-12 同时双向延伸

- 增加拔模角：在挤出实体的同时增加拔模角度，如图 8-13 所示。如果选择“朝外”复选框，则拔模角相同，如图 8-14 所示。
- 薄壁：可设置所挤出的实体为薄壁实体，并设置薄壁的厚度和方向，如图 8-15 所示。

在 Mastercam X 创建实体时，会保存上一步的参数设置，所以在创建了薄壁实体后，如果需要再次创建非薄壁实体时，就要取消对薄壁实体的设置。

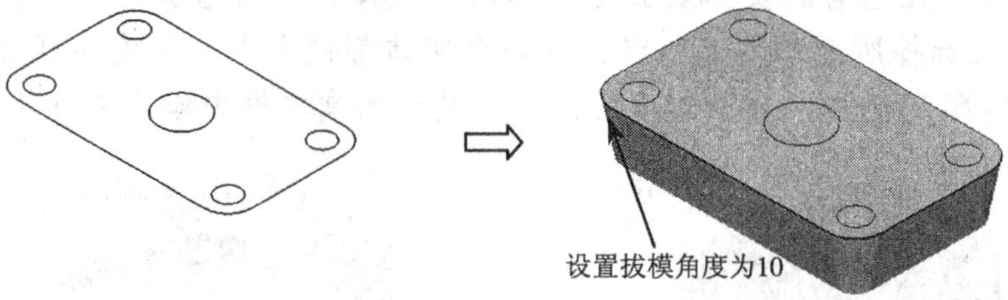

图 8-13 设置拔模角度

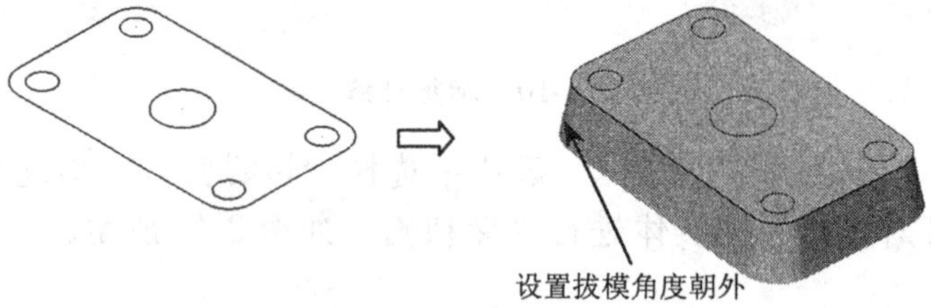

图 8-14 设置拔模角度朝外

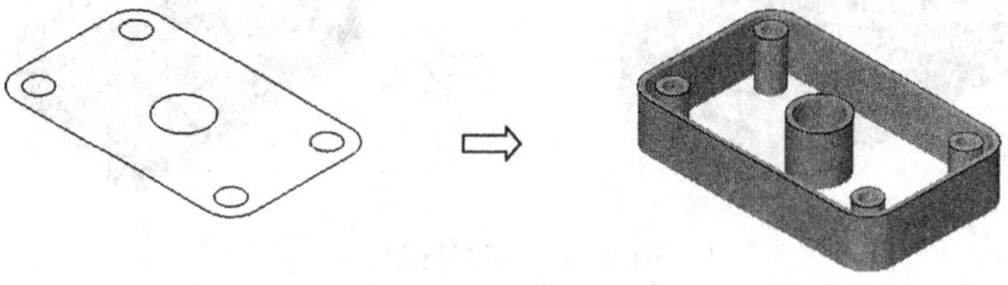

图 8-15 挤出为薄壁

8.2.2 旋转实体

“旋转实体”就是将所选择的一个或多个外形轮廓绕着某一旋转轴，并设置旋转的角度而产生的一个实体，或者在已有的实体中进行材料切割。

【例 8-3】旋转实体操作。

操作步骤

（1）启动 Mastercam X 软件，进入 Mastercam X 的设计界面。

（2）选择【文件】/【打开文件】命令，打开“LX8-3A.MCX”文件，如图 8-16 所示。

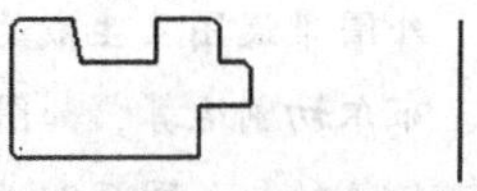

图 8-16 “LX8-3A.MCX”文件

（3）在【实体】工具栏中单击“旋转”按钮，此时将弹出【转换参数】对话框，在视图中串连左侧的轮廓图素后按 Enter 键，再选择右侧的垂直线段作为旋转轴，此时将弹出【方向】对话框，单击“确定”按钮即可，如图 8-17 所示。

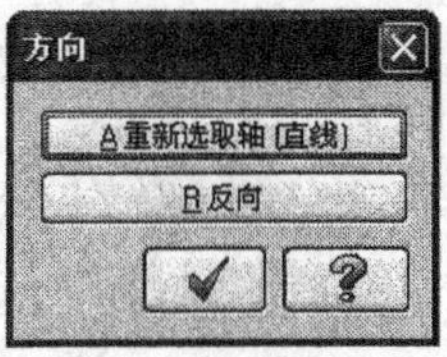

图 8-17 【方向】对话框

（4）此时将弹出【旋转实体的设置】对话框，在“终止角度”文本框中输入 180，然后单击“确定”按钮即可，即可看到旋转的实体，如图 8-18 所示。

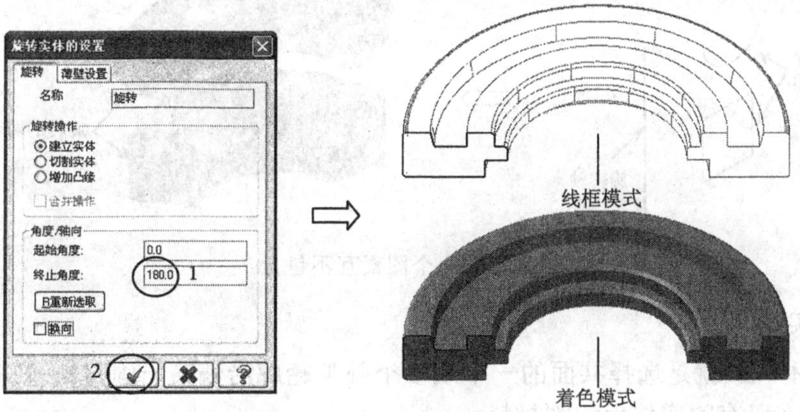

图 8-18　旋转的实体

在如图 8-18 所示的【旋转实体的设置】对话框中，其“旋转操作”区域的各选项与【挤出实体】操作基本相同。在“角度/轴向”区域中，用于设置旋转的起始角度和终止角度。如果选择“薄壁设置”选项卡，然后进行相应的薄壁设置，其将产生薄壁实体，如图 8-19 所示。

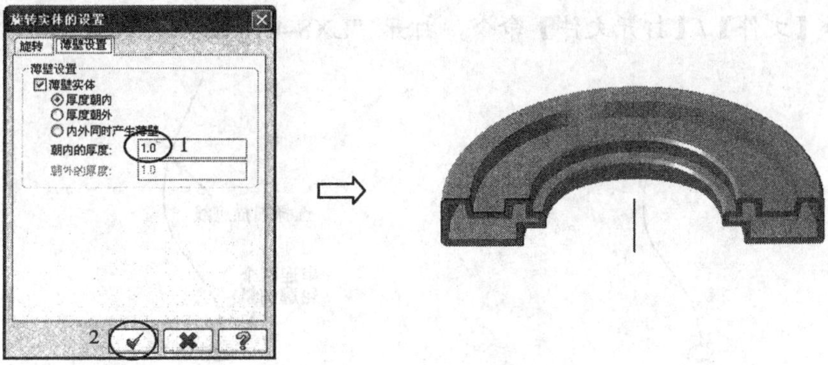

图 8-19　旋转为薄壁实体

当选择的多个串连图素中，若一个串连图素完全包含其他封闭串连图素时，系统将自动以外围串连图素生成的实体作为目标实体，所有内部串连图素生成的实体作为工具实体，并进行布尔切割运算，如图 8-20 所示。若两个串连图素互相不包含，则将产生两个串连的轮廓图素进行旋转，如图 8-21 所示。

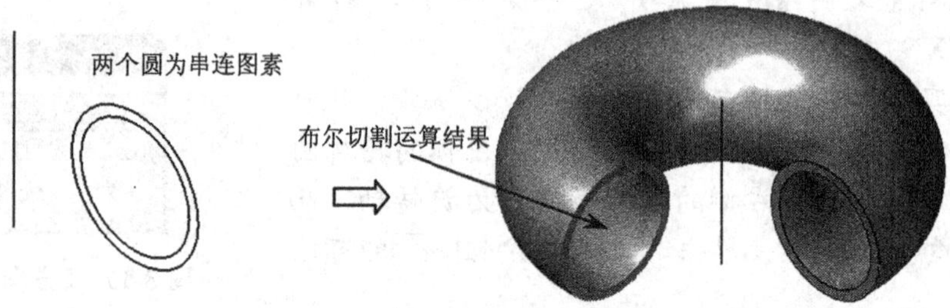

图 8-20　一个图素包括另一个图素

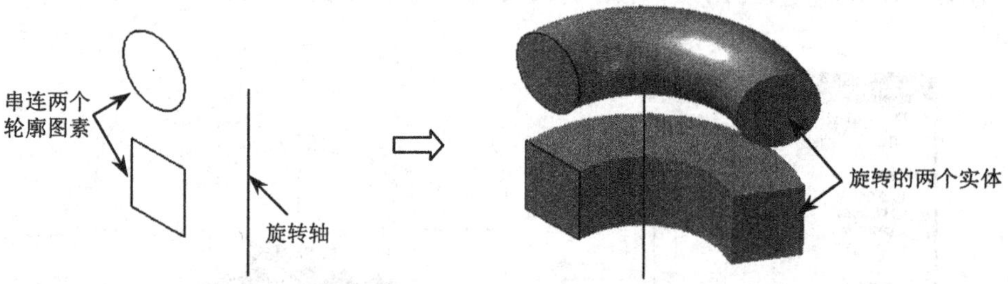

图 8-21　两个图素互不包含

8.2.3　扫描实体

“扫描实体”就是选择共面的一个或多个外形轮廓沿着某一固定轨迹进行扫描所产生的实体，或在已有的实体上切割材料。

【例 8-4】扫描实体操作。

操作步骤

（1）启动 Mastercam X 软件，进入 Mastercam X 的设计界面。

（2）选择【文件】/【打开文件】命令，打开“LX8-4A.MCX”文件，如图 8-22 所示。

图 8-22　“LX8-4A.MCX”文件

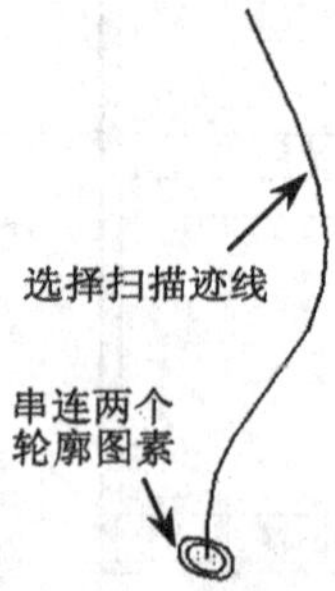

图 8-23　选择扫描轮廓和轨迹线

（3）在【实体】工具栏中单击“扫描”按钮，此时将弹出【转换参数】对话框，在视图中串连下侧的两个轮廓图素后按 Enter 键，再选择弯曲的曲线作为扫描轨迹线后按 Enter 键，如图 8-23 所示。

（4）此时将弹出【扫描实体的设置】对话框，选择“建立实体”单选项，然后单击“确定”按钮即可，将产生扫描实体，如图 8-24 所示。

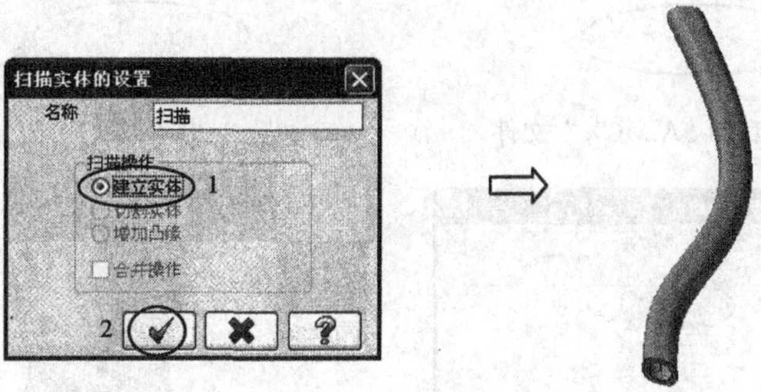

图 8-24　扫描实体操作

在扫描实体过程中，用户可同时选择两个或两个以上不同的截面沿着同一轨迹进行扫描，但这几个截面必须是在同一个平面上，即构图面和构图深度都一样，否则将弹出提示框，如图 8-25 所示。

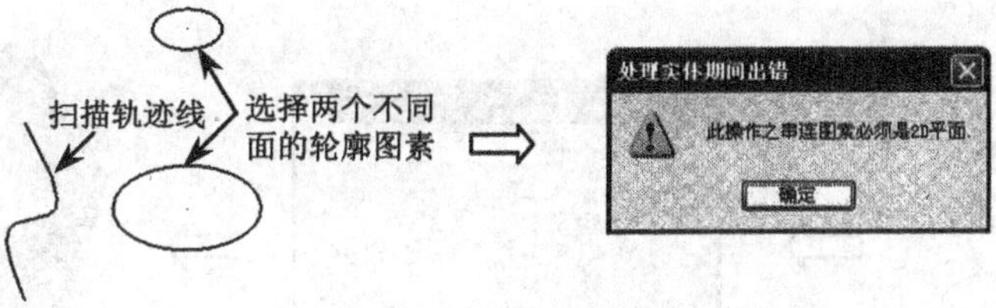

图 8-25　提示扫描轮廓不在同一平面

8.2.4 举升实体

“举升实体”就是将两个或两个以上封闭外形轮廓，按照选择的先后顺序以平滑或线性方式在外形之间进行熔接，然后在第一个和最后一个外形上覆上实体面的方式所构建的实体或在已有的实体上切割材料。

【例 8-5】举升实体操作。

操作步骤

（1）启动 Mastercam X 软件，进入 Mastercam X 的设计界面。

（2）选择【文件】/【打开文件】命令，打开“LX8-5A.MCX”文件，如图 8-26 所示。

（3）在【实体】工具栏中单击“举升”按钮，将弹出【转换参数】对话框，在视图中从上至下依次选择 4 个圆，且方向应一致，如图 8-27 所示，然后按 Enter 键。

（4）此时将弹出【举升实体的设置】对话框，选择“建立实体”单选项，然后单击“确定”按钮即可，将产生举升实体，如图 8-28 所示。

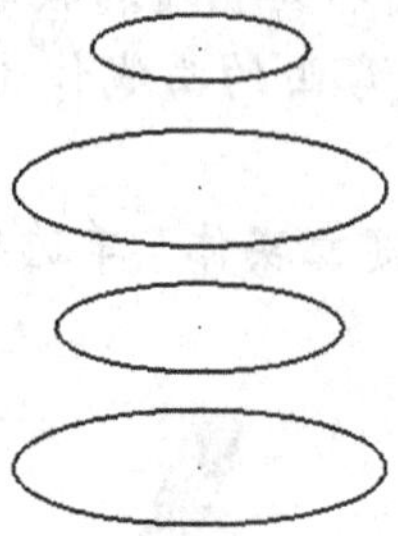

图 8-26 “LX8-5A.MCX”文件

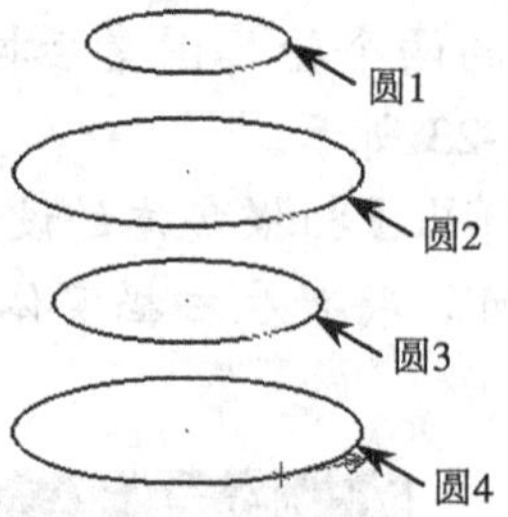

图 8-27 依次串连 4 个圆

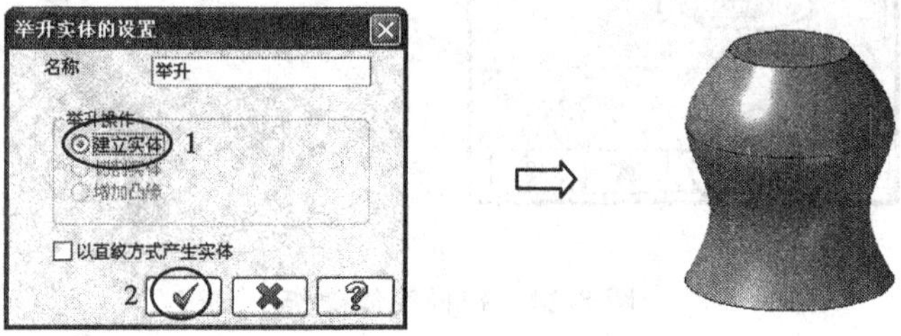

图 8-28 举升实体操作

若在如图 8-28 所示的【举升实体的设置】对话框中，若勾选“以直纹方式产生实体”复选框时，表示以线性方式在外形之间进行熔接产生实体，如图 8-29 所示。

图 8-29 直纹实体

在创建举升实体时，所选择的每个轮廓图素应“同起点、同方向”，否则所创建的举升实体将产生扭曲现象，如图 8-30 所示。

8.3 编辑三维实体

通过前面几种创建三维实体的方法，用户可以创建一些基本的实体了，但这还不能满足用户设计的需要，如将三维实体进行倒圆角、抽壳、加厚、布尔运算等编辑操作，在本节中将具体进行讲解。

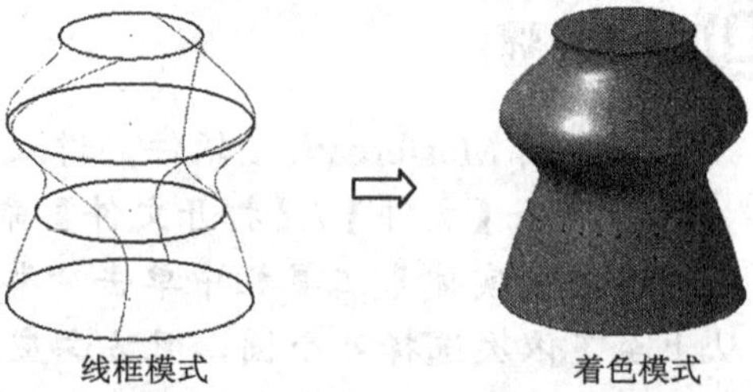

图 8-30 产生的扭曲举升实体

8.3.1　倒圆角

8.3.1 倒圆角，就是在实体的边缘处倒出圆角，以使实体平滑过渡。对实体倒圆角主要有两种方式，即倒圆角和实体表面倒圆角。

- “倒圆角”功能，可以通过选择实体边界、实体面或者实体主体，在实体边上创建过渡圆角。
- “表面倒圆角”功能，就是选择两个相邻的实体表面进行倒圆角操作。

【例 8-6】倒圆角操作。

操作步骤

（1）启动 Mastercam X 软件，进入 Mastercam X 的设计界面。

（2）选择【文件】/【打开文件】命令，打开“LX8-6A.MCX”文件，如图 8-31 所示。

图 8-31　“LX8-6A.MCX”文件

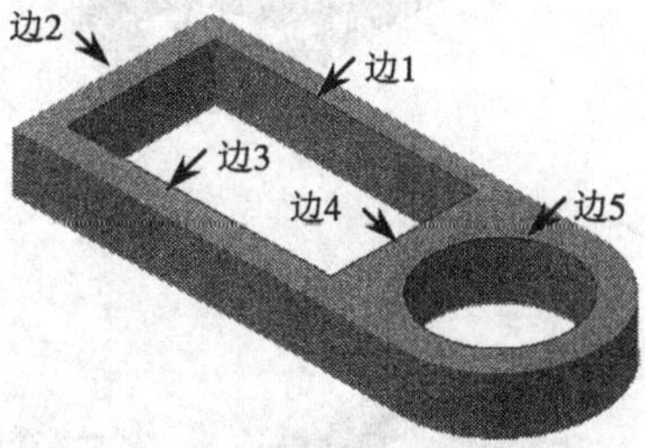

图 8-32　依次串连 4 个圆

（3）在【实体】工具栏中单击“倒圆角”按钮，然后在视图中选择 4 条边及圆边，然后按 Enter 键，如图 8-32 所示。

（4）此时将弹出【实体倒圆角参数】对话框，选择“固定半径”单选项，在“半径”文本框中输入 2，然后单击“确定”按钮，则所选择的轮廓边将进行倒圆操作，如图 8-33 所示。

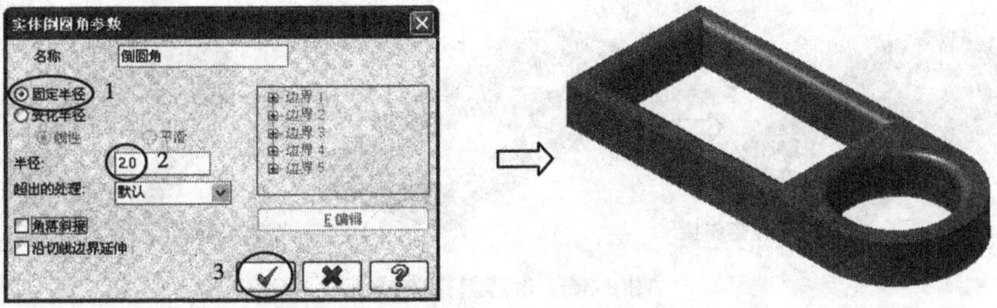

图 8-33　倒圆角操作

在如图 8-33 所示的【实体倒圆角参数】对话框中，各主要参数说明如下：

- 固定半径：以固定半径值对选择的边界进行倒圆角操作。
- 变化半径：以变化半径值对选择的边界进行倒圆角操作，如图 8-34 所示。

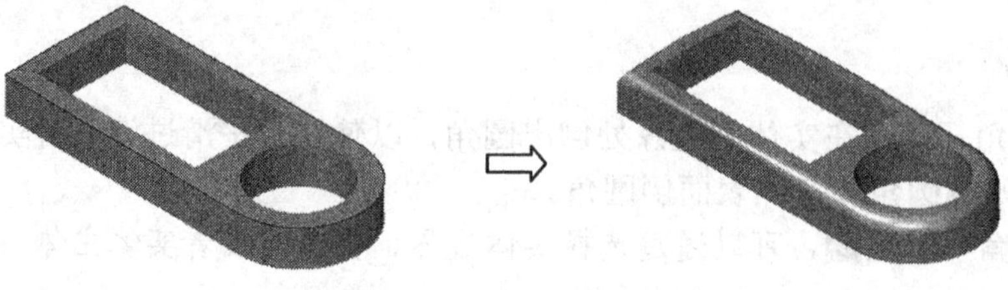

图 8-34　变化的半径

如打开“LX8-6A.MCX”文件，进行变化半径倒圆角操作，其操作步骤如图 8-35 所示。

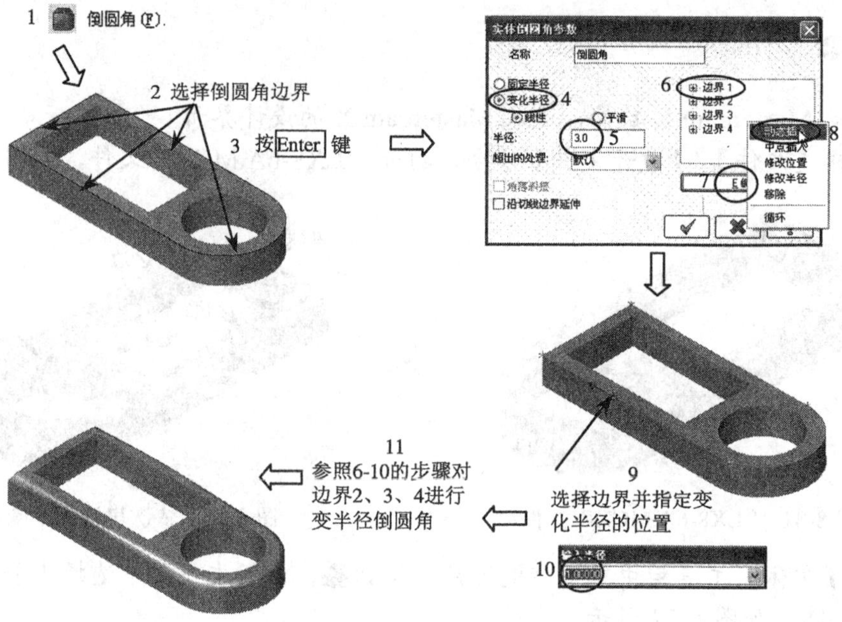

图 8-35　“变化半径”倒圆角操作

● 角落斜接：选择一个角点的 3 条或 3 条以上的边界线时，该复选框可选，它用于设置其相交角点的倒圆角处理方式，但只能用于固定半径倒圆角，如图 8-36 所示。

图 8-36　角落斜接方式

● 沿切线边界延伸：对所选择边及其相切的其他边进行倒圆角操作，如图 8-37 所示。

【例 8-7】表面倒圆角操作。

操作步骤

（1）启动 Mastercam X 软件，进入 Mastercam X 的设计界面。

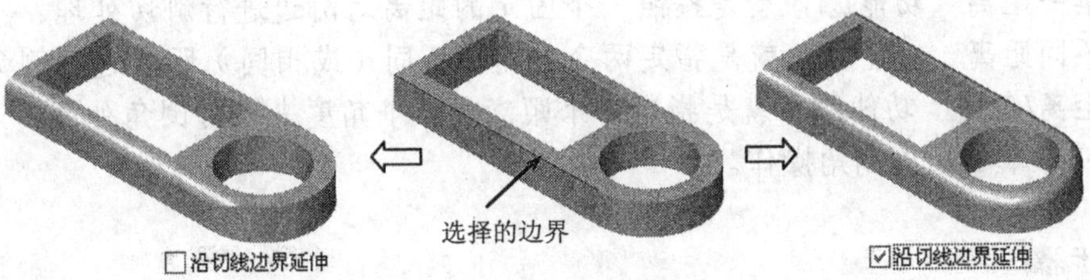

图 8-37　沿切线边界延伸方式

（2）选择【文件】/【打开文件】命令，打开“LX8-7A.MCX”文件，如图 8-38 所示。

（3）在【实体】工具栏中单击“表面倒圆角”按钮，然后在视图中选择表面 1 后按 Enter 键，再选择表面 2 后按 Enter 键，如图 8-39 所示。

图 8-38　“LX8-7A.MCX”文件

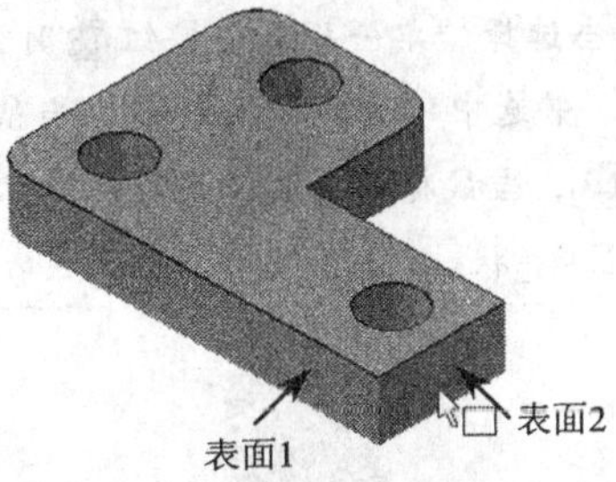

图 8-39　选择两个表面

（4）此时弹出【实体的面与面倒圆角参数】对话框，选择“半径”单选项，然后在“半径”文本框中输入 5，再单击“确定”按钮，则表面倒圆角操作如图 8-40 所示。

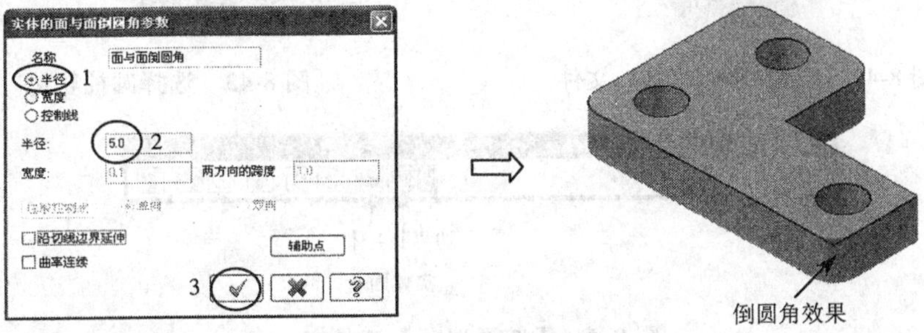

图 8-40　两表面倒圆角操作

（5）参照上一步的操作，对其他的另外两个角进行倒圆角操作，结果如图 8-41 所示。

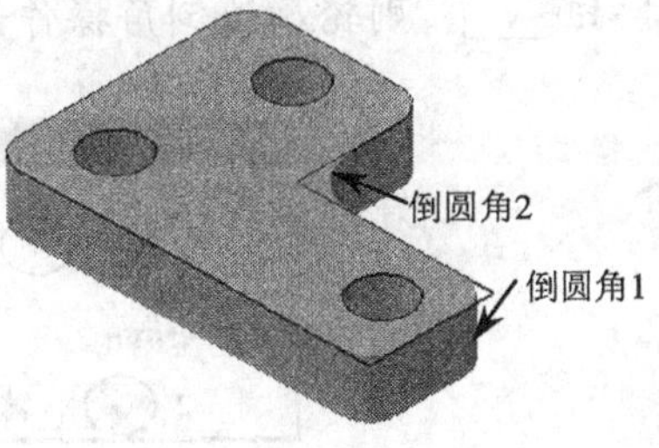

图 8-41　对另外两个角倒圆角

8.3.2　倒角

倒角是对实体的边进行斜切处理，即在被选定的实体边上切除材料，一般零件的锐边在设计时，都要进行这种倒斜角处理。倒角有 3 种方式，即单一距离、不同距离和距离/角度。

- “单一距离”功能，就是按照一个固定的距离对两边进行斜切处理。
- “不同距离”功能，就是指定两个倒角的不同（或相同）距离进行倒角。
- “距离/角度”功能，就是指定一个距离和一个角度来进行倒角处理。

【例 8-8】单一距离倒角操作。

操作步骤

（1）启动 Mastercam X 软件，进入 Mastercam X 的设计界面。

（2）选择【文件】/【打开文件】命令，打开“LX8-8A.MCX”文件，如图 8-42 所示。

（3）在【实体】工具栏中单击“单一距离”按钮，将鼠标移至上侧圆柱的边上，当鼠标呈状时单击，则将该轮廓边选中，然后按 Enter 键，如图 8-43 所示。

> 当选择“单一距离”按钮时，其【普通选项】工具栏的部分按钮将被激活，如图 8-44 所示。若选中“边界”按钮，当鼠标移至实体的轮廓边时，鼠标呈状；若选中“实体面”按钮，当鼠标移至实体面时，鼠标呈状；若选中“主体”按钮，当鼠标移至实体上时，鼠标呈状。

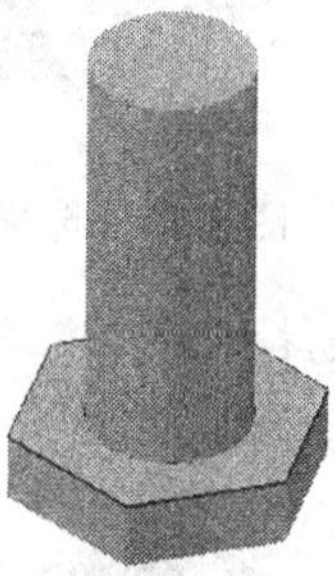

图 8-42 “LX8-8A.MCX”文件

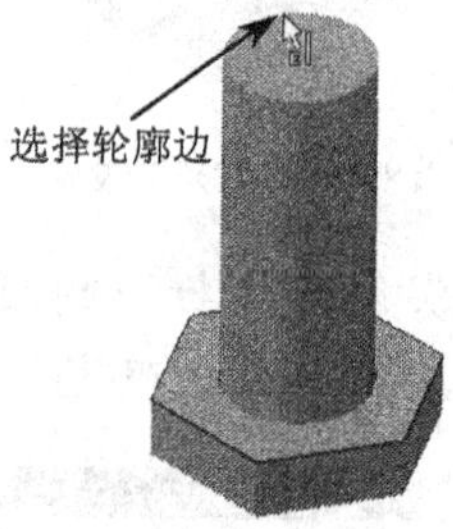

图 8-43　选择圆柱轮边

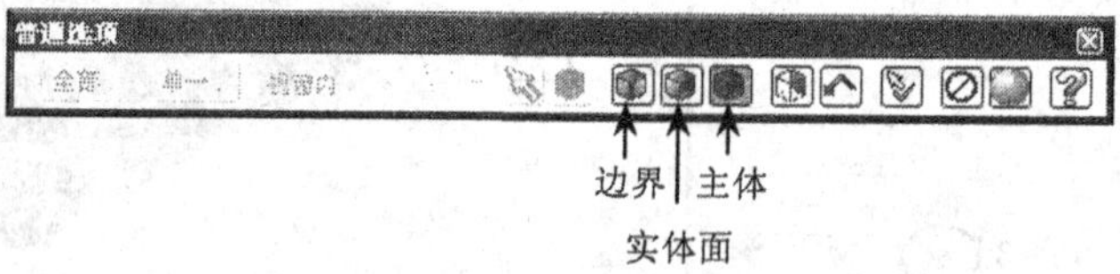

图 8-44 【普通选项】工具栏

（4）此时将弹出【实体倒角参数】对话框，在“距离”文本框中输入 1，然后单击“确定”按钮，则轮廓边倒角操作如图 8-45 所示。

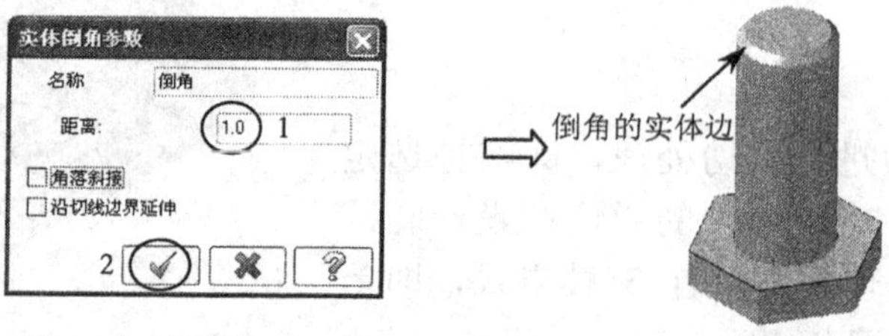

图 8-45　对实体边倒角操作

（5）再在【实体】工具栏中单击“单一距离”按钮，在视图中旋转视图，将鼠标移至正六边形体的表面上，当鼠标呈状时单击，则将该实体表面选中，并按Enter键，如图 8-46 所示。

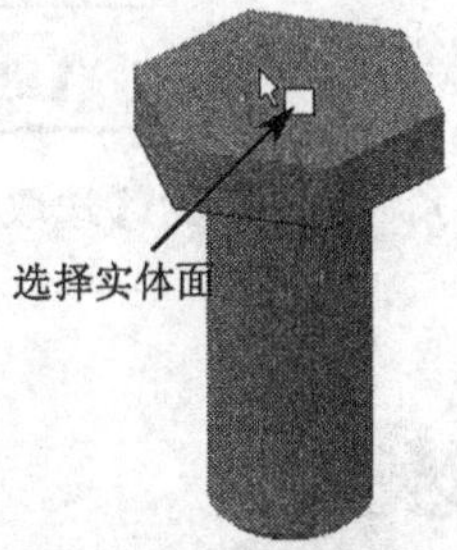

图 8-46　选择实体面

图 8-47　对实体面倒角操作

（6）此时将弹出【实体倒角参数】对话框，在“距离”文本框中输入 0.3，最后按Enter键，则对实体表面进行倒角操作，如图 8-47 所示。

在如图 8-45 所示【实体倒角参数】对话框的“角落斜接”复选框功能，与【实体倒圆角参数】对话框中的一样，如图 8-48 所示。

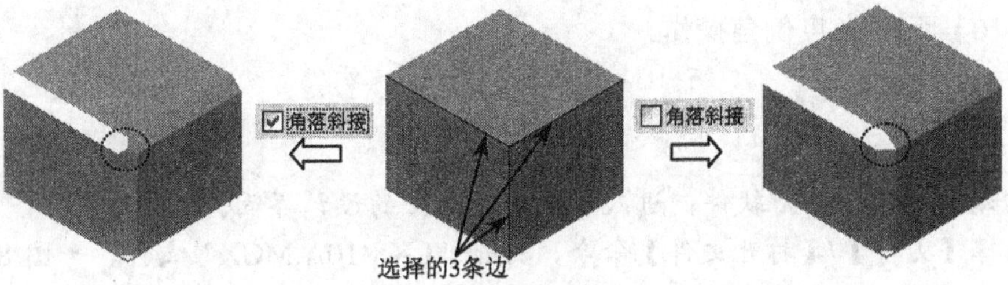

图 8-48　角落斜接方式

【例 8-9】不同距离倒角操作。

操作步骤

（1）启动 Mastercam X 软件，进入 Mastercam X 的设计界面。

（2）选择【文件】/【打开文件】命令，打开“LX8-9A.MCX”文件，如图 8-49 所示。

（3）在【实体】工具栏中单击“不同距离”按钮，将鼠标移至右侧圆柱的边上，当鼠标呈状时单击，则将该轮廓边选中，如图 8-50 所示。

图 8-49　“LX8-9A.MCX”文件

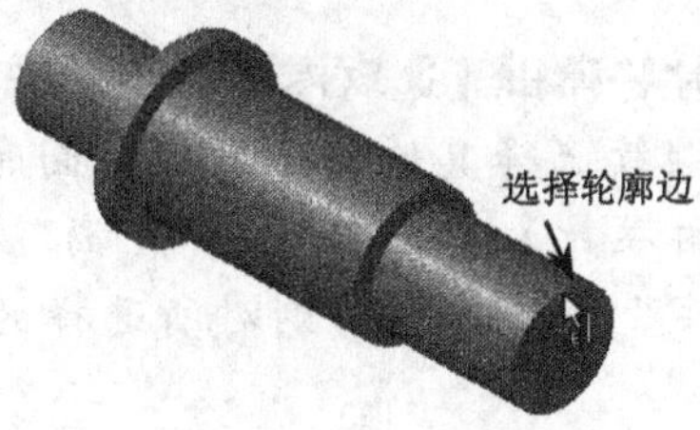

图 8-50　选择圆柱轮边

（4）此时将弹出【选取参考面】对话框，直接单击“确定”按钮即可，如图 8-51 所示。

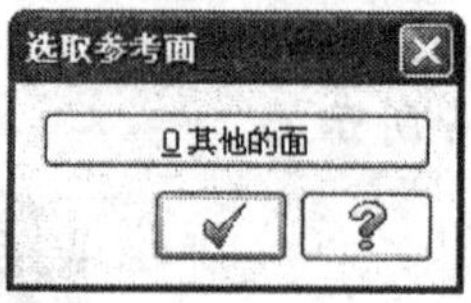

图 8-51 【选取参考面】对话框

（5）若继续选择其他倒角的边或面时，继续选择即可，若直接按 Enter 键，则将弹出【实体倒角参数】对话框，在“距离 1”和“距离 2”文本框中分别输入 1 和 3，再单击“确定”按钮，则对所选择的轮廓边进行不同距离倒角操作，如图 8-52 所示。

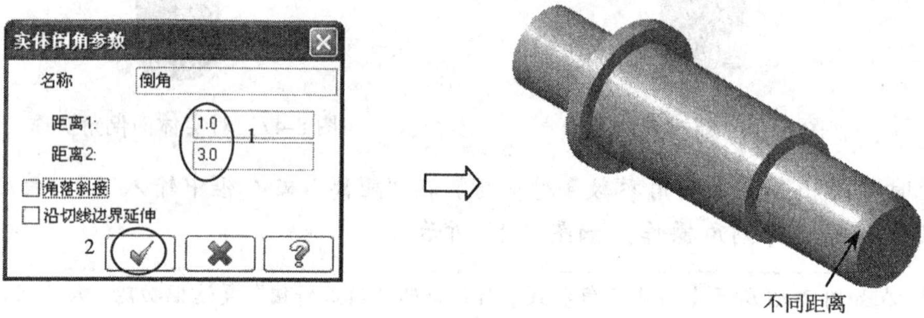

图 8-52 不同距离倒角

【例 8-10】距离/角度倒角操作。

操作步骤

（1）启动 Mastercam X 软件，进入 Mastercam X 的设计界面。

（2）选择【文件】/【打开文件】命令，打开“LX8-10A.MCX”文件，如图 8-53 所示。

（3）在【实体】工具栏中单击“距离/角度”按钮，将鼠标移至圆柱中间的轮边上，当鼠标呈状时单击，则将该轮廓边选中，如图 8-54 所示。

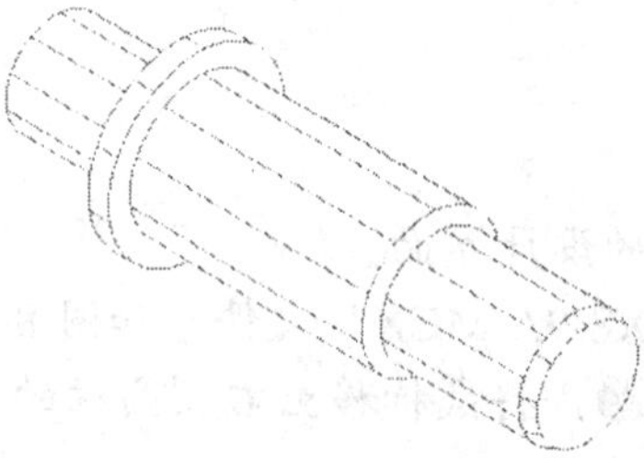

图 8-53 “LX8-10A.MCX”文件

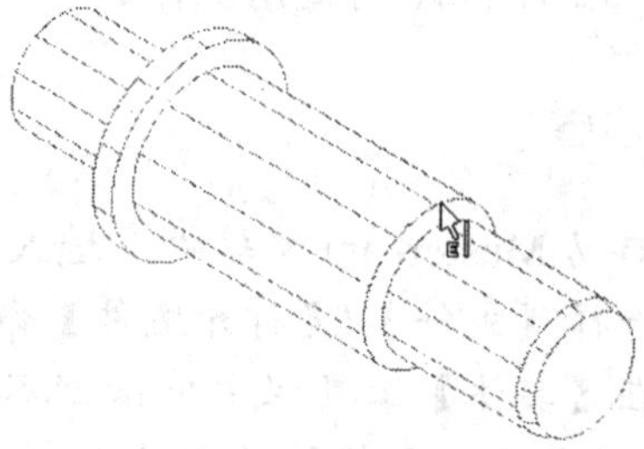

图 8-54 选择圆柱轮边

（4）此时将弹出【选取参考面】对话框，直接单击“确定”按钮即可。

（5）若继续选择其他倒角的边或面时，继续选择即可，若直接按 Enter 键，则将弹出【实体倒角参数】对话框，在“距离”文本框中输入 2，在“角度”文本框中输入 60，再单击“确定”按钮，则对所选择的轮廓边进行距离/角度倒角操作，如图 8-55 所示。

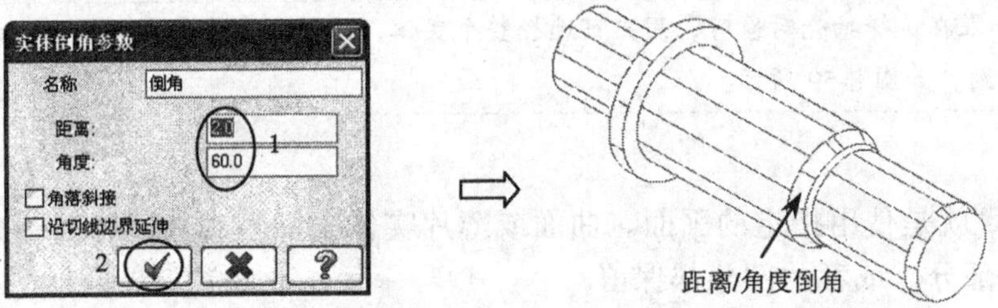

图 8-55　距离/角度倒角

8.3.3　抽壳

“抽壳”▣就是将实体以一定厚度进行抽壳，从而产生的薄壁体。

【例 8-11】抽壳操作。

操作步骤

（1）启动 Mastercam X 软件，进入 Mastercam X 的设计界面。

（2）选择【文件】/【打开文件】命令，打开“LX8-11A.MCX”文件，如图 8-56 所示。

（3）在【实体】工具栏中单击“抽壳”按钮▣，将鼠标移至实体的上表面，当鼠标呈↖□状时单击，则将该实体表面选中，如图 8-57 所示。

图 8-56　“LX8-11A.MCX”文件

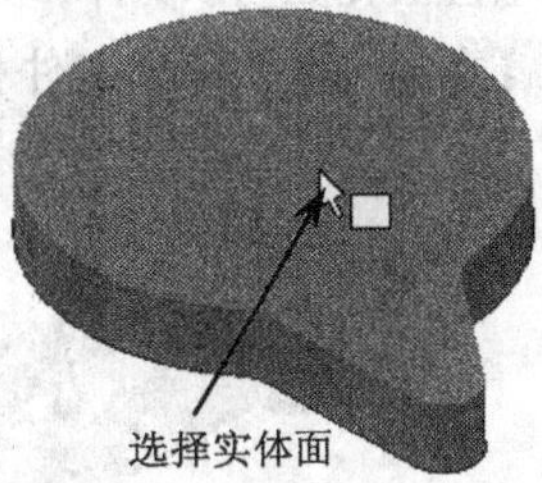

图 8-57　选择实体表面

（4）按 Enter 键后，将弹出【实体抽壳的设置】对话框，选择“朝外”单选项，然后在“朝外的厚度”文本框中输入 2，再单击“确定”按钮✔，则对所选择的实体进行抽壳操作，如图 8-58 所示。

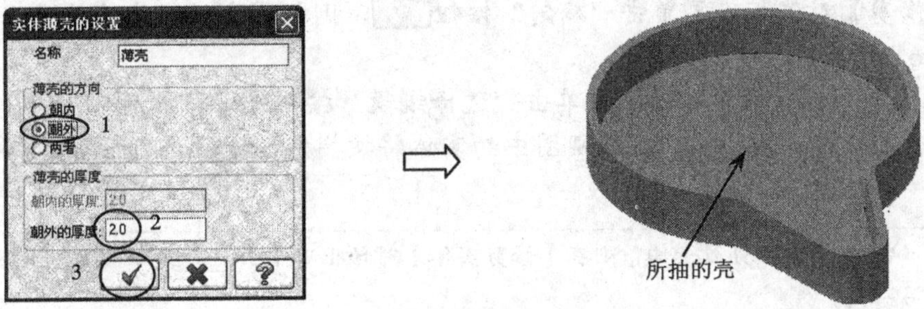

图 8-58　抽壳操作

如果在选择抽壳对象时，用户可选择整个实体，将整个实体的内部抽空，剖切开这个实体即可看到，如图 8-59 所示。

8.3.4 修剪

“修剪”就是使用指定的平面、曲面或薄片实体去切割实体，将其一分为二，然后选择保留的一部分，或者两部分都保留。

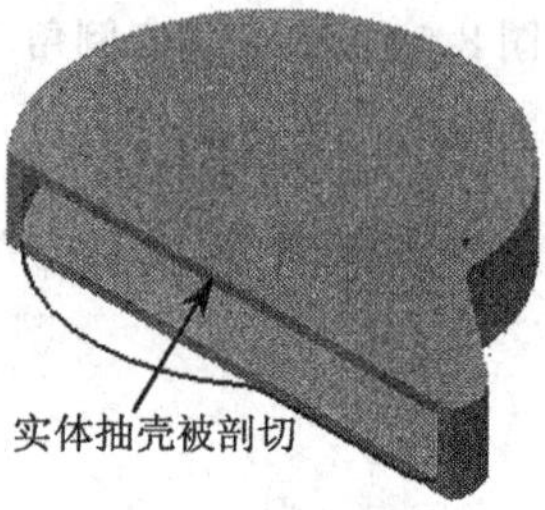

图 8-59 实体抽壳和剖切

【例 8-12】按照平面进行修剪。

操作步骤

（1）启动 Mastercam X 软件，进入 Mastercam X 的设计界面。

（2）选择【文件】/【打开文件】命令，打开“LX8-12A.MCX”文件，如图 8-60 所示。

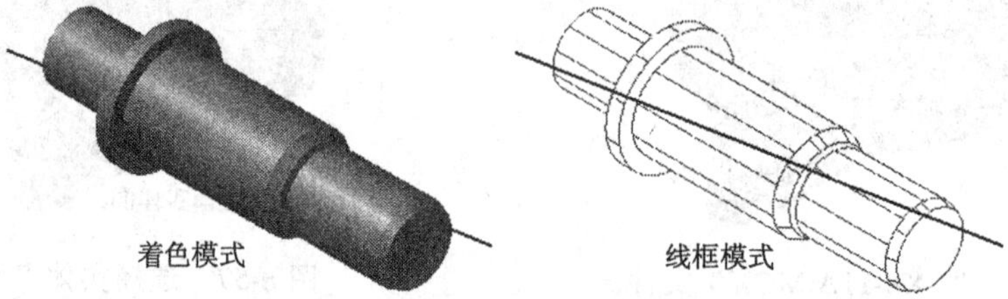

图 8-60 “LX8-12A.MCX”文件

（3）在【实体】工具栏中单击“修剪”按钮，将弹出【实体修剪】对话框，选择“平面”单选项，此时将弹出【平面选项】对话框，单击按钮，再单击“确定”按钮返回到【实体修剪】对话框，再单击“确定”按钮，则视图中的实体将按照 Y 轴进行修剪，如图 8-61 所示。

（4）若在【平面选项】对话框中单击“选择线段”按钮，然后在视图中选择线段后，依次单击“确定”按钮，则视图中的实体将按指定的线段进行修剪，如图 8-62 所示。

如果用户要修剪另一侧，则在【修剪实体】对话框中单击 [E修剪另一侧] 按钮来改变修剪的另一侧。

【例 8-13】按照曲面进行修剪。

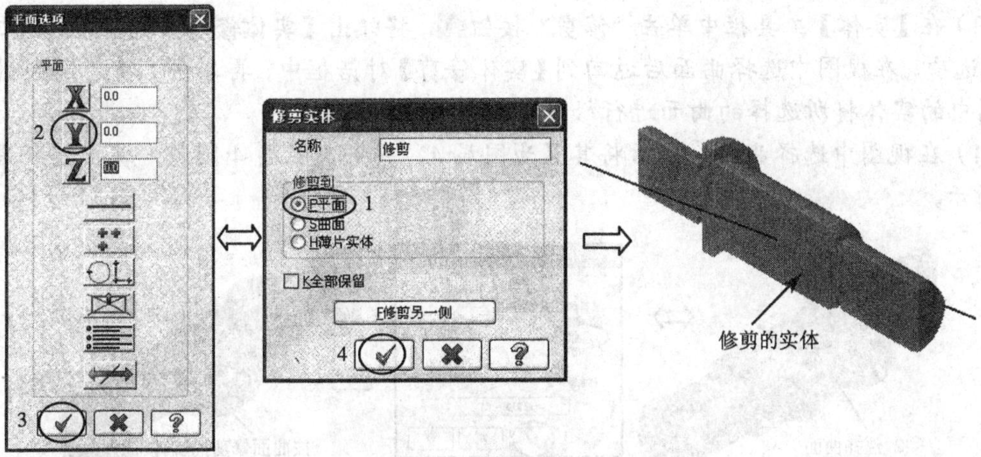

图 8-61　按 Y 轴进行修剪

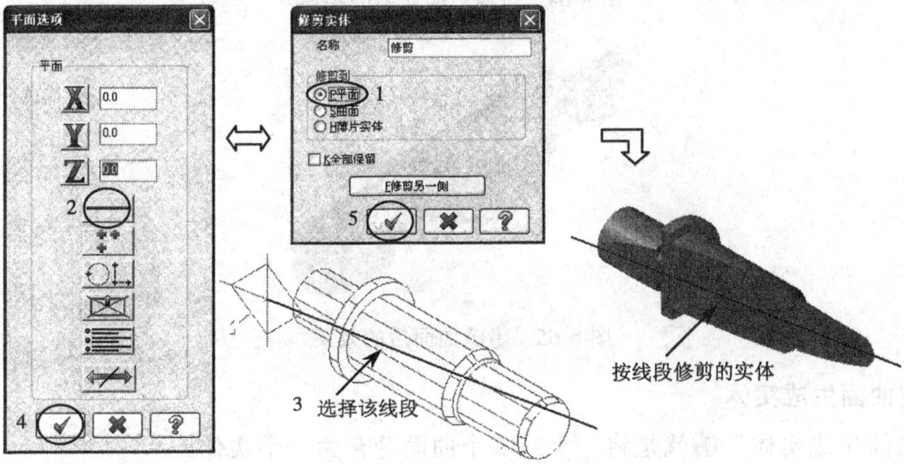

图 8-62　按线段修剪实体

操作步骤

（1）启动 Mastercam X 软件，进入 Mastercam X 的设计界面。

（2）选择【文件】/【打开文件】命令，打开“LX8-13A.MCX”文件，如图 8-63 所示。

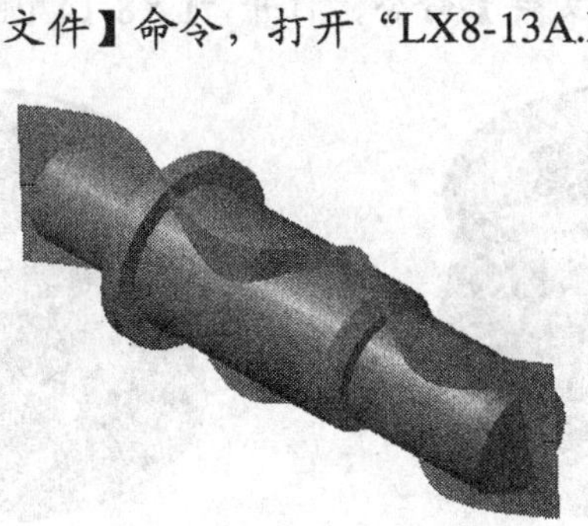

图 8-63　“LX8-13A.MCX”文件

（3）在【实体】工具栏中单击“修剪”按钮，将弹出【实体修剪】对话框，选择“曲面”单选项，在视图中选择曲面后返回到【实体修剪】对话框中，再单击“确定”按钮，则视图中的实体将所选择的曲面进行修剪，如图 8-64 所示。

（4）在视图中选择曲面，然后将其置为图层 4，并将其图层 4 隐藏，其视图效果如图 8-65 所示。

图 8-64　按照曲面修剪的实体

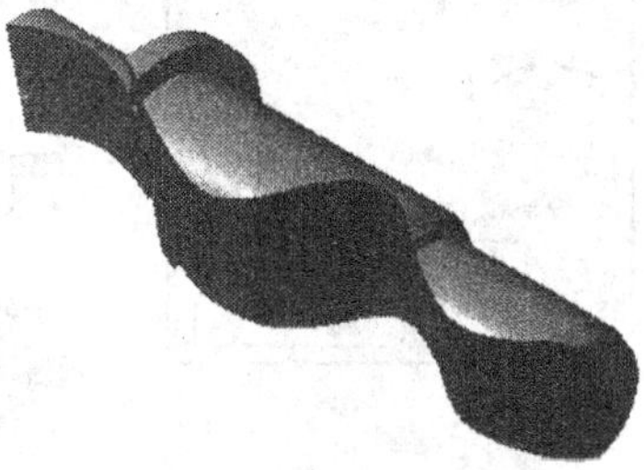

图 8-65　隐藏曲面后的效果

8.3.5　由曲面生成实体

“由曲面生成实体”就是将一个或多个曲面缝合为一个实体。

【例 8-14】由曲面生成实体。

操作步骤

（1）启动 Mastercam X 软件，进入 Mastercam X 的设计界面。

（2）选择【文件】/【打开文件】命令，打开“LX8-14A.MCX”文件，如图 8-66 所示。

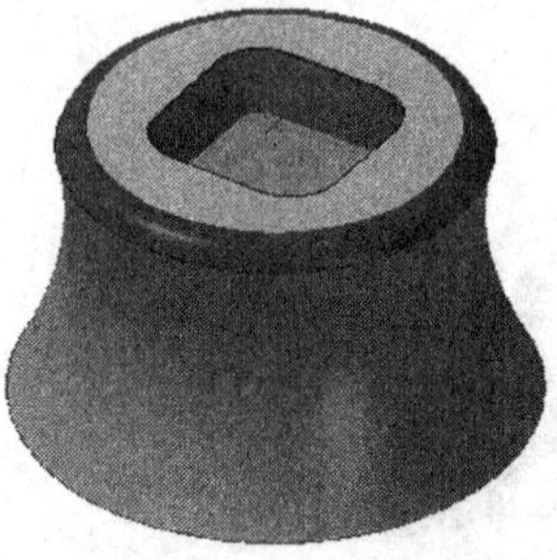

图 8-66 “LX8-14A.MCX”文件

图 8-67　删除圆锥面的效果

该三维曲面造型中间是空心的，若将其圆锥曲面删除后即可看到内部的情况，如图 8-67 所示。

（3）在【实体】工具栏中单击“由曲面生成实体”按钮，将弹出【曲面转为实体】对话框，选择“删除”单选项，然后单击“确定”按钮，则视图中的所有曲面将转换为实体，如图 8-68 所示。

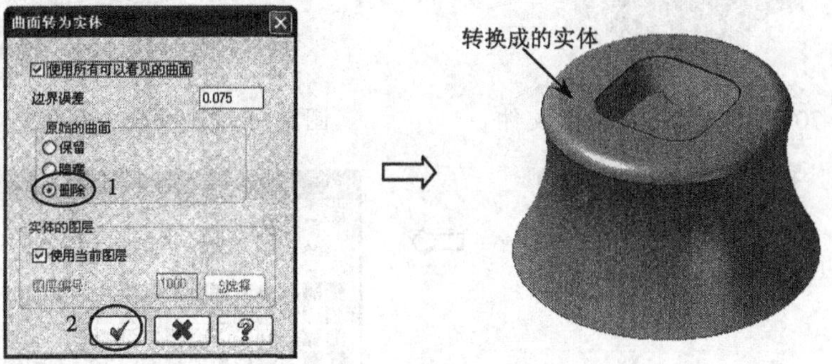

图 8-68　将曲面转换成实体

（4）按照上一小节的方法，创建一个曲面，然后将该转换的实体按照曲面进行对称剖开，即可看到该实体内部是实心的，如图 8-69 所示。

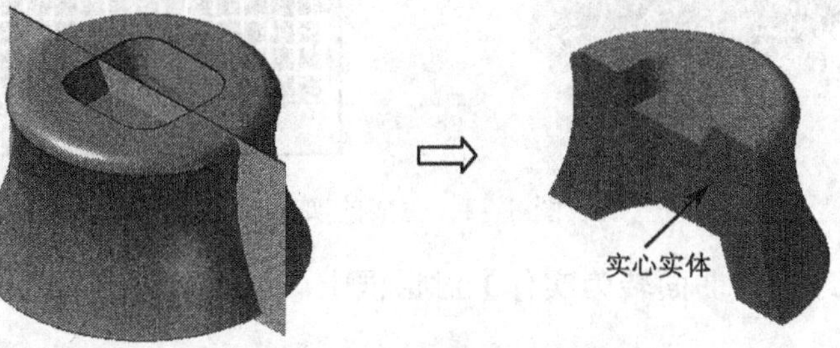

图 8-69　剪切实体

从上例可以看出，封闭的曲面所生成的实体是实心的，若对于未封闭的曲面，则生成实体则不是实心的，如下例所示。

【例 8-15】未封闭的曲面生成实体。

操作步骤

（1）启动 Mastercam X 软件，进入 Mastercam X 的设计界面。

（2）选择【文件】/【打开文件】命令，打开“LX8-15A.MCX”文件，如图 8-70 所示。

（3）在【实体】工具栏中单击“由曲面生成实体”按钮，将弹出【曲面转为实体】对话框，选择“删除”单选项，然后单击“确定”按钮，如图 8-71 所示。

（4）此时将弹出提示对话框，询问是否绘制实体边界线，若单击“是”按钮，将弹出【颜色】对话框，从中选择绘制边界线的颜色，其操作示意图如图 8-72 所示。

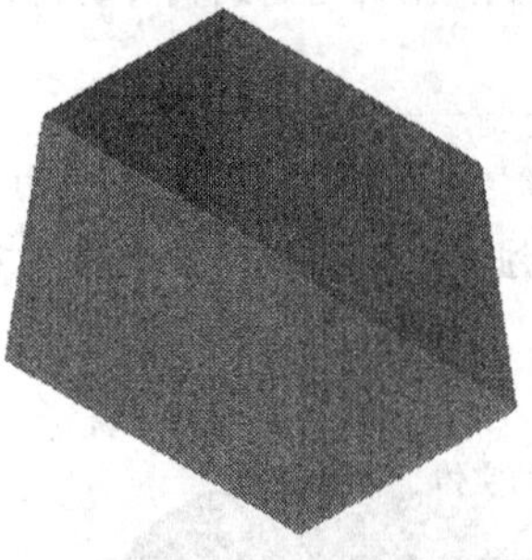

图 8-70 “LX8-15A.MCX”文件

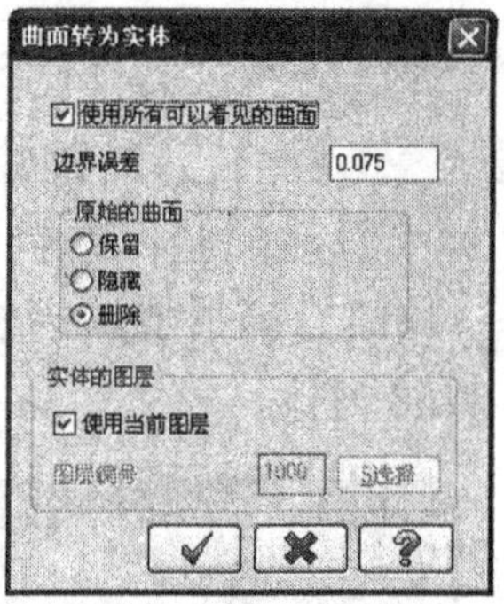

图 8-71 【曲面转为实体】对话框

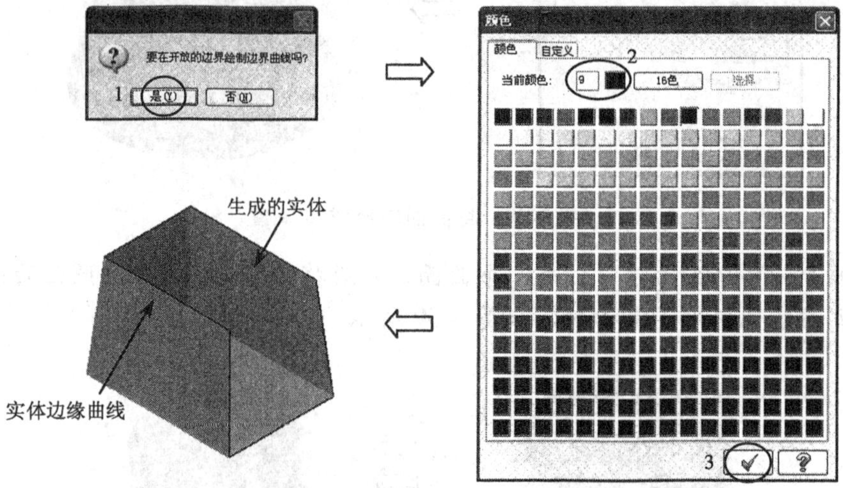

图 8-72　生成的实体

在如图 8-68 所示的【曲面转为实体】对话框中，对原始曲面的处理方式有 3 种，即保留、隐藏和删除。

- 保留：在将曲面生成实体时，其原始曲面仍然保留在图中。
- 隐藏：在生成实体时，其原始曲面将以隐藏的方式存在。
- 删除：在生成实体时，其原始曲面将被删除。

8.3.6　加厚

“加厚”就是将一些由曲面生成的没有厚度的实体进行加厚操作，从而生成具有一定厚度的实体。

【例 8-16】加厚实体操作。

操作步骤

（1）启动 Mastercam X 软件，进入 Mastercam X 的设计界面。

（2）选择【文件】/【打开文件】命令，打开“LX8-16A.MCX”文件，如图 8-73 所示。

（3）在【实体】工具栏中单击“加厚”按钮，将弹出【增加薄片实体的厚度】对话框，在“厚度”文本框中输入 3，选择“单侧”单选项，然后依次单击“确定”按钮，如图 8-74 所示。

> 加厚实体功能只能对薄片实体进行加厚，曲面和实体都不能加厚。如果已经对薄片实体进行了加厚操作，就不能再对其进行二次加厚。

图 8-73 “LX8-16A.MCX”文件

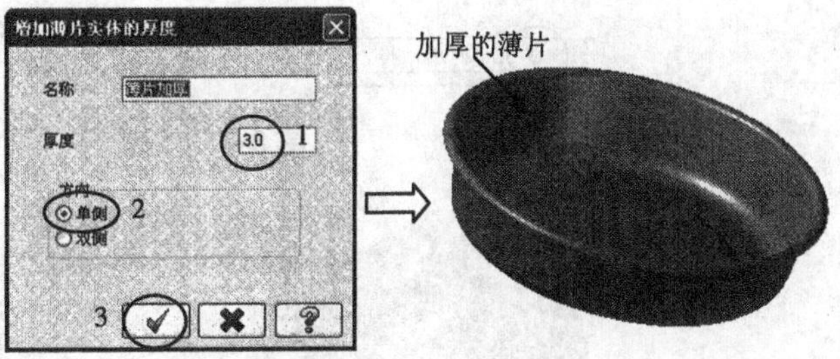

图 8-74 加厚操作

8.3.7 移除实体表面

“移除实体表面”就是删除一个或多个实体面后所产生的一个薄片实体。被移动的面即可以是封闭实体，也可以是薄片实体。

【例 8-17】移动实体表面。

操作步骤

（1）启动 Mastercam X 软件，进入 Mastercam X 的设计界面。

（2）选择【文件】/【打开文件】命令，打开“LX8-17A.MCX”文件，该实体文件是实心的，如图 8-75 所示。

（3）在【实体】工具栏中单击“移除实体表面”按钮，在视图中选择上表面作为移除的表面，然后按 Enter 键，如图 8-76 所示。

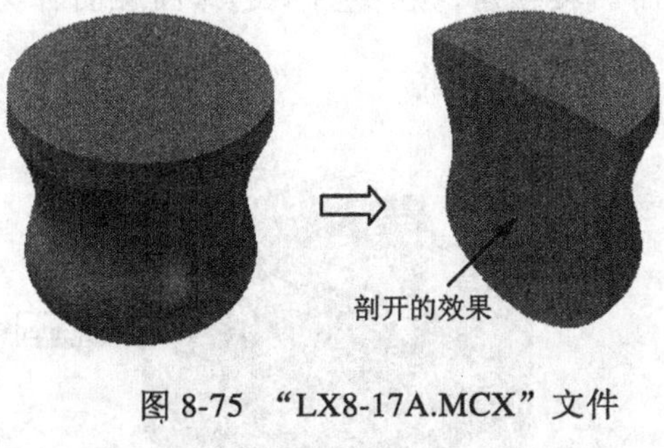

图 8-75 “LX8-17A.MCX”文件

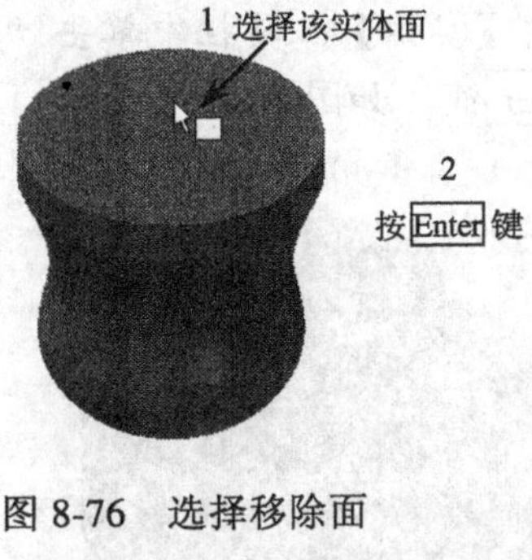

图 8-76 选择移除面

（4）此时将弹出【移除实体的表面】对话框，选择“删除”单选项，然后分别单击“确定”按钮和“否”按钮，则视图中所选择的实体面将被移除，如图 8-77 所示。

> 用户可以同时选择两个或两个以上的实体表面作为移除面，如图 8-78 所示。

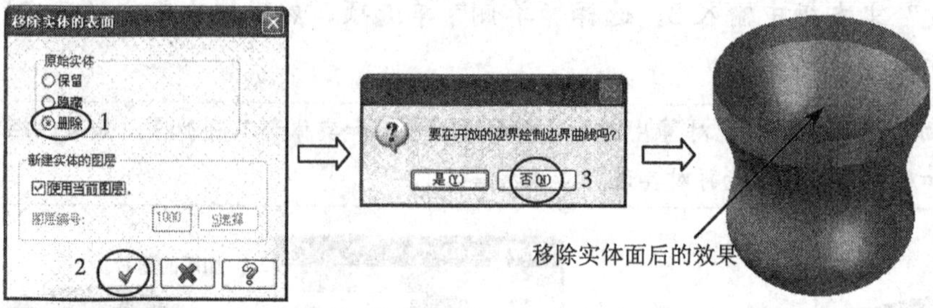

图 8-77　移除实体面操作

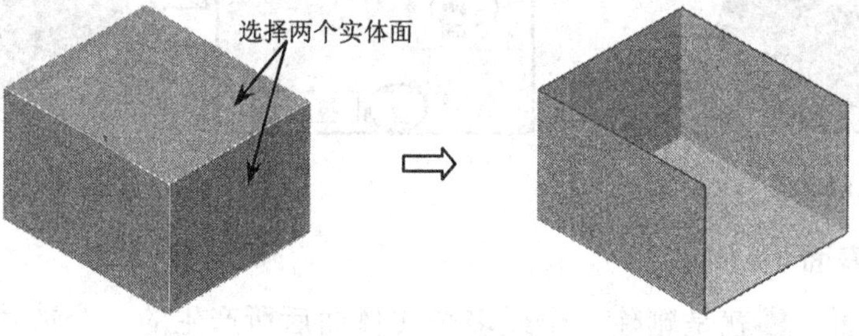

图 8-78　删除多个实体面

8.3.8　牵引面

“牵引面”就是将实体面牵引到一个新的位置，从而产生带有拔模角度的实体，相当于 UG 中的拔模角。

【例 8-18】牵引面操作。

操作步骤

（1）启动 Mastercam X 软件，进入 Mastercam X 的设计界面。

（2）选择【文件】/【打开文件】命令，打开“LX8-18A.MCX”文件，如图 8-79 所示。

（3）在【实体】工具栏中单击“牵引面”按钮，在视图中选择圆柱面作为牵引面，然后按 Enter 键，如图 8-80 所示。

图 8-79　“LX8-18A.MCX”文件

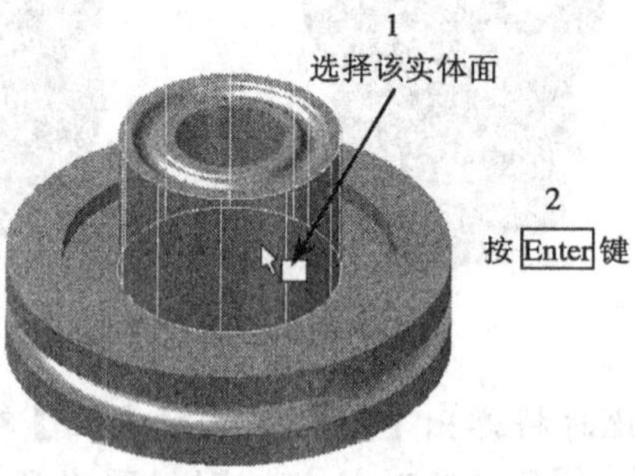

图 8-80　选择牵引面

（4）此时将弹出【实体牵引面的参数】对话框，选择“牵引到实体面”单选项，在“牵引角度”文本框中输入 5，再单击“确定”按钮，然后在视图中单击下侧圆柱的表面，最后单击"确定"按钮✔即可，如图 8-81 所示。

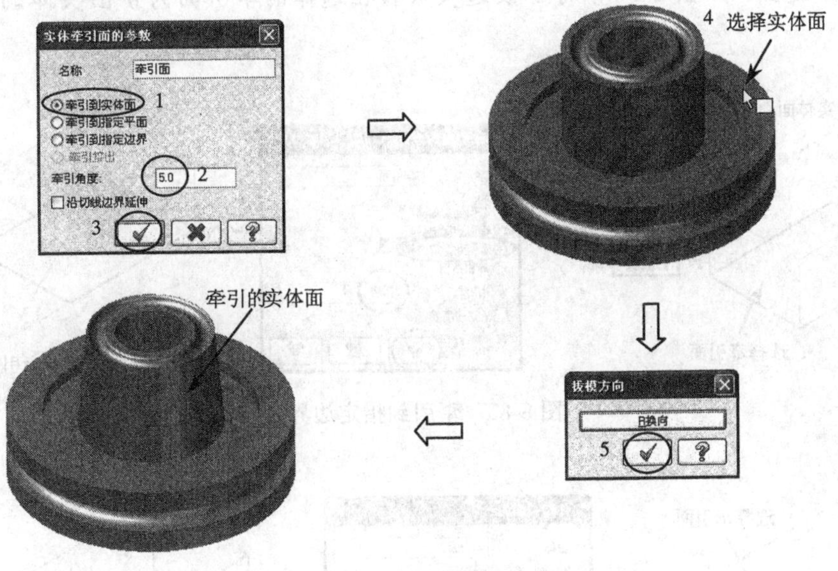

图 8-81　牵引的实体面

在如图 8-81 所示的【实体牵引面的参数】对话框中，可以设置用于指定选择面的旋转轴、旋转方向和旋转角度，其旋转轴的设置方法有以下 4 种：

- 牵引到实体面：选择一个实体面（参考面）来定义牵引面的旋转轴和旋转方向，如上例所示。
- 牵引到指定平面：定义一个平面作为参考面，其旋转轴为平面与牵引面的交线或延伸交线，牵引面旋转后所生成的面与平面法线方向的夹角为指定角度，如图 8-82 所示。

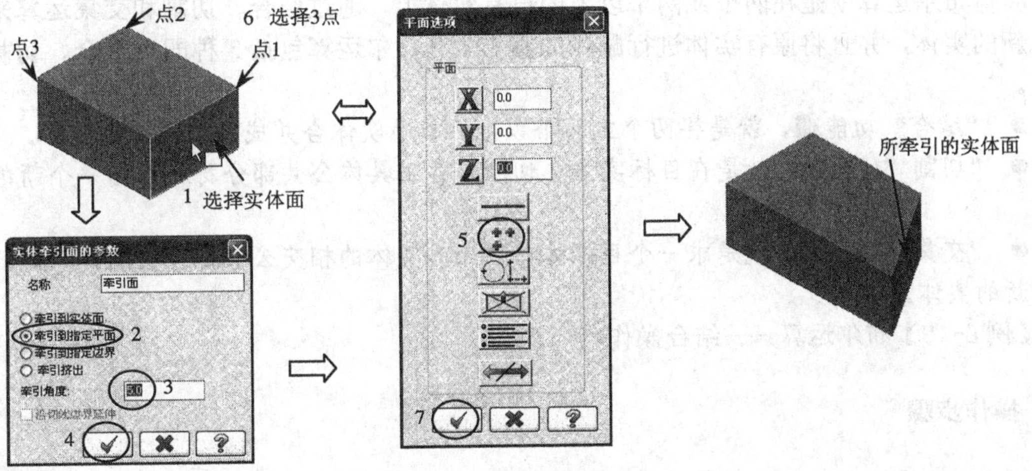

图 8-82　牵引到指定平面

- 牵引到指定边界：选择牵引面的一条边作为旋转轴，然后选择边界或实体面作为参考面定义旋转方向，如图 8-83 所示。

● 牵引挤出：选择牵引面和设置旋转角度进行牵引挤出，旋转轴为挤出牵引面的边，参考面为原串连面，如图 8-84 所示。该选项只有在选择的牵引面为挤出实体的侧面时才会被激活。

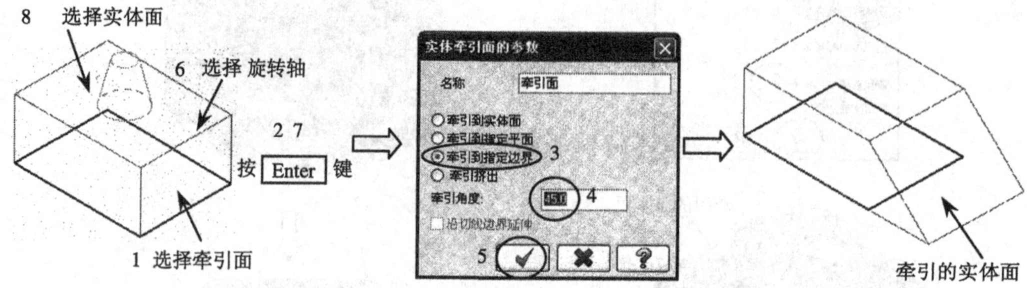

图 8-83 牵引到指定边界

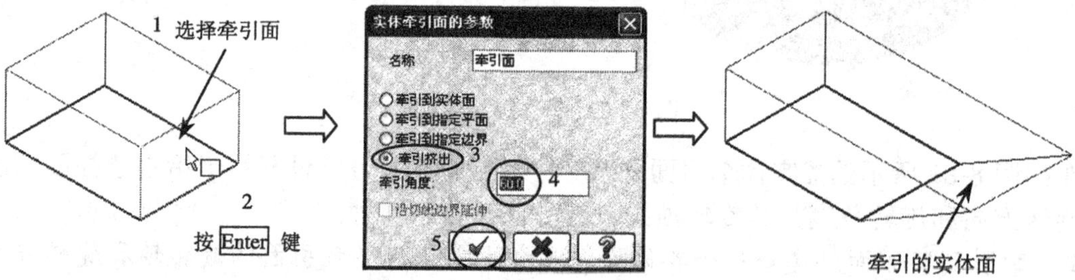

图 8-84 牵引挤出

8.3.9 布尔运算

实体布尔运算就是在两个或两个以上的已有实体上，通过结合、切割和交集运算来建一个新的实体，并且将原有实体进行删除的操作。其布尔运算包括 3 种即：结合、切割和交集。

● “结合”功能，就是将两个或两个以上的单独实体合并成一个独立的实体。

● “切割“功能，就是在目标实体中切除与各工具体公共部分材料后的一个新的实体。

● “交集“功能，就是求一个目标体与各工具实体的相交公共部件材料，从而创建一个新的实体。

【例 8-19】布尔运算——结合操作。

操作步骤

（1）启动 Mastercam X 软件，进入 Mastercam X 的设计界面。

（2）选择【文件】/【打开文件】命令，打开“LX8-19A.MCX”文件，该图是由两个独立的实体组成的，如图 8-85 所示。

（3）在【实体】工具栏中单击“布尔运算——结合”按钮，在视图中依次选择下侧的实体和上侧的圆柱体，然后按 Enter 键，则将两个实体结合为一个实体，如图 8-86 所示。

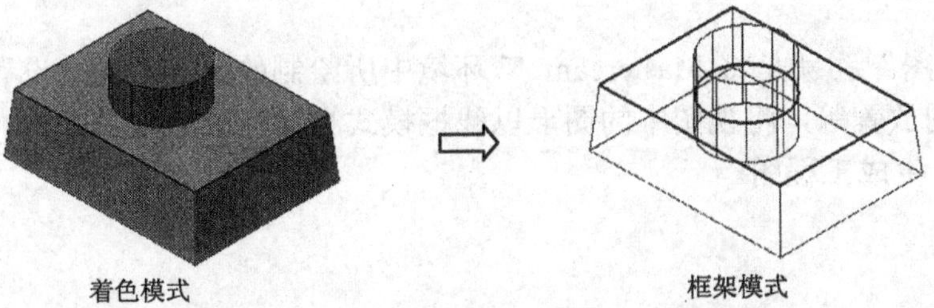

图 8-85　“LX8-19A.MCX”文件

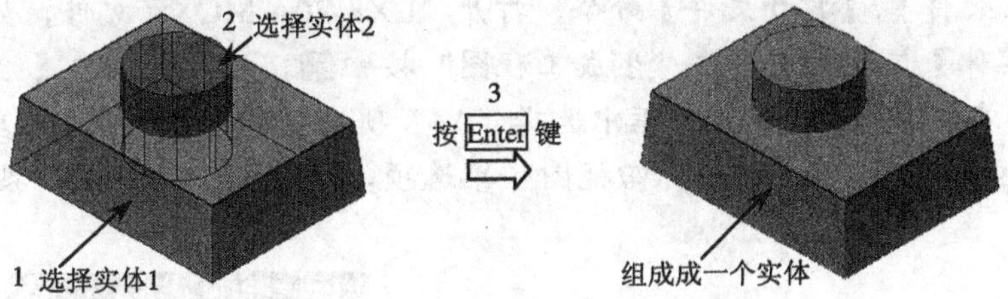

图 8-86　“结合”操作步骤

在结合实体操作时，其结合后的实体属性（颜色、图层、线型等），与最开始所选择的实体属性相同。

“布尔运算——切割”功能的操作步骤与上例大致相同，其操作步骤如图 8-87 所示。

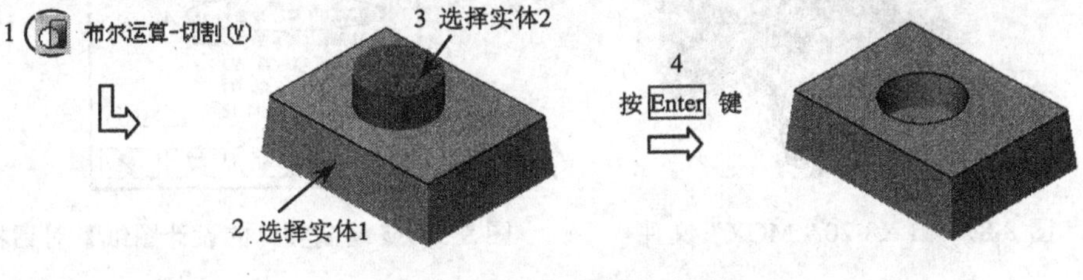

图 8-87　“切割”操作步骤

在进行切割布尔运算时，目标体与工具体必须要有相交的公共部件，否则不能进行切割布尔运算。

“布尔运算——交集”功能的操作步骤与上例大致相同，其操作步骤如图 8-88 所示。

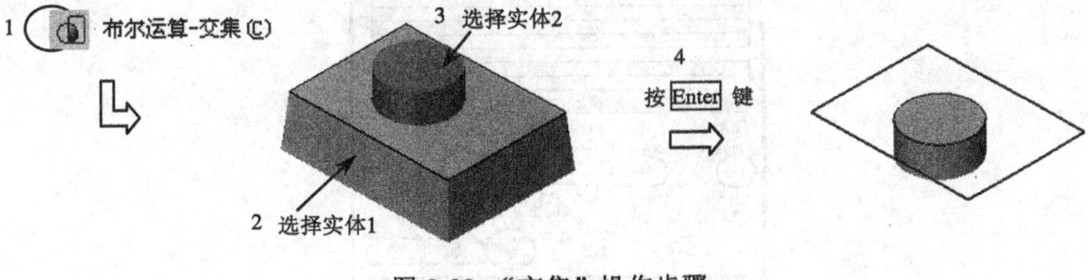

图 8-88　“交集”操作步骤

8.4 生成工程图

“生成工程图”就是将 Mastercam X 环境中所绘制的图形，通过设置纸张的大小、缩放比例、视图放置等，将视图中的图形以线框模式自动生成工程图。

【例 8-20】生成工程图。

操作步骤

（1）启动 Mastercam X 软件，进入 Mastercam X 的设计界面。

（2）选择【文件】/【打开文件】命令，打开“LX8-20A.MCX”文件，如图 8-89 所示。

（3）在【实体】工具栏中单击“生成工程图”按钮，此时将弹出【绘制实体的设计图纸】对话框，在“纸张大小”组合框中选择“A4”项，选中“载入图框”复选框，在“缩放比例”文本框中输入 1.2，选中“四视图”单选项，然后单击“确定”按钮，如图 8-90 所示。

图 8-89 “LX8-20A.MCX”文件

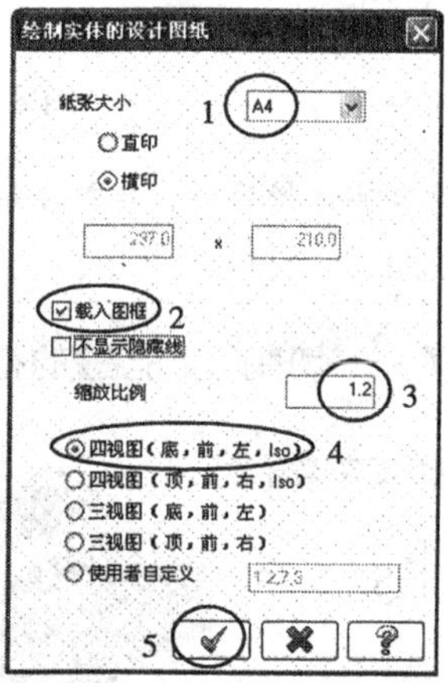

图 8-90 【绘制实体的设计图纸】对话框

（4）在弹出的【层别】对话框中，将布局的工程图放置在新建的图层 6 中，并命名为“布局层”，然后单击“确定”按钮，如图 8-91 所示。

图 8-91 设置布局图层

（5）此时在视图中将显示布局的图纸，如图 8-92 所示，并弹出【绘制实体的设计图纸】对话框，如图 8-93 所示。

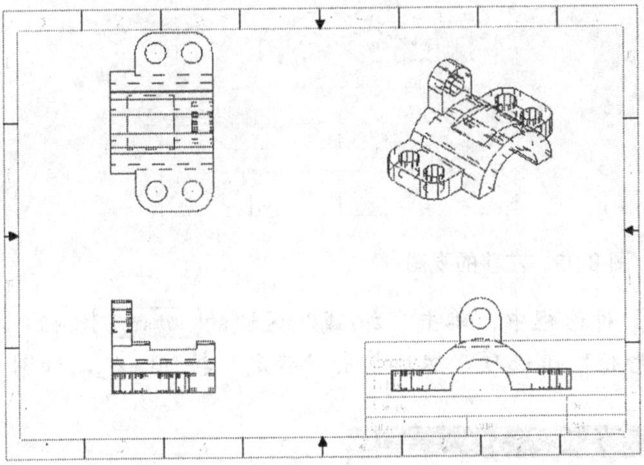

图 8-92　显示的布局

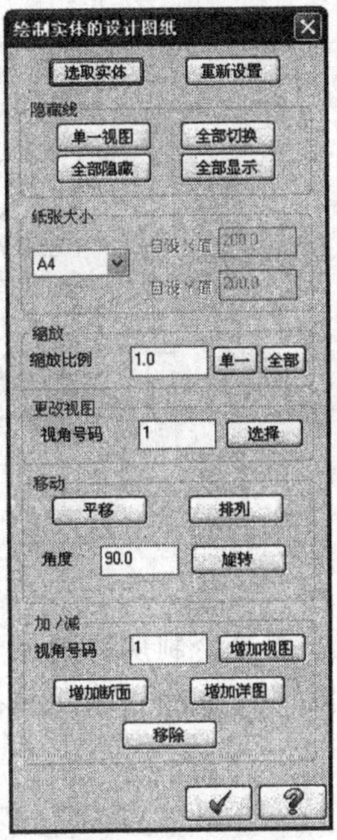

图 8-93 【绘制实体的设计图纸】对话框

（6）在【绘制实体的设计图纸】对话框中，单击“移动”区域的 平移 按钮，将右下角的视图向上移动，如图 8-94 所示。

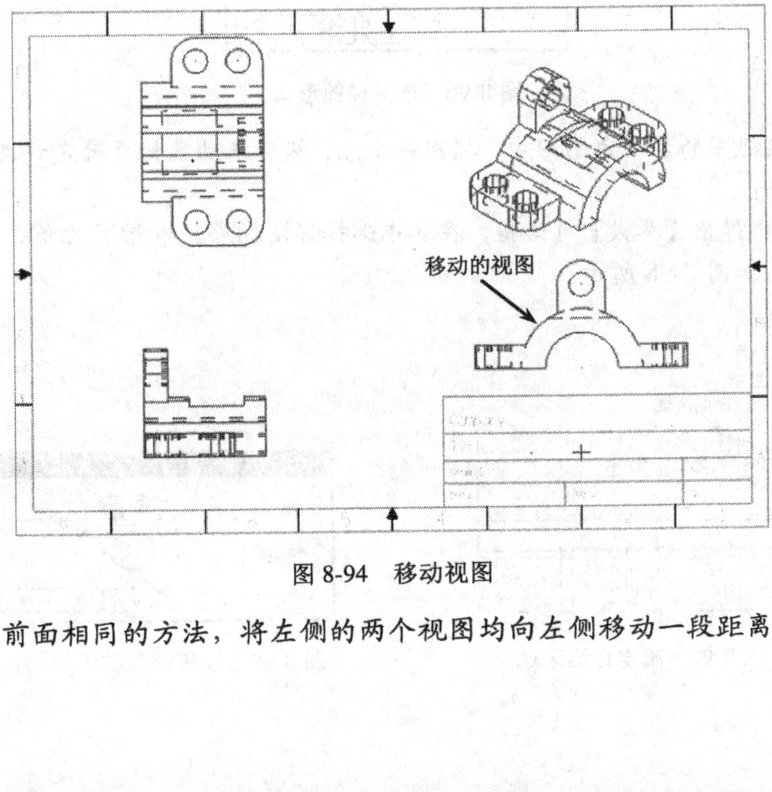

图 8-94　移动视图

（7）按照前面相同的方法，将左侧的两个视图均向左侧移动一段距离，如图 8-95 所示。

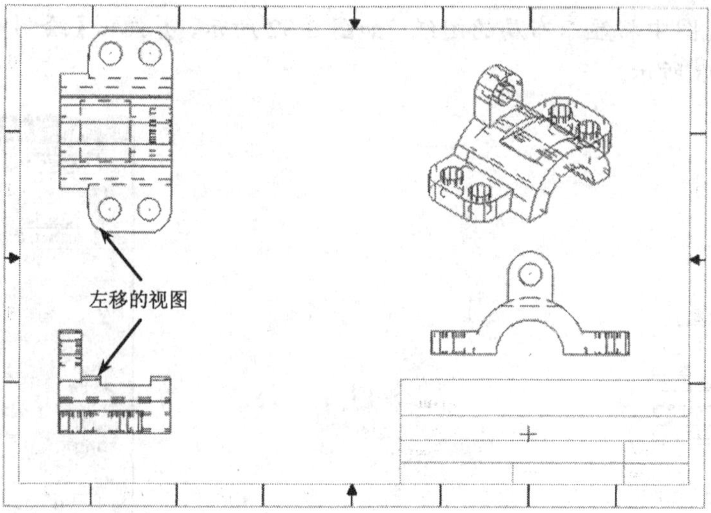

图 8-95 左移的视图

（8）在【绘制实体的设计图纸】对话框中，单击“加/减”区域的 增加详图 按钮，将弹出【详图形式】对话框，选择“圆形框”单选项，然后单击“确定”按钮 ✔，如图 8-96 所示。

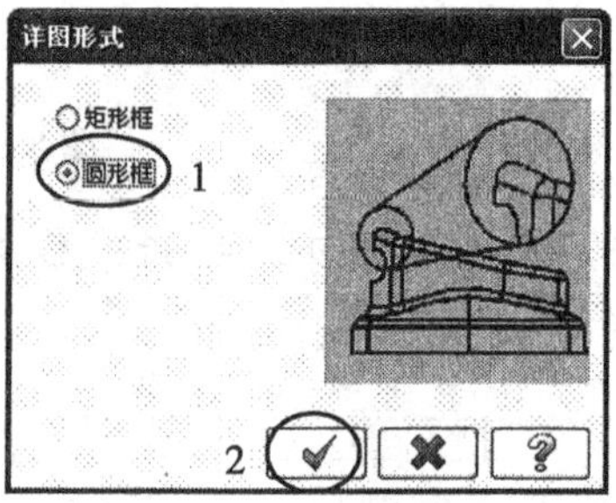

图 8-96 选择详图形式

（9）此时在视图的左下角图形中，捕捉一个点，然后拖动鼠标至确定详图区域后单击，如图 8-97 所示。

（10）此时将弹出【参数】对话框，在其中选择详图的颜色和缩放比例，然后单击“确定”按钮 ✔，如图 8-98 所示。

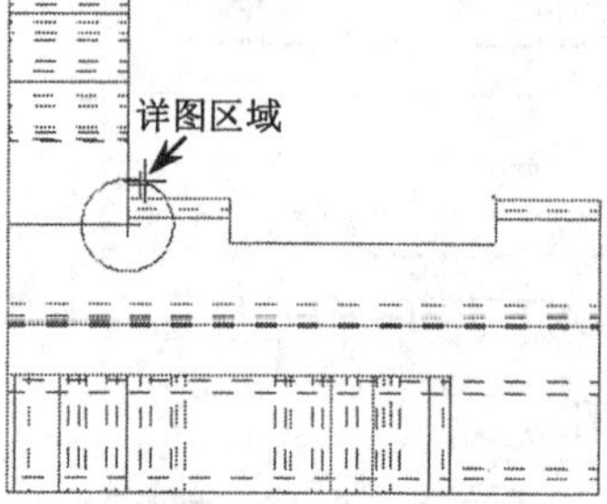

图 8-97 确定详图区域

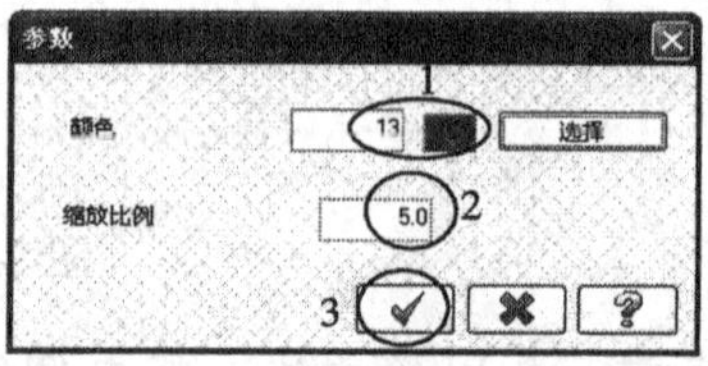

图 8-98 设置详图颜色与比例

（11）此时在视图中指定详图放置的位置，如图 8-99 所示。

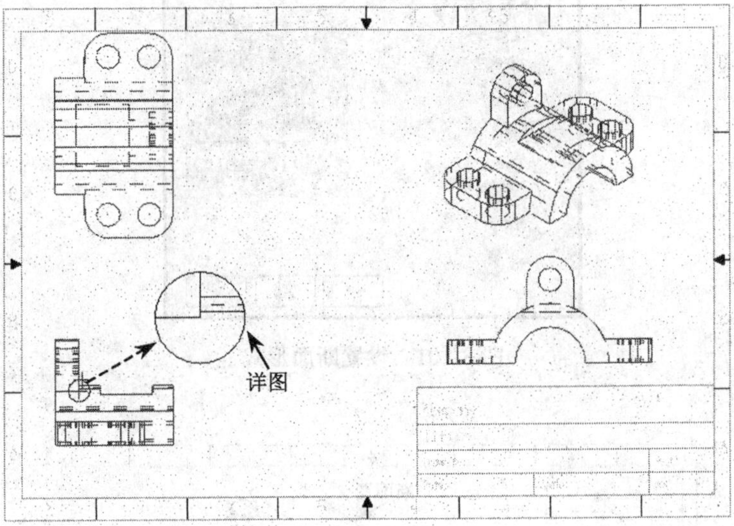

图 8-99　确定详图位置

（12）参照前面的方法，绘制另外两个视图的详图，如图 8-100 所示。

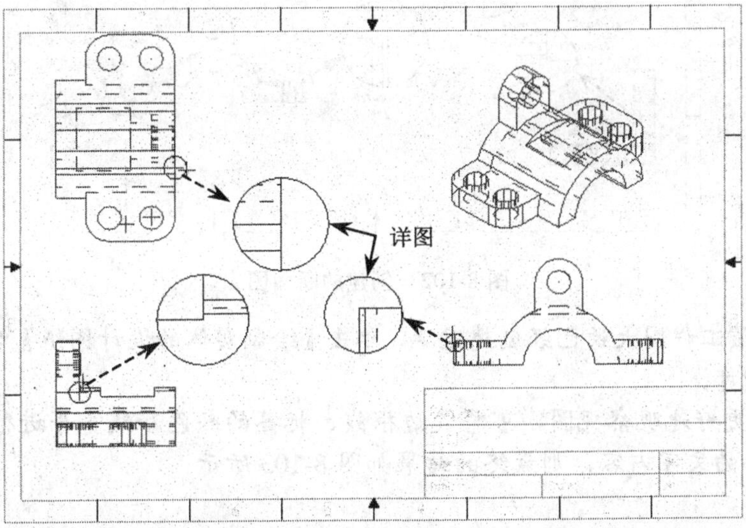

图 8-100　创建另外两个详图

如果用户需要删除所创建的详图，可在“加/减”区域中单击 移除 按钮，然后在视图中选择所要删除的详图即可。

（13）同样，在“加/减”区域中单击 增加断面 按钮，将弹出【断面形式】对话框，选择“垂直”单选项，然后单击“确定”按钮 ✔，如图 8-101 所示。

（14）然后在视图中指定右上角图形的一个断面点，再指定断面图的颜色、比例和放置的位置，则所创建的断面图形如图 8-102 所示。

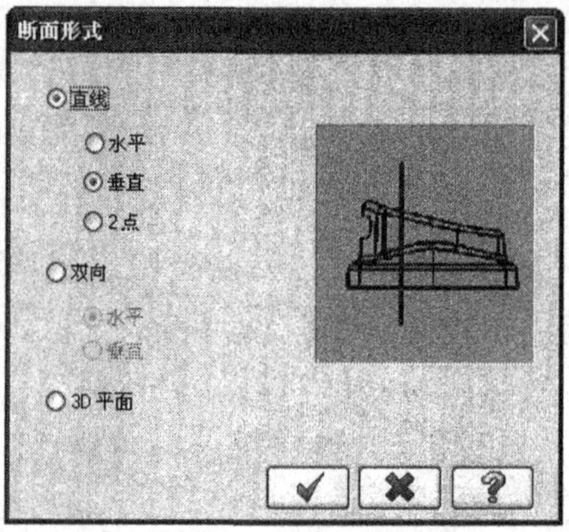

图 8-101 设置断面形式

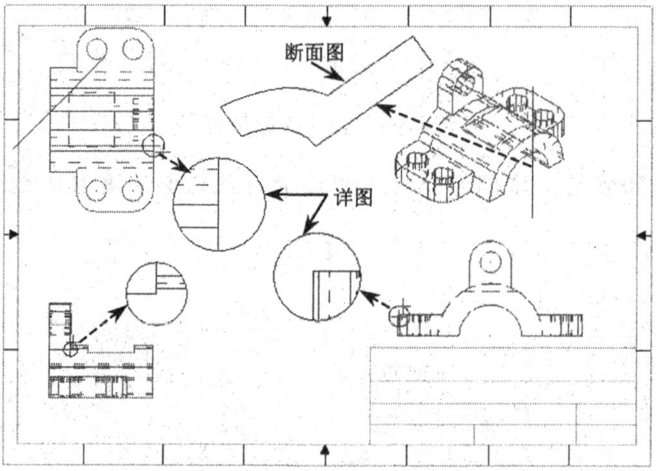

图 8-102 创建的断面图

（15）至此该工程图大致已经创建完毕，单击【绘制实体的设计图纸】对话框中的“确定”按钮 ✔ 即可。

（16）为了更好地观察视图，可将其边框线、标签的颜色和线宽等进行更改，还可以添加或更改相应的文字内容，则最终的结果如图 8-103 所示。

8.5 实体操作管理器

“实体操作管理器”的功能，就是对一个实体的创建过程自始自终都有详细的记录，而且是按照顺序记录的，记录中包含有实体创建时的相关参数。因此，通过【实体操作管理器】窗口的操作，可以对实体在创建过程中的相关参数进行修改、将创建的一些记录进行删除、改变创建的先后顺序等。

选择【视图】/【切换操作管理器】命令，或者按 Alt+O 组合键，即可打开【操作管理器】窗口，如图 8-104 所示。

在【实体操作管理器】窗口中，有些记录前有一个“+”，单击可以将该记录展开，从而可以看到其下级的操作信息，同时记录前的“+”变为“–”；单击“–”则变为“+”，将其记录折叠起来。在不同的项目上单击鼠标右键，将弹出相应的快捷菜单，从而能够帮助用户更方便地操作，如图 8-105 所示。

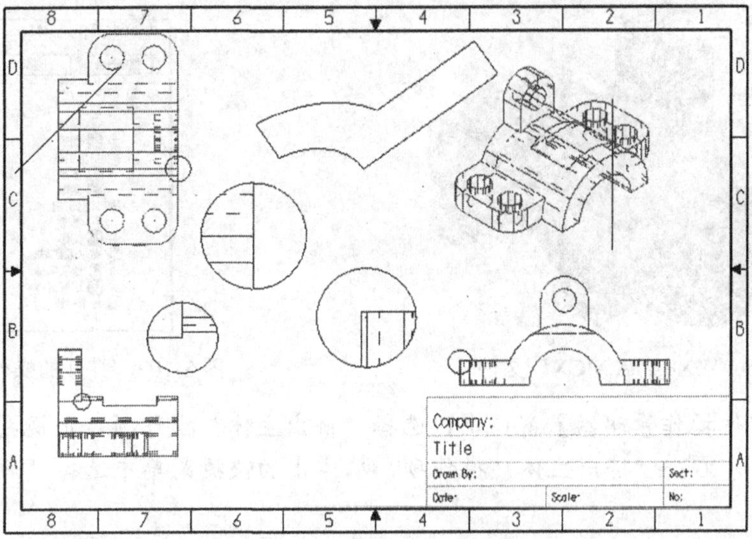

图 8-103 创建的工程图

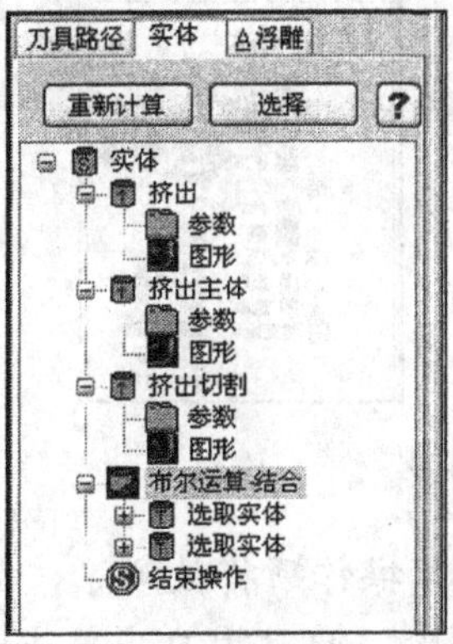

图 8-104 【操作管理器】窗口

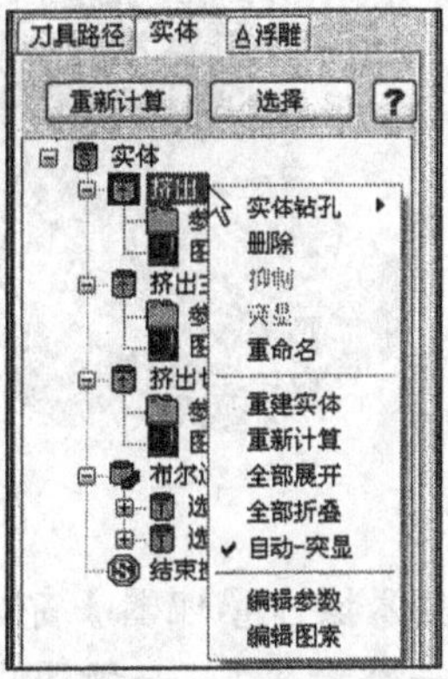

图 8-105 快捷菜单

8.5.1 删除操作

在创建实体时，有时需要将之前创建的一些操作项删除，可借助【实体操作管理器】窗口来进行，选择该操作项并单击鼠标右键，然后从弹出的快捷菜单中选择“删除”命令即可，或者直接按键盘上的 Delete 键。

【例 8-21】删除实体操作。

操作步骤

（1）启动 Mastercam X 软件，进入 Mastercam X 的设计界面。

（2）选择【文件】/【打开文件】命令，打开“LX8-20A.MCX”文件，如图 8-106 所示。

（3）按 Alt+O 组合键打开【操作管理器】窗口，并切换到“实体”选项卡，然后将所有的记录展开，如图 8-107 所示。

图 8-106 “LX8-21A.MCX”文件

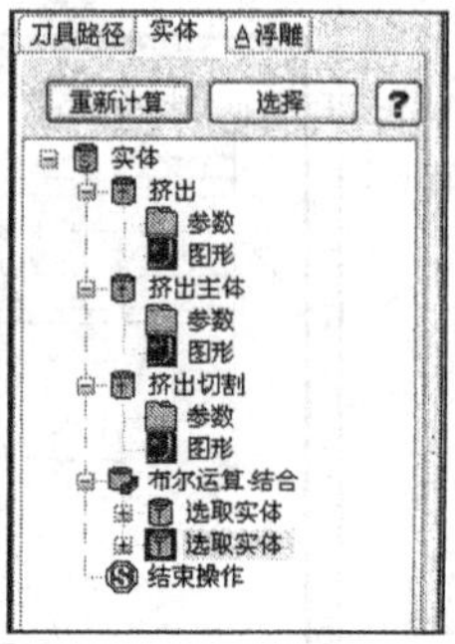

图 8-107 打开的操作管理器

（4）在【实体操作管理器】窗口中，选择“挤出主体”操作项，则视图中相关的挤出实体项将被选中，右击“挤出主体”操作项，从弹出的快捷菜单中选择“删除”命令，如图 8-108 所示。

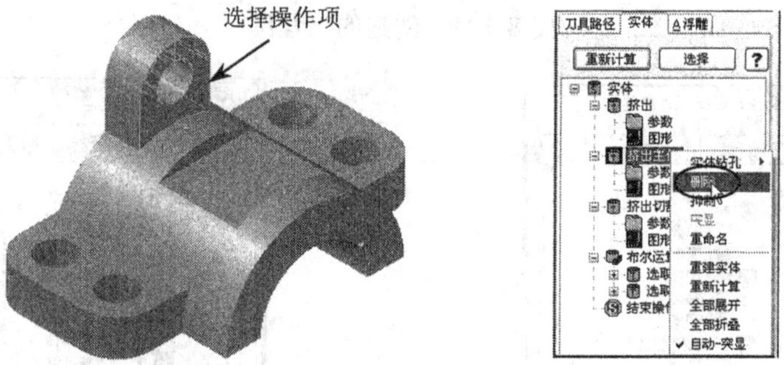

图 8-108 删除操作项

（5）此时【实体操作管理器】窗口中的“挤出实体”操作项将被删除，且第一层的“实体”项上将显示一个“叉”，而视图中的实体并没有删除，此时用户应单击 重新计算 按钮，则视图中的相关实体将被重新计算，则所删除的操作项将被删除，如图 8-109 所示。

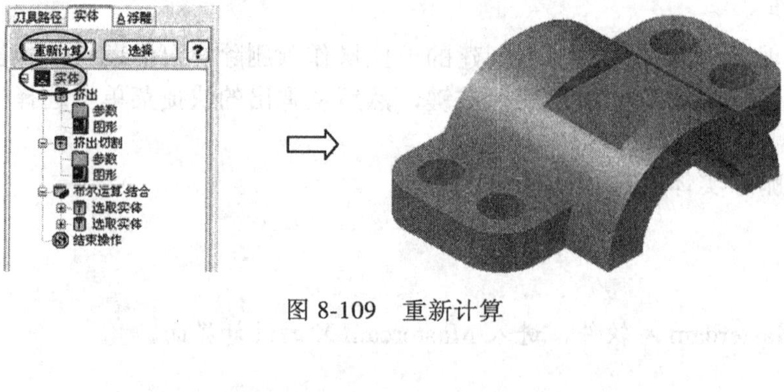

图 8-109 重新计算

8.5.2　编辑操作

对于有些已经建立的实体，用户可在后期对其进行修改操作。用户应展开要编辑的实体项，在其中单击“参数”命令，即可展开相关的参数设置，从而根据需要重新设置参数即可。

【例 8-22】编辑实体操作。

操作步骤

（1）接上例，在【实体操作管理器】窗口中，展开“挤出”操作项，单击“参数”项，如图 8-110 所示。

（2）此时将弹出相应的对话框，在“距离”文本框中输入 50，然后单击“确定”按钮 ✔，如图 8-111 所示。

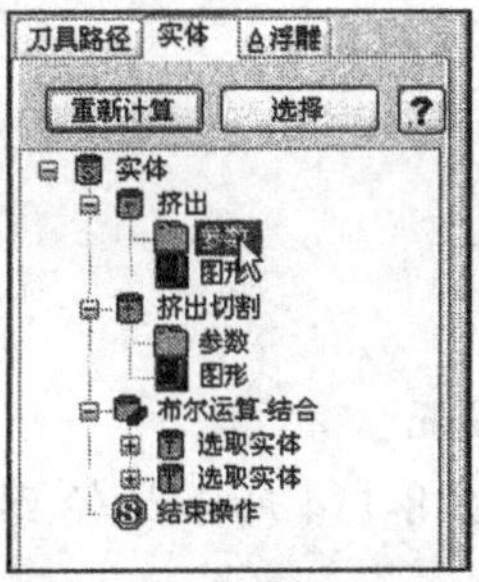

图 8-110　选择“参数”

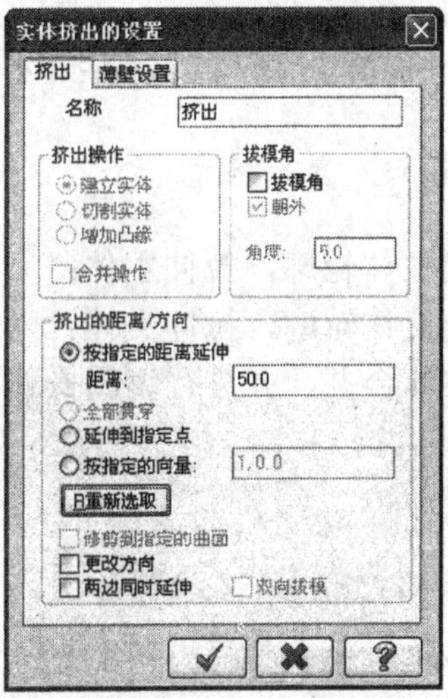

图 8-111　输入设置参数

（3）同样，在【实体操作管理器】窗口的“挤出”操作项第一层将显示一个“叉”，而视图中的实体并未被修改，此时用户应单击 重新计算 按钮，则视图中的相关实体将被重新计算，如图 8-112 所示。

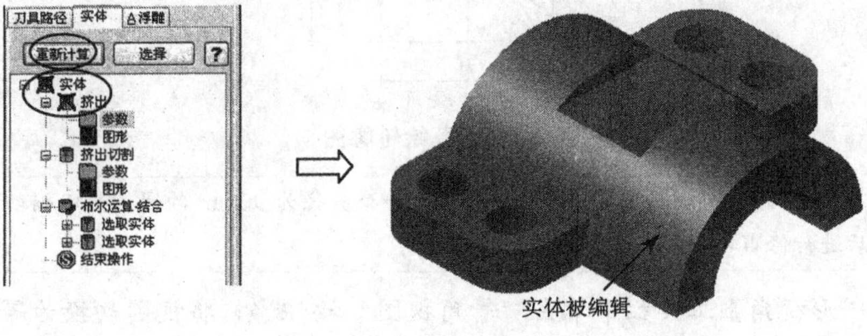

图 8-112　编辑实体

8.6　综合实例——绘制零件盒实体

设计要求

根据挤出、抽壳、旋转、倒圆角等功能，创建如图 8-113 所示的零件盒实体造型。

图 8-113　零件盒实体造型效果

设计思路

（1）绘制主体轮廓，拉伸主体；
（2）绘制支体轮廓，拉伸支体；
（3）对实体合并，并进行编辑操作。

创建主体

（1）启动 Mastercam X 软件，进入 Mastercam X 设计界面。
（2）在【草图】工具栏中使用各种功能按钮，绘制如图 8-114 所示的轮廓图形。

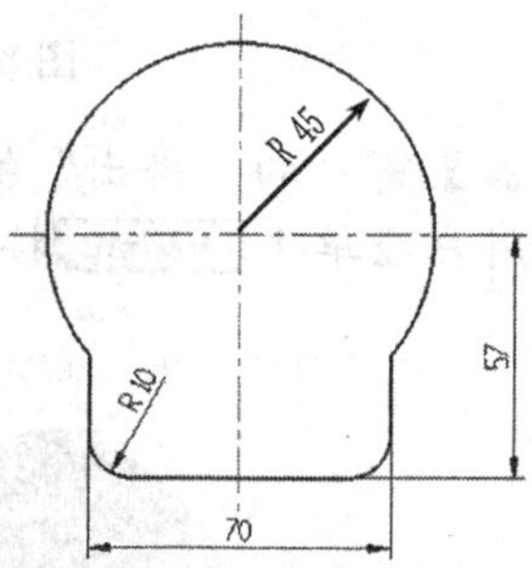

图 8-114　草绘轮廓图

在这里绘制时，首先以原点为圆心，绘制一个直径为 90mm 的圆，并以辅助线进行补正偏移，然后进行修剪即可。

（3）在【图形视角】工具栏中单击“等角视图”按钮，将视图切换为等角视图，在【实体】工具栏中单击“挤出”按钮，然后按照如图 8-115 所示进行操作。

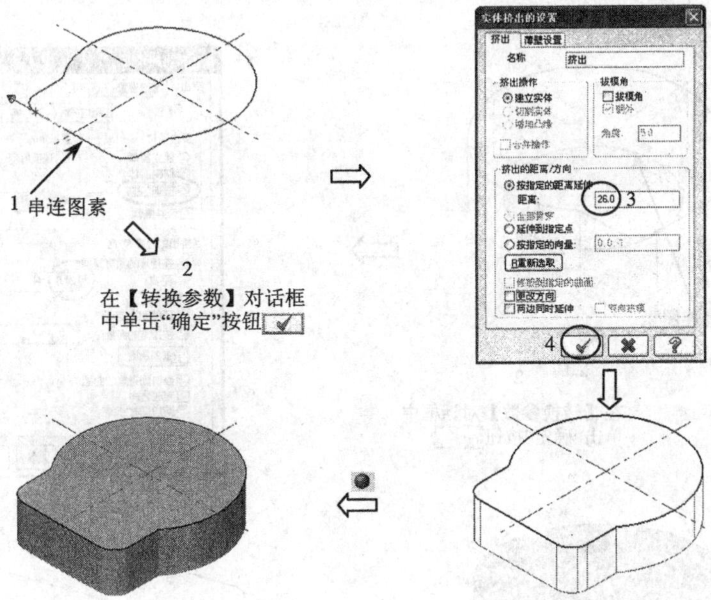

图 8-115　挤出实体

（4）在"状态栏"中设置当前状态为 2D 状态，然后在"Z"文本框输入–26，如图 8-116 所示。

图 8-116　设置构图深度

（5）在【图形视角】工具栏中单击"俯视图"按钮，将视图切换为俯视图，单击【草图】工具栏中的"圆心+点"按钮，然后绘制如图 8-117 所示的圆，其直径 64mm。

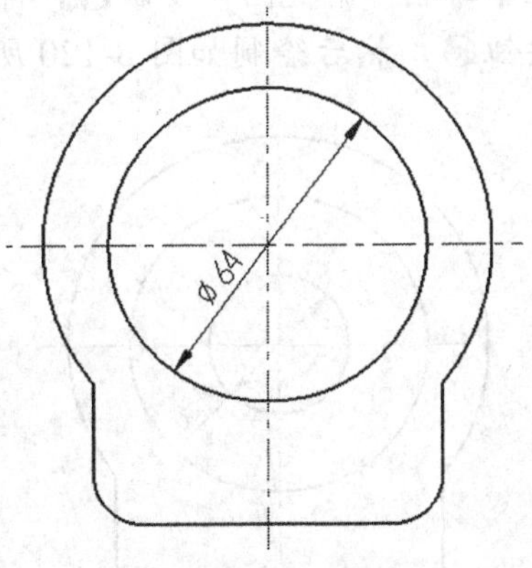

图 8-117　绘制圆

（6）在【图形视角】工具栏中单击"等角视图"按钮，将视图切换为等角视图，在【实体】工具栏中单击"挤出"按钮，然后按照如图 8-118 所示进行操作。

（7）在"状态栏"中设置当前状态为 2D 状态，然后在"Z"文本框输入–50，如图 8-119 所示。

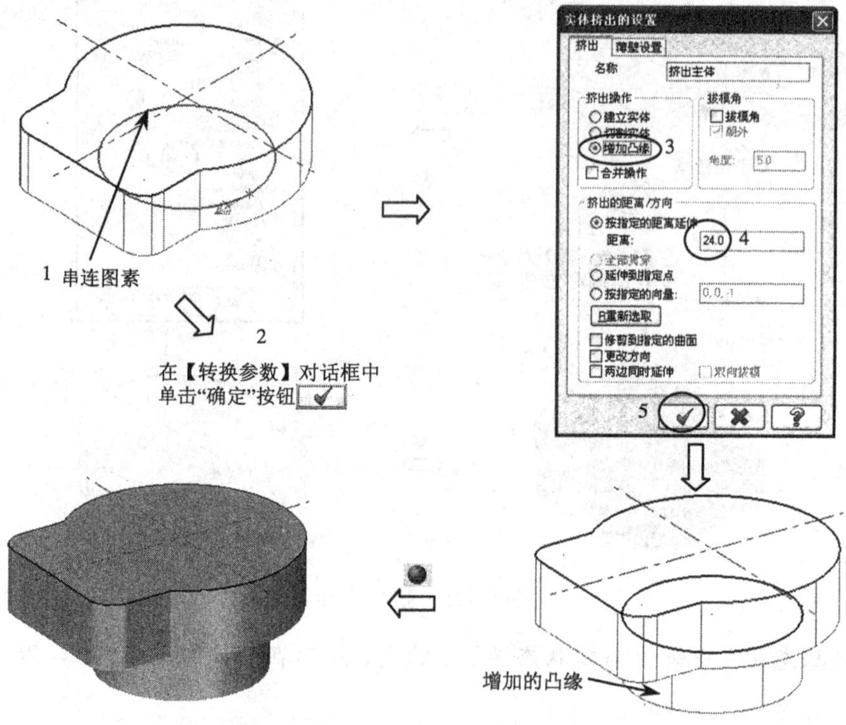

图 8-118　挤出实体

图 8-119　设置构图深度

（8）在【图形视角】工具栏中单击“俯视图”按钮，将视图切换为俯视图，单击【草图】工具栏中的“圆心+点”按钮，然后绘制如图 8-120 所示的圆，其直径为 30mm。

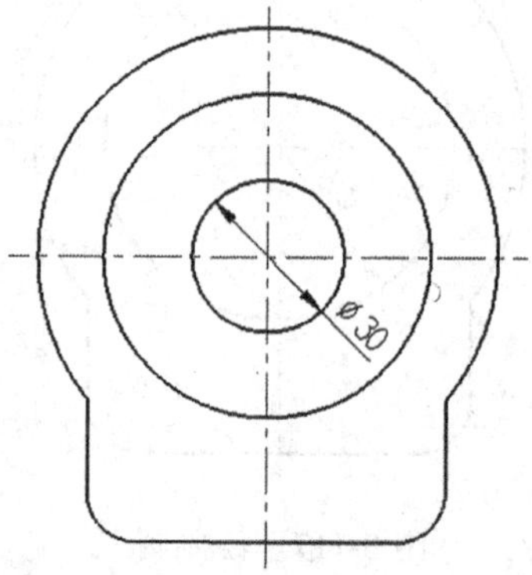

图 8-120　绘制圆

（9）在【图形视角】工具栏中单击“等角视图”按钮，将视图切换为等角视图，在【实体】工具栏中单击“挤出”按钮，然后按照如图 8-121 所示进行操作。

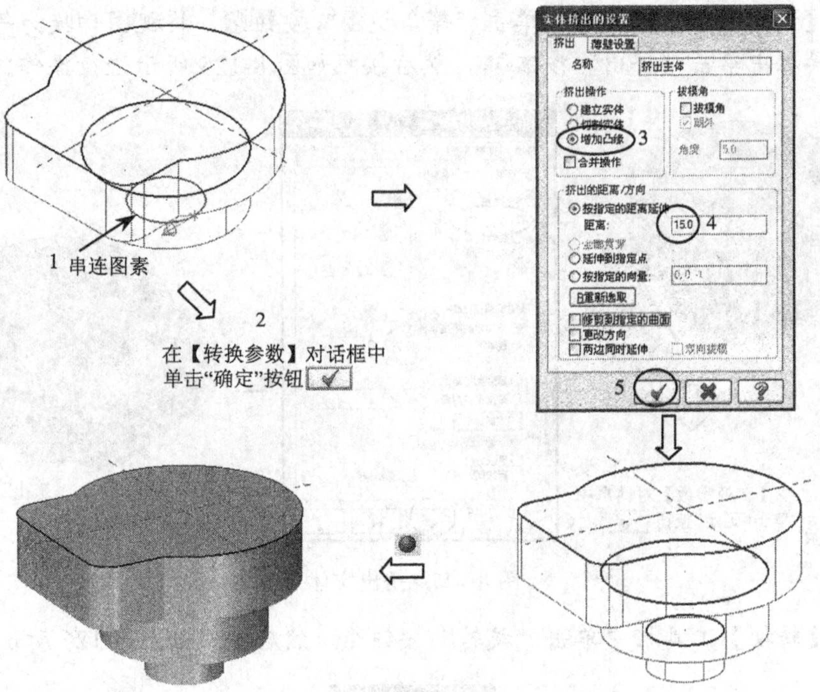

图 8-121 挤出实体

(10) 在【实体】工具栏中单击“抽壳”按钮，然后按照如图 8-122 所示进行抽壳操作。

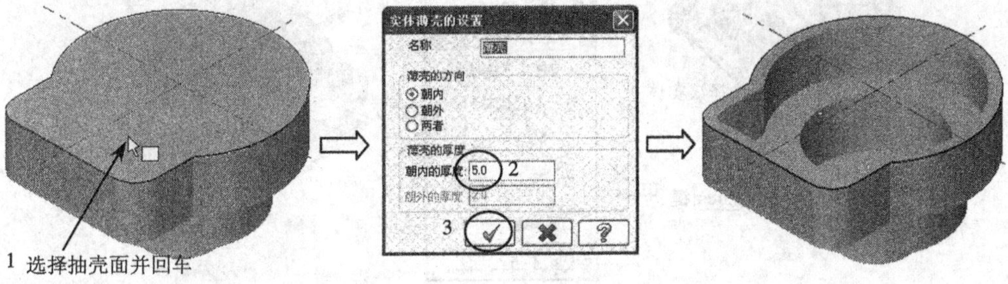

图 8-122 抽壳实体

创建支体

(1) 在“状态栏”中设置 2D 状态，并在“Z”文本框输入 0，如图 8-123 所示。

(2) 在【图形视角】工具栏中单击“俯视图”按钮，将视图切换为俯视图，然后绘制如图 8-124 所示的图素轮廓。

图 8-123 设置构图深度

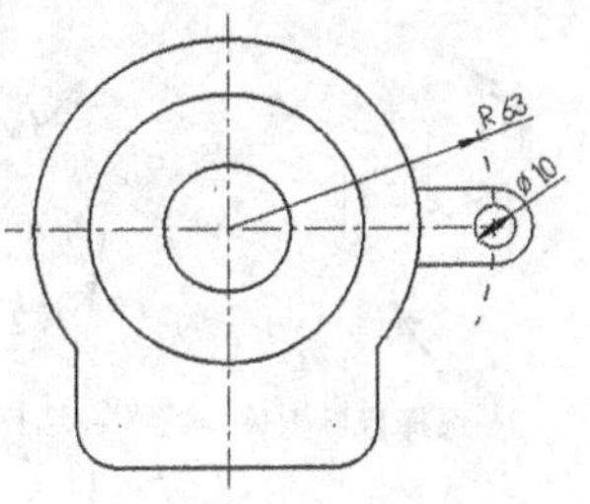

图 8-124 绘制图素轮廓

（3）在【图形视角】工具栏中单击“等角视图”按钮，将视图切换为等角视图，在【实体】工具栏中单击“挤出”按钮，然后按照如图8-125所示进行操作。

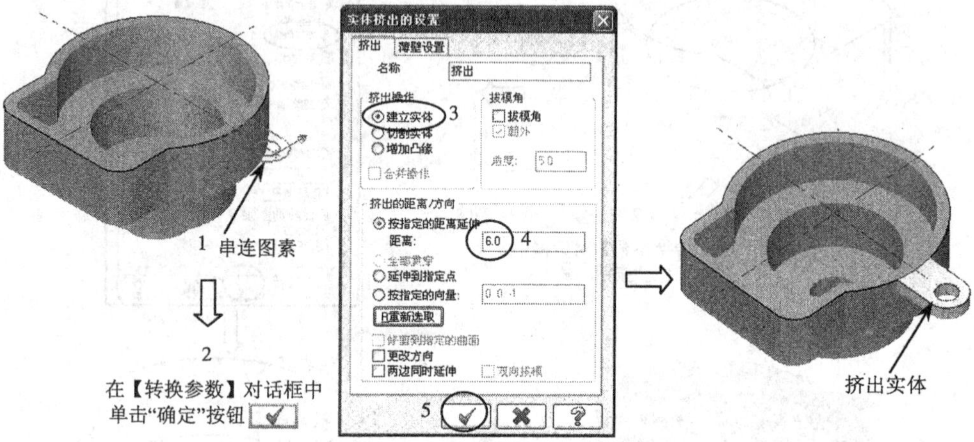

图8-125 挤出实体

（4）在【转换】工具栏中单击“旋转”按钮，然后按照如图8-126所示进行操作。

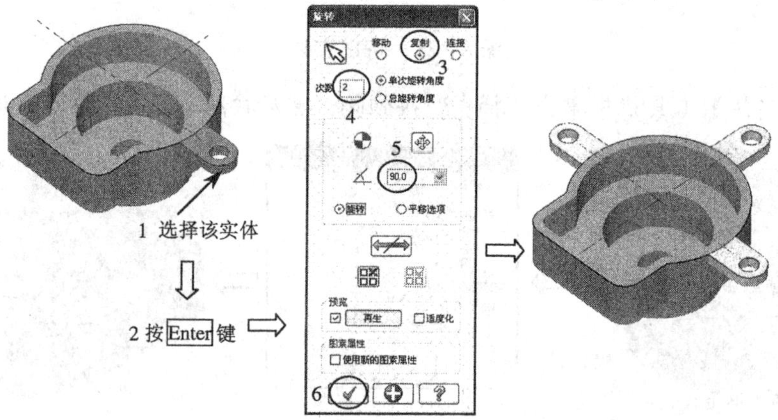

图8-126 旋转实体

编辑实体

（1）在【实体】工具栏中单击“布尔运算-结合”按钮，然后按照如图8-127所示将所有实体结合。

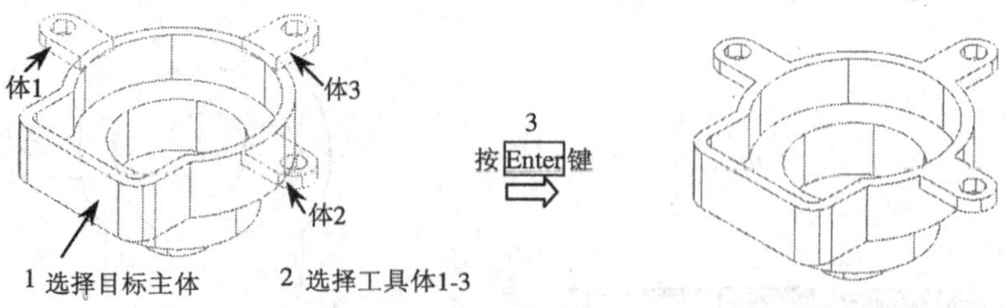

图8-127 结合实体

（2）在【实体】工具栏中单击“倒圆角”按钮，然后按照如图 8-128 所示进行倒圆角操作。

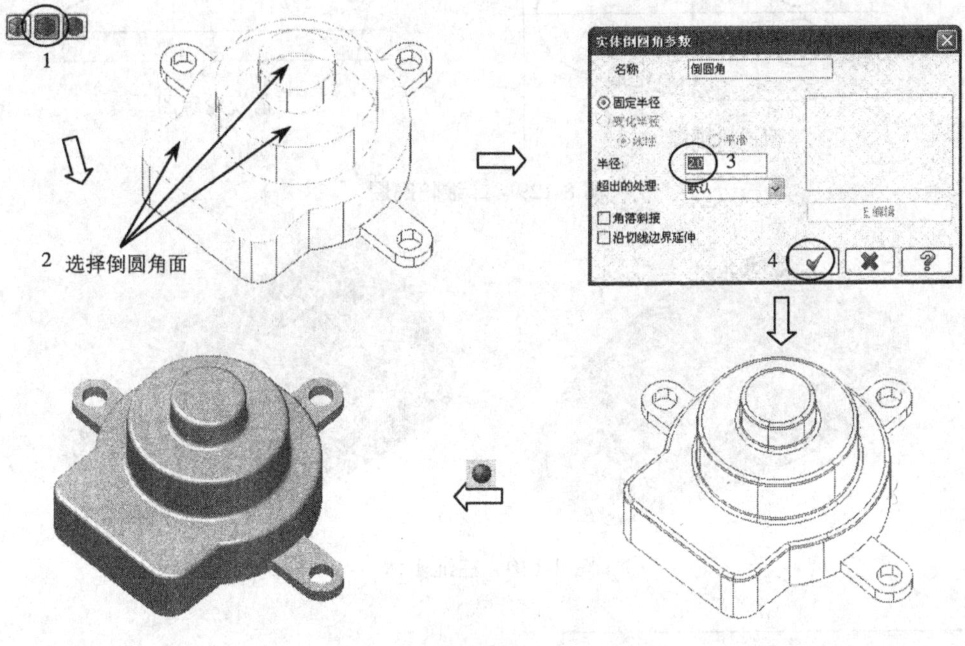

图 8-128　倒圆角实体

（3）至此该实体已经创建完毕，选择【文件】/【保存文件】命令，将弹出【另存为】对话框，将该文件保存为“\Example\10\Shili10-4.mcx”。

8.7　本章小结

本章主要介绍了三维实体造型设计的方法，包括基本三维实体的设计、常用实体设计的方法、编辑三维实体、生成工程图、实体操作管理器等。对本章知识的牢固掌握，是掌握 Mastercam X 软件 CAD 模块的重点，只有这样，才能设计出符合需求的模型。

8.8　习题

1. 概念题

（1）怎样创建基本的三维实体？

（2）怎样将实体一分为四？

（3）如何避免在创建举升实体时产生的扭曲现象？

2. 操作题

（1）根据如图 8-129 左右两图所示的轮廓图素，绘制如图 8-130 所示的三维实体。

（2）根据如图 8-131 所示的轮廓图素，绘制如图 8-132 所示的三维实体。

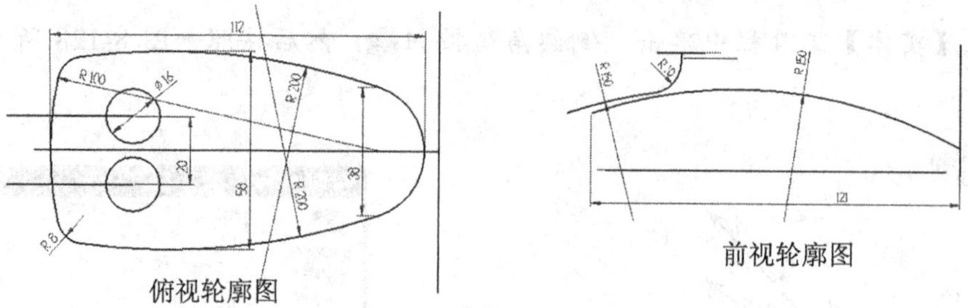

图 8-129　二维轮廓图

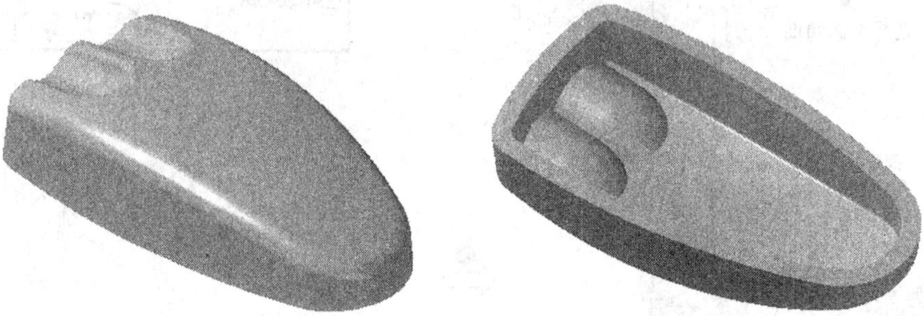

图 8-130　三维实体

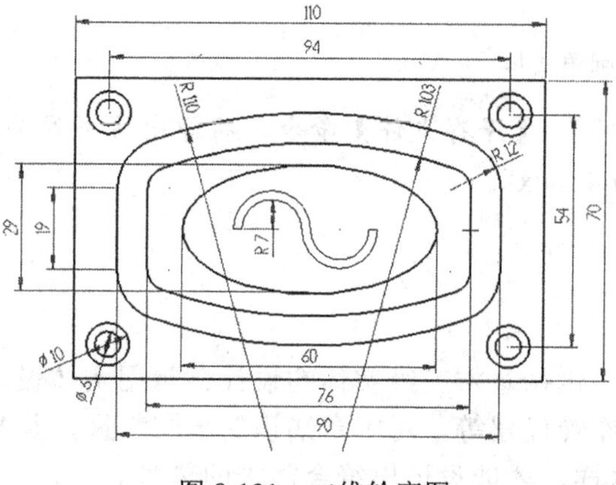

图 8-131　二维轮廓图

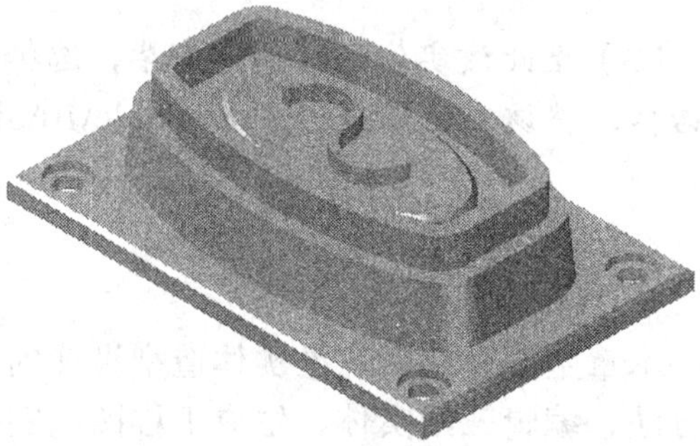

图 8-132　绘制的三维实体

第 9 章　Mastercam X 数控加工基础

随着计算机技术的高速发展，传统的制造业开始了根本性的变革。在现代制造系统中，数控技术具有高精度、高效率和柔性自动化等特点，对制造业实现柔性自动化、集成化、智能化起着举足轻重的作用。因此，实现加工机床及生产过程数控化，已经成为当今制造业的发展方向。Mastercam X 的数控加工（CAM）功能之强大，为业内人士所公认，它提供了多种加工方式以及完整的刀具库、材料库和加工参数资料库，通过创建可靠、精确的刀具路径，可以直接在曲面或实体上加工。

【内容提要】

- 掌握机器群组属性的设置；
- 刀具路径的功能按钮说明；
- 刀具路径的模拟应用；
- 刀具路径的验证应用；
- 刀具路径的后置处理。

【本章重点】

- 了解数控加工的概念、特点、分类、坐标系统等；
- 了解 Mastercam X 数控加工的机床设备类型；
- 了解数控加工刀具的分类与特点；
- 掌握数控加工刀具的选择、新建、修改参数等；
- 掌握数控加工材料的新建与获取；
- 对刀具路径管理器的灵活应用。

9.1　数控加工概述

随着科学技术的不断深化与进步，其数控技术已成为制造业实现自动化、柔性化、集成化生产的基础技术。在学习数控加工操作之前，让用户先来初步掌握数控加工的一些基础知识，以便进一步地理解和掌握数控加工的应用。

9.1.1　数控加工的基本概念

数控加工的基本概念包括以下几个：

- 数控：即为数字控制（简称 NC），是用数字化信号对机床的运动及其加工过程进行控制的一种方法。
- 数控机床：就是采用了数控技术的机床，或者说是装备了数控系统的机床。
- 数控系统：数控机床中的程序控制系统，它能够自动阅读输入载体上事先给定的程序。

- 数控加工：就是在对工件材料进行加工之前，事先在计算机上编写好程序，再将这程序输入到使用计算机程序控制的机床进行指令性加工，或者直接在这种使用计算机程序控制的机床控制面上编写指令进行加工。

9.1.2　数控加工的特点

数控加工的最大特征有二点：一是可以极大地提高精度，包括加工质量精度及加工时间误差精度；二是加工质量的重复性可以稳定加工质量，保持加工零件质量的一致。也就是说加工零件的质量及加工时间是由数控程序决定而不是由机床操作人员决定的。概括起来，数控加工具有如下优点：

- 提高生产效率。
- 不需要熟练的机床操作人员。
- 提高加工精度并且保持加工质量。
- 可以减少工装卡具。
- 容易进行加工过程管理。
- 可以减少检查工作量。
- 可以降低废、次品率。
- 便于设计加工变更，加工设定柔性强。
- 容易实现操作过程的自动化，一人可以操作多台机床。
- 操作容易，极大减轻体力劳动强度。

9.1.3　数控机床的基本原理

现代的数控机床由控制介质、输入输出设备、计算机数控装置、伺服系统及机床本体组成，如图 9-1 所示。

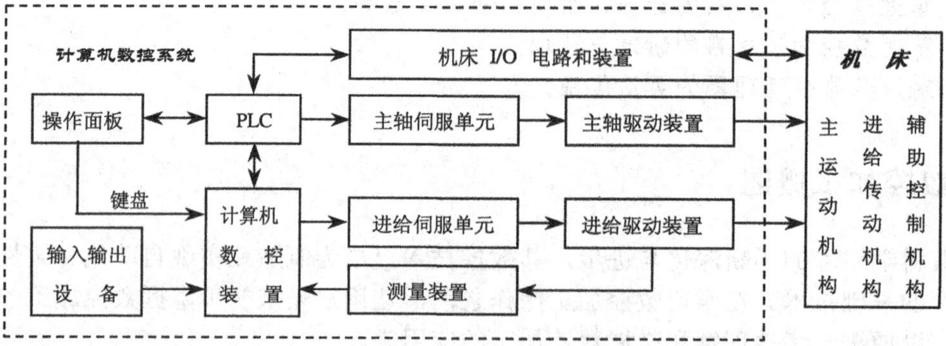

图 9-1　数控机床工作原理图

在上图所示的工作原理图中，其主要的功能项说明如下：

- 控制介质：是记录零件加工程序的媒介，在数控机床加工零件时，首先根据图纸要求确定加工工艺，然后编制出加工程序，加工程序必须存储在某种存储介质上。
- 输入/输出装置：是 CNC 系统与外部设备进行的交互装置。交互的信息通常是零件加工程序，即将编制好的并记录在控制介质上的零件加工程序输入 CNC 系统，或将调试好的零件加工程序通过输出设备存放或记录在相应的控制介质上。

● 数控装置：主要由计算机系统、位置控制板、PLC 接口板、通信接口板、特殊功能模块以及相应的控制软件等组成。它是根据输入的零件加工程序进行相应的处理，然后输出控制命令到相应的执行部件。

● 伺服系统：它是数控系统与机床本体之间的电传动联系环节，主要由伺服电动机、驱动控制系统以及位置检测反馈装置组成。伺服电机是系统的执行元件，驱动控制系统则是伺服电机的动力源。它用来接受数控装置输出的指令信息并经过功率放大后，带动机床移动部件作精确定位，或按照规定轨迹的速度运动，使机床加工出复合图样要求的零件。

9.1.4 数控机床的分类

数控机床的种类繁多，可以按照不同的方法对其数控机床进行不同的分类：

● 按工艺用途分：数控车床、数控铣床、数控钻床、数控磨床、数控镗铣床、数控电火花加工机床、数控线切割机床、数控齿轮加工机床、数控冲床、数控液压机等各种用途的数控机床。

● 按运动方式分：点位控制数控机床、直线控制数控机床、轮廓控制数控机床，如图 9-2 所示。

● 按伺服控制方式分：开环控制数控机床（见图 9-3）、半闭环控制数控机床（见图 9-4）、闭环控制数控机床（见图 9-5）。

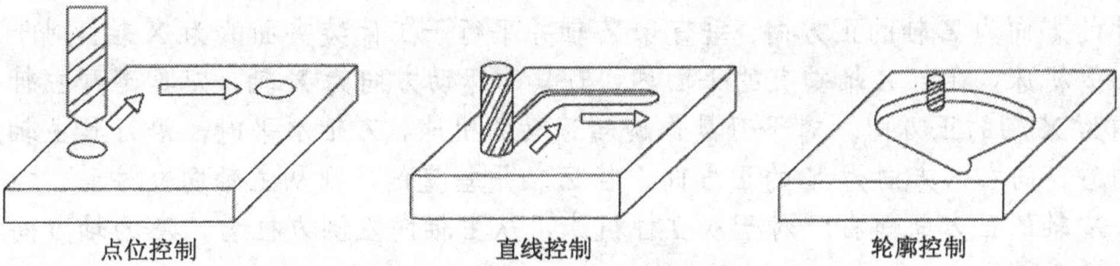

图 9-2　按照运动方式分类的机床

图 9-3　数控机床开环控制框图

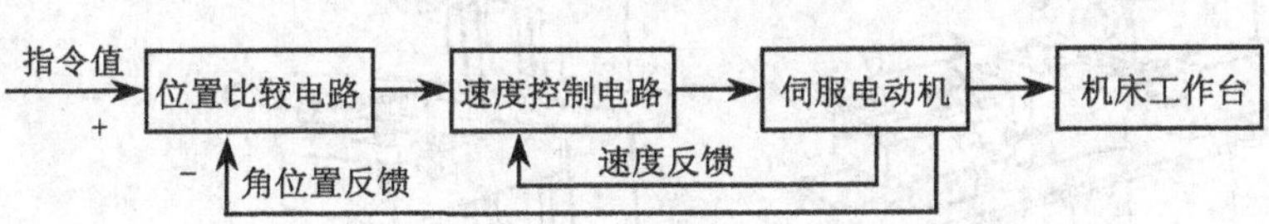

图 9-4　数控机床半闭环控制框图

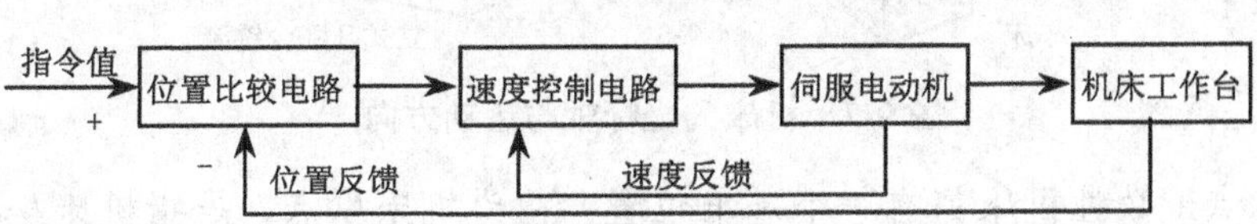

图 9-5　数控机床闭环控制框图

9.1.5 数控机床的坐标系统

在操作数控机床时，用户应掌握数控机床的坐标系统，包括坐标系、坐标轴与运动方向、机床原点、机床参考点、对刀点等。

- 坐标系：为了确定数控机床的运动方向和移动距离，需要在机床上建立一个坐标系，这个坐标系就叫机床坐标系。数控机床的坐标系采用直角笛卡儿坐标系，其基本坐标系为 X、Y、Z 直角坐标，其大拇指为 X 轴正方向、食指为 Y 轴正方向、中指为 Z 轴正方向，如图 9-6 所示。

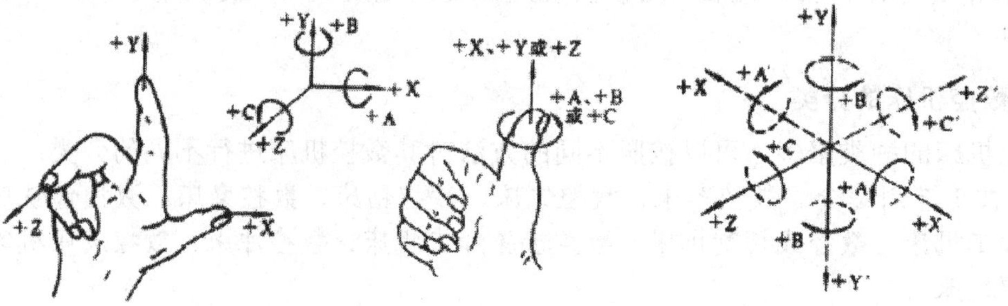

图 9-6 右手笛卡儿系统

- 坐标轴与运动方向：不论机床的具体结构是工件静止、刀具运动，还是工件运动、刀具静止，数控机床的坐标运动指的是刀具相对静止的工件坐标系的运动。在机床上，平行于机床主轴方向的为 Z 轴，当机床有几个主轴时，则 Z 轴垂直于工件的装夹面，取刀具远离工件的方向为 Z 轴的正方向；垂直于 Z 轴并平行于工件装夹面的为 X 轴。对于工件作旋转运动的机床，在与 Z 轴垂直的平面内，刀具的运动方向为 X 轴，刀具离开主轴回转中心的方向为 X 轴的正方向；对于刀具作旋转运动的机床，Z 轴水平时，沿刀具主轴后端向工件方向看，向右的方向为 X 的正方向。若 Z 轴是垂直的，则从主轴向立柱看，对于单立柱机床，X 轴的正方向向右；对于双立柱机床，从主轴向左侧方柱看，X 的轴方向指向右边，如图 9-7 所示。

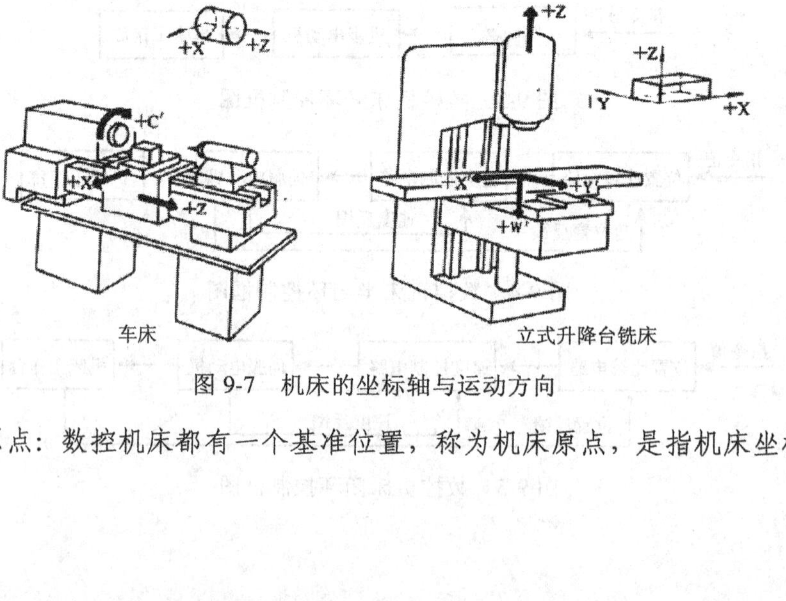

图 9-7 机床的坐标轴与运动方向

- 机床原点：数控机床都有一个基准位置，称为机床原点，是指机床坐标系的原点，即 X=Y=Z=0。

● 机床参考点：与机床原点相对应的还有一个机床参考点，用 R 表示，它用于对机床工作台、滑板以及刀具相对运动的测量系统进行定标和控制的点。如加工中心的参考点为自动换刀位置，数控车床的参考点是指车刀退离主轴端面和中心线最远并且固定的一个点。

● 工作坐标系：编程人员选择工件上的某一已知点为原点，从而建立一个新的坐标系，称为工作坐标系。

● 程序原点：一般情况下，以坐标尺寸标注的零件，其程序原点应选择在尺寸标注的基准点；对称零件或以同心圆为主的零件，程序原点应选择在对称中心线或圆心上；Z 轴的程序原点通常选在工件的上表面。

● 对刀点：是零件程序加工的起始点，它是确定程序原点在机床坐标系中的位置。

9.1.6　数控加工工艺分析

在进行数控加工之前，应对其进行工艺的分析，其数控加工工艺分析主要包括以下几方面：

● 选择适合数控机床上加工的零件，并确定加工工序内容。

● 分析被加工零件的图样，明确加工内容及技术要求，在此基础上确定零件的加工方案，制定数控加工工艺路线，如工序的划分、加工顺序的安排、与传统加工工序的衔接等。

● 设计数控加工工序，如工序的划分、零件的定位与夹具的选择、刀具的选择、切削用量的确定等。

● 调整数控加工工序的程序，如对刀点、换刀点的选择、加工路线的确定、刀具的补偿等。

● 分配数控加工中的容差。

● 处理数控机床上部分工艺指令。

9.2　机床设备类型

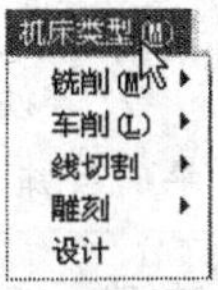

图 9-8　机床类型

在 Mastercam X 版本中，已将铣削、车削、线切割、雕刻和设计整合在一起，用户选择【机床类型】菜单即可选择相关的机床设备类型，如图 9-8 所示。

在 Mastercam X 中机床设备种类主要分为铣床、车床和线切割机床 3 种，其中铣削加工是 Mastercam X 的主要功能，属于三维加工；车床和线切割属于二维加工，是 Mastercam X 的附带功能。

9.2.1　铣床

铣床系指主要用铣刀在工件上加工各种表面的机床，通常铣刀旋转运动为主运动，工件和铣刀的移动为进给运动。数控铣床一般由数控系统、主传动系统、进给伺服系统、冷却润滑系统等几大部分组成。

在 Mastercam X 系统中选择【机床类型】/【铣削】命令，即可看到铣床的类型，如图

9-9 所示。

- MILL 3-AXIS HMC：3 轴卧式铣床，其主轴平行于机床台面。
- MILL 3-AXIS VMC：3 轴立式铣床，其主轴垂直于机床台面。
- MILL 4-AXIS HMC：4 轴卧式铣床，在 3 轴铣床的工作台上加一个数控分度头，并和原来的 3 轴联动，就变成了 4 轴联动数控铣床。
- MILL 4-AXIS VMC：4 轴立式铣床。
- MILL 5-AXIS TABLE-HEAD VERTICAL：5 轴立式铣床，如果在 3 轴铣床工作台上安装一个数控回转工作台，在数控回转工作台再安装一个数控分度头，就变成了 5 轴联动数控铣床。
- MILL 5-AXIS TABLE-HEAD HORIZONTAL：5 轴卧式铣床。
- MILL DEFAULT：默认的铣床。

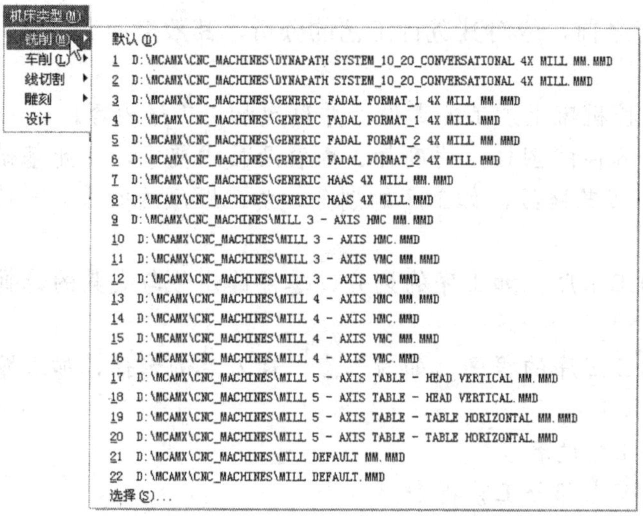

图 9-9　铣床的类型

> 若按照铣床的结构来划分，主要有：台式铣床、悬臂式铣床、滑枕式铣床、龙门式铣床、平面铣床、仿形铣床、升降台铣床、摇臂铣床、床身式铣床、专用铣床。

9.2.2　车床

车床用来加工回转体零件，把零件通过三抓卡盘夹在机床主轴上，并高速旋转，然后用车刀按照回转体的母线走刀，切出产品外型来。车床上还可进行内孔、螺纹、咬花等的加工，后两者为低速加工。

在 Mastercam X 系统中选择【机床类型】/【车销】命令，即可看到车床的类型，如图 9-10 所示。

- LATHE 2-AXIS：2 轴车床。
- LATHE C-AXIS MILL-TURNBASIC：带旋转台的 C 轴车床。
- LATHE DEFAULT：默认的车床。
- LATHE MUTITI AXIS MILL-TURN ADVANCED 2-2：带 2-2 旋转台的多轴车床。
- LATHE MUTITI AXIS MILL-TURN ADVANCED 2-4-B：带 2-4-B 旋转台的多轴

车床。

- LATHE MUTITI AXIS MILL-TURN ADVANCED 2-4：带 2-4 旋转台的多轴车床。

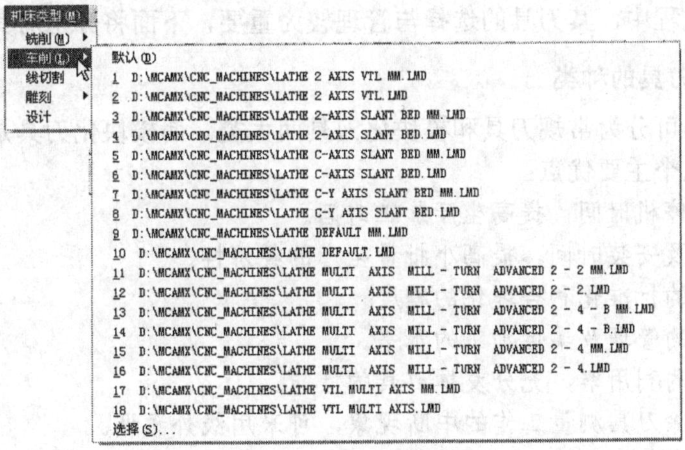

图 9-10　车床的类型

数控车床品种繁多，规格不一，可按如下方法进行分类。按车床主轴位置可分为：立式数控车床和卧式数控车床；按加工零件的基本类型可分为：卡盘式数控车床和双刀架数控车床；按功能可分为：经济型数控车床、普通数控车床和车削加工中心。

9.2.3　线切割机床

线切割机床的基本工作原理是利用连续移动的细金属丝（称为电极丝）作电极，对工件进行脉冲火花放电蚀除金属、切割成型。它主要用于加工各种形状复杂和精密细小的工件，例如冲裁模的凸模、凹模、凸凹模、固定板、卸料板，成形刀具、样板、电火花成型加工用的金属电极，各种微细孔槽、窄缝、任意曲线等。其优点是加工余量小、加工精度高、生产周期短、制造成本低。

在 Mastercam X 系统中选择【机床类型】/【线切割】命令，即可看到线切割机床的类型，如图 9-11 所示。

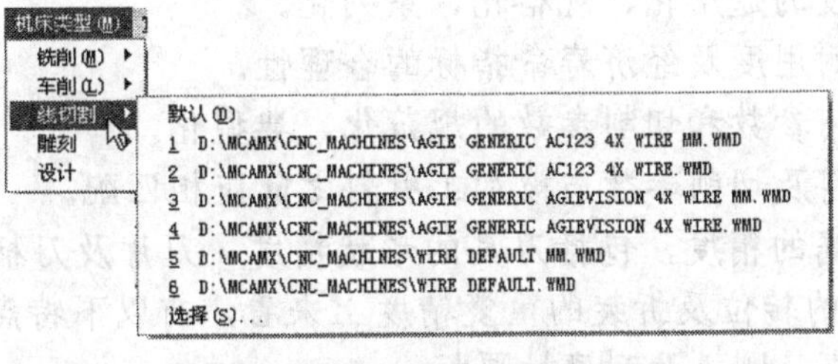

图 9-11　线切割机床的类型

数控线切割机床根据工作状态的不同，可分为快走丝机床和慢走丝机床两种。快走丝机床位用钼丝作为加工刀具，钼丝在使用中往复快速运动，工作中钼丝的运动速度可以达到 10m/s 以上。慢走丝线切割机床使用经过精密拉制的铜丝作为切割加工刀具，加工中铜丝的运动速度最低只有 20mm/s，大大低于快走丝线切割机床。

9.3 数控加工刀具

在数控加工过程中，其刀具的选择与管理较为重要，下面将分别对其进行讲解。

9.3.1 数控加工刀具的种类

数控加工刀具可分为常规刀具和模块化刀具两大类。而模块化刀具是今后发展的主要方向，它有以下几个主要优点：

- 减少换刀停机时间，提高生产加工时间。
- 加快换刀及安装时间，提高小批量生产的经济性。
- 提高刀具的标准化和合理化的程度。
- 提高刀具的管理及柔性加工的水平。
- 扩大刀具的利用率，充分发挥刀具的性能。
- 有效地消除刀具测量工作的中断现象，可采用线外预调。

事实上，由于模块刀具的发展，数控刀具已形成了三大系统，即车削刀具系统、钻削刀具系统和镗铣刀具系统。

- 从结构上可分为：整体式、镶嵌式、减振式、内冷式、特殊型式。
- 从材料上可分为：高速钢刀具、硬质合金刀具、陶瓷刀具、立方氮化硼刀具、金刚石刀具。
- 从切削工艺上可分为：车削刀具（分外圆、内孔、外螺纹、内螺纹，切槽、切端面、切端面环槽、切断等）、钻削刀具（分小孔、短孔、深孔、攻螺纹、铰孔等）、镗削刀具（分粗镗、精镗等）、铣削刀具（分面铣、立铣、三面刃铣等）。
- 特殊型刀具：特殊型刀具有带柄自紧夹头、强力弹簧夹头刀柄、可逆式（自动反向）攻螺纹夹头刀柄、增速夹头刀柄、复合刀具和接杆类等。

9.3.2 数控加工刀具的特点

为了达到高效、多能、快换、经济的目的，数控加工刀具与普通金属切削刀具相比应具有以下特点：

- 刀片及刀柄高度的通用化、规格化、系列化。
- 刀片或刀具的耐用度及经济寿命指标的合理性。
- 刀具或刀片几何参数和切削参数的规范化、典型化。
- 刀片或刀具材料及切削参数与被加工材料之间应相匹配。
- 刀具应具有较高的精度，包括刀具的形状精度、刀片及刀柄对机床主轴的相对位置从精度、刀片及刀柄的转位及拆装的重复精度上来看，有以下特点：
- 刀柄的强度要高、刚性及耐磨性要好。
- 刀柄或工具系统的装机重量有限度。
- 刀片及刀柄切入的位置和方向有要求。
- 刀片、刀柄的定位基准及自动换刀系统要优化。

9.3.3 选择刀具

在 Mastercam X 系统中，选择【刀具路径】/【刀具管理器】命令，将弹出如图 9-12

所示的【刀具管理】对话框，通过该对话框可以对当前刀具列表进行设置。

在如图 9-12 所示的【刀具管理】对话框中，其下方的刀具库列表中显示了许多的刀具，用户可以根据其刀具形式、直径补正、刀角半径等参数来选择所需要的刀具，然后单击上箭头按钮，将所选的刀具增加到上方的当前刀具列表中，即添加到加工群组中。若需要将上方所选择的刀具移除，则单击下箭头按钮即可。

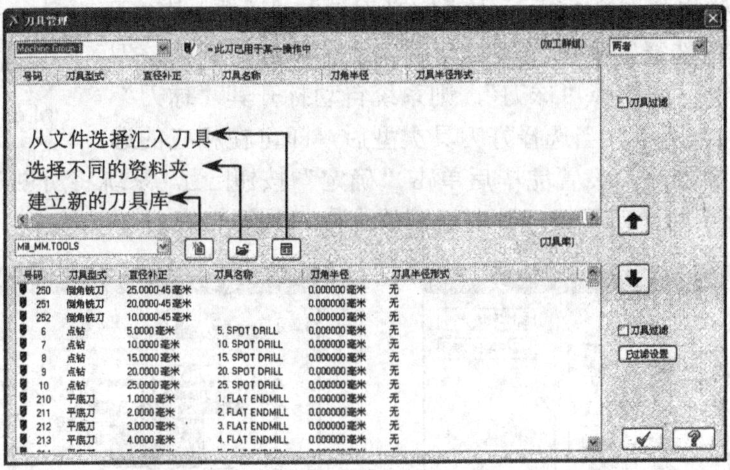

图 9-12 【刀具管理】对话框

由于其刀具库中列出了许多的刀具，有时不便于选择，用户可在如图 9-12 所示的【刀具管理】对话框中单击“过滤设置”按钮，将打开如图 9-13 所示的【刀具过滤设置】对话框，从而可以更加快速地选择所需要的刀具。

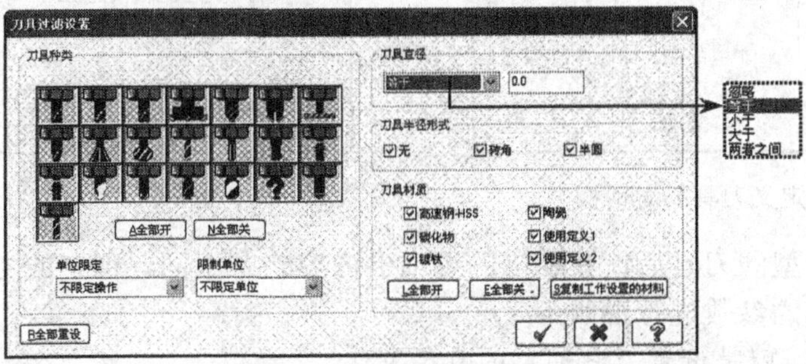

图 9-13 【刀具过滤设置】对话框

在常用的加工刀具中主要有平底刀、圆鼻刀和球刀。若需要对底面为平面的工件进行加工时，应选择平底刀，因其平底刀的有效切削面积大，但无过渡圆角；若需要对复杂自由的曲面进行粗、精加工时（如小型的模具、型面粗加工、大小型面的精加工等），应选择球刀。若需要对较平坦的大型自由曲面的零件进行粗加工时，或者对底部平面的转角处有过渡圆角的零件进行粗、精加工时，应选择圆鼻刀。各种数控刀具如图 9-14 所示。

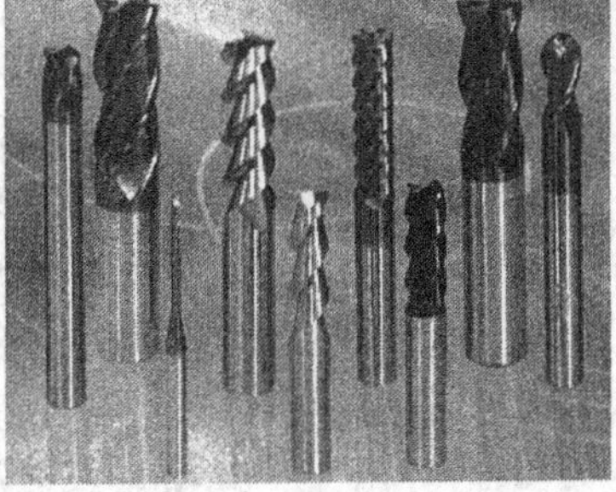

图 9-14　各种数控刀具

9.3.4 创建新的刀具

有时在刀具库中没有满足用户所需要的刀具，那么用户就可以自行创建新的刀具。在如图 9-12 所示【刀具管理】对话框中的空白处单击鼠标右键，从弹出的快捷菜单中选择“新建刀具”命令即可开始创建新的刀具，如图 9-15 所示。

图 9-15 新建刀具

此时系统将弹出如图 9-16 所示的【定义刀具】对话框，从“刀具型式”选项卡中选择需要的刀具类型后，系统将自动打开该刀具所对应的选项卡，如选择“球刀”，则系统自动打开其“球刀”选项卡，如图 9-17 所示。当选择好刀具类型后，即可在相应的选项卡中设置相关的参数，设置完毕后单击“确定”按钮☑，系统将所创建的刀具自动添加到如图 9-12 所示的【刀具管理】对话框的上方刀具列表中。

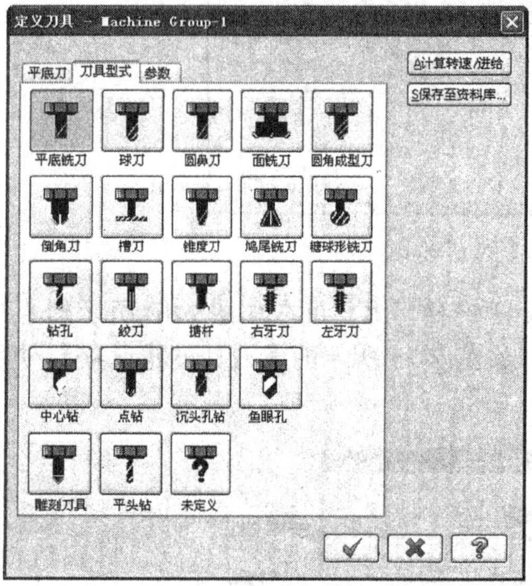

图 9-16 【定义刀具】对话框

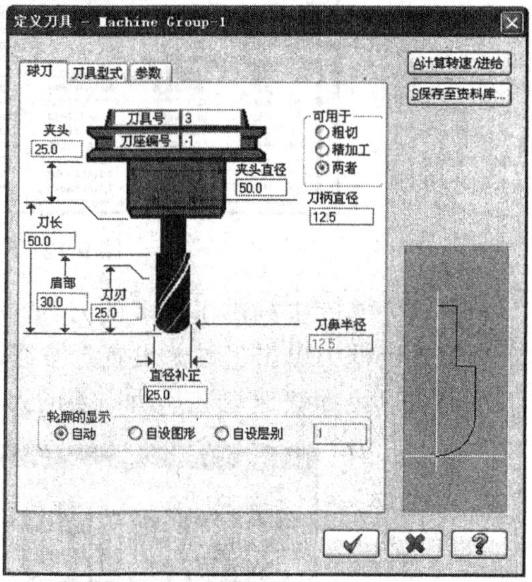

图 9-17 “球刀”选项卡

当选择不同类型的刀具后，其相应的选项卡内容略有不同，但它的主要参数都是一样的，下面将其主要的参数进行说明：

- 直径补正：就是设置刀具切口的直径。
- 刀鼻半径：对于球刀的刀鼻半径即为刀具切口直径的一半。
- 切刃长：设置刀具有效切刃的长度。
- 刀刃：设置刀具从刀尖到刀刃的长度。
- 刀长：设置刀具从刀尖到刀夹头底端的长度。
- 刀柄直径：设置刀具夹持部分的直径。
- 夹头长：设置从夹头底端面到其上端面的距离。
- 夹头直径：指夹头部分的直径。
- 刀座编号：系统自动按创建的顺序给出刀具编号。
- “可用于”选项区域：用来设置该刀具可用来加工的类型，若设置为“粗加工”时，只能用于粗加工；若设置为“精加工”时，只用于精加工；若设置为“两者”时，在精加工和粗加工中都可以使用。

- 轮廓的显示：用来设置刀具的外形，系统会在选项卡右下角图形预览窗口中显示出设置刀具的外形。当选中“自动”单选按钮后，刀具外形为默认的外形；当选中“自设图形”单选按钮，可以调用外部 MCX 文件中绘制的刀具外形；当选中“自设图层”单选按钮，可以调用当前文件中在指定图层上绘制的刀具外形。

另外，刀具的其他参数设置，可在“参数”选项卡中进行设置，该选项卡主要用来设置使用该刀具在加工时的进刀量、冷却方式等，如图 9-18 所示。

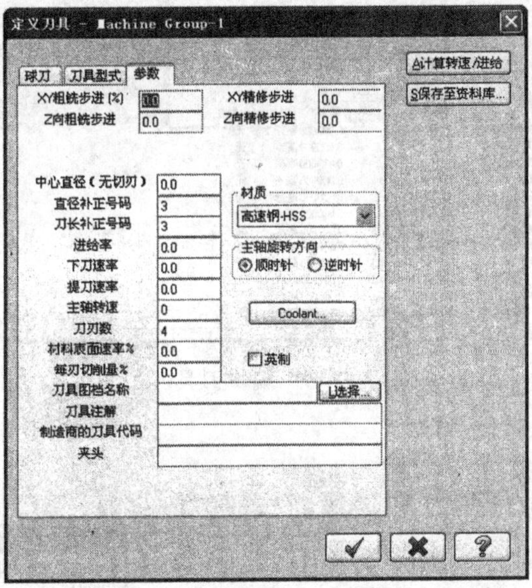

图 9-18　“参数”选项卡

在“参数”选项卡中的主要参数说明如下：

- XY 粗铣步进（%）：设置在粗加工时，每次铣削加工在垂直刀具方向的进刀量，即设定进刀量与刀具直径的百分比。
- XY 精修步进：设置在精加工时，每次铣削加工在垂直刀具方向的进刀量。
- Z 向粗铣步进：设置在粗加工时，每次铣削加工在沿刀具方向的进刀量。
- Z 向精修步进：设置在精加工时，每次铣削加工在沿刀具方向的进刀量。
- 中心直径（刀切刃）：设置刀具所需的中心孔直径，通常用于攻螺纹、镗孔的刀具需要设置该参数。
- 直径补正号码：设置直径补正的刀具号。
- 刀长补正号码：设置刀具轴向补正的刀具号。
- 主轴旋转方向：可以设置刀具的旋转方向，可设为顺时针或逆时针方向。
- 材料表面速率%：用于设定刀具切削线速度的百分比。
- 每刃切削量%：用于设定刀具进刀量的百分比。

9.3.5　修改刀具参数

若所选择刀具的部分参数不符合需求时，即可对其刀具进行修改。在如图 9-12 所示的

【刀具管理】对话框中，选择上方的刀具并单击鼠标右键，从弹出的快捷菜单中选择“编辑刀具”命令，如图 9-19 所示，同样系统将弹出【刀具定义】对话框，然后根据需求进行修改即可。

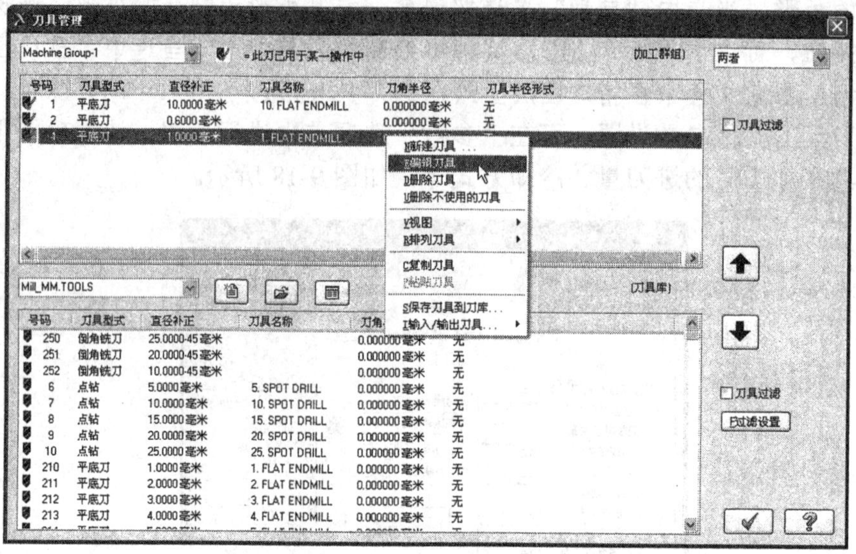

图 9-19 编辑刀具

9.4 材料的管理

同样，在加工操作之前，也要对其加工的材料进行设置和管理。在 Mastercam X 系统中，选择【刀具路径】/【材料管理器】命令，系统将打开【材料表】对话框，在该对话框的任意位置单击鼠标右键，然后从该快捷菜单中可对当前材料列表进行设置操作，如图 9-20 所示。

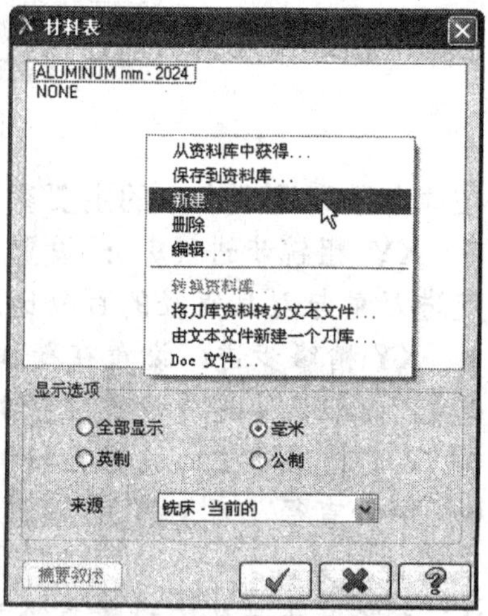

图 9-20 【材料表】对话框

9.4.1 新建材料

新建材料是通过设置材料的各项参数来定义材料的。在如图 9-20 所示的【材料表】对话框中选择“新建”命令后，系统将弹出如图 9-21 所示的【材料定义】对话框，从而用户可根据实际需要来设置加工材料的各项参数。

- 材料名称：用于设置材料的名称。
- 注解：用于注释该加工材料的一些附加说明等。
- 材料表面速率（米/分钟）：用于设置材料的基本切削线速度。
- 材料每转速率（毫米）：用于设置材料的基本进刀量。
- 输入进给率单位：用于选择刀具进给率的单位，即英寸、毫米和公制。

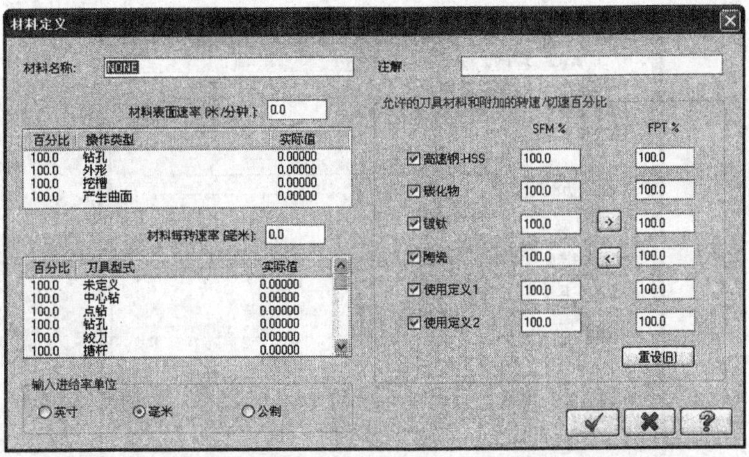

图 9-21 【材料定义】对话框

9.4.2　在库资料中获取材料

在 Mastercam X 系统中预设置了许多材料，用户可从中选择符合要求的材料为已所用。在如图 9-20 所示的【材料表】对话框中选择“从资料库中获取”命令后，系统将自动打开系统预设置的许多材料，从材料库列表中选择要使用的材料，然后单击“确定”按钮 ✓ 将其添加到当前材料列表中，如图 9-22 所示。

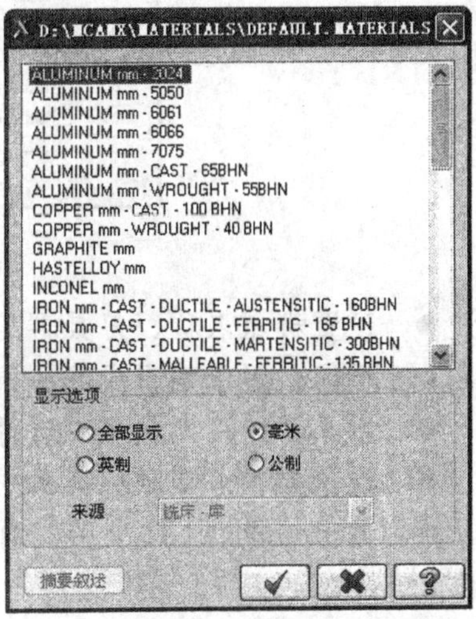

图 9-22　选择材料

> 用户实际上可以在如图 9-20 所示的【材料表】对话框中，从“来源”下拉列表框中选择“铣床-库”项，也可打开如图 9-22 所示的材料库。

9.5　刀具路径管理器的应用

在 Mastercam X 的刀具路径管理器中，将同一加工任务的各项操作集中在一起，其操作界面简练，清晰地列出了与当前任务相关的各个方面，如图 9-23 所示。

> 要打开或关闭 Mastercam X 的操作管理器，可选择【视图】/【切换操作管理】命令，或者按 Alt+O 组合键即可，然后选择“刀具路径”选项卡即可。

图 9-23　操作管理器

9.5.1　机器群组属性设置

在如图 9-23 所示的操作管理器中，将“属性”项展形，即可看到“文件”、“工具设置”、“材料设置”和“安全区域”设置项，它们分别用于设置加工群组的不同属性。

在“属性”项中单击“文件”选项，系统将弹出如图 9-24 所示的“文件”选项卡。

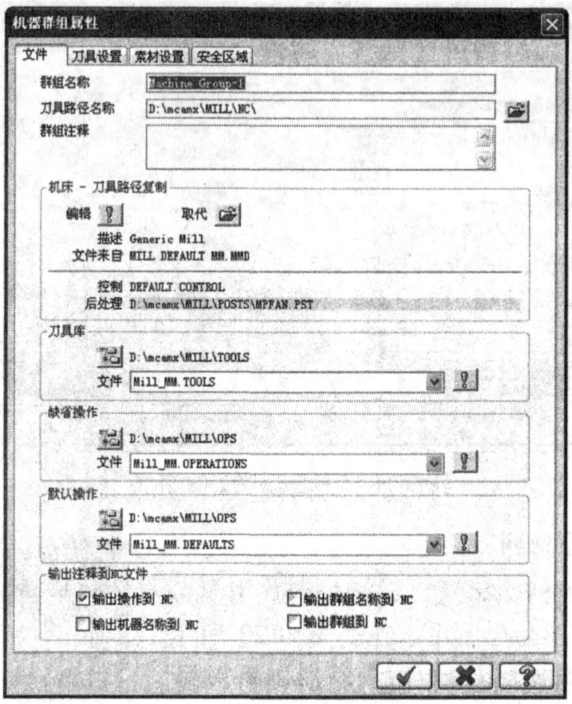

图 9-24 “文件”选项卡

- 设置群组名称、刀具群组名称、群组存放目录以及群组注释说明。
- 机床：用于编辑或选择群组的机床类型。
- 刀具库：在刀具库中选择刀具库的目录，并选择所需要的刀具。
- 默认操作：在默认模式中选择默认目录和文件。
- 输出注释到 NC 文件：确定是否将操作、机床、群组名称和群组说明等输出到 NC 文件中。

如果用户需要编辑或修改所需要的机床、刀具库、默认操作等，直接单击其后的按钮即可。

在“属性”项中单击“刀具设置”选项，系统将弹出如图 9-25 所示的“刀具设置”选项卡。

- 程序#：用于设置程序的名称编号。
- 进给率的计算：选择进给率计算的依据。
- 刀具路径设置：确定是否按照顺序指定刀具号码，当前刀具号码重复时是否弹出警告信息，输入刀号后是否从刀具库中取刀等。
- 高级选项：确定安全高度、参考高度、进给下刀平面是否需要用常值代替。
- 顺序#：设定输出程序时行号的起始值和行号的增量值。
- 材料：用于设置和编辑加工的材料。

在“属性”项中单击“材料设置”选项，系统将弹出如图 9-26 所示的“材料设置”选项卡。

- 素材视角：用于观察工件的视角。单击按钮将弹出如图 9-27 所示的【视角选择】

对话框，在其中选择视角名称，然后单击“确定”按钮返回即可。

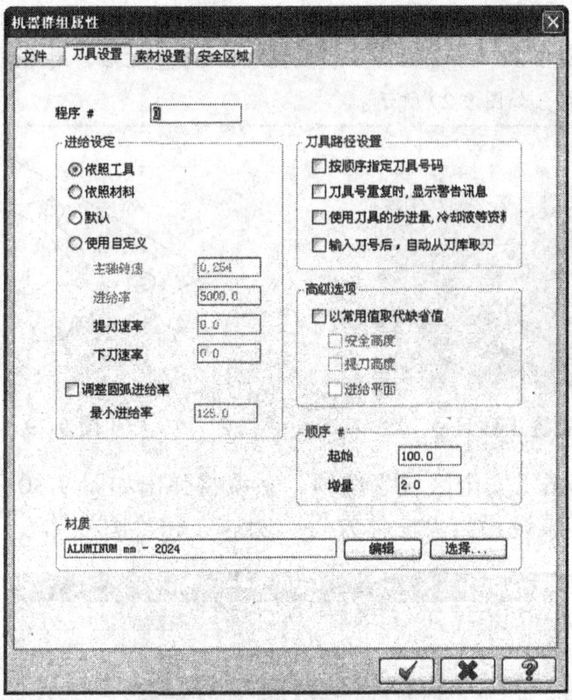

图 9-25 “刀具设置”选项卡

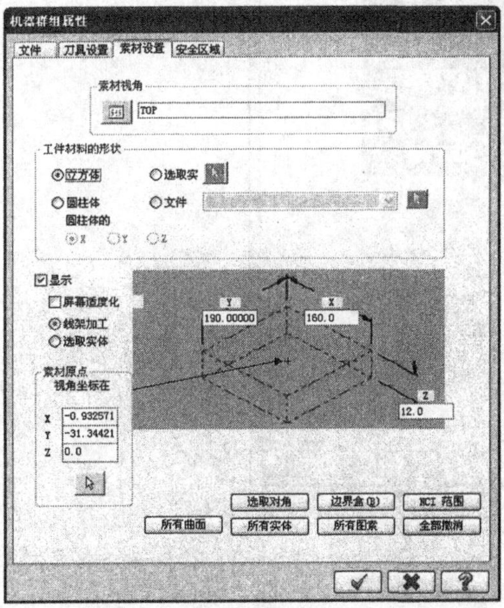

图 9-26 “材料设置”选项卡

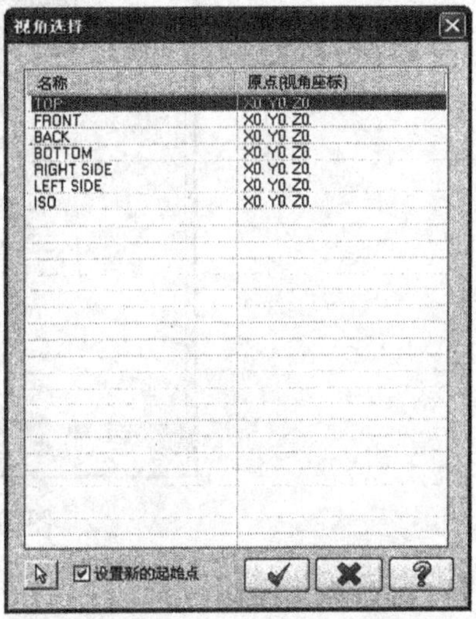

图 9-27 【视角选择】对话框

- 工件材料的形状：用于设置工件材料的形状，包括有立方体、圆柱体、选取实和文件。
- 显示：选择在适合屏幕显示时是否以工件大小适合屏幕显示，选择是以实体或线架形式显示工件。

● 素材原点：也就是编写 NC 程序时工件坐标系的原点。

如果要设置工件尺寸的大小，用户可在其预览框中的 X、Y、Z 文本框中分别输入工件尺寸的数值即可，如图 9-28 所示。当单击“确定”按钮 ✓ 过后，则系统会根据设置在视图中显示出工件的尺寸线架，如图 9-29 所示。

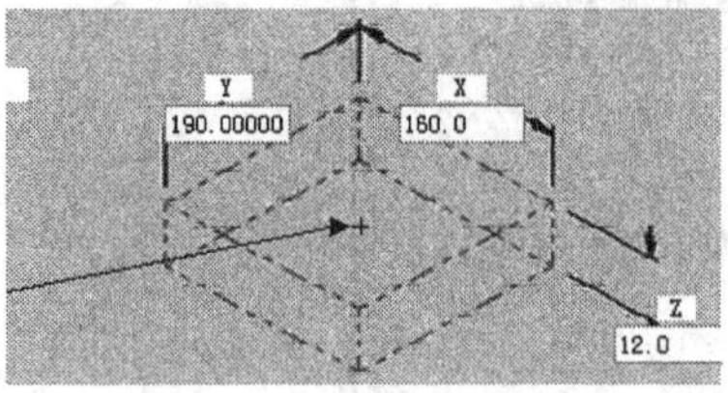

图 9-28　设置工件尺寸

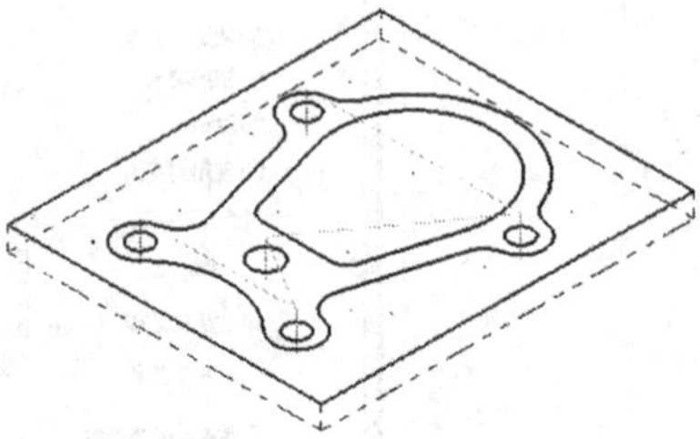

图 9-29　显示线架

在“属性”项中单击“安全区域”选项，系统将弹出如图 9-30 所示的“安全区域”选项卡，用户可将安全区域设置为“立体方”、“圆球”和“圆柱体”。

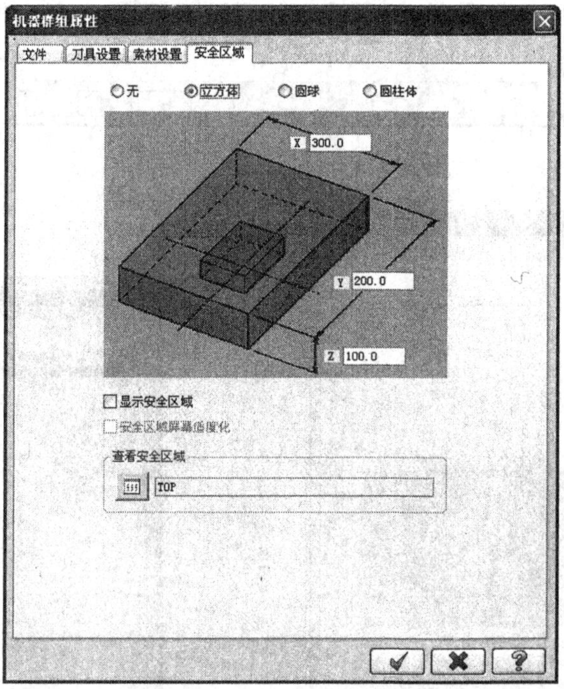

图 9-30　“安全区域”选项卡

9.5.2　设置加工群组

在对产品进行加工之前，首先要设置加工群组，即选择加工机床的设备类型。在【机床类型】菜单下选择所需的机床类型即可，如铣削、车削、线切割等；也可在【刀具路径】管理器中单击鼠标右键，从弹出的快捷菜单中设置当前群组为铣床、车床、雕刻或线切割的形式，如图 9-31 所示。

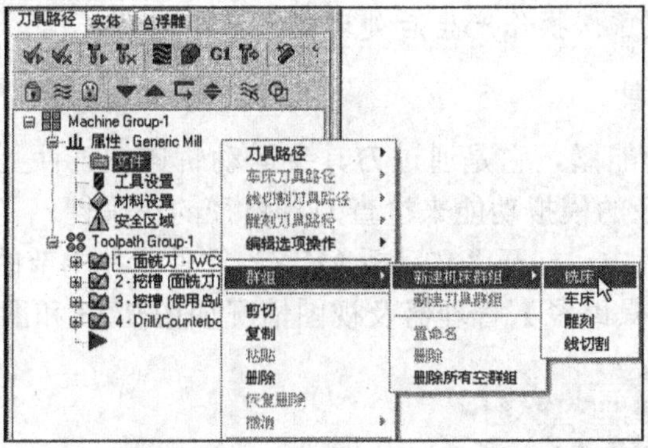

图 9-31　设置加工群组

9.5.3　刀具路径功能说明

启动 Mastercam X 软件，按 Alt+O 快捷键打开【操作管理器】窗口，在【刀具路径】管理器中将显示各功能按钮及所设置的加工群组，其各功能按钮的说明如图 9-32 所示。

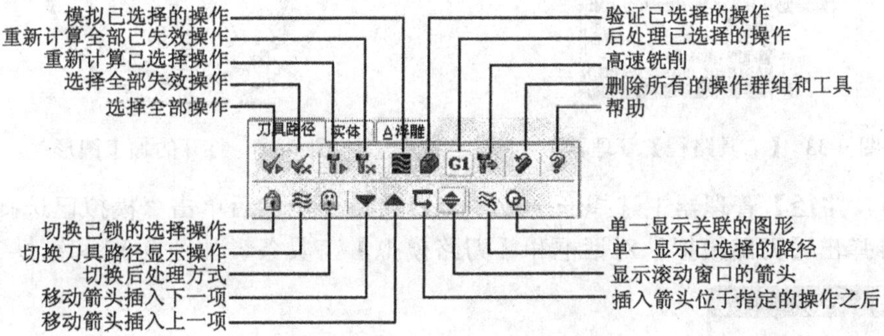

图 9-32　刀具路径功能面板

下面就针对如图 9-31 所示的刀具路径主要功能按钮进行说明：

- 选择全部操作：选择所有的操作进行实体切削或刀具模拟等。若只选择部分加工路径，可按住 Ctrl 键后使用鼠标选择即可。
- 重新计算已选择操作：对已选择操作的参数重新进行计算，从而生成新的刀具路径。
- 模拟已选择的操作：提供了刀具路径模拟功能，它是通过刀具尖运动轨迹在工件上形象地显示刀具的加工情况，从而通过刀具路径的模拟功能来检查刀具路径的正确性。
- 验证已选择的操作：就是验证所选择编制的刀具路径是否正确，它能实体模拟工件大小进行模拟切削，通过模拟切削找出错误的刀具路径，然后进行更改，从而及早发现错误，减少损失。
- 后处理已选择的操作 G1：可以改变和运行后处理程序，转换后处理程序的 NC 文件去产生一个 NCI 刀具路径文件。
- 切换已锁的选择操作：设置对已选择操作进行参数锁定或撤销对操作的确定。在实际生产中，操机师傅都会用此功能对参数进行锁定，以避免他人随意改动。
- 切换刀具路径显示：显示或不显示刀具路径，可按 Alt+T 组合键来完成。

- 切换后处理方式：操作产生后处理或不产生处理。

9.5.4 刀具路径模拟功能

“刀具路径模拟”功能，它是通过刀具尖运动轨迹在工件上形象地显示刀具的加工情况，从而通过刀具路径的模拟功能来检查刀具路径的正确性。

在 Mastercam X 环境中，打开“文字板.MCX”文件（在本节的介绍中，均以该例来进行讲解），则此时的【刀具路径】管理器及视图情况如图 9-33 和图 9-34 所示。

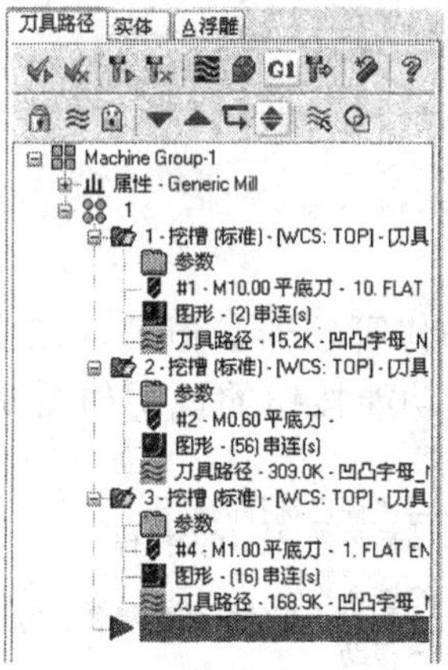

图 9-33 【刀具路径】管理器

图 9-34 打开的加工图形

在【刀具路径】管理器中选择一个或多个刀具路径，然后单击“模拟已选择的操作”按钮，将弹出【刀路模拟】对话框和【刀路模拟】工具条，如图 9-35 和图 9-36 所示。

图 9-35 【刀路模拟】对话框

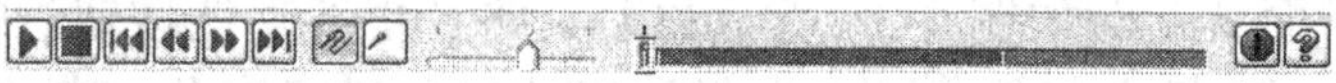

图 9-36 【刀路模拟】工具条

在如图 9-35 所示的【刀路模拟】对话框中，可以选择不同的显示方式进行刀具的模拟。

- 显示刀具：在刀具路径模拟的过程中显示刀具，如图 9-37 所示。
- 显示刀头：在刀具路径模拟过程中显示刀具夹头，如图 9-38 所示。

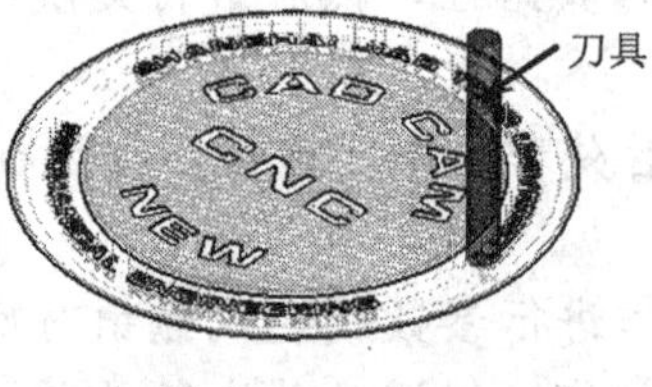

图 9-37 显示的刀具

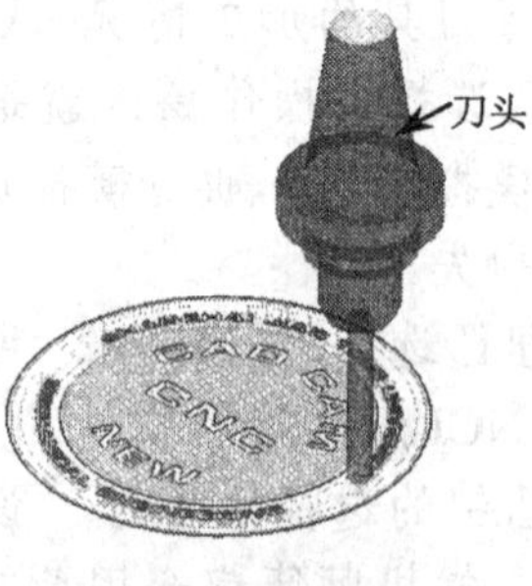

图 9-38 再显示的刀头

- 显示快速进给：显示以 G00 方式下刀时候的刀具路径，如图 9-39 所示。
- 快速检验：显示刀具路径模拟移动的轨迹和实际加工范围，如图 9-40 所示。

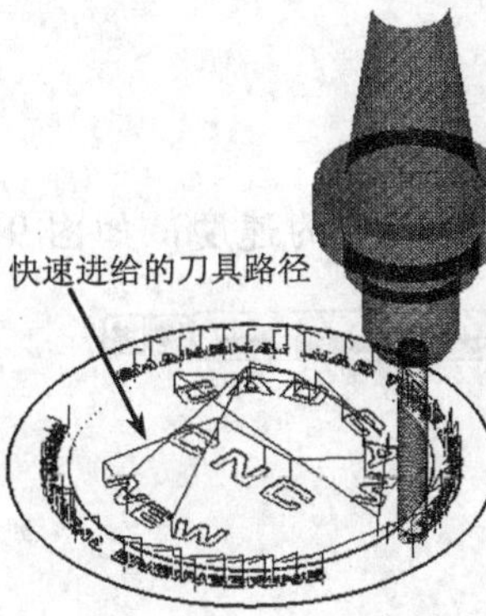

图 9-39 再显示快速进给

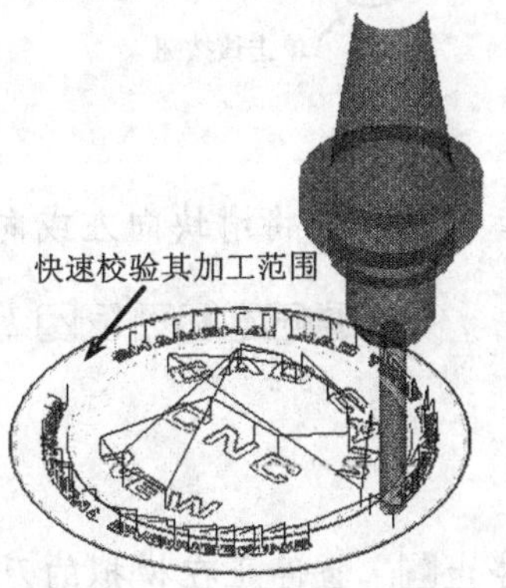

图 9-40 再显示的快速校验

- 刀具路径模拟选项：单击该按钮可对其刀具路径进行各项设置，如图 9-41 所示。

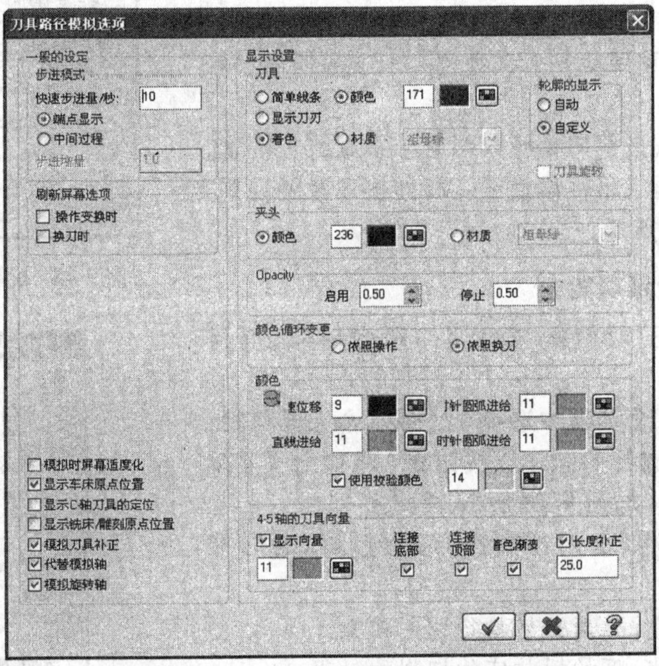

图 9-41 【刀具路径模拟选项】对话框

在如图 9-36 所示的【刀路模拟】工具条中，可以手动或自动模拟刀具路径，从而能够快速地检验刀具路径的正确与否。

- 手动执行：以手工拖动游标的方式来显示刀具路径的模拟过程，如图 9-42 所示。

图 9-42 手动执行

- 自动执行：单击此按钮，系统将自动运行刀具路径轨迹，如图 9-43 所示。

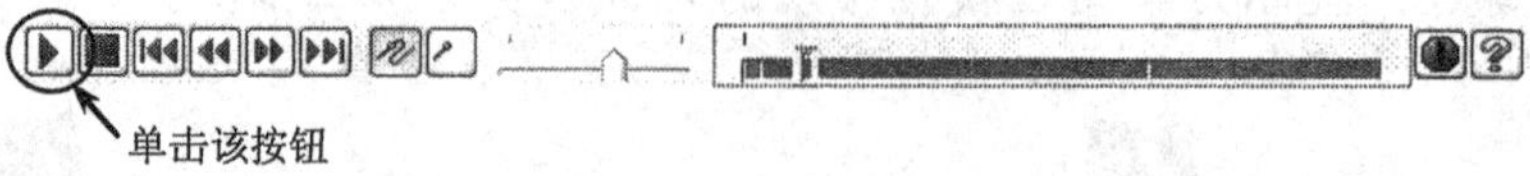

图 9-43 自动执行

- 运行速度：将滑块向左或向右拖动，即可改变刀路模拟的速度，如图 9-44 所示。

图 9-44 改变速度

- 停止：暂停正在模拟的刀具路径。
- 步退：通过手动方式来退回到上一节程序的移动轨迹。
- 跳返：从当前的模拟状态直接跳回到起始位置。
- 步进：通过手动方式来进到上一节程序的移动轨迹。
- 跳进：从当前的模拟状态直接跳到终止位置。
- 暂停设置：单击该按钮，将弹出【暂停设置】对话框，如图 9-45 所示。

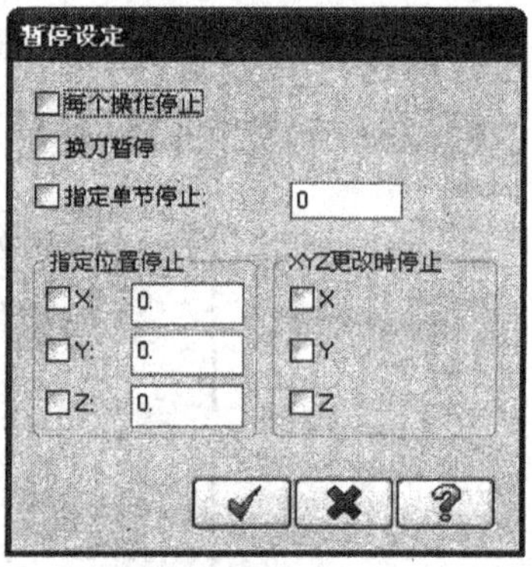

图 9-45 【暂停设置】对话框

9.5.5 刀具路径验证功能

“刀具路径验证”功能，就是验证所编制的刀具路径是否正确。

在【刀具路径】管理器中选择一个或多个刀具路径，然后单击“验证已选择的操作”按钮，将弹出【实体切削验证】对话框，如图 9-46 所示。

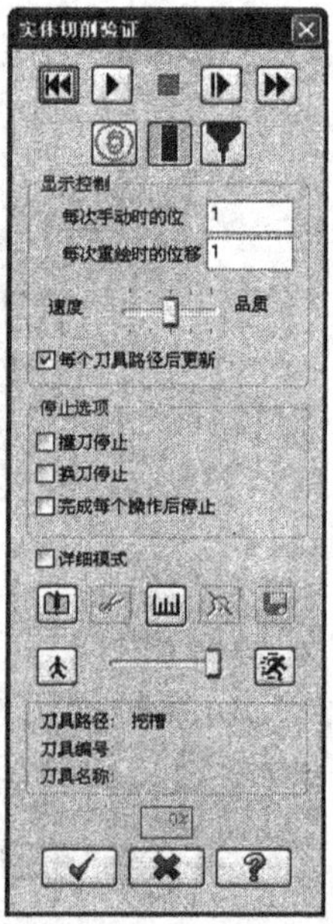

图 9-46 【实体切削验证】对话框

其【实体切削验证】对话框的主要参数和功能说明如下：

- 重新开始：重新开始执行切削模拟。
- 持续执行：开始播放实体切削的过程。
- 暂停：暂时停止正在播放的实体切削过程。
- 手动控制：以手动的方式来控制模拟速度。
- 快速前进：加快实体的模拟速度。
- 最终结果：在实体验证过程中不显示刀具和模拟过程，只显示验证的最终结果。
- 模拟刀具：在实体验证过程中显示刀具和切削过程，如图 9-47 所示。

- 模拟刀具和夹头▼：在实体验证中即显示刀具的切削过程，又显示夹头，如图 9-48 所示。

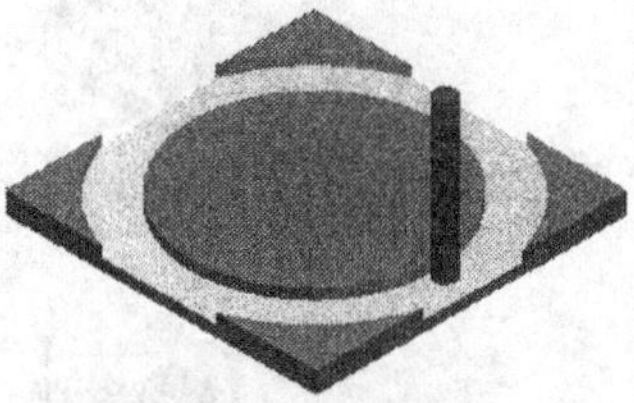
图 9-47　显示的刀具

图 9-48　显示刀具和夹头

- 撞刀停止：在实体验证过程中出现撞刀时暂停实体验证。
- 换刀停止：在实体验证过程中要换下一把刀进行切削时暂停实体验证。
- 模拟加工质量：通过调节如图 9-49 所示的滑动条，即可模拟加工完成后的质量。
- 模拟加工速度：通过调节如图 9-50 所示的滑动条，即可模拟加工的速度。

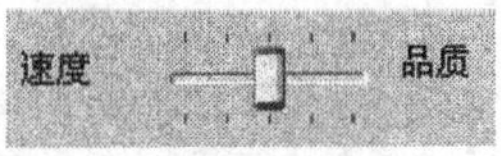

图 9-49　调节模拟加工质量

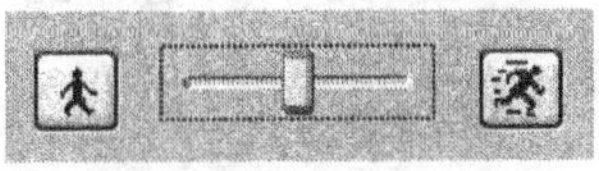
图 9-50　调节模拟加工速度

- 参数设置▣：单击该按钮，将弹出如图 9-51 所示的【验证选项】对话框，主要用于设置模拟实体的大小、形状、刀具的颜色和切削颜色等。

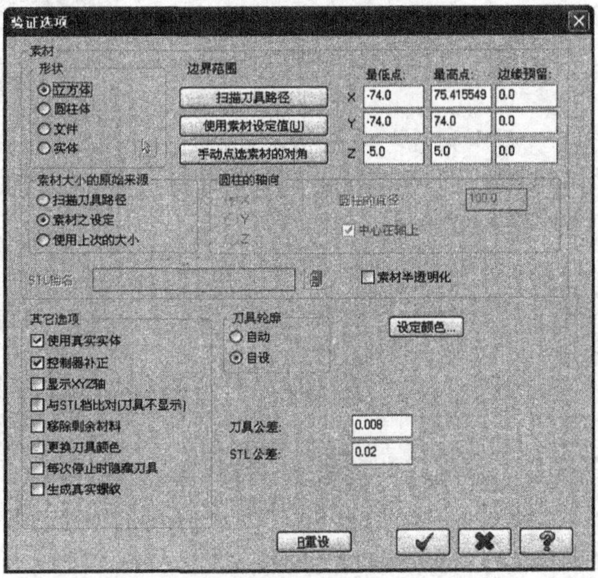

图 9-51　【验证选项】对话框

同样，打开“文字板.MCX”文件，其实体切削验证的操作步骤如图 9-52 所示。

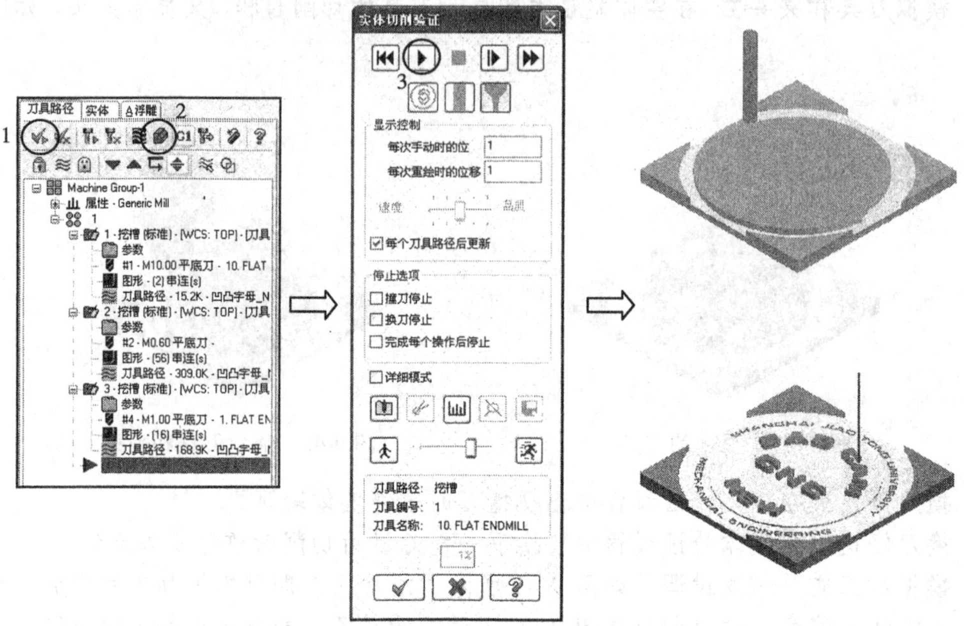

图 9-52　刀具路径验证步骤

9.5.6　刀具路径后置处理

“刀具路径后置处理”功能G1，用于生成 NCI 刀具路径文件和数控机床用的 NC 代码。

在【刀具路径】管理器中单击“刀具路径后置处理”按钮G1，将弹出【后处理程式】对话框，如图 9-53 所示。

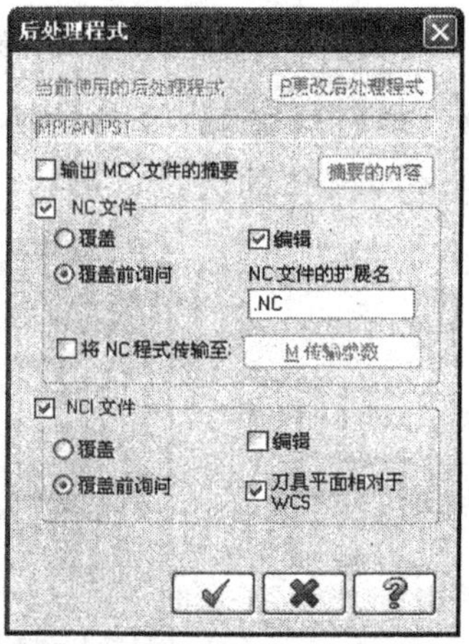

图 9-53　【后处理程式】对话框

在如图 9-53 所示的对话框中，其部分选项的含义如下：

- NC 文件：选择该“NC 文件”复选框，表明将生成 NC 数控机床加工代码，并可以设置其保存方式，即“覆盖”、“编辑”和“覆盖前询问”3 种。在“NC 文件的扩展名”文本框中输入程序名的不同扩展名称，如 FANUC 系统的扩展名为“*.NC”，SIEMENS 系统的扩展名为“*.mpf”等。
- NCI 文件：选择该“NCI 文件”复选框，表明将生成 NCI 刀具轨迹，其保存方式与 NC 文件一样共有 3 种。

在如图 9-53 所示的【后处理程式】对话框中设置完成后，单击“确定”按钮✓，系统将弹出如图 9-54 所示的【另存为】对话框，在该对话框中输入 NCI 文件名，单击“保存”按钮，系统将弹出如图 9-55 所示的第二个【另存为】对话框，在该对话框中输入 NC 文件名，最后再单击“保存”按钮，则系统将打开如图 9-56 所示的【Mastercam X 编辑器】对话框，从而显示出生成的 NC 加工程序代码。

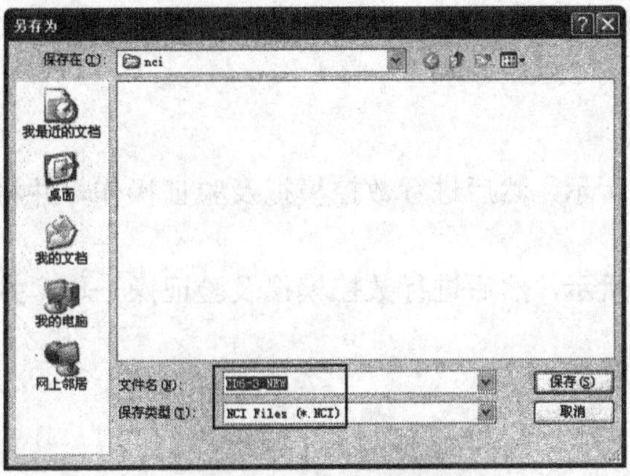

图 9-54　保存为 NCI 文件

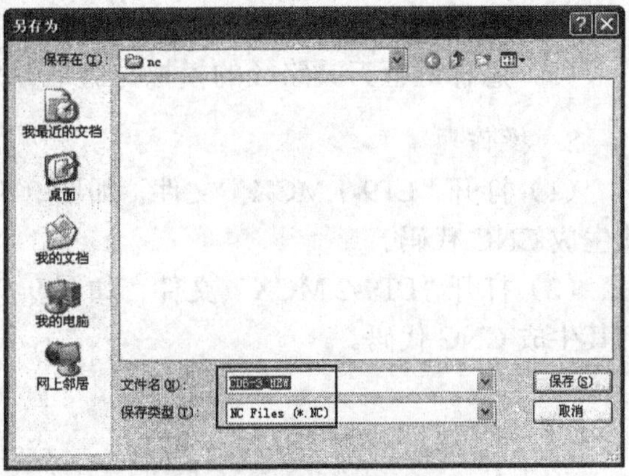

图 9-55　保存为 NC 文件

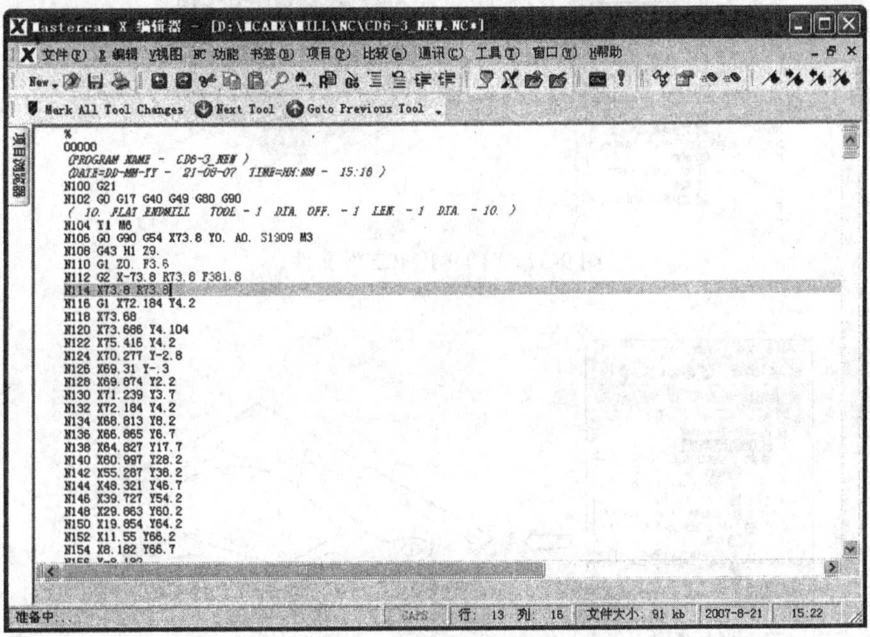

图 9-56　显示并编辑 NC 代码

9.6　本章小结

本章介绍了数控加工的基本知识，包括数控加工的概念、特点、机床分类、坐标系统、工艺分析，Mastercam X 机床设备类型，加工刀具的介绍，材料建立与获取，刀具路管理器的应用等。只有掌握了这些数控加工的基本知识，对今后的数控加工才能灵活应用。

9.7　习题

1. 概念题

（1）什么是数控加工？数控机床怎样分类？

（2）怎样建立新的数控加工刀具？

（3）怎样进行刀具路径的模拟与验证并生成CNC代码？

2. 操作题

（1）打开“LT9-1.MCX”文件，如图9-57所示，然后进行数控模拟及验证操作，并将其生成CNC代码。

（2）打开“LT9-2.MCX”文件，如图9-58所示，然后进行数控模拟及验证操—作，并将其生成CNC代码。

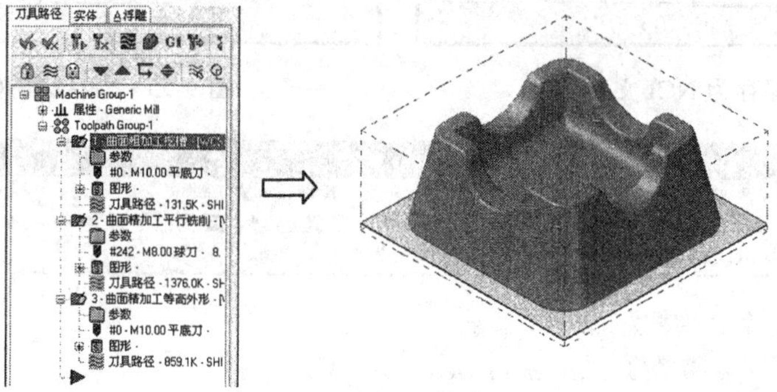

图9-57 “LT9-1.MCX”文件

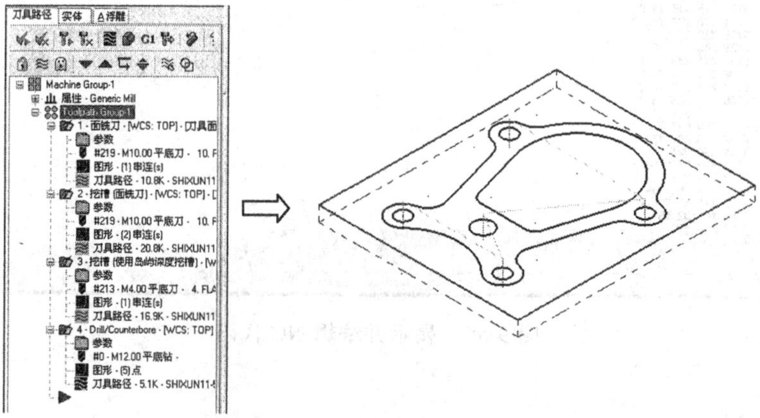

图9-58 “LT9-2.MCX”文件

第 10 章　二维铣床加工系统

数控加工是现代化模具制造加工的一种先进手段，就是在对工件材料进行加工前，事先在计算机上编写好程序，再将这些程序输入到使用计算机程序控制的机床进行指令性加工，或者直接在这种使用计算机程序控制的机床控制面板上编写指令进行加工。Mastercam X 二维铣床加工用来生成二维刀具的加工路径，包括外形铣削、挖槽、面铣削、钻孔、雕刻等加工路径，其各种加工类型所生成的刀具路径一般由加工刀具、加工零件的几何轮廓图素以及各种加工特有参数来决定。

【内容提要】

- 面铣削加工操作；
- 挖槽铣削加工操作；
- 外形铣削加工操作；
- 钻孔加工操作；
- 模拟验证操作。

【本章重点】

- 掌握数控加工刀具参数的设置；
- 掌握数控加工进刀高度、深度、刀具补正的设置方法；
- 掌握各种数控加工的类型、进刀/退刀向量设置等方法；
- 掌握各种粗/精加工的区别与设置方法；
- 熟练操作各种二维铣床加工的操作方法。

10.1　外形铣削加工

外形铣削用于加工二维或三维工件的外形，二维外形铣削刀具路径的切削深度固定不变，而三维外形铣削刀具路径的切削深度随外形的位置可变化。外形铣削时，通常采用平底刀、圆鼻刀和角度刀等刀具进行加工。

外形铣削加工主要应用于电极、动模、定模、镶件等外形的加工。

选择【机床类型】/【铣削】/【默认】命令，接着选择【刀具路径】/【外形铣削】命令，在视图中选择要加工的 2D 外形，将弹出【外形（2D)】对话框，如图 10-1 所示。

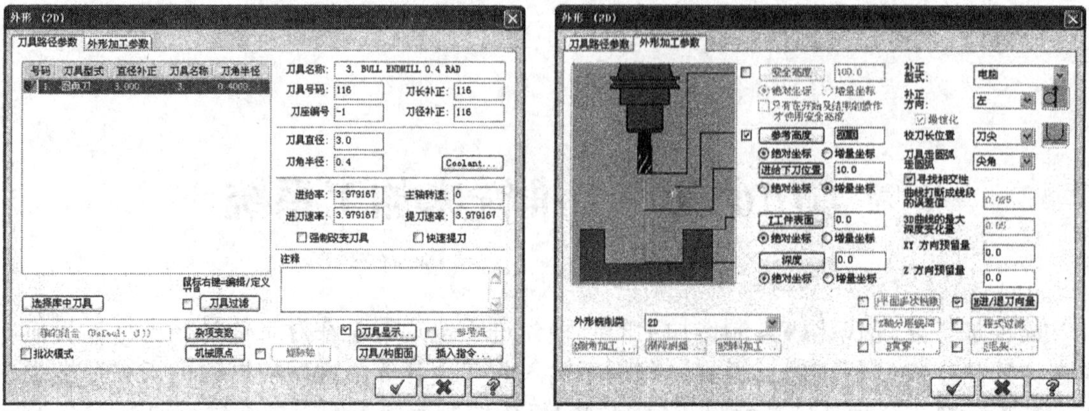

图 10-1　【外形（2D）】对话框

10.1.1　刀具参数的设置

在如图 10-1 所示的“刀具路径参数”选项卡中，用户可参照上一章 9.3 节的知识，对其加工刀具进行选择、新建等。下面就针对其刀具路径的相关参数设置进行讲解：

- 刀具直径：在进行粗加工时，用户可根据工件结构和特点来选择直径较大的刀具，从而提高工作效率；在进行精加工时，则应根据轮廓最小圆角选择小于圆角的刀具，从而提高加工表面的精度和质量。
- 刀角半径：在设置球刀或圆角刀的刀角半径时，要根据轮廓周边的过渡圆角进行设定，以避免过切现象。
- 进给率：就是刀具在 X、Y 方向上切削时的进给速度（Feed），如果是钻孔时，就是 Z 方向上的进给速度。其进给率的参数设置直接影响加工质量的好坏。

> 当工件的质量要求能够得到保证时，为提高生产效率，可选择较高的进给速度。一般在 100～200mm/min 范围内选取。在切断、加工深孔或用高速钢刀具加工时，宜选择较低的进给速度，一般在 20～50mm/min 范围内选取。当加工精度、表面粗糙度要求高时，进给速度应选小些，一般在 20～50mm/min 范围内选取。刀具空行程时，特别是远距离“回零”时，可以选择该机床数控系统给定的最高进给速度。

- 主轴转速：刀具转动的速度是根据刀具的直径大小、刀具材料和工件的材料等情况进行综合确定的。

> 一般情况刀具直径越大，其主轴转速越小；刀具材料越硬，刀具转速越大；切削材料塑性越大，主轴转速越大，其计算公式为：$n=1000v/(\pi D)$。

- 下刀速率：就是主轴升降时的进给速率。在沿着加工面下刀时，应选择较小的进给量，以免崩刀；若刀具在工件外可下刀，应选取偏大值，但一般为 XY 进给率的三分之二（300～1000mm/min）。
- 提刀速率：就是刀具向上提刀退离工件表面时的进给速率，一般设置为 2000～5000mm/min。
- 机械原点：单击该按钮，将弹出如图 10-2 所示的【换刀点-使用者定义】对话框。

在该对话框中可以在其 X、Z、Z 文本框中输入刀具原点的坐标值，也可以单击“选择”按钮后在绘图区选取一点作为刀具的原点或使用机械原点。

- 旋转轴：勾选“旋转轴”按钮前的复选框，再单击“旋转轴”按钮，将弹出如图 10-3 所示的【旋转轴的设定】对话框。在该对话框中用来设置工件的旋转轴，一般在铣床加工系统中不需要进行设置。

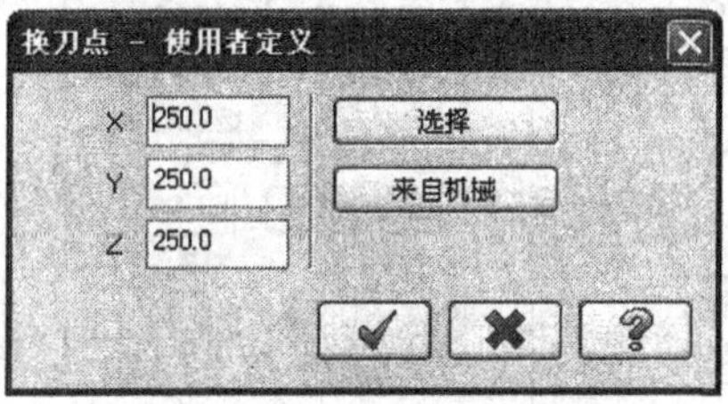

图 10-2 设置机械原点

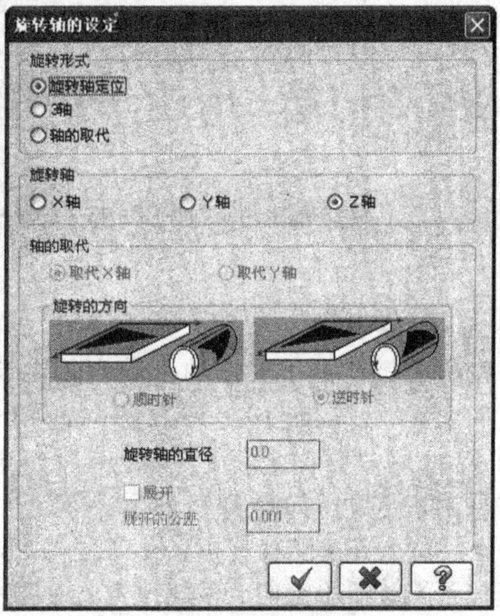

图 10-3 设置旋转轴

- 参考点：勾选“参考点”按钮前的复选框，再单击“参考点”按钮，将弹出如图 10-4 所示的【备刀位置】对话框。在加工过程中，刀具将先从刀具原点移动到“进入点”选项组中设置的参考点位置后再开始进行加工；在完成加工后，刀具将先移动到“退出点”选项组中设置的参考点位置后再返回到刀具原点。
- 刀具/构图面：单击“刀具/构图面”按钮，将弹出如图 10-5 所示的【刀具面/构图面的设定】对话框，从而可以设置刀具平面和构图面的点及视图方向。
- 插入指令：单击“插入指令”按钮，将弹出如图 10-6 所示的【输入指令】对话框，然后在该对话框中选择控制码，并设置其在程序中是单行显示还是与其他指令同行显示。

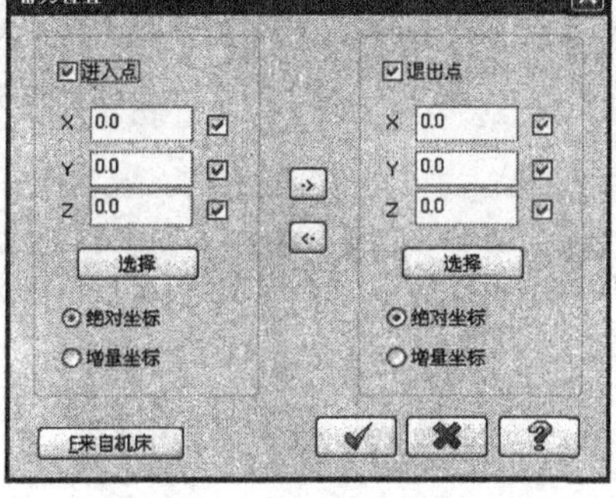

图 10-4 设置参考点

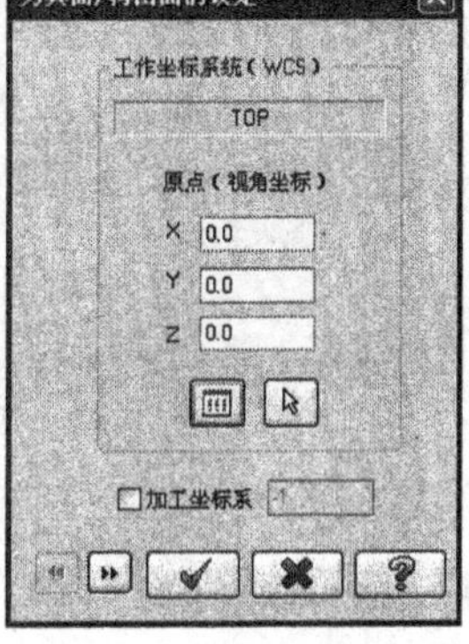

图 10-5 设置刀具/构图面

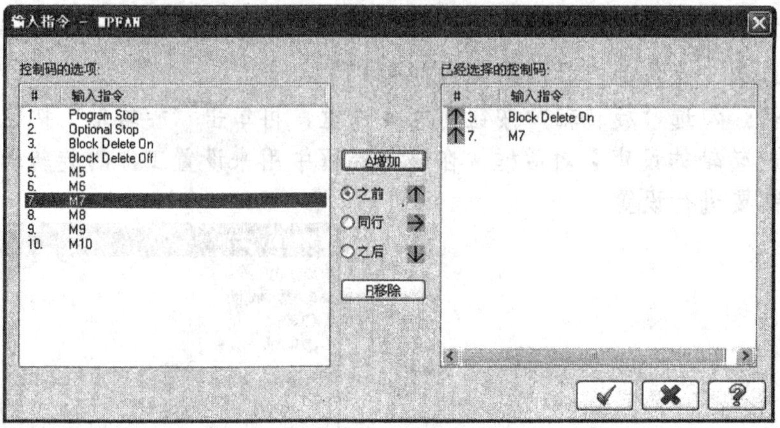

图 10-6 设置插入指令

10.1.2 高度设置

在所有铣床加工方法的参数设置中均包含有高度参数的设置。在如图 10-1 右图所示的“外形加工参数”选项卡中，包括有安全高度、参考高度、进给下刀位置、工件表面和深度，如图 10-7 所示。

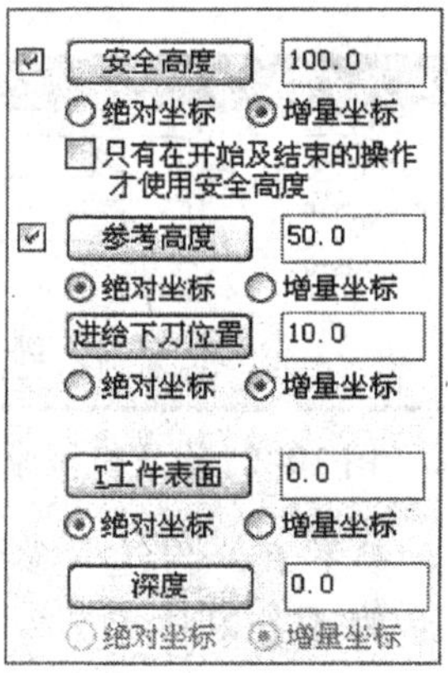

图 10-7 高度设置

- 安全高度：就是指在此高度之上，刀具可以在任何位置平移而不会与工件或夹具发生碰撞。一般设置离工件最高表面位置 20～50mm，并选择“绝对坐标”单选按钮。
- 参考高度：就是设置刀具每完成一次铣削或避让岛屿时刀具的回升高度，其参考高度的设置应高于进给下刀位置，一般设置离工件最高表面位置 5～20mm，并选择“绝对坐标”单选按钮。
- 进给下刀位置：是指刀具在下刀位置上面先快速下降，然后下降到该位置后再以慢速接近工件，该值一般设定为离工件最高表面位置 2～5mm。
- 工件表面：就是指工件表面的高度值。
- 深度：就是指最后的加工深度，该值一般设置为实际加工深度值，而在二维刀路中，深度值应为负值。

所有的高度（深度）值都可以采用绝对坐标和增量坐标两种方法来设置。若采用绝对坐标进行设置时，系统直接将输入的数值作为高度（深度）的 Z 坐标值；若采用增量坐标设置时，其高度（深度）值为相对于工件表面的高度。

在切削加工中，总切削量并不一定为设置的切削深度。总切削量由深度和 Z 向预留量两个参数来定义，即总切削量 = 切削深度 − Z 向预留量。

10.1.3 加工类型

在进行外形铣削加工时，包括二维曲线串连和三维曲线串连。若选取二维曲线串连时，在如图 10-1 右图所示的"外形铣削类"下拉组合框中共有 4 种外形铣削加工类型，即"2D"、"2D 倒角"、"斜插"和"残料加工"，如图 10-8 所示；若选取三维曲线串连时，在如图 10-1 右图所示的"外形铣削类"下拉组合框中共有 3 种外形铣削加工类型，即"2D"、"3D"和"3D 倒角"，如图 10-9 所示。

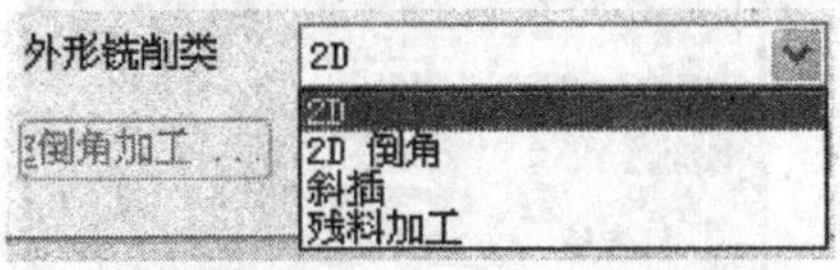

图 10-8　二维加工类型

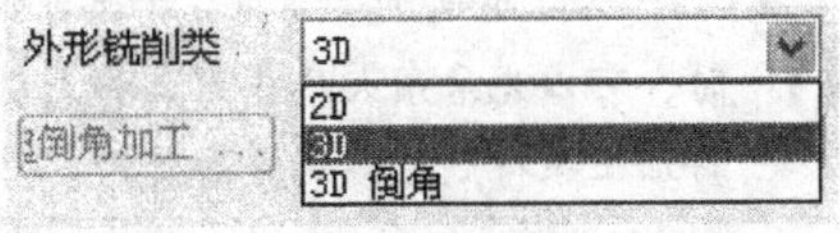

图 10-9　三维加工类型

- 2D：当进行二维外形铣削加工时，整个刀具路径的铣削深度是相同的，其 Z 坐标值为设置的相对铣削深度值。
- 3D：当选取三维曲线串连时，即可进行三维外形铣削加工，也可进行二维外形铣削加工。在选取三维曲线串连后，铣削深度仅能采用相对坐标来定义。如果在进行三维外形铣削加工时，其铣削深度随外形的 Z 坐标变化而改变，即刀具路径的各种点铣削深度的 Z 坐标值，等于外形点 Z 坐标加上设置的相对铣削深度值。
- 2D 倒角或 3D 倒角：表示利用倒角铣刀围绕工件外形进行倒角。进行倒角加工的刀具必须选择倒角铣刀，其倒角的角度需在刀具设置中进行设置，倒角的宽度可以通过单击"倒角加工"按钮，在弹出的【倒角加工】对话框中进行设置，如图 10-10 所示。
- 斜插：仅当选取二维曲线串连时才可以进行斜插加工，这种加工类型一般用来加工铣削深度较大的外形，它表示在给定的角度或高度以螺旋线的下刀及加工方式对所选择的加工外形进行加工。单击"渐降斜插"按钮，将弹出如图 10-11 所示的【外形铣削的渐降斜插】对话框。

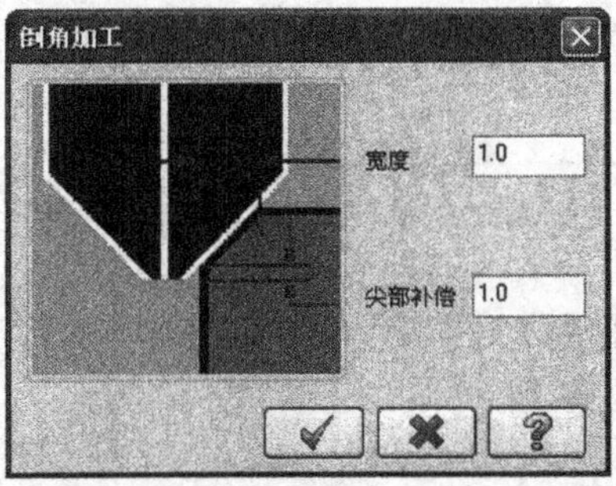

图 10-10　【倒角加工】对话框

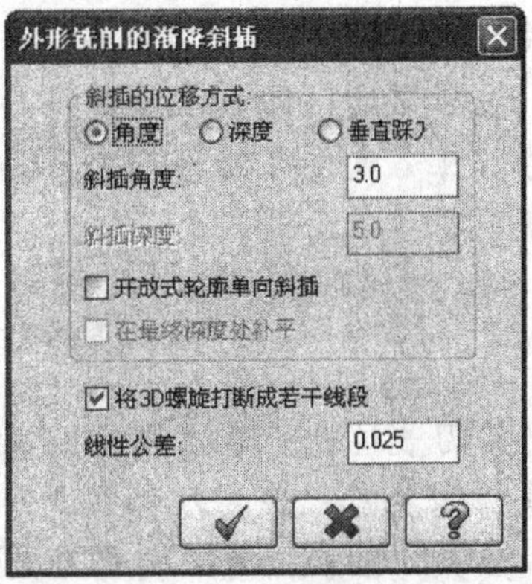

图 10-11　【外形铣削的渐降斜插】对话框

> 在【外形铣削的渐降斜插】对话框中，系统提供了 3 种走刀方式，当选中"角度"或"深度"单选按钮时，都为斜线走刀方式（即刀具在 XY 平面移动的同时，进行刀具深度逐渐增加）；当选中"垂直下刀"单选按钮时，刀具先进到设置的铣削层深度，再在 XY 平面移动。

- 残料加工：仅当选取二维曲线串连时才可以进行残料加工，一般用于铣削上一次外形铣削加工后留下的残余材料。单击“残料加工”按钮，将弹出如图 10-12 所示的【外形铣削的残料加工】对话框，从而可以进行残料外形加工的参数设置。

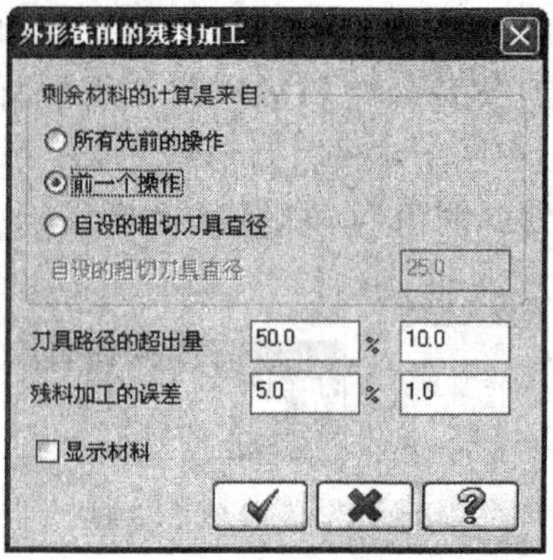

图 10-12　【外形铣削的残料加工】对话框

> 为了提高加工速度，当铣削加工的铣削量较大时，可以先采用大尺寸刀具和大进刀量，再采用残料加工来得到最终的光滑外形。

10.1.4　刀具补正

每个刀具都有一个直径，如果刀具的中心点与需要加工的轮廓外形线重合，则加工出来的零件会比正确尺寸小一些，因此就需要进行刀具半径补正。刀具补正是指将刀具中心从选取边界路径上按指定的方向偏移一定距离。

在如图 10-1 右图所示的“外形加工参数”选项卡中，刀具补正包括有补正型式、补正方向、校刀长位置、刀具走圆弧，如图 10-13 所示。

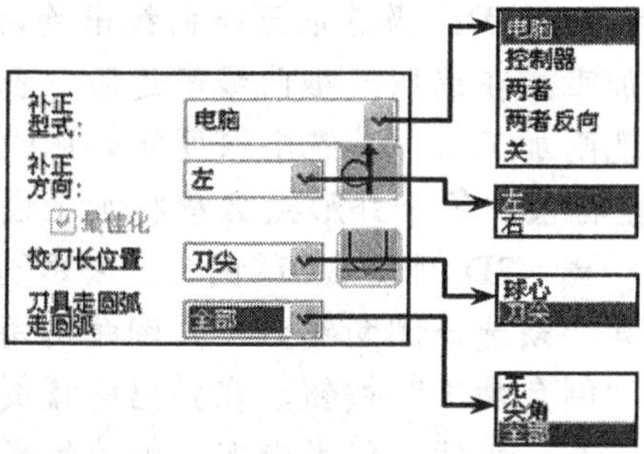

图 10-13　刀具补正

- 补正型式：在 Mastercam X 中提供了 5 种补正形式，即“电脑”、“控制器”、“两者”、“两者反向”和“关”。“电脑”选项表示在计算机内产生刀具补正；“控制器”选项表示在控制器内赋予刀具补正；“两者”选项表示在计算机和控制器内同时生成刀具补正；“两者相反”选项表示在计算机内和控制器内产生的刀具补正方向相反；“关”选项表示系统不能设置补正方向。
- 补正方向：即表示设置刀具的切刃是在路径的左边还是右边。当选择“左”时，其刀具沿加工方向向左偏移一个刀具半径；当选择“右“时，其刀具沿加工方向向右偏移一个刀具半径。

> 左右刀具补正的方向是相对于加工方向的，加工方向变化了，左右位置也随着发生变化。

- 校刀长位置：表示设置刀具在 Z 轴方向的补偿方式，包括有“球心”和“刀尖”。该参数是对圆头刀、球头刀和平铣刀加工设置的刀具路径。
- 刀具走圆弧：用来设置刀具路径在出现转角时是否有圆角过渡，包括“无”、“尖角”和“全部”。“无”表示刀具路径在转角处不采用圆弧过渡，如图 10-14 所示；“尖角”表示当两线段的夹角小于 135° 时，刀具路径在转角处采用圆角过渡，如图 10-15 所示；“全部”表示刀具路径在所有的转角处均采用圆角过渡，如图 10-16 所示。

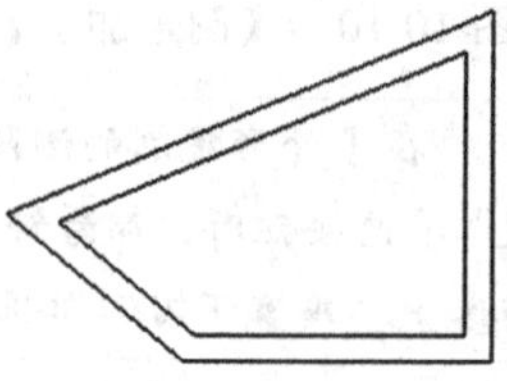

图 10-14　无

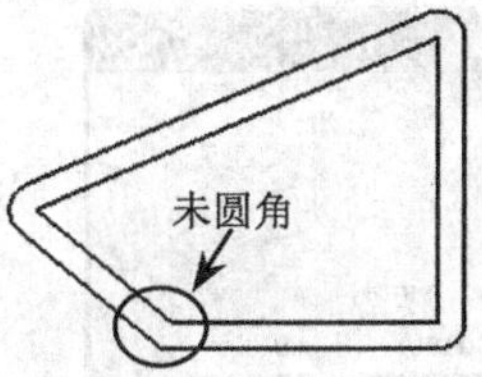

图 10-15　尖角

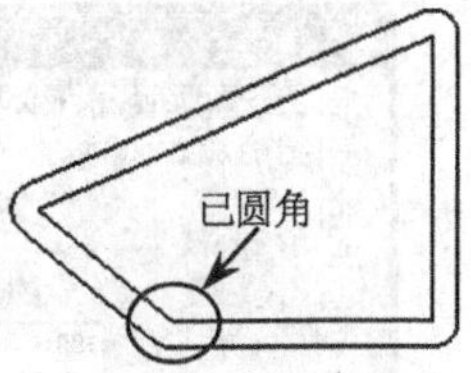

图 10-16　全部

10.1.5　预留量

由于在实际加工过程中，不可能一刀就可以直接铣削到精确的尺寸位置，那样加工出来的零件尺寸精度和表面粗糙度都难以符合要求。大部分零件加工都分为粗加工和精加工，所以要给精加工留有一定的预留量。

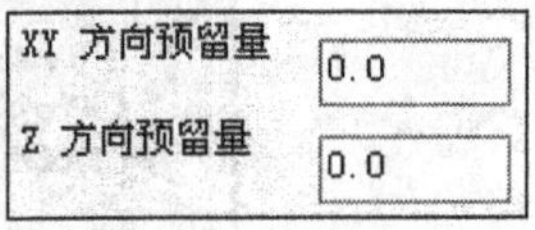

图 10-17　预留量

在如图 10-1 右图所示的“外形加工参数”选项卡中，其预留量包括在XY平面和Z轴方向的预留量，如图 10-17 所示，它们的预留量一般为 0.1～0.5mm。

预留量的设置与刀具补正无关，当输入一个毛坯预留量为正值时，系统按照软件参数补正，给精加工一定的预留量；若毛坯预留量为负值，系统补正铣刀在相反的方向，即表示过切加工。

10.1.6　Z 轴分层铣削

当铣削的厚度较大时，为了得到较光滑的表面，一般可采用分层铣削的方法。

在如图 10-1 右图所示的“外形加工参数”选项卡中，选择“Z 轴分层铣削”按钮前的复选框，再单击该按钮，即可弹出如图 10-18 所示的【深度分层切削设置】对话框。

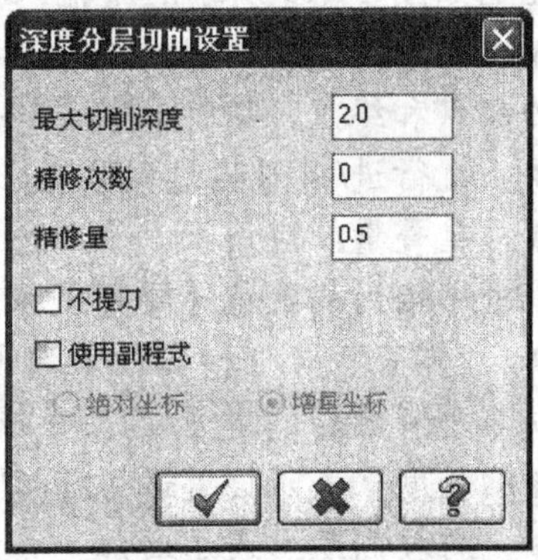

图 10-18 【深度分层切削设置】对话框

- 最大切削深度：表示在粗切削加工时的最大进刀量。
- 精修次数：表示精切削加工时的次数。
- 精修量：表示在精切削加工时的最大进刀量。
- 不提刀：用来设置刀具在每一层切削后，是否回到下一刀位置的高度。
- 使用副程式：用来设置 NCI 文件中是否生成子程序行。

10.1.7　进/退刀向量

在外形铣削加工过程中，一般情况下是从工件上方垂直下刀，但有一些刀具不允许向下切削，因此可以在外形铣削前后添加一段进/退刀的刀具路径，使其在刀具路径的起始和结束位置设置线长或圆弧，从而可以防止踩刀等现象的发生。

在如图 10-1 右图所示的“外形加工参数”选项卡中，选择“进/退刀向量”按钮前的复选框，再单击该按钮，即可弹出如图 10-19 所示的【输入/输出】对话框。

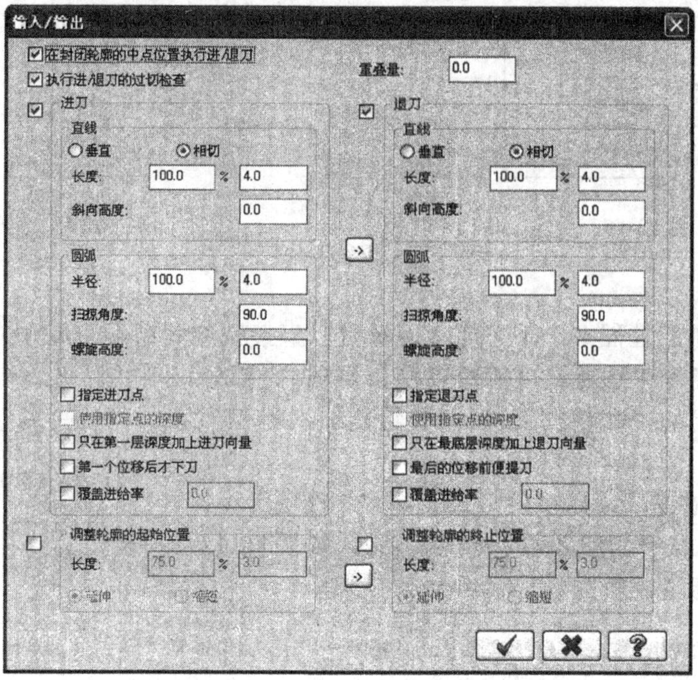

图 10-19 【输入/输出】对话框

在上如图 10-19 所示的【输入/输出】对话框中，其主要的选项说明如下：

● 在封闭轮廓的中点位置执行进/退刀：选择串连的第一曲线中点作为封闭外形刀具路径的起点和终点，该终点就是进/退刀点。

● 执行进/退刀的过切检查：在执行进/退刀时将会进行过切检查。

● 重叠量：应用于一个封闭外形铣削的退刀端点，在退出刀具路径前，刀具将采用该文本框中输入的数值（距离）来超过刀具路径的端点。

● “垂直”与“相切”单选项：放置进刀/退刀线垂直或相切于铣削的方向，其设置的方向与垂直旋转的进刀/退刀线成 90°。

● 长度：表示设置进刀/退刀线的长度，若设置为 0，则表示无进刀/退刀线。

● 斜坡高度：表示增加一个深度至进刀/退刀线，若设置为 0，则表示无斜坡高度。

● 半径：表示定义进刀/退刀圆弧的半径，且进刀/退刀圆弧总是正切于刀具路径，若设置为 0，则表示无进刀/退刀圆弧。

● 扫描角度：表示设置进刀/退刀圆弧的圆心角大小。

● 螺旋高度：当变成圆弧进入一根螺旋线时，增加深度至进刀/退刀圆弧，若设置为 0，则表示无螺旋高度。

● 指定进刀点：对任何进刀线/圆弧设置进刀点，若在外形串连作为进刀点前，系统使用最后串连的点。

● 指定退刀点：对任何退刀线/圆弧设置退刀点，若在外形串连作为退刀点前，系统使用最后串连的点。

● 使用指定点的深度：在进刀点的深度处开始进刀移动。

● 只在第一层深度加上进刀向量：增加进刀移动只在第一层铣削开始时使用。

- 只在最底层深度加上退刀向量：只在增加退刀位移至最后深度铣削。
- 第一个位移后才下刀：系统在执行进刀的第一段路线后，从进给下刀高度开始下刀加工平面。
- 最后的位移前便提刀：系统在执行完退刀的最后一段路线前，开始从加工平面高度上升至进给下刀平面。

若一条进刀线和一个进刀弧两者都定义，应先加工线；若一条退刀线和一个退刀弧两者都定义，应先加工弧。其进/退刀的斜坡角度，确定于线的长度和斜坡高度，如图 10-20 所示。

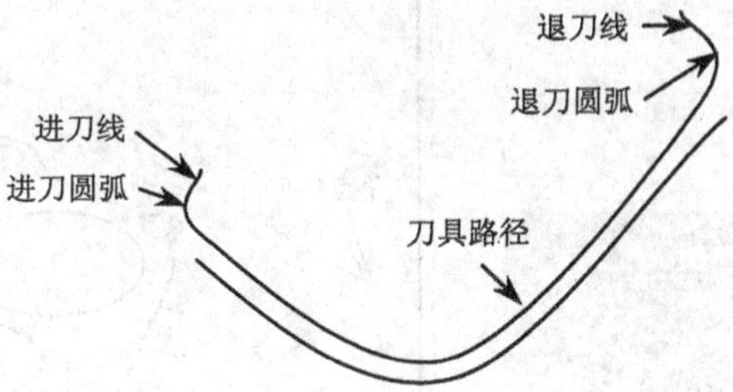

图 10-20　进/退刀向示意图

10.1.8　程式过滤

由于 Mastercam X 允许对 NCI 的文件进行程式过滤，则系统通过删除共线的点和不必要的刀具路移动来优化和简化 NCI 文件。

在如图 10-1 右图所示的“外形加工参数”选项卡中，选择“程式过滤”按钮前的复选框，再单击该按钮，即可弹出如图 10-21 所示的【过滤设置】对话框。

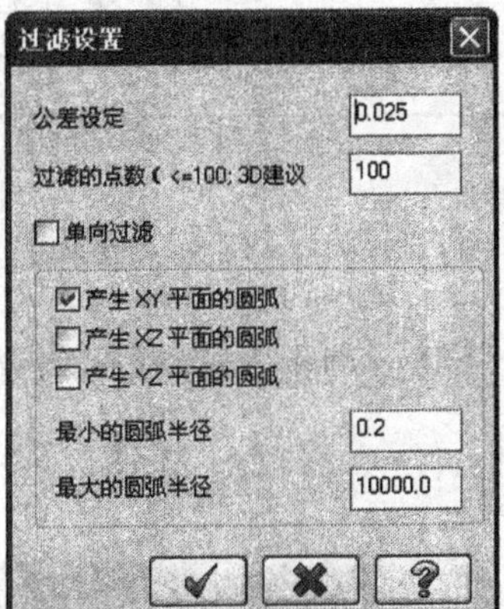

图 10-21　【过滤设置】对话框

- 公差设定：用于输入进行操作过滤时的误差值。当刀具路径中某点与直线或圆弧的距离小于等于该误差值时，系统将自动去除该点的刀具路径。
- 过滤的点数：用于输入每次过滤时可删除点的最多数值，其取值越大，过滤速度越大，但优化效果越差。

10.1.9　外形铣削加工实例

在前面的小节中，已经对外形铣削的加工参数进行了详细的讲解，下面通过实例的方式来操作外形铣削数控加工，从而让用户更进一步理解其中各参数的含义。

【例 10-1】外形铣削加工。

操作步骤

（1）启动 Mastercam X 软件，打开“LX10-1A.MCX”文件，如图 10-22 所示。

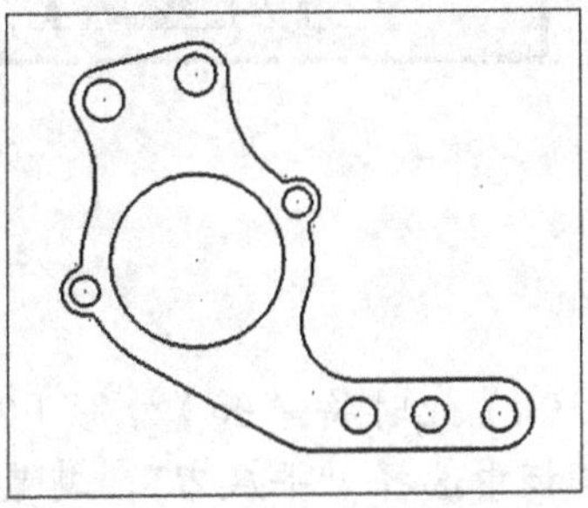

图 10-22　“LX10-1A.MCX”文件

（2）按Alt+O组合键打开【刀具路径管理器】窗口，将“属性”项展开，选择“材料设置”设置项，将弹出【机器群组属性】对话框。勾选“显示”复选框，并单击[选取对角]按钮，然后在视图中捕捉矩形的对角点1和对角点2返回，并在“Z”文本框中输入5，最后单击“确定”按钮[✓]返回，则视图中的图形将显示工件的区域，如图10-23所示。

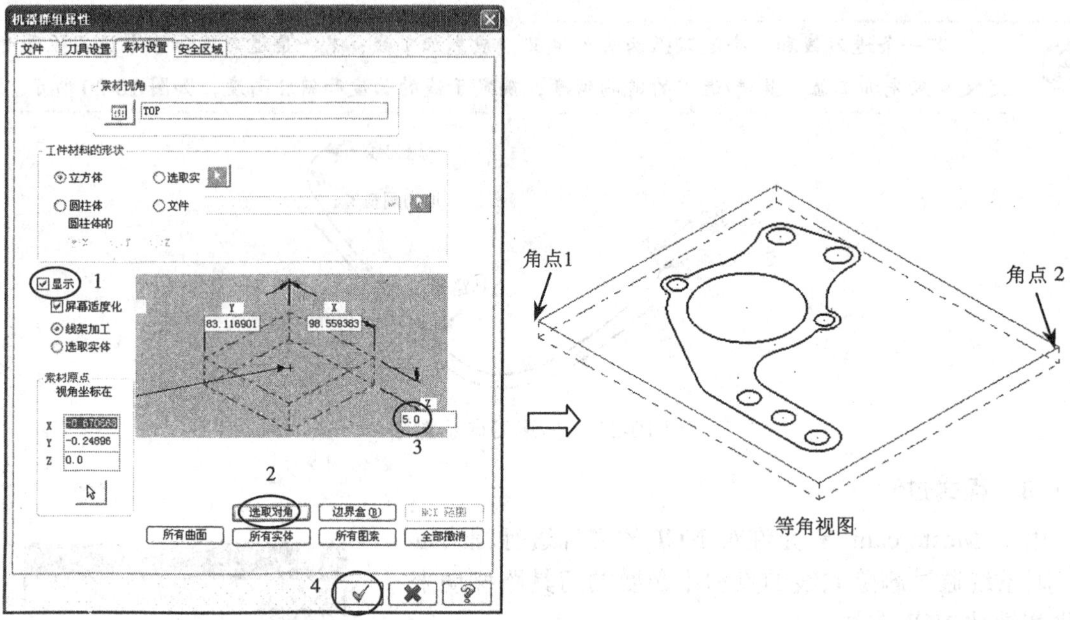

图 10-23　设置工件材料

（3）选择【刀具路径】/【外形铣削】命令，将弹出【输入新 NC 名称】对话框，直接单击“确定”按钮[✓]，然后在视图中串连轮廓图素，最后按Enter键，如图10-24所示。

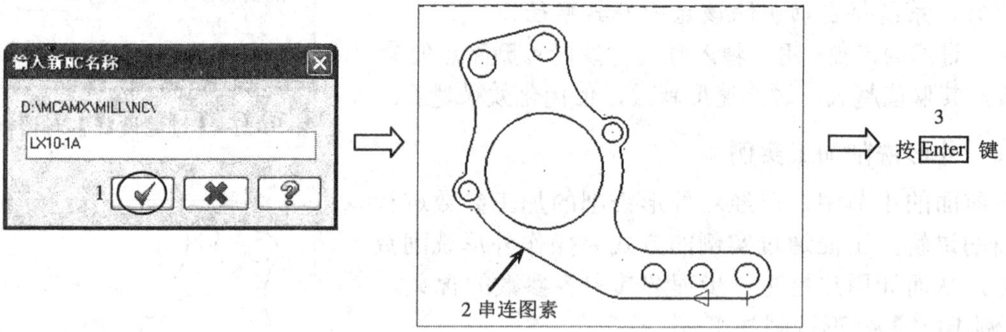

图 10-24　串连轮廓图素

（4）此时将弹出【外形（2D）】对话框，单击[选择库中刀具]按钮，从弹出的【选择刀具】对话框中选择“平底刀”，其直径补正为2mm，然后单击“确定”按钮[✓]返回到【外形（2D）】对话框，如图10-25所示。

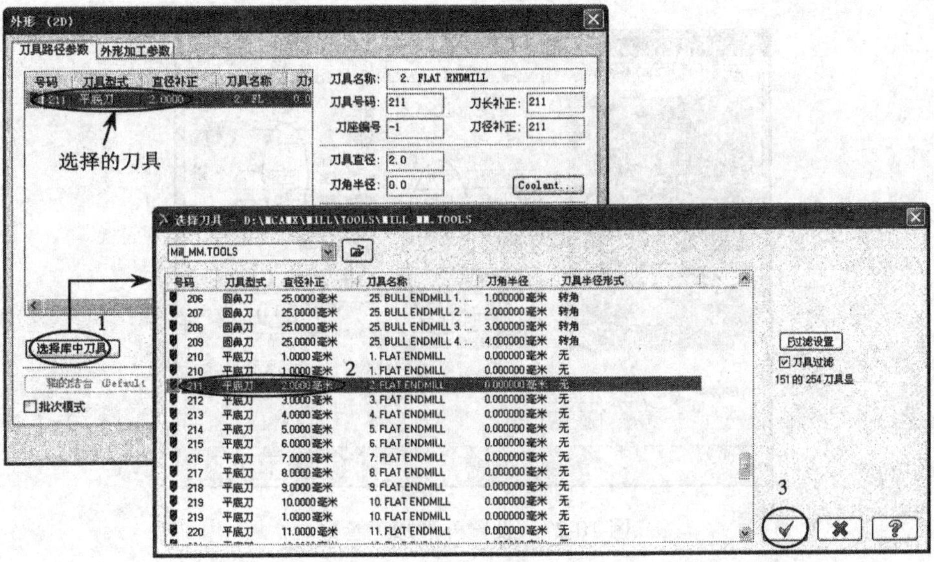

图 10-25　选择的刀具

（5）在【外形（2D）】对话框中，双击直径为 2mm 的“平底刀”项，将弹出【定义刀具】对话框，在其中改变刀具的各项参数，再单击“确定”按钮 ✓ 返回到【外形（2D）】对话框，并分别输入“进给率”、“下刀速率”、“提刀速率”和“主轴转速”等参数，如图 10-26 所示。

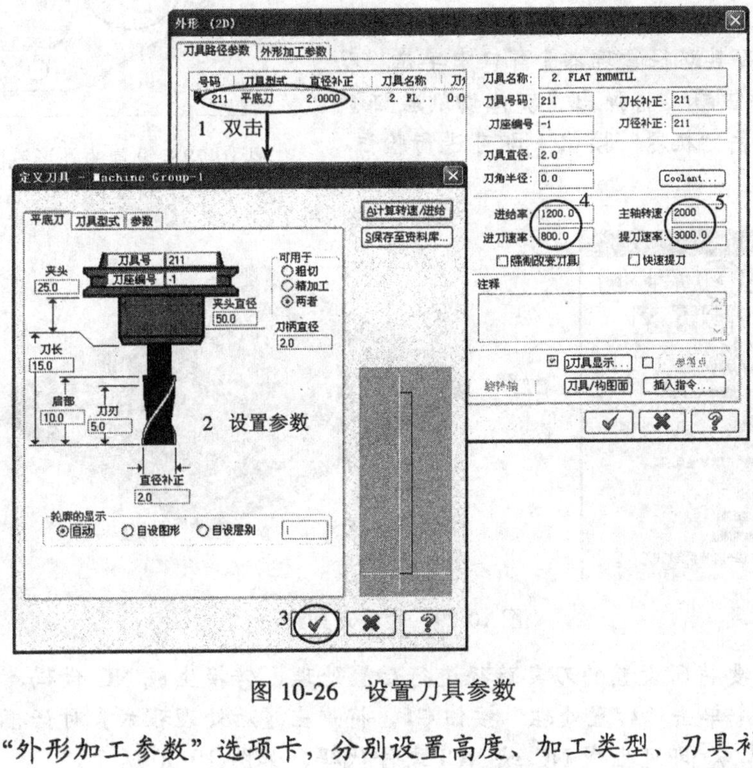

图 10-26　设置刀具参数

（6）单击“外形加工参数”选项卡，分别设置高度、加工类型、刀具补正、预留量等，如图 10-27 所示。

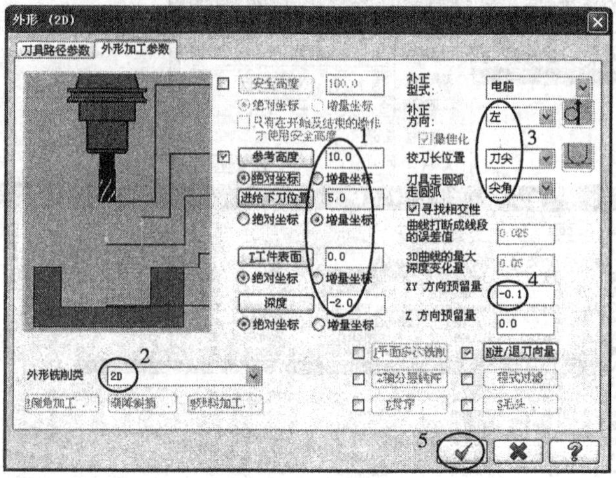

图 10-27　设置外形加工参数

（7）当参数设置完毕后，单击“确定”按钮返回视图中，则视图中将产生外形铣削的加工路径，如图 10-28 所示。

若视图中没有显示出刀具路径，应在【刀具路径管理器】窗口中，单击“显示/隐藏路径”按钮。

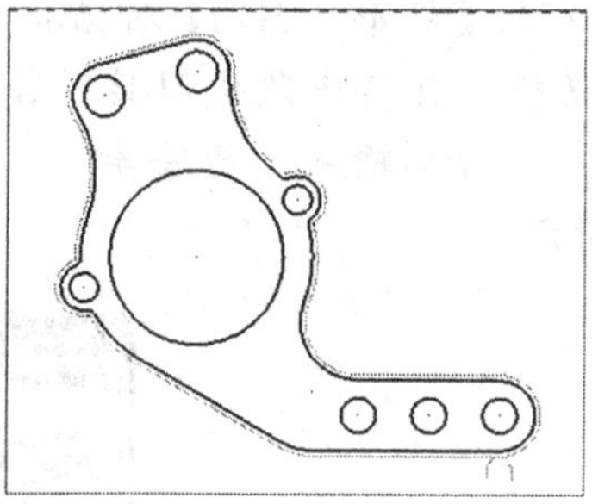

图 10-28　设置的外形铣削加工路径

（8）为了更好地模拟与验证所设置的刀具路径，用户可在【刀具路径管理器】窗口中单击“刀具路径验证”按钮，将弹出【实体切削验证】对话框，然后单击“机器”按钮即可进行验证，如图 10-29 所示。

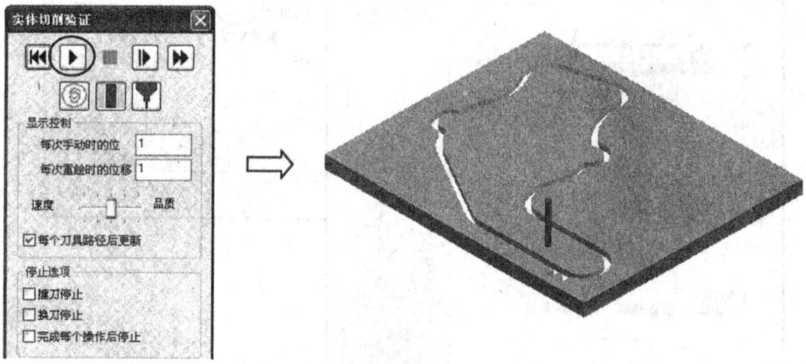

图 10-29　验证刀具路径

（9）如果需要将所设置的刀具路径进行后置处理，转换生成 NC 代码，可在【刀具路径管理器】窗口中单击“后置处理”按钮 G1，将弹出【后处理程式】对话框，然后依次单击“确定”按钮即可生成 NC 或 NCI 文件代码，如图 10-30 所示。

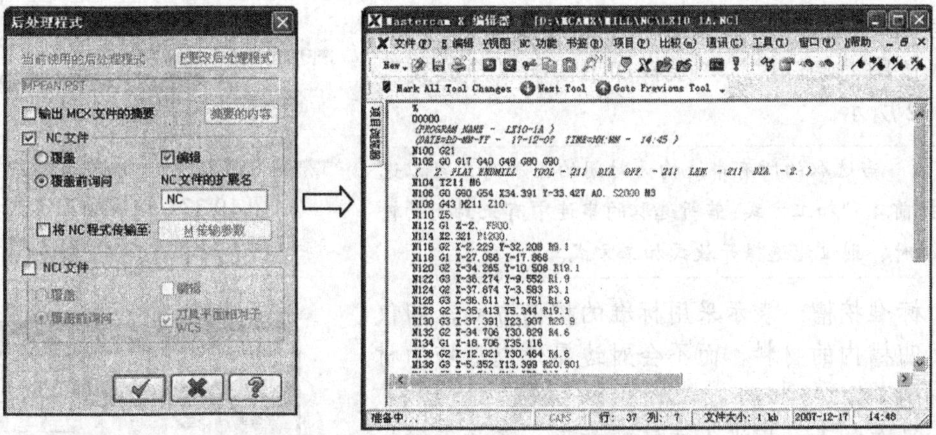

图 10-30　刀具路径生成 NC 代码

（10）选择【文件】/【另存文件】命令，将该加工文件保存为“LX10-1.MCX”文件。

10.2　挖槽铣削加工

挖槽加工就是将工件上指定区域内的材料挖去，其槽的深浅根据需要来设置。用来定义外形的串连可以是封闭串连，也可以是不封闭串连，但是每个串连必须是共同串连且平行于构图面。

选择【机床类型】/【铣削】/【默认】命令，接着选择【刀具路径】/【挖槽】命令，然后在视图中选择要加工的 2D 外形轮廓，将弹出【挖槽（标准）】对话框，其“2D 挖槽参数”和“粗切/精修的参数”选项卡如图 10-31 所示。

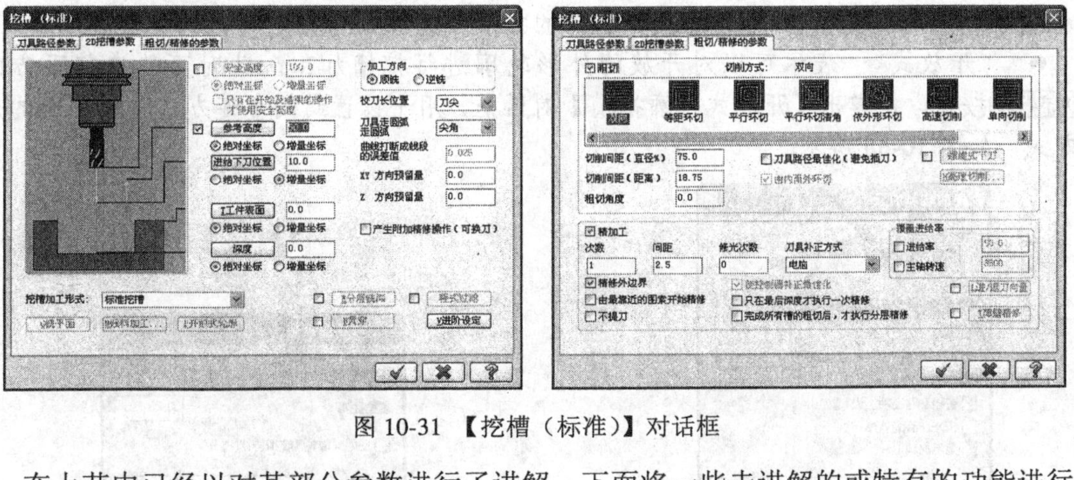

图 10-31　【挖槽（标准）】对话框

在上节中已经以对其部分参数进行了讲解，下面将一些未讲解的或特有的功能进行讲解。

10.2.1　加工类型

在如图 10-31 左图所示的“2D 挖槽参数”选项卡中，从“挖槽加工形式”组合框中即可看出有 5 种挖槽加工形式，即“标准挖槽”、“平面加工”、“使用岛屿深度”、“残料加工”和“开放式”，如图 10-32 所示。

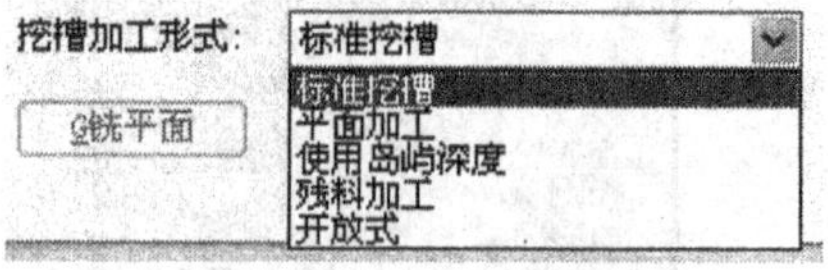

图 10-32 挖槽加工形式

当选取的所有串连均为封闭的轮廓时，可以选择前 4 种加工方式；若所选取的串连中有未封闭的轮廓时，则仅能选择开放式加工方式。

- 标准挖槽：表示采用标准的挖槽方式，即仅铣削定义凹槽内的材料，而不会对边界外或岛屿的材料进行铣削。
- 平面加工：相当于面铣削加工，在加工过程中只保证加工出选择的表面，而不考虑是否会对边界外或岛屿的材料进行铣削。
- 使用岛屿深度：表示不会对边界外进行铣削，但可以将岛屿铣削至设置的深度。此时可单击其下方的 G铣平面 按钮，将弹出如图 10-33 所示【平面加工】对话框，从而可以设置岛屿加工的深度。

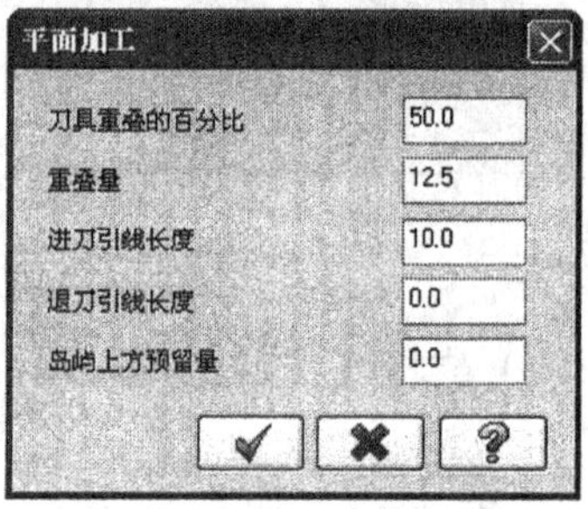

图 10-33 【平面加工】对话框

在【平面加工】对话框中，其“刀具重叠的百分比”文本框中用来设置刀具超出边界的距离；“重叠量”文本框中用来设置刀具重叠于边界的距离，它是通过刀具重叠百分比乘以刀具直径自动计算出来的；“岛屿上方预留量”文本框中用于输入岛屿的最终加工深度，该值一般要高于凹槽的铣削深度。

- 残料加工：表示进行残料挖槽加工。此时可单击下方的 M残料加工... 按钮，将弹出【挖槽残料加工】对话框，它用于设置残料加工的各项参数，如图 10-34 所示。
- “开放式”：表示可以对开放的外形轮廓进行挖槽加工。此时可单击其下方的 P开放式轮廓 按钮，将弹出【开放式轮廓挖槽】对话框，用于设置封闭串连方式和加工时的走刀方式，如图 10-35 所示。

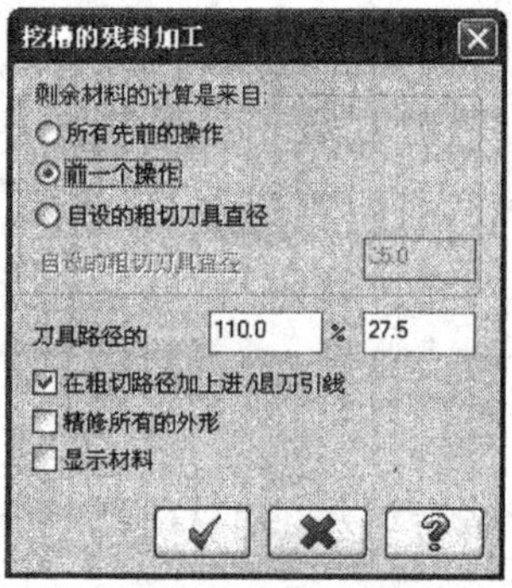

图 10-34 【挖槽的残料加工】对话框

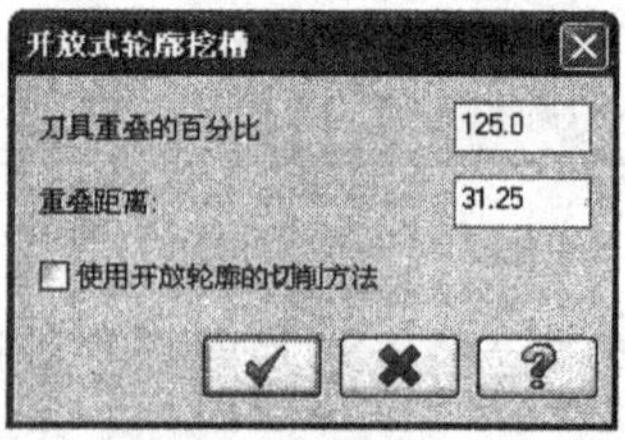

图 10-35 【开放式轮廓挖槽】对话框

10.2.2 粗加工设置

在如图 10-31 右图所示“粗切/精修的参数”选项卡的“粗切”区域中，其 Mastercam X

提供了 8 种粗切削的走刀方式，则每种粗切方式的功能、特点与图示说明如下：

● 双向切削：在刀具加工时以往复双向进刀加工，其加工速度快，但刀具易磨损，如图 10-36 所示。

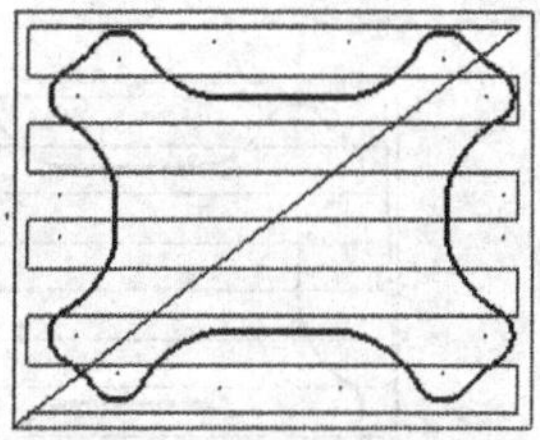

图 10-36　双向切削

● 等距环切：以等距切削的方式去除毛坯，并根据新的毛坯量重新计算，适合于加工规则的单型腔，加工后型腔的底部侧壁加工质量较好，如图 10-37 所示。

● 平行环切：用螺旋线形加工内腔，每次用横跨量偏移外部边界，由于刀具进刀方向一致，使刀具切削稳定，但不能干净地清除工件余量，如图 10-38 所示。

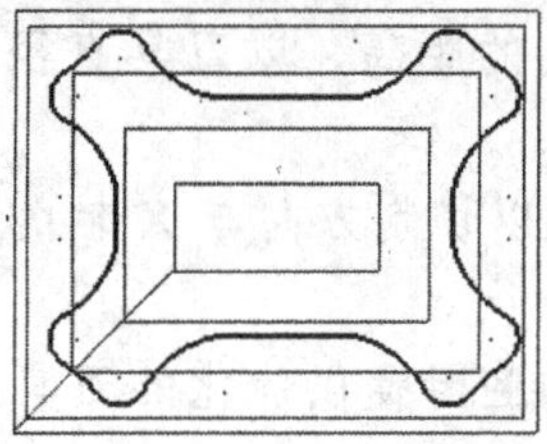

图 10-37　等距环切

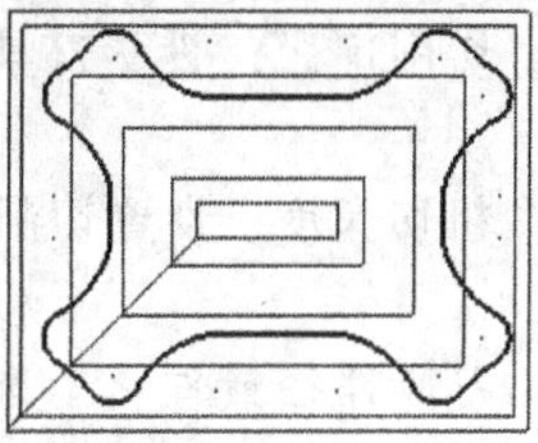

图 10-38　平行环切

● 平行环切清角：同环切加工方法相同，但在其基础上每加工一个角落时，同时产生回转清角的刀具路径，为了保证工件角落余量的去除，避免角落余量较大、加工不完全时选用，但也不能保证能够将角落里的余量完全清除，如图 10-39 所示。

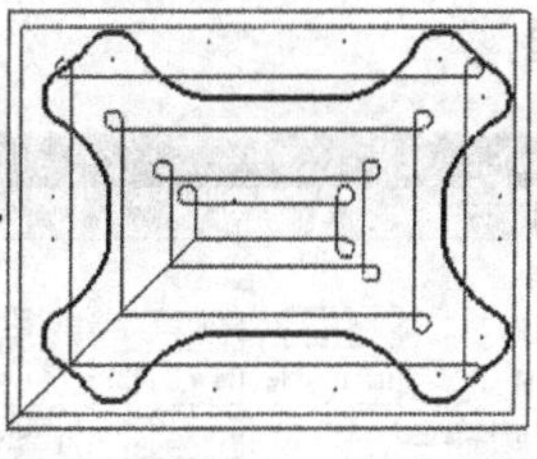

图 10-39　平行环切清角

● 依外形环切：根据加工的轮廓外形，或以岛屿的轮廓外形产生环绕其形状的刀具路径，当型腔内部有单个或多个岛屿时可选用，如图 10-40 所示。

● 高速切削：是依据边界轮廓的外形产生刀具路径，可以清除转角或边界壁的余量，但加工时间相对较长，如图 10-41 所示。

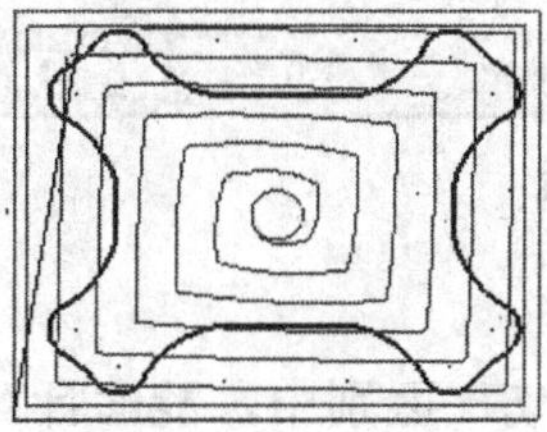

图 10-40　依外形环切

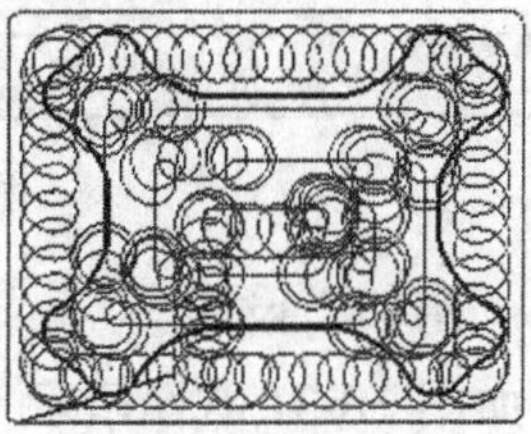

图 10-41　高速切削

● 单向切削：刀具切削时只沿着同一个方向切削和退刀，适合于切削参数为较大值时选用，但加工时间较长，如图 10-42 所示。

● 螺旋切削：以螺旋回圈的方式产生挖槽加工刀具路径，非规则型腔时可选用，加工时刀具以螺旋回圈进给，如图 10-43 所示。

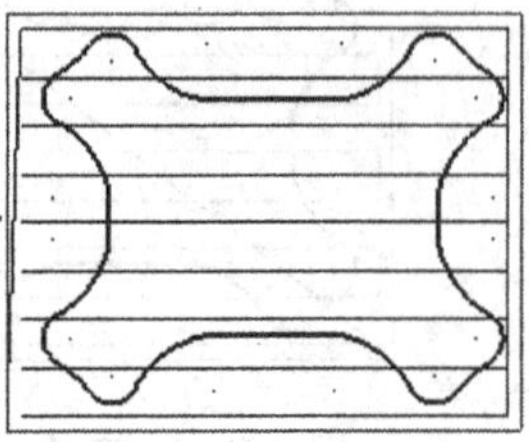

图 10-42　单向切削

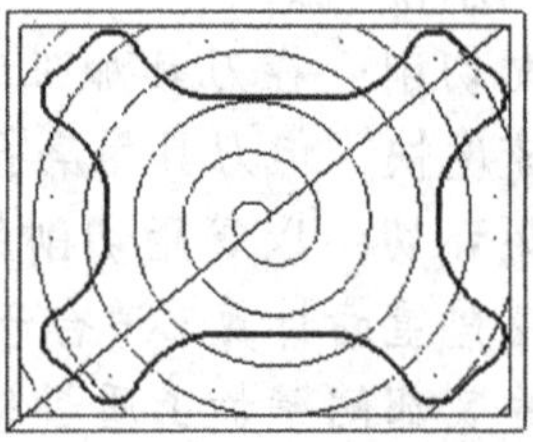

图 10-43　螺旋切削

在“粗切”设置区域中，针对每种粗切方式能够更进一步设置共项参数，每项参数的说明如下：

- 切削间距：设置刀具在 XY 平面切削时两刀切削之间的距离，以刀具直径的百分比计算。
- 粗切角度：设置切削刀具在进刀时的切削角度，它是以切削方向与 X 轴的夹角来确定的。
- 刀具路径最佳化：选择该复选框，表示在环切加工内腔时提供优化的刀具路径。
- 由内而外环切：刀具从内腔中心向外逐步进行加工。
- 螺旋下刀：选择该复选框时，其切削方法是以凹槽中心或指定挖槽起点开始，螺旋切削至凹槽边界。此时可单击该按钮，将弹出如图 10-44 所示的【螺旋/斜插式下刀参数】对话框。

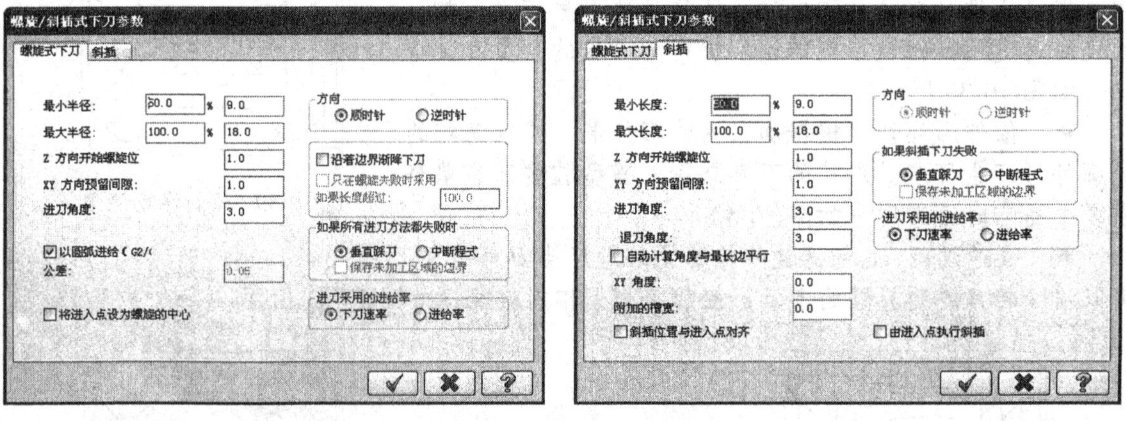

图 10-44　【螺旋/斜插式下刀参数】对话框

10.2.3　精加工设置

在如图 10-31 右图所示“粗切/精修的参数”选项卡的“精切”区别中，能够针对粗切的刀具路径再进行精切加工，其各项参数说明如下：

- 次数：用于设置挖槽铣削精加工时的次数。
- 间距：用于设置每次精加工的切削间距，即每层的切削量。
- 精修外边界：选择该复选框时，表示对外边界进行精铣削，否则仅对岛屿边界进行精铣削。

● 由靠近的图素开始精修：选择该复选框时，表示在靠近粗铣削结束点位置开始精铣削，否则按选取的边界顺序进行精铣削。

● 薄壁精修：选择该复选框并单击该按钮，将弹出如图 10-45 所示的【薄壁精修次数】对话框，从而可以设置精修的次数、精修量及精修方向。

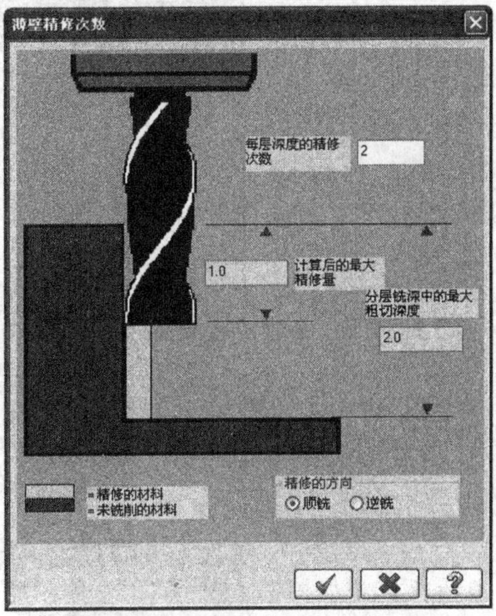

图 10-45 【薄壁精修次数】对话框

10.2.4 挖槽铣削加工实例

在前面的小节中，已经对挖槽铣削的加工参数进行了详细的讲解，下面通过实例的方式来操作挖槽铣削数控加工，从而让用户更进一步理解其中各参数的含义。

【例 10-2】挖槽铣削加工。

操作步骤

(1) 启动 Mastercam X 软件，打开 “LX10-2A.MCX” 文件，如图 10-46 所示。

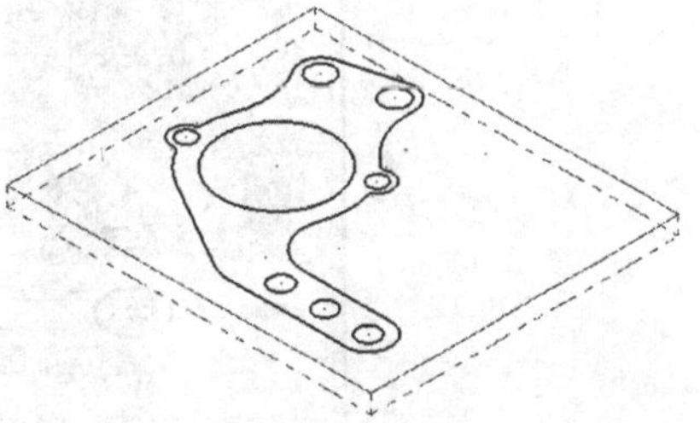

图 10-46 “LX10-2A.MCX” 文件

(2) 选择【刀具路径】/【挖槽】命令，将弹出【输入新 NC 名称】对话框，直接单击“确定”按钮 ✔，然后在视图中串连轮廓图素，最后按 Enter 键，如图 10-47 所示。

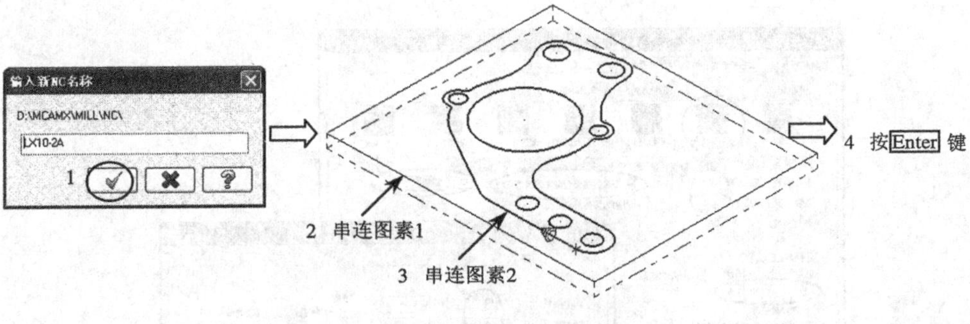

图 10-47 串连轮廓图素

(3) 此时将弹出【挖槽（标准）】对话框，参照上一节例子的方法，从刀具库中选择直径为 4mm 的圆鼻刀，并设置相关参数，如图 10-48 所示。

(4) 单击“2D 挖槽参数”选项卡，分别设置高度、挖槽类型、预留量等，如图 10-49 所示。

(5) 单击“粗切/精修的参数”选项卡，分别设置粗切方式、粗切参数、螺旋式下刀、精加工参数等，如图 10-50 所示。

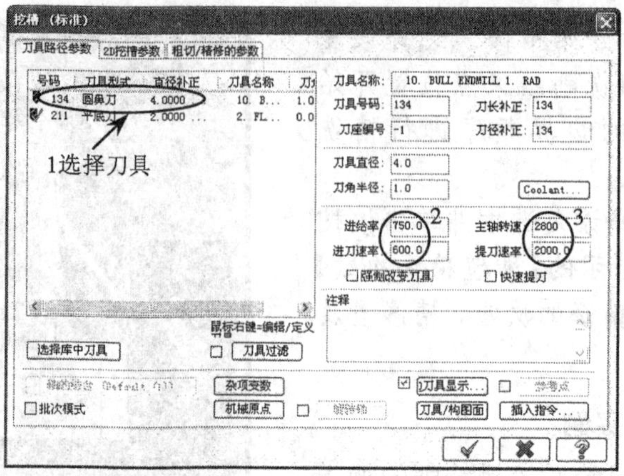

图 10-48 选择并设置刀具

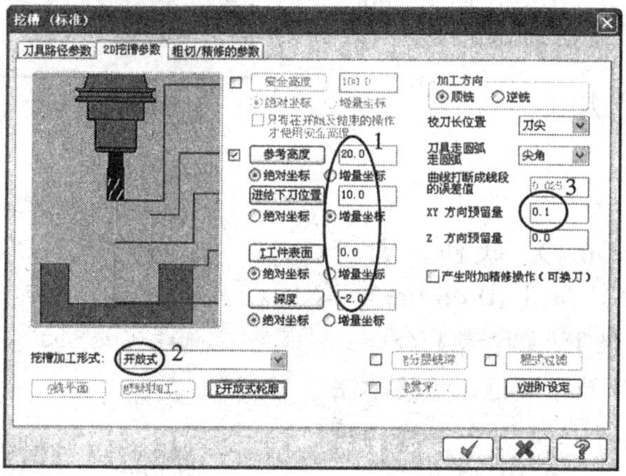

图 10-49 设置挖槽参数

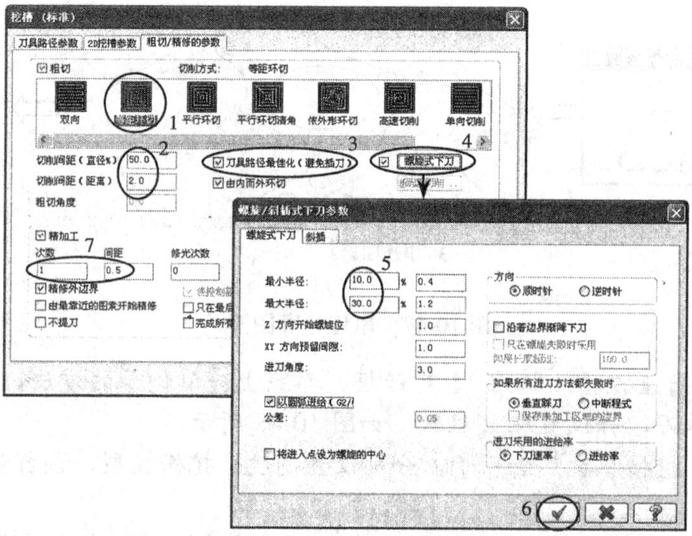

图 10-50 设置粗切/精修参数

（6）当参数设置完毕后，单击“确定”按钮[✓]返回视图中，则视图中将产生挖槽铣削的加工路径，并在【刀具路径管理器】窗口显示出所增加的刀具路径，如图 10-51 所示。

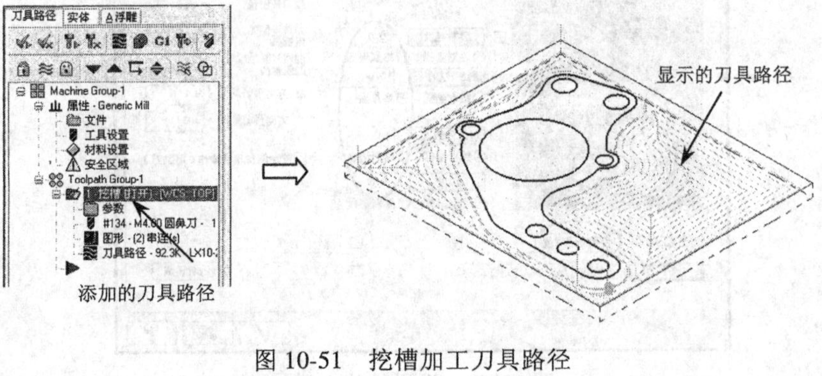

图 10-51　挖槽加工刀具路径

（7）再选择【刀具路径】/【挖槽】命令，将弹出【输入新 NC 名称】对话框，直接单击“确定”按钮[✓]，然后在视图中串连中间的圆轮廓图素，最后按 Enter 键，如图 10-52 所示。

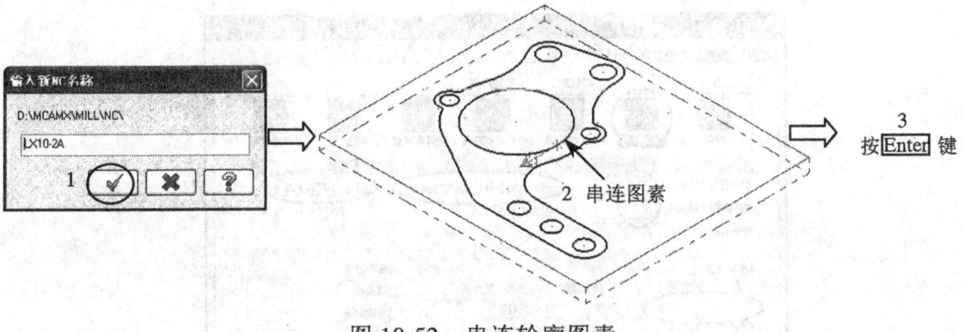

图 10-52　串连轮廓图素

（8）此时将弹出【挖槽】（标准）】对话框，参照上一节例子的方法，从刀具库中选择直径为 2mm 的平底刀，并设置相关参数，如图 10-53 所示。

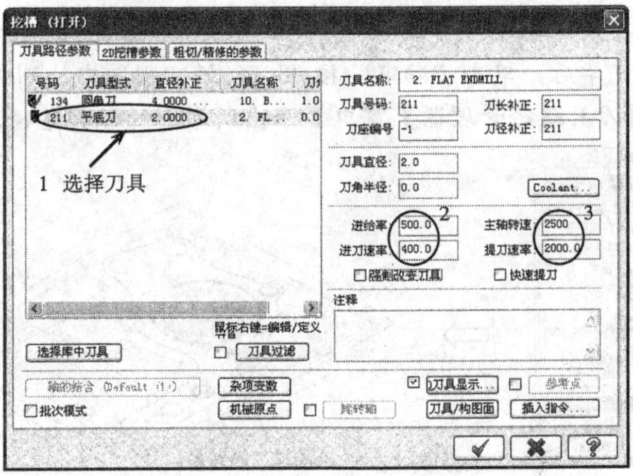

图 10-53　选择并设置刀具

（9）单击“2D 挖槽参数”选项卡，分别设置高度、挖槽类型、预留量等，如图 10-54 所示。

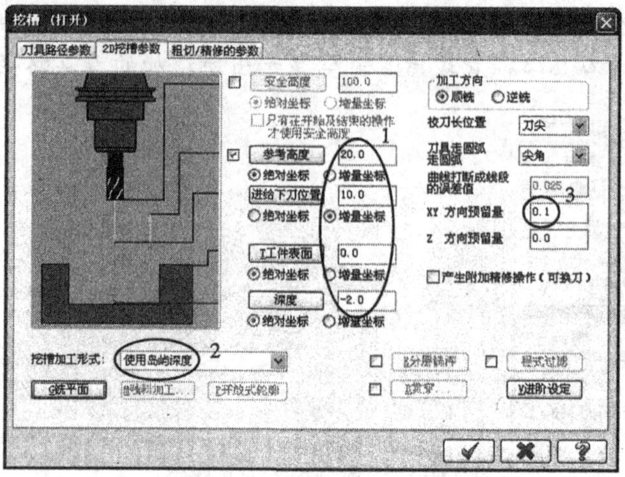

图 10-54　设置挖槽参数

（10）单击“粗切/精修的参数”选项卡，分别设置粗切方式、粗切参数、螺旋式下刀、精加工参数等，如图 10-55 所示。

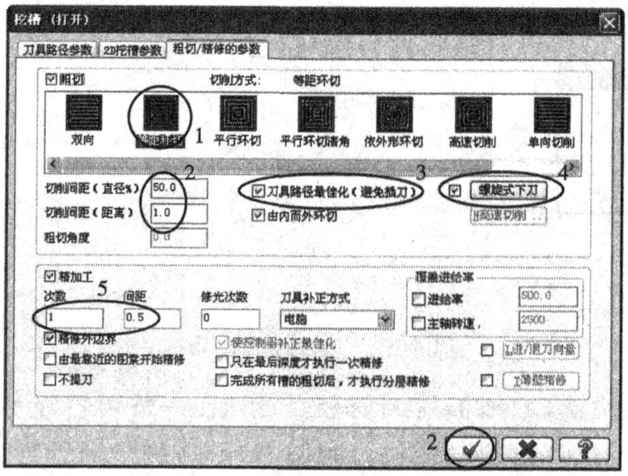

图 10-55　设置粗切/精修参数

（11）当参数设置完毕后，单击“确定”按钮✔返回视图中，则视图中将产生挖槽铣削的加工路径，并在【刀具路径管理器】窗口显示出所增加的刀具路径，如图 10-56 所示。

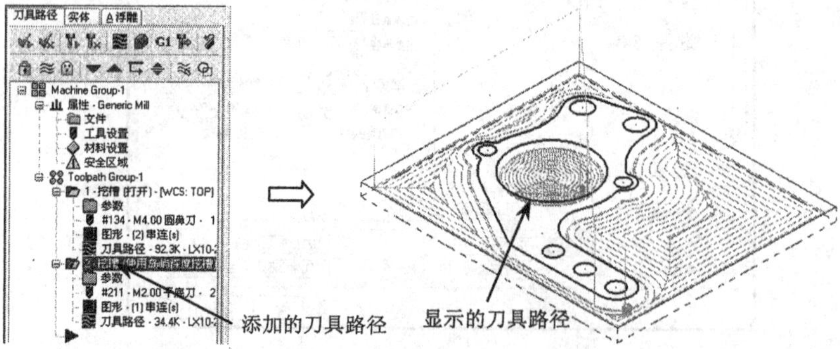

图 10-56　挖槽加工刀具路径

（12）在【刀具路径管理器】窗口中，单击“选择全部操作”按钮，则添加的两个刀具路径标签上都将显示为。再单击“刀具路径验证”按钮，将弹出【实体切削验证】对话框，然后单击“机器”按钮即可进行验证，如图 10-57 所示。

（13）选择【文件】/【另存文件】命令，将该加工文件保存为“LX10-2.MCX”文件。

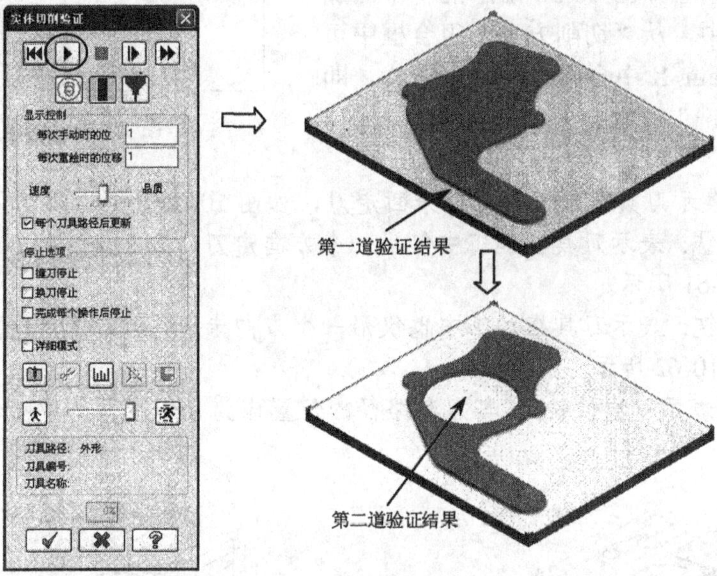

图 10-57　验证刀具路径

10.3　面铣削加工

面铣削加工是对工件的平坦平面进行平面铣削加工，用户可以选择封闭的一个或多个外形边界进行平面加工。在加工时，多采用大刀具，从而提高加工速度和效率。

选择【机床类型】/【铣削】/【默认】命令，接着选择【刀具路径】/【面铣】命令，然后在视图中选择要加工的 2D 外形轮廓，将弹出【面铣刀】对话框，其“平面加工参数”选项卡如图 10-58 所示。

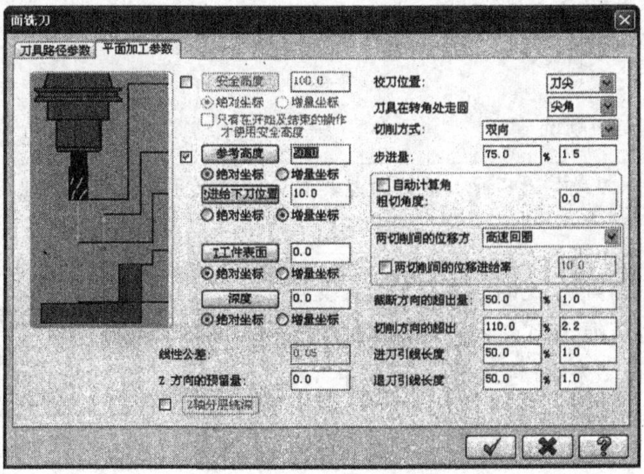

图 10-58　“平面加工参数”选项卡

在上节中已经对其部分参数进行了讲解，下面将一些未讲解的或特有的功能进行讲解。

10.3.1　切削方式

在进行面铣削加工时，用户可根据需要选取不同的铣削方式。在如图 10-58 所示的“平面加工参数”选项卡中，从“切削方式”组合框中可以看出，Mastercam X 中含有 4 种切削方式，即“双向”、“向-顺铣”、“单向-逆铣”和“一刀式”，如图 10-59 所示。

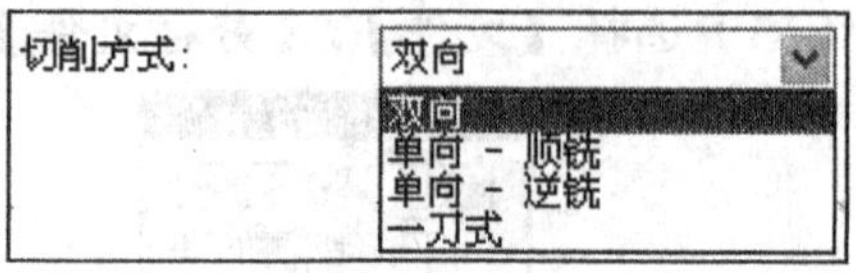

图 10-59　切削方式

- 双向：表示刀具在加工中可以来回走刀，如图 10-60 所示。
- 单向-顺铣：表示刀具在加工中仅沿一个方向走刀，其刀具旋转方向与刀具移动方向相同，如图 10-61 所示。
- 单向-逆铣：表示刀具在加工中也仅沿一个方向走刀，但刀具旋转方向与刀具移动方向相反，如图 10-62 所示。
- 一刀式：表示一次性铣削，其刀具路径的位置应为几何模型的中心位置，如图 10-63 所示。

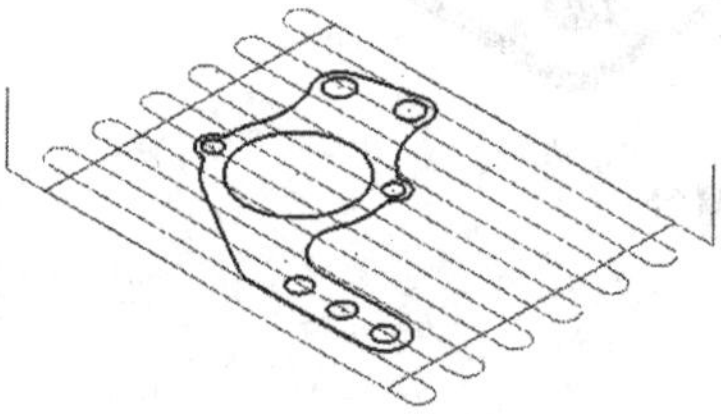

图 10-60　双向

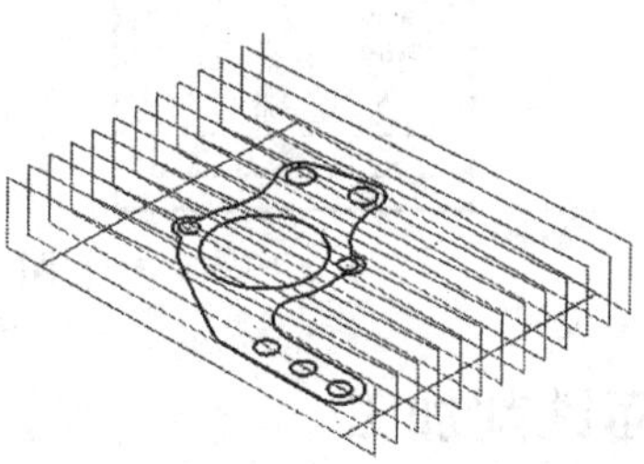

图 10-61　单向-顺铣

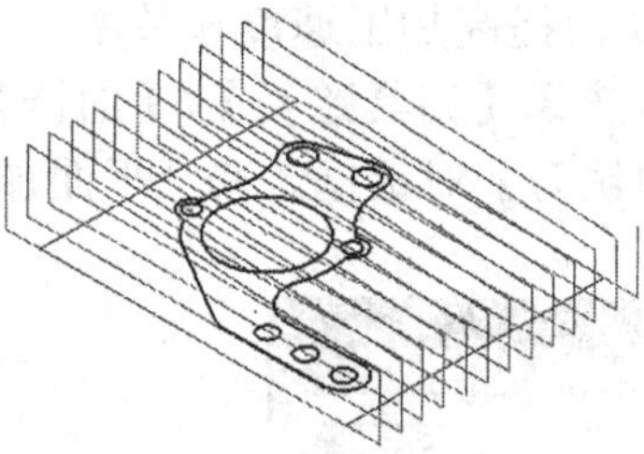

图 10-62　单向-顺铣

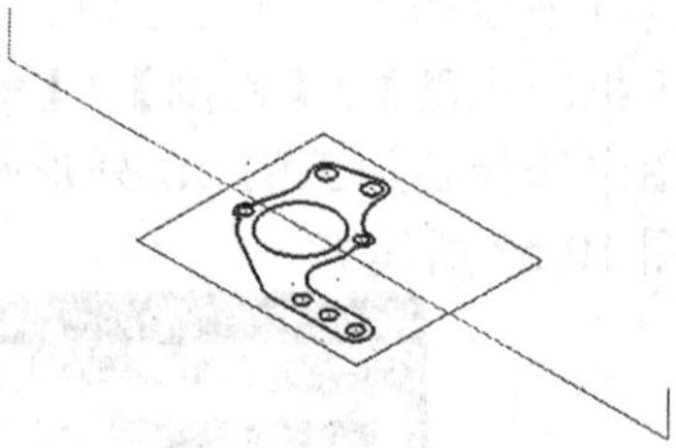

图 10-63　一刀式

当选择“一刀式”选项时，这时的刀具直径必须大于或等于需要进行面铣削加工模型的宽度。

当选择“双向”切削方式时，用户可以设置刀具在两次铣削间的过渡方式。在“两切削间的位移方式”组合框中有 3 种刀具过渡方式，即“高速回圈”、“线性”和“快速位移”，如图 10-64 所示。

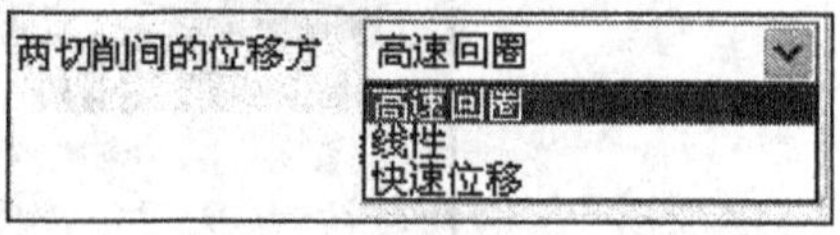

图 10-64　刀具移动方式

● 高速回圈：表示刀具按圆弧的方式移动到下一次铣削的起点，如图 10-65 所示。

● 线性：表示刀具以直线的方式移动到下一次铣削的起点，如图 10-66 所示。

● 快速位移：表示刀具以直线的方式快速移动到下一次铣削的起点，如图 10-67 所示。

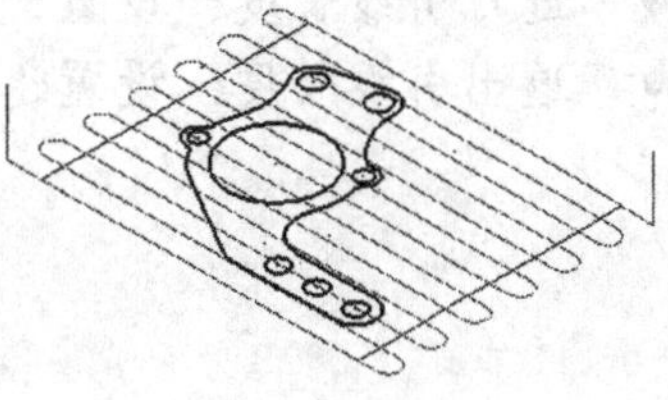

图 10-65 高速回圈

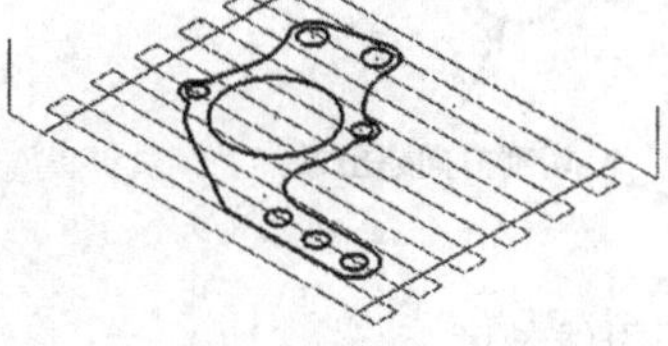

图 10-66 线性

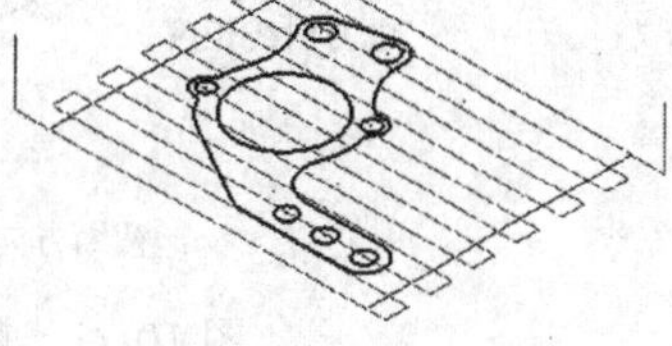

图 10-67 快速位移

10.3.2 其他面铣参数

在前面已经讲解了部分刀具加工参数，下面将针对面铣削加工的特有参数进行讲解：

● 步进量：设置相邻两刀切削之间的距离值或百分比。

● 自动计算角度：系统自动计算加工的角度，其计算出来的角度与所选用加工边界最长边平行。

● 粗切角度：产生带有一角度的刀具路径进行加工，如图 10-68、图 10-69、图 10-70 所示。

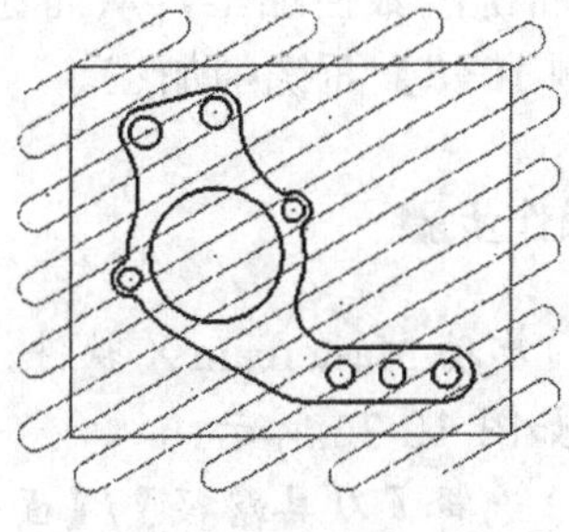

图 10-68 粗切角度=30°

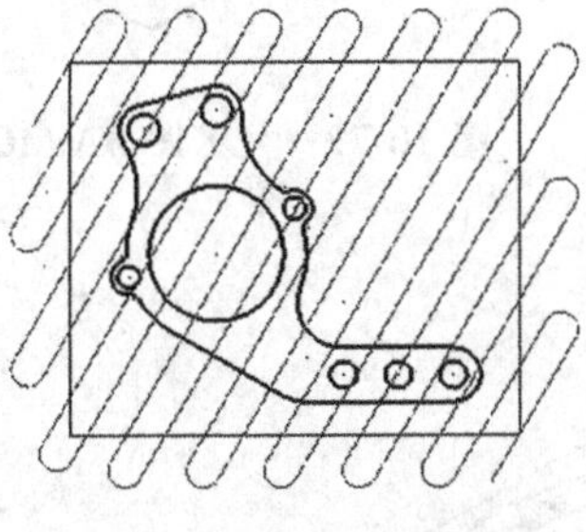

图 10-69 粗切角度=60°

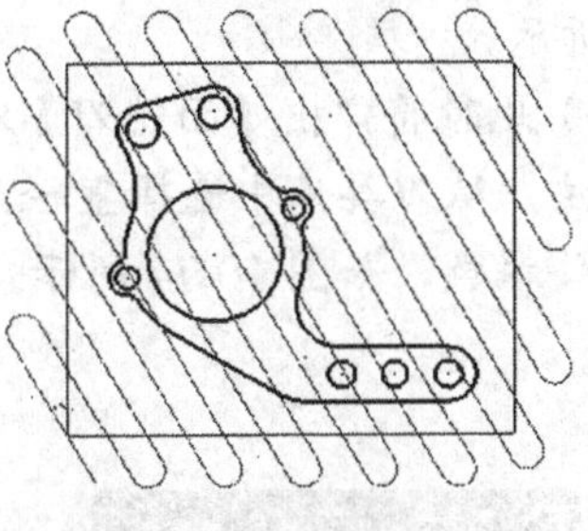

图 10-70 粗切角度=120°

当选择【快速位移】选项时，其切削方向的超出量一定要大于刀具直径，否则无法生成刀具路径。

● Z 方向预留量：表示 Z 轴方向毛坯的预留量。
● 截断方向的超出量：设置截断方向超出边界的范围值，如图 10-71 所示。
● 切削方向的超出量：设置切削方向超出边界的范围值，如图 10-71 所示。

- 进刀引线长度：设置进刀时引线的长度，如图 10-71 所示。
- 退出引线长度：设置退刀时引线的长度，如图 10-71 所示。

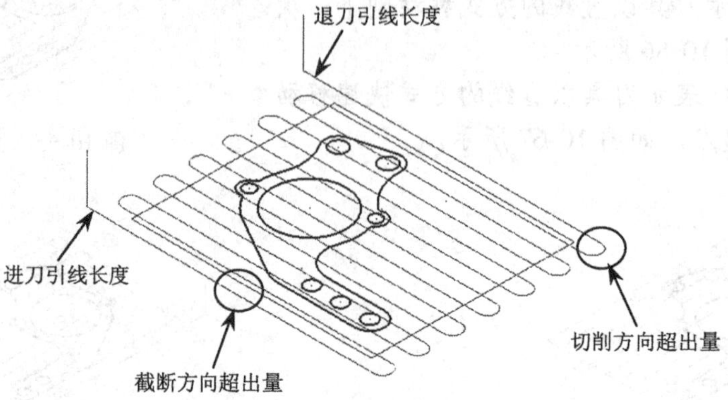

图 10-71　截断/切削超出量与进刀/退刀引线长度

10.3.3　面铣削加工实例

在前面的小节中，已经对面铣削的加工参数进行了详细的讲解，下面通过实例的方式来操作面铣削数控加工，从而让用户更进一步理解其中各参数的含义。

【例 10-3】面铣削加工。

操作步骤

（1）启动 Mastercam X 软件，打开“LX10-3A.MCX”文件，如图 10-72 所示。

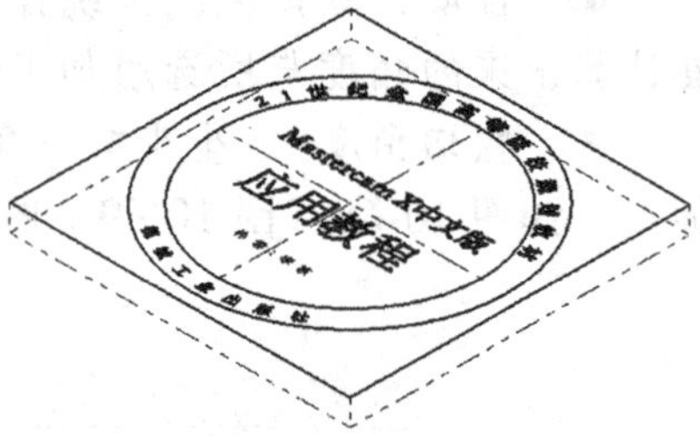

图 10-72　“LX10-3A.MCX”文件

（2）选择【刀具路径】/【面铣】命令，将弹出【输入新 NC 名称】对话框，直接单击“确定”按钮 ✔，然后在视图中串连轮廓图素，最后按 Enter 键，如图 10-73 所示。

（3）此时将弹出【面铣刀】对话框，参照上一节例子的方法，从刀具库中选择直径为 10mm 的平底刀，并设置相关参数，如图 10-74 所示。

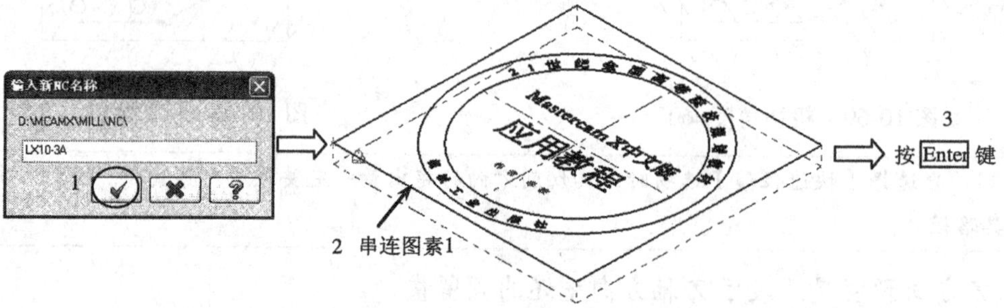

图 10-73　串连轮廓图素

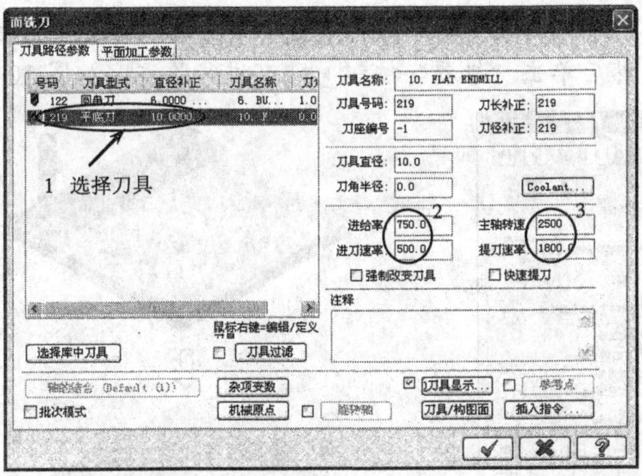

图 10-74　选择并设置刀具

（4）单击“平面加工参数”选项卡，分别设置高度、切削方式、步进量、进/退刀引线长度等，如图 10-75 所示。

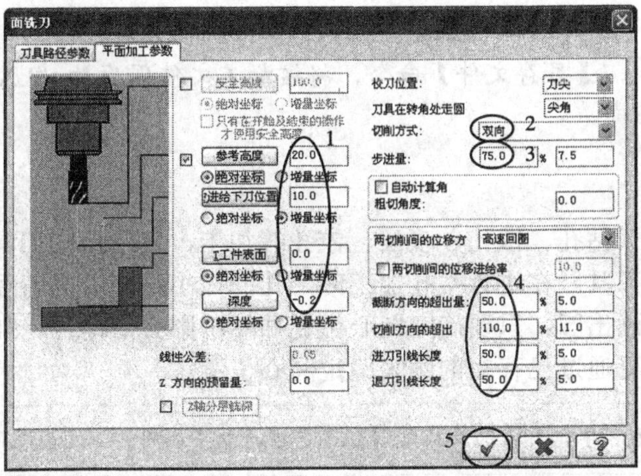

图 10-75　设置平面加工参数

（5）当参数设置完毕后，单击“确定”按钮 ✔ 返回视图中，则视图中将产生面铣削的加工路径，并在【刀具路径管理器】窗口显示出所建立的刀具路径，如图 10-76 所示。

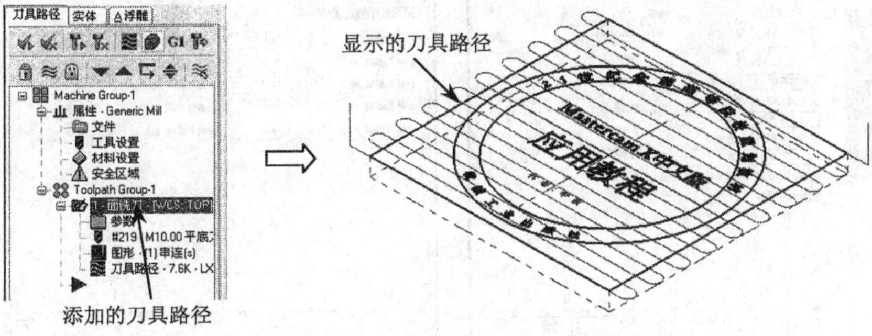

图 10-76　面铣削加工刀具路径

（6）在【刀具路径管理器】窗口中，再单击“刀具路径验证”按钮，将弹出【实体切削验证】对话框，然后单击“机器”按钮即可进行验证，如图 10-77 所示。

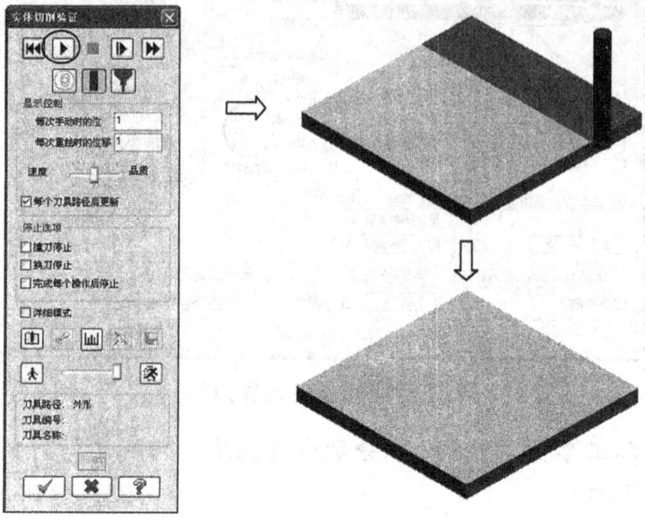

图 10-77 验证刀具路径

（7）选择【文件】/【另存文件】命令，将该加工文件保存为“LX10-3.MCX”文件。

10.4 钻孔加工

钻孔加工主要用于钻孔、镗孔、攻丝、铰孔等加工，其常用的刀具有钻头、镗刀、绞刀、丝攻、中心钻等刀具。在进行钻孔加工时，孔的大小是由刀具直径确定的，所以在绘制图形时，可以不必画出圆，只要确定圆心位置并标出圆心点即可。如果只画出圆心而没有标出圆心点，系统可通过已存在的圆来确定圆心位置。

如果孔的直径不是标准的，或没有合适直径的钻头，用户可用铣孔的方法进行加工。

选择【机床类型】/【铣削】/【默认】命令，接着选择【刀具路径】/【钻孔】命令，然后在视图中选择要加工孔的中心点，将弹出【Drill/Counterbore】对话框，如图 10-78 所示。

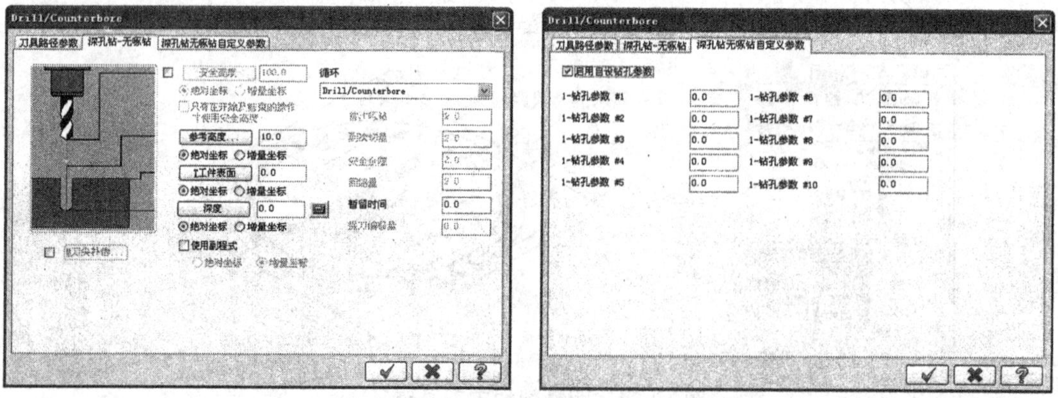

图 10-78 【Drill/Counterbore】对话框

10.4.1 点的选择

选择【刀具路径】/【钻孔】命令后，系统将弹出【选取钻孔的点】对话框，要求用户选择要加工孔的中心点，如图 10-79 所示。

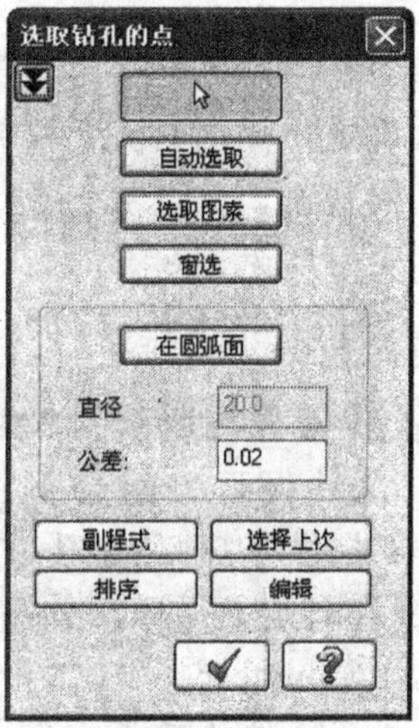

图 10-79 【选取钻孔的点】对话框

下面就针对该对话框的各功能项进行讲解：

- 手动：以手动的方式输入或选择钻孔中心点的位置。
- 自动选取：依次选取第一个点、第二个点和最后一个点后，则系统自动选择一系列已经存在的点作为钻孔中心点。
- 选取图素：将选取的几何对象端点作为钻孔中心点。
- 窗选：将选取两对角点形成的矩形窗内的所有点作为钻孔中心点。
- 在圆弧面：将圆或圆弧的圆心作为钻孔中心点。
- 选择上次：采用上一次选择的点及排列方式。
- 排序：用来设置钻孔中心点的排列方式，单击该按钮，将弹出如图 10-80 所示的【排序】对话框。

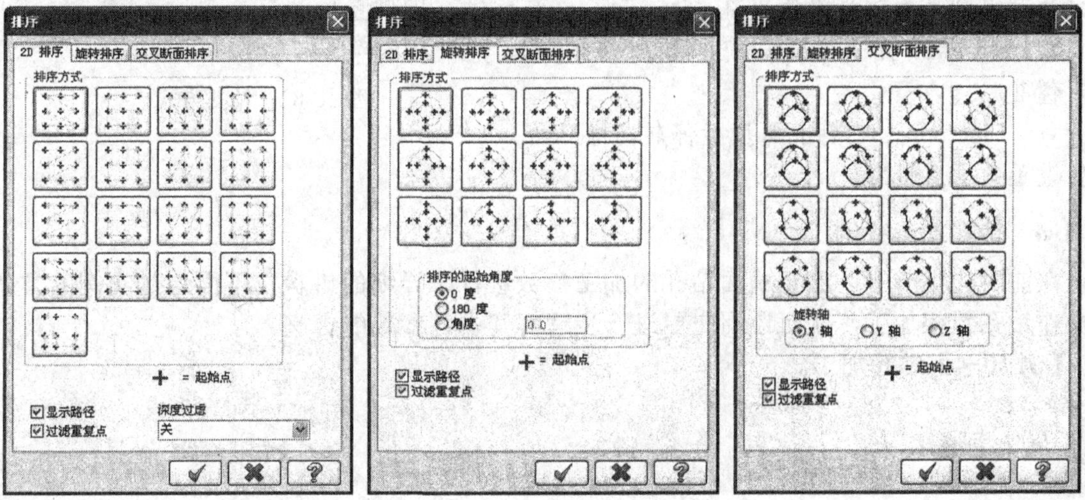

图 10-80 【排序】对话框

10.4.2 刀尖补偿

在【Drill/Counterbore】对话框的“深孔钻-无啄钻”选项卡中，选择 刀尖补偿... 前的复选框，并单击该按钮，即可弹出如图 10-81 所示的【钻头尖部补偿】对话框，用于设置刀具超出工件的深度值。

● 贯穿距离：用于设置钻头超出工件的距离值。

● 刀尖长度：用于指定钻头的刀尖长度，该参数不用设置，标准钻头已有刀尖长度值。

● 刀尖角度：设置钻头的刀尖角度，一般钻头的刀尖角度为 118°。

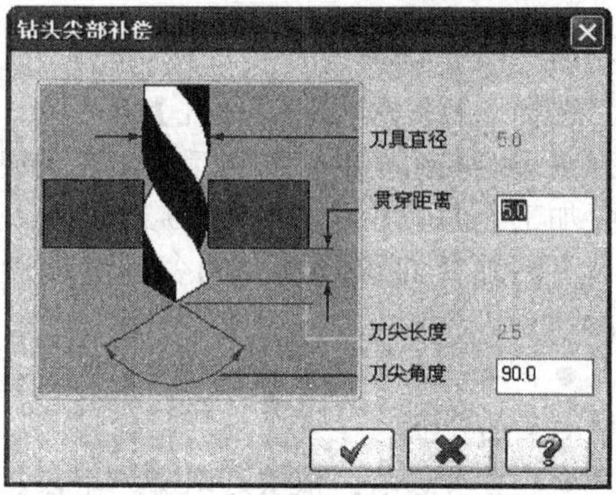

图 10-81 【钻头尖部补偿】对话框

10.4.3 钻孔方式

在如图 10-78 左图所示的“深孔钻-无啄钻”选项卡中，从“循环”组合框中可以看出，Mastercam X 提供了 20 种钻孔方式，即 7 种钻削循环和 13 种自定义循环，如图 10-82 所示。

● Drill/Counterbore：钻孔或镗沉头孔，其孔深一般小于 3 倍的刀具直径。

● 深孔啄钻→完整回缩：钻深度大于 3 倍刀具直径的深孔，特别用于碎屑不易移除的情况。

● 断屑式→增量回缩：钻深度大于 3 倍刀具直径的深孔。

● 攻牙：攻左内螺纹孔。

● Bore#1：用进给进刀和退给退刀镗孔，该方法可得到表面较光滑的直孔。

● Bore#2：用进给进刀、主轴停止、快速退刀镗孔。

● Fine bore：在钻孔深度处停转，将刀具旋转设置角度后退刀。

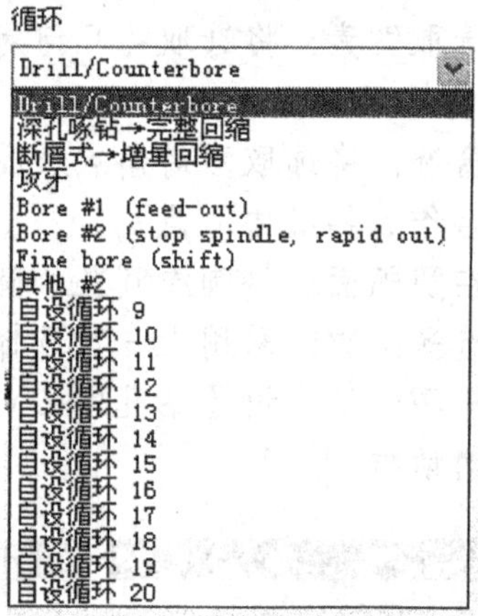

图 10-82　钻孔方式

10.4.4 钻孔加工实例

在前面的小节中，已经对面钻孔的加工参数进行了详细的讲解，下面通过实例的方式来操作钻孔数控加工，从而让用户更进一步理解其中各参数的含义。

【例 10-4】钻孔加工。

操作步骤

（1）启动 Mastercam X 软件，打开“LX10-4A.MCX”文件，如图 10-83 所示。

（2）选择【刀具路径】/【钻孔】命令，在视图中依次捕捉 5 个圆心点，然后单击“确定”按钮 ✔，如图 10-84 所示。

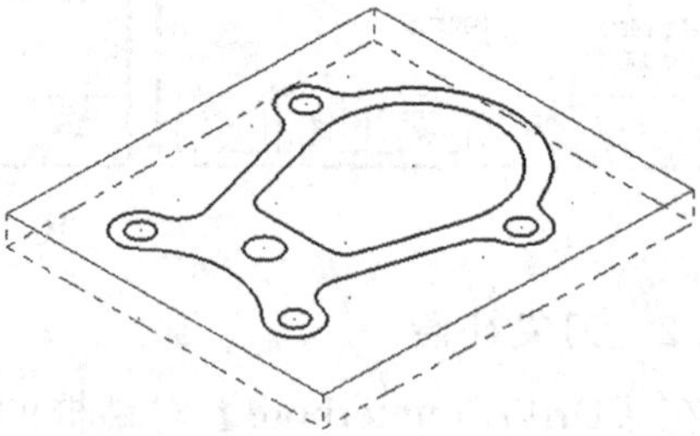

图 10-83 “LX10-4A.MCX”文件

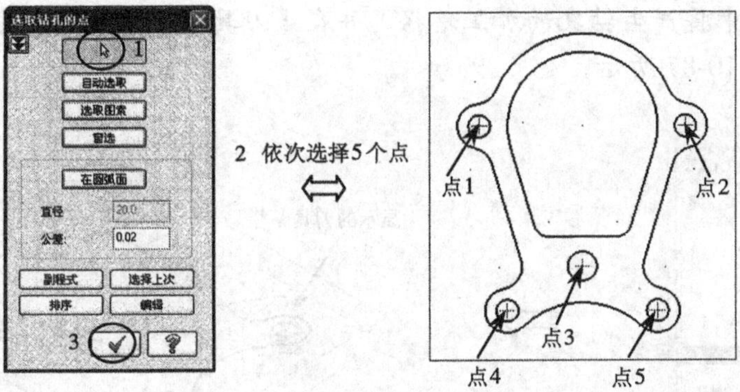

图 10-84　选择钻孔中心

（3）此时将弹出【Drill/Counterbore】对话框，在“刀具路径”选项卡中选择直径为 12mm 的钻孔刀具，并设置刀具的进给率和主轴转速，如图 10-85 所示。

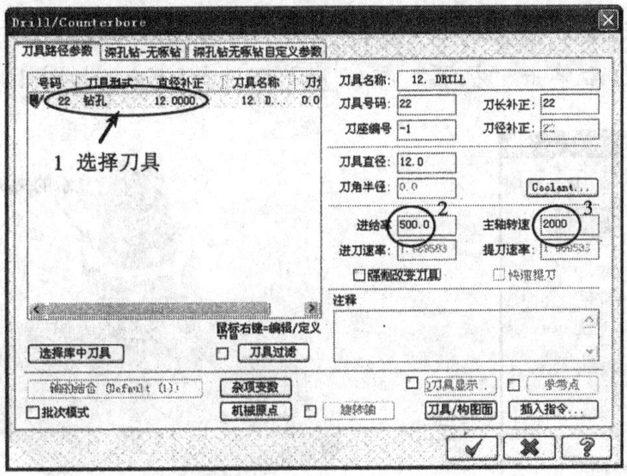

图 10-85　选择钻孔刀具

（4）在“深孔钻-无啄钻”选项卡中，设置钻孔的“深度”为-10，并设置钻孔方式为“Bore#1”，然后单击“确定”按钮 ✔，如图 10-86 所示。

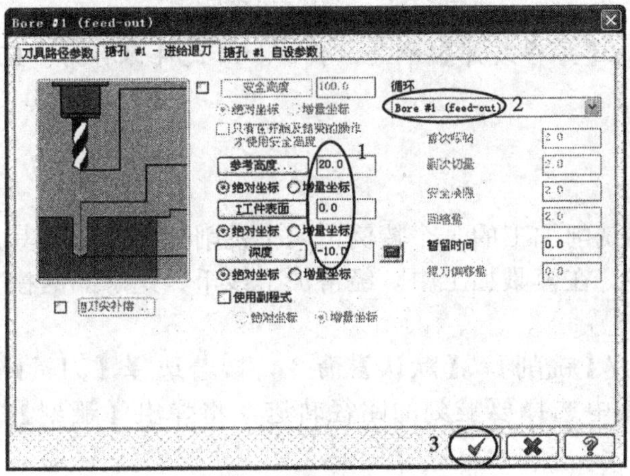

图 10-86　设置钻孔深度及方式

（5）此时视图中将产生钻孔的加工路径，并在【刀具路径管理器】窗口显示出所建立的刀具路径，如图 10-87 所示。

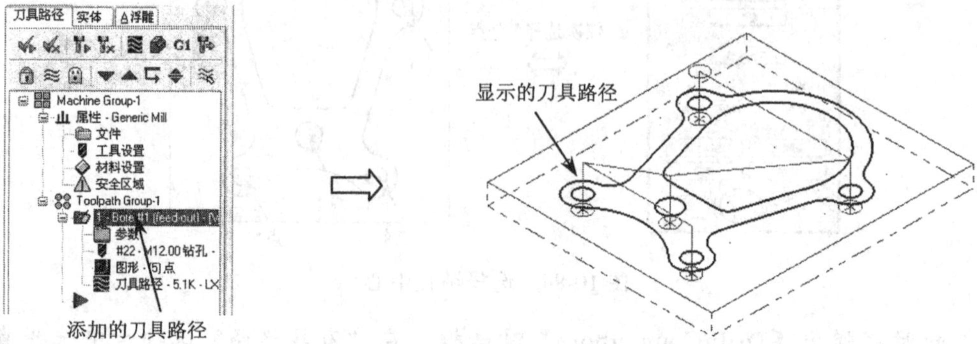

图 10-87　钻孔加工刀具路径

（6）在【刀具路径管理器】窗口中，再单击“刀具路径验证”按钮，将弹出【实体切削验证】对话框，然后单击“机器”按钮即可进行验证，如图 10-88 所示。

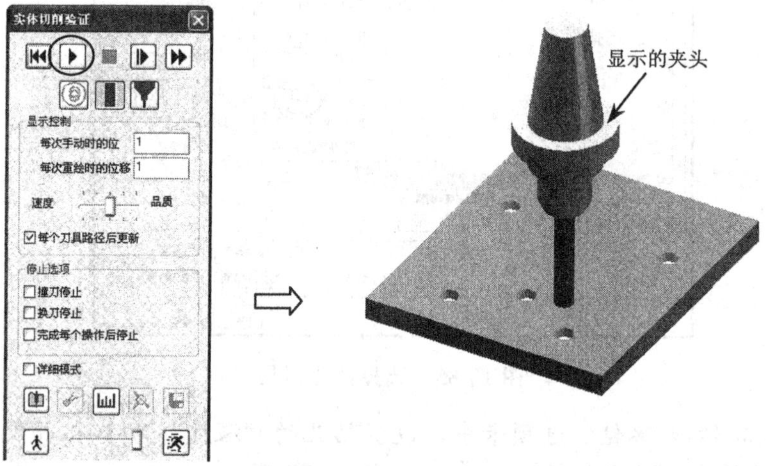

图 10-88　验证刀具路径

（7）选择【文件】/【另存文件】命令，将该加工文件保存为“LX10-4.MCX”文件。

10.5　雕刻加工

雕刻加工实际上属铣削加工的一个特例，属于铣削加工范围，其加工的图形一般是平面上的各种图案和文字。在模具加工中，经常加工钱币、纪念品的模具，也经常加工带有商标的模具。

选择【机床类型】/【铣削】/【默认】命令，接着选择【刀具路径】/【雕刻刀具路径】命令，然后在视图中选择要雕刻的路径轨迹，将弹出【雕刻】对话框，如图 10-89 所示。

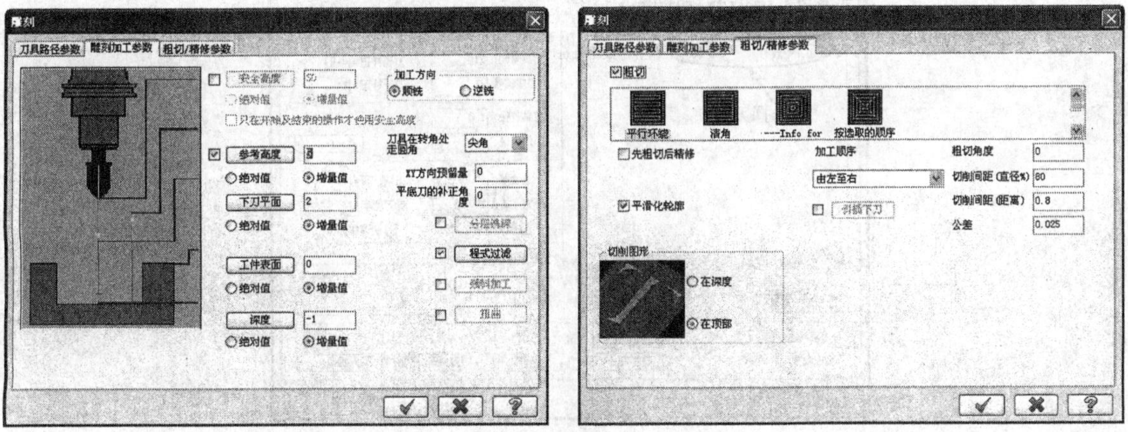

图 10-89 【雕刻】对话框

10.5.1 沿线条轮廓雕刻

沿线条轮廓雕刻指的是加工时用很细的雕刻刀，沿图形线条轮廓的中心线雕刻，勾勒出图形的线条轮廓，它主要使用外型加工来完成。

【例 10-5】沿线条轮廓雕刻加工。

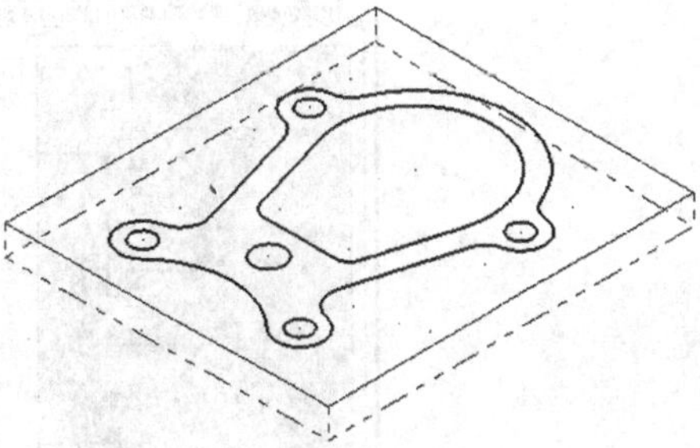

图 10-90 "LX10-5A.MCX" 文件

操作步骤

（1）启动 Mastercam X 软件，打开 "LX10-5A.MCX" 文件，如图 10-90 所示。

（2）选择【刀具路径】/【雕刻刀具路径】命令，在视图中依次选择所有轮廓图素，然后单击"确定"按钮 ✔，如图 10-91 所示。

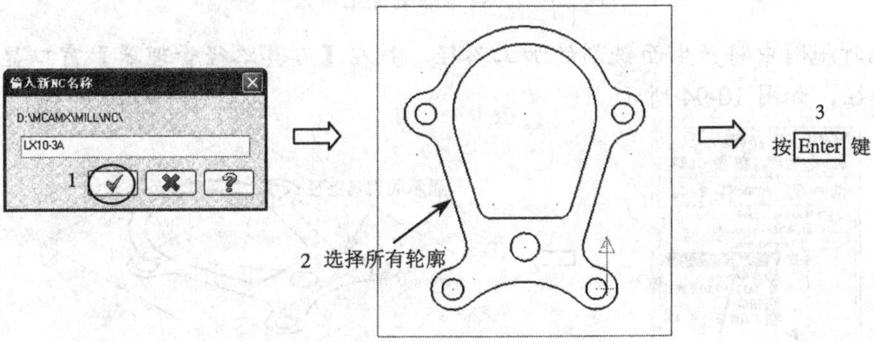

图 10-91　选择所有轮廓

（3）此时将弹出【雕刻】对话框，在"刀具路径参数"选项卡中选择直径为 1mm 的平底刀具，并设置刀具的进给率、进刀速率、主轴转速等，如图 10-92 所示。

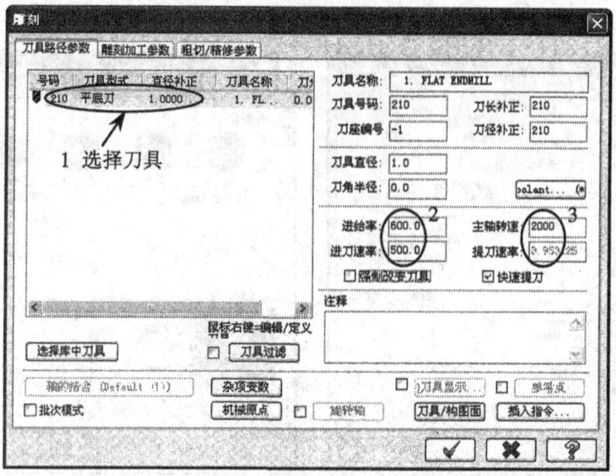

图 10-92　选择钻孔刀具

（4）在“雕刻加工参数”选项卡中分别设置参考高度、加工深度、加工顺序等，然后单击“确定”按钮 ✔，如图 10-93 所示。

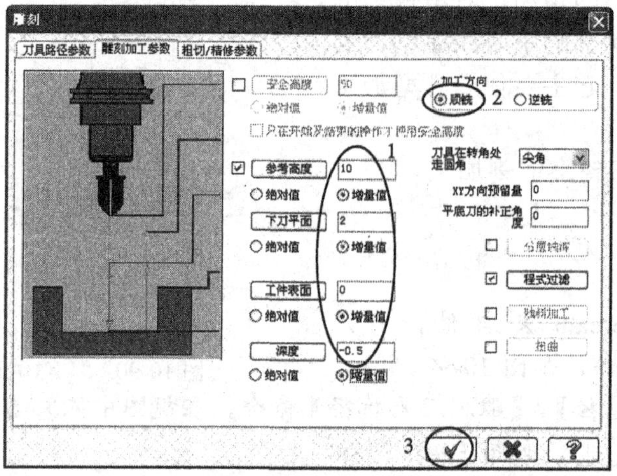

图 10-93　设置雕刻加工参数

（5）此时视图中将产生面铣削的加工路径，并在【刀具路径管理器】窗口显示出所建立的刀具路径，如图 10-94 所示。

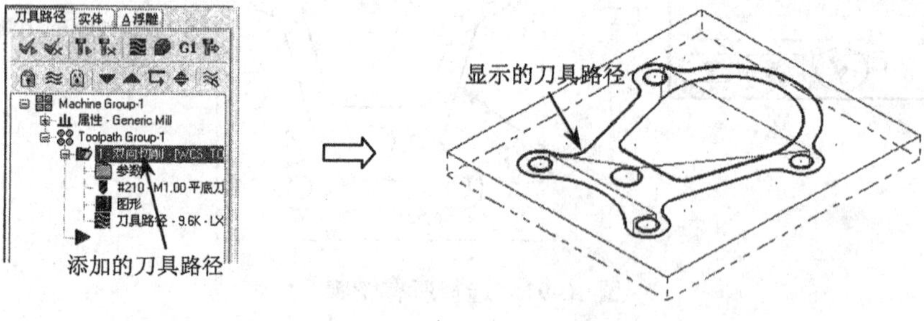

图 10-94　钻孔加工刀具路径

（6）在【刀具路径管理器】窗口中，再单击“刀具路径验证”按钮，将弹出【实体切削验证】对话框，然后单击“机器”按钮▶即可进行验证，如图 10-95 所示。

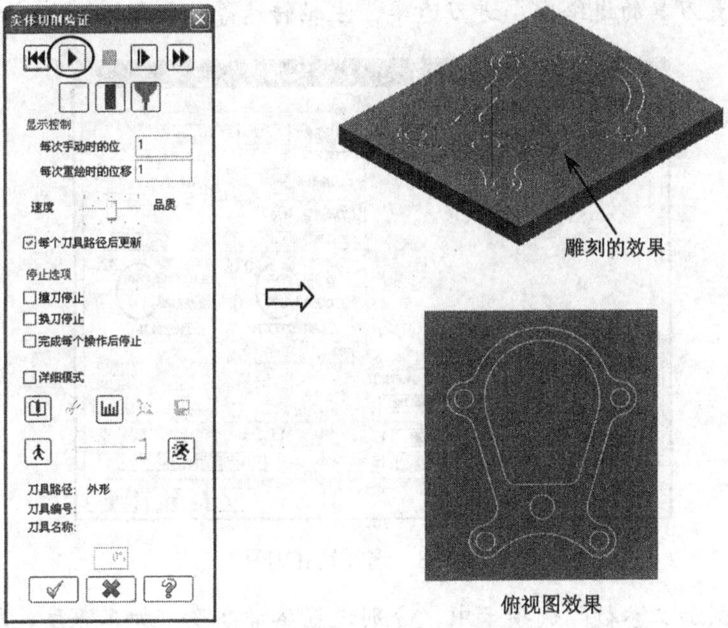

图 10-95　验证刀具路径

（7）选择【文件】/【另存文件】命令，将该加工文件保存为“LX10-5.MCX”文件。

10.5.2　挖槽雕刻

挖槽雕刻指的是用一较细铣刀将一个闭合轮廓图形的内部或外部挖空，以形成凸凹的形状，常用于雕刻凸凹的文字等，主要使用挖槽加工来完成。

【例 10-6】挖槽雕刻加工。

图 10-96　“LX10-6A.MCX”文件

操作步骤

（1）启动 Mastercam X 软件，打开“LX10-6A.MCX”文件，如图 10-96 所示。

（2）选择【刀具路径】/【雕刻刀具路径】命令，在视图中框选所有的文字轮廓图素，然后单击“确定”按钮✔，如图 10-97 所示。

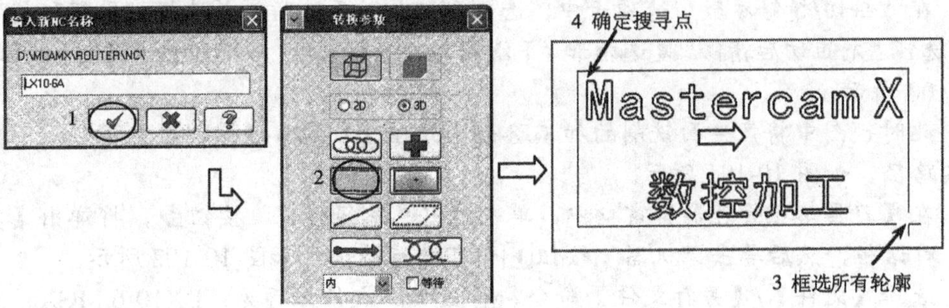

图 10-97　框选文字轮廓

（3）此时将弹出【雕刻】对话框，在“刀具路径参数”选项卡中选择直径为 1mm 的直线刀具，并设置刀具的进给率、进刀速率、主轴转速等，如图 10-98 所示。

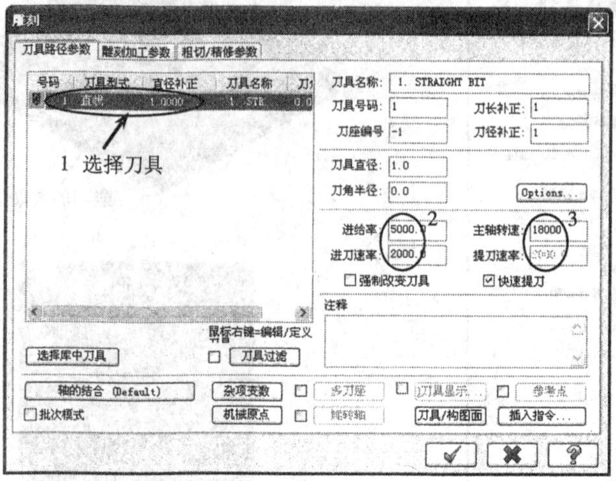

图 10-98 选择钻孔刀具

（4）在“雕刻加工参数”选项卡中，分别设置参考高度、加工深度、加工顺序等，如图 10-99 所示。

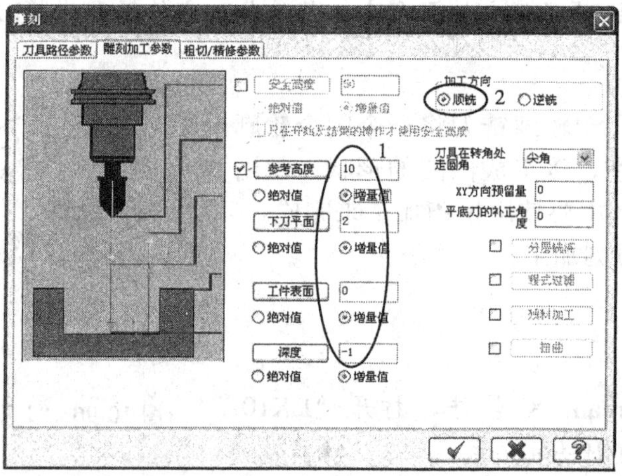

图 10-99 设置雕刻加工参数

（5）在“粗切/精修参数”选项卡中，选中“粗切”复选框，并选择“平行环绕”粗切方式，再选择“先粗切后精修”复选框和“平滑化轮廓”复选框，最后单击“确定”按钮 ✔，如图 10-100 所示。

（6）此时视图中将产生面铣削的加工路径，并在【刀具路径管理器】窗口显示出所建立的刀具路径，如图 10-101 所示。

（7）在【刀具路径管理器】窗口中，单击“刀具路径验证”按钮，将弹出【实体切削验证】对话框，然后单击“机器”按钮 ▶ 即可进行验证，如图 10-102 所示。

（8）选择【文件】/【另存文件】命令，将该加工文件保存为“LX10-6.MCX”文件。

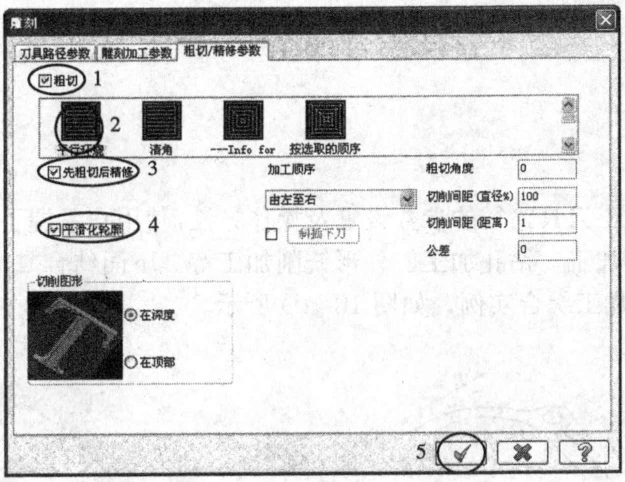

图 10-100 设置精切/精修参数

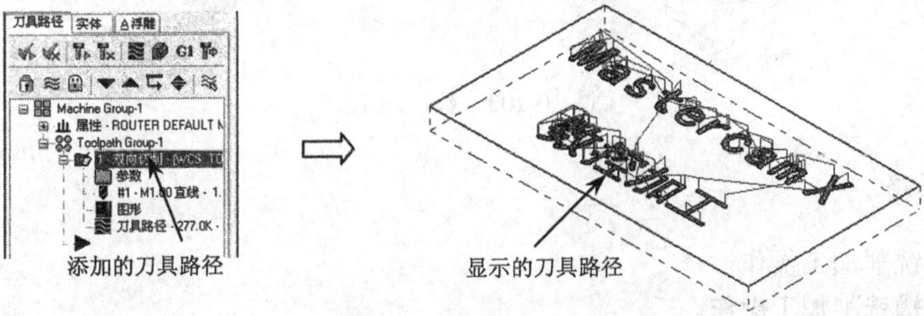

图 10-101 钻孔加工刀具路径

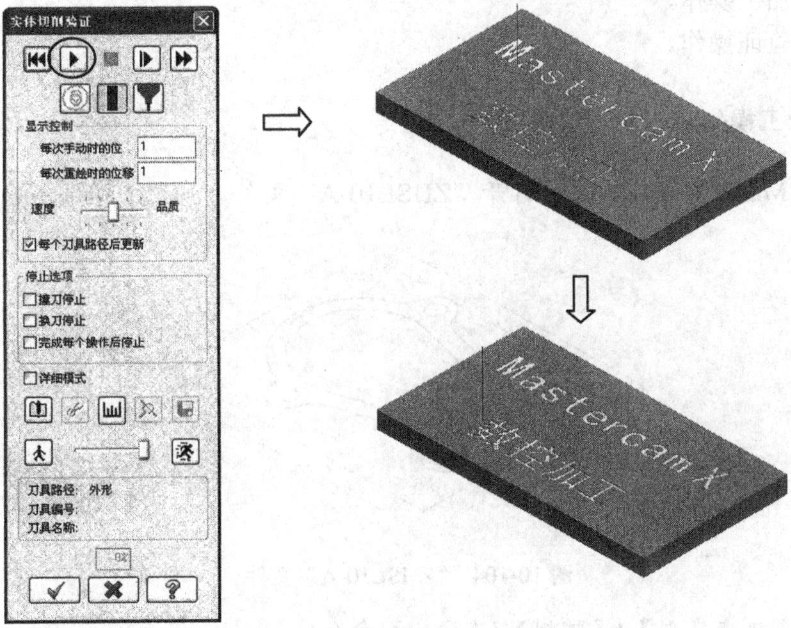

图 10-102 验证刀具路径

10.6　综合实例—— 二维铣床综合加工

设计要求

通过前面二维加工刀具路径的参数设置及操作方法，使用户掌握了二维数控加工方法，如面铣削加工、挖槽加工、钻孔加工、外形铣削加工等。下面结合二维数控加工的各种方法来看一个 2D 数控加工综合实例，如图 10-103 所示。

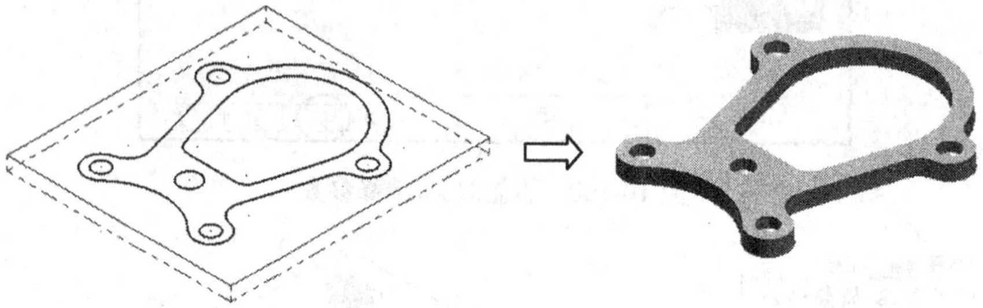

图 10-103　数控加工

设计思路

（1）面铣削加工操作。
（2）挖槽铣削加工操作。
（3）外形铣削加工操作。
（4）钻孔加工操作。
（5）模拟验证操作。

面铣削加工操作

（1）启动 Mastercam X 软件，打开“ZHSL10-A”文件，如图 10-104 所示。

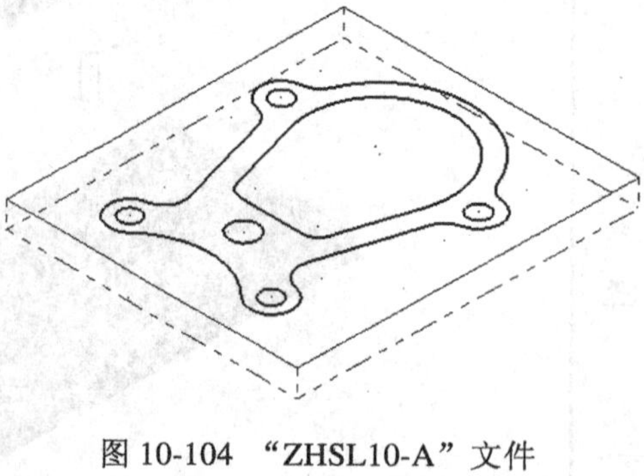

图 10-104 “ZHSL10-A”文件

（2）选择【机床类型】/【铣削】/【默认】命令。
（3）选择【刀具路径】/【面铣】命令，然后按照如图 10-105 所示进行操作。

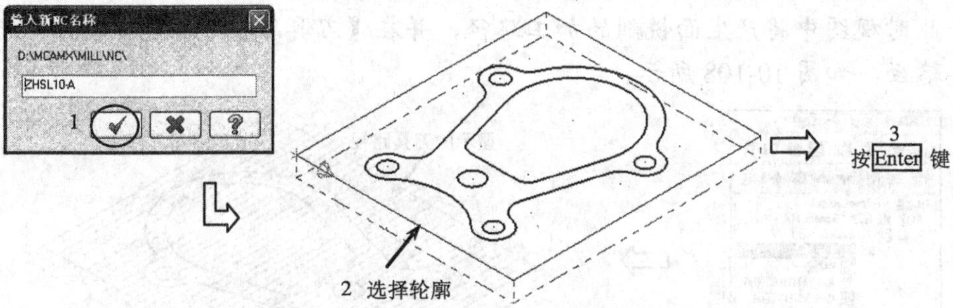

图 10-105　选择轮廓图素

（4）此时将弹出【面铣刀】对话框，从刀具库中选择直径为 10mm 的平底刀，并设置相关参数，如图 10-106 所示。

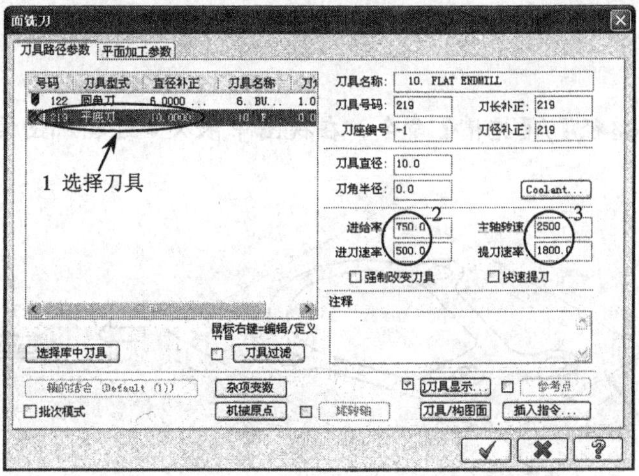

图 10-106　选择并设置刀具

（5）单击“平面加工参数”选项卡，分别设置高度、切削方式、步进量、进/退刀引线长度等，然后单击“确定”按钮 ✓，如图 10-107 所示。

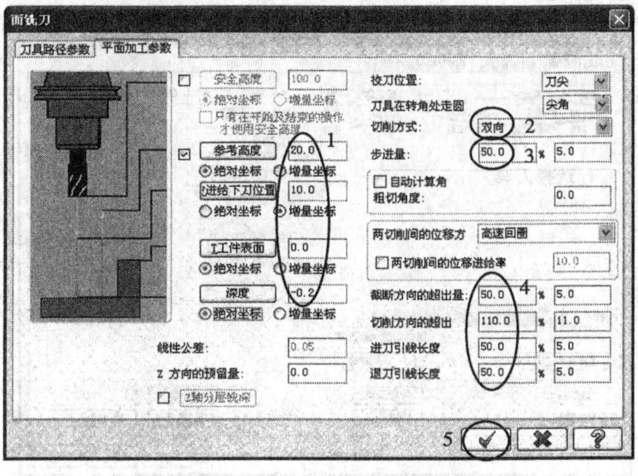

图 10-107　设置平面加工参数

（6）此时视图中将产生面铣削的加工路径，并在【刀具路径管理器】窗口显示出所建立的刀具路径，如图 10-108 所示。

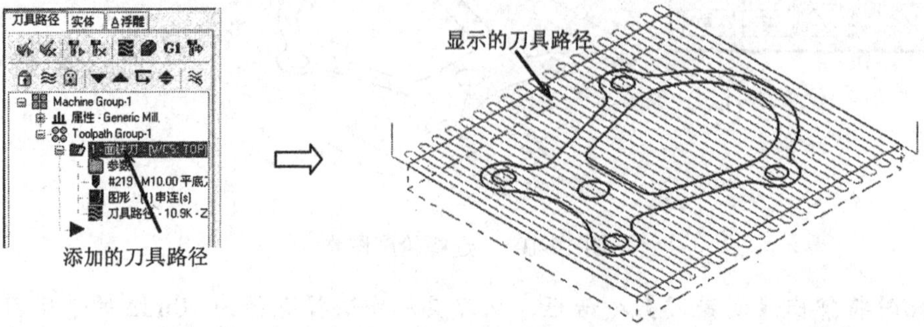

图 10-108 面铣削加工刀具路径

挖槽加工操作

（1）选择【刀具路径】/【挖槽】命令，在视图中依次串连轮廓图素，最后按 Enter 键，如图 10-109 所示。

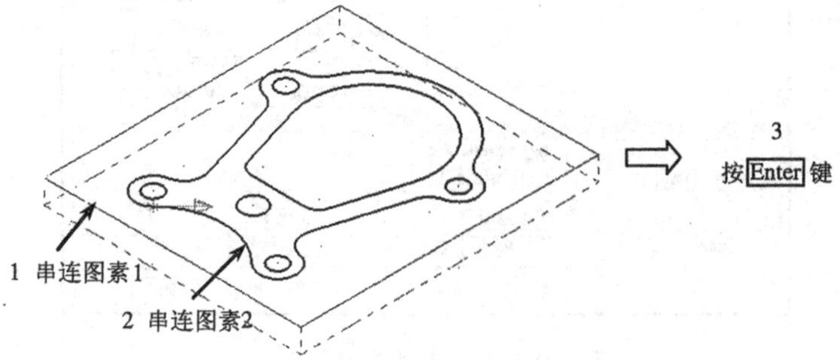

图 10-109 串连轮廓图素

（2）此时将弹出【挖槽（标准）】对话框，从刀具库中选择直径为 10mm 的圆鼻刀，并设置相关参数，如图 10-110 所示。

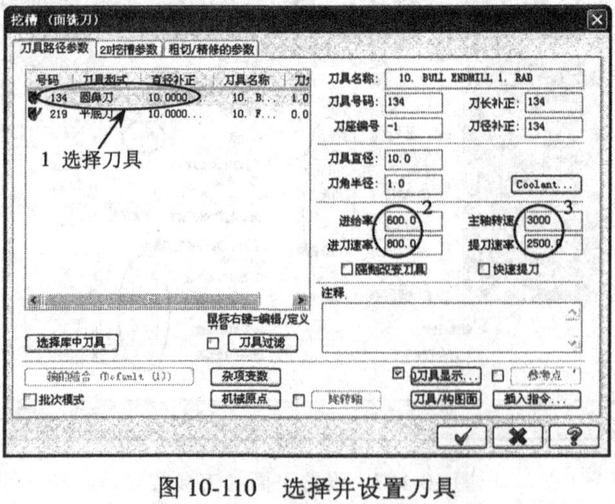

图 10-110 选择并设置刀具

（3）单击“2D 挖槽参数”选项卡，分别设置高度、挖槽类型、预留量等，如图 10-111 所示。

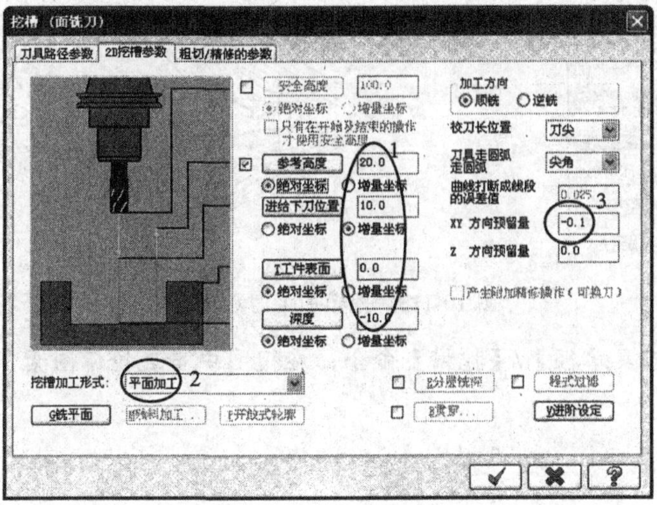

图 10-111　设置挖槽参数

（4）单击“粗切/精修的参数”选项卡，分别设置粗切方式、粗切参数、螺旋式下刀、精加工参数等，然后单击“确定”按钮，如图 10-112 所示。

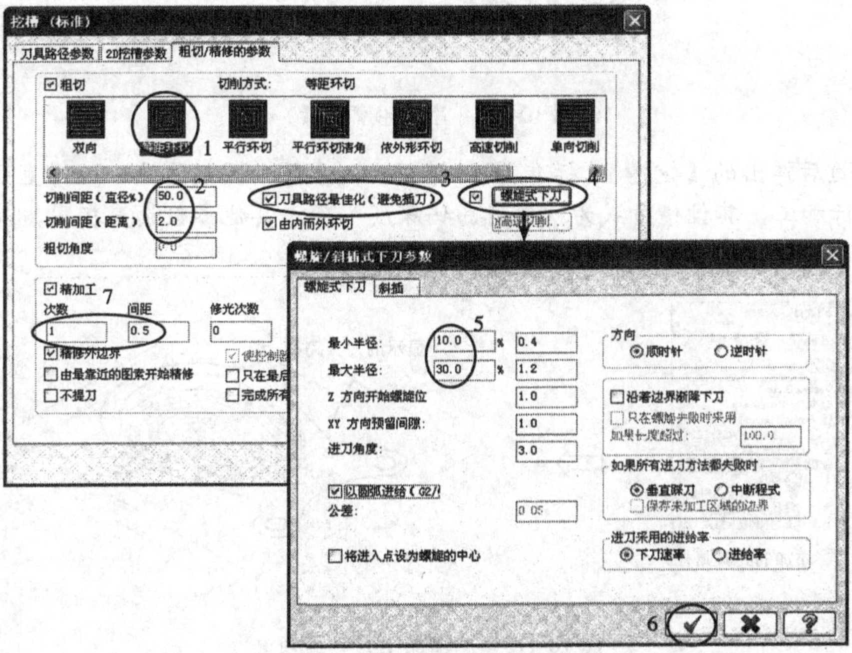

图 10-112　设置粗切/精修参数

（5）此时视图中将产生挖槽铣削的加工路径，并在【刀具路径管理器】窗口显示出所添加的刀具路径，如图 10-113 所示。

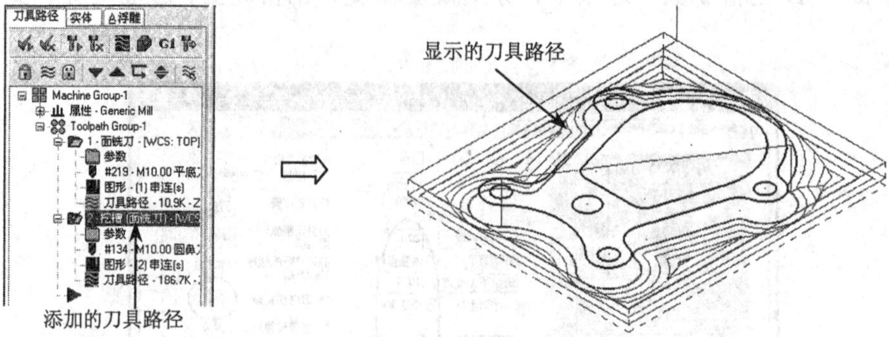

图 10-113　挖槽加工刀具路径

（6）再选择【刀具路径】/【挖槽】命令，在视图中串连轮廓图素，最后按 Enter 键，如图 10-114 所示。

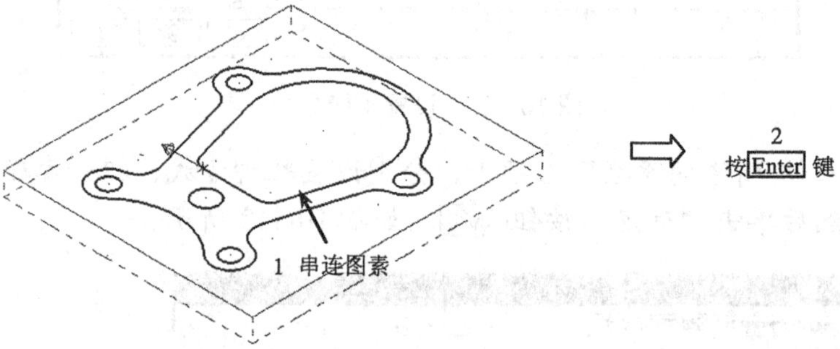

图 10-114　串连轮廓图素

（7）在随后弹出的【挖槽】(标准)】对话框中，参照前面的方法，选择直径为 10mm 的圆鼻刀进行加工，其挖槽方式为“使用岛屿深度”项，其他参数设置相同，其加工的路径如图 10-115 所示。

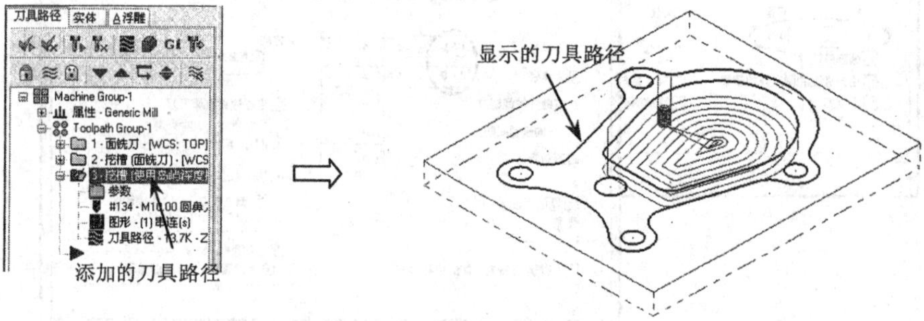

图 10-115　挖槽加工刀具路径

外形铣削加工操作

（1）选择【刀具路径】/【外形铣削】命令，然后按照如图 10-116 所示进行操作。

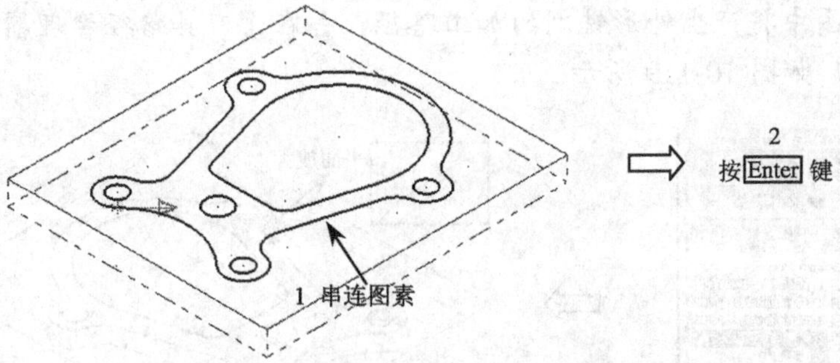

图 10-116　选择外形铣削图素

（2）此时将弹出【外形（2D）】对话框，从刀具库中选择直径为 1mm 的平底刀，并设置相关参数，如图 10-117 所示。

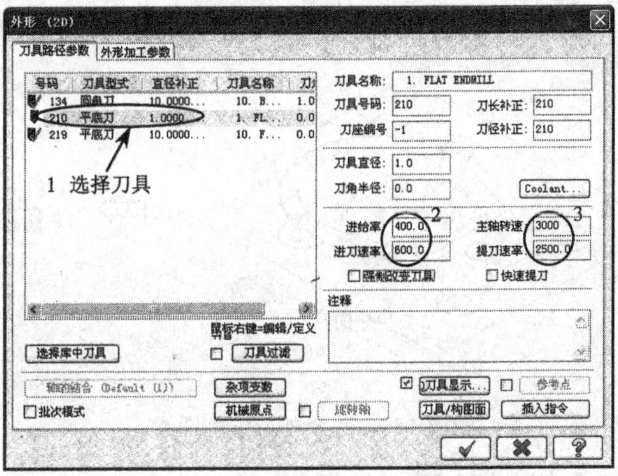

图 10-117　选择并设置刀具

（3）单击“外形加工参数”选项卡，分别设置高度、铣削方式、补正方向等，然后单击“确定”按钮，如图 10-118 所示。

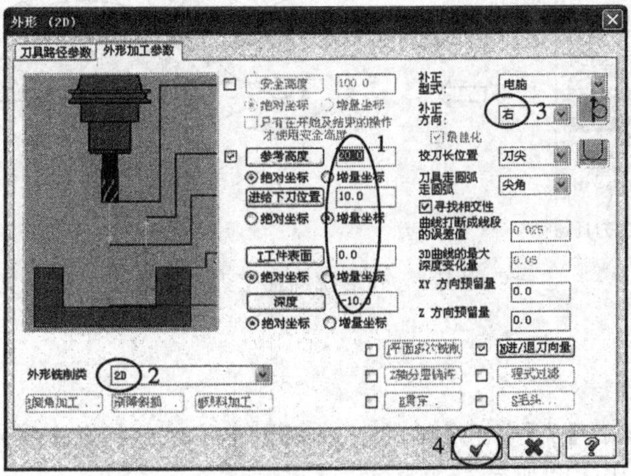

图 10-118　设置外形铣削加工参数

（4）此时视图中将产生外形铣削的加工路径，并在【刀具路径管理器】窗口显示出所建立的刀具路径，如图 10-119 所示。

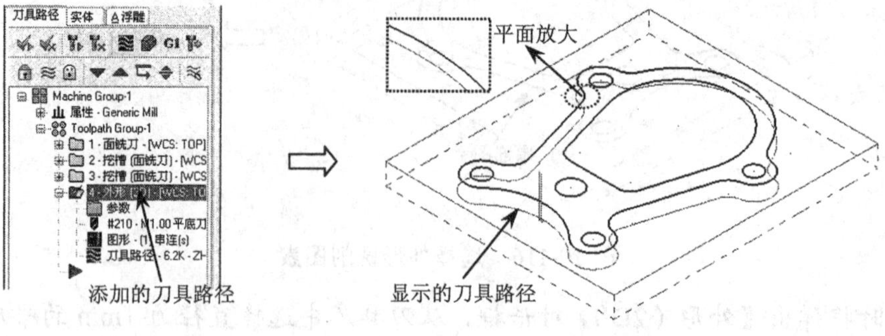

图 10-119　外形铣削加工刀具路径

（5）再选择【刀具路径】/【外形铣削】命令，然后按照如图 10-120 所示进行操作。

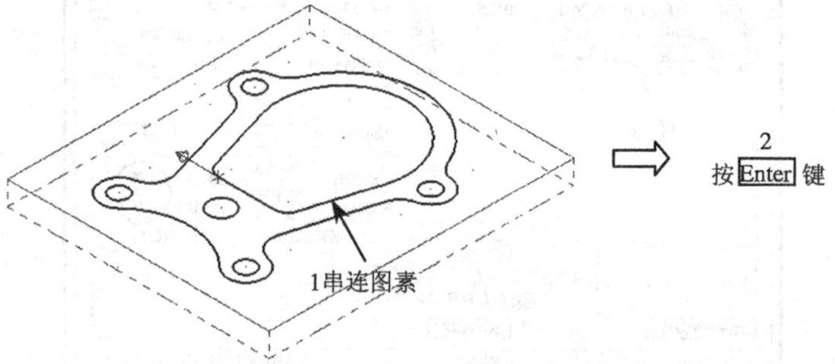

图 10-120　选择外形铣削图素

（6）在随后弹出的【外形（2D）】对话框中，参照前面的方法，选择直径为 1mm 的平底刀进行加工，其他参数设置相同，其加工的路径如图 10-121 所示。

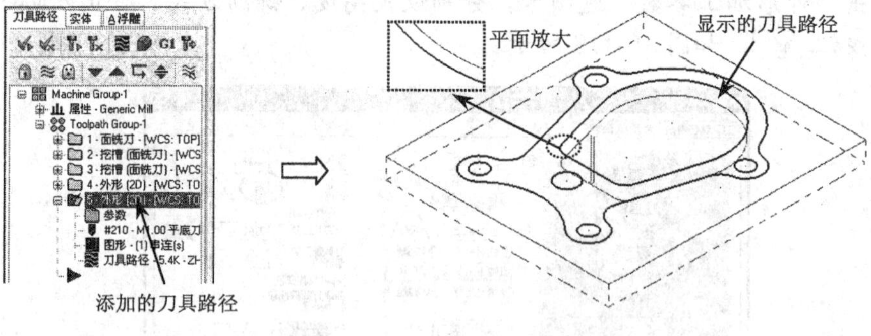

图 10-121　外形铣削加工刀具路径

钻孔加工操作

（1）选择【刀具路径】/【钻孔】命令，在视图中依次捕捉 5 个圆心点，然后单击“确定”按钮，如图 10-122 所示。

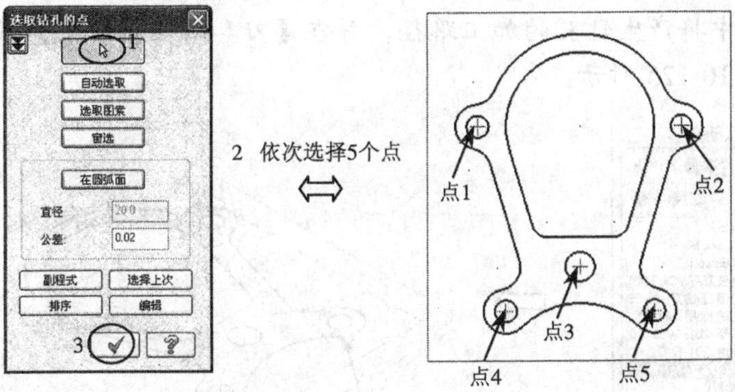

图 10-122　选择钻孔中心

为了更好地观察其加工路径，用户可将其视图切换为俯视图。

（2）此时将弹出【Drill/Counterbore】对话框，在“刀具路径”选项卡中选择直径为 12mm 的钻孔刀具，并设置刀具的进给率和主轴转速，如图 10-123 所示。

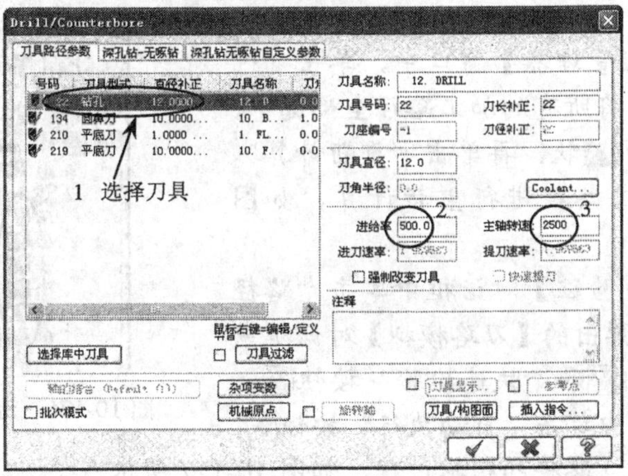

图 10-123　选择钻孔刀具

（3）在“深孔钻-无啄钻”选项卡中，设置钻孔的“深度”为–10，并设置钻孔方式为“Bore#1”，然后单击“确定”按钮 ✓，如图 10-124 所示。

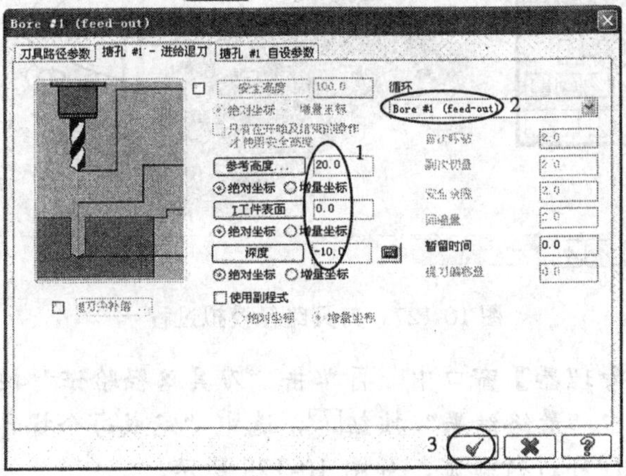

图 10-124　设置钻孔深度及方式

（4）此时视图中将产生钻孔的加工路径，并在【刀具路径管理器】窗口显示出所建立的刀具路径，如图 10-125 所示。

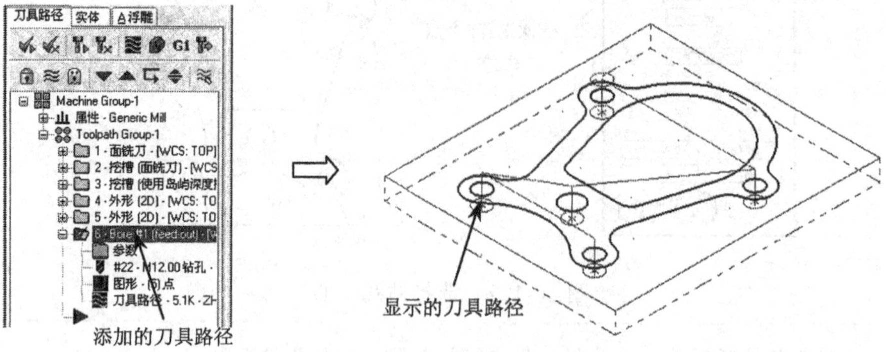

图 10-125　钻孔加工刀具路径

模拟验证操作

（1）在【刀具路径管理器】窗口中，单击“选择全部操作”按钮，将所有的加工路径全部选中，其中每个路径项显示为状，再单击“重新计算”按钮，对所有的加工路径进行重新计算，如图 10-126 所示。

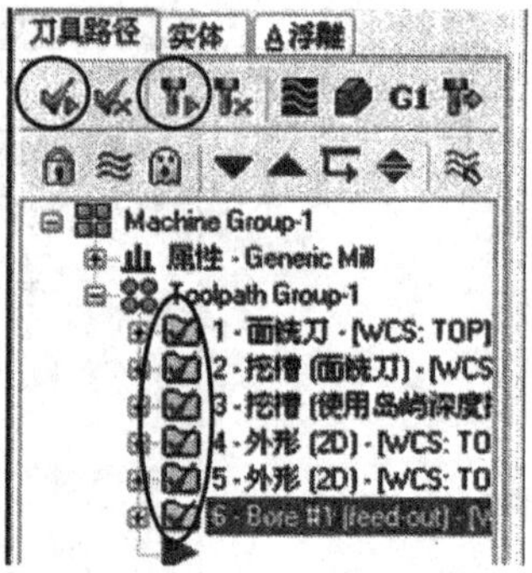

图 10-126　选择并重新计算路径

（2）在【实体切削验证】对话框中单击“路径模拟”按钮，在随后弹出的【刀路模拟】对话框中选择“显示刀具”按钮和“快速检验”按钮，然后在“播放”工具条中单击“自动执行”按钮，则视图中将显示所有建立路径的模拟过程，如图 10-127 所示。

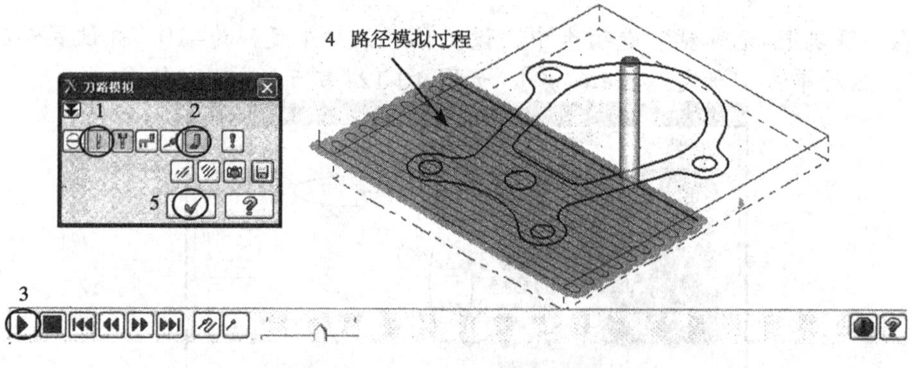

图 10-127　刀具路径模拟过程

（3）在【刀具路径管理器】窗口中，再单击“刀具路径验证”按钮，将弹出【实体切削验证】对话框，选中“最终结果”按钮，选中“完成每个操作后停止”复选框，然后单击“机器”按钮即可进行验证，如图 10-128 所示。

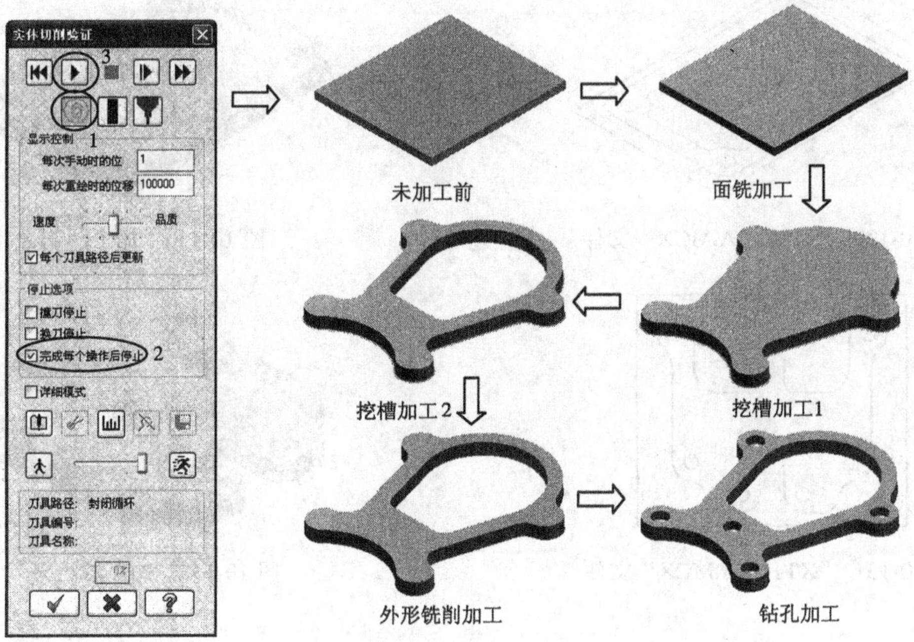

图 10-128　验证刀具路径

（4）选择【文件】/【另存文件】命令，将该加工文件保存为“ZHSL10.MCX”文件。

10.7　本章小结

本章介绍了二维铣床数控加工的基本操作，包括外形铣削加工、挖槽铣削加工、面铣削加工、钻孔加工和雕刻加工等操作，让用户对 Mastercam X 的二维铣床数控加工有一个全面的掌握与了解，从而对三维数控加工有一个基础的认识。

10.8　习题

1．概念题

（1）在进行外形铣削加工操作时，怎样设置刀具的参考高度与深度？

（2）在进行挖槽加工操作时，怎样设置挖槽加工的类型？

（3）在进行钻孔加工时，其钻孔的深度和直径怎样设置？

2．操作题

（1）打开“XT10-1A.MCX”文件，如图 10-129 所示，然后对其进行各种数控加工，其加工后的结果如图 10-130 所示。

（2）打开“XT10-2A.MCX”文件，如图 10-131 所示，然后对其进行各种数控加工，其加工后的结果如图 10-132 所示。

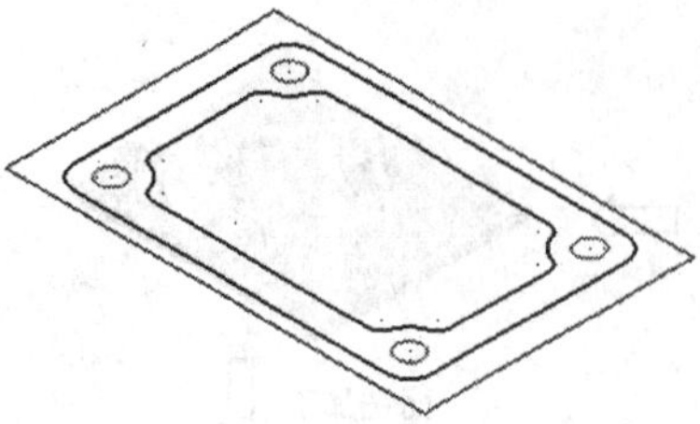

图 10-129 “XT10-1A.MCX”文件

图 10-130 加工的结果

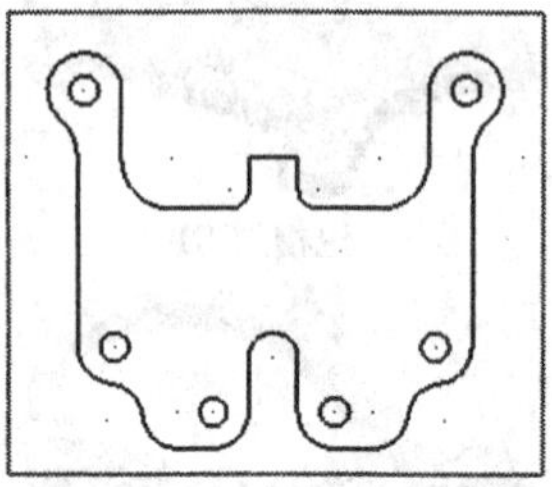

图 10-131 “XT10-2A.MCX”文件

图 10-132 加工的结果

第 11 章　三维铣床加工系统

三维铣床加工，即指的是三维曲面数控加工，使用 Mastercam X 的三维曲面加工系统，可以快速生成三维刀具加工路径，从而产生数控机床的控制指令。大多数的三维曲面加工都需要粗加工、精加工和多轴加工的结合才能完成，只有合理安排一个零件的先后加工顺序、正确选择刀具、灵活切削方式及刀具的切削量，才能不断地提高数控加工与编程的能力。

【内容提要】

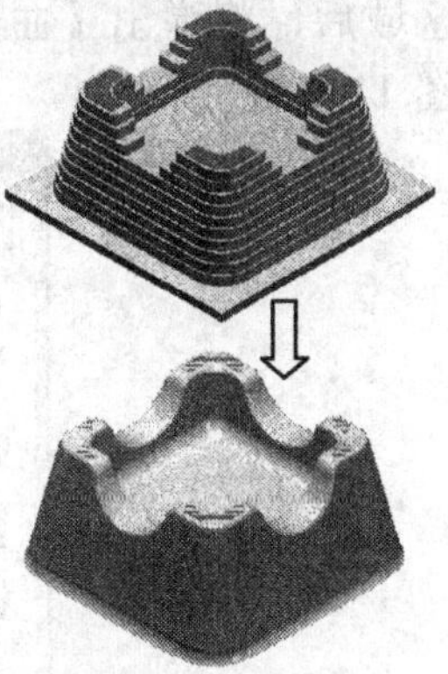

- 对烟灰缸实体进行挖槽粗加工；
- 对烟灰缸实体进行平行铣削精加工；
- 对烟灰缸实体进行等高外形精加工；
- 将烟灰缸实体生成曲面；
- 对烟灰缸四棱角曲面进行曲面 5 轴加工。

【本章重点】

- 了解三维铣床加工的类型；
- 熟练掌握曲面粗加工的各种类型；
- 熟练掌握曲面精加工的各种类型；
- 熟练掌握多轴加工的各种类型；
- 灵活针对三维曲面进行综合加工。

11.1　三维铣床加工类型

三维铣床加工系统可用来生成加工曲面、实体或实体表面的刀具路径。启动好 Mastercam X 软件，选择【刀具路径】命令，从弹出的菜单中即可看到常用的三维铣床加工类型，包括有曲面粗加工、曲面精加工、多轴加工、线框架加工等，如图 11-1 所示。

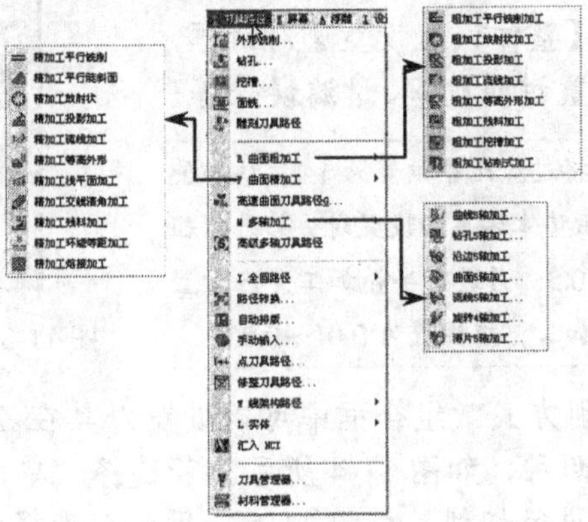

图 11-1　曲面加工类型

11.2 曲面粗加工

曲面粗加工是以快速切除毛坯余量为目的，主要应用于成型结构零件或普通机床难于成形的结构零件。为了提高工作效率，在保证刀具、夹具和机床强度钢性足够的条件下，先将切削深度选大一些，再选取较大的进给量，然后选择适当的切削速度。

11.2.1 平行铣削粗加工

它是沿着特定的方向所产生的一系列相互平行切削粗加工的刀具路径，通常用于加工较为单一的凸体或者凹体。

选择【刀具路径】/【曲面粗加工】/【平行铣削粗加工】命令，在视图中选择曲面加工的区域后，将弹出【曲面粗加工平行铣削】对话框，其中“粗加工平行铣削参数”选项卡如图 11-2 所示。

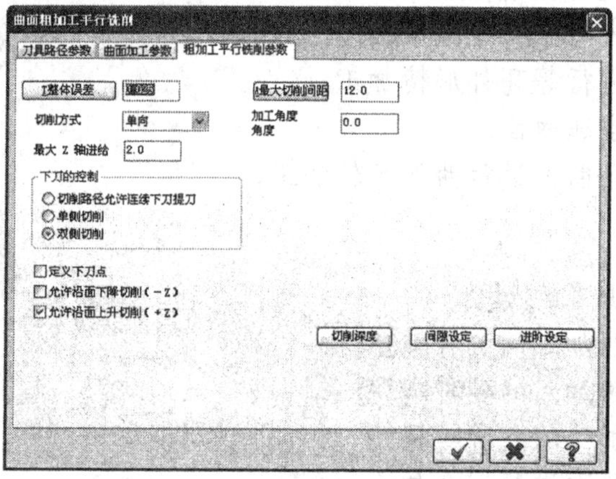

图 11-2 “粗加工平行铣削参数”选项卡

下面就针对该选项卡中特有的参数进行说明：

● 整体误差：在“整体误差”文本框中用于设置曲面刀具路径的精度误差，其误差值越小，加工得到的曲面越接近所设置的曲面，一般应将曲面粗加工的整体误差值设置得稍大一些，以提高加工速度。单击按钮，将弹出【整体误差设置】对话框，如图 11-3 所示，从而可以设置过滤比率、过滤误差等。

> 在实际应用中，应将过滤比率设置为 1:1，从而使机床运动得比较顺畅。在整体误差的设置时，若进行粗加工，则应设置为 0.1～0.5；若进行半精加工，应设置为 0.05～0.1；若进行精加工，应设置为 0.01～0.05。

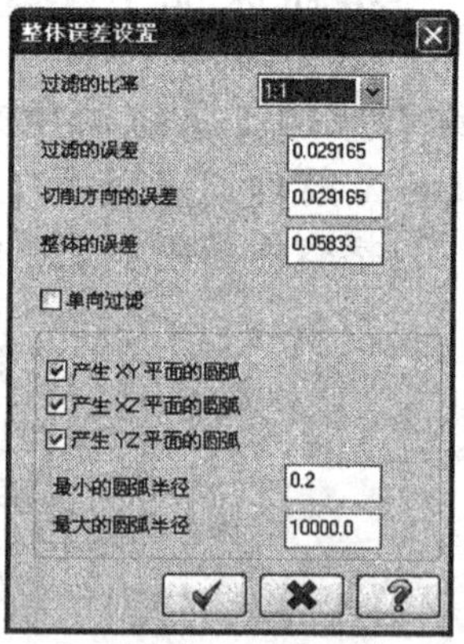

图 11-3 【整体误差设置】对话框

● 切削方式：在“切削方式”组合框中可以设置刀具在 X、Y 轴方向的走刀方向，包括有“单向”和“双向”两种，如图 11-4 所示。若选择“单向”走刀方式，则加工时的刀具路径只能沿着一个方向进行切削，如图 11-5 所示；若选择“双向”走刀方式，则加工时的刀具路径可以前后反复切削曲面，如图 11-6 所示。

图 11-4　切削方式

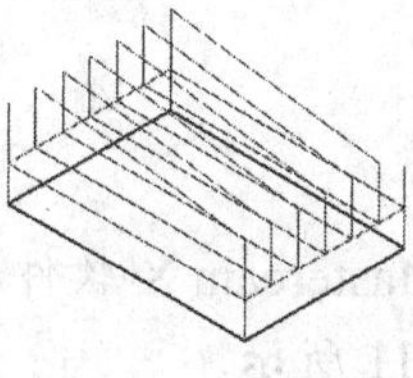

图 11-5　单向切削

● 最大 Z 轴进给：用于设置在 Z 轴方向上相邻铣削层之间的距离，如图 11-7 所示。

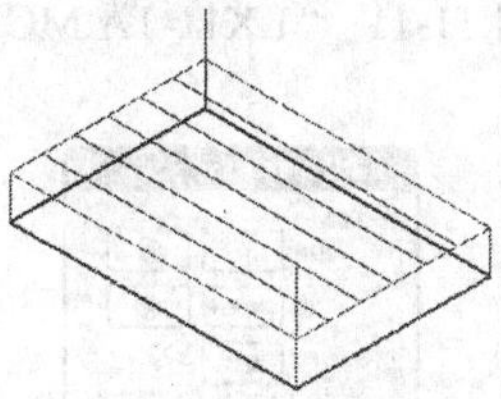

图 11-6　双向切削

图 11-7　Z 轴最大进给量

● 下刀控制：用于确定粗加工时的 Z 轴铣削方向控制，用于防止刀具空切穿过一个已经切除毛坯的地方。当选择“切削路径允许连续下刀提刀”单选项时，表示沿一个工件作多次下刀和提刀，该选项可用于多个凹槽工件的加工；当选择“单侧切削”单选项时，表示仅沿工件的一边下刀；当选择“双侧切削”单选项时，表示沿工件的两边下刀。

● 定义下刀点：要求用户为刀具路径输入一个下刀点，选择刀具路径的下刀点要在一个封闭的角上，相对于加工的方向。

● 允许沿面下降切削（–Z）：当下刀铣削时，使刀具沿曲面负 Z 方向铣削。

● 允许沿面上升切削（+Z）：当下刀铣削时，使刀具沿曲面正 Z 方向铣削。

最大切削间距：在该文本框中用于设置铣削间的步进距离，如图 11-8 所示。若单击该按钮，将弹出【最大切削间距】对话框，如图 11-9 所示。

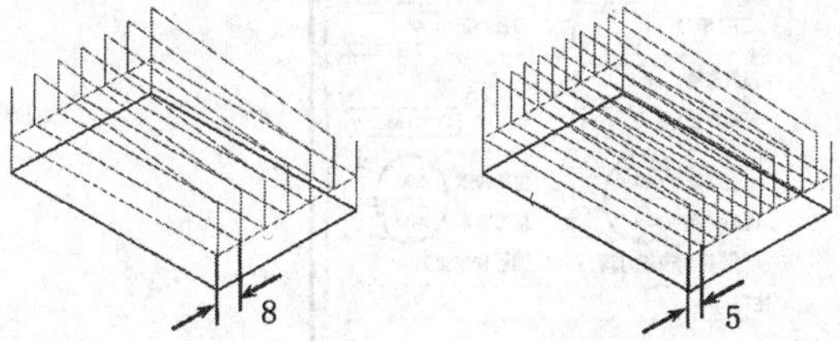

图 11-8　不同的切削间距

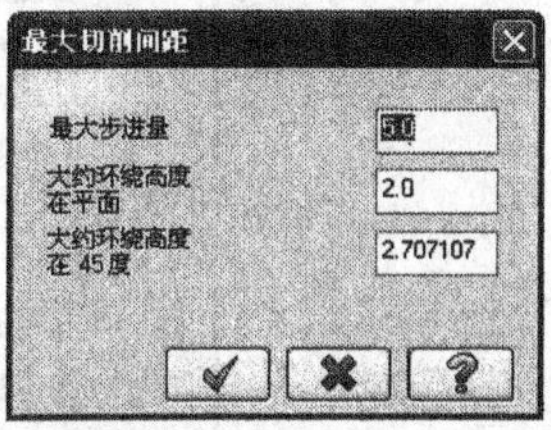

图 11-9　【最大切削间距】对话框

● 加工角度：用于设置刀具路径与构图平面 X 轴的角度，其角度定向使用逆时针方向，如图 11-10 所示。

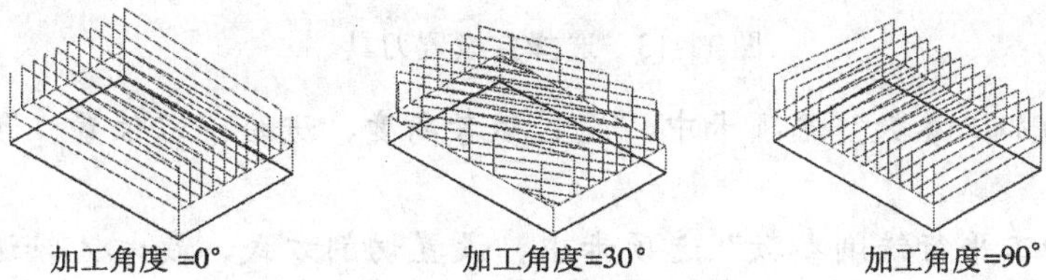

加工角度 =0°　　加工角度=30°　　加工角度=90°

图 11-10　不同的加工角度

【例 11-1】平行铣削粗加工实例。

操作步骤

（1）启动 Mastercam X 软件，打开“LX11-1A.MCX”文件，如图 11-11 所示。

图 11-11　“LX11-1A.MCX”文件

（2）选择【刀具路径】/【曲面粗加工】/【平行铣削粗加工】命令，然后按照如图 11-12 所示选择要进行粗加工的曲面。

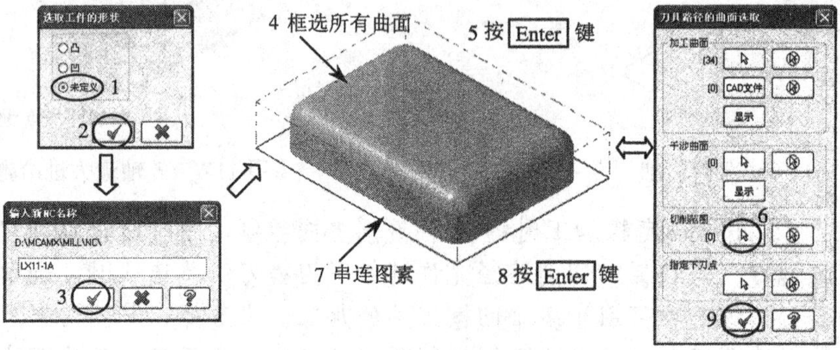

图 11-12　选择粗加工的曲面

（3）此时将弹出【曲面粗加工平行铣削】对话框，在“刀具路径参数”选项卡中，选择刀具直径为 12mm 的球刀，并设置其刀具的相关参数，如图 11-13 所示。

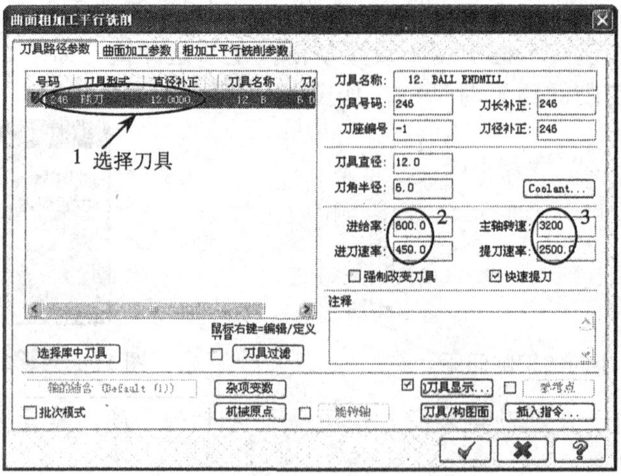

图 11-13　选择并设置刀具

（4）在“曲面加工参数”选项卡中，设置参考高度、进给下刀位置、预留量等，如图 11-14 所示。

（5）在“粗加工平行铣削参数”选项卡中，设置切削方式、最大 Z 轴进给量、最大切削间距、加工角度等，然后单击“确定”按钮 ✔，如图 11-15 所示。

（6）此时在视图中将产生粗加工平行铣削加工的刀具路径，并在【刀具路径管理器】窗口显示出所建立的刀具路径，如图 11-16 所示。

（7）在【刀具路径管理器】窗口中，单击“刀具路径验证”按钮，将弹出【实体切削验证】对话框，然后单击“机器”按钮即可进行验证，如图 11-17 所示。

（8）选择【文件】/【另存文件】命令，将该加工文件保存为“LX11-1.MCX”文件。

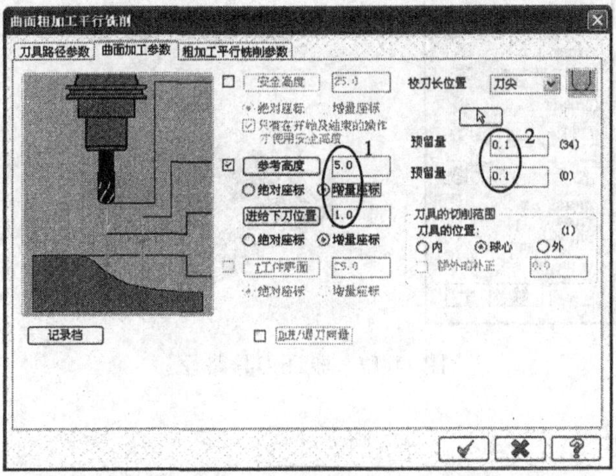

图 11-14 设置曲面加工参数

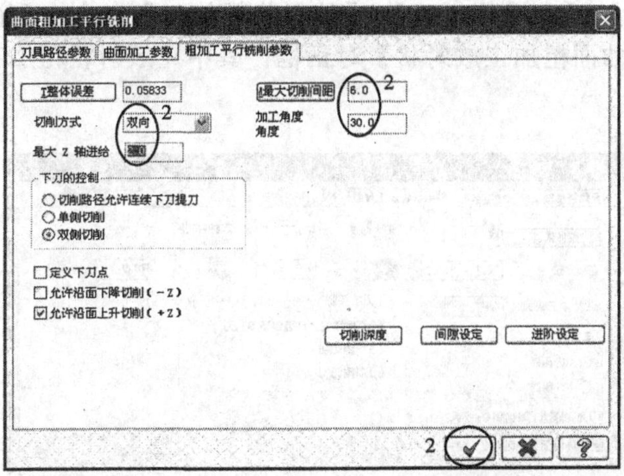

图 11-15 设置粗加工平行铣削参数

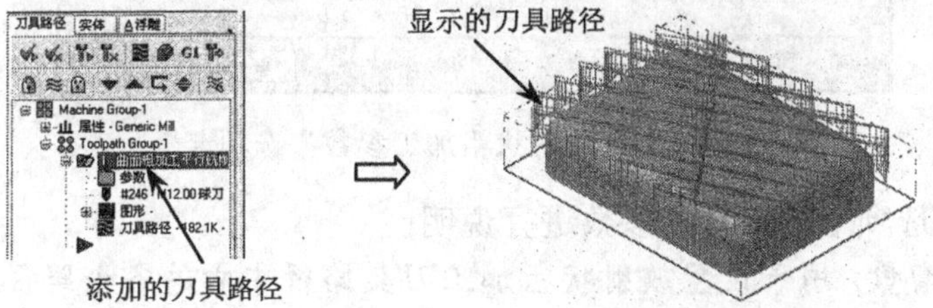

图 11-16 粗加工平行铣削加工路径

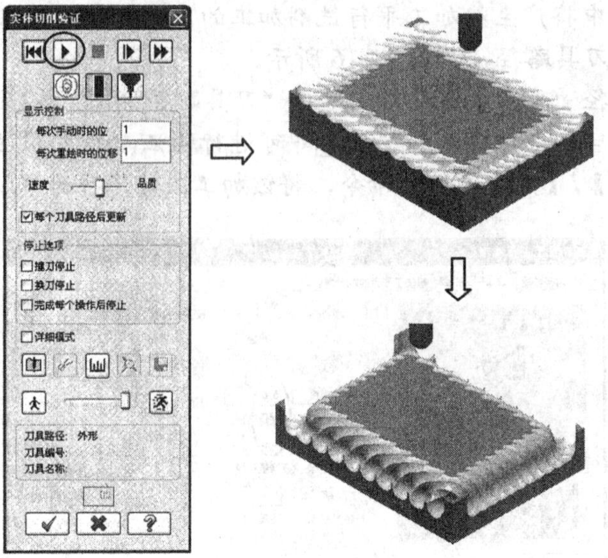

图 11-17　验证刀具路径

11.2.2　放射状粗加工

它是生成放射状的粗加工路径，通常用于加工类似于圆形的零件，其主要加工特点是中心对称。

选择【刀具路径】/【曲面粗加工】/【放射状粗加工】命令，在视图中选择曲面加工的区域后，将弹出【曲面粗加工放射状】对话框，其中“放射状粗加工参数”选项卡如图 11-18 所示。

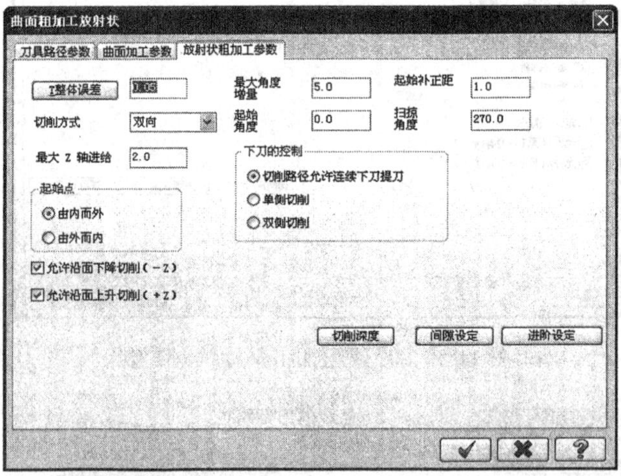

图 11-18　“放射状粗加工参数”选项卡

下面就针对该选项卡中特有的参数进行说明：

● 最大角度增量：用于设置放射状粗加工刀具路径中心的各个路径之间的最大角度，如图 11-19 所示。

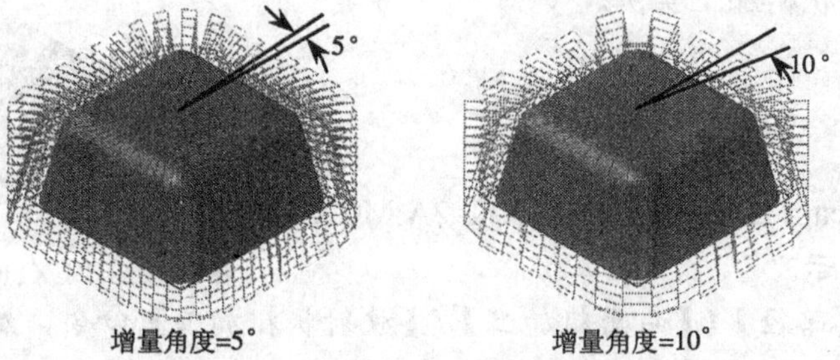

图 11-19　不同的增量角度比较

- 起始角度：设置放射状粗加工的起始角度，如图 11-20 所示。

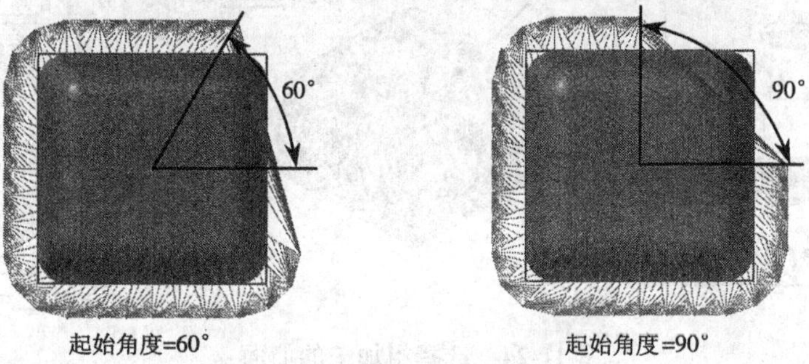

图 11-20　不同的起始角度比较

- 起始补正距离：用于从选择的点补正放射状粗加工刀具路径的中心，如图 11-21 所示。

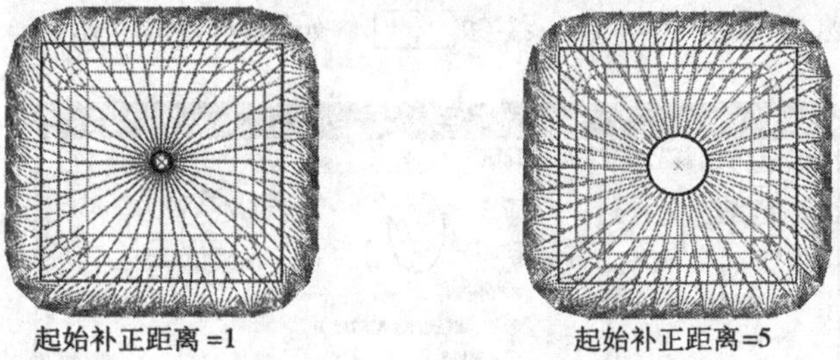

图 11-21　不同的起始补正距离比较

- 扫掠角度：设置放射状粗加工刀具路径摆动的角度（0°～360°），如果该值是一个负数，系统构建一个顺时针的摆动角度，如图 11-22 所示。

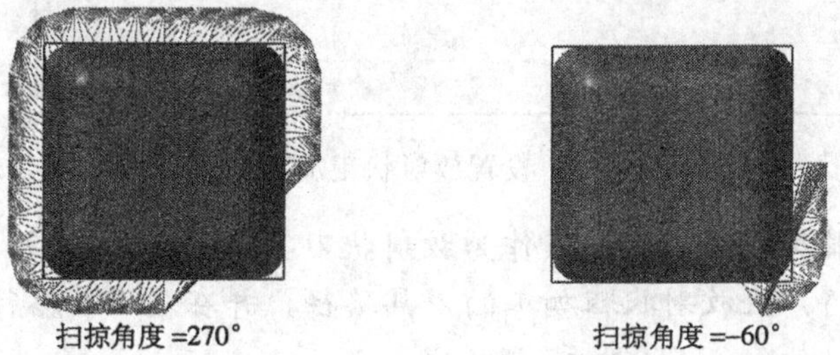

图 11-22　不同的扫掠角度比较

【例 11-2】放射状粗加工实例。

操作步骤

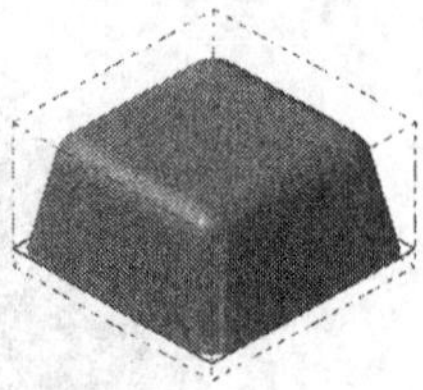

图 11-23 “LX11-2A.MCX”文件

(1)启动 Mastercam X 软件，打开“LX11-2A.MCX”文件，如图 11-23 所示。

(2)选择【刀具路径】/【曲面粗加工】/【放射状粗加工】命令，然后按照如图 11-24 所示选择要进行粗加工的曲面。

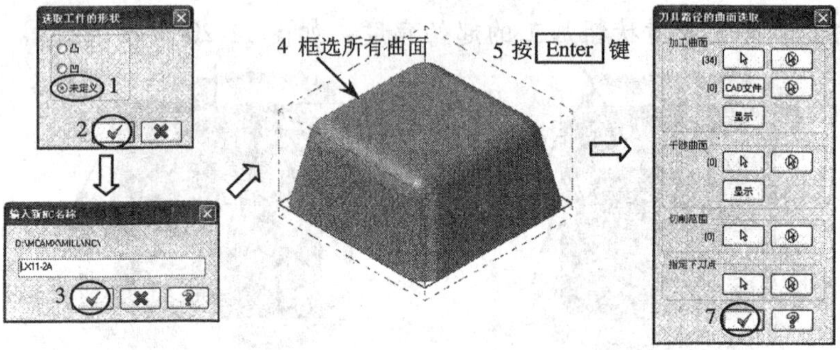

图 11-24 选择粗加工的曲面

(3)弹出【曲面粗加工放射状】对话框，在“刀具路径参数”选项卡中，选择刀具直径为 12mm 的球刀，并设置其刀具的相关参数。

(4)在“放射状粗加工参数”选项卡中，设置切削方式、最大 Z 轴进给量、最大切削间距、加工角度等，然后单击“确定”按钮 ✓，如图 11-25 所示。

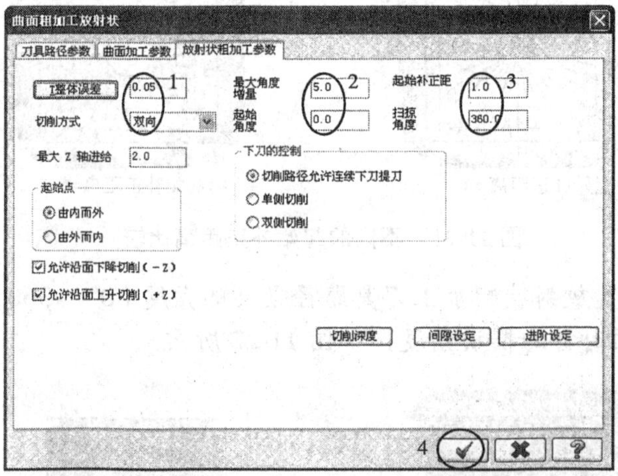

图 11-25 设置放射状粗加工参数

(5)在视图中，捕捉图形的中心点作为放射状刀具路径的中心点，如图 11-26 所示。

(6)在视图中，将产生放射状粗加工的刀具路径，并在【刀具路径管理器】窗口显示出所建立的刀具路径，如图 11-27 所示。

图 11-26　指定中心点

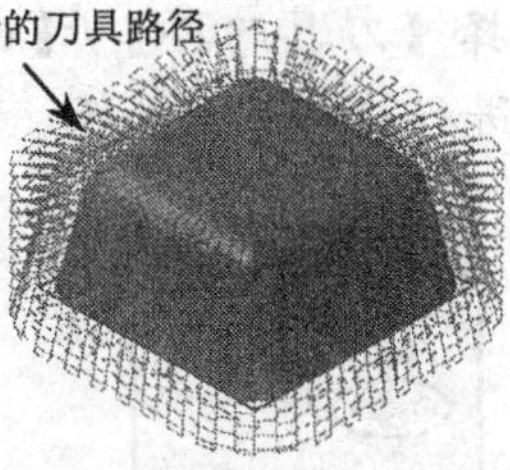

图 11-27　放射状粗加工的刀具路径

（7）在【刀具路径管理器】窗口中，单击“刀具路径验证”按钮，将弹出【实体切削验证】对话框，然后单击“机器”按钮即可进行验证，如图 11-28 所示。

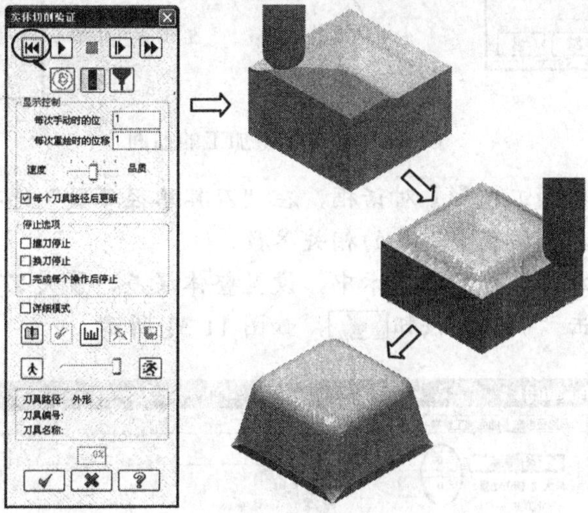

图 11-28　验证刀具路径

（8）选择【文件】/【另存文件】命令，将该加工文件保存为“LX11-2.MCX”文件。

11.2.3　投影粗加工

它可以将曲面、点或其他 NCI 文件投影到被选曲面上，它们提供自由形成的刀具运动，并给予最好的刀具控制，提供与工件的形状紧密配合的能力。

【例 11-3】投影粗加工实例。

操作步骤

（1）启动 Mastercam X 软件，打开“LX11-3A.MCX”文件，如图 11-29 所示。

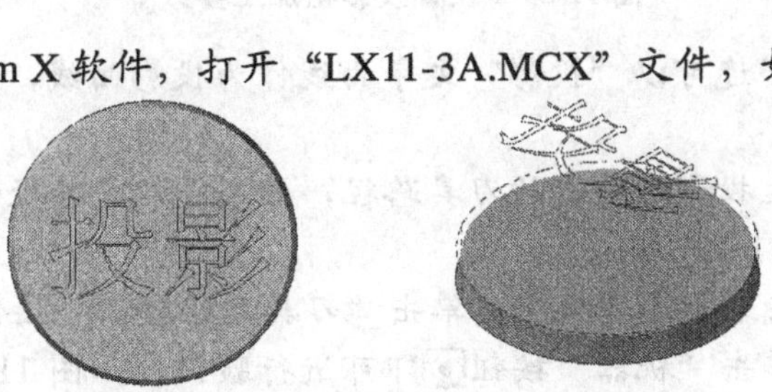

俯视图　　等轴视图

图 11-29　“LX11-3A.MCX”文件

（2）选择【刀具路径】/【曲面粗加工】/【投影粗加工】命令，然后按照如图 11-30 所示选择要进行粗加工的曲面。

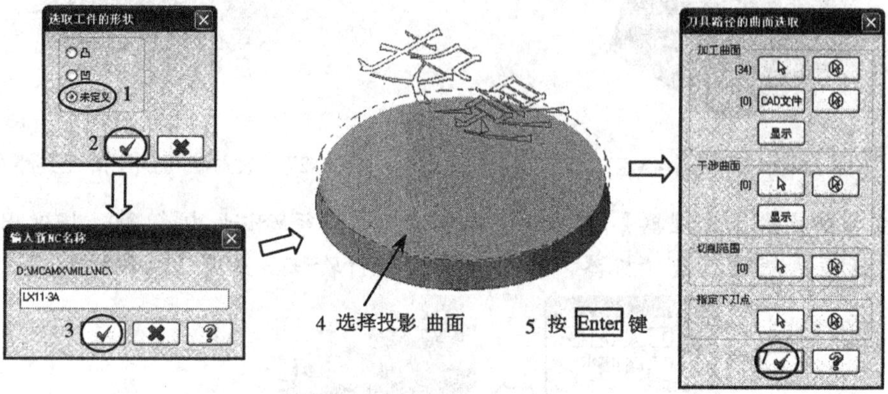

图 11-30 选择粗加工的曲面

（3）弹出【曲面粗加工投影】对话框，在“刀具路径参数”选项卡中，选择刀具直径为 0.2188in 的平底刀，并设置其刀具的相关参数。

（4）在“投影粗加工参数”选项卡中，设置整体误差、最大 Z 轴进给量、投影方式、下刀控制等，然后单击“确定”按钮，如图 11-31 所示。

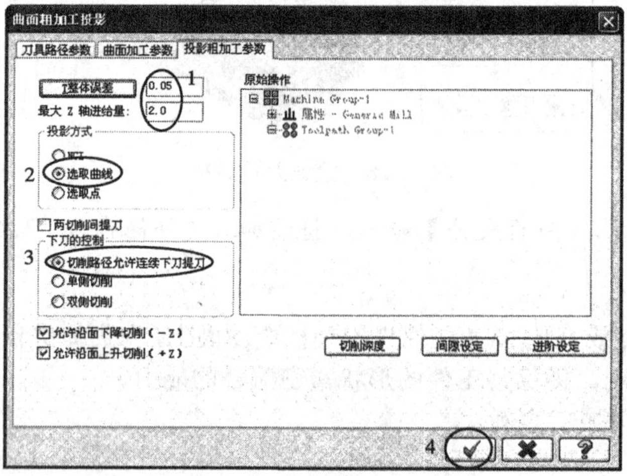

图 11-31 设置投影粗加工参数

（5）此时在视图中串连可以“投影”文字曲线作为投影曲线，然后按 Enter 键，如图 11-32 所示。

（6）在视图中将产生投影粗加工的刀具路径，并在【刀具路径管理器】窗口显示出所建立的刀具路径，如图 11-33 所示。

（7）在【刀具路径管理器】窗口中，单击“刀具路径验证”按钮，将弹出【实体切削验证】对话框，然后单击“机器”按钮即可进行验证，如图 11-34 所示。

（8）选择【文件】/【另存文件】命令，将该加工文件保存为“LX11-3.MCX”文件。

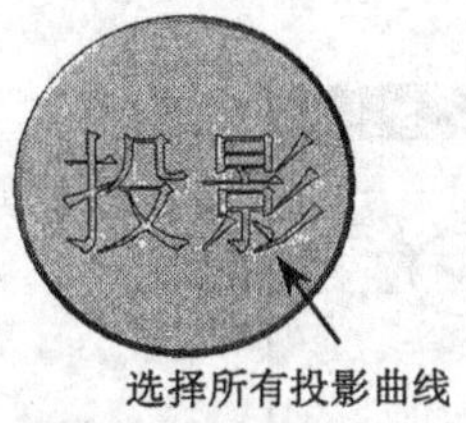

图 11-32　选择投影曲线

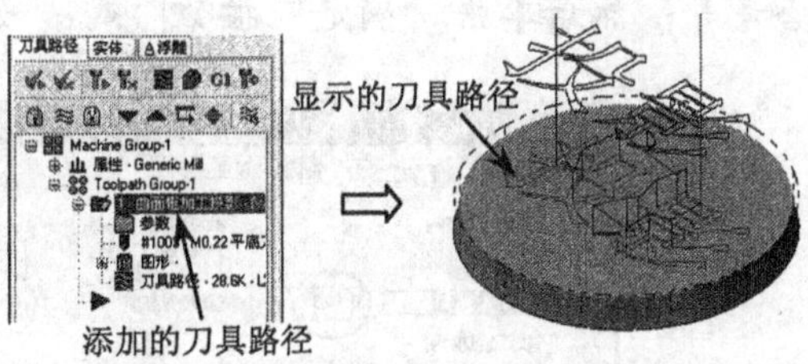

图 11-33　投影粗加工的刀具路径

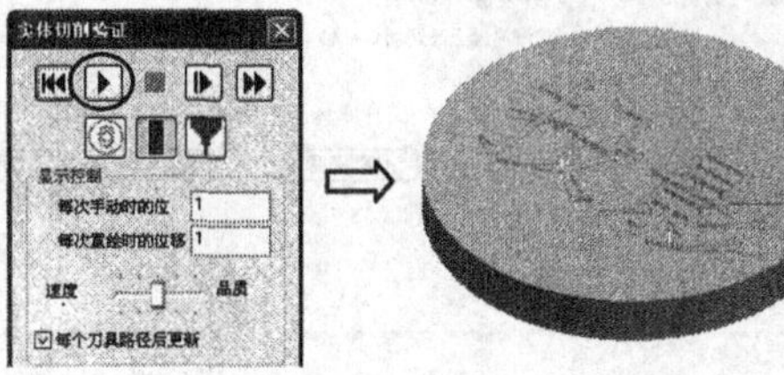

图 11-34　验证刀具路径

11.2.4　曲面流线粗加工

它可以沿曲面流线方向生成粗加工的刀具路径，允许在工件上精确地控制下刀的凹坑。

【例 11-4】曲面流线粗加工实例。

操作步骤

（1）启动 Mastercam X 软件，打开“LX11-4A.MCX”文件，如图 11-35 所示。

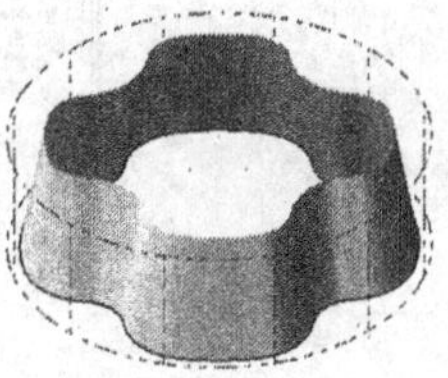

图 11-35　“LX11-4A.MCX”文件

（2）选择【刀具路径】/【曲面粗加工】/【曲面流线粗加工】命令，然后按照如图 11-36 所示选择要进行粗加工的曲面。

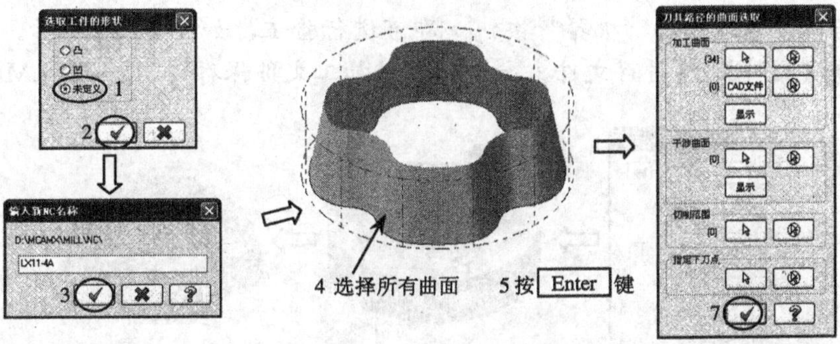

图 11-36　选择粗加工的曲面

（3）弹出【曲面粗加工流线】对话框，在“刀具路径参数”选项卡中，选择刀具直径为 5mm 的圆鼻刀，并设置其刀具的相关参数。

（4）在“曲面流线粗加工参数”选项卡中，设置整体误差、残脊高度、切削方式、最大 Z 轴进给量等，然后单击“确定”按钮✔，如图 11-37 所示。

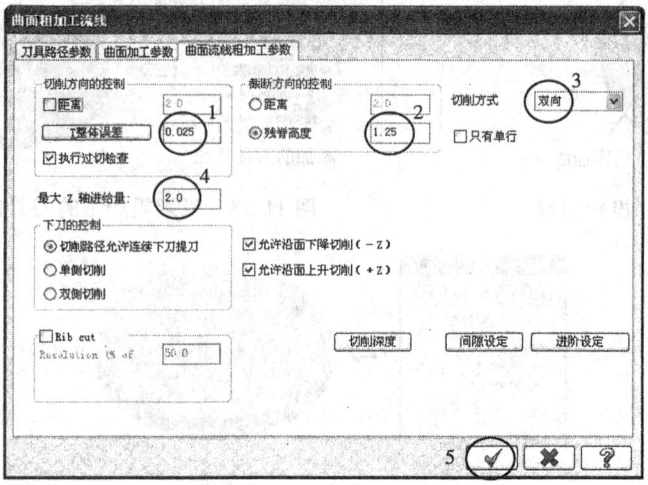

图 11-37 设置曲面流线粗加工参数

（5）再次按 Enter 键，此时在视图中将产生曲面流线粗加工的刀具路径，并在【刀具路径管理器】窗口显示出所建立的刀具路径，如图 11-38 所示。

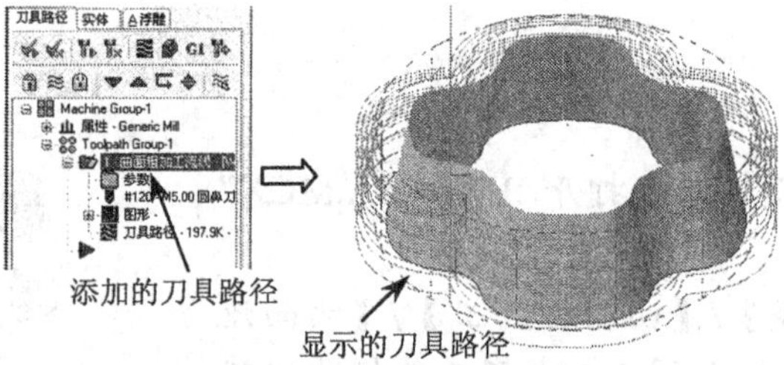

图 11-38 流线粗加工的刀具路径

（6）在【刀具路径管理器】窗口中，单击“刀具路径验证”按钮，将弹出【实体切削验证】对话框，然后单击“机器”按钮▶即可进行验证，如图 11-39 所示。

（7）选择【文件】/【另存文件】命令，将该加工文件保存为“LX11-4.MCX”文件。

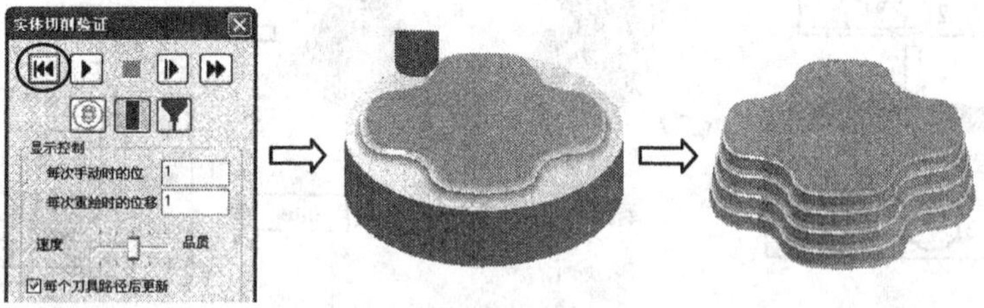

图 11-39 验证刀具路径

11.2.5 等高外形粗加工

等高外形粗加工，就是沿三维模型的外形所生成的粗加工刀具路径，它的应用非常广泛，对于有特定高度及斜度比较大的模具结构，都可采用等高外形加工方式来加工，如模具结构中的型芯、型腔、镶件等。

【例 11-5】等高外形粗加工实例。

操作步骤

(1) 启动 Mastercam X 软件，打开 "LX11-5A.MCX" 文件，如图 11-40 所示。

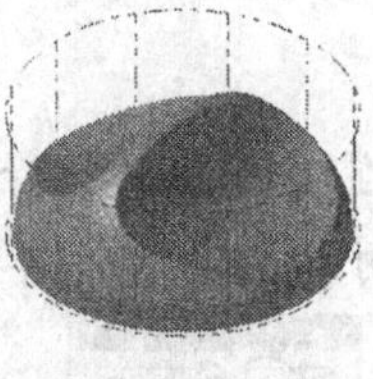

图 11-40 "LX11-5A.MCX" 文件

(2) 选择【刀具路径】/【曲面粗加工】/【等高外形粗加工】命令，然后按照如图 11-41 所示选择要进行粗加工的曲面。

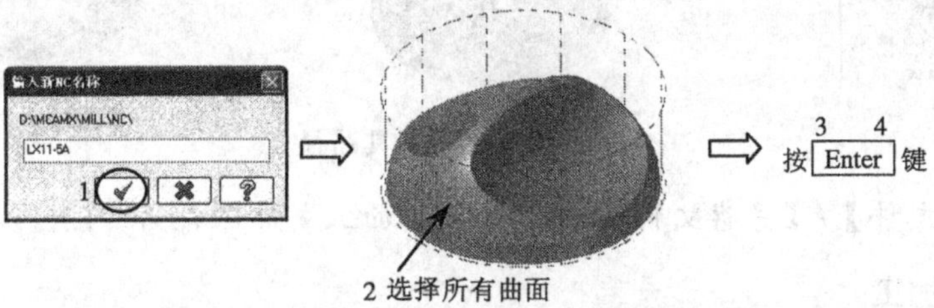

图 11-41 选择粗加工的曲面（3、4 步骤是？）

(3) 此时将弹出【曲面粗加工等高外形】对话框，在 "刀具路径参数" 选项卡中，选择刀具直径为 6mm 的圆鼻刀，并设置其刀具的相关参数。

(4) 在 "等高外形粗加工参数" 选项卡中，设置整体误差、最大 Z 轴进给量、方向等，然后单击 "确定" 按钮，如图 11-42 所示。

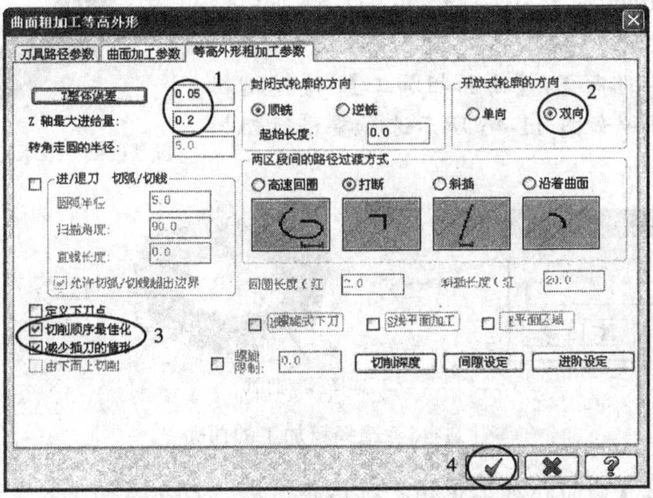

图 11-42 设置等高外形粗加工参数

(5) 此时在视图中将产生等高外形粗加工的刀具路径，并在【刀具路径管理器】窗口显示出所建立的刀具路径，如图 11-43 所示。

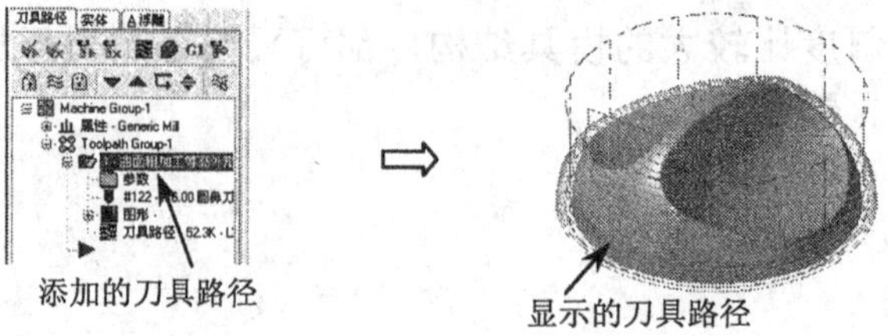

图 11-43 等高外形粗加工的刀具路径

（6）在【刀具路径管理器】窗口中，单击“刀具路径验证”按钮，将弹出【实体切削验证】对话框，然后单击“机器”按钮即可进行验证，如图 11-44 所示。

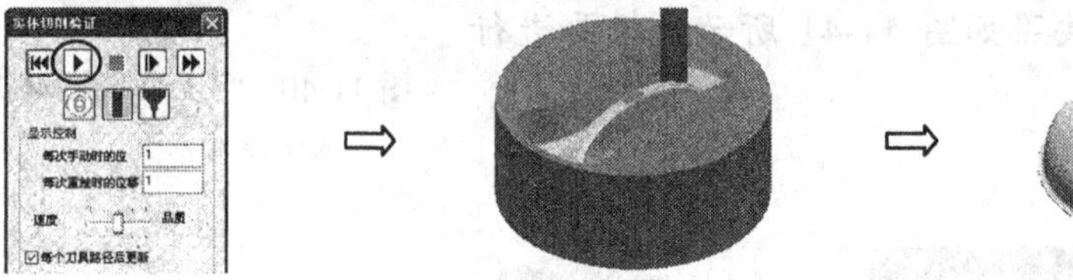

图 11-44 验证刀具路径

（7）选择【文件】/【另存文件】命令，将该加工文件保存为“LX11-5.MCX”文件。

11.2.6 挖槽粗加工

挖槽粗加工是根据零件形状自动去除材料，大多数用于凹槽加工，如果是凸形加工，则必须创建边界。

【例 11-6】挖槽粗加工实例。

操作步骤

（1）启动 Mastercam X 软件，打开“LX11-6A.MCX”文件，如图 11-45 所示。

（2）选择【刀具路径】/【曲面粗加工】/【挖槽粗加工】命令，然后按照如图 11-46 所示选择要进行粗加工的曲面。

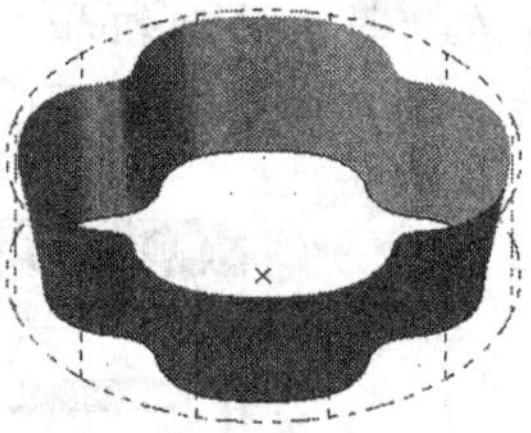

图 11-45 “LX11-6A.MCX”文件

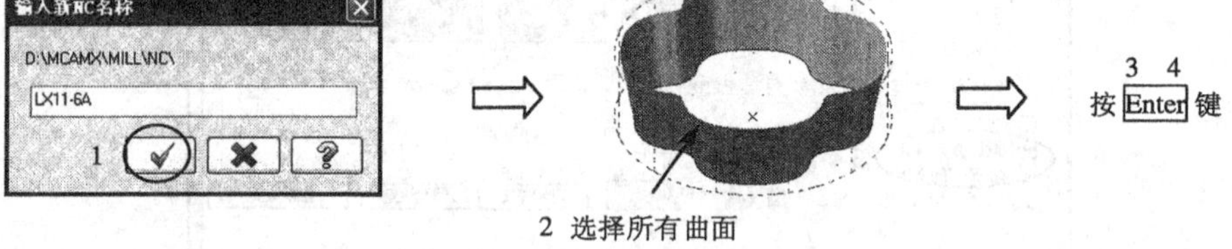

图 11-46 选择粗加工的曲面

（3）此时将弹出【曲面粗加工挖槽】对话框，在“刀具路径参数”选项卡中，选择刀具直径为 5mm 的圆鼻刀，并设置其刀具的相关参数。

（4）在“粗加工参数”和“挖槽参数”选项卡中，参照前面相关的方法设置参数，然后单击“确定”按钮。

（5）在视图中产生挖槽粗加工的刀具路径，并在【刀具路径管理器】窗口显示出所建立的刀具路径，如图 11-47 所示。

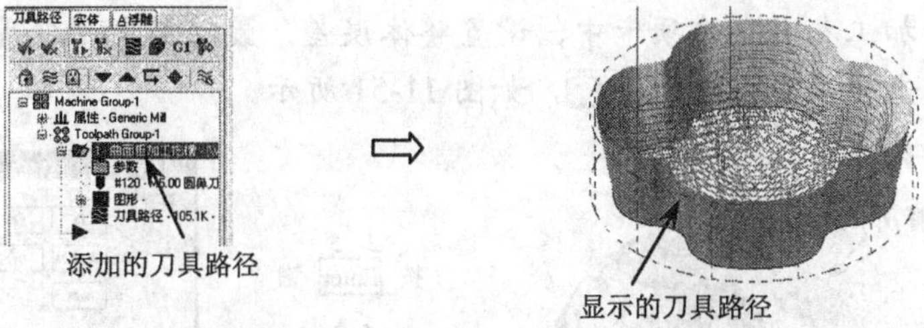

图 11-47　挖槽粗加工的刀具路径

（6）在【刀具路径管理器】窗口中，单击“刀具路径验证”按钮，将弹出【实体切削验证】对话框，然后单击“机器”按钮即可进行验证，如图 11-48 所示。

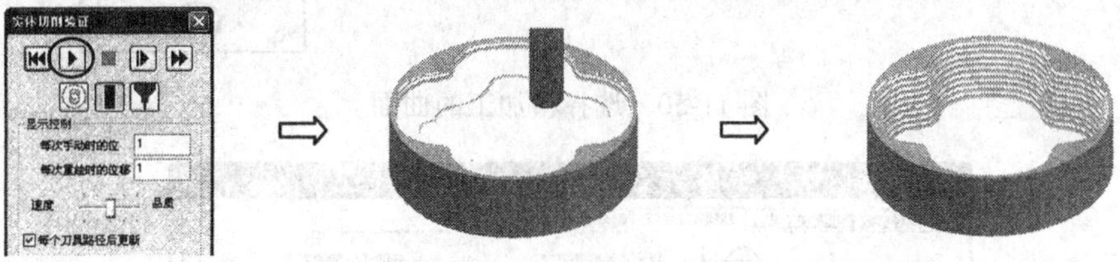

图 11-48　验证刀具路径

（7）选择【文件】/【另存文件】命令，将该加工文件保存为“LX11-6.MCX”文件。

11.2.7　残料粗加工

曲面残料粗加工主要是用于清除因其他刀具路径未切削，或者因刀具直径较大未能切削所残留的材料进行加工。在进行曲面残料粗加工时，在前面已经加工过的地方不再进行加工，而是对未加工到的区域进行加工。

【例 11-7】残料粗加工实例。

操作步骤

（1）启动 Mastercam X 软件，打开“LX11-7A.MCX”文件，如图 11-49 所示。

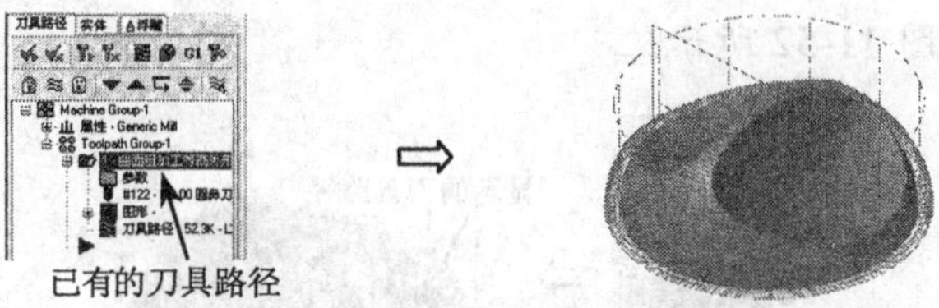

图 11-49　“LX11-7A.MCX”文件

为了更好地操作与观察残料粗加工，用户可将其已有的加工路径隐藏。

（2）选择【刀具路径】/【曲面粗加工】/【残料粗加工】命令，然后按照如图 11-50 所示选择要进行粗加工的曲面。

（3）弹出【曲面残料粗加工】对话框，在“刀具路径参数”选项卡中，选择刀具直径为 2mm 的圆鼻刀，并设置其刀具的相关参数。

（4）在“残料加工参数”选项卡中，设置整体误差、最大 Z 轴进给量、走圆半径、切削间距等，然后单击“确定”按钮，如图 11-51 所示。

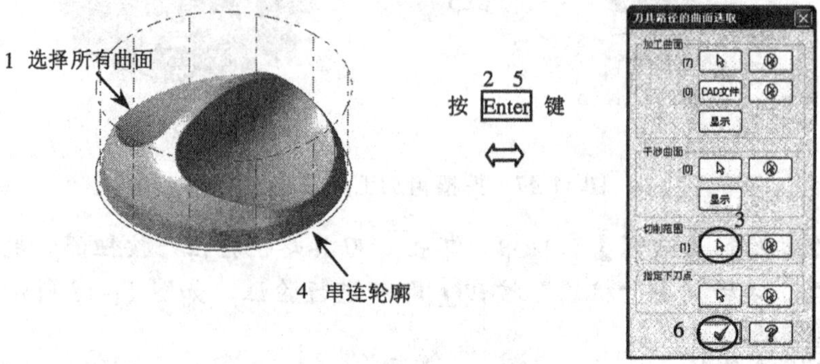

图 11-50　选择粗加工的曲面

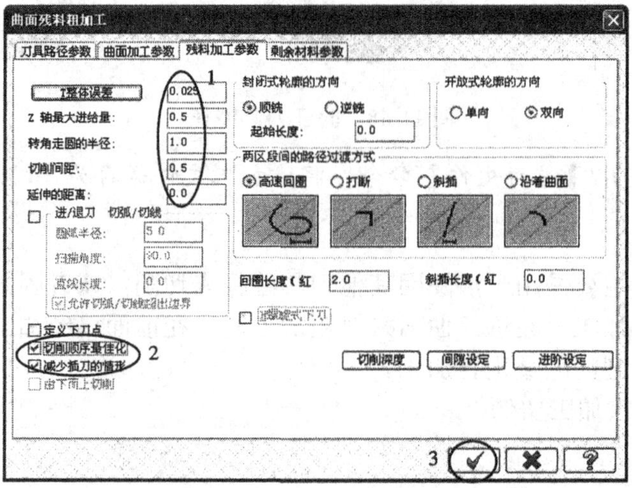

图 11-51　设置残料粗加工参数

（5）在视图中，将产生残料粗加工的刀具路径，并在【刀具路径管理器】窗口显示出所建立的刀具路径，如图 11-52 所示。

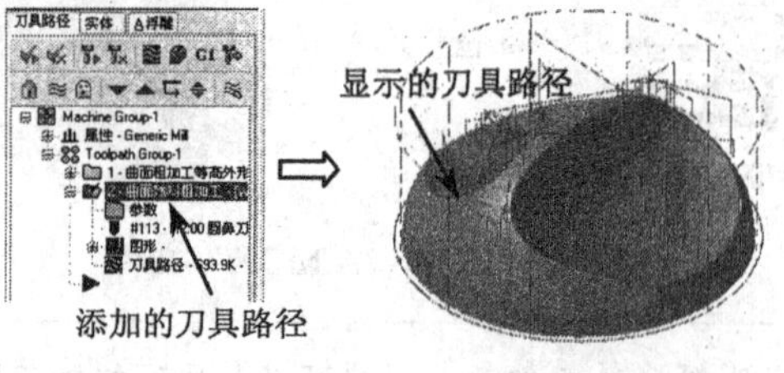

图 11-52　残料粗加工的刀具路径

（6）在【刀具路径管理器】窗口中，单击“刀具路径验证”按钮，将弹出【实体切削验证】对话框，然后单击“机器”按钮▶即可进行验证，如图 11-53 所示。

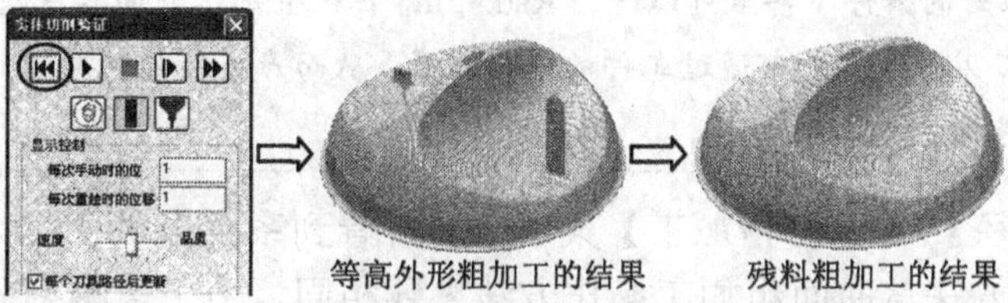

图 11-53　验证刀具路径

（7）选择【文件】/【另存文件】命令，将该加工文件保存为“LX11-7.MCX”文件。

11.2.8　钻削式粗加工

它可以将所有位于曲面与凹槽的边界材料进行钻削式粗加工，从而可以迅速地去除粗加工的余量，其产生的刀具路径示意图如图 11-54 所示。

选择【刀具路径】/【曲面粗加工】/【残料粗加工】命令，将弹出【曲面粗加工钻削式】对话框，其“钻削式粗加工参数”选项卡如图 11-55 所示。

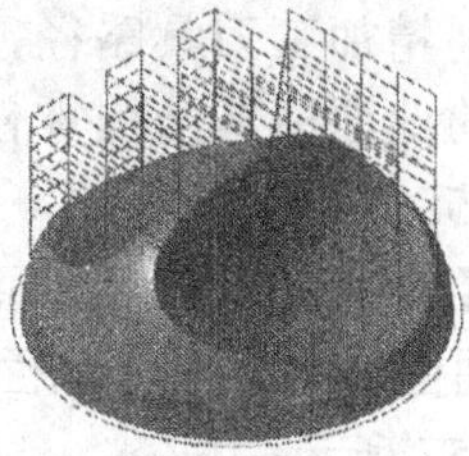

图 11-54　钻削式粗加工刀具路径

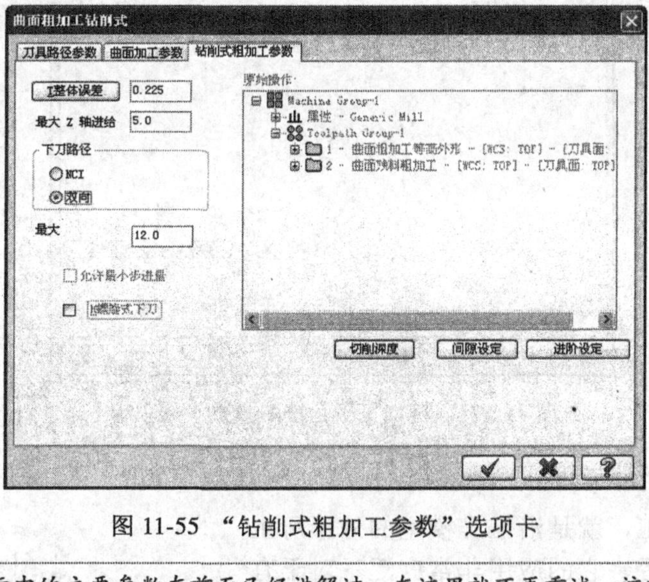

图 11-55　“钻削式粗加工参数”选项卡

该选项卡中的主要参数在前面已经讲解过，在这里就不再重述。该粗加工方式的操作方式与前面的几种粗加工方式大致相同，在这里就不再一一介绍。

11.3　曲面精加工

曲面精加工一般用于曲面粗加工后的工件或铸件的精加工，以得到符合要求的光滑曲面，其目的就是为了精确地将三维模型结构表现出来。

根据所使用的机床、切削方式、工件材料以及所采用的刀具，可使表面粗糙度达到 Ra1.6μm 的水平，在极好的条件下甚至可以达到 Ra0.4μm。但不宜加工表面具有硬化层的工件（如铸件），因为这时的刀刃必须从外部通过工件的硬化表层，从而产生较强的磨损。如采用普通机床加工，应设法消除进给机构的间隙。

选择【刀具路径】/【曲面精加工】菜单，即可看到系统提供了 11 种曲面精加工方法。其曲面精加工操作方法与曲面粗加工操作方法大致相同，由于篇幅有限，所以在下面将其主要的曲面精加工方法进行简要的介绍。

11.3.1 平行铣削精加工

在进行平行铣削精加工时，主要是生成某一特定角度的平行切削精加工刀具路径，它主要应用于圆弧过渡及比较平缓的曲面模具结构零件。其加工的刀具路径示意图如图 11-56 所示。

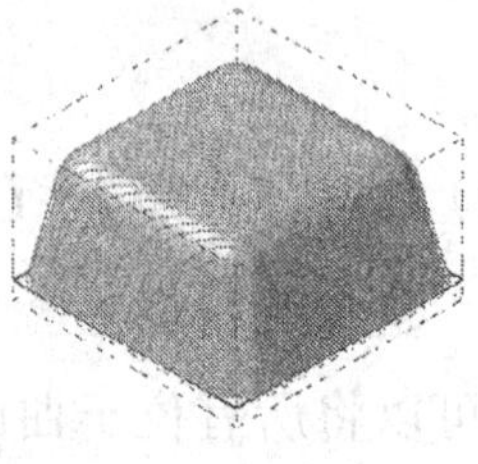

图 11-56 平行铣削精加工路径

选择【加工路径】/【曲面精加工】/【精加工平行铣削】命令，在视图中选择要进行精加工的曲面，将弹出【曲面精加工平行铣削】对话框，其“精加工平行铣削参数”选项卡如图 11-57 所示。

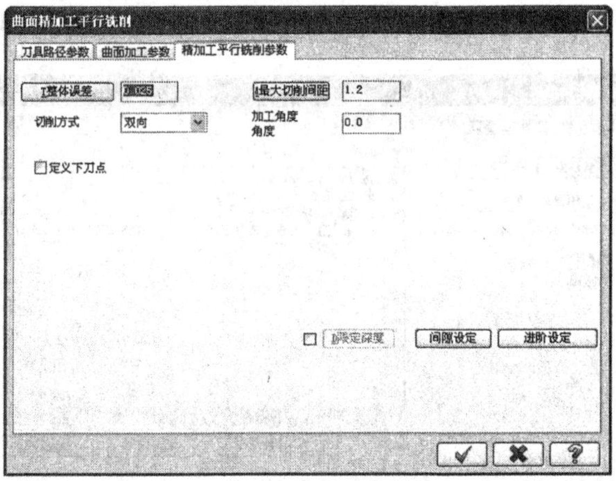

图 11-57 “精加工平行铣削参数”选项卡

11.3.2 等高外形精加工

等高外形精加工，就是沿三维模型的外形所生成的精加工刀具路径，它的应用非常广泛，对于有特定高度及斜度比较大的模具结构，都可采用等高外形精加工方式来加工，如模具结构中的型芯、型腔、镶件等。其加工的刀具路径示意图如图 11-58 所示。

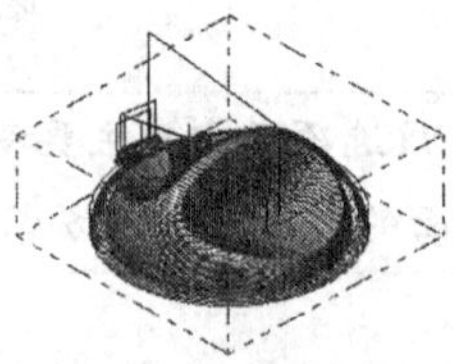

图 11-58 等高外形加工刀具路径

选择【加工路径】/【曲面精加工】/【精加工等高外形】命令，在视图中选择要进行精加工的曲面，将弹出【曲面精加工等高外形】对话框，其“等高外形精加工参数”选项卡如图 11-59 所示。

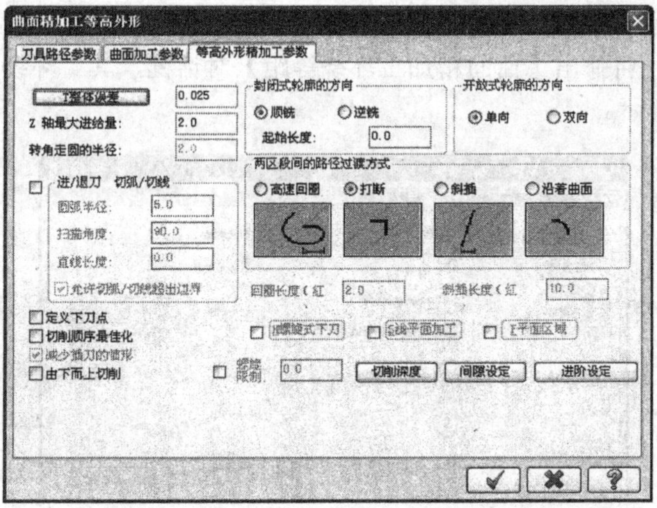

图 11-59 “等高外形精加工参数”选项卡

在该选项卡中，其未讲解参数的含义说明如下：

- 浅平面加工：选择该复选框并单击该按钮，将弹出如图 11-60 所示的【浅平面加工设置】对话框，从而在设置等高外形精加工时增加浅平面加工。其“移除浅平区域的刀具路径”选项表示在等高外形加工时，移除浅平区域中的刀具路径；其“增加浅平区域的刀具路径”选项表示在等高外形加工时，增加浅平区域中的刀具路径；其“分层铣深的最小切削深度”文本框表示增加浅平区域中的刀具路径，可以设置每层铣削的切削深度；其“加工角度的极限”文本框表示设置增加或移除浅平区域中的角度极限，改变数值时，其“步进量的极限”文本框的数值将随之改变。
- 平面区域：表示在进行等高外形加工的同时也加工零件的平面区域。选择该复选框，并单击该按钮，将弹出如图 11-61 所示的【平面区域加工设置】对话框，其“加工平面区域的步进量”文本框表示设置相邻两刀具路径的距离值，其值根据刀具的直径和刀具类型而确定。

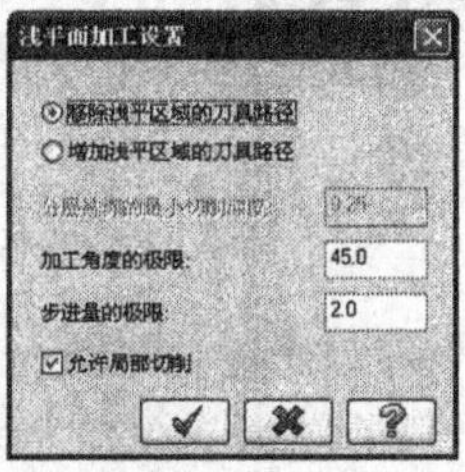

图 11-60 【浅平面加工设置】对话框

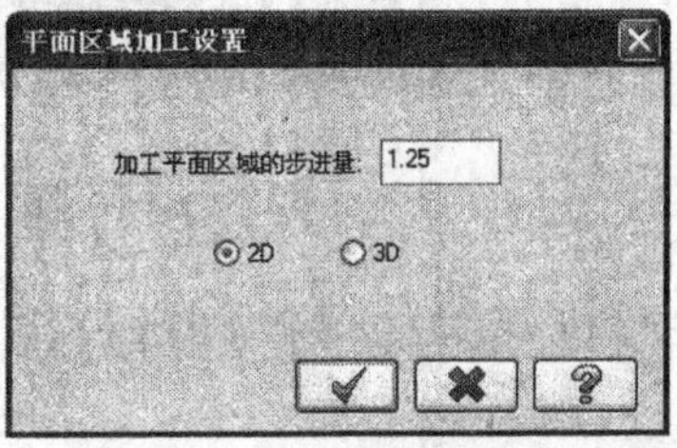

图 11-61 【平面区域加工设置】对话框

11.3.3 环绕等距精加工

环绕等距精加工就是生成等距环绕三维模型曲面的精加工刀具路径，它主要应用于加工比较平缓且规则的零件。其加工的刀具路径示意图如图 11-62 所示。

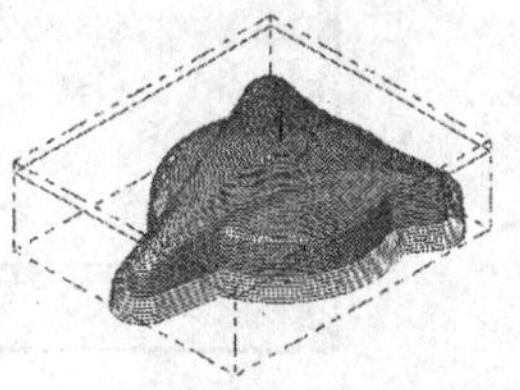

图 11-62 环绕等距加工刀具路径

选择【加工路径】/【曲面精加工】/【精加工环绕等距加工】命令，在视图中选择要进行精加工的曲面，将弹出【曲面精加工环绕等距】对话框，其“环绕等距精加工参数”选项卡如图 11-63 所示。

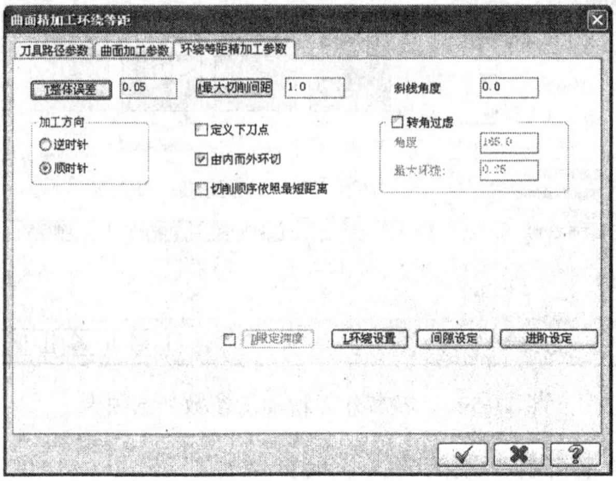

图 11-63 “环绕等距精加工参数”选项卡

11.3.4 放射状精加工

放射状精加工就是指刀具围绕一个旋转中心点，对工件进行某一范围内的放射性加工，它特别适合于圆形或对称性模具结构的加工。其刀具路径示意图如图 11-64 所示。

选择【加工路径】/【曲面精加工】/【精加工放射状】命令，在视图中选择要进行精加工的曲面，将弹出【曲面精加工放射状】对话框，设置其相关的参数，然后再选择旋转的中心点。其“放射状精加工参数”选项卡如图 11-65 所示。

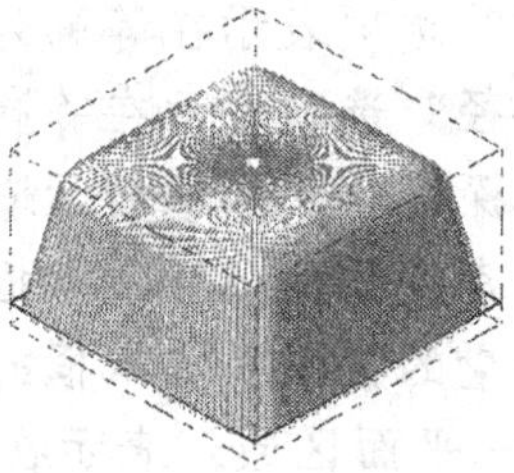

图 11-64 放射状精加工刀具路径

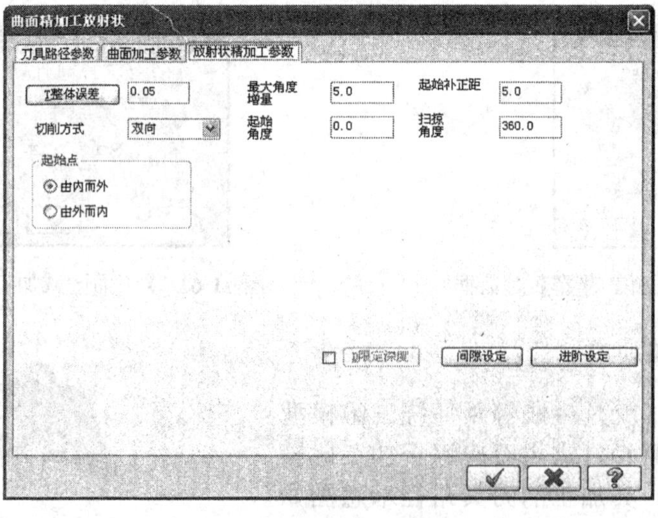

图 11-65 “放射状精加工参数”选项卡

11.3.5　陡斜面精加工

在曲面精加工中，还需要一些辅助刀具路径去完成整个模具或产品的加工，如陡斜面精加工、浅平面精加工、曲面流线精加工、交线清角精加工、残料清角精加工等。

它们的操作步骤、曲面参数设置、加工参数设置等基本类似，所以在此就不一一举例，只是将主要的辅助精加工的含义及路径进行说明。

陡斜面精加工，是清除三维模型曲面斜坡上的残留材料，斜坡面由两斜坡角度来决定。其加工的刀具路径示意图如图 11-66 所示。

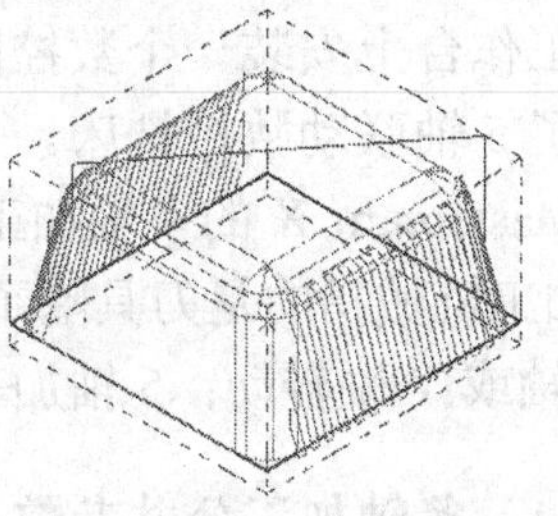

图 11-66　陡斜面精加工刀具路径

11.3.6　浅平面精加工

浅平面精加工，是对加工后浅面积部分残留材料进行精加工，浅面积由两斜坡角度来决定。其加工的刀具路径示意图如图 11-67 所示。

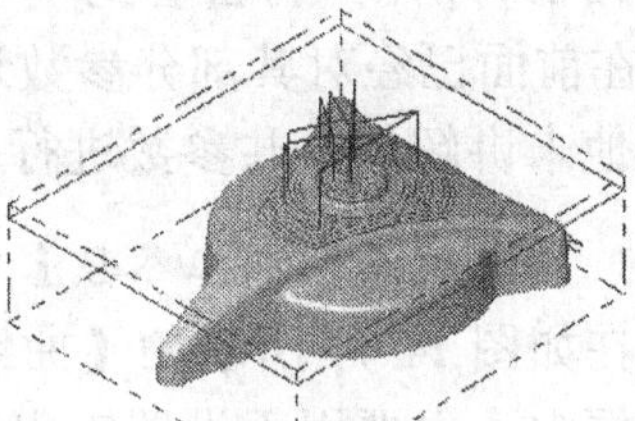

图 11-67　浅平面精加工刀具路径

11.3.7　流线精加工

流线精加工，就是沿着某一特定的切削方向进行加工，它的切削方向包括沿着截断方向加工和切削方向加工。其加工的刀具路径示意图如图 11-68 所示。

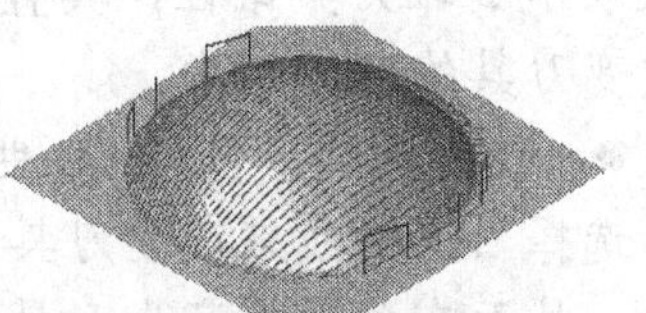

图 11-68　流线精加工刀具路径

11.3.8　交线清角精加工

交线清角精加工，就是用于清除曲面间交角部分的残留材料，它属于局部精加工。其加工的刀具路径示意图如图 11-69 所示。

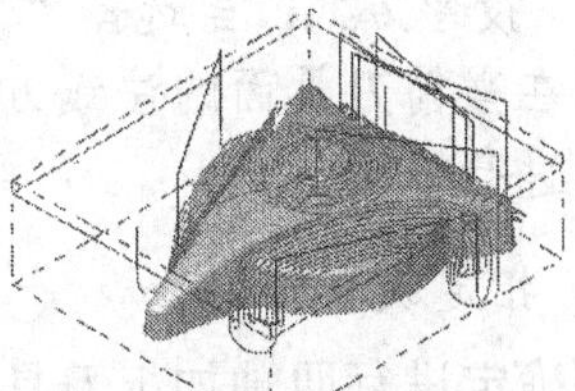

图 11-69　交线清角精加工刀具路径

11.3.9　残料清角精加工

残料清角精加工，就是用于清除以前因较大直径刀具加工所残留材料的加工刀具路径，所选的刀具要比以前所选刀具的直径要小。其加工的刀具路径示意图如图 11-70 所示。

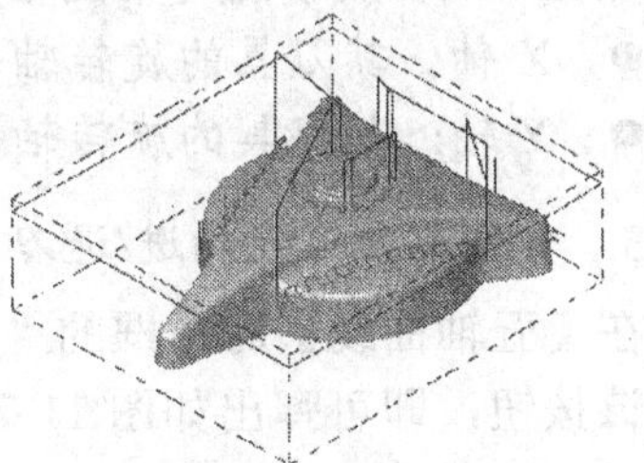

图 11-70　残料清角精加工刀具路径

11.4　多轴加工

在前面讲解的二维铣床加工与三维铣床加工，都是按照数控铣床的 X 轴、Y 轴和 Z 轴 3 轴联动进行加工。若在机床的工作台上安装一个数控分度头，并与原来的 3 轴联动，就成了 4 轴联动数控铣床；若在机床的工作台上安装一个数控回转工作台，并在数控回转工作台上再安装一个数控分度头，即成了 5 轴联动数控铣床。

Mastercam X 的多轴加工系统同样可以生成 4 轴和 5 轴加工机械所使用的 NC 文件。其 4 轴加工机械指的是刀具除了在 X 轴、Y 轴和 Z 轴方向平移外，其刀具轴（工作台）还可以绕 X 轴或 Y 轴转动；5 轴加工机械的刀具轴（工作台）则可以绕 X 轴和 Y 轴同时转动。

11.4.1　多轴加工公共参数

与曲面粗/精加工一样，在操作不同的多轴加工路径时，用户将会看到一些相似的窗口和参数，在前面已经对其部分参数进行了讲解，下面将其他未讲解的公共参数进行介绍。

1. 【曲线五轴加工参数】对话框

在如图 11-71 所示的【曲线五轴加工参数】对话框中，主要用于设置输出格式、曲线型式、刀具轴向的控制等。

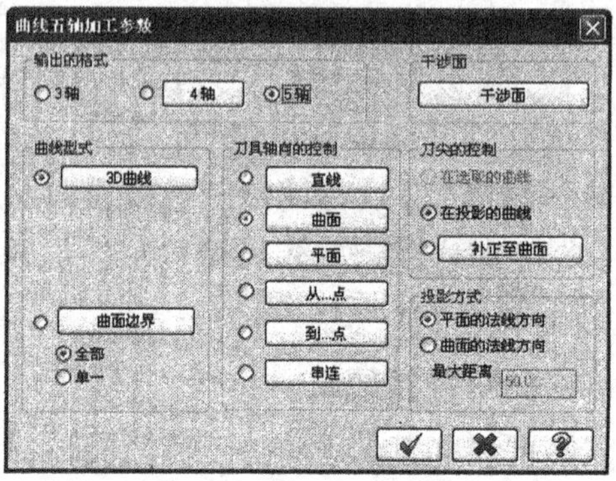

图 11-71　【曲线五轴加工参数】对话框

- 输出格式：该区域分为 3 轴、4 轴和 5 轴三种选项。当设为 5 轴时，系统会以直线段来表示 5 轴刀具路径，其直线方向便是刀具的轴向；若设为 3 轴、4 轴时，则系统将不会改变刀具的轴向角度。
- 曲线型式：包括 3D 曲线和曲面边界。当选择 3D 曲线时，将返回到视图中，以便用户选择 3D 曲线来产生刀具路径；当选择曲面边界时，将返回到视图中，以便用户选择曲面，从而在曲面上产生刀具路径。
- 刀具轴向的控制：用于控制刀具轴向的设置方法。
- 刀尖的控制：用于控制刀具顶点的位置。
- 投影方式：当选择“3D 曲线”时，即可选择该区域的选项。其“平面的法线方向”项表示在当前刀具面的法线方向进行投影；其“曲面的法线方向”项表示在当前曲面的法线方向进行投影。

2. 指定旋转轴

在确定进行四轴加工刀具路径时，用户可设置 X 轴、Y 轴和 Z 轴来作为旋转轴。在如图 11-71 所示的对话框的“输出的格式”区域中，选中“4 轴”单选项并单击该按钮，即可弹出如图 11-72 所示的【第四轴】对话框。

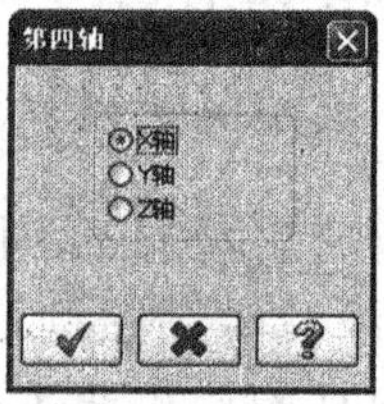

图 11-72　【第四轴】对话框

- X 轴：其刀具的旋转轴垂直于 X 轴，即刀具轴在 YZ 平面内旋转。
- Y 轴：其刀具的旋转轴垂直于 Y 轴，即刀具轴在 ZX 平面内旋转。

3. 多轴刀具路径的进/退刀向量

在【五轴曲线】对话框的“多轴加工参数”选项卡中，勾选“进/退刀向量”复选框并单击该按钮，即可弹出如图 11-73 所示的【进/退刀向量】对话框，从而可以设置多轴刀具路径进/退刀参数。

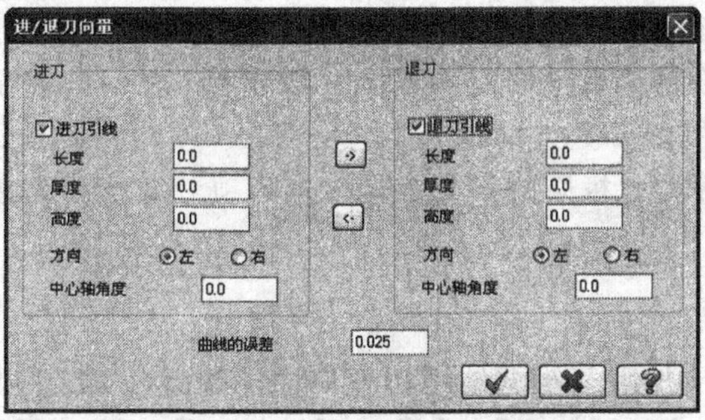

图 11-73 【进/退刀向量】对话框

除五轴钻削外，所有的多轴刀具路径可以进刀和退刀移动，如图 11-74 所示显示为多轴刀具路径的进刀曲线。

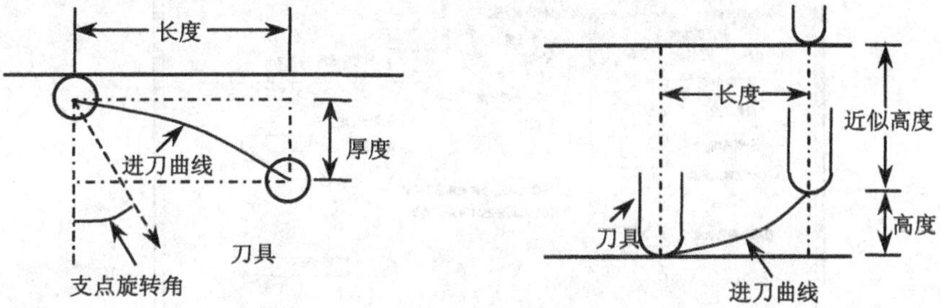

图 11-74 进/退刀刀具路径参数

4. “轴的极限”选项卡

在所有的多轴加工中，其“轴的极限”选项卡内容相同，用于控制 X 轴、Y 轴和 Z 轴的旋转角度极限，如图 11-75 所示。

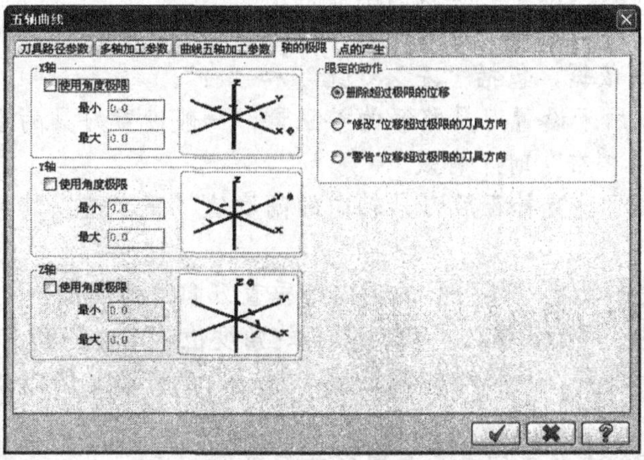

图 11-75 “轴的极限”选项卡

- 使用角度极限：分别勾选其复选框，即可独立设置这三轴旋转角度的最大值和最小值。
- 选中“删除超过极限的位移”单选项：表示系统在计算刀具路径过程中，将超过设定角度极限的刀具路径忽略删除。

- 选中“修改位移超过极限的刀具方向”单选项：表示系统在计算刀具路径过程中，将修改超过设定角度极限的刀具方向。
- 选中“警告位移超过极限的刀具方向”单选项：表示系统在计算刀具路径结束后，显示提示菜单。

11.4.2　曲线五轴加工

曲线五轴加工，用于加工三维曲线或可变曲面的边界，其刀具定位在一个轮廓上。

选择【加工路径】/【多轴加工】/【曲线五轴加工】命令，根据相关的提示和要求，选择视图中的曲面和曲线，然后将弹出【五轴曲线】对话框，其“五轴曲线加工参数”选项卡如图 11-76 所示。

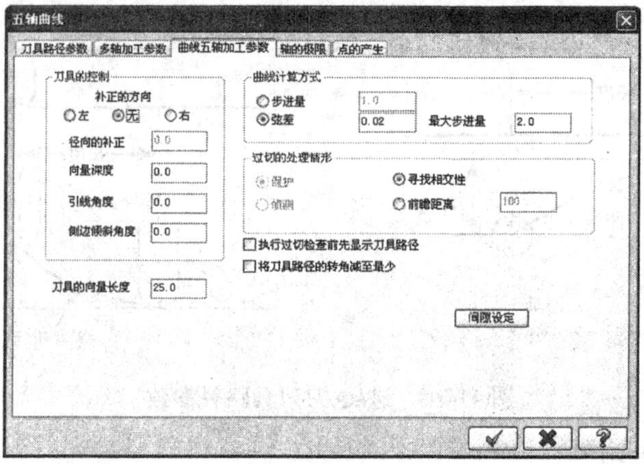

图 11-76　“五轴曲线加工参数”选项卡

下面将该选项卡中特有的参数进行讲解：

- 补正的方向：用于设置刀具的补正方向，以外部边界、投影曲线或曲面曲线的串连方式作为补正的判断依据，包括“左”、“无”和“右”。
- 径向的补正：用于设置刀具路径的补正量，一般设置刀具的半径值。该参数要在补正方向设为“左”或“右”时才有效。
- 向量深度：用于设置补正后刀具轴向的高度值，高度值以其加工面为基准作上下增量。
- 引线角度：用于设置刀具引线的轴向与垂直方向的角度值。
- 侧边倾斜角度：用于设置刀具侧边倾斜的角度值，正值应朝左倾，负值应朝右倾。
- 步进量：用于设置刀具移动的偏移量，将会以步进增量的方式来设定刀具路径的精确度。
- 弦差：以弦高的方式来定义刀具路径的精确度。
- 最大步进量：用于设定刀具移动时的最大距离。
- 寻找相交性：选择该单选项时，表示在整个刀具路径进行过切检查。
- 前瞻距离：选择该单选项时，可以在指定的程序节中进行过滤检查。

【例 11-8】曲线五轴加工实例。

操作步骤

（1）启动 Mastercam X 软件，打开“LX11-8A.MCX”文件，如图 11-77 所示。

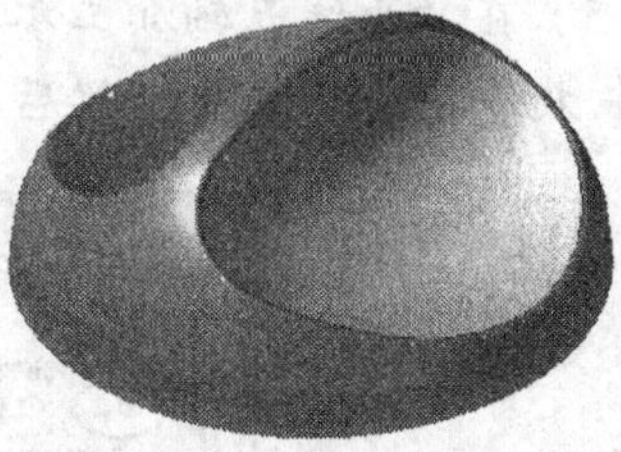

图 11-77　“LX11-8A.MCX”文件

（2）选择【刀具路径】/【多轴加工】/【曲线五轴加工】命令，然后按照如图 11-78 所示选择要进行多轴加工的曲面和串连轮廓图素。

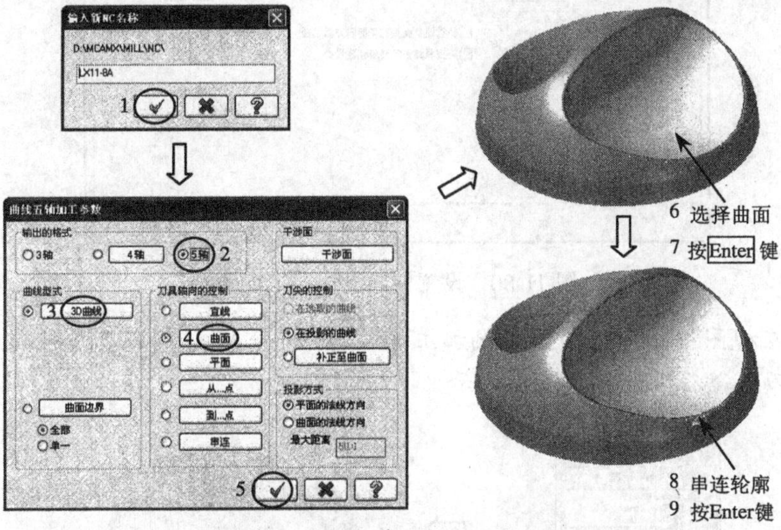

图 11-78　选择多轴加工的曲面与曲线

（3）弹出【五轴曲线】对话框，在“刀具路径参数”选项卡中，选择刀具直径为 1mm 的圆鼻刀，并设置其刀具的相关参数。

（4）在“多轴加工参数”选项卡中，设置安全高度、参考高度、进给下刀位置等参数，如图 11-79 所示。

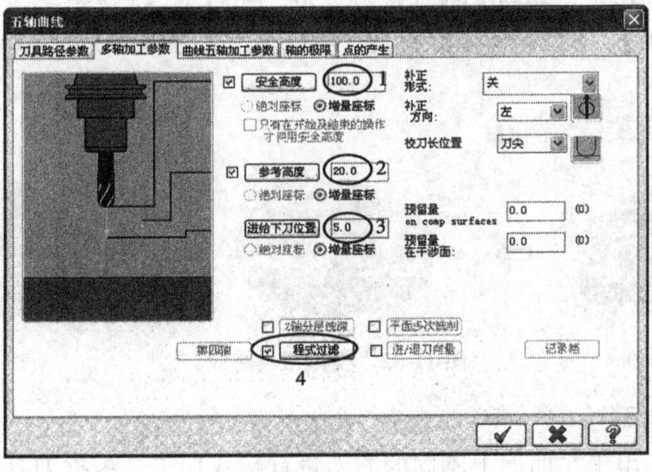

图 11-79　设置多轴加工参数

（5）在“曲线五轴加工参数”选项卡中，设置刀具的补正方向、径向的补正、向量深度、最大步进量等参数，然后单击“确定”按钮✔，如图 11-80 所示。

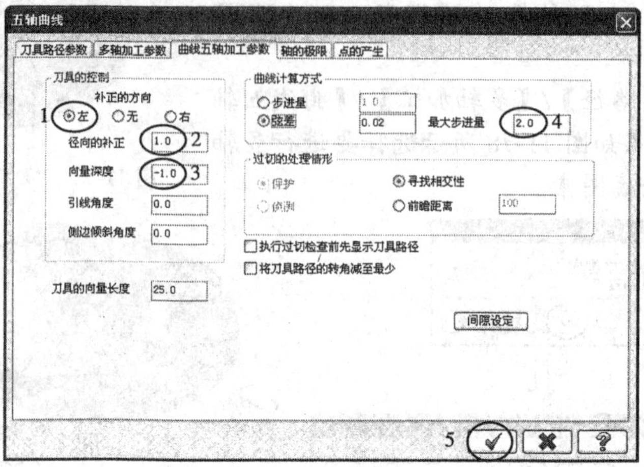

图 11-80　设置曲线五轴加工参数

（6）此时在视图中将产生曲线五轴加工的刀具路径，并在【刀具路径管理器】窗口显示出所建立的刀具路径，如图 11-81 所示。

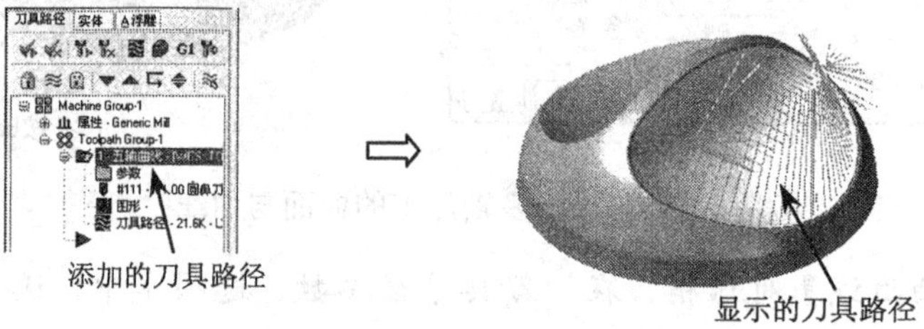

图 11-81　曲线五轴加工的刀具路径

（7）在【刀具路径管理器】窗口中，单击“刀具路径模拟”按钮，将弹出“刀路模拟”工具栏，单击“播放”按钮▶即可进行模拟，如图 11-82 所示。

（8）选择【文件】/【另存文件】命令，将该加工文件保存为“LX11-8.MCX”文件。

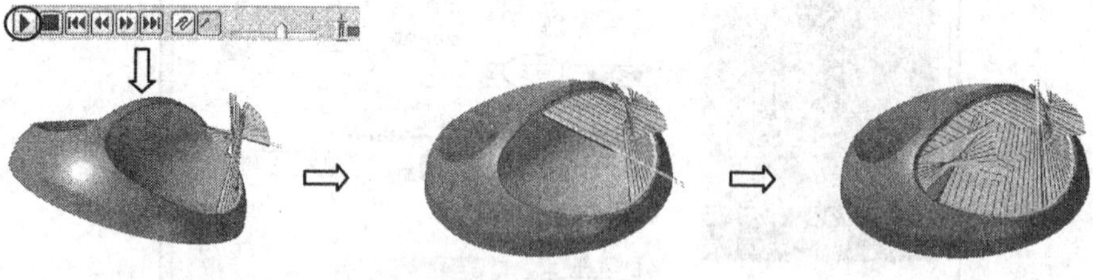

图 11-82　模拟刀具路径

11.4.3　钻孔五轴加工

钻孔五轴加工，用于在曲面上不同的方向进行钻孔加工，根据刀具轴向控制方式的不同，可以生成 3 轴、4 轴或 5 轴的钻孔加工路径。

【例 11-9】钻孔五轴加工实例。

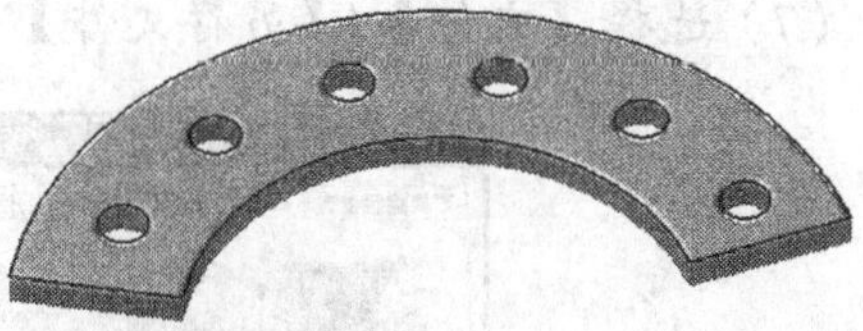

图 11-83　“LX11-9A.MCX”文件

操作步骤

（1）启动 Mastercam X 软件，打开“LX11-9A.MCX”文件，如图 11-83 所示。

（2）选择【刀具路径】/【多轴加工】/【钻孔五轴加工】命令，然后按照如图 11-84 所示选择要进行钻孔五轴加工的点。

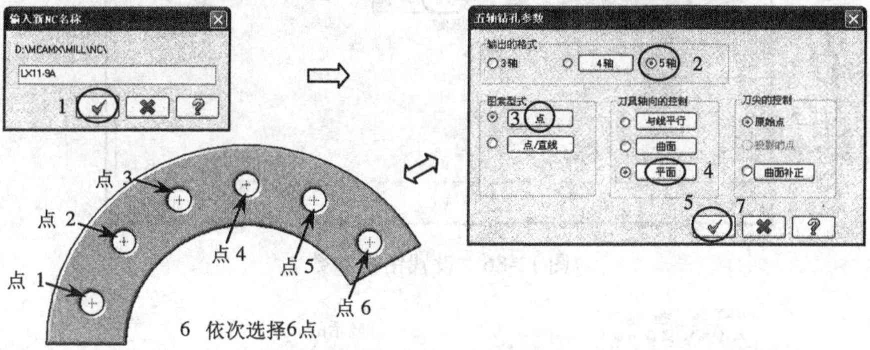

图 11-84　选择钻孔的位置

（3）此时将弹出【5 轴-深孔啄钻—完整回缩】对话框，在“刀具路径参数”选项卡中，选择刀具直径为 3mm 的钻孔，并设置其刀具的相关参数，如图 11-85 所示

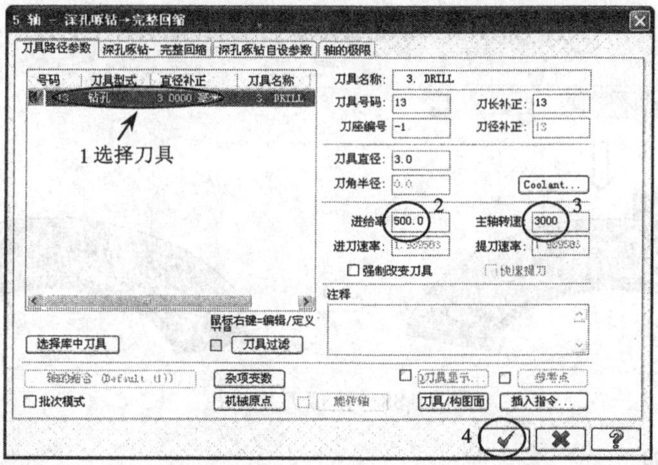

图 11-85　选择钻孔的刀具

（4）在“深孔啄钻—完整回缩”选项卡中，分别设置参考高度、工件表面高度、深度、钻孔方式等，然后单击“确定”按钮[✓]，如图 11-86 所示。

（5）此时在视图中将产生钻孔五轴加工的刀具路径，并在【刀具路径管理器】窗口显示出所建立的刀具路径，如图 11-87 所示。

（6）在【刀具路径管理器】窗口中，单击“刀具路径模拟”按钮，将弹出“刀路模拟”工具栏，单击“播放”按钮即可进行模拟，如图 11-88 所示。

（7）选择【文件】/【另存文件】命令，将该加工文件保存为“LX11-9.MCX”文件。

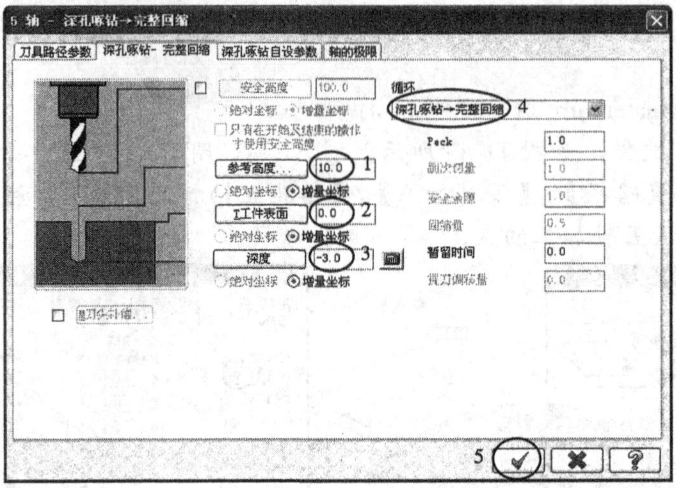

图 11-86 设置钻孔参数

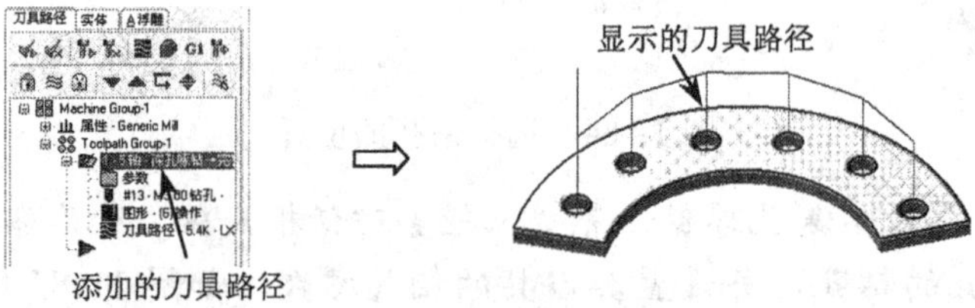

图 11-87 钻孔 5 轴加工的刀具路径

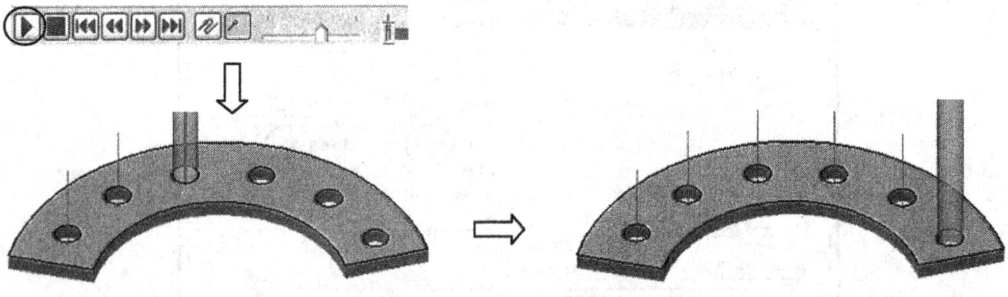

图 11-88 模拟刀具路径

11.4.4 沿边五轴加工

沿边五轴加工，就是使用刀具的侧面，沿着工件曲面的侧面壁进行切削，从而根据刀具控制方式的不同，可以生成 4 轴或 5 轴的刀具路径。

【例 11-10】沿边五轴加工实例。

操作步骤

（1）启动 Mastercam X 软件，打开“LX11-10A.MCX”的曲面文件，如图 11-89 所示。

图 11-89 “LX11-10A.MCX”文件

（2）选择【刀具路径】/【多轴加工】/【沿边五轴加工】命令，然后按照如图 11-90 所示选择要沿边五轴加工的曲面及轮廓图素。

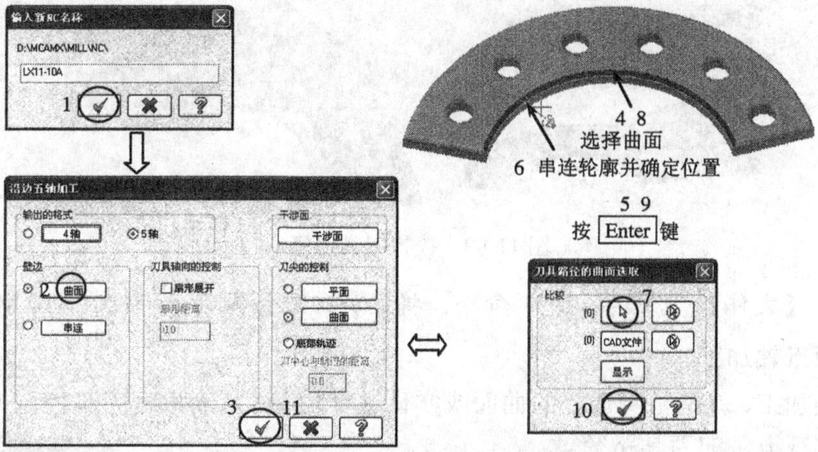

图 11-90 选择加工的曲面及轮廓

（3）此时将弹出【沿边五轴】对话框，在“刀具路径参数”选项卡中，选择刀具直径为 6mm 的球刀，并设置其刀具的相关参数。其他选项卡的参数为默认值，最后单击“确定”按钮 ✔，如图 11-91 所示。

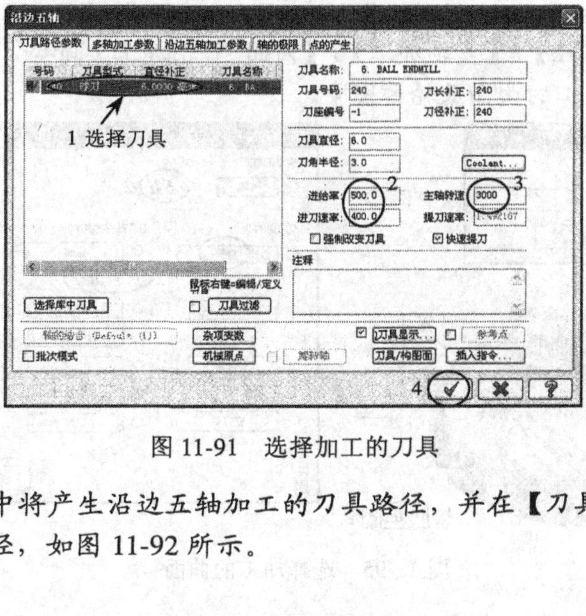

图 11-91 选择加工的刀具

（4）此时在视图中将产生沿边五轴加工的刀具路径，并在【刀具路径管理器】窗口显示出所建立的刀具路径，如图 11-92 所示。

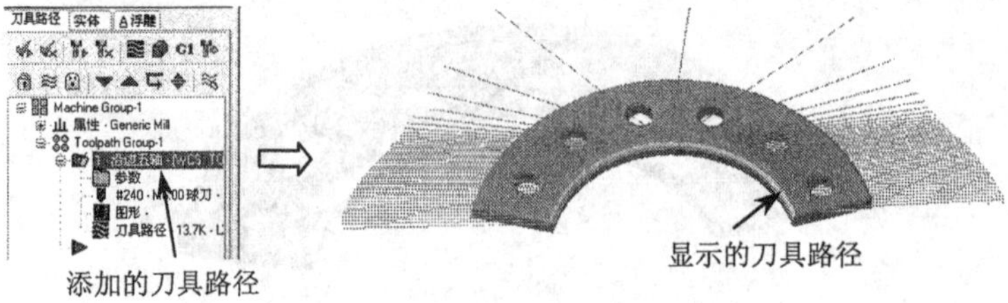

图 11-92　沿边五轴加工的刀具路径

（5）在【刀具路径管理器】窗口中，单击“刀具路径模拟”按钮，将弹出“刀路模拟”工具栏，单击“播放”按钮即可进行模拟，如图 11-93 所示。

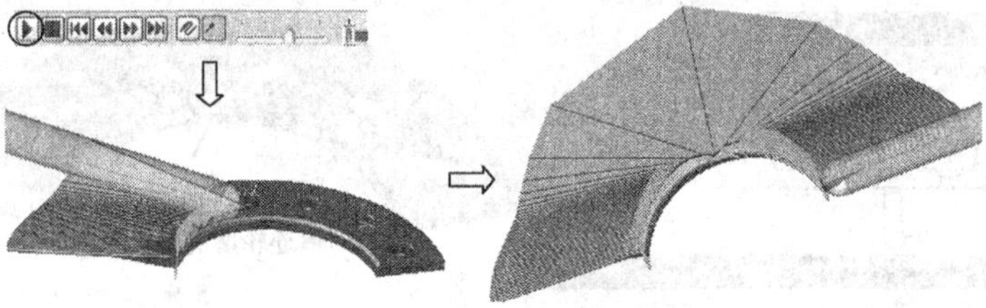

图 11-93　模拟刀具路径

（6）选择【文件】/【另存文件】命令，将该加工文件保存为“LX11-10.MCX”文件。

11.4.5　曲面五轴加工

曲面五轴加工，就是将所选择的曲面或实体进行加工，从而根据刀具控制方式的不同，可以生成四轴或五轴的刀具路径。

【例 11-11】曲面 5 轴加工实例。

操作步骤

（1）启动 Mastercam X 软件，打开“LX11-11A.MCX”文件，如图 11-94 所示。

图 11-94　“LX11-11A.MCX”文件

（2）选择【刀具路径】/【多轴加工】/【曲面 5 轴加工】命令，然后按照如图 11-95 所示选择要曲面五轴加工的曲面及轮廓图素。

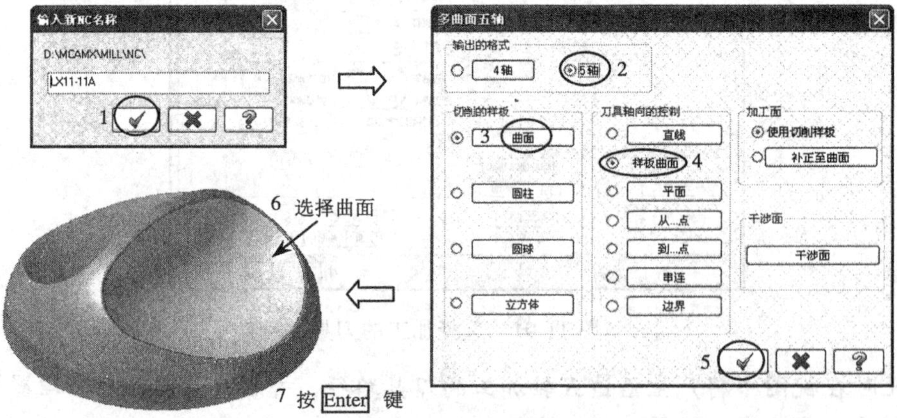

图 11-95　选择加工的曲面

（3）此时将弹出【多曲面五轴】对话框，在“刀具路径参数”选项卡中，选择刀具直径为 4mm 的圆鼻刀，并设置其刀具的相关参数，如图 11-96 所示。

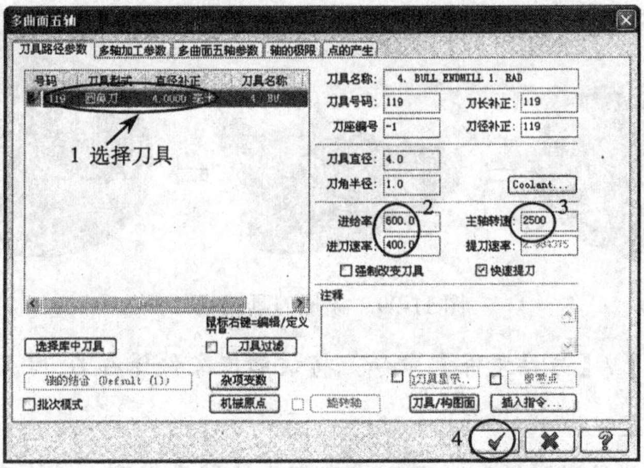

图 11-96　选择加工的刀具

（4）在“多曲面五轴参数”选项卡中，分别设置刀具引线角度、倾斜角度、切截间距、切削间距、刀具的向量长度等，最后单击“确定”按钮 ✔ 即可，如图 11-97 所示。

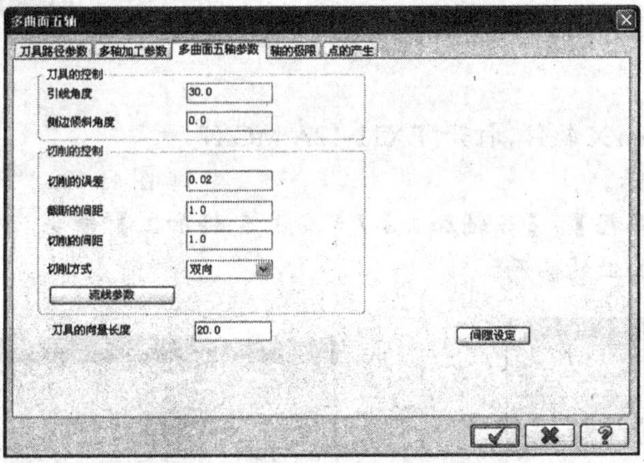

图 11-97　设置多曲面五轴参数

（5）在视图中将产生曲面五轴加工的刀具路径，并在【刀具路径管理器】窗口显示出所建立的刀具路径，如图 11-98 所示。

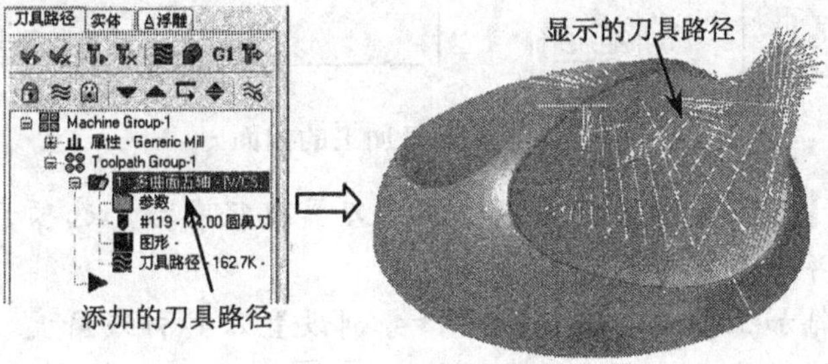

图 11-98　曲面 5 轴加工的刀具路径

（6）在【刀具路径管理器】窗口中，单击“刀具路径模拟”按钮，将弹出“刀路模拟”工具栏，单击“播放”按钮即可进行模拟，如图 11-99 所示。

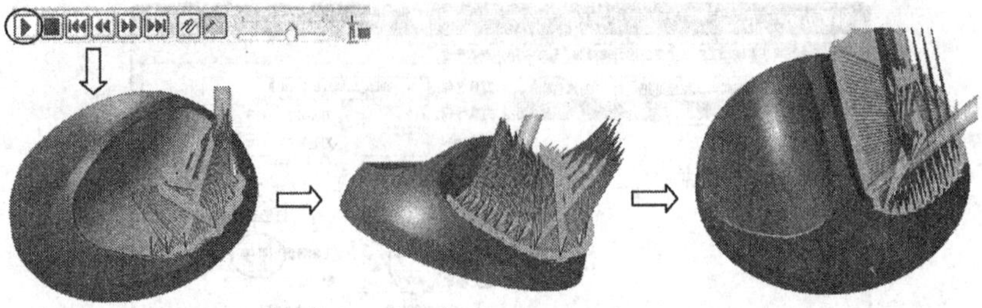

图 11-99　模拟刀具路径

（7）选择【文件】/【另存文件】命令，将该加工文件保存为“LX11-11.MCX”文件。

11.4.6　流线 5 轴加工

流线 5 轴加工，就是通过控制球刀方式来产生的残脊高度，从而产生平滑且精确的精加工刀具路径，系统将以相对曲面的法线方向来设定刀具轴向。

【例 11-12】流线 5 轴加工实例。

图 11-100　“LX11-12A.MCX”文件

操作步骤

（1）启动 Mastercam X 软件，打开“LX11-12A.MCX”文件，如图 11-100 所示。

（2）选择【刀具路径】/【多轴加工】/【流线 5 轴加工】命令，然后按照如图 11-101 所示选择要流线 5 轴加工的曲面。

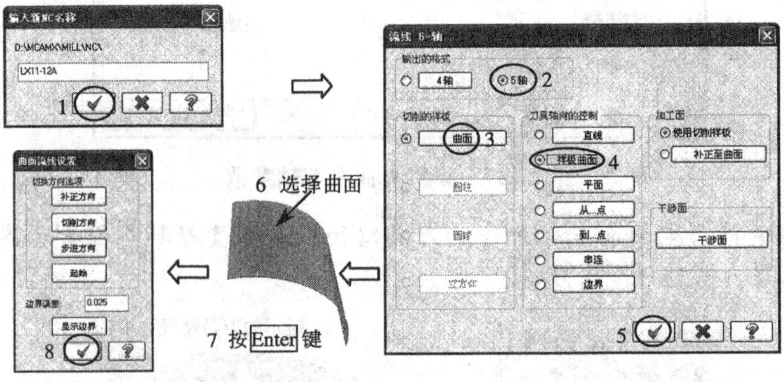

图 11-101　选择加工的曲面

（3）此时将弹出【沿面五轴】对话框，在“刀具路径参数”选项卡中，选择刀具直径为 10mm 的圆鼻刀，并设置其刀具的相关参数。

（4）在“沿面五轴加工参数”选项卡中，分别设置刀具引线角度、倾斜角度、切削方式、刀具的向量长度等，最后单击“确定”按钮即可，如图 11-102 所示。

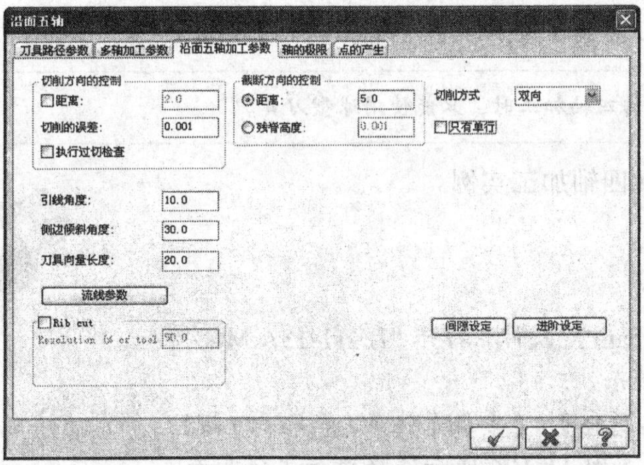

图 11-102　设置沿面五轴加工参数

（5）在视图中将产生沿面五轴加工的刀具路径，并在【刀具路径管理器】窗口显示出所建立的刀具路径，如图 11-103 所示。

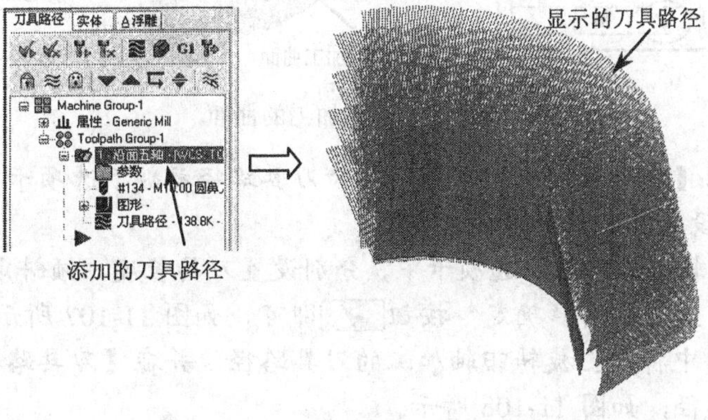

图 11-103　沿面 5 轴加工的刀具路径

（6）在【刀具路径管理器】窗口中，单击“刀具路径模拟”按钮，将弹出“刀路模拟”工具栏，单击“播放”按钮即可进行模拟，如图 11-104 所示。

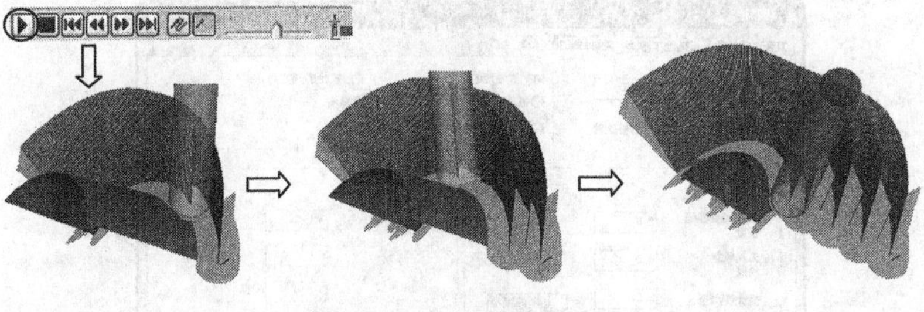

图 11-104　模拟刀具路径

（7）选择【文件】/【另存文件】命令，将该加工文件保存为“LX11-12.MCX”文件。

11.4.7　旋转四轴加工

旋转 4 轴加工，主要用于加工圆柱体工件，其刀具是保持在一个平面上，并垂直于旋转轴，用户可选择 X 轴或 Y 轴作为第四轴。

在进行旋转四轴加工时，只能使用球型刀具。

【例 11-13】旋转四轴加工实例。

图 11-105 “LX11-13A.MCX”文件

操作步骤

（1）启动 Mastercam X 软件，打开“LX11-13A.MCX”文件，如图 11-105 所示。

（2）选择【刀具路径】/【多轴加工】/【旋转四轴加工】命令，然后按照如图 11-106 所示选择要加工的曲面。

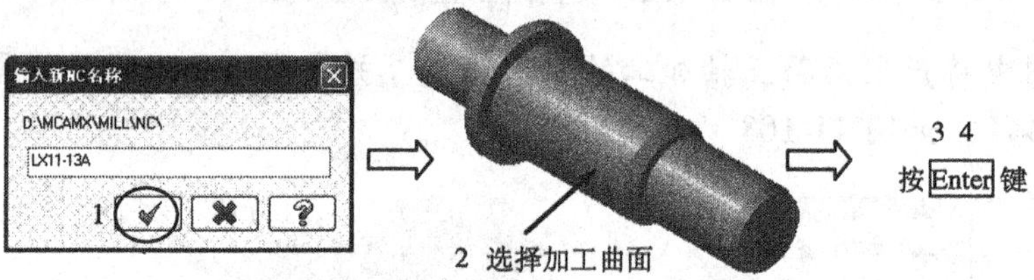

图 11-106　选择加工的曲面

（3）此时将弹出【旋转四轴】对话框，在“刀具路径参数”选项卡中，选择刀具直径为 6mm 的球刀，并设置其刀具的相关参数。

（4）在“旋转四轴加工参数”选项卡中，分别设置刀具长度、倾斜角度、最大切深量、刀具的向量长度等，最后单击“确定”按钮即可，如图 11-107 所示。

（5）此时在视图中将产生旋转四轴加工的刀具路径，并在【刀具路径管理器】窗口显示出所建立的刀具路径，如图 11-108 所示。

（6）在【刀具路径管理器】窗口中，单击“刀具路径模拟”按钮，将弹出“刀路模拟”工具栏，单击“播放”按钮即可进行模拟，如图 11-109 所示。

（7）选择【文件】/【另存文件】命令，将该加工文件保存为“LX11-13.MCX”文件。

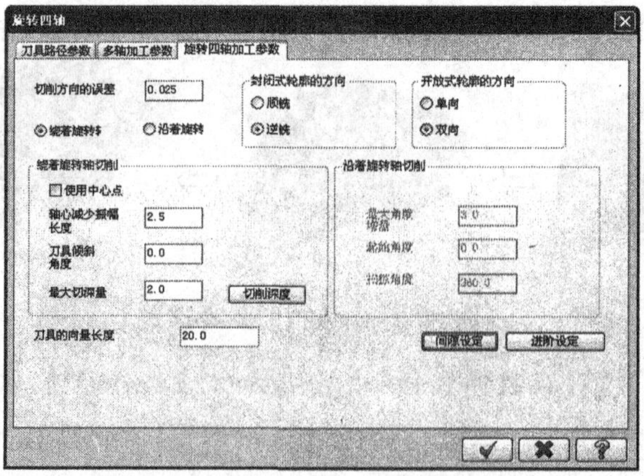

图 11-107　设置旋转四轴加工参数

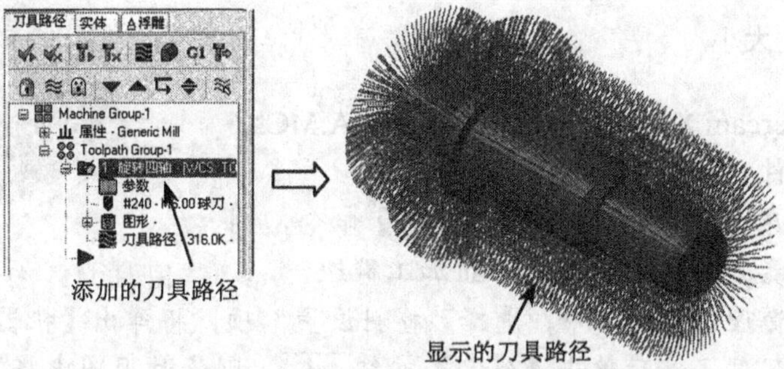

图 11-108　旋转四轴加工的刀具路径

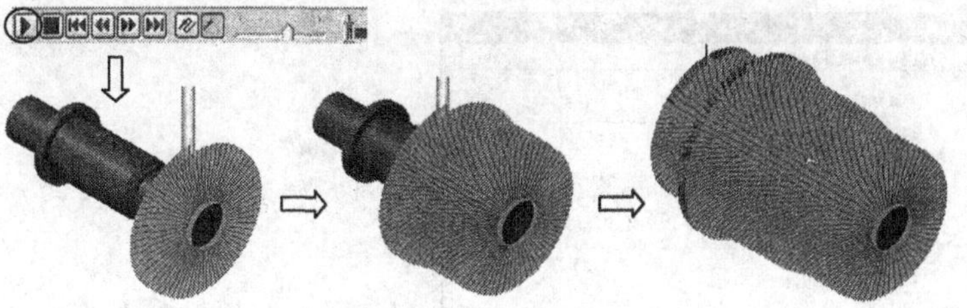

图 11-109　模拟刀具路径

11.5　综合实例——烟灰缸综合加工

设计要求

根据挖槽粗加工、平行铣削精加工、等高外形精加工、曲面五轴加工等加工方法，对烟灰缸进行数控加工，其加工示意图如图 11-110 所示。

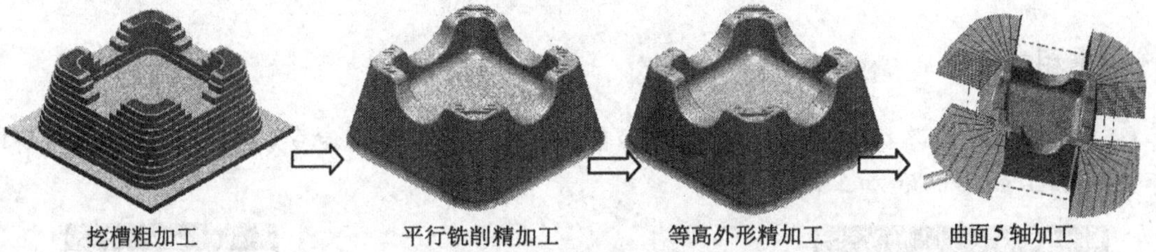

图 11-110　烟灰缸加工示意图

设计思路

（1）设置烟灰缸工件尺寸大小。
（2）对烟灰缸实体进行挖槽粗加工。
（3）对烟灰缸实体进行平行铣削精加工。
（4）对烟灰缸实体进行等高外形精加工。
（5）将烟灰缸实体生成曲面。
（6）对烟灰缸四棱角曲面进行曲面 5 轴加工。

设置工件尺寸大小

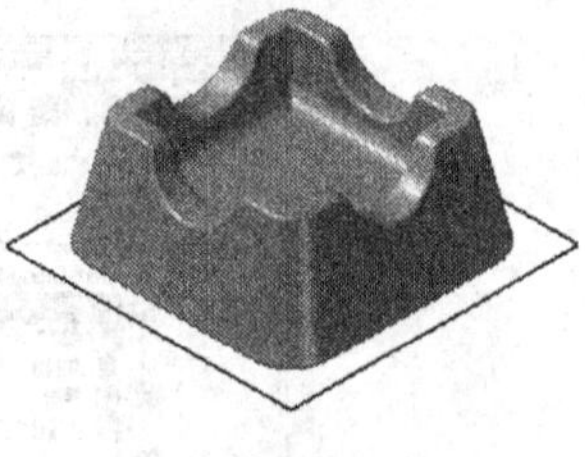

图 11-111　打开的三维实体

（1）启动 Mastercam X 软件，打开“ZHSL11-A.MCX”的三维实体模型文件，如图 11-111 所示。

（2）选择【机床类型】/【铣削】/【默认】命令，则此时在【操作管理器】窗口中将添加一组加工群组。

（3）在【操作管理器】窗口中，选择“材料设置”项，将弹出【机器群组属性】窗口，设置工件的尺寸及高度，然后单击【确定】按钮，则此时视图中将显示工件的尺寸轮廓，如图 11-112 所示。

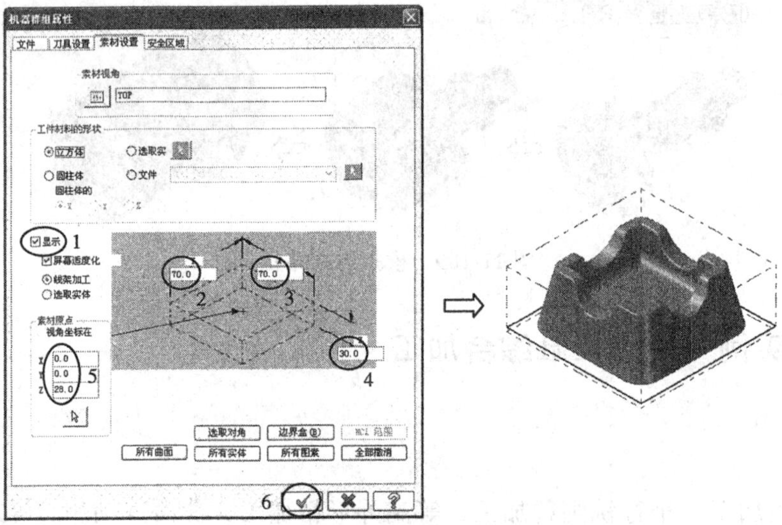

图 11-112　设置工件材料

挖槽粗加工

（1）选择【刀具路径】/【曲面精加工】/【粗加工挖槽加工】命令，然后按照如图 11-113 所示选择加工的曲面和加工边界。

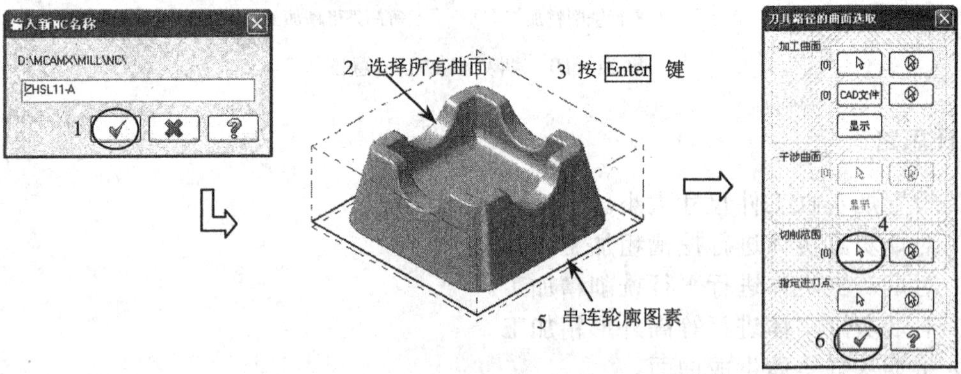

图 11-113　选择加工曲面和边界

（2）此时将弹出【曲面粗加工挖槽】对话框，在“刀具路径参数”选项卡中单击 选择库中刀具 按钮，从刀具库中选择直径为 10mm 的圆鼻刀，并设置刀具的相关参数，如图 11-114 所示。

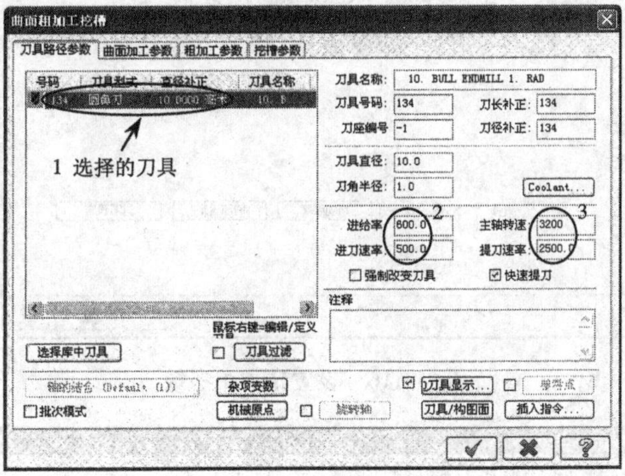

图 11-114　添加加工刀具

（3）在“曲面加工参数”选项卡中，设置刀具的参考高度、进给下刀位置、预留量等，如图 11-115 所示。

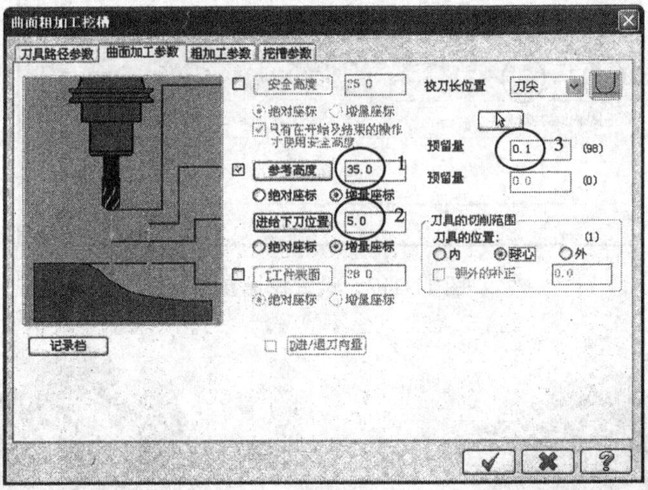

图 11-115　设置曲面加工参数

（4）在“粗加工参数”选项卡中，设置整体误差、Z 轴最大进给量、进刀选项等参数，如图 11-116 所示。

（5）在“挖槽参数”选项卡中，设置粗切方式、切削间距、精加工次数、精加工间距等，然后单击“确定”按钮，如图 11-117 所示。

（6）此时在视图中将产生粗加工挖槽的刀具路径，如图 11-118 所示。

（7）在【操作管理器】窗口中单击“刀具路径验证”按钮，则其加工路径及验证结果如图 11-119 所示。

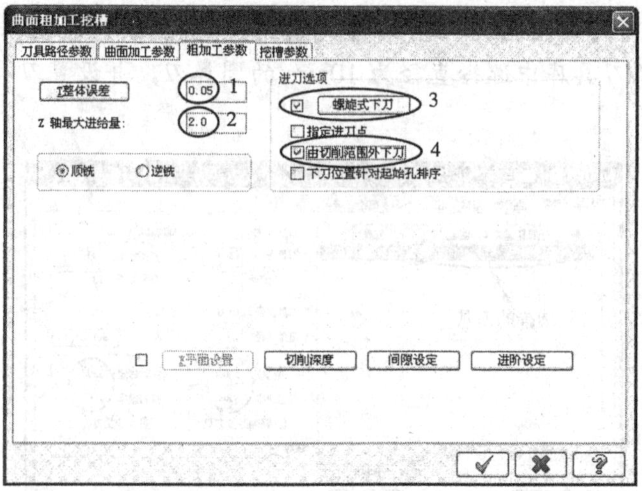

图 11-116　设置精加工参数

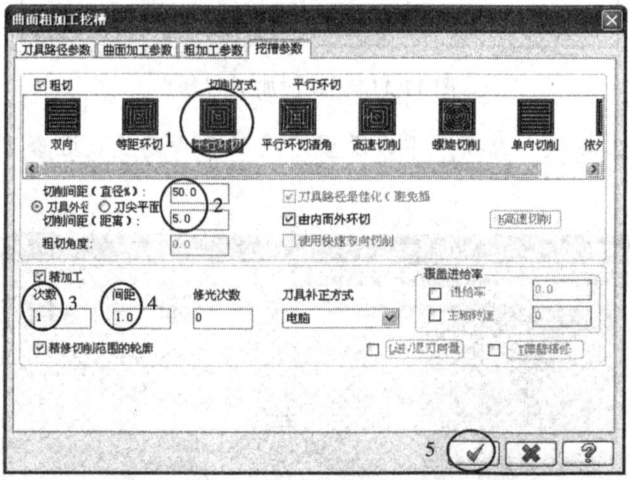

图 11-117　设置挖槽参数

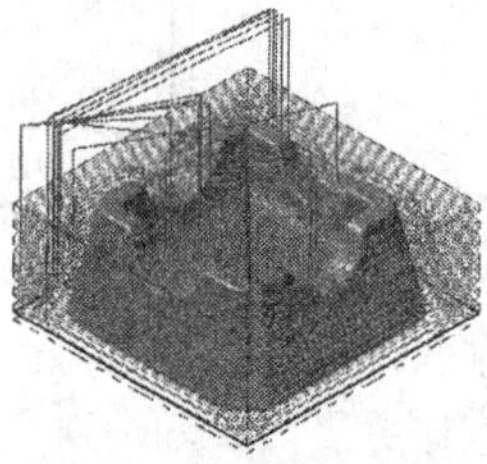

图 11-118　粗加工挖槽路径

图 11-119　验证结果

平行铣削精加工

（1）选择【刀具路径】/【曲面精加工】/【精加工平行铣削】命令，然后按照如图 11-120 所示选择加工的曲面和加工边界。

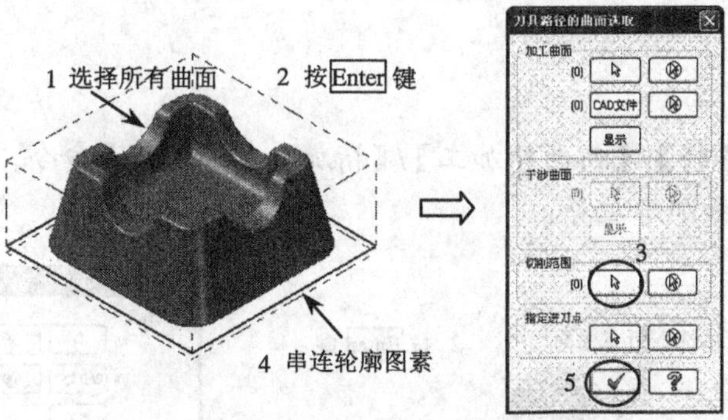

图 11-120　选择精加工曲面和加工边界

（2）此时将弹出【曲面精加工平行铣削】对话框，在“刀具路径参数”选项卡中添加直径为 6mm 的圆鼻刀，并设置该刀具的相关参数。

（3）在“曲面加工参数”选项卡中，按照前面的方法设置曲面加工的参考高度、进给下刀位置等。

（4）在“精加工平行铣削参数”选项卡中，设置整体误差、切削方式、Z 轴最大切削间距和加工角度等参数，然后单击“确定”按钮，如图 11-121 所示。

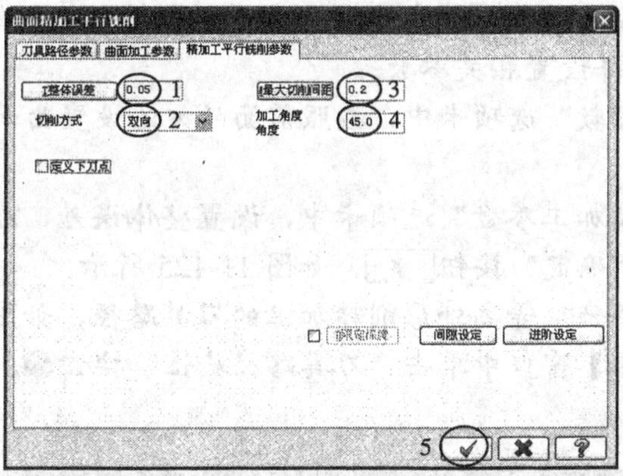

图 11-121　设置精加工平行铣削参数

（5）此时在视图中将产生平行铣削精加工的刀具路径，如图 11-122 所示。

（6）在【操作管理器】窗口中单击“刀具路径验证”按钮，则其加工路径及验证结果如图 11-123 所示。

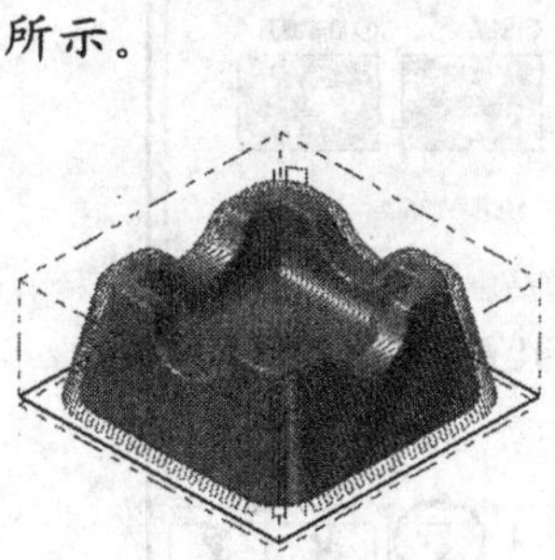

图 11-122　精加工平行铣削

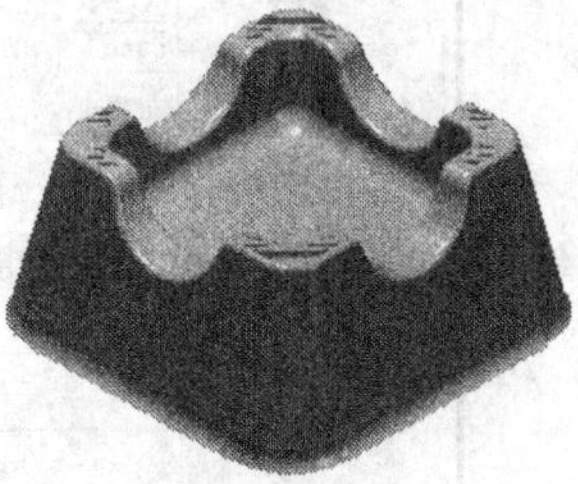

图 11-123　验证结果

等高外形精加工

（1）选择【刀具路径】/【曲面精加工】/【精加工等高外形】命令，然后按照如图 11-124 所示选择加工的曲面和加工边界。

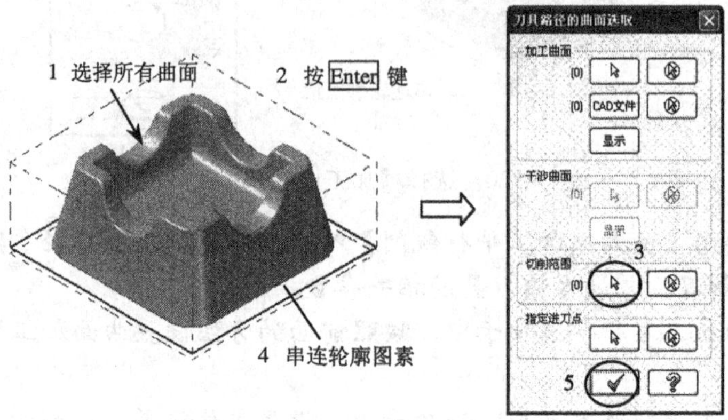

图 11-124　选择精加工曲面和加工边界

（2）此时将弹出【曲面精加工等高外形】对话框，在“刀具路径参数”选项卡中选择直径为 4mm 的平底刀，并设置相关参数。

（3）在“曲面加工参数”选项卡中，按照前面的方法设置曲面加工的参考高度、进给下刀位置等。

（4）在“等高外形精加工参数”选项卡中，设置整体误差、Z 轴最大进给量、切削最优化等参数，然后单击“确定”按钮，如图 11-125 所示。

（5）此时在视图中将产生等高外形削精加工的刀具路径，如图 11-126 所示。

（6）在【操作管理器】窗口中单击“刀具路径验证”按钮，则其加工路径及验证结果如图 11-127 所示。

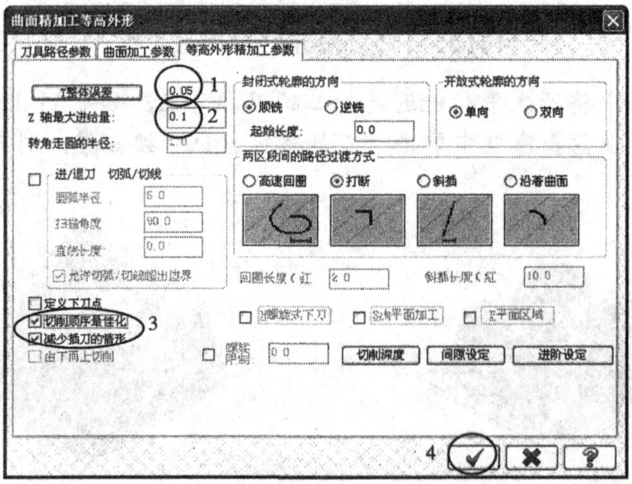

图 11-125　设置精加工等高外形参数

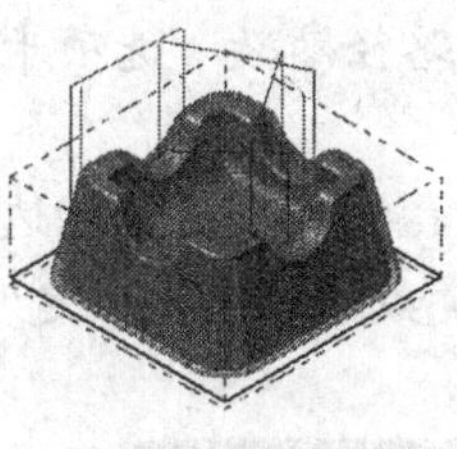

图 11-126　精加工等高外形

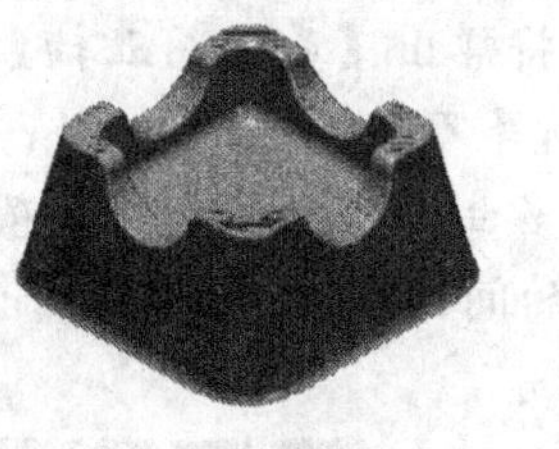

图 11-127　验证结果

由实体产生曲面

（1）在【操作管理器】窗口中将所有产生的刀具路径隐藏。

（2）在“状态栏”中单击“颜色”按钮 64 ▾，从弹出的【颜色】对话框中设置当前颜色为浅蓝色，其颜色代码为 64。

（3）在“状态栏”的“层别”文本框中输入 2，使其当前图层在第 2 层。

（4）选择【绘图】/【绘制曲面】/【由实体产生】命令，然后在视图中选择烟灰缸实体，并按 Enter 键，则此时将该实体生成曲面，如图 11-128 所示。

（5）在“状态栏”中单击“层别”按钮，从弹出的【层别管理】对话框中将其他图层隐藏，只显示图层 2，则此时的视图效果如图 11-129 所示。

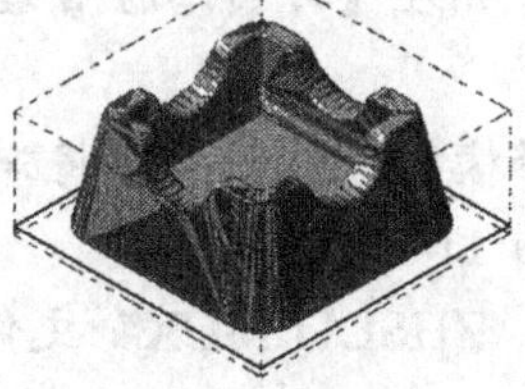

图 11-128　由实体产生曲面

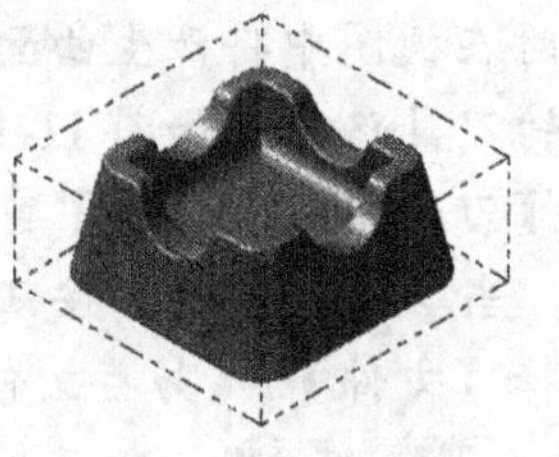

图 11-129　显示的曲面

曲面 5 轴加工

（1）选择【刀具路径】/【多轴加工】/【曲面 5 轴加工】命令，然后按照如图 11-130 所示选择需要曲面 5 轴加工的曲面。

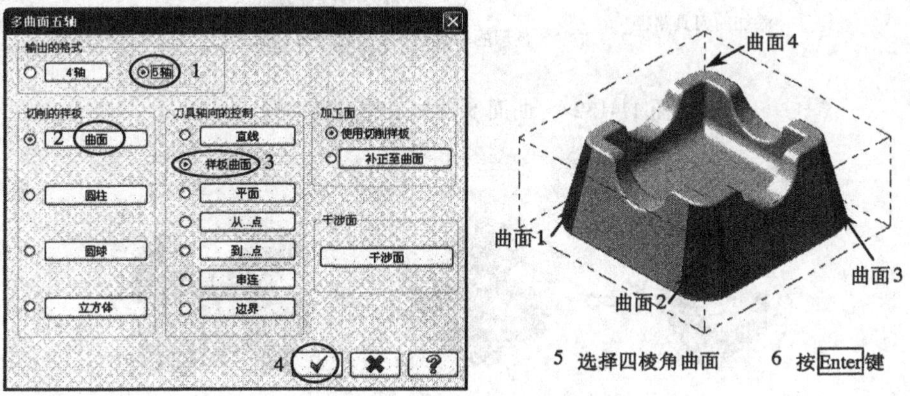

图 11-130　选择加工的曲面

（2）此时将弹出【多曲面五轴】对话框，在“刀具路径参数”选项卡中，选择刀具直径为 4mm 的圆鼻刀。

（3）在“多曲面五轴参数”选项卡中，分别设置刀具引线角度、侧边倾斜角度、切削的误差、截断的间距、切削的间距、刀具的向量长度等，最后单击“确定”按钮即可，如图 11-131 所示。

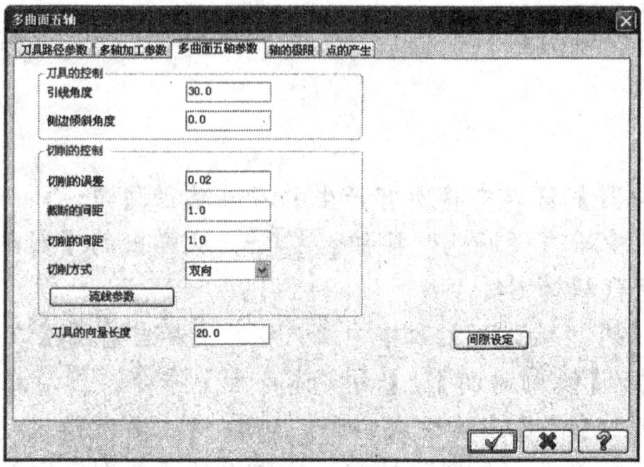

图 11-131　设置多曲面五轴参数

（4）此时在视图中将产生曲面 5 轴加工的刀具路径，并在【刀具路径管理器】窗口显示出所建立的刀具路径，如图 11-132 所示。

（5）在【刀具路径管理器】窗口中，单击“刀具路径模拟”按钮，将弹出“刀路模拟”工具栏，当单击“播放”按钮即可进行模拟，如图 11-133 所示。

（6）选择【文件】/【另存文件】命令，将其另存为“ZHSL11.MCX”文件。

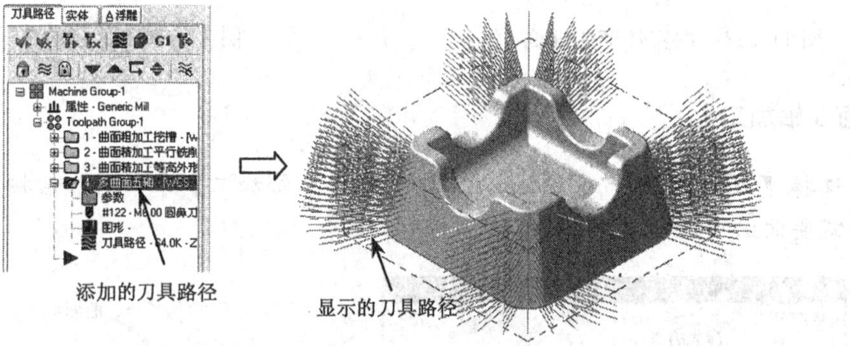

图 11-132　曲面 5 轴加工的刀具路径

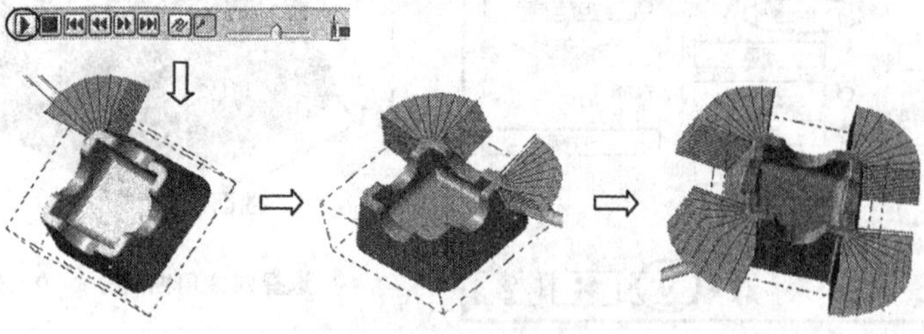

图 11-133　模拟刀具路径

11.6　本章小结

本章介绍了三维铣床数控加工的方法，包括曲面粗加工、曲面精加工和多轴加工。用户在学习本章时，应掌握每种曲面加工类型的特点、使用刀具、加工范围等，从而为今后数控加工的进一步操作打下牢固的基础。

11.7　习题

1. 概念题

（1）曲面粗加工分为哪几类？曲面精加工分为哪几类？

（2）在进行挖槽粗加工时，怎样确定粗切的方式与切削间距？

（3）如何理解多轴加工的概念与路径产生的方式？

2. 操作题

（1）打开如图 11-134 所示的“XT11-1A.MCX”文件，然后对其进行粗加工和精加工操作，其加工示意图如图 11-135 所示。

图 11-134　“XT11-1A.MCX”文件

图 11-135　加工示意图

（2）打开如图 11-136 所示的“XT11-2A.MCX”文件，然后对其进行粗加工和精加工操作，其加工示意图如图 11-137 所示。

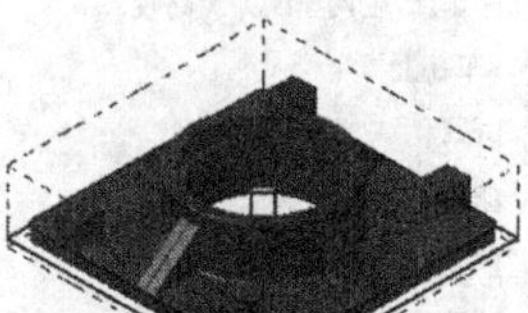

图 11-136　“XT11-2A.MCX”文件

图 11-137　加工示意图

第 12 章　车床加工系统

数控机床是一种技术密集度及自动化程度很高的机电一体化加工设备，是综合应用计算机、自动控制、自动检测及精密机械等高新技术的产物。其数控车床是目前使用最广泛的数控机床之一，它主要用于轴类和盘类零件的加工。Mastercam X 系统为用户提供的车床加工有粗车加工、精车加工、端面车削加工、径向车削加工、钻孔加工、螺纹车削加工、切槽车削加工等。

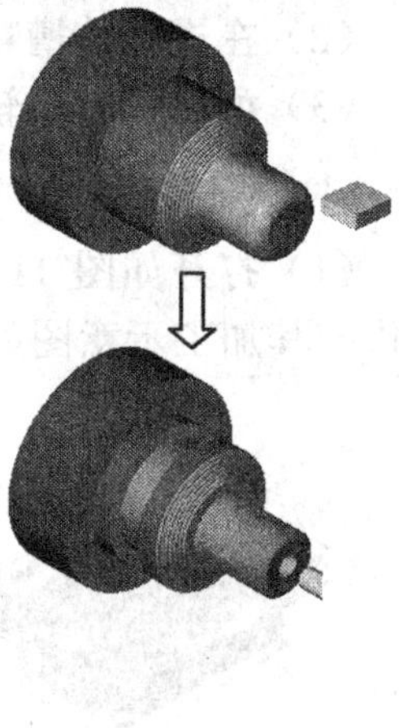

【内容提要】

- 绘制零件一剖面图，并进行工件设置；
- 进行外径粗车加工，并设置粗车刀具路径；
- 进行径向车削加工，并设置径向车削的参数；
- 进行螺纹车削加工，并设置螺纹形状及螺纹车削的相关参数；
- 进行钻孔加工，并设置钻孔的相关参数。

【本章重点】

- 掌握车床加工的基础及车床坐标系；
- 掌握车床的工件设置方法及刀具管理；
- 熟练掌握粗车加工与精车加工的参数设置及操作步骤；
- 熟练掌握端面车削加工与径向车削加工的参数设置及操作步骤。
- 熟练掌握钻孔加工与螺纹车削加工的参数设置及操作步骤。

12.1　车床加工基础

通过数控车床可以进行多种车削加工，如端面车削、轮廓车削、切槽、钻孔、镗孔、车螺纹、攻丝、倒角等。在 Mastercam X 系统中，要进行车削加工操作，选择【机床类型】/【车削】菜单命令，然后选择其车削类型，即可在【刀具路径】菜单下进行各种不同的车削加工，如图 12-1 所示。

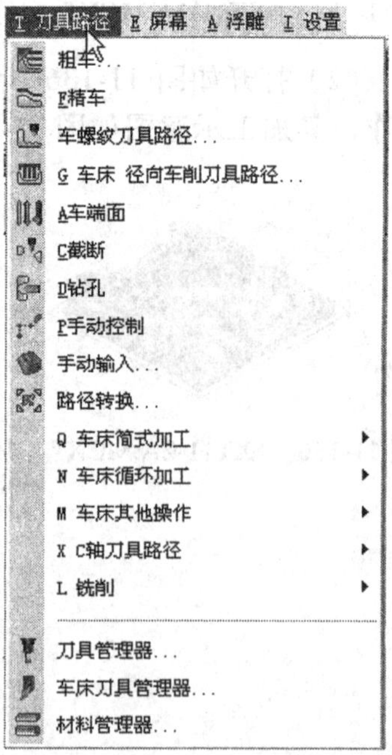

图 12-1　车削的刀具路径菜单

12.1.1　车床坐标系

一般的数控车床使用的控制器都提供 Z 轴和 X 轴的两

轴控制，其 Z 轴平行于车床主轴，+Z 向为刀具朝向尾座方向，X 轴垂直于车床的主轴，+X 向为刀具离开主轴线方向。

在车床加工系统中，绘图之前首先应进行数控车床坐标系的设定。在 Mastercam X 的“状态栏”中单击“构图面”，在弹出的菜单中有“车床半径”和“车床直径”子菜单，即可看到常用的车床坐标系有+X+Z、–X+Z、+D+Z、–D+Z 等，如图 12-2 所示。

当选择相应的车床坐标系后，其视图左下角将显示出相应的车床坐标系，如图 12-3 所示。

在车床加工中，其工件一般都是旋转体，即加工得到的工件都是对称于 Z 轴的，所以，在绘制几何模型时只需绘制零件的一半剖面图。若要将如图 12-4 所示的回转体进行车削加工，用户只需在视图中绘制如图 12-5 所示的一半剖面图即可。

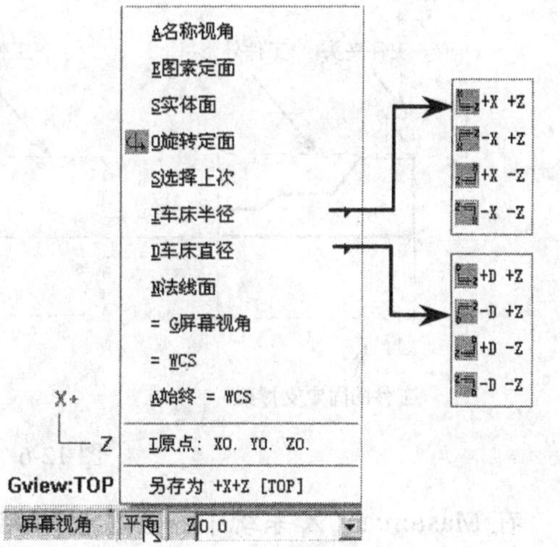

图 12-2　设置数控车床的坐标系

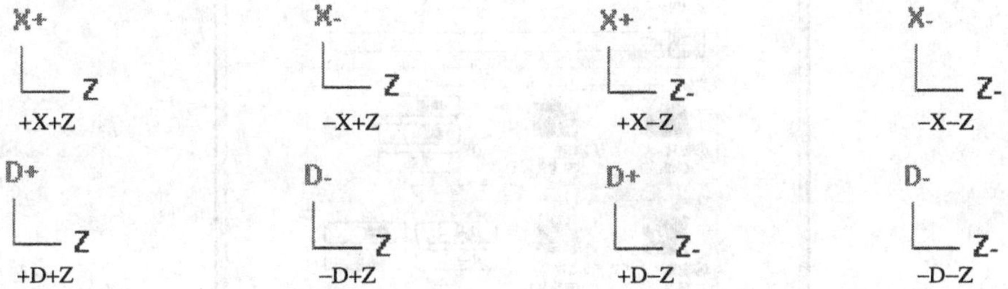

图 12-3　设置不同的车床坐标系

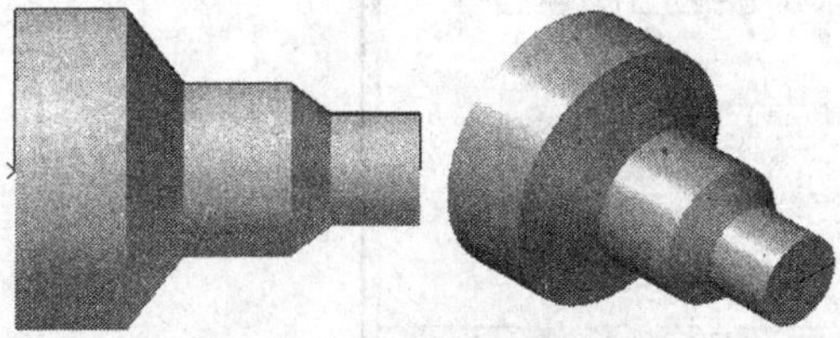

图 12-4　要加工的旋转体

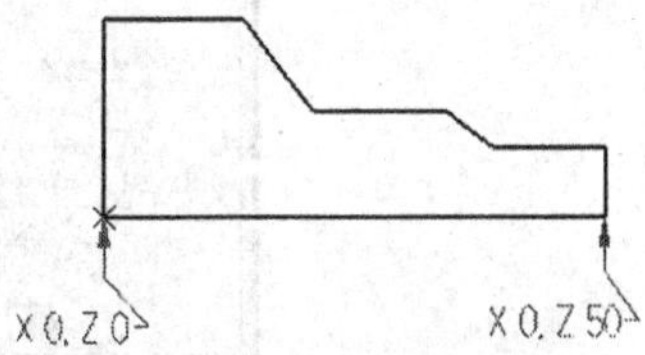

图 12-5　绘制一半的剖面图

12.1.2　车床工件设置

与前面讲解的铣床加工系统相同，其车床加工系统也要对其工件、刀具及材料等进行设置，但是除了材料的设置及操作管理器的使用方法与铣床加工系统相同外，其工件和刀具的设置与铣床有较大的区别，在后面的讲解中，将详细介绍车床工件及刀具的设置方法。

在下面的讲解过程中，用户可打开“车床工件.MCX”文件进行设置。

在如图 12-6 所示的工件中，分别指出了工件的外形、工件的夹头、工件的顶尖、工件的固定支撑架等，在后面将分别对其各部分的设置方法进行讲解。

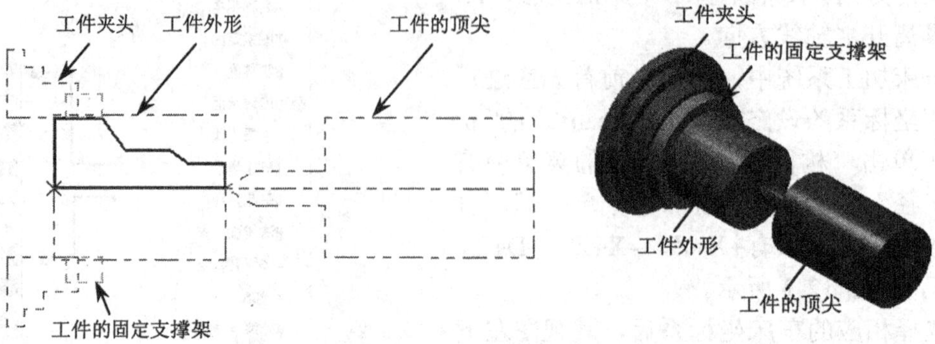

图 12-6　车床工件示意图

在 Mastercam X 系统中，在【机床类型】菜单下选择“车削”后，在【刀具路径管理器】窗口下单击“材料设置”，系统将弹出如图 12-7 所示的【机器群组属性】对话框中的“材料设置”选项卡。

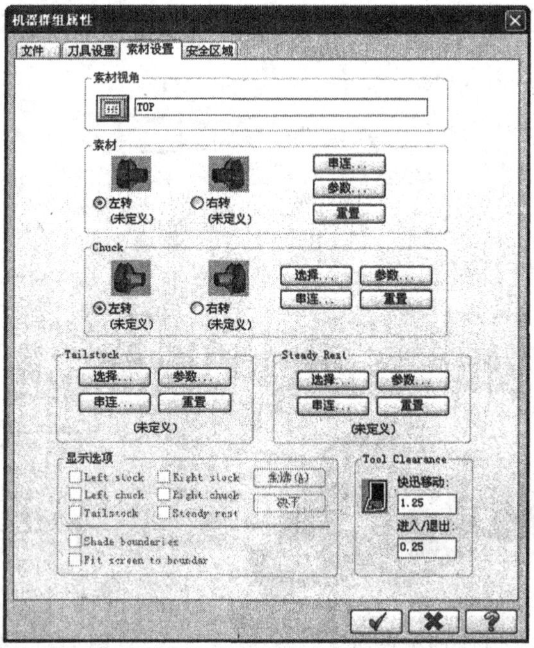

图 12-7　“材料设置”选项卡

从上图所示的“材料设置”选项卡中可以看出，与前面讲解的铣床加工系统中的“材料设置”选项卡完全不同，下面将分别对其各项进行讲解：

1. 定义工件外形

定义工件外形就是确定工件毛坯外形的位置。在“素材”设置区中，首先要设置工件的主轴转向，即“左转”或“右转”。在车床加工系统中，工件是以车床主轴为旋转轴的旋转体，其旋转体的边界可以用“串连”或“参数”来定义，且定义的工件外形在视图区域中显示为灰色虚线。

当选择“串连”方式来定义工件外形时，系统将弹出【转换参数】对话框，用户在视图中选择串连曲线，然后依次单击“确定”按钮✔，则视图中将按照轮廓外形显示工件外形轮廓，如图 12-8 所示。

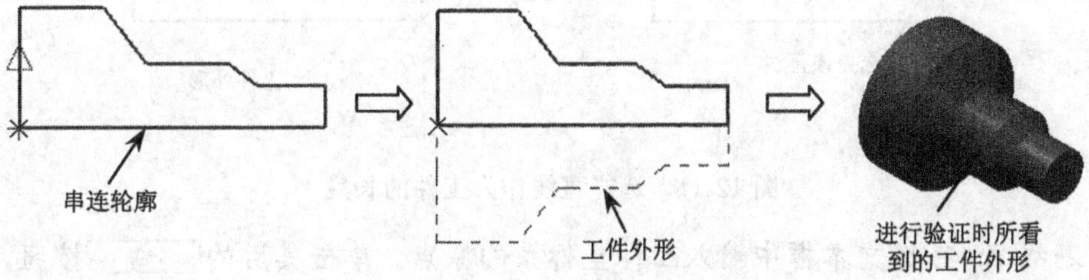

图 12-8　通过“串连”方式定义工件外形

当定义了工件外形后，即可在其相应的工件主轴转向下显示为“已定义”。如果用户需要取消所定义的工件外形，可单击该区域的 重置 按钮，则此时在工件主轴转向下显示为“未定义”，其他项亦是如此。

当选择“参数”方式来定义工件外形时，将弹出【长条状毛坯的设定换刀点】对话框，如图 12-9 所示。

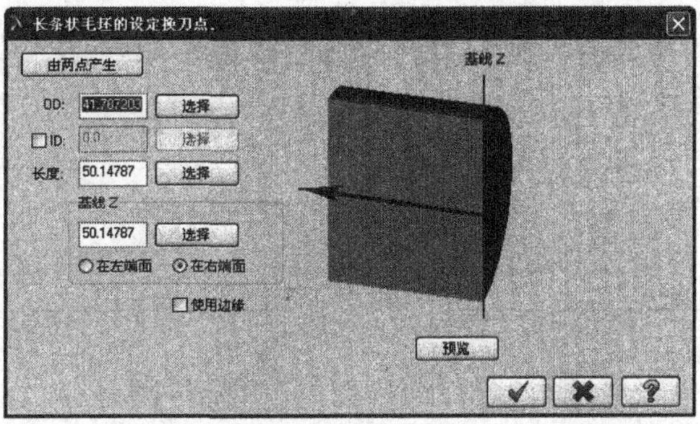

图 12-9 【长条状毛坯的设定换刀点】对话框

- OD：在该文本框中输入工件的直径。单击其后的 选择 按钮，即可在视图中选择一点至原点的长度来作为直径，如图 12-10 所示。

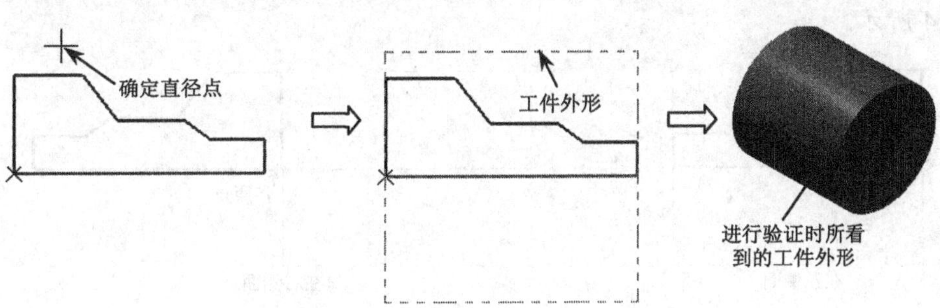

图 12-10　选择点来确定工件的直径

● 长度：在该文本框中输入工件的长度。单击其后的[选择]按钮，即可在视图中选择一条线段，其线段长度即为工件的长度，如图 12-11 所示。

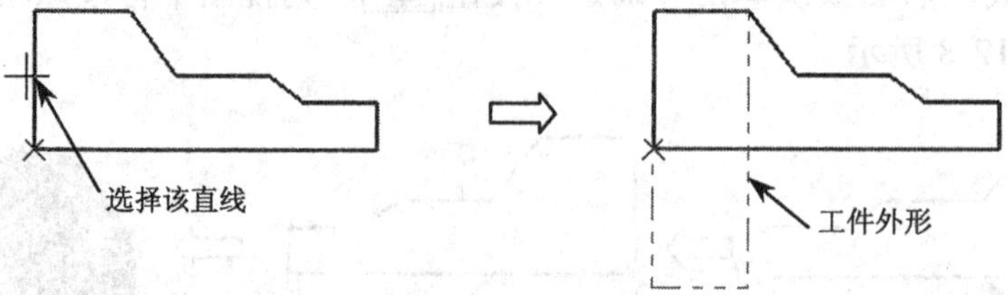

图 12-11 选择直线作为工件的长度

● 基线 Z：在该文本框中输入工件坐标系的原点。单击其后的[选择]按钮，即可在视图中指定工件的坐标系原点，如图 12-12 所示。

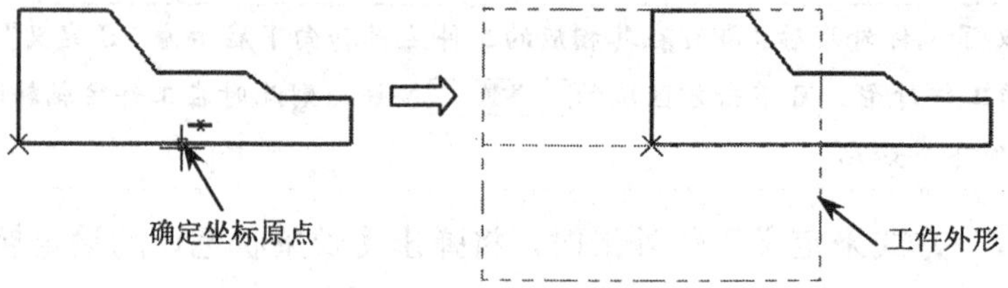

图 12-12 确定坐标原点

● [由两点产生]：单击该按钮，即可在视图中选择两点作为工件的两个顶点来定义工件的外形，如图 12-13 所示。

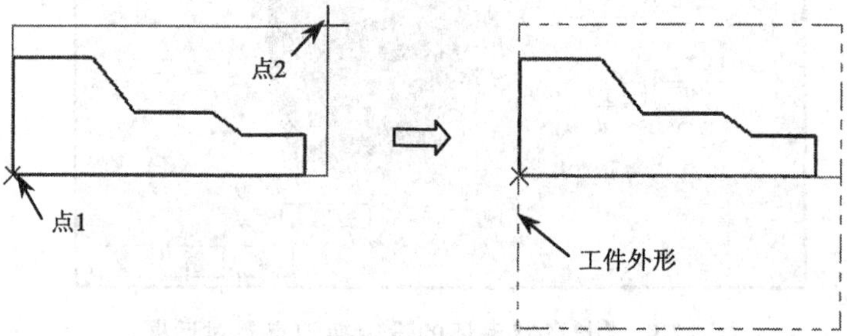

图 12-13 两点确定工件外形

● "在左端面"与"在右端面"单选项，分别表示工件在坐标原点的左侧还是右侧，如图 12-14 所示。

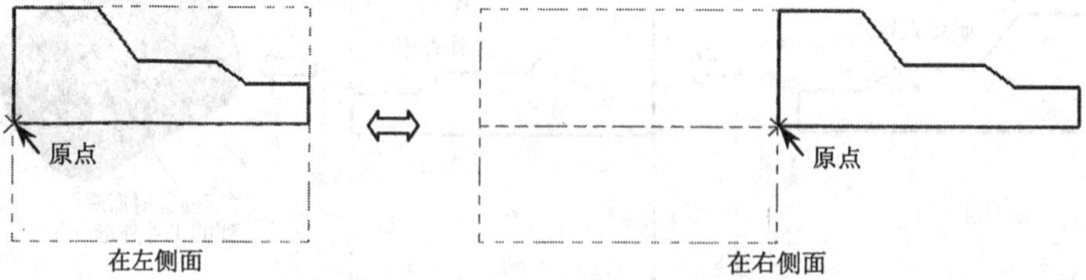

图 12-14 工件在原点的左右端面

2. 定义工件夹头

在如图 12-7 所示的“材料设置”选项卡中，“Chuck”区域就是来定义工件的夹头。其定义的方法有“选择”、“串连”和“参数”。定义的工件夹头在视图区域中显示为蓝色虚线。

当通过“选择”方式来定义工件夹头时，将打开如图 12-15 所示的【指定文件名称读取】对话框，要求用户选择一个现有的 MCX 图形文件来定义工件的夹头。

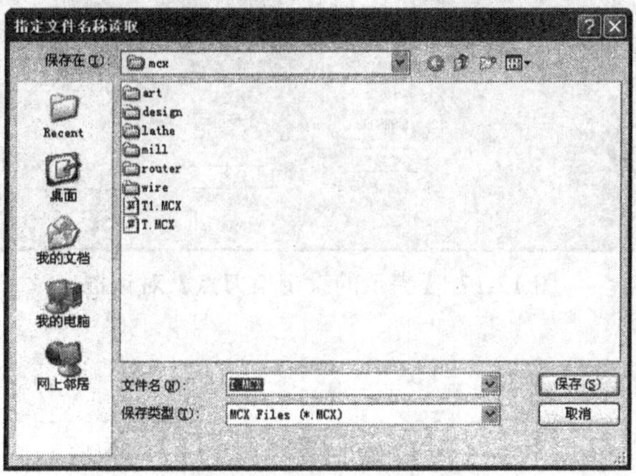

图 12-15 【指定文件名称读取】对话框

当选择“串连”方式来定义工件夹头时，此时要求用户在视图中串连一个轮廓图素来作为工件夹头的图素，然后依次单击“确定”按钮 ✔，如图 12-16 所示。

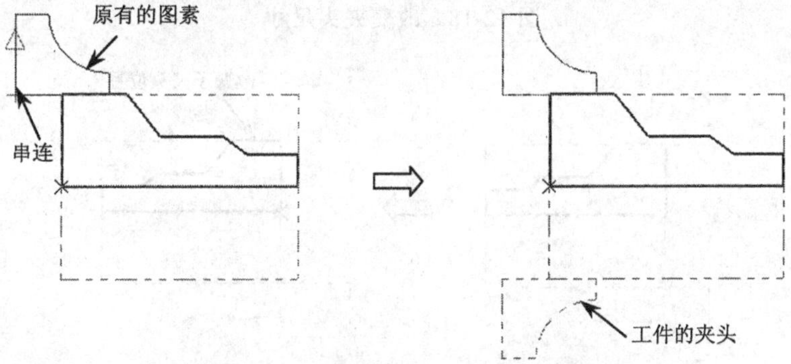

图 12-16 “串连”方式定义工件夹头

这里通过“串连”方式选择工件夹头图形时，不能含有曲线。

当选择“参数”方式来定义工件夹头时，将弹出如图 12-17 所示的【夹爪的设定换刀点】对话框。

- 在“型式”设置区域中，用于确定工件夹头的形状尺寸，也可以在视图中拾取两点来作为夹头的边界，通过改变该区域中的不同参数值，即可设置不同的形状尺寸，如图 12-18 所示。
- 在“位置”设置区域中，用于设定夹头相对于绘图坐标的位置，单击该区域的 选择 按钮，即可确定夹头的不同位置，如图 12-19 所示。

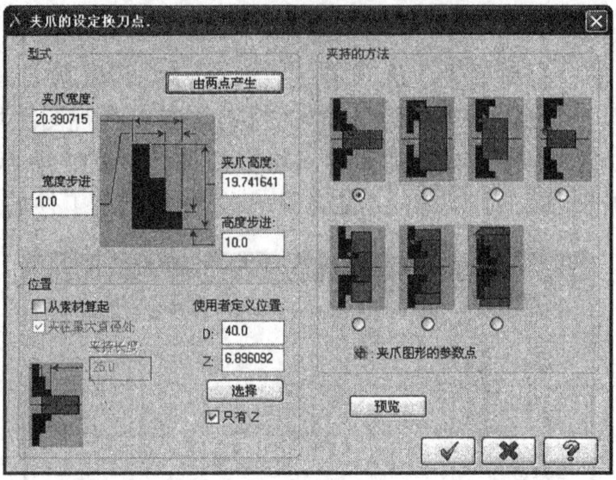

图 12-17 【夹爪的设定换刀点】对话框

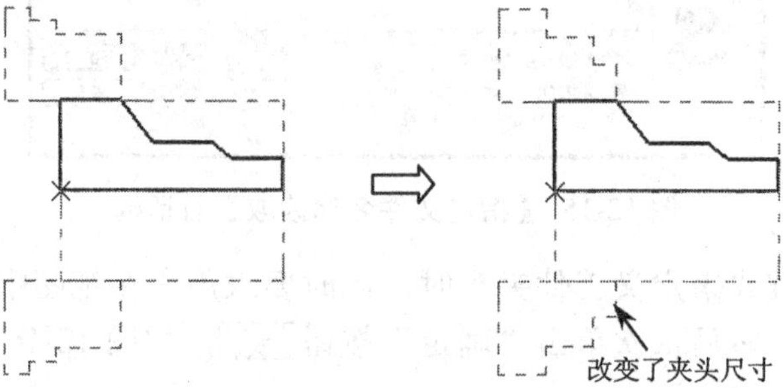

图 12-18　改变夹头尺寸

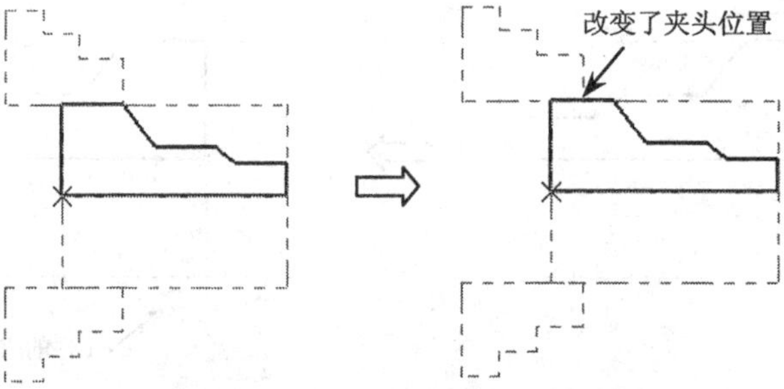

图 12-19　改变夹头位置

- 在“夹持的方法”设置区域中，用于确定夹头装夹工件的形式，如图 12-20 所示。

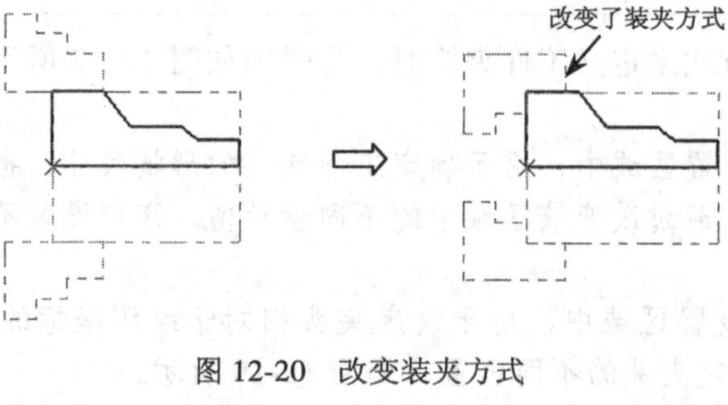

图 12-20　改变装夹方式

3. 定义工件顶尖

在如图 12-7 所示的“材料设置”选项卡中，“Tailstock”区域就是定义顶尖相对于工件的位置，其定义的方法有“选择”、“串连”和“参数”。定义的工件顶尖在视图区域中显示为细紫色虚线。

其“选择”和“串连”的定义方式在前面已经讲过了，在此就不再作讲解了。若选择“参数”并单击该按钮，将弹出如图 12-21 所示的【尾座】对话框，通过不同参数的设置，即可产生不同的工件顶尖，如图 12-22 所示。

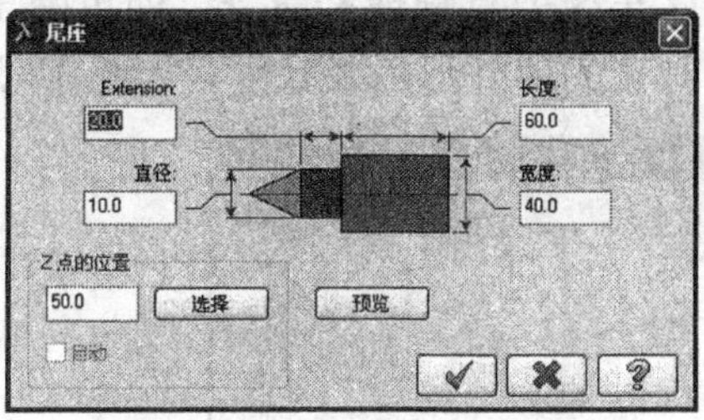

图 12-21 【尾座】对话框

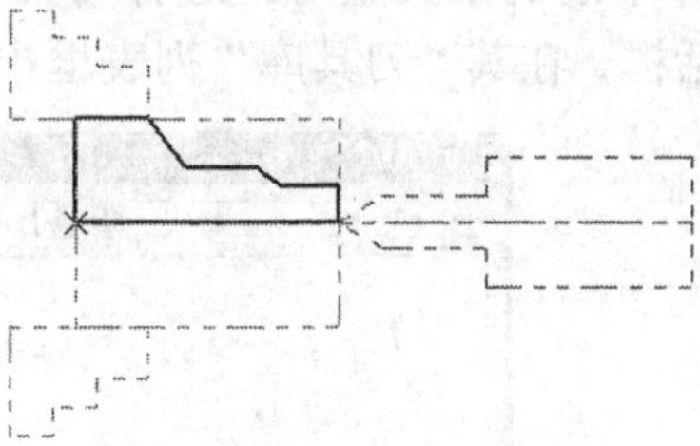

图 12-22 设置的工件顶尖

- Extension：在该文本框中设置工件顶尖尾座伸出的长度。
- 长度：设置顶尖尾座的长度。
- 直径：设置顶尖尾座伸出部分的直径。
- 宽度：设置顶尖尾座的直径。
- Z 点的位置：设置顶尖尾座在视图坐标系中的 Z 坐标值。

4. 定义工件固定支撑架

在如图 12-7 所示的“材料设置”选项卡中，“Steady Rest”区域就是确定固定支撑架相对于工件的位置，其定义的方法有“选择”、“串连”和“参数”。定义的工件固定支撑架在视图区域中显示为细青色虚线。

若选择“参数”并单击该按钮，将弹出如图 12-23 所示的【中间支撑架】对话框，通过不同参数的设置，即可产生不同的工件固定支撑架。

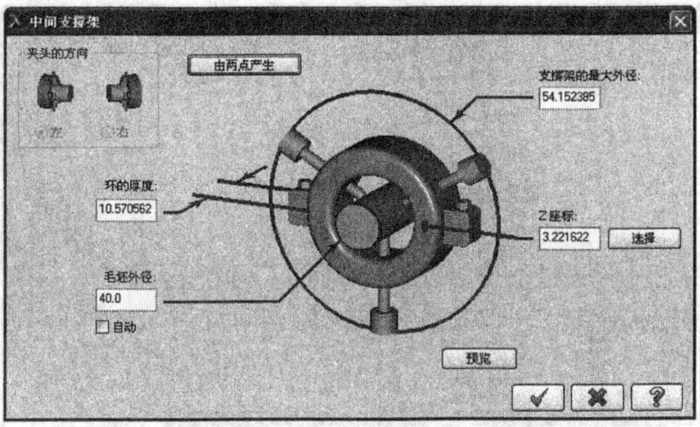

图 12-23 【中间支撑架】对话框

5. 显示选项

在如图 12-7 所示的“材料设置”选项卡中，“显示选项”区域就是设置是否显示工件外形、工件夹头、工件顶尖及工件固定支撑架等选项。

12.1.3 车床刀具管理

在车床加工过程中，其刀具的选择、设置与管理相当重要，也是车床加工过程中的一个重中之重。根据不同的车削加工，要求有不同的车刀，如粗加工 80° 外圆车刀、精加工 55° 车刀、精加工 35° 外圆车刀、粗加工 80° 镗孔车刀、精加工 55° 镗孔车刀、精加工 35 镗孔车刀、外螺纹车刀、内螺纹车刀、切槽车刀、钻头等。

当选择车削机床类型时，选择【刀具路径】/【车床刀具管理】命令，即可弹出【刀具管理】对话框，在其“刀具库”列表框中列出了各种车刀的外形以及尺寸，如图 12-24 所示。

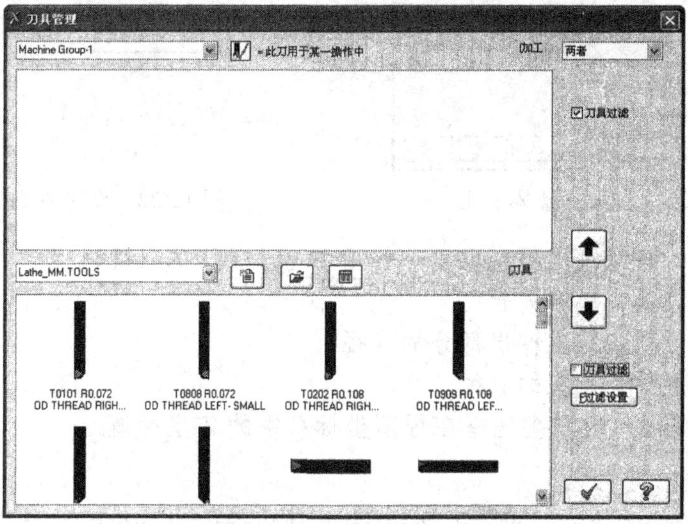

图 12-24 【刀具管理】对话框

与铣削加工中的【刀具管理】对话框的操作相同，若在其列表中右击鼠标，即可弹出快捷菜单，从而可以对其刀具进行不同的操作。例如，从弹出的快捷菜单中选择“视图”子菜单中的各项命令，即可以另一种方式显示刀具视图，如图 12-25 所示。

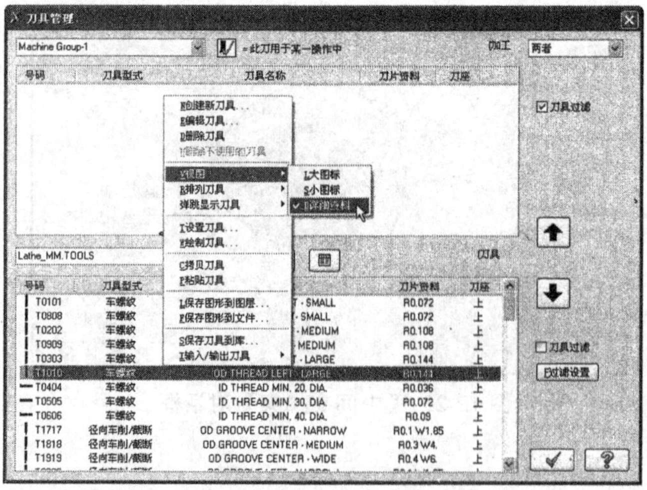

图 12-25 显示刀具详细资料

1. 设置刀具类型

在如图 12-26 所示对话框的快捷菜单中，若选择“创建新刀具”命令，即可打开【定义刀具】对话框，在“类型”选项卡中列出了 5 种常用的车削刀具类型，即一般车削、车螺纹、径向车削/截断、镗孔、钻孔/攻牙/纹孔，另外就是用户可以选择“自设”项进行自行设置刀具类型，如图 12-26 所示。

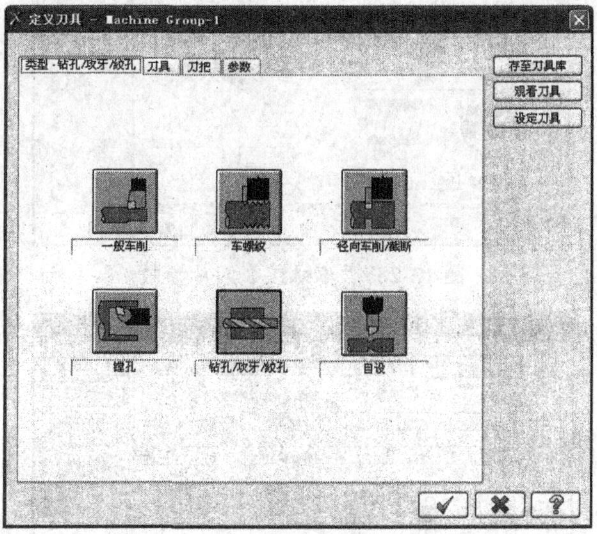

图 12-26　车削的刀具类型

2. 设置刀片参数

在车削加工中，不同类型的刀具，其刀具参数设置各不相同。在如图 12-26 所示的对话框中，用户选择相应的刀具类型后，即可自动切换到相应的选项卡中，如图 12-27、图 12-28、图 12-29、图 12-30、图 12-31、图 12-32 所示。由于篇幅有限，在这里就不一一讲解，用户可根据不同的车削加工要求进行灵活的设置。

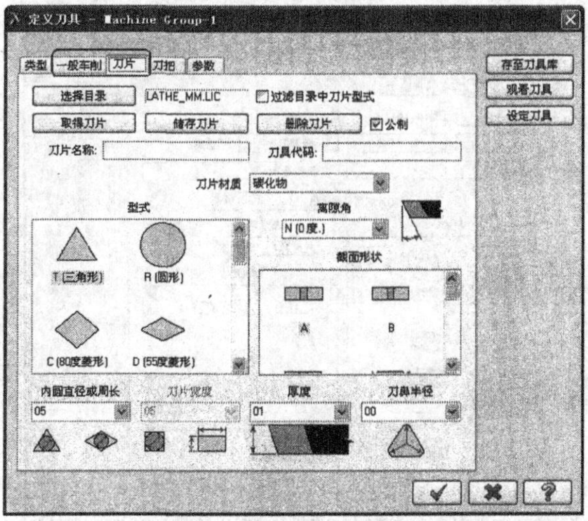

图 12-27　“一般车削”刀片参数

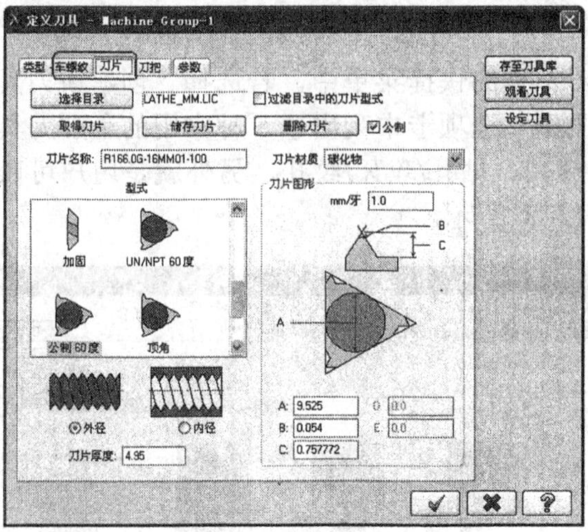

图 12-28 “车螺纹”刀片参数

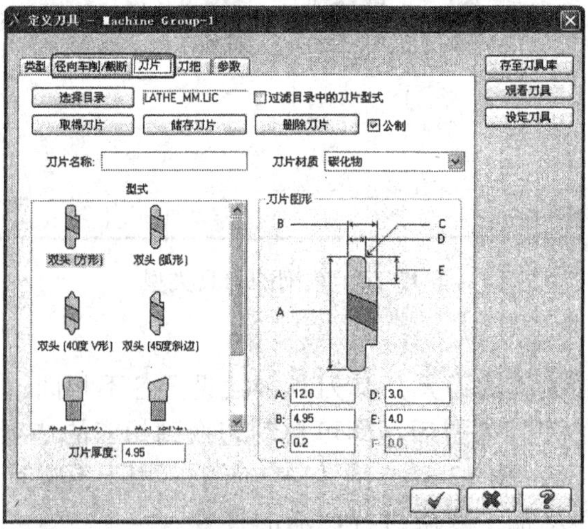

图 12-29 “径向车削/截断”刀片参数

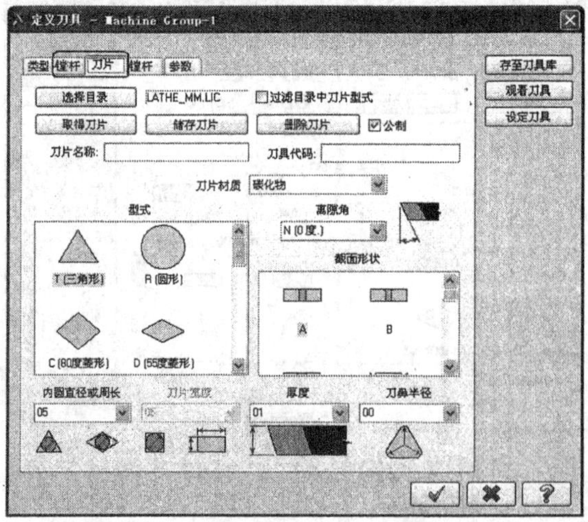

图 12-30 “镗杆”刀片参数

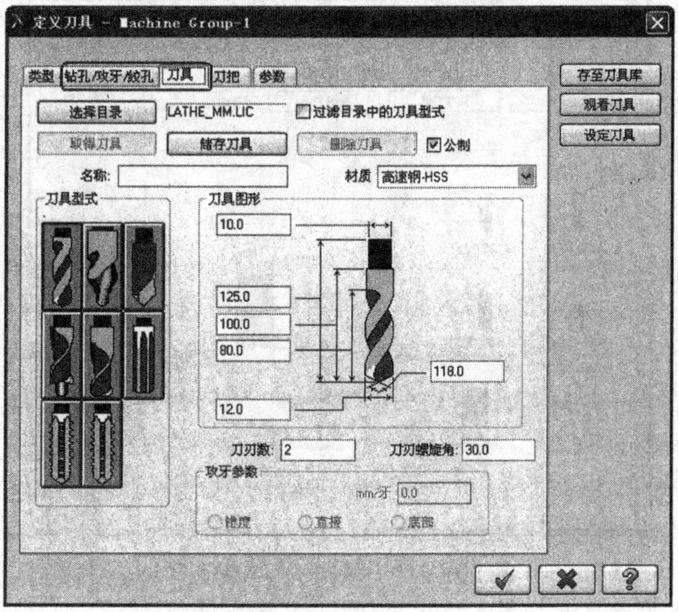

图 12-31 “钻孔/攻牙/纹孔”刀片参数

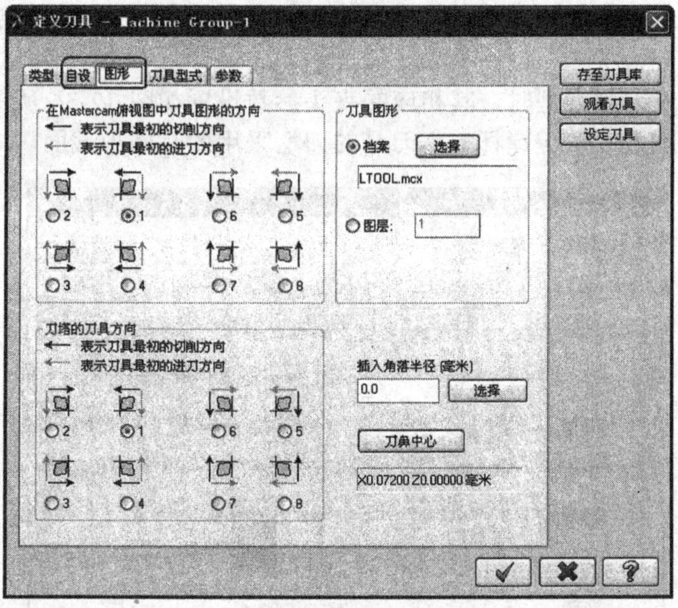

图 12-32 “自设”刀片参数

3. 设置刀具夹头参数

选择不同类型刀具，其夹头的设置也不尽相同。若选择“一般车削”刀具类型时，其刀具夹头的参数设置如图 12-33 所示。

选择“车螺纹”和“切槽/截断”刀具类型时，其相应的夹头参数设置大致相同。

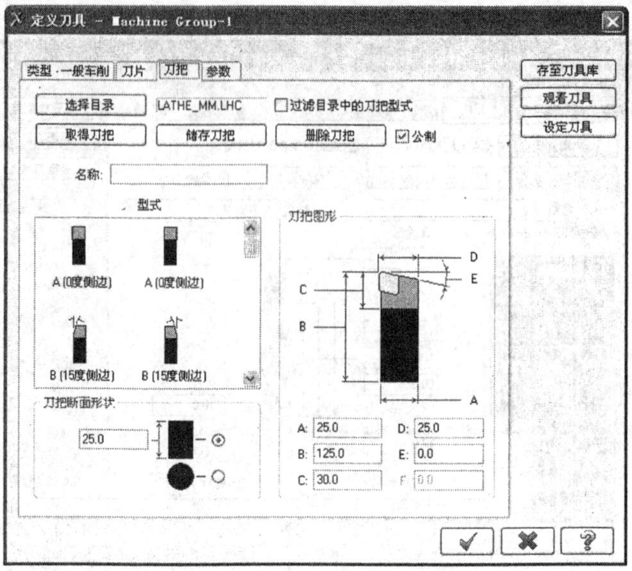

图 12-33 “一般车削”夹头参数

从上图 12-33 所示中可以看出，其刀具夹头包括有夹头型式、夹头外形尺寸、夹头截面。只是选择不同的刀具类型时，可供选择的夹头型式不同。在选取夹头型式时要注意夹头的左右选择，当选择右手型夹头时，插片指向右方；当选择左手型夹头时，其插片指向左方。

若选择“镗杆”刀具类型时，其相应的夹头参数设置如图 12-34 所示，同样需要设置夹头型式和夹头外形尺寸，但镗杆车削刀具的刀柄采用的是圆形截面。

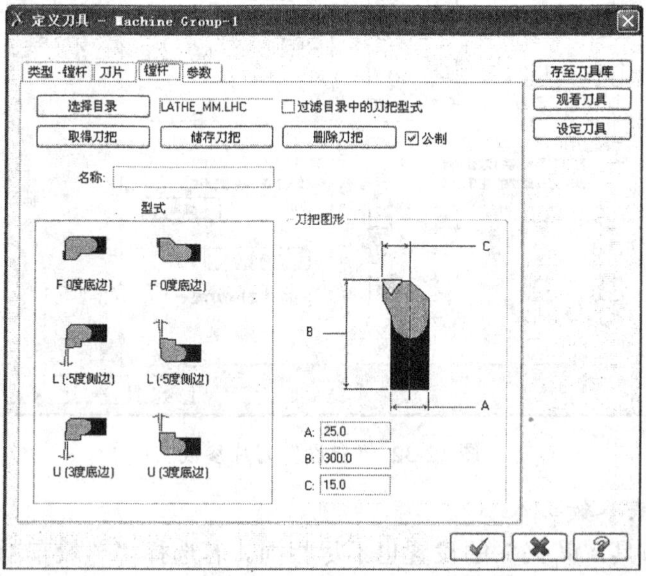

图 12-34 “撍杆”夹头参数

若选择“钻孔/攻牙/纹孔”刀具类型时，其相应的夹头参数设置如图 12-35 所示，这里不需要设置夹头的几何外形尺寸。

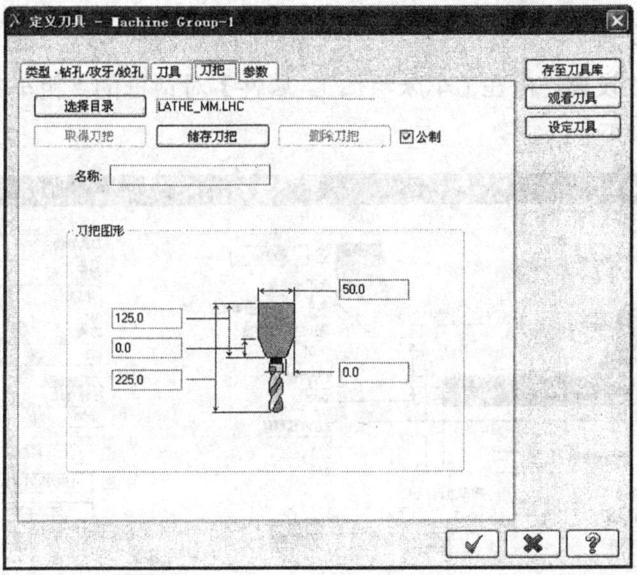

图 12-35 “钻孔/攻牙/纹孔”夹头参数

4. 设置刀具参数

选择不同类型的刀具类型，其刀具参数设置都是相同的，如图 12-36 所示。其车床的刀具参数设置与铣床的刀具参数设置大致相同，所以在这里就不一一讲解了。

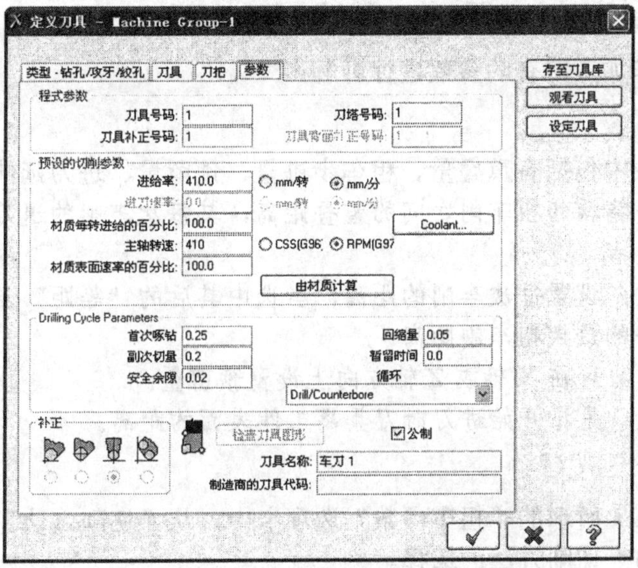

图 12-36　刀具参数设置

12.2　粗车加工

粗车加工主要用于切除工件外形外侧、内侧或端面的多余材料，使工件接近于最终的尺寸和形状，为精加工作好准备。要进行粗车加工，选择【刀具路径】/【粗车】命令即可。

12.2.1　粗车参数设置

要进行粗车参数设置，可在【车床粗加工 属性】对话框的“粗车参数”选项卡中进行设置，如图 12-37 所示。

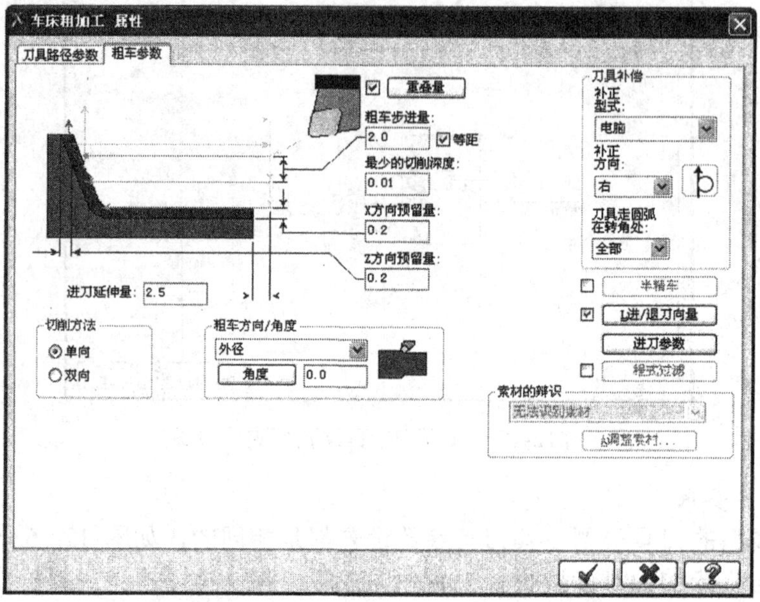

图 12-37 “粗车参数”选项卡

下面就针对粗车加工特有的参数进行讲解：

1. *加工参数*

在粗车加工参数中包括有重叠量、粗车步进量、预留量、进刀延伸量等。

- 重叠量：是指相邻粗车削之间的重叠距离，其每次车削的退刀量等于车削深度与重叠量之和。
- 粗车步进量：设置每次车削的距离，当选中其后的“等距”复选框时，则粗车步进量设置为刀具允许的最大粗车削距离。
- 预留量：用户可在 X 轴或 Z 轴方向上设置预留量。
- 进刀延伸量：是指开始进刀时刀具离工件表面的距离。

2. *切削方法*

用户在如图 12-37 所示的“粗车参数”选项卡中，从“切削方法”设置区域中可以进行“单向”或“双向”切削方法的选择。

- 单向：表示车削时仅按一个方向进行车削加工。
- 双向：表示车削时可在两个方向进行车削加工，但只有采用双向车削刀具进行粗车加工时，才能选择双向切削方法。

3. *粗车方向/角度*

在如图 12-37 所示的“粗车参数”选项卡中，包括有 4 种粗车方向，即“外径”、“内径”、“端面”和“背面”，如图 12-38 所示。

- 外径（OD）：在工件的外部直径方向上车削。
- 内径（ID）：在工件的内部直径方向上车削。
- 端面（Face）：在工件的前端面方向进行车削。
- 背面（Back）：在工件的后端面方向进行车削。
- 角度：可以设置 0°～360° 的任意数值，若选择外径或内径粗车加工时，建议采用 0° 粗车角；若选择端面或背面粗车加工时，建议采用 90° 粗车角。

图 12-38　粗车方向

4. 进/退刀向量

用户在如图 12-37 所示的“粗车参数”选项卡中，选中 进/退刀向量 前的复选框并单击该按钮，将弹出如图 12-39 所示的【输入/输出】对话框，从而可在每条车削刀具路径中添加进/退刀的刀具路径。

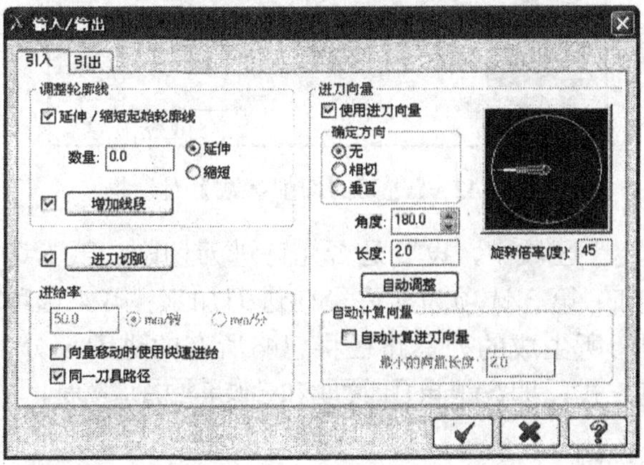

图 12-39　【输入/输出】对话框

在车床加工系统中，用户可通过调整串连外形来设置进刀/退刀的刀具路径，其调整串连外形的方法有“延伸/缩短起始轮廓线”、“添加线段”和“进刀切弧”3 种。

- 串连的延伸或缩短方向是沿串连起点处的切线方向，其延伸或缩短的距离可通过“数量”文本框来设置。
- 选中 增加线段 前的复选框并单击该按钮，将弹出如图 12-40 所示的【新轮廓线】对话框，从而可以设置添加直线的长度值和角度值。若单击该对话框的 定义 按钮，即可在视图中指定两点来确定添加线段的长度值和角度值。
- 选中 进刀切弧 前的复选框并单击该按钮，将弹出如图 12-41 所示的【进/退刀切弧】对话框，从而可以设置进刀切弧的扫掠角度值和半径值。

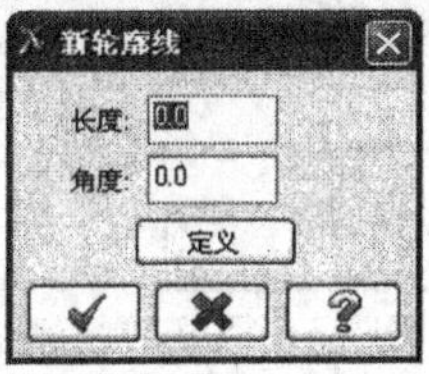

图 12-40　【新轮廓线】对话框

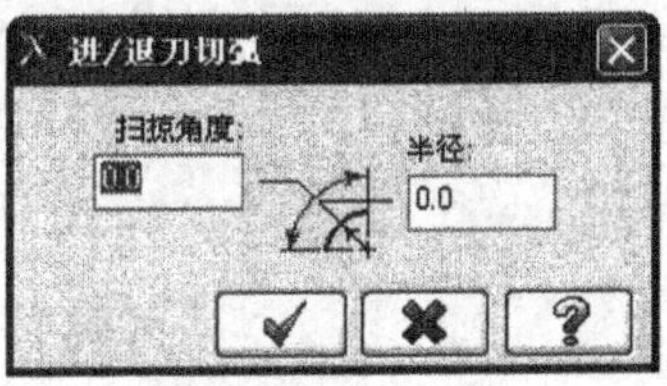

图 12-41　【进/退刀切弧】对话框

5. 进刀参数

用户在如图12-37所示的“粗车参数”选项卡中，单击 进刀参数 按钮将弹出如图12-42所示的【进刀的切削参数】对话框，从而可设置粗车加工的进刀参数。

图 12-42 【进刀的切削参数】对话框

在“进刀的切削设定”区域中，设置是否允许进刀切削。第1选项为不允许进刀加工；第2选项为允许进刀加工；第3选项为允许径向进刀加工；第4选项为允许端面进刀加工。

若不允许进刀切削，所生成的刀具路径将忽略所有的进刀部分。若允许进刀切削，则需要设置刀具宽度补正方式，即 ⊙使用刀具宽度 和 ⊙使用进刀的离隙角。

12.2.2 外径粗车加工实例

通过前面车床工件的设置、车床刀具的管理和粗车参数的设置等，用户已经初步掌握了车床加工的一些基本知识，下面通过外径粗车加工实例的操作，让用户对粗车加工有更进一步的掌握。

【例 12-1】 外径粗车加工实例。

操作步骤

（1）启动 Mastercam X 软件，在“状态栏”中单击“构图面”项，从弹出的菜单中选择“车床半径”/“+X+Z”命令，在视图中将显示车床坐标系，如图12-43所示。

（2）在视图中绘制旋转体的一半剖面图，如图12-44所示。

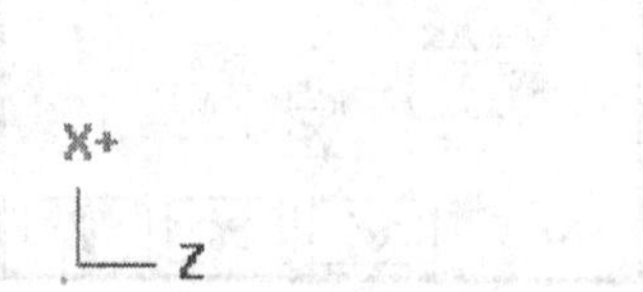

图 12-43　+X+Z 坐标系

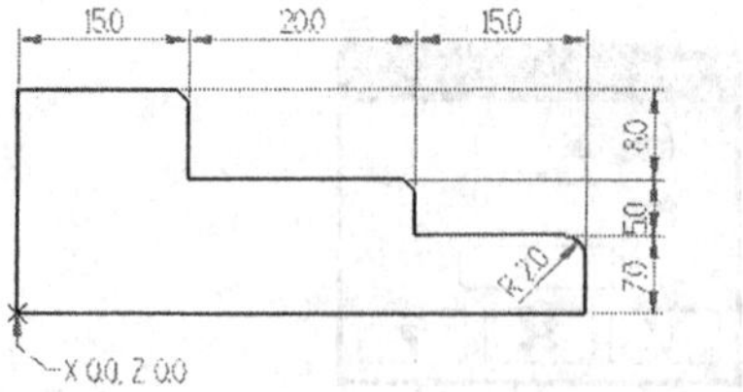

图 12-44　绘制旋转体半剖面图

为了更好地操作，用户可将其标注尺寸设置为图层2，并将其隐藏。

（3）选择【机床类型】/【车削】/【默认】命令，则在【刀具路径管理器】窗口中将显示出车削的加工群组。

当用户选择“车削”机床后，则在 Mastercam X 软件系统的标题栏上将显示“车削”字样。另外，用户可按 Alt + O 组合键将其【刀具路径管理器】窗口显示出来。

（4）在【刀具路径管理器】窗口中选择“材料设置”项，将弹出【机床群组属性】对话框，并自动切换到“素材设置”选项卡，如图 12-45 所示。

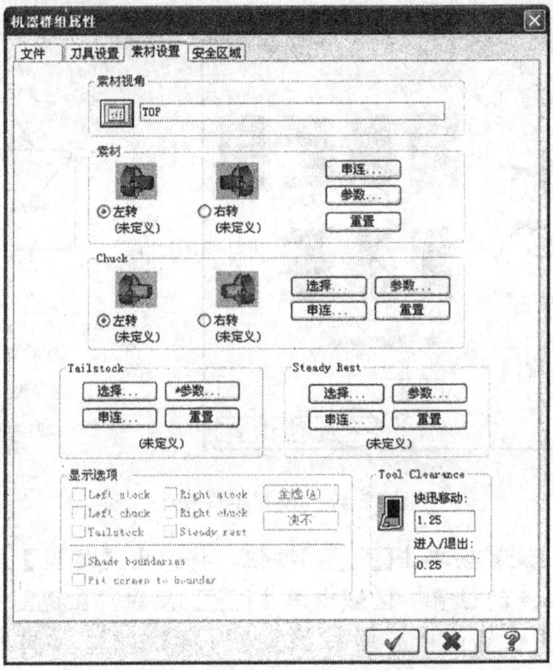

图 12-45 “素材设置”选项卡

（5）在“素材”设置区选择⊙左转单选项，并单击其后的 参数... 按钮，将弹出【长条状毛坯的设定换刀点】对话框。单击“OD”项后的 选择 按钮，在视图中指定点 1 并返回，从而确定工件的直径；单击“长度”项后的 选择 按钮，在视图中选择水平的直线，从而确定工件的长度；单击“基线 Z”区域中的 选择 按钮，在视图中捕捉图形左下角的交点 2（即原点）并返回，再选择⊙在左端面单选项；最后单击“确定”按钮 ✔，即可在视图中显示出工件的外形，如图 12-46 所示。

（6）在“Chuck”设置区选择⊙左转单选项，并单击其后的 参数... 按钮，将弹出【夹爪的设定换刀点】对话框。在“型式”区域中单击 由两点产生 按钮，在视图中捕捉上侧直线的中点和任何一点（确定一个矩形虚线区域）并返回，然后修改夹爪的高度、宽度、步进等参数；在“夹持的方法”区域中选择第 2 单选项；在“位置”区域中单击 选择 按钮，在视图中捕捉上侧水平直线左侧的端点，从而确定夹持点位置；最后单击“确定”按钮 ✔，即可在视图中显示出工件的夹头，如图 12-47 所示。

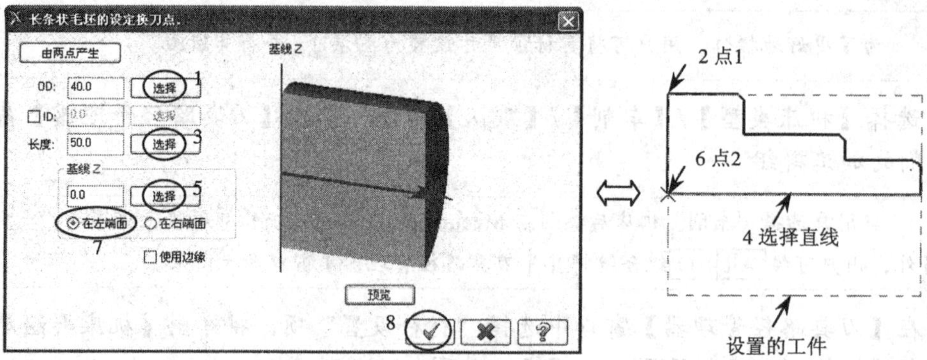

图 12-46　设置工件外形

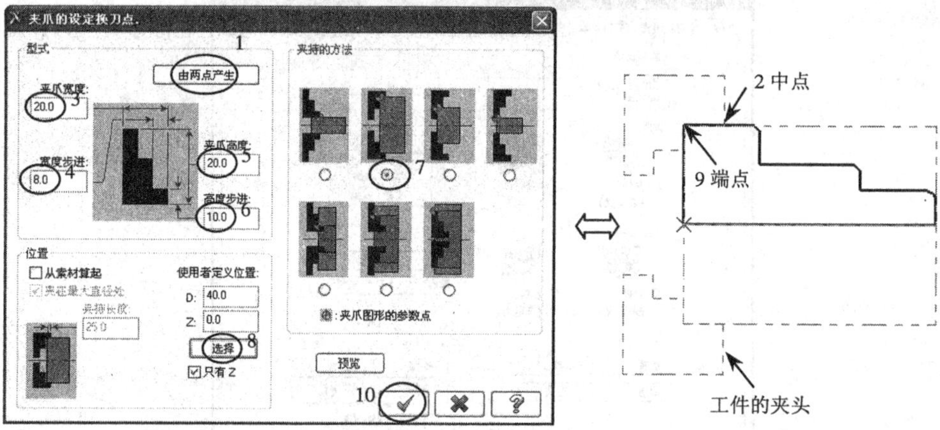

图 12-47　设置工件夹头

（7）在“Tailstock”设置区单击 参数... 按钮，将弹出【尾座】对话框。依次设置工件顶尖尾座的参数；在“Z 点的位置”区域中单击 选择 按钮，在视图中捕捉水平直线右侧的端点，从而确定工件顶尖位置；最后单击“确定”按钮✓，即可在视图中显示出工件顶尖尾座，如图 12-48 所示。

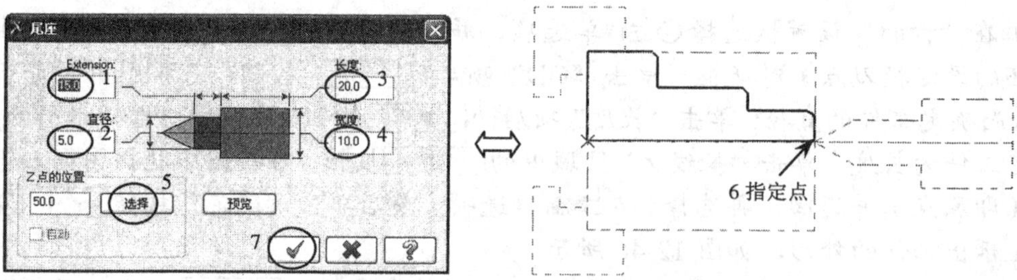

图 12-48　设置工件顶尖尾座

（8）到此工件已经设置完毕，在如图 12-45 所示的“素材设置”选项卡中单击“确定”按钮✓即可。

（9）选择【刀具路径】/【粗车】命令，然后按照如图 12-49 所示选择粗车的路径。

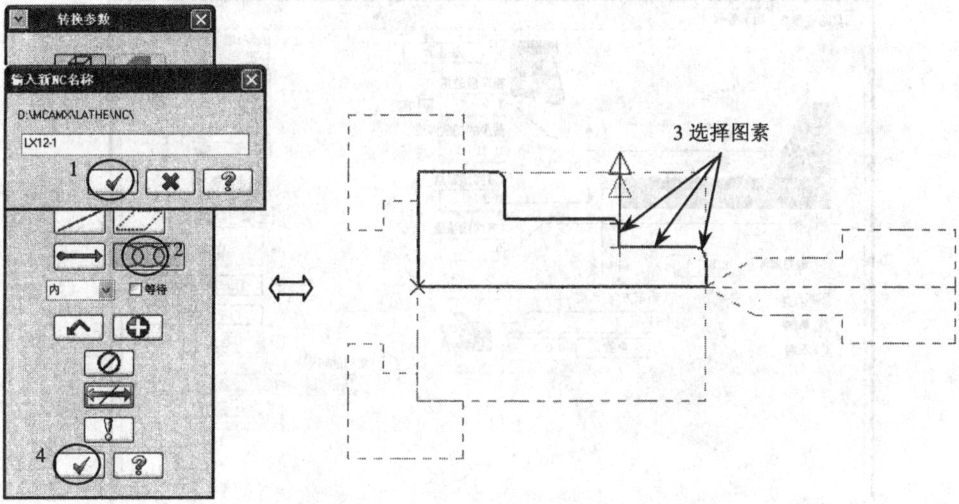

图 12-49　选择粗车路径

（10）此时将弹出【粗车粗加工 属性】对话框，在“刀具路径参数”选项卡中，选择号码为“T0101”型号的刀具，并设置刀具的参数，如图 12-50 所示。

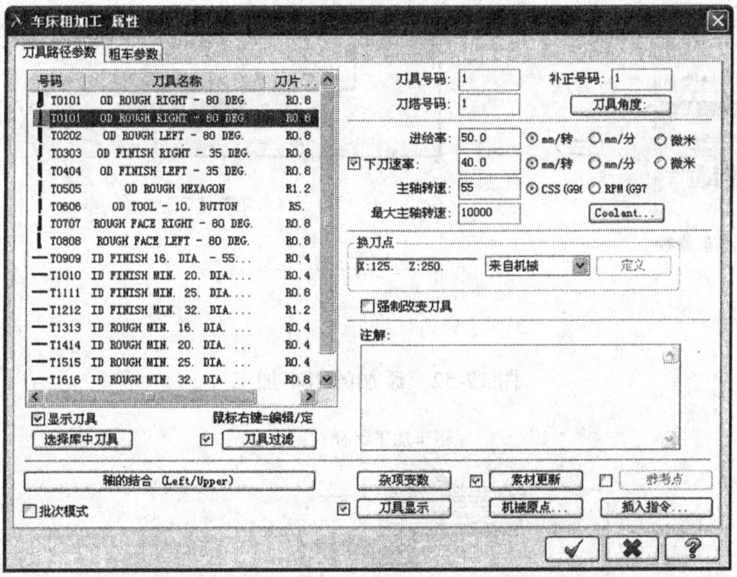

图 12-50　选择粗车刀具

（11）切换到“粗车参数”选项卡中，设置粗车加工的参数、切削方法、粗车方向/角度，如图 12-51 所示。

（12）单击“确定”按钮 ✔，则此时在【刀具路径管理器】窗口中将添加粗车加工路径，并在视图中显示出粗加的加工路径，如图 12-52 所示。

（13）参照前面步骤（9）～（11）的方法设置另一粗车加工路径，则视图效果如图 12-53 所示。

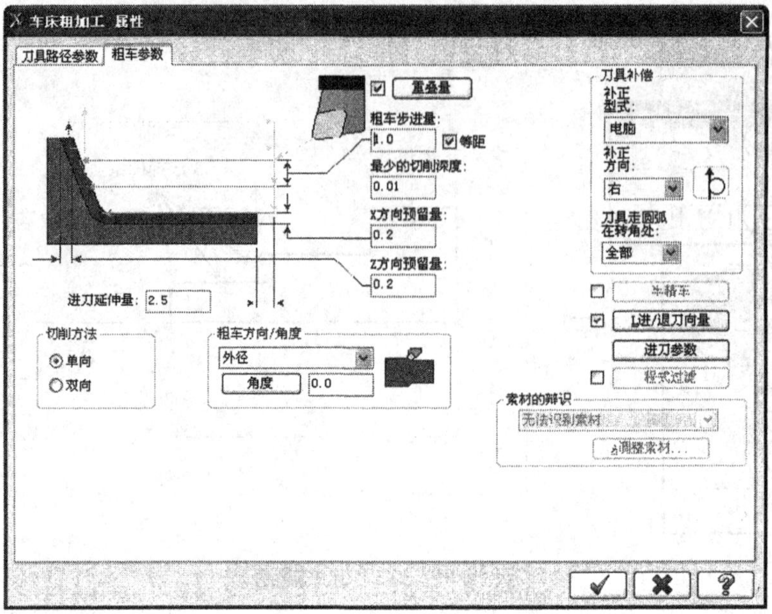

图 12-51　设置粗车参数

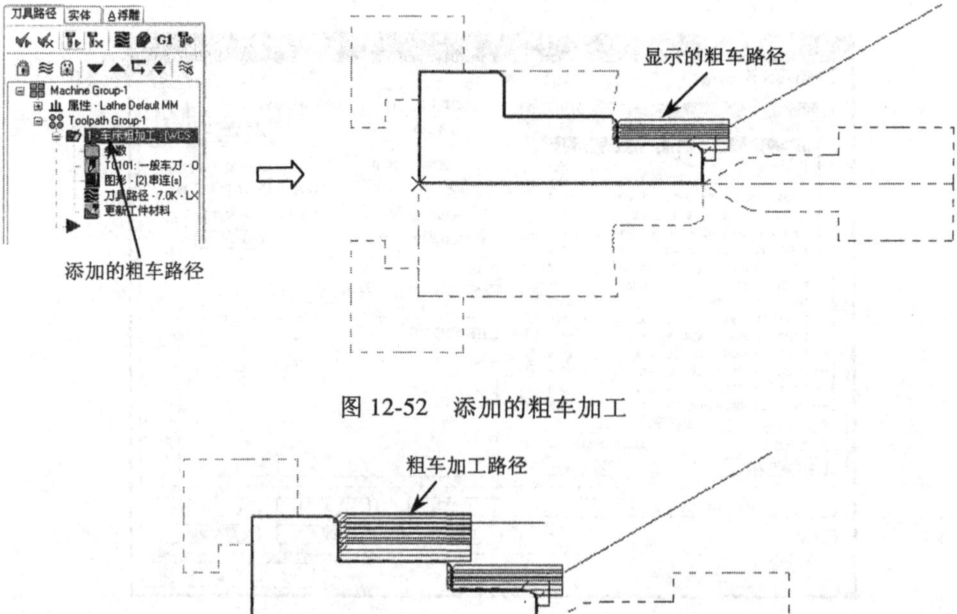

图 12-52　添加的粗车加工

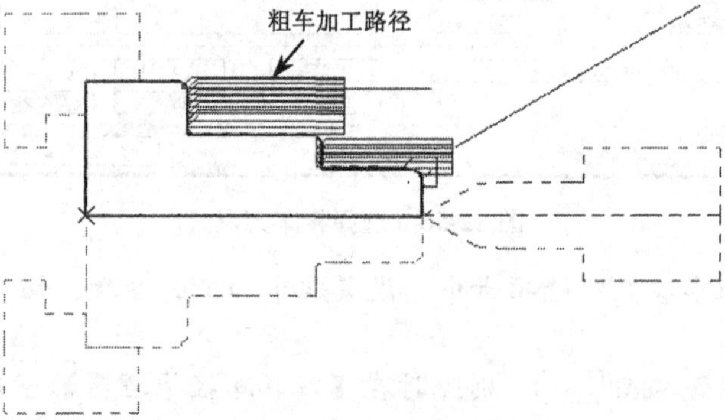

图 12-53　添加的粗车加工

（14）在【刀具路径管理器】窗口中，单击“选择全部操作”按钮，再单击“刀具路径验证”按钮，将弹出【实体切削验证】对话框，然后单击“机器”按钮即可进行粗车加工验证，如图 12-54 所示。

（15）选择【文件】/【另存文件】命令，将该加工文件保存为“LX12-1.MCX”文件。

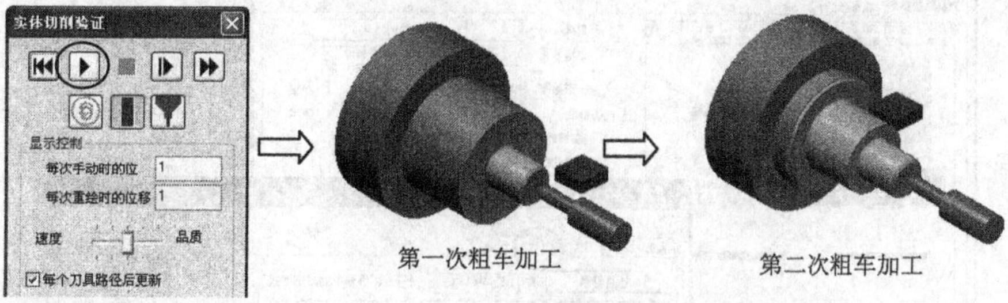

图 12-54　验证刀具路径

12.2.3　内径粗车加工实例

有了前面外径粗加工的实例操作基础，下面将以内径粗加工实例进行讲解。但这里不讲解旋转体半剖面图的绘制、车床工件的设置、刀具的设置等。

【例 12-2】内径粗车加工实例。

操作步骤

（1）启动 Mastercam X 软件，打开“LX12-2A.MCX”文件，如图 12-55 所示。

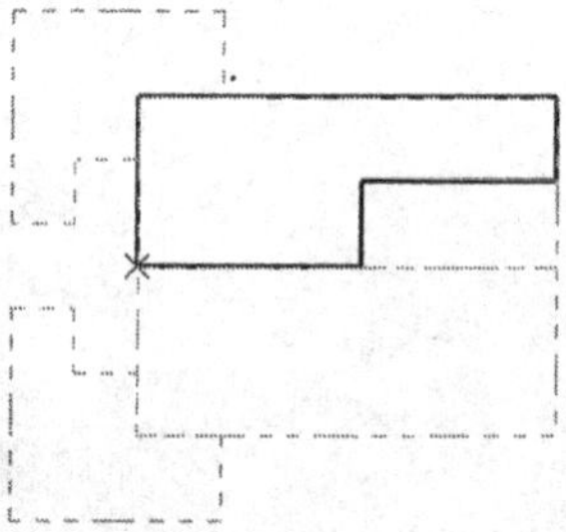

图 12-55　“LX12-2A.MCX”文件

（2）选择【刀具路径】/【粗车】命令，然后按照如图 12-56 所示选择粗车的路径。

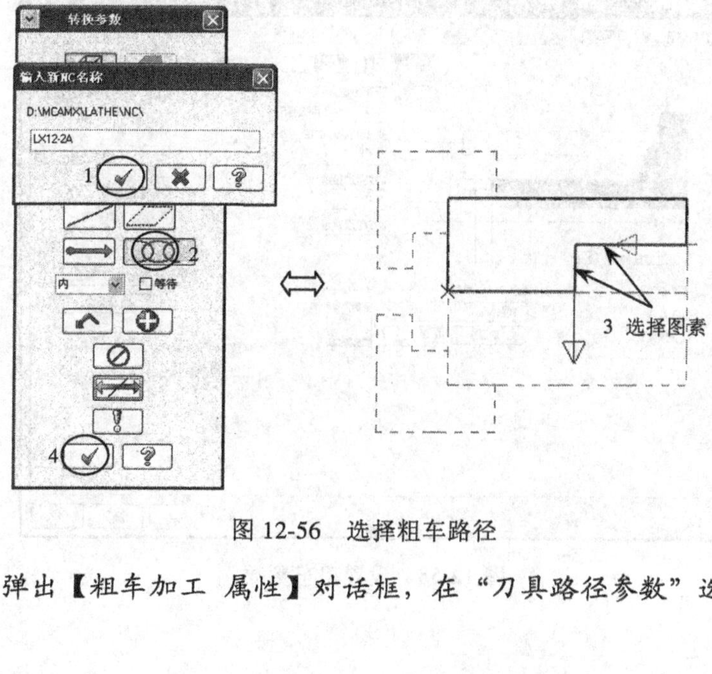

图 12-56　选择粗车路径

（3）此时将弹出【粗车加工 属性】对话框，在“刀具路径参数”选项卡中，选择号码为“T0909”型号的刀具，并双击该刀具，将弹出【定义刀具】对话框，在“镗杆”选项卡中设置刀把的尺寸，然后单击“确定”按钮✔返回，如图 12-57 所示。

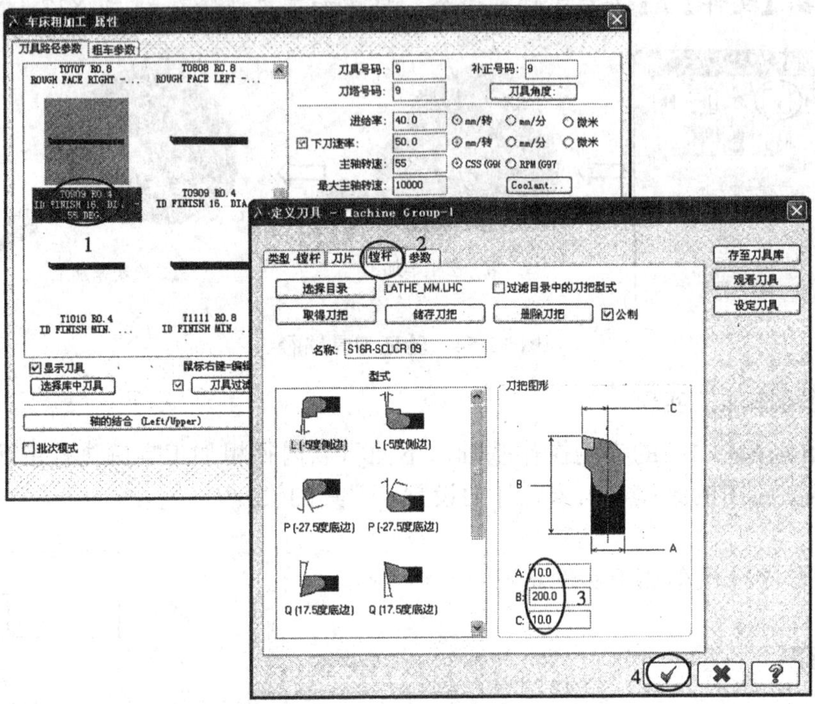

图 12-57　选择并设置粗车刀具

（4）切换到“粗车参数”选项卡中，设置粗车加工的参数、切削方法、粗车方向/角度，如图 12-58 所示。

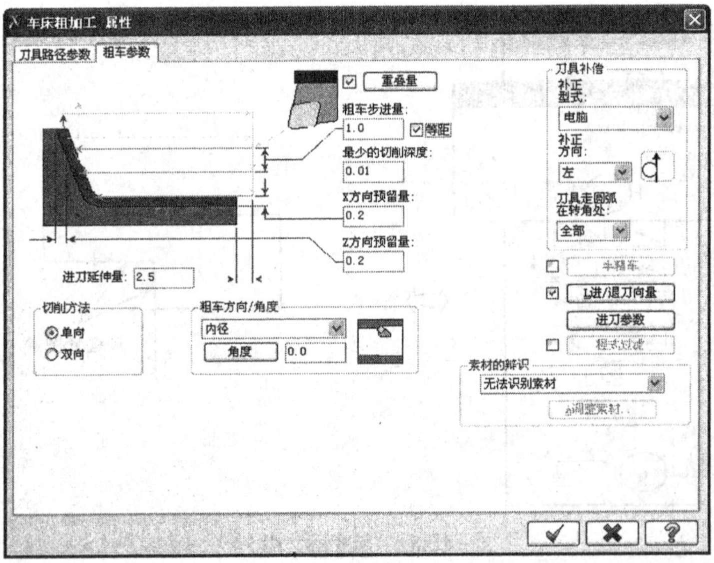

图 12-58　设置粗车参数

(5) 单击"确定"按钮，则此时在【刀具路径管理器】窗口中将添加粗车加工路径，并在视图中显示出粗车加工的加工路径，如图 12-59 所示。

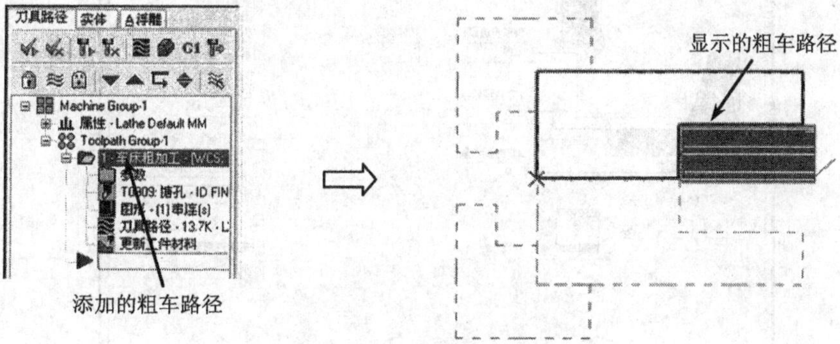

图 12-59 添加的粗车加工

(6) 在【刀具路径管理器】窗口中，单击"刀具路径验证"按钮，将弹出【实体切削验证】对话框，然后单击"机器"按钮即可进行粗车加工验证，如图 12-60 所示。

图 12-60 验证刀具路径

12.3 精车加工

精车加工也是用于切除工件外形外侧、内侧或端面的多余材料，同样只需要绘制旋转体的一半剖面图形。要进行精车加工，可选择【刀具路径】/【精车】命令即可。

要进行精车参数设置，可在【车床-精车 属性】对话框的"精车参数"选项卡中进行设置，如图 12-61 所示。

在如图 12-61 所示的对话框中，其精车加工的特有参数设置与粗车加工的设置方法基本类似，用户可以根据粗车加工的预留量及本次精车加工的预留量设置精车加工的步进量及次数。

其外径和内径的精车加工操作方法，与粗车加工相似，只是用户在选择车削刀具时，应根据实际的需要进行相应的选择即可。

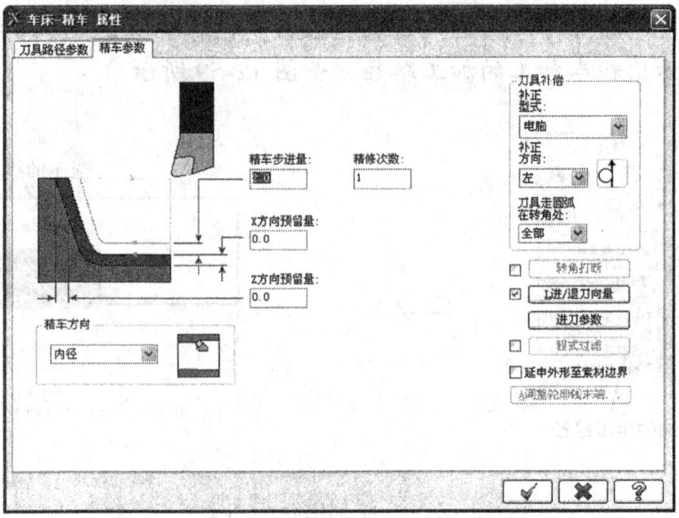

图 12-61 【车床 精车 属性】对话框

12.4 端面车削加工

端面车削加工就是用于车削工件的端面，其车削的区域由两点定义的矩形来确定。要进行端面车削加工，可选择【刀具路径】/【车端面】命令即可。

12.4.1 端面车削参数设置

要进行端面车削参数设置，可在【车床-车端面 属性】对话框的“车端面参数”选项卡中进行设置，如图 12-62 所示。

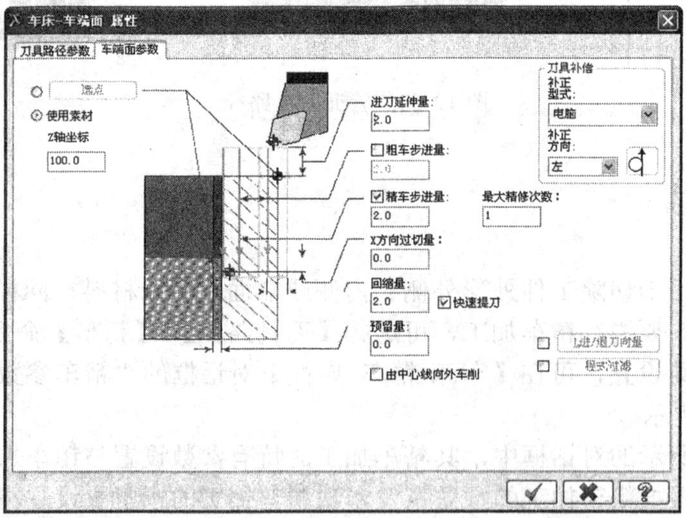

图 12-62 【车床-车端面 属性】对话框

在如图 12-62 所示的对话框中，其他参数设置与前面的基本类似，下面将其特有的两个参数进行讲解：

- X 方向过切量：用于指定在实际加工中车削路径走出定义区域的过切距离。
- 由中心线向外车削：若选中该复选框时，表示从距工件旋转轴较近的位置开始向外加工；若未选中该复选框时，表示从外向内加工。

12.4.2　端面车削加工实例

有了前面【例 12-1】外径粗加工的实例操作基础，下面将以端面车削加工实例进行操作，但这里不讲解旋转体半剖面图的绘制、车床工件的设置、刀具的设置等。

【例 12-3】端面车削加工实例。

操作步骤

（1）启动 Mastercam X 软件，打开“LX12-3A.MCX”文件（即前面【例 12-2】的最后结果文件），如图 12-63 所示。

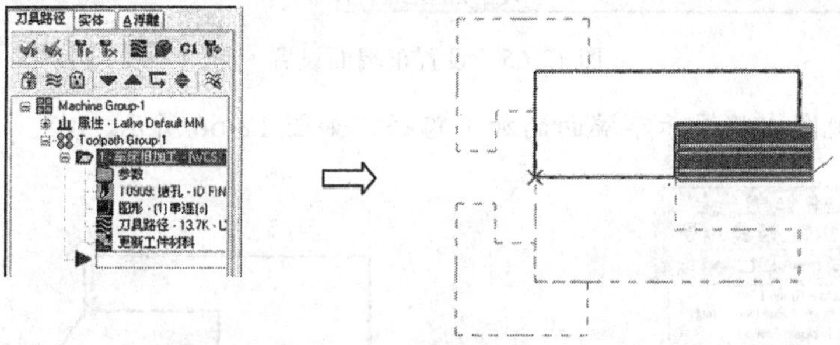

图 12-63　“LX12-3A.MCX”文件

（2）选择【刀具路径】/【车端面】命令，将弹出【车床-车端面属性】对话框，在“刀具路径”选项卡中选择“T0101”型号的刀具，并设置相关的参数，如图 12-64 所示。

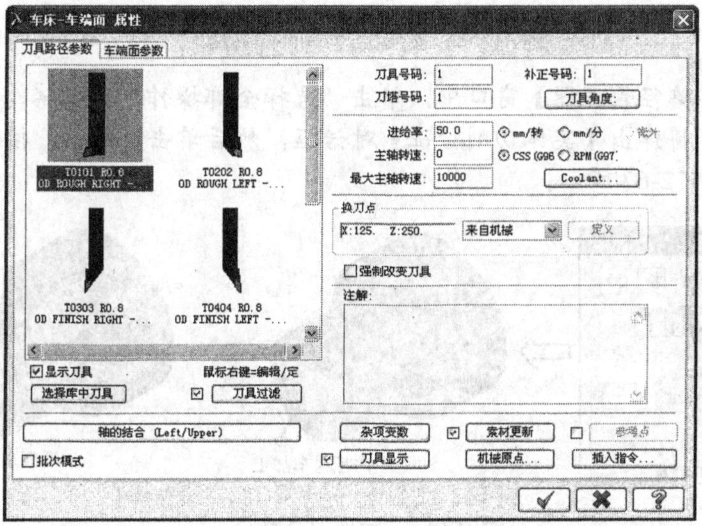

图 12-64　选择车端面的刀具

（3）在“车端面参数”选项卡中，选中“选点”单选项，并单击该按钮，然后在视图中捕捉两点以确定端面车削的加工区域，再修改步进量，最后单击“确定”按钮✔，如图 12-65 所示。

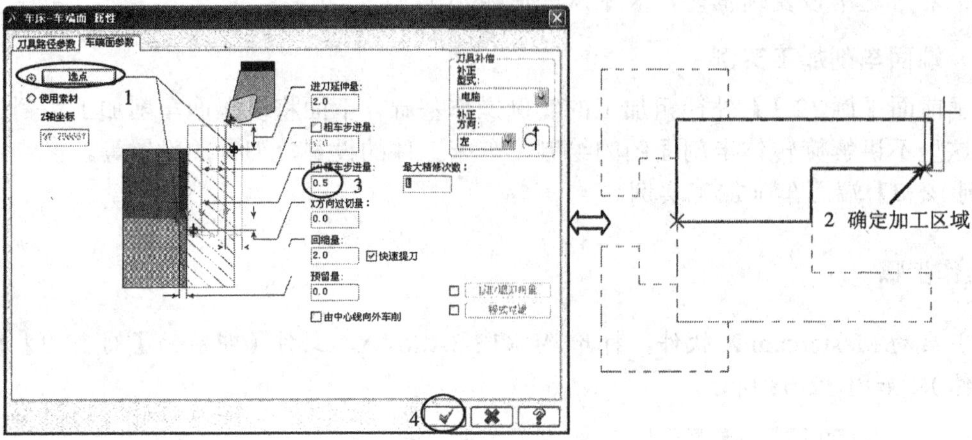

图 12-65　设置车端面设置

（4）此时在视图中将显示车端面的加工路径，如图 12-66 所示。

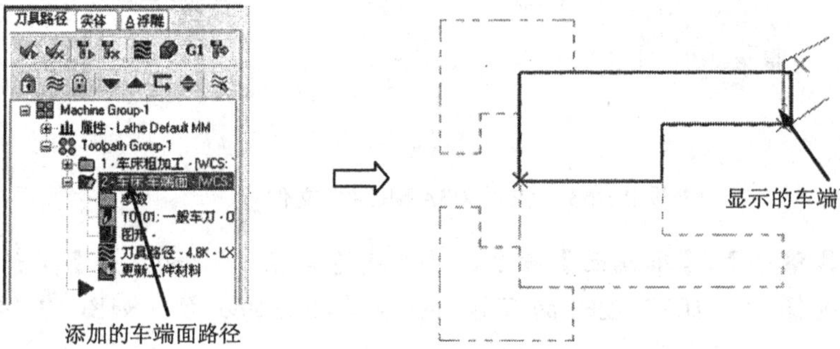

图 12-66　显示的车端面刀具路径

（5）在【刀具路径管理器】窗口中，单击“选择全部操作”按钮，再单击“刀具路径验证”按钮，将弹出【实体切削验证】对话框，然后单击“机器”按钮▶即可进行粗车加工验证，如图 12-67 所示。

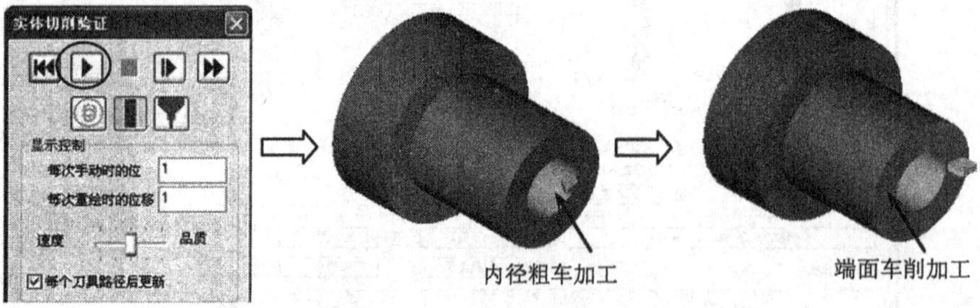

图 12-67　验证刀具路径

（6）选择【文件】/【另存文件】命令，将该加工文件保存为“LX12-3.MCX”文件。

12.5　径向车削加工

径向车削（凹槽）加工可在垂直车床主轴方向或端面方向车削凹槽。要进行径向车削加工，可选择【刀具路径】/【车床-径向车削】命令即可。

12.5.1　选取加工模型

当选择【刀具路径】/【车床-径向车削】命令后，系统将弹出如图 12-68 所示的【径向车削的切槽选项】对话框。

从如图 12-68 所示可以看出，系统提供了以下 4 种选取加工几何模型的方法：

- ⊙1 Point：表示只需在视图中选取一点，系统将该选取点作为切槽的右外角点。
- ⊙2 Points：需要在视图中选取 2 个点，系统通过这两个点来定义切槽的宽度和高度。
- ⊙3 Lines：需要在视图中选取 3 条直线，而选取的 3 条直线必须为矩形的 3 条边。
- ⊙Chain：需要在视图中选取 2 个串连来定义加工区域的内外边界。

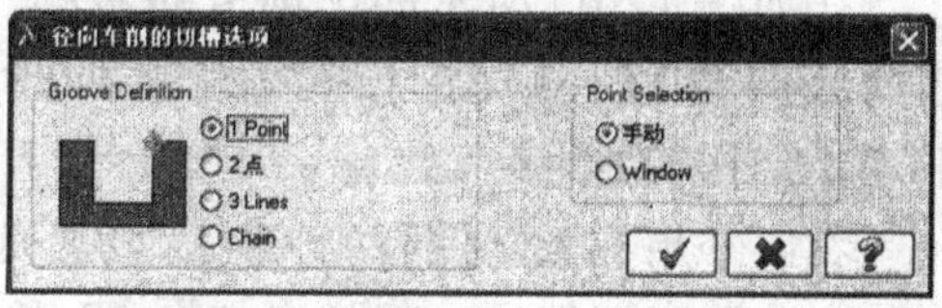

图 12-68 【径向车削的切槽选项】对话框

12.5.2　设置径向车削形状

在如图 12-68 所示的对话框中，当选择某一种方法来定义凹槽的切削区域后，将弹出【车床-径向粗车 属性】对话框，其“径向车削外形参数”选项卡如图 12-69 所示，从而可以设置径向车削的外形及开口方向。

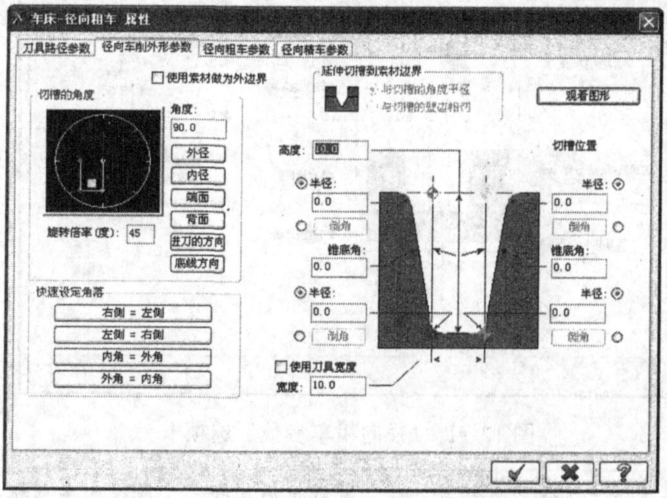

图 12-69 “径向车削外形参数”选项卡

1. 设置径向车削（切槽）的开口方向

在如图 12-69 所示的选项卡中，其“切槽的角度”区域中用来设置切槽的开口方向，用户可直接在“角度”文本框中输入角度，或者使用鼠标拖动圆盘中的切槽来设置切槽的开口方向。

- 外径：表示将切槽的外径设置在–X 轴方向，这时角度设置为 90°。

- 内径：表示将切槽的内径设置在+X 轴方向，这时角度设置为–90°。
- 端面：表示将切槽的端面设置在–Z 轴方向，这时角度设置为 0°。
- 背面：表示将切槽的端面设置在+Z 轴方向，这时角度设置为 180°。
- 进刀的方向：通过在绘图区选取一条直线来定义切槽的进刀方向。
- 底线方向：通过在绘图区中选取一条直线来定义切槽的端面方向。
- 旋转倍率（度）：表示用户在使用鼠标拖动圆盘时，其旋转角最小角度值。

2. 设置径向车削（切槽）的外形

在如图 12-69 所示的选项卡的右侧，可通过设置切槽的底部宽度、高度、锥底角、内外圆角半径等参数来定义切槽的形状。

若内外角位置是倒直角方式，则可选择“倒角”单选项，并单击该按钮，将弹出如图 12-70 所示的【切槽的倒角设定】对话框，从而可以设置切槽的倒角参数。

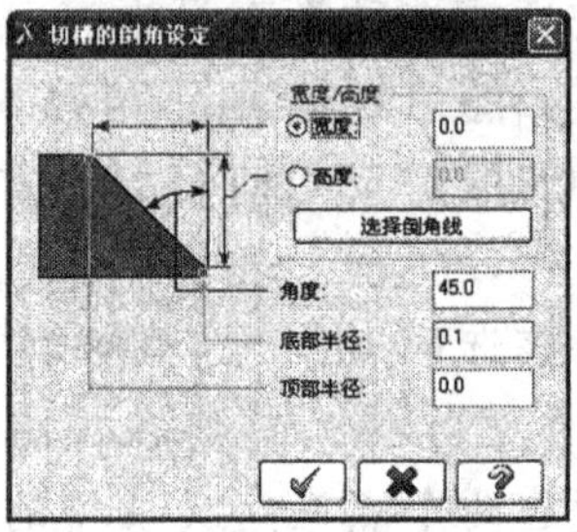

图 12-70 【切槽的倒角设定】对话框

12.5.3 径向粗车参数

在如图 12-69 所示的对话框中，切换到“径向粗车参数”选项卡，即可设置切槽的粗车参数，如图 12-71 所示。该对话框中主要包括有切削方向、进刀量、提刀速度、槽底停留时间、斜壁加工方式、啄车参数及深度参数等设置。

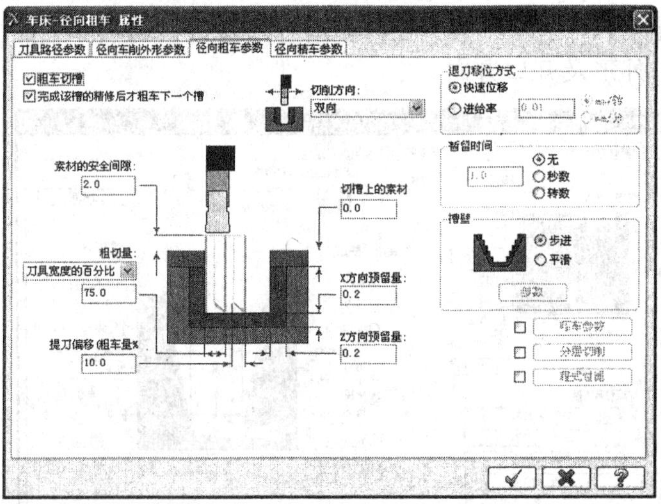

图 12-71 “径向粗车参数”选项卡

> 若在该选项卡中选择了“粗车切槽”复选框后，即可生成径向车削粗车加工的刀具路径，否则仅能生成精车加工。

12.5.4 径向精车参数

在如图 12-69 所示的对话框中，切换到“径向精车参数”选项卡，即可设置切槽的精车参数，如图 12-72 所示。其径向精车加工特有的参数包括加工顺序、第一次加工方向、精修次数、重叠量及进刀向量的设置等。

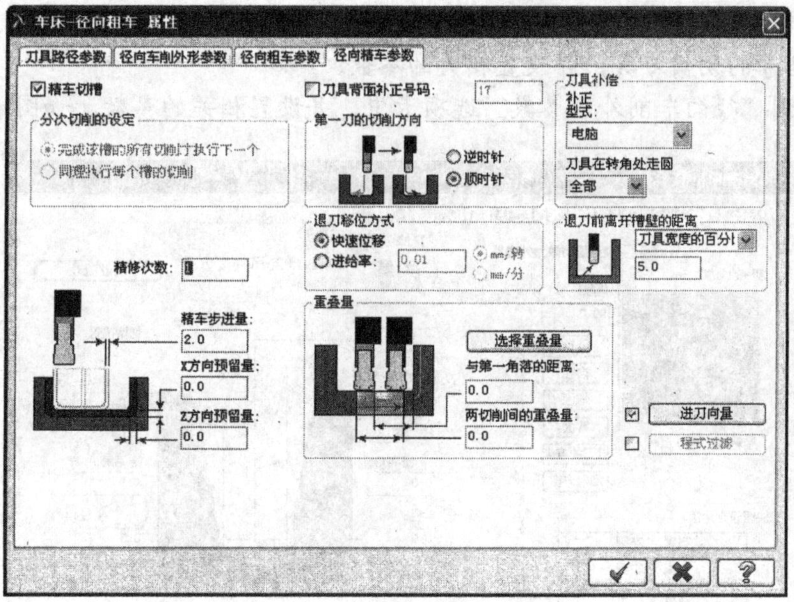

图 12-72 “径向精车参数”选项卡

12.5.5 径向车削加工实例

在前面简要对径向车削的相关参数有所提及，下面通过具体的实例操作来掌握径向车削的加工，从而让用户更进一步掌握相关参数设置。

【例 12-4】径向车削加工实例。

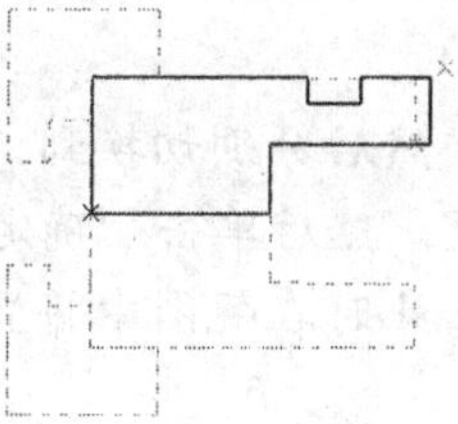

图 12-73 “LX12-4A.MCX”文件

操作步骤

（1）启动 Mastercam X 软件，打开“LX12-4A.MCX”文件，如图 12-73 所示。

> 该文件中已经建立了内径粗加工和端面车削加工操作。

（2）选择【刀具路径】/【车床 径向车削】命令，将弹出【径向车削的切槽选项】对话框，选中 2 点方式，单击“确定”按钮，然后在视图中选择 2 点并按 Enter 键，如图 12-74 所示。

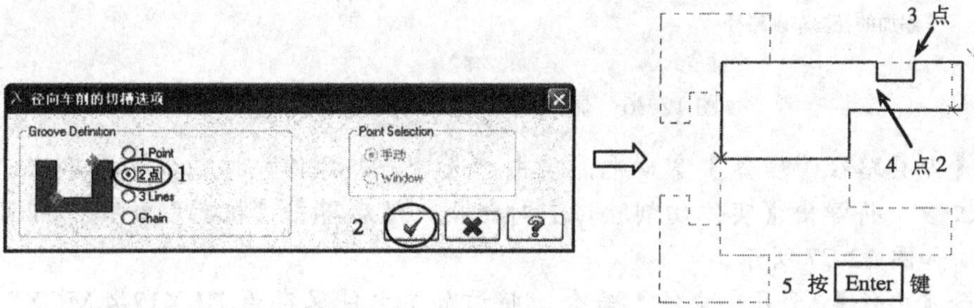

图 12-74 选择加工模型

（3）此时将弹出【车床-径向粗车 属性】对话框，在其“刀具路径参数”选项卡中选择“T1717”型号的切槽刀具，并设置相关的参数。

（4）切换到“径向车削外形参数”选项卡中，并设置相关的参数，如图 12-75 所示。

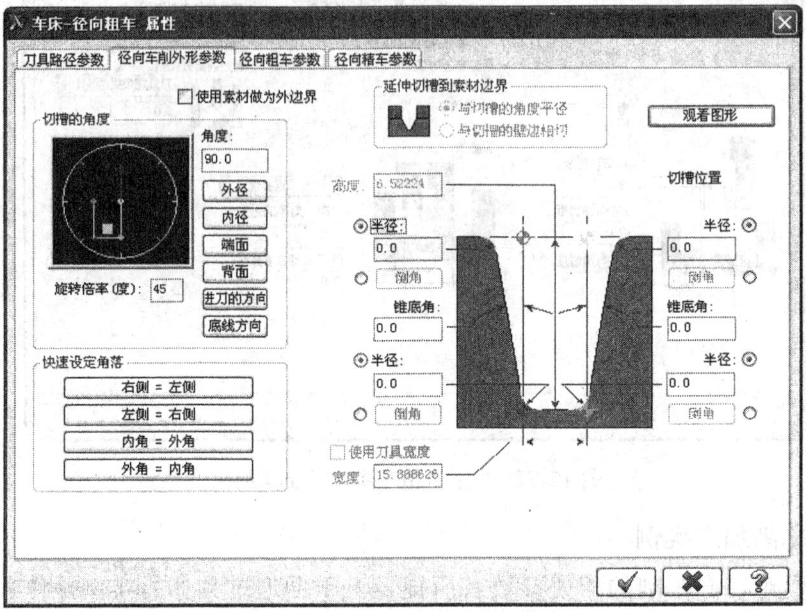

图 12-75 设置径向车削的形状

（5）然后分别切换到“径向粗车参数”和“径向精车参数”选项卡中，并进行相关参数的设置，然后单击“确定”按钮✔。

（6）此时在视图中将显示径向车削的加工路径，如图 12-76 所示。

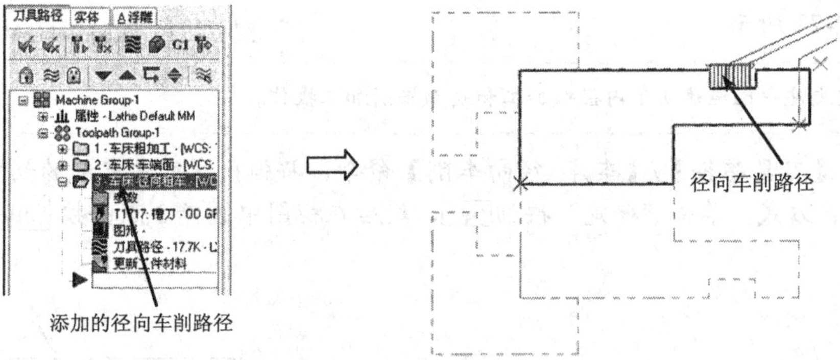

图 12-76 显示的车端面刀具路径

（7）在【刀具路径管理器】窗口中，单击“选择全部操作”按钮，再单击“刀具路径验证”按钮，将弹出【实体切削验证】对话框，然后单击“机器”按钮▶即可进行粗车加工验证，如图 12-77 所示。

（8）选择【文件】/【另存文件】命令，将该加工文件保存为“LX12-4.MCX”文件。

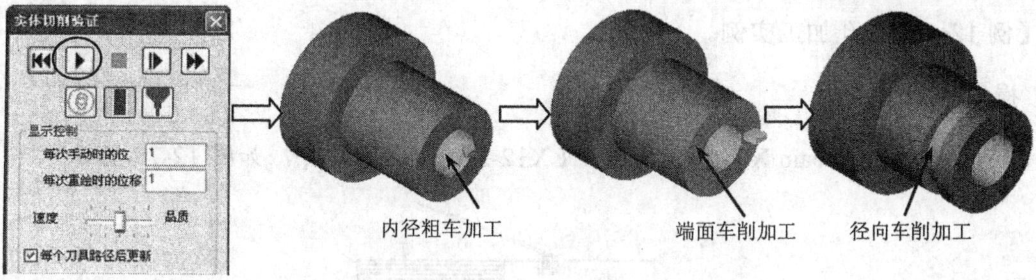

图 12-77　验证刀具路径

12.6　钻孔加工

车床加工中的钻孔加工和铣床加工中的钻孔方法相同，主要用于钻孔、镗孔或攻螺丝，但其加工的方式不同，在车床的钻孔加工中，刀具仅沿 Z 轴移动而工件进行旋转，而在铣床的钻孔加工中，其刀具仅沿 Z 轴移动并进行旋转。要进行钻孔加工，可选择【刀具路径】/【钻孔】命令即可。

12.6.1　钻孔参数设置

当选择【刀具路径】/【钻孔】命令后，系统将弹出【车床-钻孔 属性】对话框，其“深孔钻-无啄钻”选项卡如图 12-78 所示。该选项卡中各参数的设置方法与铣床的钻孔加工方法相同，只是车床钻孔的中心孔位置通过单击“钻孔位置”按钮，然后在绘图中指定钻孔的位置即可，或者直接在其下的 X 或 Z 文本框中设置。

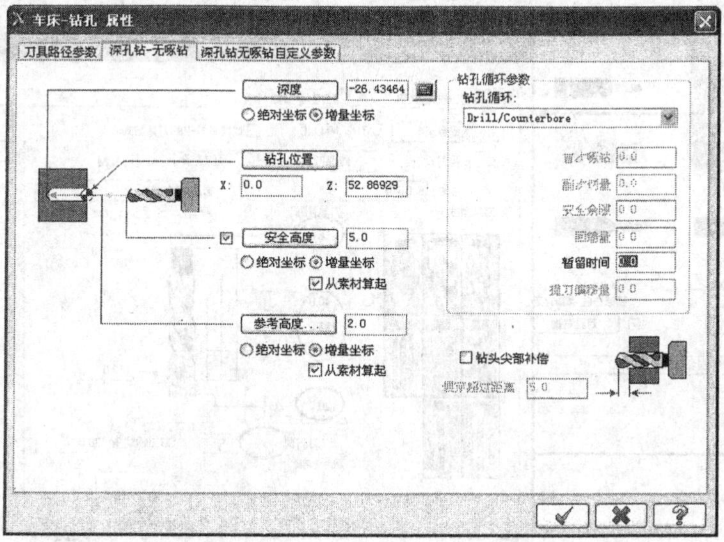

图 12-78　“深孔钻-无啄钻”选项卡

12.6.2　钻孔加工实例

在前面简要对钻孔加工的相关参数有所提及，下面通过具体的实例操作来掌握钻孔的加工，从而让用户更进一步掌握相关参数设置。

【例 12-5】钻孔加工实例。

操作步骤

（1）启动 Mastercam X 软件，打开“LX12-5A.MCX”文件，如图 12-79 所示。

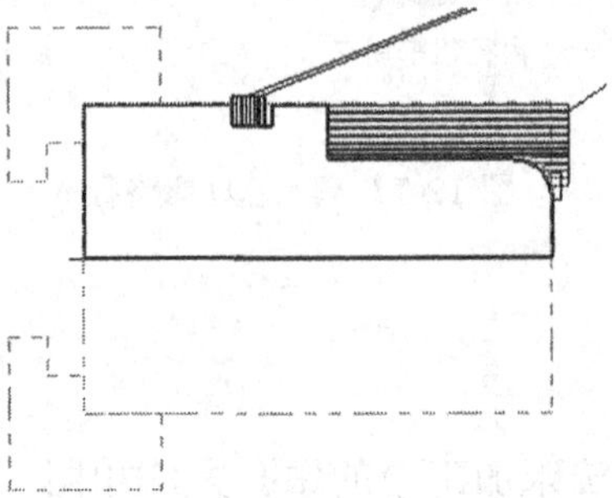

图 12-79 “LX12-5A.MCX”文件

该文件中已经建立了外径粗加工和径向车削加工操作。

（2）选择【刀具路径】/【钻孔】命令，将弹出【车床-钻孔 属性】对话框，切换到“刀具路径参数”选项卡，选择“T4242”型号的钻孔刀具，双击该刀具，从弹出的对话框中设置刀具的相关参数，如图 12-80 所示。

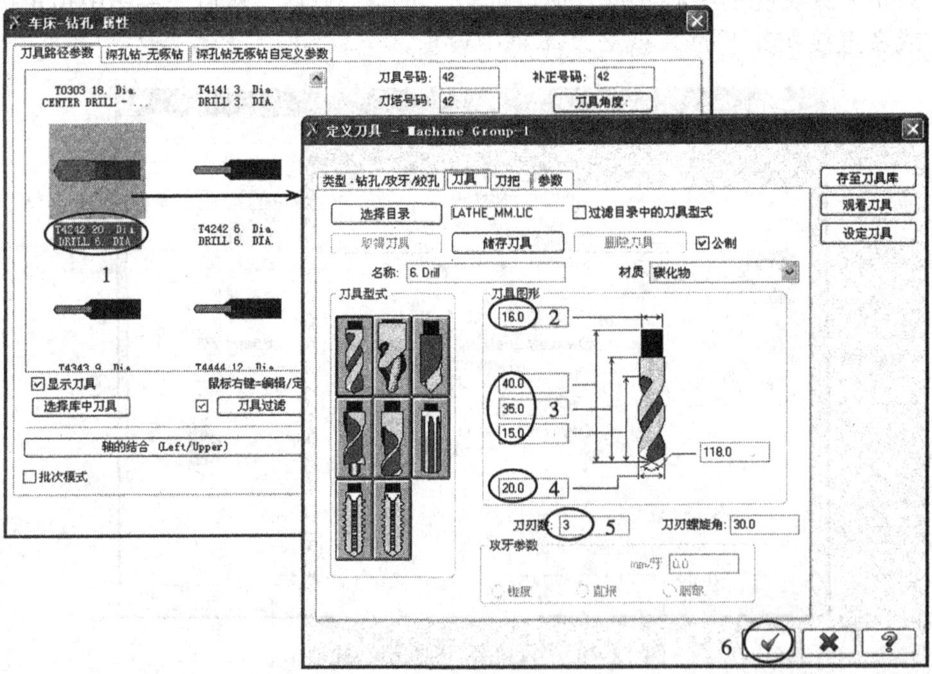

图 12-80 选择并设置钻孔的刀具

（3）切换到“深孔钻-无啄钻”选项卡中，单击 钻孔位置 按钮，并在视图中指定钻孔的位置后返回；再单击 深度 按钮，在视图中指定钻孔的深度位置后返回；最后单击“确定”按钮[✓]，如图 12-81 所示。

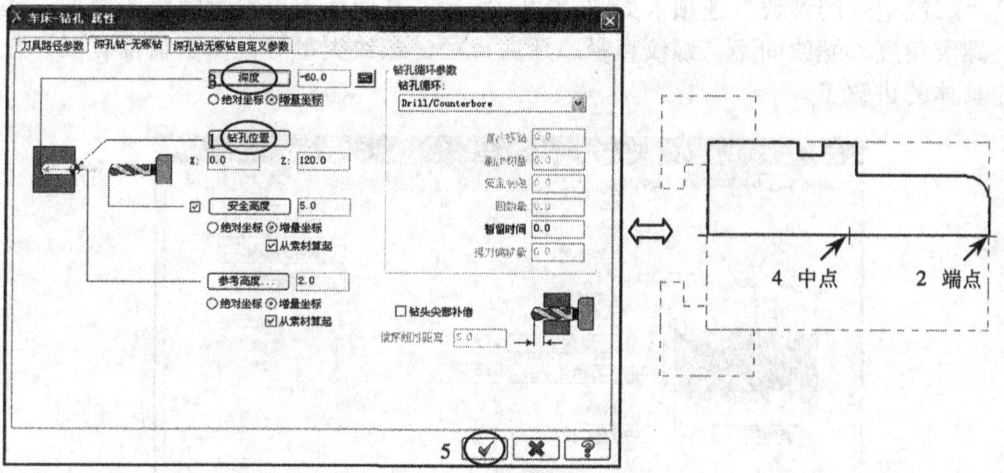

图 12-81　钻孔参数的设置

（4）此时在视图中将显示钻孔加工的刀具路径，如图 12-82 所示。

（5）在【刀具路径管理器】窗口中，单击“选择全部操作”按钮，再单击“刀具路径验证”按钮，将弹出【实体切削验证】对话框，然后单击“机器”按钮▶即可进行粗车加工验证，如图 12-83 所示。

（6）选择【文件】/【另存文件】命令，将该加工文件保存为“LX12-5.MCX”文件。

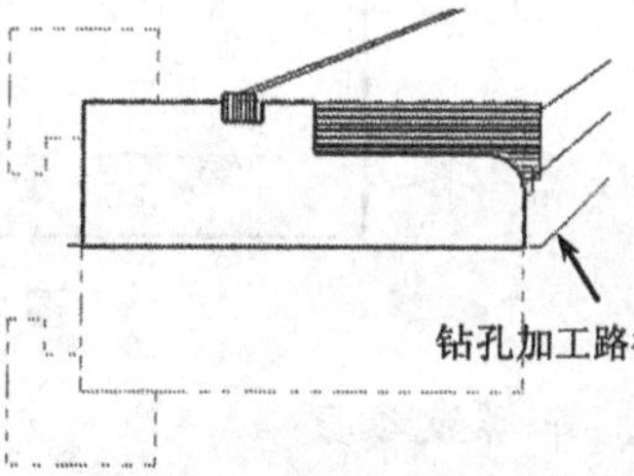

图 12-82　钻孔加工路径

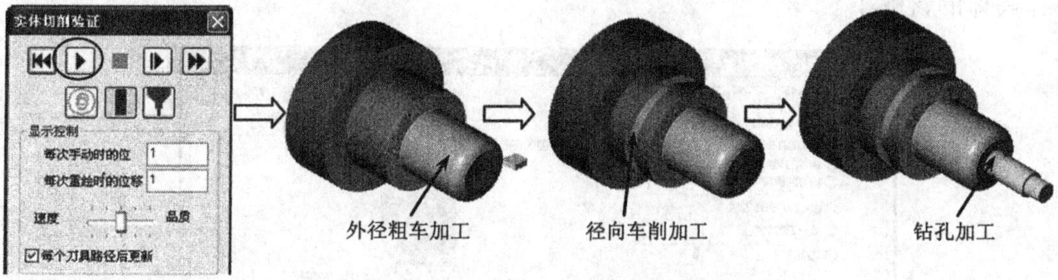

图 12-83　验证刀具路径

12.7　车削螺纹加工

车削螺纹加工，可用于加工内螺纹、外螺纹或螺旋槽等。要进行车削螺纹加工，可选择【刀具路径】/【车螺纹刀具路径】命令即可。

12.7.1　车削螺纹参数设置

当选择【刀具路径】/【车螺纹刀具路径】命令后，系统将弹出【车床-车螺纹 属性】对话框，其特有的参数可通过“螺纹型式的参数”和“车螺纹参数”选项进行设置。

1．螺纹型式的参数

其“螺纹型式的参数”选项卡如图 12-84 所示，从而用户可设置螺纹的类型、起点、终点、螺纹角度、螺纹间距、螺纹直径、牙底直径、螺纹类型等。由于篇幅有限，在这里就不作具体的讲解了。

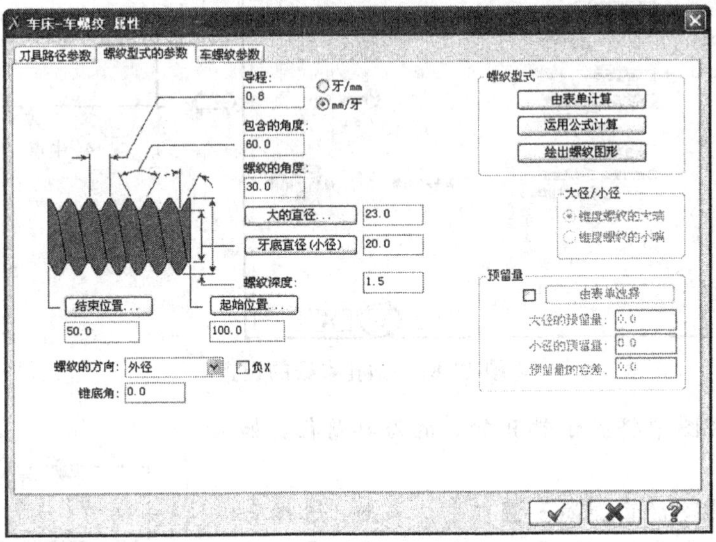

图 12-84　“螺纹型式的参数”选项卡

2．车螺纹参数

其“车螺纹参数”选项卡如图 12-85 所示，从而用户可设置螺纹车削加工时的参数，包括 NC 代码格式、车削深度、车削次数、进刀角度、预留量等。由于篇幅有限，在这里就不作具体的讲解了。

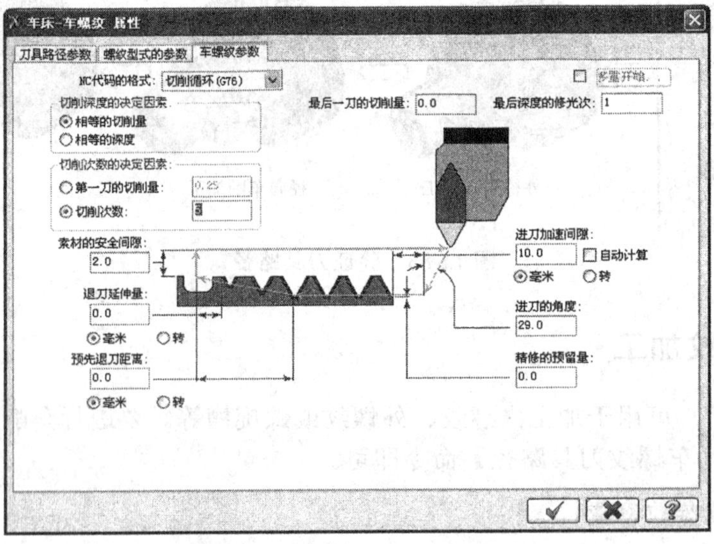

图 12-85　“车螺纹参数”选项卡

12.7.2　车削螺纹加工实例

在前面简要对车削螺纹的相关参数有所提及，下面通过具体的实例操作来掌握车削螺纹的加工，从而让用户更进一步掌握相关参数设置。

【例 12-6】车削螺纹加工实例。

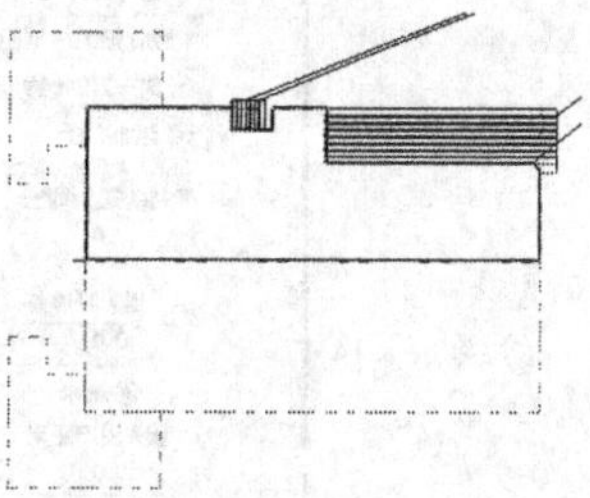

图 12-86 “LX12-6A.MCX”文件

操作步骤

（1）启动 Mastercam X 软件，打开“LX12-6A.MCX”文件，如图 12-86 所示。

该文件中已经建立了外径粗加工和径向车削加工操作。

（2）选择【刀具路径】/【车螺纹刀具路径】命令，将弹出【车床-车螺纹 属性】对话框，切换到“刀具路径参数”选项卡，选择“T0101”型号的螺纹刀具，并设置刀具的相关参数。

（3）切换到“螺纹型式的参数”选项卡中，选择“螺纹的方式”为“外径”；单击 起始位置... 按钮，并在视图中指定螺纹加工的起点后返回；单击 结束位置... 按钮，并在视图中指定螺纹加工的深度位置后返回；单击 大的直径... 按钮，并在视图中指定一点后返回（即该点至 Z 轴方向的垂直距离作为螺纹的大直径）；单击 牙底直径(小径) 按钮，并在视图中指定一点后返回（即该点至 Z 轴方向的垂直距离作为牙底直径）；再输入螺纹间距为 1.5，如图 12-87 所示。

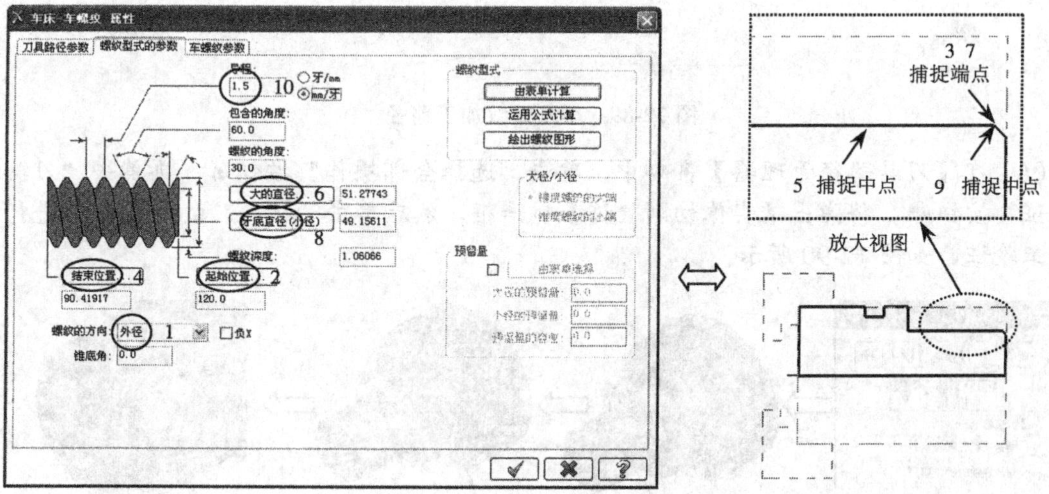

图 12-87　设置螺纹型式

（4）切换到“螺纹型式的参数”选项卡中，按照如图 12-88 所示设置相关的参数，最后单击“确定”按钮 ✔。

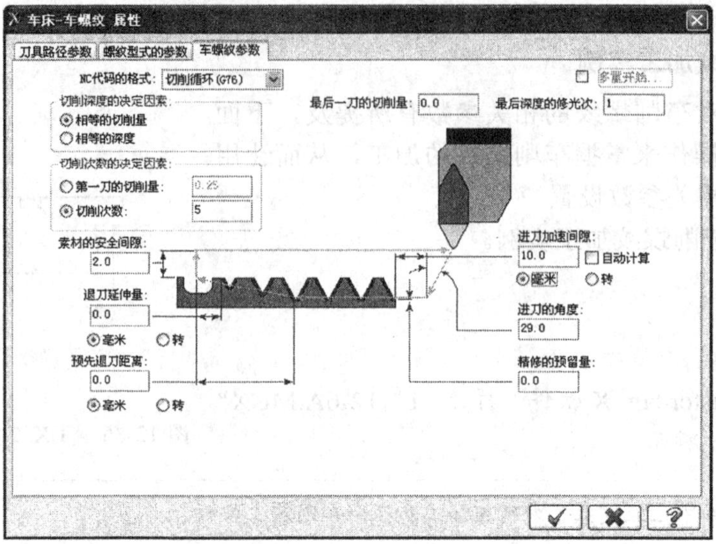

图 12-88　设置螺纹参数

（5）此时在视图中将显示车削螺纹的刀具路径，如图 12-89 所示。

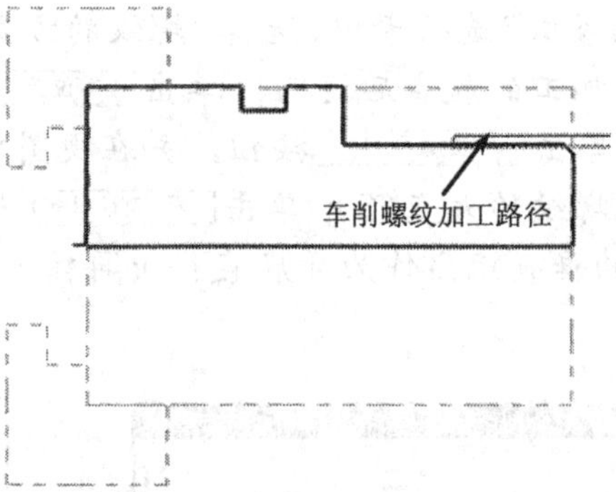

图 12-89　车削螺纹加工路径

（6）在【刀具路径管理器】窗口中，单击“选择全部操作”按钮，再单击“刀具路径验证”按钮，将弹出【实体切削验证】对话框，然后单击“机器”按钮即可进行粗车加工验证，如图 12-90 所示。

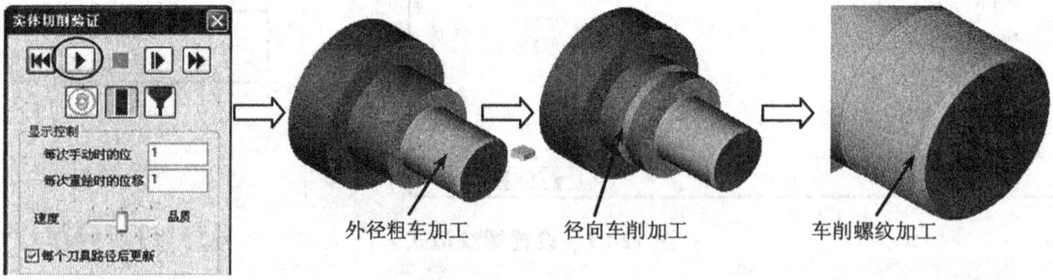

图 12-90　验证刀具路径

(7) 选择【文件】/【另存文件】命令，将该加工文件保存为“LX12-6.MCX”文件。

12.8　本章小结

本章主要介绍了 Mastercam X 的车床加工系统，包括车床加工基础、粗/精车加工、端面车削加工、径向车削加工、钻孔加工和车削螺纹加工等，让用户掌握各种车床加工的参数设置和操作实例。

12.9　习题

1. 概念题

(1) 简述车床加工与铣床加工的相同点与不同点。

(2) 简述车床加工的工件设置方法。

(3) 简述车削螺纹加工的各种参数设置。

2. 操作题

(1) 打开“XT12-1A.MCX”文件，如图 12-91 所示，然后对其进行外径车削加工、内径车削加工、径向车削加工和车削螺纹加工，其加工后的路径如图 12-92 所示，其加工的验证示意如图 12-93 所示。

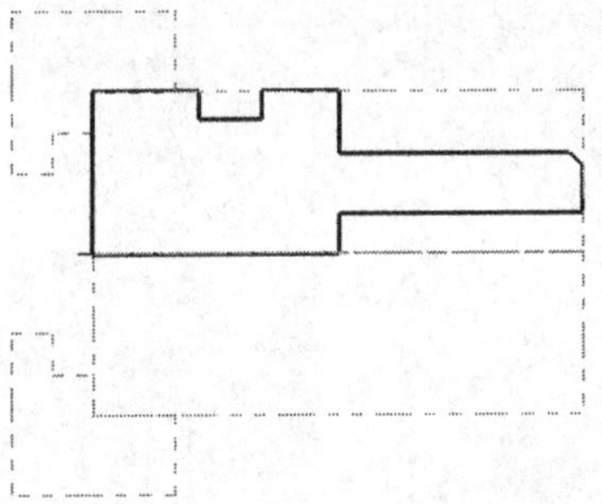

图 12-91　“XT12-1A.MCX”文件

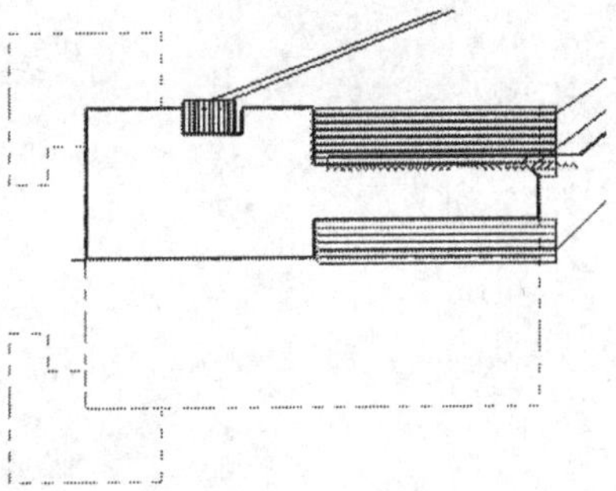

图 12-92　车削加工的路径

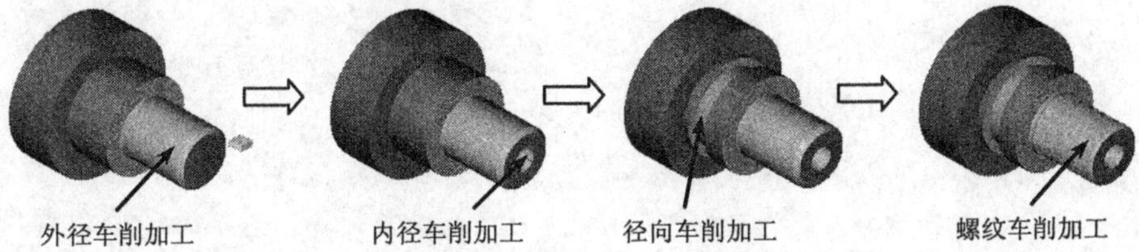

图 12-93　车削加工示意图

(2) 打开“XT12-2A.MCX”文件，如图 12-94 所示，然后对其进行外径车削加工、径向车削加工、车削螺纹加工和钻孔加工，其加工后的路径如图 12-95 所示，其加工的验证示意如图 12-96 所示。

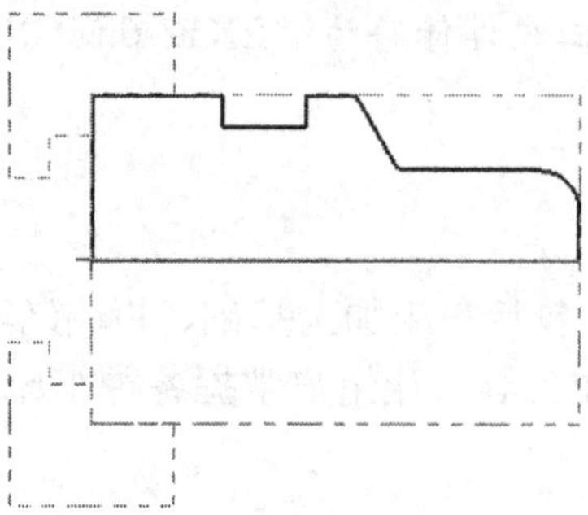

图 12-94 “XT12-2A.MCX”文件

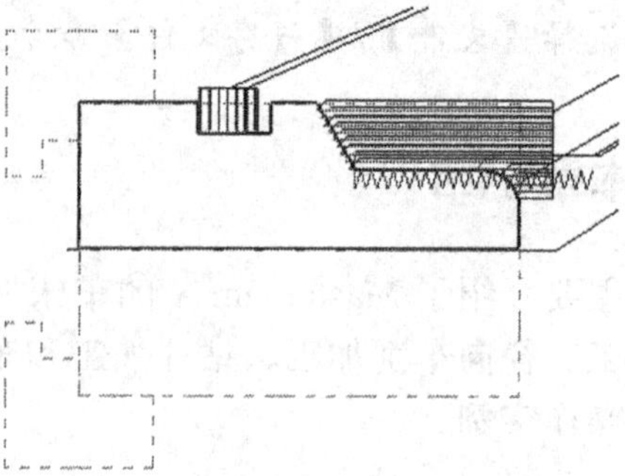

图 12-95 车削加工的路径

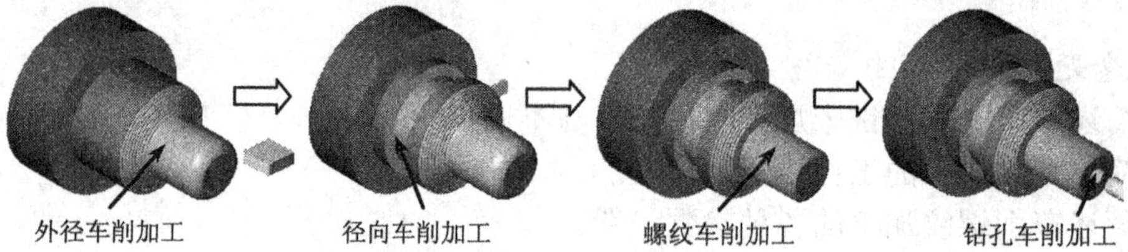

图 12-96 车削加工示意图

参 考 文 献

[1] 张灶法，陆斐，尚洪光．Mastercam X 实用教程[M]．北京：清华大学出版社，2006．

[2] 梁浩文，郭英晖，吴柳机．Mastercam X 中文版产品模具与数控加工入门一点通[M]．北京：清华大学出版社，2006．

[3] 蒋建强．中文 Mastercam X 基础与进阶[M]．北京：机械工业出版社，2007．

[4] 傅伟．Mastercam 软件应用技术[M]．北京：人民邮电出版社，2006．

[5] 莫善畅．Masterxam X2 完全学习手册[M]．北京：电子工业出版社，2007．

[6] 于文强，陈振辉．Masterxam X 中文版基础教程与上机指导[M]．北京：机械工业出版社，2007．